Analyse der strategisch und strukturell induzierten Verwundbarkeit von Wertschöpfungsnetzwerken

Eine empirische Untersuchung am Beispiel der Windenergieanlagenindustrie

Vom Promotionsausschuss der
Technischen Universität Hamburg-Harburg
zur Erlangung des akademischen Grades
Doktor der Wirtschafts- und Sozialwissenschaften (Dr. rer. pol.)
genehmigte Dissertation

von

Philipp Alexander Hohrath

aus

Hamburg

2012

1. Gutachter:	Prof. Dr. Dr. h. c. Wolfgang Kersten Institut für Logistik und Unternehmensführung Technische Universität Hamburg-Harburg
2. Gutachter:	Univ-Prof. Dr.-Ing. Heike Flämig Institut für Verkehrsplanung und Logistik Technische Universität Hamburg-Harburg

Tag der mündlichen Prüfung: 08. Mai. 2012

Reihe: Supply Chain, Logistics and Operations Management · Band 13
Herausgegeben von Prof. Dr. Dr. h. c. Wolfgang Kersten, Hamburg

Dr. Philipp Alexander Hohrath

Analyse der strategisch und strukturell induzierten Verwundbarkeit von Wertschöpfungsnetzwerken

Eine empirische Untersuchung am Beispiel der Windenergieanlagenindustrie

Mit einem Geleitwort von Prof. Dr. Dr. h. c. Wolfgang Kersten,
Technische Universität Hamburg-Harburg

EUL VERLAG

Vorwort

Die vorliegende Dissertation entstand begleitend zu meiner Tätigkeit als wissenschaftlicher Mitarbeiter am Institut für Logistik und Unternehmensführung der Technischen Universität Hamburg-Harburg. Während meiner Zeit am Institut habe ich mich sowohl wissenschaftlich in Form von Forschungsprojekten und Studien mit Risiken in Wertschöpfungsnetzwerken auseinandergesetzt als auch zusammen mit Unternehmenspartnern an praktischen Fragestellungen zu diesem Thema gearbeitet. Durch diese Aktivitäten entstand die Idee zu der Dissertation, die strategisch und strukturell induszierte Verwundbarkeit von Wertschöpfungsnetzwerken empirisch zu analysieren.

An dieser Stelle möchte ich mich bei allen Personen bedanken, die einen Beitrag zur Entstehung dieser Arbeit geleistet und mich während meiner Promotionszeit unterstützt haben. Zunächst bedanke ich mich herzlich bei Herrn Prof. Dr. Dr. h. c. Wolfgang Kersten, sowohl für die Betreuung und Unterstützung meines Promotionsvorhabens als auch für die vielen spannenden Projekte und die mir gebotenen Möglichkeiten zur persönlichen und fachlichen Weiterentwicklung am Institut. Zusätzlich möchte ich Frau Prof. Dr. Heike Flämig für die Übernahme des Zweitgutachtens sowie Herrn Prof. Dr. Carlos Jahns für den Vorsitz im Prüfungsausschuss danken.

Besonders bedanken möchte ich mich bei Herrn Jan H. Scholl und Herrn Prof. Dr. Michael Höbig von der PUTZ & PARTNER Unternehmensberatung AG für viele praktische Anregungen und fachliche Diskussionen während der Datenerhebung sowie ihre Hilfe bei der Veröddentlichung dieser Arbeit. Auch bei Herrn Philipp Feix möchte ich mich für seine Unterstützung bei der Befragungsdurchführung bedanken.

Bei meinen ehemaligen Kolleginnen und Kollegen vom Institut für Logistik und Unternehmensführung möchte ich mich für die tolle Arbeitsatmosphäre bedanken. Unsere gemeinsame Zeit am Institut hat mir sehr viel Spaß gemacht. Auch bei den studentischen Hilfskräften des Instituts möchte ich mich bedanken.

Meiner Frau Sara Kheiravar, meinen Eltern Jutta und Roland Hohrath sowie meiner Schwester Katja gilt mein größter Dank. Sie haben mich auch in schwierigen Phasen immer wieder motiviert und den Rücken freigehalten. Ohne sie wäre diese Arbeit noch lange nicht fertig. Vielen Dank dafür und auch für alles andere!

Philipp Alexander Hohrath

Inhaltsverzeichnis

Abbildungsverzeichnis

Tabellenverzeichnis

Abkürzungsverzeichnis

ADF	Asymptotically Distribution Free
AGFI	Adjusted Goodness of Fit Index
BTO	Build-to-Order
BTS	Build-to-Stock
CFA	Confirmatory Factor Analysis
CFI	Comparative Fit Index
DEV	Durchschnittlich erklärte Varianz
DF	Degrees of Freedom
FR	Faktorreliabilität
GFI	Goodness of Fit Index
GLS	Generalized Least Squares
HRO	High Reliable Organization
LISREL	Linear Structural Relationships
MAR	Missing at Random
MCAR	Missing Completely at Random
ML	Maximum Likelihood
MNAR	Missing Not At Random
NAT	Normal Accident Theory
NFI	Normed Fit Index
OLS	Ordinary Least Squares
PAR	Pressur and Release

PLS	Partial Least Squares
RMSEA	Mean Squared Error of Approximation
SC	Supply Chain
SCM	Supply Chain Management
SCOR	Supply Chain Reference Model
SCRM	Supply Chain Risk Management
TQM	Total Quality Management
ULS	Unweighted Least Squares
WLS	Weighted Least Squares

1. Einleitung

1.1. Ausgangssituation

Zahlreiche Veröffentlichungen und Schadensmeldungen sowohl in der wissenschaftlichen Fachliteratur (vgl. bspw. Sheffi, 2005b) als auch in der relevanten Wirtschaftspresse deuten darauf hin, dass die Anzahl der Risiken, denen Unternehmen in *Wertschöpfungsnetzwerken* ausgesetzt sind, ansteigt bzw. dass diese Risiken zunehmend stärker wahrgenommen werden. Als eine Ursache dieses Anstiegs wird in der Literatur neben verschiedenen Entwicklungen im Unternehmensumfeld auch eine *veränderte Gestaltung* von Wertschöpfungsnetzwerken genannt. Die Ausprägungen einzelner Gestaltungsparameter, wie beispielsweise ein hoher Grad von *Internationalisierung* oder *Fremdvergabe*, werden von verschiedenen Autoren als Treiber von Risiken in Supply Chains beschrieben, wobei empirische Untersuchungen zu ihren tatsächlichen Effekten selten sind (vgl. Jüttner, 2005). Eine Analyse derjenigen Risiken, die bisher eintraten und wissenschaftlich aufgearbeitet werden konnten, zeigt zudem, dass aufgrund des Auftretens von *Welleneffekten*, ein Zusammenhang zwischen diesen Risiken und dem Grad der Einbindung von Unternehmen in Supply Chains besteht (vgl. bspw. Norrman, Jansson, 2004). Unter Welleneffekt (ripple effect) wird in der Literatur das Fortpflanzen einer Störung entlang eines Wertschöpfungsnetzwerkes beidseitig des auslösenden Unternehmens bezeichnet (vgl. Hauser, 2003: S. 71). Ob die beobachtete Zunahme von Risiken in Supply Chains jedoch eine Folge einer unzureichenden Gestaltung bzw. Steuerung von Wertschöpfungsnetzwerken oder eine unerwünschte Nebenwirkung eines erfolgreichen Supply Chain Managements darstellt, ist in der Literatur umstritten (vgl. Peck, 2006a: S. 136).

Parallel zu dem Grad der Aufmerksamkeit, mit dem Supply Chain Risiken betrachtet werden, ist auch die Anzahl der Beiträge, die zu diesem Thema pro Jahr publiziert werden, gestiegen (vgl. Buscher u. a., 2007: S. 350). Doch obwohl in diesen Beiträgen bereits aus verschiedenen Perspektiven eine Vielzahl von Definitionen, Bezugsrahmen und Einflussfaktoren identifiziert wurde, steht in Bezug auf Supply Chain Risiken ein einheitliches Verständnis sowohl des Begriffs als auch ihrer Entstehung noch aus (vgl. Manuj, Mentzer, 2008b: S. 193). Der Risikobegriff wird zwar in unterschiedlichen Wissensgebieten allgemein zur Beschreibung von Ereignissen oder Entwicklungen verwendet, deren Eintreten oder Auswirkungen unsicher sind (vgl. Sitkin, Pablo, 1992: S. 10), doch stellt Risiko bei genauerer Betrachtung ein abstraktes Konzept dar (vgl. Manuj, Mentzer, 2008a: S. 136). Risiko ist weder ein Ereignis oder eine Entwicklung noch eine Wahrscheinlichkeit. In Übereinstimmung zu anderen Wissensgebieten wird der Risikobegriff von den meisten Autoren in Bezug auf die Steuerung von Organisationen und Wertschöpfungsnetzwerken exklusiv im Zusammenhang mit den negativen Auswirkungen betrachteter Ereignisse und Entwicklungen verwendet (vgl. Rao, Goldsby, 2009: S. 100). Gegenstände des Risikobegriffs in Supply Chains können sowohl weitreichende Naturkatastrophen als auch kleinere Fehler einzelner Unternehmen sein, die unabhängig von ihrem Ausmaß als Störungen bezeichnet werden (vgl. Blackhurst u. a., 2008: S. 143). Da jedes mögliche Ereignis bzw. jede Entwicklung, sobald sie in Bezug auf Supply Chains zu negativen Auswirkungen führt, eine Störung darstellt, sehen sich Unternehmen einer Vielzahl von Risiken ausgesetzt, von denen eine Mehrheit jedoch nur mit einer sehr geringen Wahrscheinlichkeit auch tatsächlich eintritt.

Zur Eindämmung von Risiken in Supply Chains werden von vielen Autoren Strategien und Maßnahmen vorgeschlagen (vgl. bspw. Chopra, Sodhi, 2004: S. 55), die entweder von mehreren Elementen eines Wertschöpfungsnetzwerks gemeinsam oder von einzelnen Unternehmen angewendet werden können (vgl. Kajüter, 2003: S. 117). Zusätzlich wird in der Literatur aber auch beispielsweise in Normen (vgl. bspw. ISO 31000:, 2009: Kap. 6) und Gesetzen (vgl. bspw. Deutscher Bundestag, 1998: Abs. 91) die periodische Durchführung eines mehrstufigen Risikomanagementprozesses empfohlen. Übliche Schritte eines solchen Prozesses stellen in Anlehnung an den klassischen Managementbegriff die Identifikation relevanter Risiken, die Auswahl geeigneter Maßnahmen zur Steuerung der identifizierten Risiken sowie die Umsetzungskontrolle dieser Maßnahmen dar (vgl. Kersten u. a., 2011a). Die Risikosteuerung erfolgt im Rahmen eines solchen Prozesses an Risikogruppen oder einzelnen Risiken orientiert, sodass eine Eindämmung von unbekannten Risiken nicht möglich ist (vgl. Wildemann, 2006: S. 54). Vor dem Hintergrund der hohen Anzahl potenzieller Störungen erscheint eine Identifikation sämtlicher Risiken einer Supply Chain nicht möglich zu sein (vgl. Zhang, Huang, 2006: S. 300). Eine Risikosteuerung, die sich ausschließlich auf ein solches Vorgehen stützt, wäre demnach unzureichend, wobei zusätzlich aufgrund des verursachten Managementaufwands jeweils nur wenige Risiken betrachtet werden können.

In Anlehnung an Konsistenzansätze, die eine Weiterentwicklung des klassischen Managementbegriffs darstellen, werden in der Literatur Organisationen sowie teilweise auch Wertschöpfungsnetzwerke aus einer systemischen Perspektive betrachtet (vgl. Miller u. a., 1984: S. 1). Eine Organisation kann entsprechend dieser Perspektive als ein aus Teilsystemen zusammengesetztes System mit einer identifizierbaren

Grenze zu seiner Umwelt verstanden werden (vgl. Kast, Rosenzweig, 1985: S. 116). Im Hinblick auf die konsistente Gestaltung einer Organisation wurde aus der systemischen Perspektive die *Konsistenz-Effizienz-Hypothese* abgeleitet. Nach dieser Hypothese ist die Strukturierung einer Organisation nur dann effizient, wenn sich die Umweltsituation, in der sich eine Organisation befindet, ihre Strategie sowie ihre Struktur entsprechen (vgl. Mintzberg, 1979: S. 219). Zusätzlich konnte von verschiedenen Autoren gezeigt werden, dass nur eine endliche Anzahl von Kombinationen aus verschiedenen Umweltsituationen, Strategien und Strukturen existiert, die diese Hypothese erfüllen (vgl. Miller, 1981: S. 3). Eine entsprechende Kombination stellt eine passende *Konfiguration* einer Institution dar. In der Literatur sind sowohl für Organisationen (vgl. bspw. Miles u. a., 1978: S. 550) als auch bereits für Supply Chains (vgl. Neher, 2005: S. 77) Bezugsrahmen verfügbar, in denen passende Konfigurationen anhand konsistenter Ausprägungen von ausgewählten Kontingenzfaktoren und Gestaltungsparametern beschrieben werden.

Ergänzend fokussieren andere Beiträge auf verschiedene Systemeigenschaften sowie deren Wechselwirkungen, die sich im Hinblick auf Organisationen oder Supply Chains aus den Ausprägungen insbesondere ihrer Gestaltungsparameter von Strategie und Struktur ergeben. Mit Bezug auf Risiken in Organisationen bzw. Supply Chains werden in der Literatur die Eigenschaften Verwundbarkeit (vgl. bspw. Hendricks, Singhal, 2005: S. 50–51) und Widerstandsfähigkeit (vgl. bspw. Stewart u. a., 2009: S. 349) eines Systems sowie seine Komplexität und Abhängigkeit (vgl. bspw. Baumann u. a., 2006: S. 67) betrachtet. Die Verwundbarkeit eines Systems beschreibt seine Neigung, bei Eintreten eines Ereignisses oder einer Entwicklung negative Auswirkungen zu erfahren (vgl. Svensson, 2002a: S. 112). Auch das Verhältnis zwischen dem Ausmaß einer Störung und ihren Konsequenzen ist ein Bestandteil dieses Begriffs. Anzumerken ist, dass eine Supply Chain gegenüber verschiedenen Risiken nicht im gleichen Maße verwundbar ist (Manuj, Mentzer, 2008a: S. 145). Die Verwundbarkeit einer Supply Chain gegenüber einem spezifischen Risiko scheint vielmehr von diesem Risiko selber bzw. ihrer Konfiguration abhängig zu sein. Zur Steuerung der Verwundbarkeit bedarf es daher eines integrierten Managementansatzes, der Kultur, Struktur und Wettbewerbsfaktoren einer Supply Chain sowie ihrer Branche berücksichtigt (vgl. Jüttner, 2005: S. 135).

Ähnlich wie Verwundbarkeit wird auch Widerstandsfähigkeit von einigen Autoren bereits mit Bezug auf Risiken in Wertschöpfungsnetzwerken verwendet (vgl. Ponomarov, Holcomb, 2009: S. 131). Obwohl Widerstandsfähigkeit in anderen Wissensgebieten nicht immer systemisch definiert wird, verhält sich das Konzept in Bezug auf

Supply Chains spiegelbildlich zu dem Begriff der Verwundbarkeit (vgl. Bogataj, Bogataj, 2007: S. 291). Widerstandsfähigkeit beschreibt die Fähigkeit eines Systems mit Störungen umzugehen, wobei der Begriff sowohl Stabilität als auch Adaptivität umfasst. Auch das in der Literatur gelegentlich verwendete Konzept der *Robustheit*, das ähnlich dem Stabilitätsbegriff die Fähigkeit eines Systems beschreibt, eine Störung zu ertragen (vgl. Zsidisin u. a., 2005: S. 3404), ist ein Bestandteil der Widerstandsfähigkeit. Aus einer systemischen Perspektive wird in der Literatur zur Steuerung von Supply-Chain-Risiken anstatt eines prozessualen Vorgehens vereinzelt eine Umgestaltung von Wertschöpfungsnetzwerken zur bewussten Manipulation ihrer Verwundbarkeit bzw. Widerstandsfähigkeit vorgeschlagen (vgl. Christopher, Peck, 2004: S. 7). Entsprechende Ansätze zielen auf eine Eindämmung derjenigen Supply-Chain-Risiken ab, die aufgrund ihrer geringen Eintrittswahrscheinlichkeit im Rahmen eines prozessualen Vorgehens häufig nicht berücksichtigt werden können. Im Rahmen dieser Ansätze wird zwar häufig exemplarisch auf einige Effekte ausgewählter Gestaltungsparameter auf den Grad der Verwundbarkeit bzw. Widerstandsfähigkeit einer Supply Chain hingewiesen, eine systematische Betrachtung dieser Zusammenhänge erfolgt jedoch selten (vgl. bspw. Norrman, Jansson, 2004: S. 434).

Die Zusammenhänge zwischen einzelnen Gestaltungsparametern und der Verwundbarkeit werden in der Literatur entweder als direkte Effekte oder als mehrstufige Ursache-Wirkungs-Beziehungen unter Berücksichtigung weiterer Systemeigenschaften beschrieben. In Bezug auf Organisationen bzw. Supply Chains werden im Rahmen von mehrstufigen Ursache-Wirkungs-Beziehungen häufig die Eigenschaften Komplexität und Abhängigkeit genannt, die mögliche Effekte verschiedener Gestaltungsparameter auf die Verwundbarkeit bündeln (vgl. bspw. Prud'homme, Zsidisin, 2007: S. 7). Da die Ausprägungen beider Eigenschaften sowohl von der Gestalt eines Systems bestimmt werden als auch gleichzeitig den Grad der Verwundbarkeit dieses Systems beeinflussen, entstehen Zusammenhänge zwischen verschiedenen Gestaltungsparametern und der Verwundbarkeit. Zur Fundierung insbesondere der Effekte von Komplexität und Abhängigkeit führen einige Autoren die Theorie von den normalen Katastrophen aus der Organisationsforschung an (vgl. Ojha, Gokhale, 2009: S. 346). Nach dieser Theorie sind in gleichzeitig komplexen und eng gekoppelten Systemen Katastrophen unvermeidlich, also normal (vgl. Perrow, 1987: S. 138). Die Zulässigkeit einer Adaption dieser Theorie auf Supply Chains konnte jedoch noch nicht nachgewiesen werden (vgl. Bode, Wagner, 2010: S. 18). Zudem steht eine Identifikation derjenigen Gestaltungsparameter, die jeweils zu hohen Graden von Komplexität bzw. Abhängigkeit führen, noch genauso aus, wie eine differenzierte Betrachtung der Effekte beider Systemeigenschaften auf die Verwundbarkeit einer Supply Chain. Auch empirische Untersuchungen dieser Zusammenhänge sind bisher nur vereinzelt verfügbar.

Aufgrund der veränderten Gestalt von Wertschöpfungsnetzwerken steigt die Anzahl verschiedenartiger Ereignisse, deren Eintreten in Bezug auf diese Systeme zu negativen Auswirkungen führen kann, an. Vor diesem Hintergrund sowie unter Berücksichtigung der Beobachtung, dass viele dieser Ereignisse lediglich mit einer sehr geringen Wahrscheinlichkeit eintreten, weisen verfügbare Ansätze zur Risikosteuerung, die häufig im Rahmen eines klassischen Managementprozesses auf die Eindämmung einzelner Risiken fokussieren, methodische Defizite auf. In der Literatur wird deswegen auf Grundlage einer systemischen Perspektive als zusätzlicher Ansatz zur Risikosteuerung die Reduzierung der Verwundbarkeit von Supply Chains vorgeschlagen (vgl. Tang, 2006b: S. 43). Nach der Theorie von den normalen Katastrophen steigt die Verwundbarkeit eines Systems mit seiner Komplexität sowie mit der Abhängigkeit zwischen seinen Elementen an, sodass in hoch komplexen und gleichzeitig eng gekoppelten Systemen Katastrophen unvermeidlich sind. Obwohl diese Theorie in der Literatur vereinzelt von Organisationen auf Supply Chains portiert wird, steht der Nachweis ihrer Übertragbarkeit noch aus. Auch unabhängig von dieser Theorie existieren in der Literatur zahlreiche Hinweise darauf, dass die Anwesenheit von Komplexität oder Abhängigkeit die Verwundbarkeit einer Supply Chain erhöht (vgl. bspw. Kersten u. a., 2007: S. 1161). Komplexität und Abhängigkeit werden als interne Eigenschaften von der Gestalt eines Systems bestimmt, sodass im Rahmen der Gestaltung einer Supply Chain eine Berücksichtigung der mehrstufigen Ursache-Wirkungs-Beziehungen eine Reduzierung ihrer Komplexität bzw. Abhängigkeit sowie mittelbar ihrer Verwundbarkeit ermöglicht. Eine vollständige Beschreibung der in diesem Zusammenhang relevanten Gestaltungsparameter sowie ein Nachweis ihrer jeweiligen Effekte sind in der Literatur noch nicht verfügbar.

1.2. Zielsetzung

Die dargestellte Ausgangsituation zeigt, dass eine Reduzierung der Verwundbarkeit ein wesentliches Instrument zur Eindämmung von Risiken in Supply Chains darstellen kann. Insbesondere die hohe Anzahl von möglichen Störungen sowie die methodischen Defizite klassischer Ansätze lassen ein solches Vorgehen für Unternehmen interessant erscheinen. Die sich aus diesem Vorgehen ergebende Gestaltungsaufgabe ist jedoch komplex, da die Gestalt eines Wertschöpfungsnetzwerks als Auslöser einer zunehmenden Verwundbarkeit nach der Konsistenz-Effizienz-Hypothese wechselseitig mit seiner Umweltsituation verknüpft ist. Zudem sind bisher weder die wesentlichen Gestaltungsparameter abschließend identifiziert noch ist in der Literatur ein allgemeines Verständnis über den Zusammenhang verschiedener Systemeigenschaften und Konzepte mit Bezug zu dem Risikobegriff erkennbar.

Vor diesem Hintergrund soll die vorliegende Arbeit zu einer *Konzeptualisierung einer systemischen Perspektive auf Supply Chain Risiken* als Alternative zu klassischen Ansätzen der Risikosteuerung beitragen. Insbesondere die Ableitung eines *Bezugsrahmens der relevanten Konzepte* sowie die *Identifikation und empirische Analyse wesentlicher Gestaltungsparameter und ihrer Ursache-Wirkungs-Beziehungen* stehen in ihrem Fokus. In diesem Zusammenhang erscheint es erforderlich, den Einfluss der Supply-Chain-Konfiguration sowie wesentliche ihrer Gestaltungsparameter auf die Systemeigenschaften Komplexität, Abhängigkeit und Verwundbarkeit zu analysieren und die Effekte dieser Faktoren mit Verfahren der schließenden Statistik nachzuweisen. Bestehende Lücken in der systemischen Betrachtung von Supply Chains auf theoretischer und normativer Ebene erfordern zudem eine Analyse von entsprechenden Konzepten in *anderen Wissensgebieten*, die ebenfalls eine systemische Perspektive auf ihren jeweiligen Betrachtungsgegenstand aufweisen. Auch die Analyse der Übertragbarkeit der *Theorie von den Normalen Katastrophen* auf Supply Chains sowie eine *differenzierte Betrachtung verschiedener Verwundbarkeitsdimensionen* erscheint zum Erreichen dieser Zielsetzung erforderlich.

Präzisierend lassen sich aus diesen Zielsetzungen sowie vor dem Hintergrund des aktuellen Stands der Forschung drei Forschungsfragen ableiten, deren Beantwortung die vorliegende Arbeit vorrangig dienen soll. Da in der Literatur im Hinblick auf Supply Chains die Definitionen und Umfänge der verschiedenen Konzepte mit Bezug zu Risiken uneinheitlich oder gar nicht beschrieben sind, können auch ihre Zusammenhänge bisher nur unscharf analysiert werden. Insbesondere die konzeptionelle Verbindung des klassischen Risikobegriffs mit den aus systemischer Perspektive relevanten Eigenschaften Risikoexposition, Verwundbarkeit und Widerstandsfähigkeit ist in der Literatur zu Wertschöpfungsnetzwerken bisher wenig diskutiert worden. Auch eine Einordnung dieser Systemeigenschaften in einen gemeinsamen Bezugsrahmen steht im Hinblick auf Wertschöpfungsnetzwerke noch weitgehend aus. Innerhalb eines solchen Bezugsrahmens würde die Kenntnis derjenigen Gestaltungsparameter, die aufgrund bestehender Ursache-Wirkungs-Beziehungen einen direkten oder mittelbaren Effekt auf ihre Verwundbarkeit aufweisen, eine weitere theoretische Grundlage des systemischen Vorgehens zur Eindämmung von Risiken in Supply Chains bilden. Verschiedene Autoren identifizieren in diesem Zusammenhang exemplarisch einige Gestaltungsparameter bzw. deren Ausprägungen, denen sie häufig unter Verzicht auf systematische Analysen einen verstärkenden Effekt auf die Verwundbarkeit von Supply Chains oder auf ähnliche Konzepte zuordnen. Die erste Forschungsfrage der vorliegenden Arbeit lautet daher:

Welche Ursache-Wirkungs-Beziehungen bestehen zwischen Konfiguration und Verwundbarkeit einer Supply Chain?

In der Literatur sind die Auswahl der im Hinblick auf Verwundbarkeit untersuchten Gestaltungsparameter sowie die Beschreibung ihrer jeweiligen Effekte uneinheitlich. Während einige Autoren direkte Effekte dieser Parameter auf die Verwundbarkeit beschreiben, postulieren andere die Existenz mehrstufiger Ursache-Wirkungs-Beziehungen aus Gestaltungsparametern, Komplexität bzw. Abhängigkeit sowie Verwundbarkeit. Eine einheitliche Zuordnung der Effekte einzelner Gestaltungsparameter auf Komplexität oder Abhängigkeit ist innerhalb der zweiten Gruppe jedoch nicht erkennbar. Insgesamt besteht eine Vielzahl von Ansätzen, die auch aufgrund des Fehlens eines allgemein anerkannten Bezugsrahmens zu Risiko und Verwundbarkeit, nicht erkennbar konvergieren. Aufgrund dieses Fehlens einer allgemein anerkannten, theoretischen Grundlage finden sich in der Literatur empirische Untersuchungen zu möglichen Treibern der Verwundbarkeit einer Supply Chain nur selten. Insbesondere Analysen, in denen verschiedenen Einflussfaktoren oder mehrstufige Ursache-Wirkungs-Beziehungen betrachtet werden, fehlen fast vollständig. Die zweite, empirisch zu beantwortende Forschungsfrage lautet daher:

Welche direkten und indirekten Effekte erhöhen die Verwundbarkeit einer Supply Chain?

Neben der Beschreibung und Validierung von Einflussfaktoren sowie ihren wechselseitigen Ursache-Wirkungs-Beziehungen soll im Rahmen dieser Arbeit ein weiterer Beitrag zur Konzeption eines systemischen Vorgehens zur Eindämmung von Supply-Chain-Risiken erfolgen. In diesem Zusammenhang sollen auf den konzeptionellen Erkenntnissen zur Beantwortung der ersten Forschungsfragen bzw. den empirischen Analysen im Zusammenhang mit der zweiten Forschungsfrage Gestaltungsempfehlungen skizziert werden, deren Umsetzung auf eine Reduzierung der Verwundbarkeit einer Supply Chain abzielt. Die Identifikation einer widerstandsfähigen Supply-Chain-Struktur oder die Beschreibung eines Transformationsprozesses kann jedoch aufgrund der Individualität der jeweils betrachteten Systeme nicht Bestandteil der vorliegenden Arbeit sein. Die dritte Forschungsfrage wird daher möglichst offen formuliert und lautet:

Wie kann die Verwundbarkeit einer Supply Chain reduziert werden?

Die empirischen Analysen zur Beantwortung dieser Forschungsfragen erfordern aufgrund der hohen Anzahl möglicher Einflussfaktoren als Forschungsmethode die Auswahl eines multivariaten Analyseverfahrens. Die durchgeführten Literaturanalysen zu Wertschöpfungsnetzwerken und Risikokonzepten werden zudem den Bedarf nach einem Verfahren begründen, das mehrstufige Ursache-Wirkungs-Zusammenhänge abbilden kann. Im Vorgriff auf die Betrachtungen zur Verfahrensauswahl ist festzustellen, dass die Anforderungen die Durchführung einer Kausalanalyse bzw. die Formulierung eines Strukturgleichungsmodells erfordern. Die Erkenntnisse aus dieser Analyse sollen durch das Aufzeigen und Nachweisen wesentlicher Zusammenhänge dazu beitragen, eine Empfehlung für ein strategisches Vorgehen zur Reduzierung von Verwundbarkeit abzuleiten. Dieses Vorgehen stellt einen Baustein eines noch zu entwickelnden systemischen Ansatzes zur Eindämmung von Supply-Chain-Risiken dar.

1.3. Aufbau der Arbeit

Die vorliegende Arbeit gliedert sich entsprechend des Gangs der Untersuchung zur Erreichung der Zielsetzung in sieben Abschnitte (vgl. Abbildung 1), die neben inhaltlichen und methodischen Grundlagen die Synthese eines Modells sowie seine empirische Analyse umfassen. Der aktuelle Abschnitt 1 bildet die *Einleitung* der vorliegenden Arbeit, die neben einer Schilderung ihrer Ausgangssituation eine Erläuterung ihrer Zielsetzung sowie die Darstellung des Aufbaus dieser Arbeit enthält.

In den drei im Anschluss an diese Einleitung folgenden Abschnitten werden als Grundlage der konzeptionellen und empirischen Analysen Stand der Forschung zu den Themengebieten *Wertschöpfungsnetzwerke* (vgl. Abschnitt 0), *Risikokonzepte in Bezug auf Supply Chains* (vgl. Abschnitt 1) sowie *Kausalanalysen* (vgl. Abschnitt 0) zusammengefasst. Anzumerken ist, dass die Begriffe Supply Chain und Wertschöpfungsnetzwerk im Folgenden synonym verwendet werden.

Die inhaltlichen Grundlagen werden in den beiden folgenden Abschnitten eingeführt. Im ersten Teil wird nach der Beschreibung und Abgrenzung von Wertschöpfungsnetzwerken als Betrachtungsgegenstand der vorliegenden Arbeit (vgl. Abschnitt 2.1) der aktuelle Stand der Forschung zur Steuerung (vgl. Abschnitt 2.2) sowie aufbauend auf einer Abgrenzung der Begriffe Strategie und Struktur (vgl. Abschnitt 2.3) auch zur Gestaltung von Supply Chains nach der Konsistenz-Effizienz-Hypothese (vgl. Abschnitt 2.4) eingeführt.

Im zweiten Teil der inhaltlichen Grundlagen werden verschiedene in Bezug zu Risiko in Supply Chains stehende Konzepte eingeführt (vgl. Abschnitt 1). Da die Begriffsumfänge dieser Konzepte in der Literatur zu Supply Chains und ihrer Steuerung jedoch häufig unscharf sind, wird in diesem Abschnitt teilweise auf Erkenntnisse aus weiteren Bereichen der *betriebswirtschaftlichen Forschung oder anderen Wissensgebieten* zurückgegriffen (vgl. Abschnitt 3.1). Nach einer Ableitung des Begriffs *Supply-Chain-Risiko* (vgl. Abschnitt 3.2) werden die Konzepte *Verwundbarkeit* (vgl. Abschnitt 3.4), *Widerstandsfähigkeit* (vgl. Abschnitt 3.5) sowie *Risikoexposition* (vgl. Abschnitt 3.6) in Bezug auf Wertschöpfungsnetzwerke definiert und genauer beschrieben. Bestandteil der Betrachtungen zur Verwundbarkeit ist ebenfalls die Einführung der *Theorie von den Normalen Katastrophen* sowie des *Konzepts der hochzuverlässigen Organisationen* (vgl. Abschnitt 3.3).

Im Anschluss an die beiden Abschnitte zu den inhaltlichen Grundlagen wird als methodisches Fundament dieser Arbeit der Stand der Forschung zu dem multivariaten Verfahren der *Kausalanalyse* beschrieben (vgl. Abschnitt 0). Anzumerken ist, dass in wissenschaftlichen Arbeiten die Auswahl der Forschungsmethode an der Problemstellung orientiert zu erfolgen hat (vgl. Blaxter u. a., 2010: S. 80). Im Hinblick auf die vorliegende Arbeit lässt sich bereits aus der formulierten Zielsetzung der Bedarf nach einem multivariaten statistischen Analyseverfahren ableiten. Die Auswahl eines Verfahrens aus dieser Gruppe erfordert darüber hinaus jedoch neben der Berücksichtigung der Problemstellung auch die Kenntnis von Anzahl und Art der abzubildenden Modellzusammenhänge sowie der Variablenstruktur im resultierenden Modell (vgl. Hair u. a., 2006: S. 14). Da die Modellstruktur jedoch wiederum von dem ausgewählten statistischen Verfahren determiniert wird, ergibt sich auch im Hinblick auf die vorliegende Arbeit ein iteratives Vorgehen zwischen Verfahrensauswahl (vgl. Abschnitt 0) und Modellformulierung (vgl. Abschnitt 1). Vor diesem Hintergrund entspricht der Aufbau der vorliegenden Arbeit nicht dem Gang der Untersuchung, sondern wurde aus formalen Gründen gewählt, um den Stand der Forschung in einem geschlossenen Teil darstellen zu können. Die *Auswahl der Kausalanalyse* erfolgt im Vorgriff auf die Modellformulierung (vgl. Abschnitt 1) anhand eines gängigen *Entscheidungsbaums* (vgl. Abschnitt 4.1). Die methodischen Grundlagen zur Anwendung der Kausalanalyse werden im weiteren Verlauf eingeführt (vgl. Abschnitt 4.1.4), wobei nach einem Verfahrensvergleich *das LISREL-Verfahren* zur Anpassung des Modells ausgewählt wird. Neben methodischen Grundlagen zur Anwendung des Verfahrens werden verschiedene *lokale und globale Gütemaße* zur Bewertung der Anpassungsgüte aus der Literatur identifiziert und hinsichtlich ihrer Aussagekraft und ihrer Grenzwerte diskutiert (vgl. Abschnitt 4.3).

In *Abschnitt 1* werden die inhaltlichen und methodischen Grundlagen dieser Arbeit zu einem *Bezugsrahmen* kombiniert, der aus systemischer Perspektive wesentliche Zusammenhänge zwischen dem aggregierten Risiko eines Wertschöpfungsnetzwerks sowie seiner Gestaltung umfasst (vgl. Abschnitt 5.1). Innerhalb dieses Bezugsrahmens wird in Anlehnung an die Zielsetzung der vorliegenden Arbeit ein Strukturmodell der Ursache-Wirkungs-Beziehungen im Zusammenhang mit der Verwundbarkeit von Supply Chains abgeleitet (vgl. Abschnitt 5.2). Formal umfasst das Strukturmodell die betrachteten Faktoren, beispielsweise Verwundbarkeit oder Komplexität, sowie ein mehrstufiges Hypothesensystem zur Abbildung der Effekte zwischen diesen Faktoren. Das Modell stellt eine Basis der nachfolgenden Kausalanalyse dar. Neben einem Strukturmodell werden zur empirischen Messung der betrachteten Faktoren Messmodelle benötigt, in denen den oftmals latenten Faktoren mithilfe von Messhypothesen verschiedene Indikatoren zugeordnet werden. Die Auswahl der Indikatoren sowie die Formulierung der jeweiligen Messhypothesen erfolgt auf Grundlage bereits bestehender Forschungsarbeiten aus der Literatur (vgl. Abschnitt 5.3). Zusammen werden die Messmodelle der einzelnen Faktoren als vollständiges Messmodell bezeichnet. Die Kombination von Struktur- und vollständigem Messmodell ergibt das Strukturgleichungsmodell, dessen Parameter auf Grundlage von empirischen Daten geschätzt werden können.

Die Durchführung der empirischen Analyse dieses Strukturmodells wird im Folgenden Abschnitt 0 dargestellt. Den ersten Schritt dieser empirischen Analyse bildet die *Beschaffung von empirischen Rohdaten* zur Schätzung der Parameter des Strukturgleichungsmodells (vgl. Abschnitt 6.1). Die Datenbeschaffung wurde mithilfe eines *schriftlichen Erhebungsinstruments* durchgeführt, wobei Unternehmen aus den Beschaffungs- und Produktionsnetzwerken der *deutschen Windenergiebranche* als Zielgruppe bestimmt wurden. Im Anschluss an die Datenbeschaffung wurde als zweiter Schritt der empirischen Analyse eine Ergänzung der Rohdaten mithilfe eines Imputationsverfahrens durchgeführt (vgl. Abschnitt 6.2). Eine Datenaufbereitung wird bei der Anwendung eines multivariaten Analyseverfahrens auf empirisch gewonnene Daten üblicherweise erforderlich, da diese Verfahren vollständige Datensätze erfordern, empirische Datensätze jedoch aufgrund nicht gegebener oder unvollständiger Antworten *fehlende Werte* aufweisen. Den dritten Schritt der empirischen Analyse bildet die Bestimmung eines *Schätzverfahrens*, das im Rahmen der folgenden Kausalanalyse sowie den durchzuführenden konfirmatorischen Faktoranalysen verwendet wird. Die Auswahl des Schätzverfahrens wird von der *Verteilung* und *Anzahl* der zur Verfügung stehenden Daten determiniert (vgl. Abschnitt 6.3).

Mithilfe des ausgewählten Schätzverfahrens beginnt im vierten Schritt auf Grundlage der ergänzten Datenmatrix die Analyse des Strukturgleichungsmodells, wobei zunächst für jeden Faktor die *Validität seines Messmodells* mithilfe verschiedener Gütekriterien aus den erhobenen Daten nachgewiesen wird. Da Faktoren, für die kein ausreichend valides Messmodell besteht, von den weiteren Analysen ausgeschlossen werden müssen, resultiert aus diesem Analyseschritt auch eine Reduzierung des ursprünglichen, aus der Literatur abgeleiteten Strukturgleichungsmodells (vgl. Abschnitt 6.4). Auf Grundlage des reduzierten Strukturgleichungsmodells erfolgte im fünften Analyseschritt mit der *Parameterschätzung* nach dem LISREL-Verfahren die Anpassung des reduzierten Strukturgleichungsmodells an die erhobenen Daten. Die Parameterschätzungen bzw. ihre empirischen Signifikanzniveaus werden zum *Test der Hypothesen* zu den abgeleiteten Ursache-Wirkungs-Beziehungen hinsichtlich der strukturellen Verwundbarkeit von Wertschöpfungsnetzwerken verwendet. Aufbauend auf den Ergebnissen dieser Tests wird eine *modifizierte Form des Strukturgleichungsmodells* mit zusätzlichen Effekten entwickelt und nochmals angepasst (vgl. Abschnitt 6.5). Die empirische Analyse der vorliegenden Arbeit schließt mit einer Interpretation ihrer Ergebnisse. Aufbauend auf die durchgeführte Kausalanalyse sowie ergänzende Beiträge anderer Autoren werde *Gestaltungsempfehlungen* für weniger verwundbare Wertschöpfungsnetzwerke abgeleitet und in einem strategischen *Vorgehen* zur Reduzierung von Verwundbarkeit in Supply Chains zusammengefasst (vgl. Abschnitt 6.6.8).

Im letzten Abschnitt der vorliegenden Arbeit werden im Rahmen einer Schlussbetrachtung ihre konzeptionellen und empirischen Ergebnisse zusammengefasst (vgl. Abschnitt 7.1) sowie Grenzen der Untersuchung bzw. weiterer Forschungsbedarf aufgezeigt (vgl. Abschnitt 7.2).

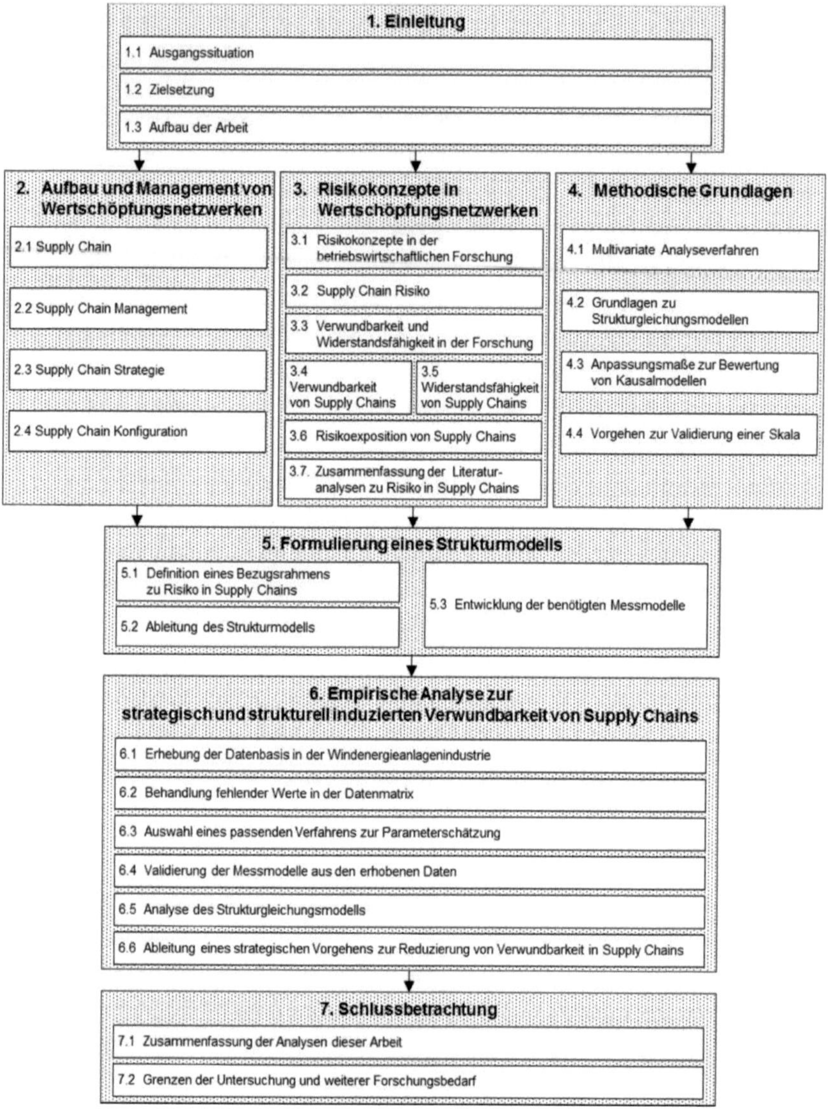

Abbildung 1: Aufbau der Arbeit
(eigene Darstellung)

2. Aufbau und Management von Wertschöpfungsnetzwerken

In diesem Abschnitt wird der Stand der Forschung zum Aufbau und dem Management von Wertschöpfungsnetzwerken analysiert. Hierfür wird zunächst der Begriff *Supply Chain* als Betrachtungsgegenstand der vorliegenden Arbeit definiert und abgegrenzt (vgl. Abschnitt 2.1). Die Einführung einer Segmentierung von Supply Chains erfolgt bereits im Hinblick auf eine spätere, an den gebildeten Teilnetzwerken orientierte Betrachtung von Verwundbarkeit. Aufbauend auf den Erkenntnissen zu Supply Chains werden Ansätze zur Gestaltung sowie zum Betrieb von Wertschöpfungsnetzwerken betrachtet sowie der zugehörige Begriff *Supply-Chain-Management* definiert (vgl. Abschnitt 2.2). Die zu diesem Zweck eingeführten Grundlagen der *Systemtheorie* bzw. zu *systemtheoretischen Managementansätzen* bilden gleichzeitig das Fundament der systemischen Perspektive dieser Arbeit (vgl. Abbildung 2).

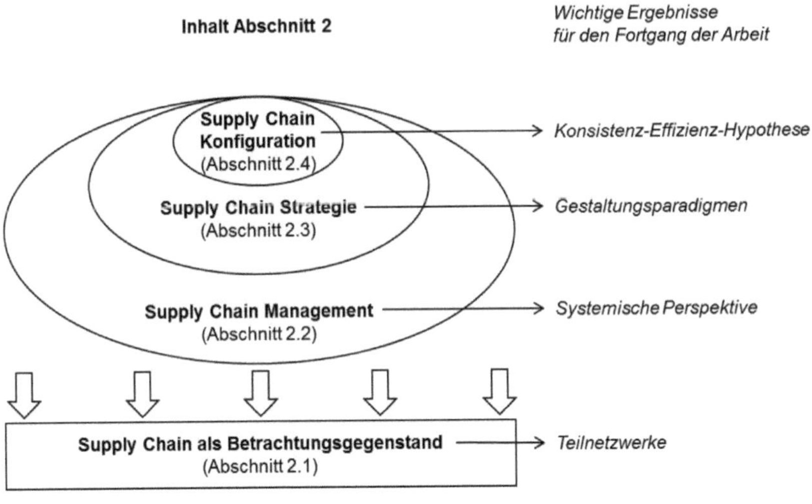

Abbildung 2: Inhalt und Aufbau von Abschnitt 0
(eigene Darstellung)

Innerhalb des eingenommenen systemischen Supply-Chain-Managementbegriffs wird im Folgenden auf den Teilbereich der Supply-Chain-Strategie fokussiert (vgl. Abschnitt 2.3). Neben einer Definition und Abgrenzung von Strategie und Struktur werden im Hinblick auf Supply Chains wesentliche Paradigmen der Strategieformulierung eingeführt, an denen orientiert jede Supply-Chain-Gestaltung erfolgt. Abschließend wird innerhalb der Supply-Chain-Strategie eine Übertragung des Konfigurationsansatzes auf Wertschöpfungsnetzwerke betrachtet sowie eine Literaturauswertung zu bereits bestehenden Konfigurationsansätzen durchgeführt (vgl. Abschnitt 2.1.4). Die im Rahmen des Konfigurationsansatzes eingeführte Konsistenz-Effizienz-Hypothese stellt eine wesentliche Grundlage der späteren Modellformulierung dar.

2.1. Supply Chain als Betrachtungsgegenstand

2.1.1. Definition und Abgrenzung des Begriffs Supply Chain

Im folgenden Kapitel soll der Begriff des Wertschöpfungsnetzwerks untersucht werden. Anzumerken ist bereits an dieser Stelle, dass in der vorliegenden Arbeit die Begriffe Wertschöpfungsnetzwerk und Supply Chain, in Anlehnung beispielsweise an Schönsleben (2007), *synonym* verwendet werden. Da der Begriff des Wertschöpfungsnetzwerks die Grundlage für die später folgenden Erörterungen zum Ansatz des Supply-Chain-Managements darstellt, erscheint in diesem Zusammenhang eine genauere Betrachtung von Wertschöpfungsnetzwerken sowie eine Abgrenzung gegenüber verwandten Konzepten angebracht.

Wörtlich kann Supply Chain mit *Versorgungskette* übersetzt werden, was impliziert, dass es sich bei einer solchen Kette um ein lineares Gebilde zur Versorgung eines Unternehmens handelt. Christopher stellt in diesem Zusammenhang jedoch fest, dass dieses Verständnis dem Umfang des Konzeptes nicht mehr gerecht wird, da sowohl die Beschränkung auf die Versorgungsseite als auch auf eine lineare Struktur nicht der gängigen Unternehmenspraxis entspricht (vgl. 2005: S. 5). Zu einer genaueren Beschreibung des Konzepts existiert insbesondere im angelsächsischen Sprachraum eine Vielzahl von Definitionen (vgl. Tabelle 1).

From an analytical point of view, a supply chain is simply a network of material processing cells with the following characteristics: supply, transformation, and demand. (Davis, 1993: S. 37)
Normally, several independent firms are involved in manufacturing a product and placing it in the hands of the end user. The set of firms which pass these materials forward can be referred to as a supply chain. Supply chains for technologically complex products may involve scores or hundreds of firms. (La Londe, Masters, 1994: S. 38)
Supply chain is a network of entities that starts with the suppliers' suppliers and ends with the customers' customers for the production and delivery of goods and services. (Lee, Ng, 1997: S. 191)
The supply chain, which is a part of the marketing channel, should be regarded as a single entity (Alderson, 1965), a super-organisation (Stern u. a., 1995) or a social system (Balderston, 1964) that consists of a number of interdependent firms that are involved in the task of the distribution of products to the ultimate consumers (Svensson, 2000: S. 733) .
A supply chain is defined as a set of three or more entities (organizations or individuals) directly involved in the upstream and downstream flows of products, services, finances, and/or information from a source to a customer. (Mentzer u. a., 2001: S. 4)
A supply chain is a global network of organizations that cooperate to improve the flow of material and information between suppliers and customers at the lowest cost and highest speed. The objective of a supply chain is customer satisfaction. (Govil, Proth, 2002: S. 7)
The supply chain, which is also referred to as the logistical network, consists of suppliers, manufacturing centres, warehouses, distribution centres, and retail outlets, as well as raw material, work-in-process inventory, and finished products that flow between the facilities. (Simchi-Levi u. a., 2003b: S. 1)
In modern economies, the production of goods entails the coordinated effort of manufacturers, transporters and distributors spread across the globe. This symphony of actions, which delivers products to consumers, is called the supply chain. For complex products, [...], the supply chain comprises a deep and intricate web. (Hall, 2003: S. 561)
A supply chain is a group of partners who collectively convert a basic commodity (upstream) into a finished product (downstream) that is valued by end-customers, and who manage returns at each stage. (Harrison, van Hoek, 2005: S. 7)
Eine Supply Chain bzw. ein Wertschöpfungsnetzwerk ist das globale Netzwerk, um Produkte und Dienstleistungen zu liefern, und zwar vom Rohmaterial bis hin zu den Verbrauchern, über einen organisierten Fluss Informationen, physischer Verteilung und Zahlung.(Schönsleben, 2007: S. 13)
A supply chain consists of all parties involved, directly or indirectly, in fulfilling a customer request. The supply chain includes not only the manufacturer and suppliers, but also transporters, warehouses, retailers, and even customers themselves. (Chopra, Meindl, 2007: S. 3)

Tabelle 1: Supply-Chain-Definitionen aus der Literatur

(eigene Darstellung)

Auch wenn sich die Definitionen des Konzepts in ihren genauen Formulierungen durchaus unterscheiden, beschreiben die meisten Autoren eine Supply Chain als ein *unternehmensübergreifendes Netzwerk*, dessen Elemente neben Herstellern auch ihre Lieferanten und Kunden umfassen. Zusätzlich inkludieren einige Autoren in ihre Definitionen einzelne logistische Elemente (vgl. Chopra, Meindl, 2007: S. 3), oder verwenden die beide Begriffe Supply Chain bzw. Logistiknetzwerk gänzlich synonym (vgl. Simchi-Levi u. a., 2003b). Die Verbindung zwischen den Elementen einer Supply Chain wird durch verschiedene Flüsse hergestellt, mit deren Hilfe entsprechende Objekte, beispielsweise Informationen oder Güter, zwischen den Unternehmen ausgetauscht werden (vgl. Tabelle 1). In diesem Zusammenhang erscheint in gängigen Definitionen der *Materialfluss strukturbestimmend* für eine Supply Chain zu sein (vgl. La Londe, Masters, 1994: S. 38). Obwohl neben dem Material- oftmals auch der Informations- und der Finanzfluss oder ihre jeweiligen Objekte in den Definitionen genannt werden (vgl. Tabelle 1), beschreibt die Integration eines Elements in den Materialfluss einer Supply Chain die Zugehörigkeit des Unternehmens zu einer Supply Chain eindeutig. Ein Unternehmen kann jedoch Element verschiedener Wertschöpfungsnetzwerke sein. Die Objekte, die zwischen den Unternehmen einer Supply Chain entlang der jeweiligen Flüsse ausgetauscht werden, können sich sowohl materialstromabwärts als auch -aufwärts bewegen (vgl. Mentzer u. a., 2001: S. 4). In Abbildung 3 sind anhand einer vereinfachten linearen Supply Chain beispielhaft der Material-, Informations- sowie der Finanzfluss mit einigen Ihrer Objekte dargestellt.

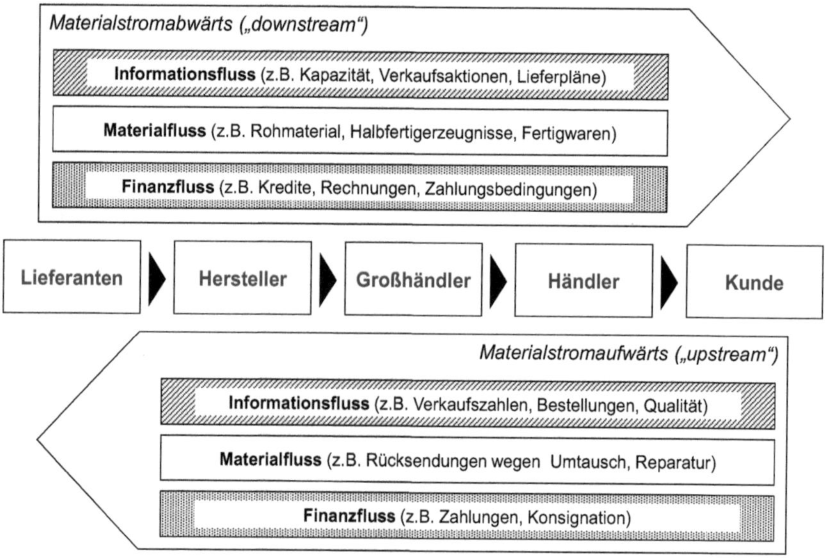

Abbildung 3: Wichtige Flüsse einer Supply Chain
(Eigene Darstellung nach Lee, 2000: S. 31)

Anzumerken ist, dass der Begriff der Supply Chain aufgrund seines unternehmensübergreifenden Betrachtungsgegenstands von dem Konzept der *Value Chain* nach Porter (1998a) abzugrenzen ist (vgl. Christopher, 2005: S. 14). Das Konzept der Value Chain stellt ein Modell für das Zusammenwirken verschiedener, funktionaler Elemente eines Unternehmens zur gemeinsamen Wertschöpfung dar und fokussiert auf die einheitliche strategische Ausrichtung dieser Elemente zur effizienten Umsetzung von generischen Wettbewerbsstrategien (vgl. Porter, 1998a).

2.1.2. Horizontaler Betrachtungsrahmen

Obwohl gängige Definitionen (vgl. Tabelle 1) die Zugehörigkeit eines Unternehmens zu einer Supply Chain durch seine Integration in den Materialfluss dieses Netzwerks eindeutig definieren (vgl. Abschnitt 2.1.1), betrachten viele Autoren aufgrund des Umfangs und der Komplexität dieser Systeme in ihren Beiträgen jeweils nur einen modellhaften Ausschnitt einiger Unternehmen einer Supply Chain. Die Anzahl von Unternehmen bzw. Ebenen, die Autoren in diesen Ausschnitt, der im Folgenden als horizontaler Betrachtungsrahmen bezeichnet wird, inkludieren, variiert in der Literatur jedoch erheblich. Mentzer u. a. (2001) stellen beispielsweise fest, dass eine Supply Chain aus mindestens drei Unternehmen besteht, während La Londe und Masters (1994) von Hunderten von Unternehmen sprechen. Chopra und Meindl (2007) sowie Christopher (2005) vermeiden genaue Angaben und betonen stattdessen, dass eine Supply Chain alle Organisationen umfasst, die an der Erfüllung des (End-) Kundenwunsches beteiligt sind, bzw. sich von den Rohstofflieferanten bis zu den Endkunden erstreckt.

Die Betrachtungsrahmen reichen damit vom Ideal einer *nahtlosen Supply Chain* (vgl. Towill, 1997: S. 37) entlang des gesamten Wertschöpfungsprozesses bis zur Betrachtung eines geringen Ausschnitts dieses Netzwerks, der nur die *direkten Lieferanten und Kunden* eines fokalen Unternehmens umfasst. Insgesamt haben sich in der Literatur, trotz grundsätzlich ähnlicher Definitionen (vgl. Tabelle 1), verschiedene Supply-Chain-Modelle mit abweichenden horizontalen Betrachtungsrahmen etabliert. In diesem Zusammenhang betonen Autoren, die am Materialfluss orientiert stets das gesamte Unternehmensnetzwerk in ihren Supply-Chain-Modellen betrachten, den Umstand, dass die Wertschöpfung eines Produkts mit der Rohstoffgewinnung beginnt und erst mit dem Konsum durch den finalen Kunden abgeschlossen wird (vgl. bspw. Schönsleben, 2007: S. 13). Die Grundlage dieser Modelle bildet die Überzeugung, dass in Bezug auf eine Supply Chain ein globales Optimum nur bei der Berücksichtigung aller in der Wertschöpfung involvierten Stufen erreicht werden kann (vgl. Christopher, 2005: S. 5).

Autoren, die in ihren Supply-Chain-Modellen nur einen *begrenzten Ausschnitt* des vollständigen Unternehmensnetzwerks inkludieren, berücksichtigen dagegen die Existenz einer sogenannten *Sichtbarkeitsgrenze* (vgl. Svensson, 2004b: S. 743). Die materialstromauf- bzw. -abwärts gelegenen Sichtbarkeitsgrenzen schließen in Bezug auf ein fokales Unternehmen einen Ausschnitt des Unternehmensnetzwerks ein, der diejenigen Elemente umfasst, mit denen für dieses Unternehmen aufgrund der Existenz eines ausreichenden Transparenzniveaus eine strategische bzw. operative Zusammenarbeit möglich erscheint (vgl. Abbildung 4). In diesen Modellen bezeichnet der Begriff Supply Chain demnach nicht das gesamte Unternehmensnetzwerk, das an der Erzeugung eines Gutes beteiligt ist, sondern nur den Teil, der tatsächlich von einem fokalen Unternehmen gesteuert bzw. direkt überwacht werden kann. Empirische Untersuchungen belegen in diesem Zusammenhang, dass die Sichtbarkeitsgrenzen in der Unternehmenspraxis sowohl materialstromaufwärts als auch -abwärts ein bis maximal zwei Stufen von dem fokalen Unternehmen entfernt liegen (vgl. Kersten u. a., 2006: S. 12).

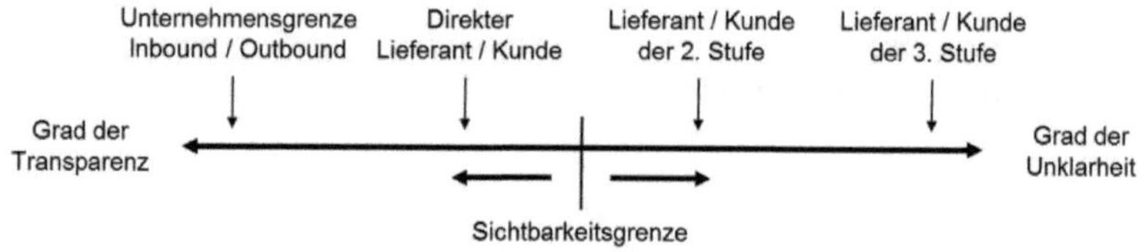

Abbildung 4: Sichtbarkeitsgrenze einer Supply Chain
(vgl. Svensson, 2004b: S. 743)

Auf Grundlage dieser Betrachtungsrahmen lassen sich verschiedene idealisierte Supply Chain Modelle formulieren, die Mentzer u. a. grob drei Klassen zuordnen (vgl. 2001: S. 4). Sie unterscheiden in diesem Zusammenhang zwischen einer *direkten Supply Chain*, die neben dem fokalen Unternehmen einen Lieferanten und einen Kunden umfasst, *der erweiterten Supply Chain*, die die gesamte Wertschöpfung entlang des Materialflusses von dem Rohstofferzeuger bis zum finalen Kunden abdeckt (vgl. bspw. Bowersox u. a., 2002: S. 6) sowie der sogenannten *ultimativen Supply Chain*, die neben den Unternehmen, die direkt an der Wertschöpfung beteiligt sind, auch weitere mittelbar involvierte Dienstleister einschließt (vgl. Abbildung 5). Festzustellen ist, dass Mentzer u. a. die Supply Chain Modelle in den verschiedenen horizontalen Betrachtungsrahmen jeweils linear darstellen und auf die Berücksichtigung der netzwerkartigen Struktur realer Systeme verzichten.

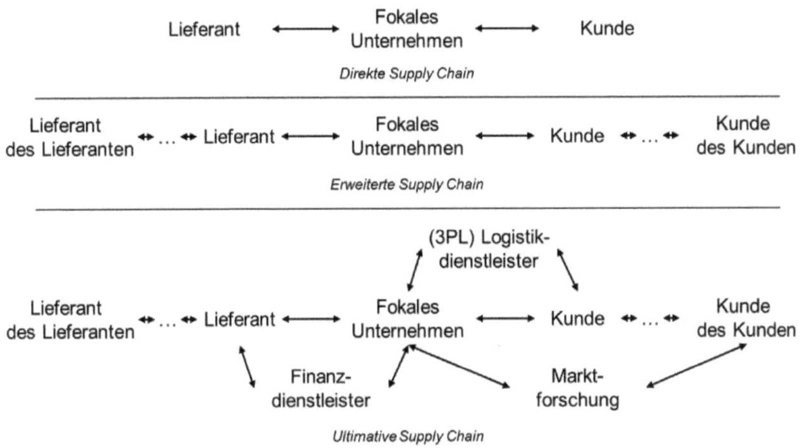

Abbildung 5: Verschiedene Betrachtungsrahmen einer Supply Chain
(vgl. Mentzer u. a., 2001: S. 5)

Die direkte Supply Chain stellt das einfachste und am stärksten von der tatsächlichen Gestalt realer Unternehmensnetzwerke abstrahierte Supply-Chain-Modell dar. Aufgrund der Vernachlässigung von indirekten Beziehungen eines Unternehmens zu entfernter liegenden Elementen eines Wertschöpfungsnetzwerks scheint dieses Modell jedoch für den Betrachtungsgegenstand dieser Arbeit nicht geeignet zu sein.

Weniger stark abstrahiert ist in diesem Zusammenhang das Modell der erweiterten Supply Chain, das einen, beispielsweise von Christopher verwendeten (vgl. 2005: S. 5), holistischen Betrachtungsrahmen aufweist, sodass auch indirekte Beziehungen abgebildet werden können. Da jedoch Mentzer u. a. im Rahmen dieses Modells auf eine Begrenzung des Betrachtungsrahmens im Sinne einer Sichtbarkeitsgrenze vollständig verzichten, erscheint auch das erweiterte Supply-Chain-Modell als Grundlage einer empirischen Analyse ungeeignet.

Der Betrachtungsrahmen der ultimativen Supply Chain entspricht grundsätzlich dem der erweiterten Supply Chain. Zusätzlich zu den Elementen des Materialflusses werden in diesem Modell auch Unternehmen wie beispielsweise Finanzdienstleister, die keinen Bestandteil des Materialflusses darstellen, berücksichtigt. Ein Vergleich der analysierten Supply-Chain-Definitionen bzw. ihrer jeweiligen Betrachtungsrahmen zeigt jedoch, dass lediglich Chopra und Meindl (2007) solche indirekten Elemente berücksichtigen (vgl. Tabelle 1). Durch die Integration dieser Unternehmen besteht zudem die Gefahr, dass der abgeleitete strukturgebende Einfluss des Materialflusses nur unscharf abgebildet werden kann (vgl. Abschnitt 2.1.1). Aufgrund des ebenfalls uneingeschränkten Betrachtungsrahmens sowie der fehlenden Fokussierung auf den Materialfluss erscheint auch dieses Supply-Chain-Modell für die vorliegende Arbeit ungeeignet.

Zwischen dem Betrachtungsrahmen der direkten und dem der erweiterten Supply Chain hat sich in der Literatur in Anlehnung an die tatsächlichen Sichtbarkeitsgrenzen in realen Unternehmensnetzwerken eine weitere Modellklasse etabliert. Modelle in diesem Betrachtungsrahmen umfassen eine Kette aus fünf Gliedern, die sich häufig vom Lieferanten des Lieferanten bis zum Kunden des Kunden eines fokalen Unternehmens erstreckt. Beispielsweise wählen der Supply Chain Council für sein SCOR Modell, das ein Prozessreferenzmodell einer Supply Chain darstellt (vgl. Supply Chain Council, 2005), oder Lambert u. a. für ihr häufig verwendetes Rahmenkonzept zum Supply-Chain-Management (vgl. 1998: S. 2) einen solchen Betrachtungsrahmen. Eine Variation dieses Modells entwickelt auch Lee, der in einem Beitrag zur Supply-Chain-Integration zwar ebenfalls ein Supply-Chain-Modell mit fünf Stufen verwendet, doch diesen Betrachtungsrahmen statt auf ein produzierendes Unternehmen auf einen Großhändler fokussiert (vgl. Lee, 2000: S. 2).

Nach dem Vergleich einiger in der Literatur verfügbarer Supply-Chain-Modelle und unter Berücksichtigung der realen Sichtbarkeitsgrenzen der Unternehmen erscheint eine Beschränkung des Betrachtungsrahmens auf eine Supply Chain mit fünf Stufen für eine empirische Analyse am ehesten geeignet zu sein. Aufgrund ihrer vereinfachten Darstellung von Wertschöpfungsnetzwerken als lineare Versorgungslinien wird jedoch weder das SCOR Modell noch das Rahmenkonzept von Lambert u. a. für die vorliegende Arbeit verwendet. Lambert u. a. führen in diesem Zusammenhang parallel zu ihrem Rahmenkonzept ein netzwerkartiges Supply-Chain-Modell ein, das auf der Versorgungsseite des fokalen Unternehmens einen von verschiedenen Lieferanten konvergierenden sowie auf der Nachfrageseite einen zu verschiedenen Kunden divergierenden Materialfluss aufweist (vgl. Abbildung 6).

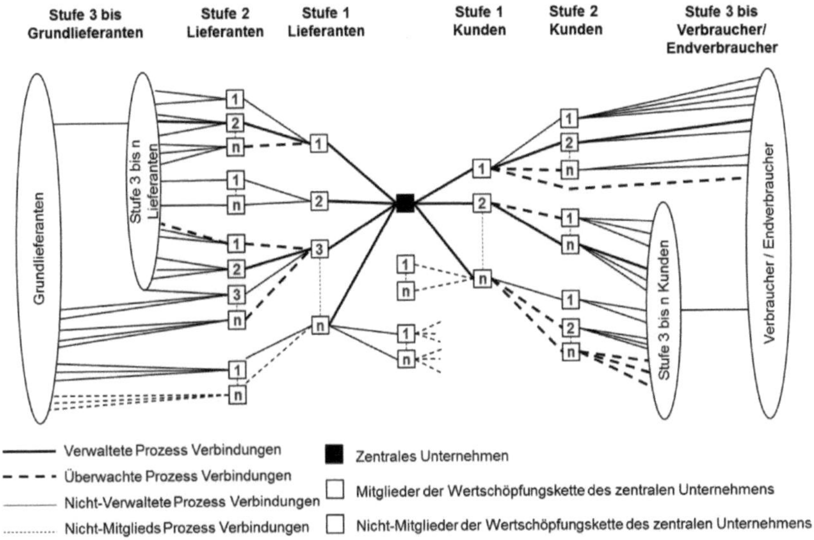

Abbildung 6: Struktur eines Wertschöpfungsnetzwerks
(vgl. Lambert u. a., 1998: S. 3)

Innerhalb dieses Modells, in dem ebenfalls fünf Stufen genauer betrachtet werden, differenzieren Lambert u. a. die Beziehungen zwischen den Elementen des Unternehmensnetzwerks nach dem Grad der Steuerbarkeit durch das fokale Unternehmen. Dieser Ansatz stellt eine Weiterentwicklung des Konzepts der Sichtbarkeitsgrenze dar, da Lambert u. a. durch die Differenzierung nach Steuerbarkeit für jede Versorgungslinie eines Unternehmensnetzwerks eine separate Grenze einführen. Aufgrund dieser Weiterentwicklung können sie auch bei der Berücksichtigung der realen Netzwerkstruktur den horizontalen Betrachtungsrahmen ihres Supply-Chain-Modells einschränken und innerhalb der inkludierten Stufen auf diejenigen Elemente des Unternehmensnetzwerks fokussieren, zu denen aktiv steuerbare bzw. überwachbare Beziehungen bestehen (vgl. 1998: S. 7). Eine Zusammenfassung der diskutierten Eigenschaften einiger Supply-Chain-Modelle ist in Tabelle 2 dargestellt.

Bezeichnung	Betrachtungs-umfang	Struktur	Sichtbarkeits-grenze	Umfang	Beziehungen
Direkte Supply Chain (Mentzer u. a., 2001)	3 Stufen	Linear	Ja	Elemente des Materialflusses	Einfach
Erweiterte Supply Chain (Mentzer u. a., 2001)	Rohstoffe bis Fertigwaren	Linear	Nein	Elemente des Materialflusses	Einfach
Ultimative Supply Chain (Mentzer u. a., 2001)	Rohstoffe bis Fertigwaren	Linear	Nein	Elemente des Materialflusses, Dienstleister	Einfach
SCOR Model (Supply Chain Council, 2005)	5 Stufen	Linear	Ja	Elemente des Materialflusses	Einfach
Rahmenkonzept (Lambert u. a., 1998)	5 Stufen	Linear	Ja	Elemente des Materialflusses	Einfach
Supply Chain Modell (Lee, 2000)	5 Stufen	Linear	Ja	Elemente des Materialflusses	Einfach
Allgemeines Supply Chain Modell (Bowersox u. a., 2002)	Rohstoffe bis Fertigwaren	Netzwerk	Nein	Elemente des Materialflusses	Einfach
Supply Chain Modell (Lambert u. a., 1998)	5 Stufen	Netzwerk	Ja	Elemente des Materialflusses	Differenziert

Tabelle 2: Gegenüberstellung verschiedener Supply-Chain-Modelle
(eigene Darstellung)

Da es das Modell von Lambert u. a. (1998) bei einer Fokussierung auf fünf Stufen erlaubt, die reale Struktur einer Supply Chain genauer abzubilden, wird dieses Supply-Chain-Modell für die vorliegende Arbeit als horizontaler Betrachtungsrahmen übernommen. Dagegen erfolgt die Definition der betrachteten Teilnetzwerke einer Supply Chain am allgemeinen Modell von Bowersox u. a. (2002) orientiert (vgl. Abschnitt 2.1.4).

2.1.3. Vertikale Betrachtungsebenen

Neben ihrem horizontalen Betrachtungsrahmen (vgl. Abschnitt 2.1.2) unterscheiden sich die verschiedenen Supply-Chain-Modelle auch in der organisatorischen Ebene der Elemente, auf die sich dieser Rahmen jeweils bezieht. Deutlich wird diese Unterscheidung bereits anhand der betrachteten Supply-Chain-Definitionen (vgl. Tabelle 1). Beispielsweise beschreiben Govil und Proth (2002) sowie auch schon La Londe und Masters (1994) die Elemente einer Supply Chain als Organisationen bzw. Unternehmen, während Davis seine Definition losgelöst von einer organisatorischen Zugehörigkeit auf der Ebene von Produktionszellen formuliert (1993). Vergleichend ergeben sich aus diesen Definitionen zwei Betrachtungsebenen, das Unternehmensnetzwerk, dessen Elemente Organisationen sind, sowie ein untergeordnetes Netzwerk einzelner Standorte oder Einrichtungen, die unabhängig ihrer organisatorischen

Zugehörigkeit miteinander verknüpft sind. Simchi-Levi u. a. verbinden schließlich beide Betrachtungsweisen, indem sie bei der Aufzählung möglicher Bestandteile einer Supply Chain neben Lieferanten auch einzelne Einrichtungen wie Produktionsstandorte oder Distributionszentren verwenden (2003b). Anzumerken ist bereits an dieser Stelle, dass sich die Gestalt einer Supply Chain, je nach gewählter Betrachtungsebene, unterschiedlich darstellen kann, wobei tendenziell das Standortnetzwerk mehr Elemente und Beziehungen enthält.

Neben den Hinweisen auf die Unterscheidung dieser Betrachtungsebenen aus den betrachteten Definitionen finden sich in der Literatur einige Supply-Chain-Modelle, die den Zusammenhang der verschiedenen Betrachtungsebenen darstellen. Insbesondere Choy und Lee (2003), Peck (2005) sowie Naim u. a. (2002) haben entsprechende Modelle formuliert.

Choy und Lee entwickeln aus Überlegungen zu Werkzeugen des Lieferantenmanagements ein Modell, in dem sie die drei Ebenen *Unternehmensnetzwerk*, *Standortnetzwerk* sowie eine *Projektebene* unterscheiden (vgl. Abbildung 7). In diesem Modell bestehen jedoch nur auf der Ebene des Unternehmensnetzwerks tatsächlich interorganisatorische Beziehungen. Ihr Modell zielt statt auf die der Darstellung eines unternehmensübergreifenden Wertschöpfungsprozesses auf die Abbildung einer vertikalen Aggregation der Bedarfsplanung ab, sodass sich die Darstellung der übrigen Ebenen auf das Standort- bzw. Prozessnetzwerk eines Unternehmens beschränkt (vgl. Abbildung 7). Da aufgrund dieser Fokussierung im Rahmen des Modells von Choy und Lee keine Darstellung der unternehmensübergreifenden Materialflüsse zwischen Standorten möglich ist, werden in ihm auch keine Logistikstandorte berücksichtigt.

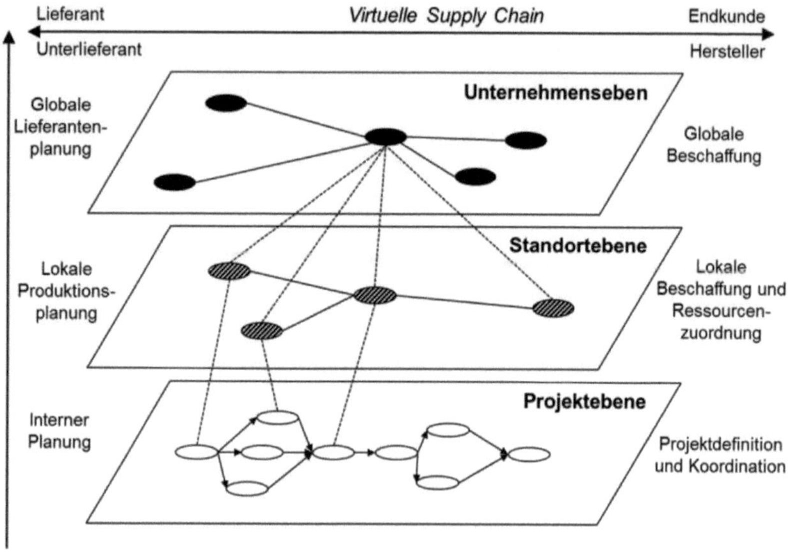

Abbildung 7: Ebenen Modell nach Choy und Lee
(vgl. Choy, Lee, 2003: S. 144)

Diese Lücke schließt Peck, die ihr Modell im Zusammenhang mit Überlegungen zur Verwundbarkeit von Supply Chains aus der Systemtheorie ableitet (vgl. 2005: S. 216–218). Im Gegensatz zu dem Modell von Choy und Lee, das nur auf der obersten Ebene des Unternehmensnetzwerks interorganisatorische Beziehungen enthält, beschreibt Peck in ihrem Modell eine nahtlose Supply Chain, die auf sämtlichen Modellebenen, unabhängig von ihrer organisatorischen Zugehörigkeit, Beziehungen zwischen den Elementen der jeweiligen Netzwerke aufweist (vgl. Abbildung 8). Peck definiert zusätzlich zu den drei auch von Choy und Lee beschriebenen Ebenen in ihrem Modell eine vierte dem Unternehmensnetzwerk übergeordnete Betrachtungsebene, deren Betrachtungsgegenstand die Umwelt einer Supply Chain darstellt. Aus systemischer Perspektive stellt diese zusätzliche Ebene jedoch keine weitere Gliederungsebene einer Supply Chain dar, sondern beschreibt als Umsystem das soziale und ökologische Umfeld einer Supply Chain.

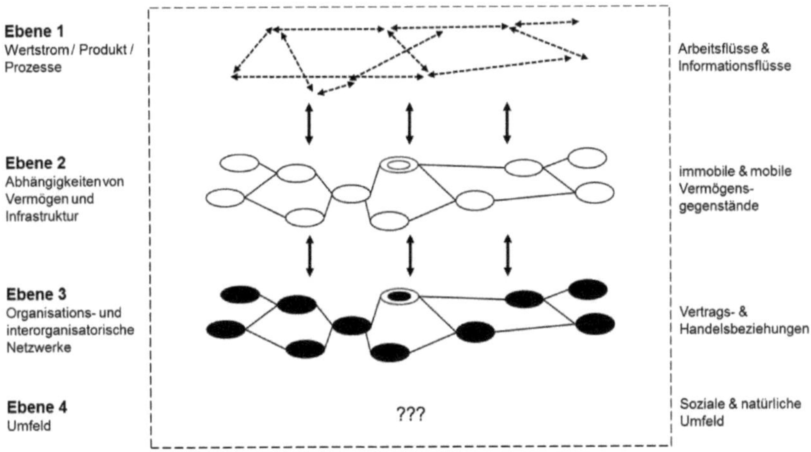

Abbildung 8: Ebenen Modell nach Peck
(vgl. Peck, 2005: S. 218)

Bei einem Vergleich der beiden Modelle von Choy und Lee (2003) sowie Peck (2005) ist jedoch festzustellen, dass sich trotz des abweichenden horizontalen Betrachtungsrahmens die Betrachtungsebenen beider Modelle in Bezug auf Supply Chains vollständig entsprechen. Beide Modelle unterscheiden die Ebenen des Unternehmens-, des Standort- sowie des Prozessnetzwerks.

Im Gegensatz zu Choy und Lee (2003) sowie Peck (2005) vernachlässigen Naim u. a. (2002) in ihrem *Supply Chain Optimisation Modelling Architecture* (SCOMA) Ansatz den Netzwerkcharakter einer Supply Chain und betrachten ähnlich der *erweiterten Supply Chain* (vgl. Abschnitt 2.1.2) eine einzelne Versorgungslinie vom Lieferanten des Lieferanten bis zum Kunden des Kunden. Jedoch unterscheiden auch Naim u. a. grundsätzlich drei Betrachtungsebenen (vgl. 2002: S. 141), wobei sie die mittlere Ebene weiter differenzieren. Naim u. a. zeigen mit ihrem Modell das Zusammenwirken verschiedener Planungswerkzeuge zur Synchronisation des internen Materialflusses in den Elementen einer Supply Chain auf. Die Darstellung verschiedener Betrachtungsebenen oder Beziehungen zwischen Unternehmen wird zugunsten einer Abbildung der Planungsinstanzen von Unternehmen und Supply Chain vernachlässigt. Anzumerken ist, dass Naim u. a. ähnlich wie Choy und Lee (2003) die Struktur einer Supply Chain auf Unternehmensebene beschreiben.

Einen weiteren Ansatz zur systematischen Ableitung von Betrachtungsebenen einer Supply Chain verfolgt beispielsweise auch Otto (2002), der in Bezug auf ein Wertschöpfungsnetzwerk nach dem Kriterium des fließenden Objekts in Anlehnung an die

Netzwerktheorie unabhängig zu gestaltende Partialnetzwerke differenziert. Die Auswahl der Betrachtungsebenen erfolgt beim Ansatz von Otto (2002), den beispielsweise auch Cavinato (2004) im Zusammenhang mit logistischen Supply-Chain-Risiken anwendet, losgelöst von der organisatorischen Zugehörigkeit der Elemente. Beide orientieren sich stattdessen an den verschiedenen Flüssen einer Supply Chain (Cavinato, 2004: S. 384; vgl. Otto, 2002: S. 248).

Anzumerken ist, dass mit diesem Ansatz die Unterscheidung von Unternehmens- und Standortnetzwerk erschwert wird, da insbesondere die Standortebene mit keinem der betrachteten Flüsse exklusiv verbunden wird. Da auch mithilfe des Ansatzes von Naim u. a. nicht genau zwischen Standort- und Unternehmensnetzwerk unterschieden werden kann, werden die vertikalen Betrachtungsebenen dieser Arbeit nach den Modellen von Choy und Lee sowie Peck definiert (vgl. Abbildung 9).

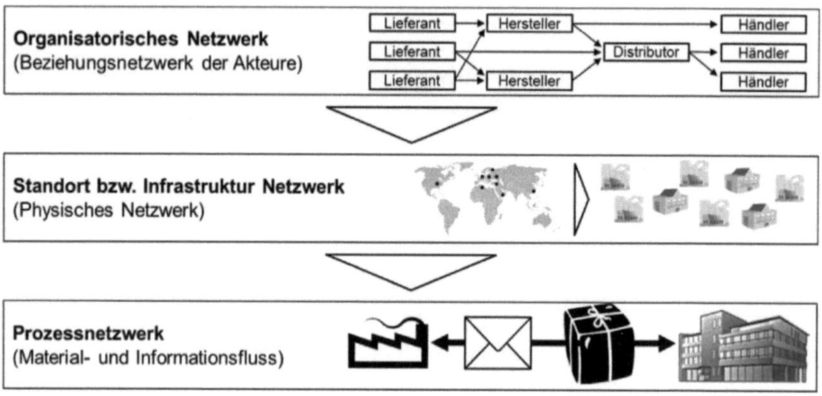

Abbildung 9: Ebenen einer Supply Chain
(eigene Darstellung)

Im Rahmen dieser Differenzierung der Betrachtungsebenen wird in Bezug auf die interorganisatorische Verknüpfung der Elemente auf der Standort- bzw. Prozessebene der Ansatz von Peck übernommen (vgl. Abbildung 8). Dem Umfeld einer Supply Chain, das Peck als zusätzliche Ebene in ihrem Modell berücksichtigt, wird jedoch in Anlehnung an das Modell von Choy und Lee als Umsystem, das sich außerhalb der Systemgrenzen einer Supply Chain befindet, keine Betrachtungsebene zugeordnet (vgl. Abbildung 9).

2.1.4. Teilnetzwerke einer Supply Chain

Während bei den Definitionen von Betrachtungsrahmen (vgl. Abschnitt 2.1.2) und Betrachtungsebenen (vgl. Abschnitt 2.1.3) einer Supply Chain stets der gesamte

Ausschnitt der jeweiligen Netzwerke analysiert wurde, erscheint es an dieser Stelle im Hinblick auf spätere Untersuchungen zu Supply-Chain-Konfiguration (vgl. Abschnitt 2.4) sowie zu Supply-Chain-Risiko und Verwundbarkeit (vgl. Abschnitt 1) geboten, einzelne Segmente ähnlicher Bestandteile des Gesamtsystems zu definieren. Gängige Segmentierungen in der Literatur orientieren sich in diesem Zusammenhang an der Funktion der Elemente der jeweiligen Teilnetzwerke in einer Supply Chain, wobei viele Autoren produzierende Unternehmen als Knotenpunkte in den Mittelpunkt ihrer Modelle stellen (vgl. Abbildung 6). Bowersox u. a. (2002) unterscheiden beispielsweise in ihrem allgemeinen Supply-Chain-Modell neben einem fokalen Produktionsunternehmen ein Versorgungs- sowie ein Distributionsnetzwerk einer Supply Chain (vgl. Abbildung 10). Diese Segmentierung soll im Folgenden auch im Rahmen der vorliegenden Arbeit übernommen werden.

In diesem Zusammenhang umfasst das *Versorgungsnetzwerk* alle Elemente des Unternehmensnetzwerks, die sich in Bezug auf ein fokales Unternehmen und den Materialfluss stromaufwärts innerhalb des Betrachtungsrahmens eines Supply-Chain-Modells befinden. Anzumerken ist, dass einzelne Elemente eines Versorgungsnetzwerks auch Bestandteil anderer Supply Chains sein können. Wird der Materialfluss entlang des Versorgungsnetzwerks auf der Ebene des Organisationsnetzwerks (vgl. Abbildung 9) betrachtet, *konvergiert* er in Richtung des fokalen Unternehmens (vgl. Abbildung 6). Auf der Standort- bzw. Prozessebene können dagegen aufgrund verschiedener Produktionsstandorte eines fokalen Unternehmens mehrere Konvergenzpunkte existieren.

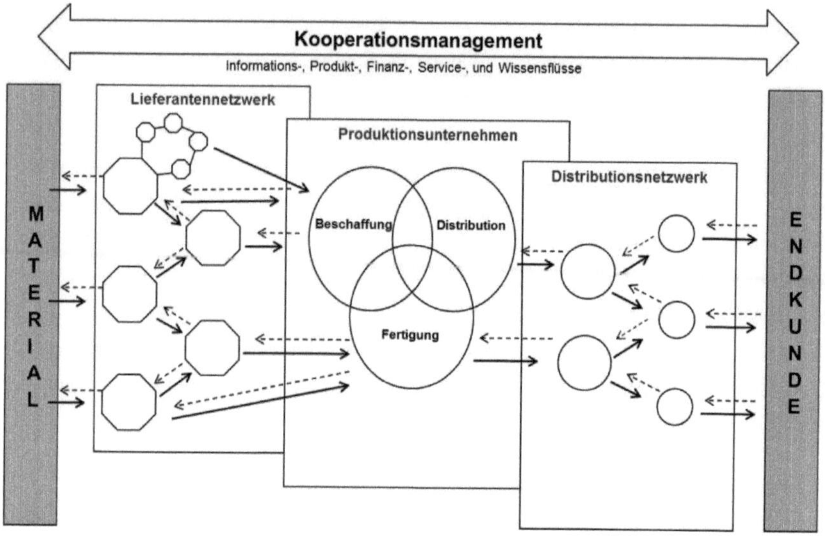

Abbildung 10: Allgemeines Supply Chain Modell
(vgl. Bowersox u. a., 2002: S. 6)

Spiegelbildlich zum Versorgungsnetzwerk identifizieren Bowersox u. a. (2002) das *Distributionsnetzwerk* einer Supply Chain, das alle Elemente des Unternehmensnetzwerks umfasst, die sich in Bezug auf ein fokales Unternehmen im Materialfluss abwärts innerhalb des Betrachtungsrahmens eines Supply-Chain-Modells befinden. Nach dieser Definition können auch Kunden bzw. Endkunden zu den Elementen eines Distributionsnetzwerks gehören, sofern sie innerhalb des horizontalen Betrachtungsrahmens einliegen. Der Materialfluss *divergiert* tendenziell auf allen Betrachtungsebenen entlang eines Distributionsnetzwerks, zumindest solange die Anzahl der Kunden im Unternehmensnetzwerk größer als eins ist, bzw. mehr Kunden- als Unternehmensstandorte existieren.

Einige Autoren haben neben den bereits eingeführten Segmenten des allgemeinen Supply-Chain-Modells im Zusammenhang mit der Übertragung von Ansätzen zur Kreislaufwirtschaft (Closed Loop Supply Chain) ein *Rückführungsnetzwerk* als zusätzliches Segment eines Wertschöpfungsnetzwerks identifiziert (vgl. Thierry u. a., 1995). Mithilfe dieser Ansätze wird versucht, die Entsorgung eines Gutes nach seinem Verbrauch ebenfalls im Rahmen einer ganzheitlichen Gestaltung und Steuerung von Supply Chains zu betrachten (vgl. Beamon, 1999). Das Rückführungsnetzwerk umfasst alle Elemente eines Unternehmensnetzwerks, die an der Entsorgung bzw. Wiederverwendung eines Gutes beteiligt sind, wobei diese Elemente gleichzeitig auch Bestandteile anderer Segmente einer Supply Chain sein können. Es erstreckt sich üblicherweise zwischen den Endpunkten eines Unternehmensnetzwerks, zwischen finalen Kunden und Rohmaterial erzeugenden Elementen. Trotzdem stellt das fokale Unternehmen im Materialfluss dieses Segments nicht unbedingt den zentralen Knoten dar. Anzumerken ist zudem, dass der Materialfluss entlang dieses Segments dem der übrigen Supply Chain entgegengerichtet ist (vgl. Wikner, Tang, 2008: S. 353). Da sich das Rückführungsnetzwerk hinsichtlich Richtung und Gestalt des Materialflusses, der fließenden Güter sowie des horizontalen Betrachtungsrahmens von den übrigen Segmenten erheblich unterscheidet, ist zu erwarten, dass auch hinsichtlich Supply-Chain-Risiko und Verwundbarkeit erhebliche Unterschiede zu den übrigen Segmenten bestehen. Aus diesem Grund wird auf die Betrachtung des Rückführungsnetzwerks verzichtet und in dem weiteren Verlauf der vorliegenden Arbeit die Differenzierung von Teilnetzwerken nach dem allgemeinen Supply-Chain-Modell nach Bowersox u. a. (2002) vorgenommen.

2.2. Supply-Chain-Management

2.2.1. Allgemeiner Managementbegriff

2.2.1.1. Klassische Managementansätze

Die Managementforschung stellt einen jungen wissenschaftlichen Bereich dar, über dessen Status als eigenständige Disziplin in der Literatur noch keine abschließende Einigkeit besteht (vgl. Steinmann, Schreyögg, 1997: S. 33). In diesem Zusammenhang haben einige Autoren auch die These zur Professionalisierung des Managements, also zur Entstehung eines eigenständigen Berufsbildes, angezweifelt (vgl. Donham, 1962: S. 60). Die Ableitung eines allgemeinen, inhaltlichen Managementbegriffs steht wegen der geringen Reife der Managementforschung noch aus.

Unabhängig von der genauen Definition des Begriffs kann Management normativ als die Leitung soziotechnischer Systeme in personen- und sachbezogener Hinsicht mithilfe von professionellen Methoden verstanden werden (vgl. Ulrich, Fluri, 1995: S. 13). Allgemein ist zwischen Management als *Institution* und als *Funktion* zu unterscheiden (vgl. Staehle, 1999: S. 71):

- Als Institution umfasst das Management alle Instanzen in der Unternehmung, die über Kompetenzen zur Festlegung, Steuerung und Koordination der Aktivitäten untergeordneter Stellen verfügen.

- Als Funktion umfasst Management alle zur Bestimmung der Ziele, der Struktur und der Handlungsweisen eines Unternehmens sowie zu deren Verwirklichung notwendigen Aufgaben, die nicht ausführender Art sind.

Darüber hinaus ist in der Literatur eine große Anzahl verschiedener inhaltlicher Definitionsansätze verfügbar, die in der Literatur teilweise zu Gruppen ähnlicher Begriffsverständnisse, sogenannter Managementschulen, zusammengefasst werden (vgl. Koontz, 1961, 1980). Im Kontext der vorliegenden Arbeit werden die folgenden vier Managementschulen unterschieden (vgl. Steinmann, Schreyögg, 1997: S. 38):

- Klassiker des Managements,
- verhaltenswissenschaftliche Schule,
- mathematische Schule,
- systemtheoretischer Ansatz.

Unter den *Klassikern des Managements* subsumieren Steinmann und Schreyögg frühe Autoren der Managementforschung, die wie Taylor (1911) oder Fayol (1929) erstmals Managementprinzipien als allgemeingültige Handlungsregeln für Manager formuliert haben (vgl. Steinmann, Schreyögg, 1997: S. 41). Insbesondere die fünf von Fayol beschriebenen *Funktionen des Managements*, *Vorschau und Planung*, *Organisation*, *Leitung*, *Koordination* sowie *Kontrolle* (vgl. Staehle, 1999: S. 27) finden sich annähernd unverändert in gängigen prozessorientierten Ansätzen als einzelne Schritte des Managementprozesses wieder (vgl. Koontz, O'Donnell, 1955). Trotz ihrer weiten Verbreitung gilt diese Managementschule inzwischen wegen ihrer Fokussierung auf die rationale Kontrolle der effizienten Durchführung deterministisch geplanter Aufgaben teilweise als überholt (vgl. Steinmann, Schreyögg, 1997: S. 50).

Als Weiterentwicklung der klassischen Ansätze gelten sowohl die verhaltenswissenschaftliche als auch die mathematische Schule (vgl. Staehle, 1999: S. 22). Autoren der *verhaltenswissenschaftlichen Schule* fokussieren auf das Schaffen von Organisations- und Führungsstrukturen, die den sozialen Bedürfnissen der Mitarbeiter gerecht werden. Das Ziel dieser Ansätze ist die effiziente Nutzung der vorhandenen humanen Ressourcen eines Unternehmens (vgl. bspw. McGregor, 1960). Das Managementverständnis der *mathematischen Schule* ist dagegen von der Vorstellung einer algorithmischen Optimierbarkeit von Managemententscheidungen und Leistungserstellung einer Organisation geprägt.

Steinmann und Schreyögg stellen beim Vergleich dieser beiden Managementverständnisse fest, dass die verhaltenswissenschaftliche Schule die Funktionen Planung und Kontrolle vollständig vernachlässigt, die mathematische Schule dagegen ausschließlich Planungsaktivitäten betrachtet (vgl. 1997: S. 60). Daher werden beide Schulen aus heutiger Perspektive nicht als umfassende Managementverständnisse bewertet, sondern anderen, verwandten Disziplinen zugeordnet. Beispielsweise sind Teile der verhaltenswissenschaftlichen Schule in dem Wissenschaftsgebiet der Organisationsentwicklung aufgegangen, während die mathematische Schule kaum von der Unternehmensforschung (Operations Research) zu unterscheiden ist (vgl. Staehle, 1999: S. 40). Trotzdem haben beide Schulen, auch wenn sie selektiv nur einzelne Funktionen oder Phasen des Managements betrachten, zur Entwicklung der *systemtheoretischen Managementansätze* beigetragen (vgl. Abbildung 11).

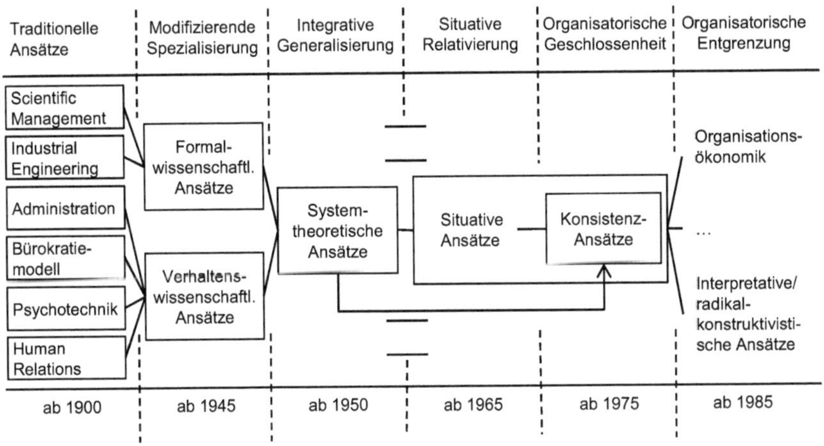

Abbildung 11: Entwicklung des Managementwissens
(vgl. Kast, Rosenzweig, 1985: S. 118)

Zur Annäherung an den systemtheoretischen bzw. kybernetischen Managementbegriff, der auch im Rahmen der vorliegenden Arbeit vertreten wird, scheint ein Exkurs zur Entwicklung sowie zu einigen Strömungen der Systemtheorie hilfreich zu sein (vgl. Abschnitt 2.2.1.2).

2.2.1.2. *Systemtheorie*

2.2.1.2.1. Sozialwissenschaftliche Modelle

Zum Verständnis der verschiedenen Ansätze neuerer Systemtheorien erscheint es sinnvoll, nicht nur den aktuellen Stand der Forschung darzustellen, sondern, abweichend von der üblicherweise im Rahmen der vorliegenden Arbeit eingenommenen Perspektive, auch die historische Entwicklung des Systemverständnisses zu betrachten (vgl. von Bertalanffy, 1972: S. 407). Die Gruppe der systemtheoretischen Ansätze stellt sich, entsprechend der Vielzahl an der Theoriebildung beteiligten Wissenschaftsdisziplinen, aus der Perspektive der Managementforschung eher heterogen dar (vgl. Steinmann, Schreyögg, 1997: S. 62). Daher lassen sich bestehende Ansätze entsprechend ihrer Ursprünge nur grob in *sozial-* und *naturwissenschaftliche* Modelle klassifizieren (vgl. Staehle, 1999: S. 41). Beide Modellklassen sind unabhängig voneinander zeitlich annähernd parallel ab 1950 entstanden, obwohl bereits früher vereinzelte systemische Ansätze auch im Bereich der Managementforschung existiert haben (vgl. bspw. Barnard, 1938).

Auch wenn sozialwissenschaftliche Modelle für den Managementbegriff der vorliegenden Arbeit vordergründig nicht relevant erscheinen, werden ihre Grundlagen im Folgenden kurz eingeführt, da einige Autoren bereits eine Konvergenz beider Modellklassen identifiziert haben (vgl. bspw. Bühl, 1987). Anzumerken ist in diesem Zusammenhang, dass auch die beiden Modellklassen heterogen hinsichtlich der in ihnen subsumierten Ansätze sind, sodass ein Vergleich beider Klassen auf Grundlage einiger Vertreter immer eine Vereinfachung darstellt.

Die wesentliche Grundlage *sozialwissenschaftlicher* Modelle bildet eine Veröffentlichung *Parsons* (1951), in der erstmalig in Form eines hoch abstrakten, systemischen Bezugsrahmen eine *universell gültige, allgemeine Theorie* zur Analyse verschiedener Gesellschaften sowie ihrer Merkmale abgeleitet wird. Ein System weist nach Parsons Verständnis einige zentrale Strukturen auf, an deren Erhalt es ein Eigeninteresse hat. In Parsons Theorie wird ein System von den Wechselwirkungen seiner Elemente bestimmt (vgl. Treibel, 2004: S. 31). Innerhalb des gesellschaftlichen Gesamtsystems identifiziert Parsons *verschiedene Teilsysteme*, beispielsweise das kulturelle oder das soziale System, aus deren Zusammenwirken sich für verschiedene Gesellschaften die Möglichkeiten sozialer Ordnung bzw. rationalen Handelns erklären lassen. An anderer Stelle beschreibt Parsons ein soziales System als Aktionssystem, dessen Handlungen voneinander abhängig und in dieser Abhängigkeit gegen eine Umwelt relativ invariant sind (vgl. 1968: S. 14). Staehle zeigt auf, dass sich auch Organisationen als zweckorientierte Sozialsysteme mit diesem Bezugsrahmen analysieren lassen (vgl. 1999: S. 46).

Während Parsons in seinem Systemverständnis Handlungen als konstituierende Elemente betrachtet, beschreibt *Luhmann* seines ausdrücklich in Abgrenzung des Begriffs der Handlung (vgl. 1991: S. 7).

> *„[...] unter System [soll] jedes Wirklich-Seiende [verstanden werden], das sich, teilweise auf Grund der eigenen Ordnung, teilweise auf Grund von Umweltbedingungen, in einer äußerst komplexen, veränderlichen, im Ganzen nicht beherrschbaren Umwelt identisch hält." (Luhmann, 1991: S. 7).*

Anzumerken ist, dass Luhmann bereits in früheren Beiträgen nach der Reflexion anderer nicht sozialwissenschaftlicher Ansätze zu einer ähnlichen Definition gekommen ist. In diesem Zusammenhang beschreibt er Systeme als *Identitäten*, die sich in einer komplexen und veränderlichen Umwelt durch Stabilisierung einer Innen/Außen-Differenz erhalten (vgl. 1969: S. 256). Die deutliche Abgrenzung zwischen dem Inneren eines Systems und seiner Umwelt führt zu der Herausbildung einer eigenen Identität eines Systems und ermöglicht die Reduktion der Umweltkomplexität auf ein für ein System beherrschbares Niveau. In diesem Zusammenhang stellt Luhmann die Identifikation von Teilsystemen, Hierarchien oder anderen Prozessen und Strukturen in den alleinigen *Kontext der Komplexitätsreduktion* (vgl. 1969: S. 256). Eine Berücksichtigung von übergreifenden Werten und Normen einer Gesamtgesellschaft, die bei einer Analyse mithilfe des Bezugsrahmens nach Parsons auch für eine Organisation gelten würden, lehnt Luhmann in diesem Zusammenhang dagegen ab (vgl. Treibel, 2004: S. 32).

Im Vergleich zu Parsons stellen in Luhmanns Systemverständnis weder die internen Strukturen eines Systems noch ihr Erhalt ein Definitionsmerkmal dar, er fokussiert vielmehr auf die Beziehungen zwischen verschiedenen Systemen (vgl. Treibel, 2004: S. 31). Kritisch ist im Hinblick auf das Systemverständnis Luhmanns jedoch anzumerken, dass die externe Komplexität, die Luhmann insbesondere als *Dynamik des Umfelds* versteht, zu einer permanenten Neudefinition der Innen/Außen-Differenz und damit der Identität des sozialen Systems zwingt (vgl. Staehle, 1999: S. 47). In neueren Ansätzen verliert die Innen/Außen-Differenz jedoch durch die Berücksichtigung der Fähigkeit zur *Selbstreflexion*, die es den Elementen eines sozialen Systems ermöglicht, soziale Strukturen selber zu schaffen, bei der Beschreibung von Systemen wieder an Bedeutung. Nach diesem Systemverständnis wird die Identität bzw. die Ordnung eines Systems in Anlehnung an die *Autopoiesistheorie*, die aus biologischer Perspektive zunächst für naturwissenschaftliche Modelle formuliert wurde (vgl.

Maturana, Varela, 1980), von den Elementen selber produziert (vgl. Martens, 1997: S. 271). Sowohl die Adaption dieser Ansätze als auch die zentrale Bedeutung der Komplexitätsreduktion in dem Systemverständnis Luhmanns deuten bereits auf eine *Annäherung von sozial- und naturwissenschaftlichen Ansätzen* hin.

2.2.1.2.2. Naturwissenschaftliche Modelle

Wie auch die sozialwissenschaftlichen Modelle haben sich die naturwissenschaftlichen Modelle seit der Formulierung erster Ansätze einer allgemeinen Systemtheorie durch Von Bertalanffy u. a. (vgl. 1951) kontinuierlich weiterentwickelt. Von Bertalanffy leitete zunächst eine Theorie offener Systeme in Biologie und Physik ab, die im Gegensatz zu der geschlossenen und auf einzelne Phänomene fokussierten Perspektive der klassischen Physik einen Bezugsrahmen für die Analyse von Wechselwirkungen verschiedener naturwissenschaftlicher Phänomena liefert (vgl. 1972: S. 410). Von Bertalanffy formulierte seine Theorie zur Analyse biologischer Systeme, also von Organismen, die als offene Systeme im Austausch mit ihrer Umwelt stehen (vgl. 1950: S. 23).

Im Gegensatz zu geschlossenen Systemen erreichen *offene Systeme* keinen konstanten Gleichgewichtszustand (steady state), sondern passen sich wechselnden externen Einflüssen durch Selbstorganisation der Systemelemente dynamisch an (vgl. Ashby, 1947: S. 125). Ihr Gleichgewichtszustand ist daher zeitabhängig. Er wird als *Fließgleichgewicht* bezeichnet (vgl. von Bertalanffy, 1972: S. 418). Vor dem Hintergrund einer ständigen Anpassung offener Systeme an sich verändernde Umweltbedingungen identifiziert Von Bertalanffy die Anwesenheit von Rückkopplungsschleifen als Element seines Systemverständnisses und Kybernetik als Bestandteil einer allgemeinen Systemtheorie (vgl. 1950: S. 28). *Kybernetik* stellt die Wissenschaft der Steuerung und Regelung von Maschinen, Organismen und Organisationen dar (vgl. Wiener, 1961). Neben dynamischem Gleichgewicht, Selbstorganisation und Rückkopplungsschleifen stellt *Komplexität* ein weiteres Merkmal offener, sich selbstorganisierender Systeme dar. Anzumerken ist, dass Systeme nach dem Verständnis der allgemeinen Systemtheorie aufgrund der dynamischen und oftmals nichtlinearen Beziehungen zwischen ihren Elementen sowie der hohen aber endlichen Anzahl dieser Elemente immer komplex sind. Von Bertalanffy spricht aufgrund der Fähigkeit offener Systeme zur Selbstorganisation in diesem Zusammenhang von organisierter Komplexität (vgl. 1972: S. 411). Als Indikator für die Komplexität eines Systems führt Ashby (vgl. 1956) den Begriff der *Varietät* ein, eine Maßzahl für die Anzahl möglicher Zustände eines Systems (vgl. Schwaninger, 1994: S. 18). Ashby postuliert in diesem

Zusammenhang das allgemeine *Gesetz der erforderlichen Varietät*, nach dem nur Varietät Varietät zerstören kann (vgl. Ashby, 1956: S. 207).

Da die allgemeine Systemtheorie mit dem Ziel abgeleitet wurde, einen für sämtliche Wissenschaftsdisziplinen gültigen systemischen Bezugsrahmen zu definieren (vgl. von Bertalanffy u. a., 1951: S. 341), bleibt ihr Systemverständnis abstrakt und auf wenige universell nachweisbare Kategorien und Aussagen beschränkt (vgl. Staehle, 1999: S. 41). Von Bertalanffy merkt hierzu an, dass zur Erklärung spezieller Phänomena die allgemeinen Prinzipien der Systemtheorie um die Rahmenbedingungen der jeweiligen Systeme ergänzt werden müssen (vgl. 1972: S. 416).

2.2.1.2.3. Kybernetik

Staehle identifiziert im Hinblick auf Managementprobleme insbesondere die Verbindung der allgemeinen Systemtheorie mit der Kybernetik als Befähiger für die Ableitung praktischer Anwendungsbezüge (vgl. Staehle, 1999: S. 41). In Anlehnung an die von Maruyama (1963) beschriebene Entwicklung der Kybernetik unterscheidet er in ihrer Entwicklung zwei Phasen. Wurden zunächst dämpfende Strukturen von *Systemen* betrachtet, die aufgrund negativer Rückkopplungsschleifen im Zeitverlauf einen Gleichgewichtszustand erhalten, identifiziert Maruyama als Betrachtungsgegenstand der zweiten Phase der Kybernetikforschung *Systeme*, die Abweichung aufgrund von positiven Rückkopplungen verstärken (vgl. 1963: S. 1). Im Zusammenhang mit der Anwendung von Systemtheorie und Kybernetik in der Managementforschung erscheint die Differenzierung zwischen der klassischen *Kybernetik erster Ordnung* und der maßgeblich von Foerster (2003: S. 289) entwickelten *Kybernetik zweiter Ordnung* ebenfalls relevant (vgl. Abbildung 12).

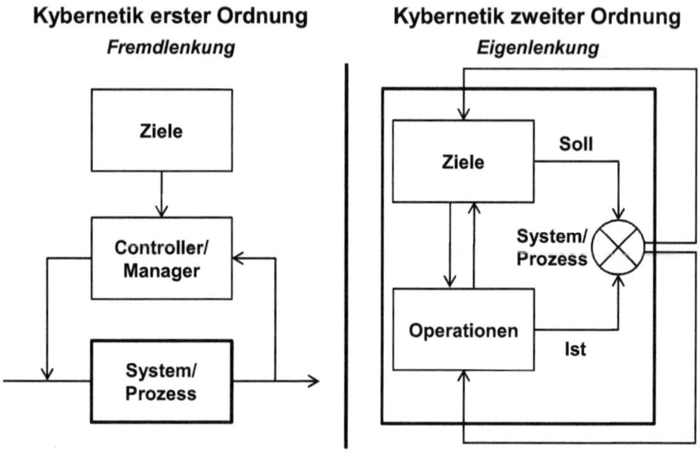

Abbildung 12: Vergleich der ersten mit der zweiten kybernetischen Ordnung
(vgl. Schwaninger, 1994: S. 24)

Die kybernetische Ordnung eines Systems hängt in diesem Zusammenhang von der Beziehung einer Kontrollinstanz relativ zu einem gesteuerten System ab. Die Lenkung eines Systems weist eine kybernetische Ordnung von *eins* auf, wenn sie durch einen Beobachter erfolgt, der sich außerhalb der Systemgrenzen befindet. Ist die lenkende Instanz dagegen selber ein Bestandteil des gelenkten Systems, liegt Eigenlenkung vor; das System entspricht der zweiten kybernetischen Ordnung. Anzumerken ist, dass die Konzeptionen der Kybernetik zweiter Ordnung sowie der Autopoiesistheorie (vgl. Maturana, Varela, 1980), die auch im Rahmen der Weiterentwicklung sozialwissenschaftlicher Modelle verwendet wird, annähernd identisch sind (vgl. Staehle, 1999: S. 47). In diesem Zusammenhang merken Heylighen und Joslyn an, dass einige Ansätze der Kybernetik, wie beispielsweise der Effekt positiver Rückkopplungsschleifen, wiederholt entdeckt wurden (vgl. 2001: S. 5). Sie nennen in diesem Zusammenhang auch die Arbeiten zu komplexen adaptiven Systemen, die dem Gebiet der komplexen Systeme und damit einer jüngeren Disziplin der Systemforschung zuzuordnen sind.

Ein *komplexes adaptives System* besteht in diesem Zusammenhang aus einer großen Anzahl von Elementen, die gleichzeitig miteinander in verschiedenen Wechselwirkungen stehen. Aus dieser Struktur leitet Holland drei für adaptive komplexe Systeme charakteristische Systemeigenschaften ab (vgl. 1992: S. 19):

- **Evolution:** Einzelne Systemelemente entwickeln ihre Fähigkeit im Umgang mit anderen Elementen oder mit dem Systemumfeld zu überleben in evolutionärer Weise weiter.
- **Systemverhalten:** Adaptive komplexe Systeme besitzen ein eigenständiges Systemverhalten, das aufgrund der Wechselwirkungen zwischen den Systemelementen entsteht, aber nicht zwangsläufig der Überlagerung der einzelnen Elemente entspricht.
- **Antizipation:** Die Elemente eines adaptiven komplexen Systems besitzen die Fähigkeit, sich adaptiv an veränderte Zustände anzupassen.

Aufgrund dieser Systemeigenschaften kann sich ein komplexes adaptives System selten in einem optimalen Zustand befinden (vgl. Holland, 1992: S. 20).

2.2.1.3. *Systemtheoretische Managementansätze*

Die systemtheoretischen Managementansätze, die die *vierte Gruppe* der von Steinmann und Schreyögg (1997) identifizierten *Managementschulen* bilden (vgl. Abschnitt 2.2.1.1), sind aus der Übertragung von Systemtheorie und Kybernetik (vgl. Abschnitt 2.2.1.2) auf die Unternehmensführung entstanden. Autoren dieser Schule lösen jedoch aufgrund der abstrakten und übergreifenden Perspektive der allgemeinen Systemtheorie den Betrachtungsgegenstand des Managements von Unternehmen und dehnen Ihn auf Institutionen aller Art bzw. soziotechnische Systeme aus (vgl. bspw. Malik, 2008: S. 33).

Malik versucht den prinzipiellen Unterschied zwischen klassischen sowie systemischen Managementansätzen mithilfe ihrer jeweiligen Basisparadigmen zu verdeutlichen. Klassische *konstruktivistisch-technomorphe* Ansätze sehen gemäß des Paradigmas einer Maschine im Sinne der klassischen Mechanik bereits bei der Gestaltung eines Managementsystems die Definition aller zur Zweckerfüllung dieses Systems benötigten Funktionen vor. In *systemisch-evolutionären* Ansätze werden Managementsysteme gemäß des Paradigmas eines Organismus nach dem Prinzip der Selbstorganisation gestaltet, sodass sie spontan eine jeweils zweckmäßige Ordnung generieren können (vgl. Malik, 2008: S. 35). Aus den beiden Paradigmen leitet Malik sieben Prämissen ab, die den Unterschied klassischer und systemischer Managementansätze verdeutlichen (vgl. Tabelle 3).

	Konstruktivistisch- technomorph	Systemisch- evolutionär
	Management ...	Management ...
1	... ist Menschenführung	... ist Gestaltung und Lenkung ganzer Institutionen in ihrer Umwelt
2	... ist Führung weniger	... ist Führung Vieler
3	... ist Aufgabe weniger	... ist Aufgabe Vieler
4	... ist direktes Einwirken	... ist indirektes Einwirken
5	... ist auf Optimierung ausgerichtet	... ist auf Steuerbarkeit ausgerichtet
6	... hat im Großen und Ganzen ausreichende Informationen	... hat nie ausreichend Informationen
7	... hat das Ziel der Gewinnmaximierung	... hat das Ziel der Maximierung der Lebensfähigkeit

Tabelle 3: Prämissen klassischer und systemischer Managementansätze
(vgl. Malik, 2008: S. 44)

Aufbauend auf den Überlegungen von Beer (1967) haben insbesondere Forscher aus der *St. Galler Gruppe* diese Ansätze im deutschsprachigen Raum zu einem *Konzept des integrierten Managements* zusammengefasst (vgl. bspw. Bleicher, 1999). Während in diesen Ansätzen zunächst dem Prinzip der Kybernetik erster Ordnung folgend, von der Steuerung eines operativen Systems durch ein externes Managementsystem ausgegangen wurde (vgl. Abbildung 12), haben sowohl Beer als auch die Autoren der St. Galler Gruppe ihre Managementmodelle im Sinne der Kybernetik zweiter Ordnung weiterentwickelt (vgl. Staehle, 1999: S. 43). In diesem Zusammenhang beschreibt Schwaninger, ein Mitglied der St. Galler Gruppe, Management als das Lenken (*Sich-selbst-unter-Kontrolle-Halten*), Gestalten (*Sich-selbst-Konzipieren*) sowie präskriptiv Entwickeln (*Sich-selbst-Umstrukturieren*) eines Systems (vgl. 1994: S. 16–17). Während sich die Aufgabe des Lenkens unmittelbar aus der Perspektive der Kybernetik zweiter Ordnung ergibt, leitet Schwaninger die Funktion des Gestaltens aus dem Prinzip der Selbstorganisation sowie die Funktion des Entwickelns aus der Fähigkeit zur Adaption ab, die im Rahmen der Forschungen zu komplexen adaptiven Systemen beschrieben wird (vgl. Abschnitt 2.2.1.2).

Das grundlegende Problem beim Erfüllen dieser Aufgaben stellt im Rahmen des Managements die *Beherrschung von Komplexität* dar (vgl. Malik, 2008: S. 33). Die fundamentale Stellung der Komplexität ergibt sich im Rahmen einer systemischen Perspektive auf Management unmittelbar aus dem Gesetz der erforderlichen Varietät (vgl. Abschnitt 2.2.1.2). Nur Varietät kann Varietät zerstören (Ashby, 1956) bzw. absorbieren (Beer, 1979). Die Varietät eines soziotechnischen Systems, beispielsweise eines Unternehmens, muss demnach, um die Varietät seiner Umwelt sicher absorbieren zu können, mindestens so groß wie die seiner Umwelt sein. Das Management einer Institution, hier als lenkende und gestaltende Instanz, muss daher ebenfalls mindestens die gleiche Varietät wie die Umwelt dieser Institution aufweisen. Diese Schlussfolgerung ist unabhängig davon gültig, ob sich das Management gemäß der Kybernetik erster Ordnung außerhalb des Systems befindet oder in der Perspektive der Kybernetik zweiter Ordnung Bestandteil desselben ist. Aufgrund der üblicherweise hohen Umweltkomplexität befindet sich das Management daher im Normalfall in einer *Situation der Überforderung*, in der aufgrund des Gesetzes der geforderten Varietät eine vollständige Absorption der Umweltkomplexität nicht möglich ist (vgl. Schwaninger, 1994: S. 18).

Die Beherrschung der prinzipiell überhöhten Umweltkomplexität erfordert es, die Interaktionen der beiden Systeme Umwelt und Institution bzw. Management durch die gezielte Dämpfung bzw. Verstärkung von Informationen auszubalancieren. Espejo und Watt (1988) haben in diesem Zusammenhang die grundsätzlichen Möglichkeiten der Dämpfung bzw. Verstärkung von Informationen in ihrem Ansatz des Informationsmanagements integriert (vgl. Abbildung 13). Im Hinblick auf die Definition systemtheoretischer Managementansätze erscheint es jedoch vorteilhaft, den Bezugsrahmen von Espejo und Watt als Informationssteuerung zu bezeichnen.

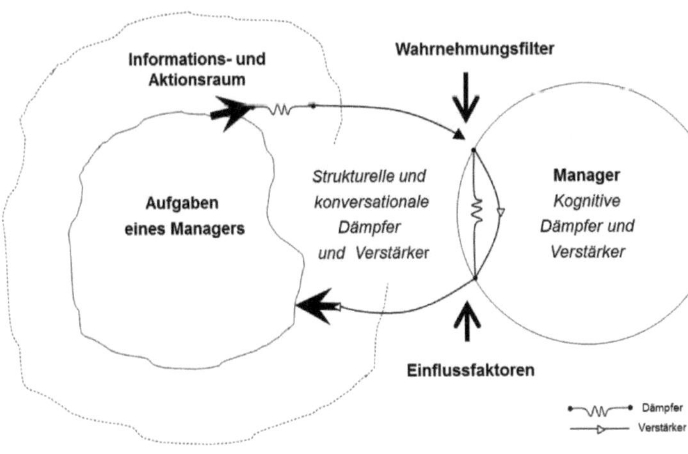

Abbildung 13: Bezugsrahmen zur Informationssteuerung
(vgl. Espejo, Watt, 1988: S. 10)

An dieser Stelle wird auf eine genauere Differenzierung der verschiedenen Mechanismen zur Dämpfung und Verstärkung von Informationen innerhalb des Bezugsrahmens nach Espejo und Watt (1988) verzichtet. Trotzdem erscheint es offensichtlich, dass eine Steuerung von Informationen bzw. die Beherrschung von Komplexität eine geeignete Strukturierung des jeweiligen soziotechnischen Systems erfordert.

Bereits Beer (1972) hat deswegen in Analogie zum *menschlichen Zentralnervensystem* zur Lenkung und Gestaltung von Institutionen die konzeptionelle Unterscheidung von *fünf Teilsystemen* vorgeschlagen (vgl. Staehle, 1999: S. 43), die jeweils einen Teil der Umweltkomplexität absorbieren (vgl. Malik, 2008: S. 77). Ein Überblick dieser fünf Teilsysteme, deren Interaktionen ebenfalls der Steuerung von Informationen mithilfe von Verstärkung und Dämpfung bedürfen, befindet sich in Tabelle 4.

System 1	Leitung von Geschäftsbereichen (sog. Basiseinheiten), entweder funktional (Produktion, Vertrieb) oder divisional organisiert
System 2	Abstimmung und Koordination der Basiseinheiten (z. B. über Controlling)
System 3	Operatives Management, interne Abstimmung (Anstreben von internem Gleichgewicht)
System 4	Strategisches Management, System-Umwelt-Abstimmung (Anstreben von externem Gleichgewicht)
System 5	Normatives Management (Abstimmung zwischen System 3 und 4)

Tabelle 4: Fünf Teilsysteme zur Lenkung und Gestaltung von Institutionen
(vgl. Staehle, 1999: S. 43)

Diese Strukturierung des Managements in fünf Teilsysteme, die von Malik analog zu seinen Prämissen (vgl. Tabelle 3) auch als Struktur lebensfähiger Systeme bezeichnet wird (vgl. 2008: S. 73), dient verschiedenen Autoren der St. Galler Gruppe als Grundlage ihrer Überlegungen zu Führungs- und Managementsystemen (vgl. bspw. Ulrich, 1987: S. 16).

Insbesondere das von Bleicher (1999) vorgeschlagene *Konzept des integrierten Managements* schafft einen Bezugsrahmen, in dem den Teilsystemen nach Beer (1972) Führungswerkzeuge zugeordnet werden können, die auch in klassischen Managementansätzen verwendet werden (vgl. Abbildung 14). Bleicher fokussiert in diesem Zusammenhang seinen Ansatz auf die Interaktionen der Teilsysteme 3 bis 5 (vgl. Tabelle 4), die er jeweils mithilfe ihrer strukturgebenden Elemente, dem Ergebnis ihrer Aktivitäten sowie dem für sie relevanten Verhaltenskodex beschreibt. Im Rahmen der vorliegenden Arbeit erscheinen insbesondere seine Definitionen der Teilsysteme 5 (normatives Management) und 4 (strategisches Management) relevant.

> *Die Ebene des normativen Managements beschäftigt sich mit den generellen Zielen der Unternehmung, mit Prinzipien, Normen und Spielregeln, die darauf ausgerichtet sind, die Lebens- und Entwicklungsfähigkeit der Unternehmung zu ermöglichen (Bleicher, 1999: S. 74).*
>
> *Strategisches Management ist auf den Aufbau, die Pflege und die Ausbeutung von Erfolgspotenzialen, für die Ressourcen eingesetzt werden müssen, ausgerichtet. (Bleicher, 1999: S. 75).*

Auf eine Integration möglicher Wechselwirkungen dieser Teilsysteme oder Managementebenen mit der Unternehmensumwelt sowie auf eine explizite Berücksichtigung der ersten beiden Teilsysteme verzichtet Bleicher dagegen weitgehend (vgl. Abbildung 14).

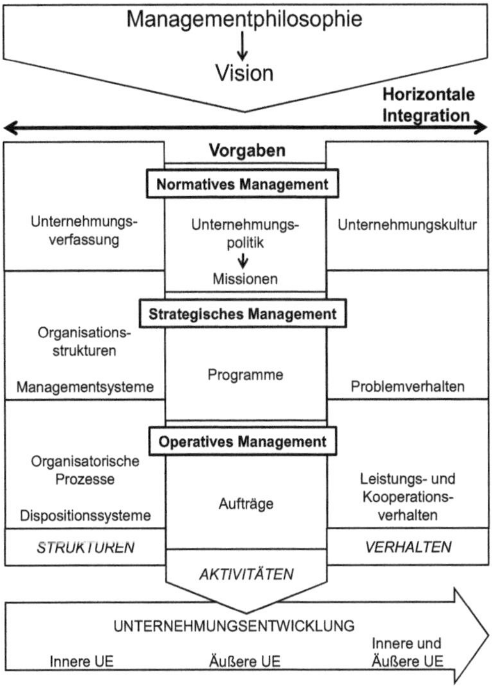

Abbildung 14: Konzept des integrierten Managements
(vgl. Bleicher, 1999: S. 77)

Diese finden sich bei Malik, der jedoch nicht den integrativen Ansatz Bleichers übernimmt, sondern in seiner Darstellung des lebensfähigen Systems abstrakter bleibt (vgl. 2008: S. 77). Malik berücksichtigt in seinem Ansatz in Anlehnung an Beer (1972) insbesondere Schnittstellen zwischen der Unternehmensumwelt und dem Teilsystem 1 (Leitung von Geschäftsbereichen) sowie dem Teilsystem 4 (strategisches Management). Die übrigen Teilsysteme dienen der Beherrschung der internen Komplexität, die zur Beherrschung der externen über diese Schnittstellen induzierten Komplexität erforderlich ist.

2.2.2. Definition und inhaltliche Abgrenzung des Supply-Chain-Managements

Auf dem Konzept des Wertschöpfungsnetzwerks fußt das Supply-Chain-Management, ein Ansatz, der zwar in Forschung und Unternehmenspraxis in den letzten Jahren deutlich an Bedeutung gewonnen hat, dessen Definition und Inhalt aber weiterhin unscharf sind (vgl. Gibson u. a., 2005: S. 17). Der wachsende Einfluss des Supply-Chain-Managements lässt sich unter anderem an der Anzahl der Veröffentlichungen zu diesem Konzept ablesen, die seit seiner ersten Erwähnung im Jahr 1982 durch Oliver und Webber (vgl. 1992: S. 64)[1] erschienen sind. Chen und Paulraj werten beispielsweise bereits 2004 in einer umfassenden Literaturanalyse zur Theoriebildung im Supply-Chain-Management über 400 Artikel aus (vgl. 2004: S. 120). Dass trotz dieser intensiven Diskussion bisher kein einheitliches Verständnis des Supply-Chain-Managements entstanden ist, kann zumindest teilweise mit der Vielzahl der involvierten Disziplinen begründet werden (vgl. Günther, 2005: S. 4). In ihrer Analyse haben Chen und Paulraj Beiträge aus den Gebieten Beschaffung, Logistik und Transport, Operationsmanagement, Marketing, Organisation, Informationstechnologie sowie aus dem strategischen Management ausgewertet (vgl. 2004: S. 120).

Giannakis u. a. identifizieren aus der betriebswirtschaftlichen Forschung bei ihren Überlegungen zur Theoriebildung im Supply-Chain-Management fünf Theorieansätze, die das Verständnis des Supply-Chain-Managements beeinflussen: *Systemtheorie, Transaktionskostentheorie, Spieltheorie, Interorganizational Relationship und Industrial Network Theories* sowie *virtuelles Unternehmen* (vgl. 2004). Ergänzend nennt beispielsweise Otto (2002) in seiner Dissertation sechs Gebiete, die eine eigenständige Perspektive auf das Konzept Supply-Chain-Management aufweisen (vgl. Tabelle 5). Die verschiedenen Perspektiven und Einflüsse führen dazu, dass verschiedene Disziplinen der Betriebswirtschaftslehre den Begriff Supply-Chain-Management abweichend definieren. Sowohl das Verständnis des Betrachtungsobjektes (vgl. Tabelle 1), des Wertschöpfungsnetzwerks als auch die Zielsetzungen und Fristigkeit der verschiedenen Ansätze weichen teilweise erheblich voneinander ab.

[1] Bei der hier zitierten Quelle handelt es sich um einen Nachdruck des ursprünglichen Beitrags von Oliver und Webber aus dem Jahr 1982.

	Struktur	Idealzustand	Fristigkeit der Lösungen	Betrachtungshorizont der Lösungen
System Dynamics	Lokale Dispo-Systeme	Gleichmäßige Produktion in optimalen Losgrößen, schnelle Anpassung an Endproduktschwankungen	Kurz	Zwingend alle Wertschöpfungsstufen
OR/ IT	Ressourcennetz mit Freiheitsgraden	Kostenminimale Produktion unter der Wahrung der Serviceziele	Kurz bis Mittel	Offen, im Extrem alle Wertschöpfungsstufen
Logistik	Generische Prozesse	Kompaktes, stabiles, integriertes und schnittstellenoptimiertes Prozessmodell	Kurz bis Lang	Primär eigenes Unternehmen sowie bilaterale Schnittstellen
Marketing	Pipeline zwischen Hersteller und Kunden	Kundengruppen erhalten maßgeschneiderten, kostenminimalen Service	Mittel	Hersteller bis Einzelhandel
Organisation	Interorganisationale Beziehungen	Beziehungswahl unterstützt die Unternehmensziele	Mittel bis Lang	Variable primär bilateral
Strategie	Kompetenzen, Profile	Produkte erreichen schnell den Markt, die profitablen Segmente der Supply Chain sind besetzt	Mittel bis Lang	Alle Wertschöpfungsstufen

Tabelle 5: Perspektiven innerhalb der SCM-Forschung
(gekürzt nach Otto, 2002: S. 196)

In Bezug auf die vorliegende Arbeit ist vor dem Hintergrund ihrer Zielsetzung festzustellen, dass sich die hier eingenommene Perspektive auf den Begriff Supply-Chain-Management keinem der von Otto identifizierten Stereotypen exklusiv zuordnen lässt. Sie bewegt sich vielmehr zwischen den Disziplinen Logistik, Organisation und Strategie (vgl. Tabelle 5). Folglich werden bei der Analyse von Definitionen zum Supply-Chain-Management vornehmlich Autoren aus diesen Bereichen berücksichtigt (vgl. Tabelle 6).

Zunächst ist festzustellen, dass sämtliche Autoren in ihre Konzepte sowohl Lieferanten als auch Kunden einschließen, im Supply-Chain-Management also die Integration des Supply- und des Demand-Management sehen (vgl. Vitasek, 2009: S. 179). Neben dieser Übereinstimmung sind die Definitionen zum Supply-Chain-Management in der Literatur in einigen Aspekten uneinheitlich, obwohl nur Autoren aus den als relevant identifizierten Bereichen berücksichtigt worden sind (vgl. Tabelle 5). Zum einen wirken sich die Unterschiede in den bereits diskutierten Ansätzen zur horizontalen Ausdehnung von Wertschöpfungsnetzwerken (vgl. Abschnitt 2.1.2) auch auf den Geltungsbereich des Supply-Chain-Managements aus. Zum anderen unterscheiden sich die Definitionen aber auch in ihrem Betrachtungsobjekt (vgl. Tabelle 6). Lee und Ng merken in diesem Zusammenhang an, dass Konzepte zum Supply-Chain-Management *zwei Betrachtungsebenen* aufweisen (vgl. 1997: S. 191), das

Management der unternehmensübergreifenden Beziehungen im Netzwerk sowie die *effiziente Steuerung der Flüsse* durch eine Supply Chain. Beide Betrachtungsebenen finden sich auch in den analysierten Definitionen wieder (vgl. Tabelle 6).

Supply Chain Management is an integrative philosophy used to manage the total flow through a distribution channel from the supplier to the ultimate user. (Ellram, Cooper, 1990: S. 2)
Supply chain management covers the flow of goods from supplier through manufacturing and distribution chains to end user. (Oliver, Webber, 1992)
Supply Chain Management is the coordination of activities, within and between vertically linked firms, for the purpose of serving end customers at a profit. (Larson, Rogers, 1998: S. 2)
Supply chain management is the integration of key business processes from end user through original suppliers that provides products, services, and information that add value for customers and other stakeholders. (Lambert u. a., 1998: S. 1)
Supply Chain Management consists of firms collaborating to leverage strategic positioning and to improve operating efficiency. (Bowersox u. a., 2002)
Supply chain management is a set of approaches used to efficiently integrate suppliers, manufacturers, warehouses, and stores so that merchandise is produced and distributed at the right quantities, to the right location, and at the right time in order to minimize system wide costs while satisfying service-level requirements. (Simchi-Levi u. a., 2003a)
The management of upstream and downstream relationships with suppliers and customers to deliver superior customer value at less cost to the supply chain as a whole. (Christopher, 2005: S. 5)
Supply Chain Management involves the management of flows between and among stages in a supply chain to maximize total supply chain profitability. (Chopra, Meindl, 2007)
Supply Chain Management is the design and management of seamless, value-added processes across organizational boundaries to meet the real needs of the end customer. (Fawcett u. a., 2007: S. 8)
Supply Chain Management encompasses the planning and management of all activities involved in sourcing and procurement, conversion, and all logistics management activities. Importantly, it also includes coordination and collaboration with channel partners, which can be suppliers, intermediaries, third-party service providers, and customers. [...] Supply Chain Management is an integrating function with primary responsibility for linking major business functions and business processes within and across companies into a cohesive and high-performing business model. (Vitasek, 2009: S. 179)

Tabelle 6: Supply-Chain-Management-Definitionen aus der Literatur[2]
(eigene Darstellung)

Während beispielsweise Oliver und Webber (1992) oder Chopra und Meindl (2007) ihre Definitionen auf die Optimierung von Flüssen, insbesondere auf die des Materialflusses, fokussieren, definieren andere Autoren wie Larson und Rogers (1998) oder Christopher (2005) Supply-Chain-Management allgemeiner über die Ausgestaltung von interorganisatorischen Beziehungen innerhalb eines Wertschöpfungsnetzwerks. Der Übergang zwischen beiden Betrachtungsweisen ist allerdings fließend, da sich der Erfolgsfaktor effektiv gestalteter und effizient gesteuerter Flüsse als Folge von Erfolgspotenzialen eines guten Beziehungsmanagements in einer Supply Chain einstellt. Folglich soll an dieser Stelle vereinfachend festgehalten werden, dass es sich

[2] Zur besseren Übersichtlichkeit enthält Tabelle 6 lediglich eine Auswahl der analysierten Supply-Chain-Management-Definitionen. Weitere Definitionen befinden sich in Anhang 1.

bei der Optimierung von Flüssen entlang einer Supply Chain eher um eine operative Betrachtungsweise handelt, während das Beziehungsmanagement einen eher strategischen Charakter aufweist. Unter Berücksichtigung dieser Überlegung sowie vor dem Hintergrund der eher strategischen Betrachtungsweise der vorliegenden Arbeit wird für folgende Analysen die Definition nach Christopher (2005) adaptiert.

2.2.3. Einordnung des SCM in den systemischen Managementbegriff

Bei einem genaueren Vergleich der analysierten Definitionen des Begriffs Supply-Chain-Management (vgl. Tabelle 6) mit den von Steinmann und Schreyögg (1997) identifizierten Managementschulen fällt zunächst auf, dass sich die Definitionen nur unscharf den verschiedenen Managementansätzen zuordnen lassen. Viele Autoren fokussieren in ihren Definitionen auf eine Abgrenzung von Betrachtungsrahmen und -ebene sowie den Betrachtungsgegenstand und verwenden den Begriff Management eher intuitiv. Während beispielsweise Ellram und Cooper (1990) von Supply-Chain-Management als einer Philosophie sprechen, stellt das Konzept für Vitasek (2009) eine Funktion, für Simchi-Levi und Kaminsky (2003a) eine Auswahl von Ansätzen sowie für Larson und Rogers die Koordination von Aktivitäten (1998) dar. Im Hinblick auf die verschiedenen Definitionen ist lediglich festzustellen, dass ein institutionelles Verständnis des Begriffs Supply-Chain-Management nur selten verwendet wird (vgl. Tabelle 6).

Trotz dieser konzeptionellen Unschärfe in den Definitionen haben Mentzer u. a. zur Einordnung der verschiedenen Verständnisse des Managementbegriffs in den Definitionen des Supply-Chain-Managements eine Literaturanalyse durchgeführt und folgende drei Betrachtungsweisen identifiziert (vgl. 2001):

(1) Supply-Chain-Management stellt als **Managementphilosophie** einen systemischen Denkansatz dar, der die Optimierung des Güterstroms entlang eines gesamten Wertschöpfungsnetzwerks beinhaltet und darauf abzielt, bei vollständiger Kundenorientierung die unternehmensinternen und -externen strategischen Potenziale und operativen Faktoren aufeinander auszurichten.

(2) Zudem kann Supply-Chain-Management auch als **Gruppe von überbetrieblichen Managementaktivitäten und -prinzipien** zur Umsetzung dieser Philosophie betrachtet werden, wie beispielsweise der Austausch von Information zu strategischer und taktischer Ausrichtung der einzelnen Unternehmen, Risk und Revenue Sharing sowie der Aufbau langfristiger Partnerschaften.

(3) Schließlich kann Supply-Chain-Management auch als eine **Auswahl von unternehmensübergreifenden Geschäftsprozessen** verstanden werden, die durch eine konsequente Ausrichtung auf die finalen Kunden die funktionalen Silos jedes Unternehmens aufbrechen und zu einer Ausrichtung der Unternehmen um die übergreifenden Supply-Chain-Prozesse herumführt.

Wird ein Wertschöpfungsnetzwerk als ein Verbund aus verschiedenen Elementen bzw. Teilsystemen, den Unternehmen, verstanden, lässt sich das Supply-Chain-Management auch aus der systemischen Perspektive des für diese Arbeit übernommenen Managementbegriffs verstehen (vgl. Abschnitt 2.2.1.3). Voraussetzung für die Zulässigkeit dieser Perspektive ist nach der allgemeinen Systemtheorie, dass eine Supply Chain über eine eindeutige System/Umweltgrenze verfügt, die trennschärfer als die Grenze zwischen ihren Teilsystemen ist (vgl. Abschnitt 2.2.1.2). Obwohl in der Unternehmenspraxis das Zutreffen dieser Voraussetzung situativ im Einzelfall zu überprüfen ist, lässt kann im konzeptionellen Kontext der vorliegenden Arbeit an dieser Stelle normativ argumentiert werden. Da die analysierten Definitionen des Begriffs Supply-Chain-Management stets auf die Verbindungen zwischen verschiedenen Unternehmen abzielen (vgl. Abschnitt 2.2.2), kann unabhängig von einer einzelnen Definition diese Voraussetzung als erfüllt betrachtet werden. Die folgende Einordnung der drei Betrachtungsweisen nach Mentzer u. a. (vgl. 2001) in den Kontext des integrierten Managements (vgl. Bleicher, 1999) erscheint demnach zulässig (vgl. Abbildung 14).

Nach der *ersten Betrachtungsweise* nach Mentzer u. a. (2001), in der Supply-Chain-Management als Bestandteil der Managementphilosophie verstanden wird, können dem Ansatz keine unternehmensübergreifenden Aktivitäten zugeordnet werden. Auch einer Zuordnung zu einem der fünf Teilsysteme des Managements (vgl. Tabelle 4) verschließt sich diese Betrachtungsweise. Entsprechend befinden sich Definitionen, in denen Supply-Chain-Management als Philosophie aufgefasst wird, konzeptionell außerhalb der Ebenen des integrierten Managements. Sie drückt in diesem Fall vielmehr eine positive Einstellung des Managements zur interorganisatorischen Zusammenarbeit aus und ist trotz ihrer systemischen Perspektive, dem Bereich der Visionen zuzuordnen. Auch Mentzer u. a. exkludieren diese Betrachtungsweise aus dem Supply-Chain-Management und führen für Definitionsansätze, in denen Supply-Chain-Management als Philosophie beschrieben wird, den Begriff *Supply Chain Orientation* ein (vgl. 2001: S. 11).

Zum Verständnis der Einordnung der beiden anderen Betrachtungsweisen nach Mentzer u. a. (2001) in den Kontext des integrierten Managements ist eine Berücksichtigung der *Ausgangssituationen* erforderlich, auf denen die jeweiligen Definitionen aufbauen. Insbesondere der in den Definitionen beschriebene Integrationsgrad der einzelnen Unternehmen oder Elemente in eine Supply Chain ist in diesem Zusammenhang relevant (vgl. Bechtel, Jayaram, 1997: S. 19).

In Definitionen, in denen eine *Ausgangssituation mit einer geringen Supply-Chain-Integration* beschrieben wird, wird das Supply-Chain-Management als Funktion jedes einzelnen Unternehmens betrachtet. Aus der Perspektive eines Unternehmens stellt in einer solchen Situation die interorganisatorische Zusammenarbeit mit anderen Unternehmen eine Interaktion mit externen Elementen eines gemeinsamen Übersystems dar. Das Supply-Chain-Management kann in einer solchen Situation im Hinblick auf ein Unternehmen nur denjenigen Teilsystemen des Managements zugeordnet werden, die über Schnittstellen zur Systemumwelt verfügen (vgl. Malik, 2008: S. 77). Neben dem ersten Teilsystem, der Leitung von Basiseinheiten, weist insbesondere das vierte Teilsystem, das strategische Management, aufgrund seiner Aufgaben ein externes Gleichgewicht anzustreben (vgl. Tabelle 4, S. 40), solche Schnittstellen auf. Supply-Chain-Management-Definitionen der *zweiten Betrachtungsweise* nach Mentzer u. a. (vgl. 2001) entsprechen aufgrund ihres Bezugs auf ein fokales Unternehmen oftmals einer solchen Situation (Bowersox u. a., 2002; vgl. bspw. Otto, Kotzab, 2002). Sie umfassen in diesem Zusammenhang Bündel von Aktivitäten und Prinzipien zur Umsetzung einer vorhandenen Supply-Chain-Orientierung durch das strategische Management einer Organisation. Beispiele für strategische Aktivitäten und Prinzipien identifizieren Koh u. a. (2007) im Rahmen einer Studie zum Einfluss des Supply-Chain-Managements auf den Unternehmenserfolg mithilfe einer Literaturanalyse (vgl. Tabelle 7)[3].

[3] Sie stellen hierzu Folgendes fest: *SCM practices involve a set of activities undertaken in an organization to promote effective management of its supply chain.* (Koh u. a., 2007: S. 106)

Donlon (1996) ▪ Supplier partnership ▪ Outsourcing ▪ Cycle time compression ▪ Continuous process flow ▪ Information technology sharing	**Tan u. a.** (1998) ▪ Purchasing ▪ Quality ▪ Customer relations	**Alvarado and Kotzab** (2001) ▪ Concentration on core competencies ▪ Use of inter-organizational systems ▪ Elimination of excess inventory levels
Tan (2001) ▪ Supply chain integration ▪ Information sharing ▪ Supply chain characteristics ▪ Customer service management ▪ Geographical proximity ▪ JIT capability	**Ulusoy** (2003) ▪ Logistics ▪ Supplier relations ▪ Customer relations ▪ Production	**Chen und Paulraj** (2004) ▪ Supplier base reduction ▪ Long-term relationship ▪ Communication ▪ Cross-functional teams ▪ Supplier involvement
Min und Mentzer (2004) ▪ Agreed vision and goals ▪ Information sharing ▪ Risk and award sharing ▪ Cooperation ▪ Process integration ▪ Long-term relationship ▪ Agreed supply chain leadership	**Li u. a.** (2005) ▪ Strategic supplier partnership ▪ Customer relationship ▪ Information sharing ▪ Information quality ▪ Internal lean practices ▪ Postponement	**Burgess u. a.** (2006) ▪ Leadership ▪ Intra-organizational relationships ▪ Inter-organizational relationships ▪ Logistics ▪ Process improvement orientation ▪ Information systems ▪ Business results and outcomes

Tabelle 7: Praktiken des Supply-Chain-Managements
(nach Koh u. a., 2007: S. 107)

Dagegen beschreiben Autoren der Konzepte, die Mentzer u. a. (2001) der *dritten Betrachtungsweise* zuordnen, im Hinblick auf Supply-Chain-Management anstatt einzelner unternehmensübergreifender Aktivitäten, nahtlose Geschäftsprozesse entlang eines gesamten Wertschöpfungsnetzwerks (vgl. Fawcett u. a., 2007). Der Integrationsgrad einzelner Unternehmen in eine Supply Chain ist entsprechend hoch (vgl. Lambert u. a., 1998). Das Supply-Chain-Management bildet in einer solchen Situation eine gemeinsame, übergreifende Funktion des Wertschöpfungsnetzwerks, deren Betrachtungsgegenstand die Koordination der einzelnen Unternehmen darstellt. Die Unternehmen als Basiseinheiten sind in einer solchen Situation Bestandteil desselben Systems wie das Supply-Chain-Management. Da sich der Gestaltungsbereich des Supply-Chain-Managements hier innerhalb eines Systems befindet, dessen inneres Gleichgewicht im Rahmen dieser Funktion angestrebt wird, ist es bei einer weitreichenden Supply-Chain-Integration dem dritten Teilsystem des Managements (vgl. Tabelle 4), also dem operativen Management, zuzuordnen. Anzumerken ist, dass das operative Management im systemischen Management keine direkte Schnittstelle zur Systemumwelt aufweist (vgl. Malik, 2008: S. 77), sondern indirekt durch die Koordination der Basiseinheiten mit dieser interagiert. Auch wenn eine derart weitreichende Integration einzelner Unternehmen in eine Supply Chain mit übergreifendem

Managementsystem eher eine Utopie als eine tatsächliche Gestaltungsoption darstellt – Bechtel und Jayaram bezeichnen eine solche Supply Chain als Future School (vgl. 1997: S. 18) – existieren in der Literatur einige praktisch getriebene Bezugsrahmen solcher Managementsysteme. Beispiele stellen das SCOR Modell (vgl. Supply Chain Council, 2005) und das Modell des *Global Supply Chain Forums* (vgl. Lambert u. a., 1998) dar, in denen jeweils unternehmensübergreifende Geschäftsprozesse das Grundgerüst bilden.

Zusammenfassend kann das Supply-Chain-Management, der zweiten und dritten Betrachtungsweise Mentzer u. a. (vgl. 2001) folgend, in Abhängigkeit des Funktionsträgers sowohl dem strategischen als auch dem operativen Management zugeordnet werden. Als Funktion eines Unternehmens koordiniert das Supply-Chain-Management im Rahmen des strategischen Managements die Kollaboration dieses Unternehmens mit anderen Elementen seines Wertschöpfungsnetzwerks. Als integrierte Funktion der gesamten Supply Chain werden im Rahmen des Supply-Chain-Managements auf operativer Ebene unternehmensübergreifende Geschäftsprozesse ausgestaltet und gelenkt.

2.3. Supply-Chain-Strategie

2.3.1. Verständnis und Einordnung des Strategiebegriffs im SCM

Allgemein kann Strategie als ein *einheitliches Entscheidungsmuster* definiert werden, wobei eine Entscheidung in diesem Zusammenhang das Bekenntnis zu einer Aktion, üblicherweise unter dem Einsatz von Ressourcen darstellt (vgl. Mintzberg, 1978: S. 935). Einschränkend ist zu dieser Definition jedoch anzumerken, dass dieser Strategiebegriff allgemein gewählt und deswegen dazu geeignet ist, wenigen im Rahmen der betriebswirtschaftlichen Forschung entstandenen Definitionsansätzen zu widersprechen.

Das Konzept der Supply-Chain-Strategie kann in Anlehnung an diese allgemeine Strategiedefinition vereinfachend als ein einheitliches Muster bei Entscheidungen zur Gestaltung eines Wertschöpfungsnetzwerks verstanden werden. Zur Einordnung dieses Konzepts in den Kontext des integrierten Managements ist festzustellen (vgl. Abschnitt 2.2.1.3), dass die Supply-Chain-Strategie gemäß ihrer Definition stets das gesamte in die Strategie inkludierte Wertschöpfungsnetzwerk umfasst. Sie steht damit im Gegensatz zum Supply-Chain-Management, das sowohl als Funktion einer gesamten Supply Chain als auch eines einzelnen Unternehmen verstanden werden kann (vgl. Abschnitt 2.2.3). Entsprechend kann das Konzept der Supply-Chain-

Strategie eindeutig dem strategischen Management eines Wertschöpfungsnetzwerks als soziotechnischem System zugeordnet werden, wobei die Supply-Chain-Strategie einer Entsprechung auf der Ebene der einzelnen Elemente oder Unternehmen bedarf. Unter Berücksichtigung dieser Überlegungen kann das Konzept der Supply-Chain-Strategie konkretisiert werden.

Eine Supply-Chain-Strategie beinhaltet *Leitlinien zur Gestaltung eines Wertschöpfungsnetzwerks*, wobei das Ziel dieser Gestaltung der *Aufbau strategischer Erfolgspotenziale* auf dem finalen Absatzmarkt darstellt. In Übertragung des Konzepts der *generischen Wettbewerbsstrategien* (vgl. Porter, 1998b: S. 34–40) von Unternehmen auf Wertschöpfungsnetzwerke, können diese Erfolgspotenziale beispielsweise im Bereich der Kosten oder der Verfügbarkeit eines Produktes liegen. Anzumerken ist, dass im Hinblick auf Supply Chains in der Literatur die multidimensionale Differenzierungsstrategie Porters (vgl. 1998b: S. 36) oftmals auf die Verfügbarkeit von Produkten auch bei schwankender Nachfrage reduziert wird (vgl. Neher, 2005: S. 86). Entsprechend existieren bei der Strategieformulierung in Bezug auf Supply Chains insbesondere zwei generische Ausprägungen, *Flexibilität*[4] (vgl. Abschnitt 2.3.2.1) und *Effizienz* (vgl. Abschnitt 2.3.2.2), die ähnlich dem Ansatz der generischen Wettbewerbsstrategien auf Ebene einzelner Unternehmen in einer Supply Chain nicht parallel bzw. gleichgewichtet verfolgt werden können. Trotzdem werden in der Literatur von zahlreichen Autoren *hybride Strategien* (vgl. bspw. Mason-Jones u. a., 2000), also Kombinationen beider generischer Ausprägungen, beschrieben. Diese Strategien stellen jedoch beispielsweise nach dem *Prinzip der Entkopplung* eine Zusammenfassung unterschiedlicher Strategien für verschiedene Teilnetzwerke einer Supply Chain dar (vgl. Abschnitt 2.3.2.3).

2.3.2. Paradigmen der Supply-Chain-Strategieformulierung

2.3.2.1. Flexibilität, Agilität und Reaktionsfähigkeit

Eine der beiden generischen Ausprägungen bei der Formulierung von Supply-Chain-Strategien folgt einem Paradigma, das sich lediglich unscharf mit den Begriffen *Flexibilität, Agilität* und *Reaktionsfähigkeit* umschreiben lässt. Diese Unschärfe wird in vielen Ansätzen aus dem Bereich der Supply-Chain-Forschung übernommen (vgl. Abschnitt 2.4.3), sodass an dieser Stelle eine genauere Betrachtung des grundlegenden strategischen Paradigmas notwendig erscheint. Anzumerken ist jedoch, dass

[4] Der Begriff der Flexibilit wird an dieser Stelle stellvertretend für eine Gestaltung nach dem Flexibilitätsparadigma verwendet.

sich in der Literatur selten eine genauere und einheitliche Definition dieses Paradigmas findet. Vielmehr werden die drei Begriffe oftmals synonym oder überlappend verwendet (vgl. Bernardes, Hanna, 2009: S. 32). In diesem Zusammenhang versuchen Bernardes und Hanna die drei Begriffe Flexibilität, Agilität und Reaktionsfähigkeit, aufbauend auf einer Literaturanalyse, zu differenzieren und verschiedenen Abstraktionsebenen zuzuordnen (vgl. Tabelle 8).

	Flexibilität	**Agilität**	**Reaktionsfähigkeit**
Abgrenzung	Eigenschaft eines Produktionssystems	Organisationsparadigma auf der Unternehmensebene	Leistungspotenzial auf der Unternehmensebene
	Systemeigenschaft	Organisationsansatz eines Systems	Systemverhalten oder Ergebnis
Definition	Fähigkeit eines Systems seinen Zustand innerhalb einer bestehenden Konfiguration (vorher festgelegter Parameter) zu verändern	Fähigkeit eines Systems sich schnell (mit neuen Parametern) zu re-konfigurieren	Wahrscheinlichkeit (Propensität) einer gezielten und rechtzeitigen Verhaltensänderung bei Auftreten eines modulierenden Stimulus.

Tabelle 8: Flexibilität, Agilität und Reaktionsfähigkeit
(vgl. Bernardes, Hanna, 2009: S. 41)

Für ihre Einordnung folgen sie dem Sandburgenmodell der kumulativen Fähigkeiten, nach dem sich bestimmte generische Fähigkeiten einer Organisation nicht ausschließen, sondern ähnlich den Schichten einer Sandburg ergänzen (vgl. Ferdows, De Meyer, 1990: S. 181). Bernardes und Hanna ordnen die Schlüsselbegriffe Flexibilität, Agilität und Reaktionsfähigkeit diesem Modell folgend in verschiedenen Schichten an, wobei Flexibilität die innere und Reaktionsfähigkeit die äußere Schicht darstellt.

Anzumerken ist, dass *Flexibilität* im Vergleich dieser Fähigkeiten das in der Literatur am weitesten entwickelte Konzept darstellt (vgl. Bernardes, Hanna, 2009: S. 33), wobei sich auch hier ein einheitliches Verständnis erst herausbildet. Deutlich wird dieses anhand eines Vergleichs aktueller mit früheren Definitionen aus dem Bereich des Produktionsmanagements, wobei der Begriff im Zeitverlauf zunehmend präzisiert worden ist. Während beispielsweise Gerwin Flexibilität noch allgemein als Reaktionsfähigkeit gegenüber volatilen Rahmenbedingungen definiert (vgl. 1987: S. 39), weist bereits Upton darauf hin, dass Flexibilität einen Zustandswechsel ohne Mehraufwand darstellt (vgl. 1994: S. 73). Anzumerken ist, dass Gerwin für seine Definition den Begriff Reaktionsfähigkeit verwendet, der in späteren Beiträgen eine abweichende Bedeutung zugewiesen bekommt (vgl. Tabelle 8). Im Gegensatz zu Upton verzichtet zudem Gerwin auf eine Aussage bezüglich des Aufwands einer solchen Reaktion.

Für Upton ist Flexibilität eine Systemeigenschaft, die auch vorhanden ist, wenn sie nicht ausgenutzt wird (vgl. 1995: S. 76). Bernardes und Hanna definieren Flexibilität im Rahmen des Produktionsmanagements als die Fähigkeit eines Systems, innerhalb einer bestehenden Konfiguration seinen Status zu verändern (vgl. Tabelle 8). Für ein Produktionssystem als ihren Betrachtungsgegenstand ergeben sich beispielsweise Anpassungen im Bereich des Produktionsprogramms, der Produktgestaltung und der Produktionsmenge (vgl. Slack, 1983: S. 5). Neben Produktionssystemen wird der Begriff der Flexibilität in der Literatur auch im Zusammenhang mit Supply Chains verwendet (vgl. Eloranta u. a., 1995). Stevenson und Spring (2007) schlagen im Hinblick auf Supply-Chain-Flexibilität vor, interne mit unternehmensübergreifenden Dimensionen zu kombinieren. Die von ihnen aus der Literatur identifizierten unternehmensübergreifenden Flexibilitätsdimensionen (vgl. 2007: S. 691) reichen jedoch weit über die von Bernardes und Hanna vorgeschlagene Abgrenzung von Flexibilität hinaus. Anzumerken ist, dass Stevenson und Spring flexiblen Supply Chains die Fähigkeit zuschreiben, nicht nur effektiv auf Veränderungen der Nachfrage, sondern auch auf Ausfälle der Versorgung zu reagieren (vgl. 2007: S. 686).

Im Gegensatz zur Flexibilität, die in der Literatur als inhärente Fähigkeit, beispielsweise eines Produktionssystems, beschrieben wird, bezeichnen viele Autoren *Agilität* als ein Organisationsparadigma (vgl. bspw. Burgess, 1994: S. 27), das es erlaubt, rechtzeitig auf antizipierte und unvorhergesehene Veränderungen zu reagieren (vgl. Sharifi, Zhang, 2001: S. 774). Agile Organisationen sind wandelbar. Agilität bestimmt als Paradigma eine Gruppe verbundener Veränderungen in Produktion, Entwicklung, Marketing und Aufbau einer Organisation (vgl. Storey u. a., 2005: S. 243), wobei bei der Gestaltung beispielsweise eines agilen Produktionssystems Geschwindigkeit und Flexibilität Schlüsselfaktoren darstellen (vgl. Goldman, Nagel, 1993: S. 18). Trotz ihrer von Goldman und Nagel (1993) beschriebenen inhaltlichen Nähe besteht ein Unterschied zwischen Flexibilität und Agilität, den Backhouse und Burns (1999) anhand eines Beispiels verdeutlichen. Während Agilität die Fähigkeit eines Unternehmens darstellt, sich an unvorhersehbare Veränderungen in der Umwelt anzupassen, beschreibt Flexibilität die Fähigkeit auf verschiedene Kundenanforderungen, die sich innerhalb bekannter Grenzen bewegen, reagieren zu können (vgl. Backhouse, Burns, 1999: S. 76). Zusätzlich zu Flexibilität umfasst Agilität die Fähigkeit eines Systems bei äußeren Veränderungen einen Zustand einzunehmen, der bei der Konfiguration dieses Systems nicht vorhersehbar war (vgl. Bernardes, Hanna, 2009: S. 37). Sanchez und Nagi ergänzen, dass es sich bei Agilität um eine übergeordnete Strategie handelt, mit der Unternehmen in einer unvorhersehbaren Umwelt erfolgreich sein können (vgl. 2001: S. 3562).

Ähnlich dem Paradigma der Agilität zeichnet sich auch für den Begriff der *Reaktionsfähigkeit* noch keine allgemeine Definition in der Literatur ab. Obwohl viele Autoren im Zusammenhang mit Produktionssystemen oder Supply Chains diesen Begriff in ihren Beiträgen verwenden (vgl. bspw. Fisher, 1997), bestätigen Bernardes und Hanna erneut die Feststellung von Matson und McFarlane (vgl. 1999: S. 768), dass bei der Konzeptualisierung von Reaktionsfähigkeit in der Literatur noch Defizite bestehen (vgl. 2009: S. 37). Während einige Autoren Reaktionsfähigkeit insbesondere im Hinblick auf die Nachfrageseite eines Unternehmens bzw. einer Supply Chain beschreiben (vgl. bspw. Catalan, Kotzab, 2003: S. 677), definieren es andere ähnlich dem Agilitätsparadigma in Bezug auf Produktionssysteme (vgl. bspw. Gindy u. a., 1999: S. 2400). Holweg leitet den Begriff im Zusammenhang mit Produktionssystemen aus der allgemeinen Systemtheorie ab (vgl. Abschnitt 2.2.1.2). Er adaptiert für sein Verständnis von Reaktionsfähigkeit Ackoffs Definition einer Systemantwort (vgl. 1971: S. 664), womit er Reaktionsfähigkeit im Vergleich zu Agilität um den Begriff des Stimulus erweitert. Reaktionsfähigkeit beschreibt demnach die Fähigkeit eines Produktionssystems oder einer Organisation *gezielt und schnell* auf Kundennachfragen oder Veränderungen des Marktes reagieren zu können (vgl. Holweg, 2005: S. 605). Während Agilität die Fähigkeit einer Organisation beschreibt, sich an unvorhersehbare Veränderungen der Systemumwelt anzupassen (vgl. Jain u. a., 2008: S. 367), stellt Reaktionsfähigkeit die Fähigkeit dieser Organisation dar, auf einen einzelnen Anreiz aus der Umwelt, beispielsweise eine einzelne Kundenanfrage (vgl. Holweg, 2005: S. 608), schnell reagieren zu können. Neben dem auslösenden Stimulus ist die Betonung einer schnellen Reaktion ein weiteres Differenzierungskriterium der beiden Begriffe in der Literatur (vgl. Catalan, Kotzab, 2003: S. 669). Holweg stellt fest, dass zum Erreichen von Reaktionsfähigkeit das Bestehen von Flexibilität im Produktionssystem sowie in angrenzenden Systemen notwendig ist (vgl. 2005: S. 608). Bernardes und Hanna ergänzen, dass eine Kombination verschiedener Kompetenzen aus den Bereichen Flexibilität und Agilität die Grundlage für die Fähigkeit zur Reaktion auf einen einzelnen Stimulus darstellt (vgl. 2009: S. 44).

Anzumerken ist, dass sich in der deutschsprachigen Literatur im Hinblick auf Produktionssysteme neben der Reaktionsfähigkeit das Konzept der *Wandlungsfähigkeit* etabliert hat. Auch wenn an dieser Stelle auf eine Gegenüberstellung der Begriffe Reaktions- und Wandlungsfähigkeit verzichtet werden soll, wird bei Berücksichtigung folgender Definition der Wandlungsfähigkeit eine Konvergenz beider Konzepte offensichtlich.

> *„Ein System wird als wandlungsfähig bezeichnet, wenn es aus sich selbst heraus über gezielt einsetzbare Prozess- und Strukturvariabilität sowie Verhaltensvariabilität verfügt. Wandlungsfähige Systeme sind in der Lage, neben reaktiven Anpassungen auch antizipative Eingriffe vorzunehmen. Diese Aktivitäten können auf Systemveränderungen wie auch auf Umfeldveränderungen hinwirken." (Westkämper u. a., 2000: S. 25)*

Im Rahmen der vorliegenden Arbeit soll das beschriebene strategische Paradigma nach Bernardes und Hanna (2009) als Sandburg verstanden werden. Die Grundlage des Paradigmas und damit den Kern der Sandburg bildet die Flexibilität, die sich als Fähigkeit eines Systems, seinen Zustand innerhalb von *a priori* festgelegten Grenzen zu verändern, definiert wird. Die zweite Schicht der Sandburg stellt die Agilität dar, die die Fähigkeit eines Systems beschreibt, sich einer wandelnden Umweltsituation anzupassen. Die äußerste Schicht der Sandburg bildet die Reaktionsfähigkeit, die es Systemen erlaubt eine solche Veränderung schnell als Reaktion auf einen externen Stimulus durchzuführen. Trotz seiner umfassenderen Bedeutung wird das beschriebene mehrschichtige Paradigma im weiteren Verlauf der vorliegenden Arbeit aufgrund seines Kerns als *Flexibilitätsparadigma* bezeichnet. In Bezug auf die weiteren Analysen ist jedoch anzumerken, dass vielen Autoren, beispielsweise von Konfigurations- bzw. Strategieansätzen, eine genaue Differenzierung dieser drei Begriffe nicht vorlag, sodass sie diese in ihren Beiträgen unscharf und teilweise widersprüchlich verwenden. Bei der Analyse dieser Beiträge entsteht deswegen oftmals Interpretationsbedarf.

2.3.2.2. Effizienz

Im Gegensatz zu dem Flexibilitätsparadigma (vgl. Abschnitt 2.3.2.1) lässt sich die zweite generische Ausrichtung der Strategieformulierung mithilfe der allgemeinen Definition von Wirtschaftlichkeit (vgl. Formel 2.1) als Ausdruck wirtschaftlicher Effizienz eindeutig beschreiben (vgl. Wöhe, Döring, 2008: S. 43).

$$Wirtschaftlichkeit = \frac{Ertrag}{Aufwand} \qquad 2.1$$

Nach dem Effizienzparadigma formulierte Strategien zielen bei Anwesenheit einer *stabilen Umweltsituation* auf die absolute *Maximierung der Wirtschaftlichkeit* einer Organisation bzw. einer Supply Chain ab. Da eine stabile Umweltsituation vereinfachend auch eine stabile Nachfrage mit einem annähernd konstanten Ertrag umfasst, können auf Effizienz fokussierende Supply-Chain-Strategien nach dem ökonomischen Prinzip (vgl. Wöhe, Döring, 2008: S. 1) zur Maximierung der Wirtschaftlichkeit nur auf größtmögliche Kosteneffizienz ausgerichtet sein (vgl. Lee, 2002: S. 113). Auch Fisher identifiziert als übergeordnetes Ziel einer auf Effizienz ausgerichteten Supply Chain die Versorgung einer vorhersagbaren Nachfrage zu minimalen Kosten (vgl. 1997: S. 108). Ansätze zur Umsetzung dieser Strategien fußen oftmals auf dem von Bücher (1910) erstmalig formulierten *Gesetz der Massenproduktion*. Nach diesem Gesetz, das auch als *Economies of Scale* bezeichnet wird (vgl. Stigler, 1958: S. 54), sinken die durchschnittlichen Stückkosten zur Herstellung eines Gutes unter bestimmten Bedingungen bei steigender Produktionsmenge (vgl. Bücher, 1910: S. 430).

Zur Ausnutzung dieses Gesetzes wurden verschiedene Ansätze zur Gestaltung und Lenkung von Produktionssystemen bzw. Wertschöpfungsnetzwerken entwickelt, auf deren genaue Diskussion im Rahmen der vorliegenden Arbeit jedoch verzichtet werden muss. Einzig das Konzept der *schlanken Produktion* bzw. seine Verallgemeinerung, das Konzept des *schlanken Managements,* das in der Supply-Chain-Management-Forschung häufig im Zusammenhang mit dem Effizienzparadigma genannt wird, soll im Folgenden kurz betrachtet werden.

Zunächst ist hierzu anzumerken, dass dieses Konzept, obwohl es beispielsweise Pfeiffer und Weiss als Gegenkonzept zur arbeitsteiligen Massenproduktion definieren (vgl. 1994: S. 54), als Umsetzung des Effizienzparadigmas auch auf die Ausnutzung des Gesetzes der Massenproduktion abzielt. Im Gegensatz zu anderen Umsetzungen des Effizienzparadigmas wird in dem Konzept des schlanken Managements jedoch nicht ein Gestaltungsparameter besonders betont (vgl. Pfeiffer, Weiss, 1994: S. 53), sondern in Anlehnung an das *Toyota Produktionssystem* (vgl. Ohno, 1988: S. 4) die Gestaltung und Lenkung einer Organisation auf die Vermeidung jeglicher Verschwendung ausgerichtet (vgl. Womack, Jones, 1996: S. 15). Deutlich wird der Unterschied zwischen klassischen Umsetzungen des Effizienzparadigmas und dem schlanken Management beispielsweise anhand des Steuerungsprinzips des Materialflusses. Während im Rahmen traditioneller Ansätze der Massenproduktion häufig eine mithilfe quantitativer Verfahren durch eine zentrale Instanz optimierbare *Push*-Steuerung verwendet wird, schlagen Womack und Jones die Anwendung des *Pull*-Prinzips zur Materialflusssteuerung vor (vgl. 1996: S. 24). Obwohl in Pull-Systemen eine Wertschöpfung erst durch den Eingang eines Kundenauftrags angestoßen wird (vgl. Schönsleben, 2007: S. 163) und eine quantitative Optimierung aufgrund eines unsicheren Auftragseingang schwierig erscheint, ist das durchschnittliche Bestandsniveau in diesen Systemen niedriger, die Verschwendung geringer.

Weitere wichtige Gestaltungsbereiche im Rahmen des schlanken Managements stellen die Elimination nicht wertschöpfender Tätigkeiten (vgl. Womack, Jones, 1994: S. 93) sowie die Reduktion von Rüstzeiten (vgl. Vonderembse u. a., 2006: S. 228) dar. Insbesondere kurze Rüstzeiten ermöglichen es Unternehmen bzw. Supply Chains auch kleine Losgrößen wirtschaftlich zu fertigen (vgl. Vonderembse u. a., 2006: S. 228). Anzumerken ist, dass kleine Losgrößen Unternehmen, die in ihrer Strategie dem Effizienzparadigma folgen, befähigen, flexibel im Rahmen der Flexibilitätsdimension (vgl. Abschnitt 2.3.2.1) auf Veränderungen der Menge oder Zusammensetzung der Nachfrage bekannter Produkte zu reagieren. Eine Erweiterung des Produktionsprogramms um neue, bisher nicht hergestellte Produkte ist jedoch mithilfe kurzer Rüstzeiten nicht möglich. Kurze Rüstzeiten befähigen Unternehmen daher nicht zur kundenindividuellen Massenfertigung oder zur Adaption zukünftiger Markttrends (vgl. Vonderembse u. a., 2006: S. 228), sodass das schlanke Management nicht als Umsetzung des Flexibilitätsparadigmas verstanden werden kann (vgl. Abschnitt 2.3.2.1).

Zur Gestaltung von Wertschöpfungsnetzwerken nach dem Effizienzparadigma schlägt Hilletofth die Anwendung der von De Treville u. a. aus der Literatur identifizierten Techniken zur *Supply-Integration* vor (vgl. 2009: S. 19). De Treville u. a. empfehlen in diesem Zusammenhang die Anwendung von *Just-in-Time-Konzepten*, um mithilfe kleiner Beschaffungslose, *Pufferbestände reduzieren* zu können (vgl. 2004: S. 615). Fisher betont im Hinblick auf die Nachfrageseite einer Supply Chain, dass eine hohe *Bestandsumschlagsgeschwindigkeit* ebenfalls zu einer Reduzierung von Beständen entlang der Supply Chain beiträgt (vgl. 1997: S. 108). Ein weiterer Ansatz zur Umsetzung des Effizienzparadigmas in Supply Chains stellt der Aufbau *langfristiger Beziehungen zu Lieferanten* dar, die eine *Reduktion der Lieferantenanzahl* sowie eine Vereinfachung von Bestellvorgängen erlauben (vgl. Treville u. a., 2004: S. 615). In diesem Zusammenhang ergänzen De Treville u. a., dass die Auswahl von Lieferanten anhand von Qualität und Liefertreue erfolgen sollte (vgl. 2004: S. 615), während Fisher noch Kosten und Qualität als wichtige Kriterien zur Lieferantenauswahl identifiziert hat (vgl. 1997: S. 108).

Zusammenfassend ist zum Verhältnis der beiden generischen Ausrichtungen zur Strategieformulierung anzumerken, dass beide Paradigmen grundsätzlich das gleiche Ziel verfolgen, die Nachfrage des Kunden bei minimalen Gesamtkosten zu befriedigen (vgl. Goldsby u. a., 2006: S. 61). Die dargestellten Unterschiede zwischen beiden Paradigmen ergeben sich aus verschiedenen Umweltsituationen, beispielsweise der Anwesenheit von Nachfrageunsicherheit, die andere Ansätze zur Versorgung von Endkunden erfordern (vgl. Goldsby, Garcia-Dastugue, 2003: S. 38).

2.3.2.3. Hybride Ansätze als Kombination beider Paradigmen

Aufgrund der Anforderungen realer Umweltsituationen, nach Supply-Chain-Strategien, die sowohl effizient als auch flexibel sind, erscheint eine Kombination beider Paradigmen in einem Wertschöpfungsnetzwerk grundsätzlich vorteilhaft. Diese Feststellung gilt auch vor dem Hintergrund, dass durch die Anwendung des schlanken Managements zur Umsetzung des Effizienzparadigmas bereits eine gewisse Flexibilisierung von Wertschöpfungsnetzwerken erreicht werden kann (vgl. Abschnitt 2.3.2.2). Anzumerken ist jedoch, dass beide Paradigmen trotz grundsätzlich gleicher Zielsetzung (vgl. Abschnitt 2.3.2.2) *nicht gleichzeitig* (simultan) auf ein Wertschöpfungsnetzwerk angewendet werden können (vgl. Hilletofth, 2009: S. 19). Trotzdem sind in der Literatur bereits einige Ansätze zur Kombination von Effizienz- und Flexibilitätsparadigma in *hybriden Strategien* entwickelt worden (vgl. bspw. Naylor u. a., 1999: S. 117). Christopher und Towill unterscheiden in diesem Zusammenhang folgende drei Ansätze zur Kombination beider Paradigmen (vgl. 2001: S. 242), die auf den Prinzipien der Parallelisierung und Entkopplung beruhen:

(1) **Parallelisierung unter Ausnutzung des Pareto Prinzips**: Wie beispielsweise Koch gezeigt hat, folgt die Gewinnverteilung der meisten Unternehmen dem Pareto Prinzip (vgl. 1999: S. 33), sodass üblicherweise 80 % des Gewinns eines Unternehmens durch 20 % seiner Produkte entstehen. Folglich verfügt ein Unternehmen oftmals über ein Produktportfolio, in dem 20 % der Produkte in hohen und 80 % in geringen Stückzahlen hergestellt werden. Christopher und Towill schlagen für eine solche Situation den Aufbau von zwei *parallelen Wertschöpfungsnetzwerken* vor, einem schlank gestalteten für Produkte mit hohen Stückzahlen und einem agilen für die restlichen 80 % (vgl. 2001: S. 239). Ein Unternehmen verfügt bei Anwendung dieses Ansatzes über parallele Wertschöpfungsprozesse für verschiedene Produkte. Grundlage einer solchen Strategie ist die Annahme, dass sich individuelle Schwankungen der Nachfragemenge bei der Existenz vieler Konsumenten ausgleichen und der Nachfrageverlauf für Produkte mit hohen Stückzahlen so vorhersagbar wird.

(2) **Parallelisierung unter Nachfragesegmentierung:** Dieser Ansatz nutzt eine Beobachtung beispielsweise von Gattorna und Walters aus, nach der sich die

Nachfragemenge nach einem Produkt in einen im Zeitverlauf konstanten (Base) und einen schwankenden (Surge oder Wave) Anteil differenzieren lässt (vgl. 1996: S. 132). Während der konstante Anteil der Nachfrage mit einem effizient gestalteten Wertschöpfungsnetzwerk bedient werden kann, muss für den schwankenden Anteil zusätzlich ein agiles System aufgebaut werden. Ein Unternehmen verfügt folglich bei Anwendung dieser Strategie parallel über zwei verschiedenartig gestaltete Wertschöpfungsnetzwerke für ein Produkt (vgl. Christopher, Towill, 2001: S. 241).

(3) **Entkopplung von Teilnetzwerken:** Dieser Ansatz basiert auf der entkoppelten, sequenziellen Kombination von effizient und agil gestalteten Teilnetzwerken, wobei sämtliche Teilnetzwerke Abschnitte derselben Supply Chain darstellen. Der effizient gestaltete Abschnitt einer solchen Supply Chain befindet sich typischerweise am Anfang des jeweiligen Wertschöpfungsprozesses und somit vor der Bildung von Produktvarianten. An dieser Stelle der Wertschöpfung tritt aufgrund der über alle Varianten gebündelten Bedarfe eine geglättete und sicherer vorhersagbare Nachfrage auf (vgl. Chopra, Meindl, 2007: S. 188). Ein solcher Bündelungseffekt erlaubt die Lenkung eines Wertschöpfungsprozesses auf Grundlage von Vorhersagen nach dem Push-Prinzip (vgl. Abschnitt 2.3.2.2). Im weiteren Verlauf der Wertschöpfung löst die Bildung von Produktvarianten diese Bündelungseffekte auf, sodass in diesem Abschnitt der Supply Chain eine agile Gestaltung mit einer Lenkung auf Grundlage von Kundenaufträgen nach dem Pull-Prinzip erforderlich ist. Die Schnittstelle zwischen den beiden Steuerungsprinzipien bildet ein *Entkopplungspunkt*, der die letzte bestandsführende Station im Materialfluss vor einer Variantenbildung darstellt (vgl. Hoekstra u. a., 1992: S. 6).

Anzumerken ist, dass insbesondere die auf dem Prinzip der Entkopplung basierenden hybriden Ansätze im Rahmen der Anwendung von *Aufschubstrategien* (Postponement) in der Literatur häufig diskutiert werden (vgl. bspw. Feitzinger, Lee, 1997). Aufschubstrategien zielen auf eine möglichst spät im Wertschöpfungsprozess erfolgende Produktindividualisierung ab (vgl. Bucklin, 1965: S. 27), Tatsächlich existieren in der Literatur jedoch verschiedene Ausprägungen dieser Strategien, die sich anhand der Position des Entkopplungspunktes im Wertschöpfungsprozess unterscheiden lassen (vgl. Abbildung 15).

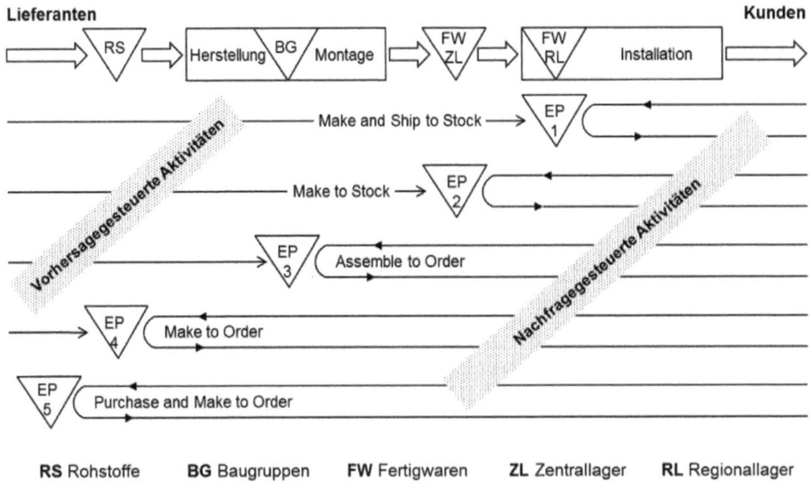

Abbildung 15: Mögliche Positionen eines Entkopplungspunkts
(vgl. Hoekstra u. a., 1992: S. 7)

Zwischen einer ausschließlich an dem Effizienzparadigma orientierten Gestaltung einer Supply Chain, bei der Produktion und Distribution ohne Kundenauftrag vorhersagegesteuert erfolgen (*Make and Ship to Stock*) und einem vollständig durch einen Kundenauftrag ausgelösten Wertschöpfungsprozess (*Purchase and Make to Order*), unterscheiden Hoekstra u. a. verschiedene hybride Supply-Chain-Strategien (vgl. Hoekstra u. a., 1992: S. 7). Anzumerken ist, dass bei einer Entkopplung nach Herstellung und Montage (*Make to Stock*) ausschließlich die Distribution agil gestaltet ist, während bei einer Entkopplung vor Beginn der Produktion (*Make to Order*) nur die Gestaltung der Beschaffung nach dem Effizienzparadigma erfolgt. Obwohl der Produktionsprozess bei beiden Strategien nicht hybrid gestaltet ist, ordnen beispielsweise Cooper und Path insbesondere Make to Stock Ansätze als logistisches Postponement in ihren Bezugsrahmen zu Aufschubstrategien ein (vgl. 1998: S. 15). Lampel und Mintzberg bezeichnen eine solche Supply-Chain-Gestaltung in ihren Überlegungen zu verschiedenen Graden der Individualisierung als *segmentierte Standardisierung* (vgl. 1996: S. 24).

2.3.3. Verständnis und Einordnung des Strukturbegriffs im SCM

Die Struktur einer Supply Chain beschreibt die Gestalt dieses Wertschöpfungsnetzwerks auf seinen verschiedenen Betrachtungsebenen (vgl. Abschnitt 2.1.3) mithilfe eines Bündels von Gestaltungsparametern. Ansätze zur Beschreibung der Supply-Chain-Struktur finden sich in der Literatur häufig im Rahmen von Klassifizierungen bzw. Typologien von Wertschöpfungsnetzwerken, in denen als klassifizierende Attribute Gestaltungsparameter aus dem Bereich der Supply-Chain-Struktur verwendet werden (vgl. bspw. Konrad, 2005). Im Hinblick auf die Supply-Chain-Struktur ist zwischen einem Verständnis dieses Begriffs im engeren und einem im weiteren Sinne zu unterscheiden. Während die Supply-Chain-Struktur im engeren Sinne Gestaltungsparameter zur Morphologie des Graphen eines Netzwerks umfasst, lassen sich unter der Supply-Chain-Struktur im weiteren Sinne auch Parameter zur Gestaltung von Elementen bzw. zu Eigenschaften von Teilnetzwerken subsumieren. Insgesamt ist der Begriffsumfang jedoch in der Literatur nur unscharf abgegrenzt, die meisten Autoren identifizieren relevante Gestaltungsparameter eher beispielhaft und verzichten zudem auf eine Beschreibung möglicher Ausprägungen (vgl. bspw. Srai, Gregory, 2008: S. 394). Nur wenige Autoren haben bisher einen geschlossenen Bezugsrahmen zur Beschreibung der Supply-Chain-Struktur identifiziert.

Konrad erarbeitet in Anlehnung an eine Literaturanalyse eine ausführliche Typologie zur Analyse des Managements von Wertschöpfungsnetzwerken, in die er sowohl Parameter für die Gestaltung eines fokalen Unternehmens (2005: S. 226–227) als auch seiner Versorgungskette (2005: S. 258–259) aufnimmt. Insgesamt identifiziert er in diesem Zusammenhang 120 Gestaltungsparameter, die er zu 15 Gestaltungsdimensionen zusammenfasst. Während jedoch die meisten dieser Gestaltungsparameter der Supply-Chain-Struktur im weiteren Sinne zuzuordnen sind, verwendet Konrad zur Beschreibung der Supply-Chain-Struktur im engeren Sinne lediglich acht Parameter, die er zu einer Gestaltungsdimension aggregiert (vgl. 2005: S. 258).

Auch Meyr und Stadtler identifizieren im Rahmen einer Typologie verschiedene Parameter der Supply-Chain-Struktur, wobei sie anstatt ihres Managements die verschiedenen Wertschöpfungsnetzwerke als soziotechnische Systeme betrachteten (vgl. 2008). Meyr und Stadtler ordnen die von ihnen identifizierten Parameter zwei Gestaltungsdimensionen zu, den funktionalen sowie den strukturellen Attributen (vgl. 2008: S. 66–71). Anzumerken ist, dass beide Dimensionen zusammen der Supply-Chain-Struktur im weiteren Sinne entsprechen, während die Parameter, die Meyr und Stadtler in der Dimension der strukturellen Attribute zusammenfassen, die Supply-Chain-Struktur im engeren Sinne darstellen.

Srai und Gregory wählen ebenfalls ähnliche Gestaltungsparameter zur Beschreibung der Supply-Chain-Struktur. Sie verwenden in ihrem Beitrag, wie Meyr und Stadtler, die Struktur und Form eines Netzwerks, Zusammensetzung, Eigentumsverhältnisse, den Grad der vertikalen und horizontalen Integration, Standorte, Steuerung, Herstellprozess, Reihenfolge, Flexibilität sowie zusätzlich Komplexität (vgl. 2008: S. 394). Anzumerken ist bei genauerer Betrachtung dieser Merkmale, dass sie Gestaltungsparameter verschiedener vertikaler Betrachtungsebenen einer Supply Chain (vgl. Abschnitt 2.1.3) umfassen.

Andere Autoren beschränken ihre Ansätze zur Klassifizierung von Wertschöpfungsnetzwerken ausschließlich auf Gestaltungsparameter der Supply-Chain-Struktur im weiteren Sinne und verzichten in ihren Beiträgen auf die Identifikation von Parametern zur Morphologie des Netzwerks (vgl. bspw. Naim u. a., 2002). Seuring berücksichtigt beispielsweise in seinem Ansatz zur strategischen Supply-Chain-Gestaltung, in dessen Rahmen er in Anlehnung an Ansätze des Operations Management fünf Entscheidungsfelder aus dem Bereich Supply-Chain-Struktur identifiziert, keine Gestaltungsparameter der Netzwerkmorphologie (vgl. 2009: S. 225). Anzumerken ist vor dem Hintergrund der Überlegungen von Seuring, dass die Abgrenzung der beiden Begriffe Supply-Chain-Struktur und -Strategie (vgl. Abschnitt 2.3.2) in der Literatur auch aufgrund verschiedener Ansätze zu ihrem Verhältnis bzw. ihrer gegenseitigen Abhängigkeit (vgl. Abschnitt 2.4.2) teilweise unscharf ist. Unabhängig von ihrer genauen Abgrenzung stimmen die meisten Autoren jedoch darin überein, dass *Strategie und Struktur eines Wertschöpfungsnetzwerks konsistent zueinander sein sollten* (vgl. bspw. Chopra, Meindl, 2007: S. 34). Gleiches haben andere Autoren bereits früher für einzelne Teilnetzwerke einer Supply Chain erkannt, indem sie beispielsweise für ein Produktionssystem (vgl. Skinner, 1974: S. 113) bzw. für ein Logistiksystem (vgl. Shapiro, 1984: S. 120) auch die Konsistenz von Wettbewerbsstrategie und Struktur gefordert haben.

2.4. Supply-Chain-Konfiguration

2.4.1. Konfigurationsansätze als Weiterentwicklung des systemischen Managements

Da die streng systemischen Managementansätze beispielsweise der St. Galler Gruppe (vgl. Abschnitt 2.2.1.3) aufgrund ihres Anspruchs der Allgemeingültigkeit und des damit verbundenen hohen Abstraktionsniveaus in der Unternehmenspraxis auf Kritik gestoßen sind, haben verschiedene Autoren auf ihrer Grundlage situative Ansätze entwickelt, in denen diese Allgemeingültigkeit zugunsten einer situationsadäquaten Berücksichtigung formal- und verhaltenswissenschaftlicher Gestaltungsgrundsätze aufgegeben wurde (vgl. Staehle, 1999: S. 48). Das Verständnis einer Organisation als ein aus Teilsystemen zusammengesetztes System mit einer identifizierbaren Grenze zur Umwelt bleibt jedoch auch im Rahmen der situativen Ansätze bestehen (vgl. Kast, Rosenzweig, 1985: S. 116). Im Gegensatz zu theoretisch getriebenen systemischen Ansätzen ist zur Ableitung situativer Gestaltungsgrundsätze aufgrund ihres Umweltbezugs stets ein empirisches Forschungsprogramm erforderlich (vgl. Staehle, 1999: S. 48). Anzumerken ist, dass sich die Gestaltungsgrundsätze im Rahmen der situativen Ansätze überwiegend auf die effiziente Ausgestaltung der Struktur einer Organisation beziehen. Insgesamt sind bisher drei Gruppen dieser Ansätze entstanden, die sich hinsichtlich Richtung und Stärke der Abhängigkeiten zwischen Organisation und Umwelt unterscheiden (vgl. Zsidisin u. a., 2004: S. 515).

Autoren von Beiträgen zur ersten Gruppe dieser Ansätze vertreten die Annahme, dass ein *situativer Determinismus* zwischen Umwelt und Organisationsstruktur besteht, sodass jeweils nur eine Organisationsstruktur effizient sein kann (vgl. Staehle, 1999: S. 51). Autoren der zweiten Gruppe situativer Ansätze ersetzen die Annahme eines unmittelbar bestimmenden Einflusses der Umwelt auf die Struktur einer Organisation durch den deterministischen Einfluss der Strategie, ihre Ansätze werden als *verhaltenswissenschaftlich-situativ* bezeichnet (vgl. Staehle, 1999: S. 55). Während sich die erste Gruppe der situativen Ansätze unter der Kernaussage *structure follows situation* subsumieren lässt, kann die zweite Gruppe durch die Aussage *structure follows strategy* beschrieben werden (vgl. Chandler, 1962).

Zwar hängt auch in den verhaltenswissenschaftlich-situativen Ansätzen die Effizienz einer Strategie maßgeblich von der Umwelt ab, doch gehen Autoren dieser Ansätze von der Existenz verschiedener effizienter Strategien aus. In Bezug auf eine Umweltsituation können für die Struktur einer Organisation folglich verschiedene effiziente Alternativen bestehen. Trotz der Berücksichtigung der Strategie einer Organisation bzw. von Gestaltungsspielräumen des Managements bleibt auch im Rahmen der verhaltenswissenschaftlichen Ansätze eine gerichtete Beziehung zwischen Umweltsituation und Organisation bestehen. Anzumerken ist in diesem Zusammenhang, dass sowohl deterministische als auch verhaltenswissenschaftlich-situative Ansätze der Kongruenz-Effizienz-Hypothese folgen, nach der die Strukturierung einer Organisation effizient ist, wenn sich Umweltsituation (Kontingenzfaktoren) und Strategie bzw. Struktur (Gestaltungsparameter) entsprechen (vgl. Mintzberg, 1979: S. 219).

Die Weiterentwicklung der Kongruenz-Effizienz-Hypothese begründet die dritte Gruppe der situativen Ansätze, deren Kern die *Konsistenz-Effizienz-Hypothese* oder Konfigurationshypothese bildet. Der Begriff Konfiguration beschreibt in diesem Zusammenhang einen Zustand der inneren logischen Konsistenz zwischen den Gestaltungsparametern sowie zu den Kontingenzfaktoren einer Organisation (vgl. Mintzberg, 1979: S. 220). Neher definiert den Begriff Konfiguration bereits im Hinblick auf Supply Chains als Bündel aus zueinanderpassenden internen Merkmalen einer Organisation, insbesondere der Strategie und Struktur sowie externen Einflüssen (vgl. 2005: S. 76). Grundlage dieser Denkschule bildet die Annahme, dass sich Strategie, Struktur und Unternehmensumwelt gegenseitig beeinflussen (vgl. Abbildung 16). Eine Strategieentwicklung ist aufgrund dieser Wechselwirkungen nur bei einer ganzheitlichen Analyse aller Faktoren möglich (vgl. Meyer u. a., 1993: S. 1178).

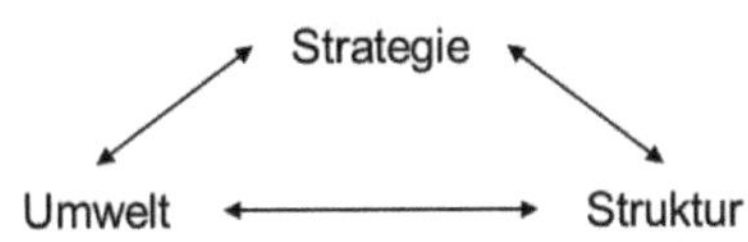

Abbildung 16: Konfiguration eines Unternehmens
(vgl. Miller, 1981: S. 8)

Miller und Friesen fassen den Konfigurationsbegriff in ihrem *Quantum View* zusammen, nach dem Organisationen komplexe Einheiten darstellen, deren Struktur-, Strategie- und Umweltelemente eine natürliche Tendenz haben, sich zu Konfigurationen (Quanten) zu verbinden (vgl. 1984: S. 1). Miller (1981) identifiziert und detailliert in diesem Zusammenhang einige idealtypische theoretische Konfigurationen, die dazu geeignet sind, die meisten in der Realität vorkommenden Organisationen abzubilden (vgl. Staehle, 1999: S. 62). Diese Konfigurationen lassen sich entweder anhand von konzeptionellen Überlegungen zu Typologien oder auf Basis empirischer Beobachtungen zu Taxonomien zusammenfassen (vgl. Bailey, 1994). Beispielsweise haben Miles u. a. (1978) sowie Mintzberg (1979) erste Typologien für Unternehmen erarbeitet, die allerdings im Bereich Struktur ausschließlich auf die Organisation eines betrachteten Unternehmens fokussieren.

Obwohl sich frühe Versuche, Organisationen anhand nur eines Differenzierungsmerkmals zu klassifizieren (vgl. Parsons, 1960), als wenig trennscharf erwiesen haben (vgl. Staehle, 1999: S. 61), merken Miller und Mintzberg an, dass bei Identifikation einiger Konfigurationselemente die Ausprägungen der Übrigen zuverlässig vorhergesagt werden können (vgl. 1984: S. 29). Lässt sich also beispielsweise die Umweltsituation einer Organisation hinreichend genau charakterisieren, kann unter Verwendung einer Typologie oder Taxonomie die passende Konfiguration für eine Organisation abgeleitet werden. Einen der ersten Ansätze hierzu hat Miller (1986) erarbeitet, indem er bestimmte Merkmale der Unternehmensstruktur sowie der Unternehmensumwelt mit einem System verschiedener Wettbewerbsstrategien verknüpft hat.

Anzumerken ist, dass er den Begriff Struktur über die Aufbau- und Ablauforganisation eines Unternehmens erweitert, und auch Merkmale, wie beispielsweise die Ausrichtung der Informationssysteme, den Grad der Spezialisierung oder auch die Technologie des Produktionssystems erfasst.

Im Rahmen der Forschung zum Konfigurationsansatz lassen sich bisher insbesondere zwei Schwerpunkte erkennen, die *Identifikation von Konfigurationen* bzw. ihren definierenden Merkmalen sowie geeignete *Transformation*, die zu dem Erreichen einer kongruenten Konfiguration führen (Mintzberg u. a., 2007: S. 341). Als Grundlage der vorliegenden Arbeit erscheinen in diesem Zusammenhang insbesondere die Konfigurationen selber relevant, auf eine genauere Betrachtung von Transformationen wird deswegen an dieser Stelle verzichtet.

2.4.2. Übertragung des Konfigurationsbegriffs auf Wertschöpfungsnetzwerke

Mit dem Aufkommen des Supply-Chain-Managements wurde von zahlreichen Autoren der Konfigurationsbegriff aus der Organisationsforschung (vgl. Abschnitt 2.4.1) auf Supply Chains bzw. Ansätze des Supply-Chain-Managements übertragen. Zusätzlich haben verschiedene Autoren aus der Supply-Chain-Forschung eigene Konfigurationsmodelle für Wertschöpfungsnetzwerke entwickelt (vgl. Neher, 2005: S. 77). Allerdings ist die Abgrenzung des Begriffs *Supply-Chain-Konfiguration* in der Literatur nicht einheitlich. So sind insbesondere zwei Umfänge des Begriffs zu finden. Während einige Autoren den Begriff Supply-Chain-Konfiguration auf die Supply-Chain-Struktur (vgl. Abschnitt 2.3.3) beschränken, verstehen andere ihn im Sinne der Organisationsforschung (vgl. Abschnitt 2.4.1). Autoren der zweiten Gruppe inkludieren neben der Supply-Chain-Struktur auch die Strategie und Merkmale der Umweltsituation eines Wertschöpfungsnetzwerks in ihre Ansätze.

Ein Beispiel für eine auf die Struktur eines Wertschöpfungsnetzwerks beschränkte Definition der Supply-Chain-Konfiguration liefern Busch und Dangelmaier (2004). Sie definieren eine Supply-Chain-Konfiguration als ein Ergebnis der strategischen Planung, das die wichtigsten Komponenten (Lieferanten, Werke, Distributionszentren) und Transportbeziehungen innerhalb der Supply Chain beschreibt (vgl. Busch, Dangelmaier, 2004: S. 227). Auch andere Autoren verwenden ähnliche Definitionen (Danese u. a., 2006; Simchi-Levi u. a., 2003a; Slack u. a., 2004; vgl. bspw. Stock u. a., 1998; Van der Vorst, Beulens, 2002). Anzumerken ist, dass in diesen Definitionen die Struktur eines Wertschöpfungsnetzwerks insbesondere auf der Standort- und Infrastrukturebene betrachtet wird, während andere Betrachtungsebenen einer Supply

Chain (vgl. Abschnitt 2.1.3) nicht Bestandteil dieser Definitionen sind. Srai und Gregory (2008) erweitern diese Sichtweise in dem sie sowohl weitere Elemente einer Supply Chain als auch verschiedene Kombinationen dieser Elemente berücksichtigen. Auf eine Übernahme der Konsistenz-Effizienz-Hypothese der Organisationsforschung verzichten sie jedoch ebenfalls.

> *"Configuration in this supply network context may therefore be defined as [...] that particular arrangement or permutation, of the supply network's key elements including, the 'network structure' of the various operations within the supply network and their integrating mechanisms, the flow of materials and information between and within key 'unit operations the 'role, interrelationships, and governance' between key network partners, and the 'value structure' of the product or service delivered" (Srai, Gregory, 2008: S. 394).*

Zusätzlich arbeiten sie heraus, dass auch in Bezug auf den Konfigurationsbegriff für Wertschöpfungsnetzwerke verschiedene Fragestellungen in der Literatur betrachtet werden. Ähnlich den Beiträgen zum allgemeinen Konfigurationsbegriff untersuchen Autoren beispielsweise kongruente Zustände von Kontingenzfaktoren und Gestaltungsparametern oder fokussieren auf die Transformation von Supply Chains zum Erreichen dieser Zustände (vgl. Srai, Gregory, 2008).

Im Rahmen der vorliegenden Arbeit scheinen vor dem Hintergrund ihrer Zielsetzung insbesondere Ansätze zur Definition von kongruenten Zuständen relevant zu sein, sodass auch die folgende Literaturanalyse auf diese Ansätze fokussiert (vgl. Abschnitt 2.4.3). Da Wertschöpfungsnetzwerke aufgrund ihrer höheren Varietät tendenziell komplexer als einzelne Unternehmen sind, haben sich in der Literatur insbesondere im Hinblick auf Supply Chains Portfolios als Darstellungsform diese Ansätze etabliert. Diese verdichten die komplexen Abhängigkeiten, die sich aus der Berücksichtigung der relevanten Gestaltungsparameter und Kontingenzfaktoren ergeben würden, zu einem ein- bzw. zweidimensionalen Entscheidungssystem. Anzumerken ist, dass einige Autoren diese abhängigen Attribute in übergeordneten Konstrukten bündeln, beispielsweise Produktstereotypen, anhand derer sie passende Konfigurationen identifizieren (vgl. bspw. Fisher, 1997).

2.4.3. Analyse einiger Modelle zu Supply-Chain-Konfigurationen

2.4.3.1. Das Modell nach Fisher

2.4.3.1.1. Das Grundmodell

Einer der ersten Ansätze zur Übertragung des allgemeinen Konfigurationsansatzes auf Supply Chains wurde von *Marshall Fisher* im Rahmen eines heuristisch deduktiven Vorgehens anhand von Beispielen aus verschiedenen Industrien entwickelt. Gemessen an der Anzahl von Zitaten handelt es sich bei diesem Ansatz um das in der Literatur am weitesten verbreitete Modell zur Supply-Chain-Konfiguration[5]. In seinem Beitrag identifiziert Fisher typische Supply-Chain-Konfigurationen (vgl. Fisher, 1997: S. 109), zu deren Abgrenzung er Gestaltungsparameter zu Supply-Chain-Strategie und -Struktur sowie Kontingenzfaktoren der Umweltsituation verwendet (vgl. Tabelle 9). Ausgangspunkt von Fishers Überlegungen ist die Beobachtung, dass unabhängig von einer betrachteten Branche unterscheidbare Produktstereotypen existieren, für die verschiedene Supply-Chain-Strategien und Wertschöpfungsnetzwerke vorteilhaft sind. Fisher unterscheidet jedoch lediglich die beiden *Produktstereotypen Innovativ Product* (Innovatives Produkt) sowie *Functional Product* (Standardprodukt).

Fisher verwendet diese beiden Produktstereotypen stellvertretend für typische Marktsituationen auf der Nachfrageseite einer Supply Chain, also als Konstrukte zur Bündelung von Kontingenzfaktoren zur Charakterisierung der Umweltsituation. Entsprechend beschreibt er diese Produktstereotypen mithilfe von Attributen, den relevanten Kontingenzfaktoren, die statt des Produkts selber sein Verhalten auf seinem jeweiligen Absatzmarkt charakterisieren. Diese Produktstereotypen bzw. Umweltsituationen verknüpft Fisher mit Bündeln aus passenden Supply-Chain-Strukturen und -Strategien zu effizienten Supply-Chain-Konfigurationen (vgl. Abbildung 17). Bei der Definition dieser Konfigurationen orientiert er sich eng an den Paradigmen zur Strategieformulierung (vgl. Abschnitt 2.3.2). Fisher identifiziert folglich zwei Bündel aus konsistenten Supply-Chain-Strategien und -Strukturen, die *Responsive Supply Chain* (Reaktionsfähiges Wertschöpfungsnetzwerk) sowie die *Physical Effcient Supply Chain* (Effizientes Wertschöpfungsnetzwerk). Anzumerken ist, dass der Ansatz von Fisher aufgrund der deterministischen Verknüpfung von Supply-Chain-Struktur und -

[5] 1494 Zitationen, gemessen mit http://scholar.google.de/ (Aufruf am 19.07.2010)

Strategie nicht der Konsistenz-Effizienz-Hypothese entspricht, sondern eher der Kongruenz-Effizienz-Hypothese folgt (vgl. Abschnitt 2.4.1).

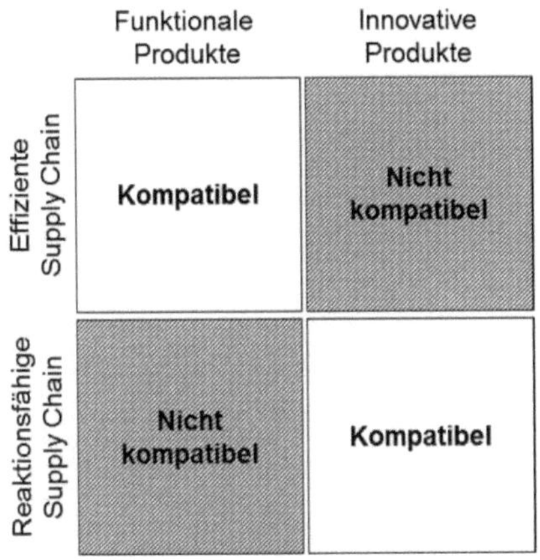

Abbildung 17: Konfigurationen nach Fisher
(vgl. Fisher, 1997: S. 109)

Die vorgeschlagenen Kombinationen aus Produktstereotyp und Supply-Chain-Strategie bzw. -Struktur begründet Fisher mithilfe von Überlegungen zu Opportunitätskosten bzw. Deckungsbeiträgen, die jeweils durch dic Kontingenzfaktoren bestimmt werden. Im Hinblick auf die Konfiguration *Responsive Supply Chain* identifiziert Fisher eine reaktionsfähig gestaltete Supply Chain als Instrument, um schnell auf unvorhergesehene Nachfrageschwankungen reagieren zu können, die mit innovativen Produkten, gemäß der Abgrenzung von Fisher, verbunden sind (vgl. Abschnitt 2.3.2.1). Diese Produkte bzw. die Märkte, auf denen sie sich befinden, weisen eher kurze Lebenszyklen bei hohen Deckungsbeiträgen auf, was jedoch zu hohen Opportunitätskosten führt, sollte eine Supply Chain nicht fähig sein, die Nachfrage fristgerecht zu befriedigen. Fisher schlägt deswegen eine Supply-Chain-Struktur vor, die auf das Sicherstellen der Verfügbarkeit auch bei unvorhersehbaren Schwankungen der nachgefragten Menge oder Produktspezifikation ausgerichtet ist (vgl. Tabelle 9).

Die Umweltsituation der zweiten von Fisher identifizierten Konfiguration, *Physical Effcient Supply Chain*, ist stabil, sie weist nur geringe, gut vorhersagbare Schwankungen der nachgefragten Menge sowie wenige Produktvarianten auf. Aufgrund des in solchen Situationen üblichen intensiven Preiswettbewerbs und dem weitgehenden Wegfall eines Risikozuschlags, ist der erzielbare relative Deckungsbeitrag in diesem

Kontext eher gering (Ramdas, Spekman, 2000: S. 5). Fisher schlägt daher die Anwendung einer schlank gestalteten und auf physikalische Effizienz ausgerichteten Supply Chain vor (vgl. Abschnitt 2.3.2.2), die dazu geeignet ist, geringe Deckungsbeiträge durch eine hohe Absatzmenge auszugleichen.

	Effiziente Supply Chains	**Rektionsfähige Supply Chain**
Produkt	Funktional (vorhersagbare Nachfrage)	Innovativ (nicht vorhersagbare Nachfrage)
Produktlebenszyklus	Mehr als 2 Jahre	3 Monate bis zu einem Jahr
Relativer Deckungsbeitrag	5 bis 20 %	20 bis 60 %
Produktvielfalt	Gering (10 bis 20 Varianten)	Hoch (oftmals Millionen von Varianten)
Durchschnittlicher prozentualer Fehler der Absatzprognose	10 %	40 bis 100 %
Gewöhnliche Nachlässe am Saisonende	0 %	10 bis 25 %
Tolerierte Lieferzeit im Make-to-Order Fall	6 Monate bis 1 Jahr	1 Tag bis 2 Wochen
Primäres Ziel	Befriedigung stabiler Nachfrage zu geringstmöglichen Kosten	Schnelle Reaktion auf unvorhersehbare Nachfrage
Produktion	Hohe Maschinenbelegung	Aufbau von Kapazitätspuffern.
Bestände	Minimierung von Beständen entlang der Supply Chain	Aufbau von Sicherheitsbeständen entlang der Supply Chain
Durchlaufzeit	Optimierung der Durchlaufzeit auf ein Gesamtkostenminimum	Reduzierung der Durchlaufzeit auf das technische Minimum
Lieferantenauswahl	Nach Kosten und Qualität	Nach Reaktionsgeschwindigkeit, Flexibilität und Qualität
Produktentwicklung	Hohe Leistungsfähigkeit bei geringen Kosten	Modulare Produktgestaltung

Tabelle 9: Ideale Supply-Chain-Struktur

(eigene Übersetzung aus Fisher, 1997: S. 108)

Obwohl Fisher sein Modell für Supply-Chain-Konfigurationen formuliert, stehen nicht alle Teilnetzwerke einer Supply Chain gleichermaßen im Fokus. Die Auswahl von Produktstereotypen zur Beschreibung bestimmter Umweltzustände vereinfacht das Modell von Fisher zwar, ist allerdings nur dazu geeignet die Nachfrageseite einer Supply Chain zu beschreiben. Folglich können in dem Modell von Fisher verschiedene Situationen auf der Versorgungsseite einer Supply Chain bzw. verschiedene Grade von Versorgungsunsicherheit, nicht differenziert werden. Diese Beschränkung erlaubt es Fisher, die von ihm betrachteten und als relevant identifizierten Kontingenzfaktoren und Gestaltungsparameter zu lediglich zwei Bündeln zusammenzufassen.

2.4.3.1.2. Bisherige Verwendung des Modells in empirischen Untersuchungen

Das Modell von Fisher ist bisher vereinzelt mithilfe von großzahligen empirischen Untersuchungen analysiert worden. Eine signifikante Bestätigung des vollständigen Modells steht allerdings immer noch aus. Trotzdem verwenden verschiedene Autoren den Ansatz von Fisher als Bezugsrahmen zur Strukturierung ihrer empirischen Analysen und tragen so zur Validierung des Modells bei.

Beispielsweise untersuchten Ramdas und Spekman (2000) im Rahmen einer Studie mit 22 erweiterten Supply Chains (vgl. Abschnitt 2.1.2), ob sich effiziente und reaktionsfähige Wertschöpfungsnetzwerke nach der Beschreibung von Fisher (vgl. Tabelle 9) hinsichtlich folgender Punkte signifikant voneinander unterscheiden:

- Verwendung von Supply-Chain-Management-Techniken,
- Motivation von Unternehmen, sich am Supply-Chain-Management zu beteiligen,
- Bewertung verschiedener Performance-Variablen.

Ihre Ergebnisse bestätigen das Modell von Fisher nur bedingt. Obwohl sie aufzeigen, dass sich Unternehmen in reaktionsfähigen Supply Chains bei der Anwendung von Supply-Chain-Management-Techniken stärker an die übrigen Elemente des Wertschöpfungsnetzwerks anpassen, gelingt ihnen der Nachweis von Unterschieden zwischen den Konfigurationen im Hinblick auf die von ihnen betrachteten Performance-Dimensionen nicht (vgl. Ramdas, Spekman, 2000: S. 7). Mithilfe einer erneuten Auswertung ausschließlich derjenigen Unternehmen, die in den untersuchten Performance-Dimensionen hohe Punktzahlen erreicht haben, können Ramdas und Spekman jedoch zeigen, dass sich viele Unternehmen nicht konsistent verhalten. Anzumerken ist, dass Ramdas und Spekman die Zuordnung der Unternehmen zu einer der Konfigurationen nicht aus den erhobenen Daten, sondern mithilfe von *a priori* Informationen bereits vor der Auswertung vorgenommen haben. Der Beitrag ihrer Ergebnisse zur Validierung der Konfigurationen nach Fisher ist daher begrenzt.

Aussagekräftiger ist in diesem Zusammenhang der empirische Ansatz von Selldin und Olhager (2007), die im Gegensatz zu Ramdas und Spekman die Zuordnung der befragten Unternehmen zu den Konfigurationen nach Fisher aus den erhobenen Daten vornehmen. Anhand einer Stichprobe von 128 schwedischen Unternehmen aus dem produzierenden Sektor untersuchen Selldin und Olhager folgende Forschungsfragen empirisch (vgl. 2007: S. 44):

- Folgen Unternehmen der von Fisher vorgeschlagenen Kombination von Produktstereotyp und Supply Chain?
- Ist die Performance von Unternehmen, die diesen Konfigurationen entsprechen, höher als von anderen?

Die von ihnen verwendeten Indikatoren zur Bestimmung von Supply-Chain-Struktur bzw. -Strategie sowie der Produktstereotypen leiten Selldin und Olhager direkt aus den Kontingenzfaktoren bzw. Gestaltungsmerkmalen ab, die Fisher in seinem Ansatz identifiziert (vgl. 2007: S. 45–46). Den Ursprung der von ihnen verwendeten Performance Skala diskutieren sie dagegen in ihrem Beitrag nicht. Insgesamt können auch Sellhin und Olhager das Modell von Fisher in ihrer Untersuchung nur teilweise bestätigen. Zwar können sie mithilfe einer Faktoranalyse nachweisen, dass Unternehmen ihre Wertschöpfungsnetzwerke in Bezug auf die Gestaltungsparameter konsistent beschreiben, ein Nachweis hinsichtlich der Übereinstimmung von Produktstereotypen und Kontingenzfaktoren gelingt ihnen dagegen nicht. Auch die Vorteilhaftigkeit konsistenten Verhaltens können Selldin und Olhager in diesem Zusammenhang nicht signifikant nachweisen (vgl. 2007: S. 48).

Beide Studien zusammen deuten darauf hin, dass die von Fisher abgeleiteten Konfigurationen zumindest in ähnlicher Form von Supply Chains eingenommen werden. Ein Nachweis des Ansatzes gelingt aber in beiden Beiträgen nicht. Zudem deutet die Streuung in beiden Untersuchungen darauf hin, dass Ansätze, die nur zwei Konfigurationen unterscheiden, nicht dazu geeignet sind, die tatsächliche Varietät in der Unternehmenspraxis abzubilden.

2.4.3.1.3. Erweiterungen des Grundmodells von Fisher

Andere Autoren haben das Modell von Fisher um weitere Konfigurationen ergänzt. So identifizieren beispielsweise Tan u. a. (2000) in Bezug auf Supply Chains der Computer- und Telekommunikationsindustrie eine zusätzliche Supply-Chain-Konfiguration. Ausgehend von der Identifikation des *anpassbaren Produkts* als zusätzlichen Produktstereotypen verbinden Tan u. a., entsprechend des verhaltenswissenschaftlich-situativen Ansatzes von Fisher (vgl. Abschnitt 2.4.3.1.1), eine eindeutige Kombination aus Supply-Chain-Strategie und -Struktur zu einer dritten Konfiguration (vgl. Tabelle 10). Anzumerken ist, dass sie eine Bezeichnung der neu eingeführten Konfiguration schuldig bleiben und sie ebenfalls als *reaktionsfähige Supply Chain* bezeichnen.

	Physikalisch effiziente Prozesse	Reaktionsfähige (Nachfrageseite) Prozesse	
Produktcharakteristika	Funktionales Produkt ▪ Stabile Nachfrage ▪ Langer Lebenszyklus ▪ Geringe Produktdifferenzierung	Anpassbares Produkt ▪ Teilweise vorhersagbare Nachfrage ▪ Mittlere Lebensdauer ▪ Hohe Produktdifferenzierung	Innovatives Produkt ▪ unvorhersehbare Nachfrage ▪ Kurze Lebensdauer ▪ Hohe oder geringe Produktdifferenzierung
Zielsetzung des Supply-Chain-Managements	Versorgung zu möglichst niedrigen Kosten	Individualisierte Anpassung des Produktes an die Nachfrage	Rechtzeitiges Erkennen und Beantworten von Marktsignalen
Hauptaktivität	Koordination der Aktivitäten innerhalb der Supply Chain	Herstellen des Produkts nach Kundennachfrage	Marktsignale erkennen und Reaktionen
Ausrichtung der Supply Chain	Effizienz	Anpassbar	Reaktionsfähig
Auftragsfreigabe	versorgungsgetrieben	Nachfragegetrieben	nachfragegetrieben
Produktionssteuerung	Make-to-Stock	Assembly-to-Order	Make-to-Order
Strategien	Efficient replenishment	Mass customization, Postponement	Postponement, Erkennen und Reagieren
Informationsaustausch	▪ Bestandsbewegungen ▪ Produktionsplan ▪ Produktionskapazität	▪ Kundenaufträge	▪ Verkaufszahlen ▪ Kundenfeedback
Beispiele	Lebensmittel, Kraftstoffe	Mobiltelefone	Bekleidung

Tabelle 10: Erweiterung des Fisher Modells

(vgl. Tan u. a., 2000: S. 460)

Ähnlich zu Tan u. a. übernimmt auch Hull die beiden von Fisher identifizierten Konfigurationen und erweitert, getrieben durch ein Industriebeispiel, das Grundmodell um eine zusätzliche Konfiguration (vgl. 2005: S. 229). Im Gegensatz zu Tan u. a. beschränkt sich Hull jedoch nicht darauf, eine zusätzliche Kombination von Ausprägungen bekannter Kontingenzfaktoren in einem weiteren Produktstereotypen zusammenzufassen, sondern ergänzt den Ansatz von Fisher um eine Konfiguration auf der Versorgungsseite. In diesem Zusammenhang leitet er seinen Ansatz aus Beobachtungen in der Ölindustrie ab, in der bei prinzipiell sichergestellter Verfügbarkeit der Preis des Rohöls stark schwankt. Passend für eine solche Umweltsituation beschreibt Hull eine deterministische Kombination aus Supply-Chain-Strategie und -Struktur, die es erlaubt, Beschaffungs- und Nachfragemenge kostenoptimal zu balancieren. In dieser Erweiterung des Ansatzes von Fisher wird zwar im Gegensatz zum Grundmodell eine Konfiguration der Versorgungsseite beschrieben, jedoch ist diese aufgrund der gewählten Umweltsituation nur auf wenige reale Supply Chains anwendbar.

Allgemeinere Adaptionen des Ansatzes von Fisher auf die Versorgungsseite einer Supply Chain entwickeln dagegen Lamming u. a. (2000) sowie Harland u. a. (2001), die jeweils versuchen, eine Klassifikation für Versorgungsnetzwerke zu erarbeiten. Lamming u. a entwickeln ihren Ansatz zunächst auf Grundlage einer Literaturanalyse, wobei sie die Produktstereotypen Fishers zur Beschreibung der jeweiligen Umweltsituationen verwenden (vgl. 2000: S. 682). Nach einer empirischen Überprüfung erweitern sie ihren Ansatz um eine zusätzliche Dimension, die *Komplexität der hergestellten Produkte* (vgl. Lamming u. a., 2000: S. 687). Anzumerken ist, dass es sich bei der Produktkomplexität nicht um einen Kontingenzfaktor, sondern um einen Gestaltungsparameter handelt, sodass Lamming u. a. den verhaltenswissenschaftlich-situativen Ansatz Fishers im Sinne der Kongruenz-Effizienz-Hypothese der Konfigurationsansätze (vgl. Abschnitt 2.4.1) weiterentwickeln.

Harland u. a. behalten dagegen den verhaltenswissenschaftlich-situativen Ansatz Fishers bei, indem sie seinem Modell eine Dimension hinzufügen, in der sie verschiedene Machtpositionen eines fokalen Unternehmens in seinem Versorgungsnetzwerk unterscheiden. Die Berücksichtigung dieses zusätzlichen Kontingenzfaktors ermöglicht es ihnen, Umweltsituationen abzubilden, in denen der Gestaltungsspielraum des fokalen Unternehmens, insbesondere bei kleineren Einheiten, eingeschränkt ist (vgl. Harland u. a., 2001: S. 26). In Abhängigkeit von der Machtposition unterscheiden sie je zwei effiziente und zwei reaktionsfähige Supply Chains, die sich bei jeweils grundsätzlich identischer strategischer Ausrichtung im Hinblick auf die verwendbaren Werkzeuge zur Steuerung des Versorgungsnetzwerks unterscheiden.

Obwohl Harland u. a. keinen und Lamming u. a. lediglich einen weiteren Gestaltungsparameter identifizieren, zeigen sie mit ihren Untersuchungen auf, dass der von Fisher entwickelte Ansatz auch für Versorgungsnetzwerke erweitert werden kann. Sie geben damit einen Hinweis auf einen Zusammenhang zwischen der Gestaltung eines Versorgungsnetzwerks und seinem Kontext (Lamming u. a., 2000: S. 688). Allerdings verzichten insbesondere Lamming u. a. darauf, Kontingenzfaktoren, die explizit die Versorgungsseite einer Supply Chain beschreiben, in ihr Modell aufzunehmen.

Weitere Ansätze unter Ausnutzung der Konfigurationshypothese entwickeln im deutschsprachigen Raum beispielsweise Corsten und Gabriel (2004) sowie Klaas (vgl. 2002), wobei beide Ansätze ähnlich zu Fisher flexibilitäts- und effizienzorientierte Konfigurationen unterscheiden. Da Corsten und Gabriel ihren Ansatz insbesondere im Hinblick auf *physikalisch-montierende* bzw. *chemisch-biologische* Wertschöpfungsprozesse formulieren (vgl. 2004: S. 247), können sie die jeweils konsistenten Supply-Chain-Strukturen für diese Prozesse genauer als andere Autoren beschreiben. Eine Übertragbarkeit auf andere Prozesstypen erscheint jedoch teilweise schwierig. Zudem berücksichtigen sie als einzigen Kontingenzfaktor den Grad der Nachfragevolatilität. Während Corsten und Gabriel (2004) ihren Ansatz an bestimmten realen Supply Chains orientieren, entwickelt Klaas seinen Ansatz für logistische Segmentkonfigurationen und abstrahiert dadurch vollständig von den organisatorischen Grenzen einzelner Unternehmen (vgl. hierzu Delfmann, 1995: S. 172). Anzumerken ist, dass der Ansatz von Klaas stärker der Konsistenz-Effizienz-Hypothese folgt als der von Corsten und Gabriel. Neben einer effizienten Konfiguration, *straffes Logistiksegment*, für eine stabile Nachfrage (vgl. 2002: S. 279) definiert Klaas drei weitere Konfigurationen, die zu verschiedenen Graden der Nachfrageunsicherheit konsistent sind (vgl. Abbildung 18). Während Klaas das *agile Logistiksegment* im Hinblick auf Umweltsituation mit hoher Unsicherheit bezüglich der Nachfragemenge definiert (vgl. Klaas, 2002: S. 286), ist das *modulare Logistiksegment* konsistent zu Situationen mit hoher Unsicherheit in Bezug auf die tatsächlich nachgefragten Produktvarianten (vgl. Klaas, 2002: S. 296). Als vierte Konfiguration beschreibt Klaas das *individuelle Logistiksegment* für eine Umweltsituation, in der sowohl die Menge als auch die nachgefragten Varianten unsicher sind (vgl. Klaas, 2002: S. 291).

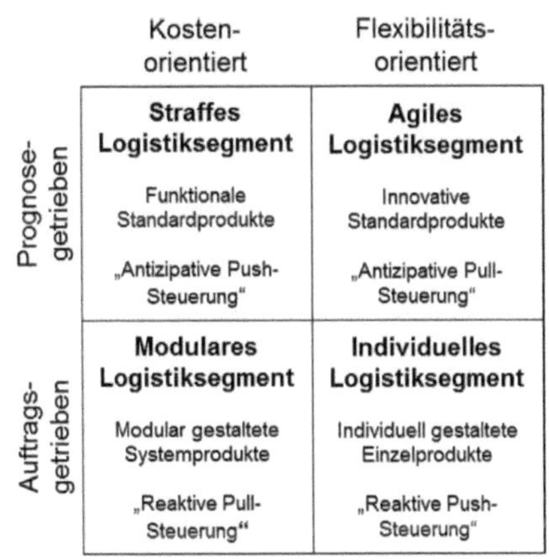

Abbildung 18: Supply-Chain-Typisierung nach Klaas
(vgl. Klaas, 2002: S. 277)

Die Anzahl der Autoren, die ihre Konfigurationsansätze auf den Überlegungen Fishers aufbauen, kann als Hinweis auf die Relevanz seines Grundmodells (vgl. Abschnitt 2.4.3.1.1) verstanden werden. Anzumerken ist jedoch, dass insbesondere die zahlreichen, praktisch getriebenen Erweiterungen (vgl. bspw. Lamming u. a., 2000) darauf hindeuten, dass das Grundmodell Defizite in der Differenzierung realer Wertschöpfungsnetzwerke bzw. ihrer Konfigurationen aufweist. Van der Vaart und van Donk, die in ihrem Beitrag ebenfalls die beiden von Fisher beschriebenen Konfigurationen identifizieren, gehen in diesem Zusammenhang davon aus, dass es sich hierbei um zwei Extrempunkte eines Kontinuums handelt, zwischen denen weitere Konfigurationen existieren (vgl. 2004: S. 16). Diese Konfigurationen umfassen auch Strategien bzw. Strukturen in Anlehnung an hybride Ansätze zur Kombinationen beider Paradigmen der Strategieformulierung (vgl. Abschnitt 2.3.2.3). Bereits Tan u. a. haben das Modell von Fisher um eine entkoppelte Supply-Chain-Konfiguration ergänzt (vgl. 2000), die auch in Konfigurationsmodellen anderer Autoren berücksichtigt werden.

2.4.3.2. Das Modell nach Christopher

2.4.3.2.1. Das ursprüngliche Modell

Christopher und andere Autoren seiner Forschergruppe an der *Cranfield School of Management* haben ebenfalls seit Ende der Neunziger Jahre ein Supply-Chain-Konfigurationsmodell entwickelt, das seit seinem Entstehen in zahlreichen Publikationen stetig weiterentwickelt wird. Auch dieses Modell wird, insbesondere in seinen erweiterten Formen, in der Literatur häufig aufgegriffen. Ausgangspunkt dieser Entwicklung ist ein Modell nach Christopher (2000) bzw. Naylor u. a. (1999), das in Anlehnung an das Modell von Fisher zwei Supply Chains unterscheidet, eine mit einer am Effizienz- und eine mit einer am Flexibilitätsparadigma orientierten Gestaltung. Wie auch Fisher verbindet Christopher die von ihm identifizierten Supply-Chain-Strategien und -Strukturen mit Kontingenzfaktoren, die überwiegend die Nachfrageseite beschreiben.

Die Konfiguration eines *schlanken Wertschöpfungsnetzwerks* (Lean Supply Chain) stellt für Christopher in diesem Zusammenhang die Anwendung von schlanken Produktionskonzepten auf die Gestaltung einer Supply Chain dar (vgl. Abschnitt 2.3.2.2). Als wichtige Faktoren nennt er im Hinblick auf diese Konfiguration insbesondere die Verwendung von *Just-In-Time-Ansätzen* und die damit einhergehende weitgehende *Reduktion von Beständen* entlang des Wertschöpfungsnetzwerks (vgl. 2000: S. 37). Anzumerken ist, dass Christopher sich im Gegensatz zu Fisher auf eine schlanke Gestaltung als Umsetzung des Effizienzparadigmas festlegt. Als konsistente Umweltsituation für eine schlanke Supply Chain identifiziert Christopher eine stabile und vorhersagbare Nachfrage nach wenigen Varianten, die in großen Mengen abgesetzt werden können. Für eine Umweltsituation mit schwankender, schwer vorhersagbarer Nachfrage schlägt Christopher dagegen ein *agiles Wertschöpfungsnetzwerk* (Agile Supply Chain) als konsistente Gestaltung vor (vgl. 2000: S. 39), wobei Christopher agile Supply Chains als marktsensitiv und flexibel gegenüber Veränderungen der tatsächlichen Nachfrage beschreibt. Anders als Fisher verzichtet Christopher auf die Identifikation weiterer Kontingenzfaktoren, sodass er auch keine Produktstereotypen zur Bündelung der Kontingenzfaktoren verwendet. Anzumerken ist, dass Naylor u. a. zwar dieselben Supply-Chain-Konfigurationen identifizieren, anstatt der Nachfragemenge aber den Bedarf an Produktionsvariabilität als Kontingenzfaktor verwenden. Da aber in Konfigurationsansätzen aufgrund der Existenz nur weniger diskreter Konfiguration, einige Attribute zu einer eindeutigen Beschreibung einer Umweltsituation ausreichen (vgl. Miller, Mintzberg, 1984: S. 29), erscheint diese Abweichung zwischen beiden Ansätzen nicht relevant.

Sowohl Christopher (vgl. 2000: S. 40) als auch Naylor u. a. (vgl. 1999: S. 117) haben in ihren Beiträgen bereits eine weitere Konfiguration beschrieben, ohne sie jedoch explizit in ihren Ansatz aufzunehmen. Diese zusätzliche Konfiguration umfasst eine hybride Supply-Chain-Strategie, die ähnlich dem nach Tan u. a. (2000: S. 460) erweiterten Modell von Fisher, auf Entkopplung (vgl. Abschnitt 2.3.2.3) beruht. Da innerhalb dieser Konfiguration eine schlanke und eine agile Supply-Chain-Struktur miteinander zu einem System verbunden werden, wird in den Beiträgen der Cranfield School of Management diese Konfiguration mit dem Namen *Leagile* belegt. Genauer handelt es sich bei diesem Ansatz um eine Klasse von verwandten aber anhand der jeweiligen Position des Entkopplungspunkts unterscheidbaren Supply-Chain-Konfigurationen (vgl. Christopher, 2000: S. 41). Bei der Weiterentwicklung seines Modells berücksichtigt Christopher innerhalb seines Bezugsrahmens stets eine auf Entkopplung beruhende Supply Chain (vgl. bspw. 2006: S. 283).

2.4.3.2.2. Die Weiterentwicklung von Christopher u a.

Die Weiterentwicklung des Konfigurationsmodells von Christopher bzw. der Cranfield School of Management wurde in verschiedenen Varianten wiederholt publiziert (vgl. bspw. Christopher, 2005: S. 119). Die an dieser Stelle eingeführte Version wurde von Christopher u. a. (2006) insbesondere im Hinblick auf internationale Wertschöpfungsnetzwerke abgeleitet. Im Vergleich zu dem ursprünglichen Modell identifizieren Christopher u. a. in dieser Version abweichende Kontingenzfaktoren zur Beschreibung der Umweltsituation. Im Gegensatz zu Fisher verwenden sie jeweils einen Faktor der Nachfrage- und einen der Versorgungsseite einer Supply Chain (vgl. 2006: S. 283), wobei nur der Faktor der Nachfrageseite geeignet erscheint, Unsicherheit abzubilden (vgl. Abbildung 19). Christopher u. a. stellen in Bezug auf die Nachfrageseite in Anlehnung an Fisher fest, dass die beiden von ihnen zunächst isoliert betrachteten Faktoren *Produkt* und *Nachfrage* aufgrund ihrer hohen Korrelation zu einem Faktor aggregiert werden können. In Bezug auf die Versorgungsseite ist anzumerken, dass die von Christopher u. a. als Kontingenzfaktor verwendete *Wiederbeschaffungszeit* je nach Definition des horizontalen Betrachtungsrahmens eines Wertschöpfungsnetzwerks bzw. seiner Systemgrenze auch als Gestaltungsparameter verstanden werden könnte.

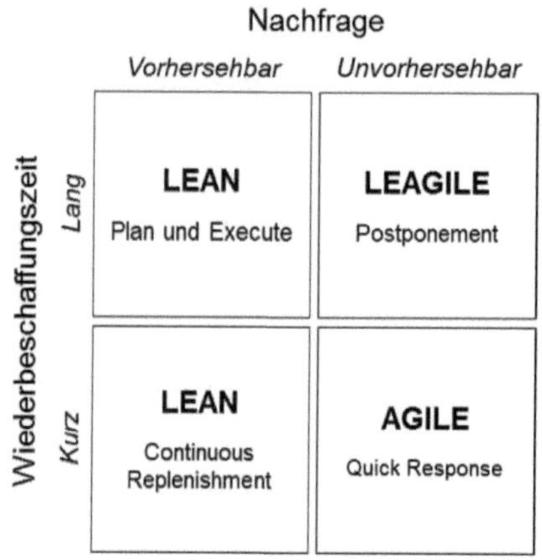

Abbildung 19: Weiterentwicklung des Modells von Christopher
(vgl. Christopher u. a., 2006: S. 283)

Christopher u. a. unterscheiden anhand dieser beiden Kontingenzfaktoren vier unterscheidbare Supply-Chain-Konfigurationen (vgl. Abbildung 19), jeweils zwei für Umweltsituationen mit vorhersagbarer sowie zwei für unvorhersagbare Nachfrage. Während es sich bei den beiden Konfigurationen mit vorhersagbarer Nachfrage um Variationen einer *schlanken Supply Chain* (vgl. Abschnitt 2.3.2.2) handelt, differenzieren sie in Bezug auf die beiden anderen Konfigurationen zwischen *agilen* (vgl. Abschnitt 2.3.2.1) und *entkoppelten* (vgl. Abschnitt 2.3.2.3) Supply Chains. Obwohl sowohl agile als auch entkoppelte Supply Chains zu Umweltsituationen mit unvorhersehbarem Nachfrageverlauf passen, unterscheiden sich beide Konfigurationen anhand der erreichbaren Wiederbeschaffungszeiten auf der Versorgungsseite. Diese Unterscheidung, die Christopher u. a. auch zur Differenzierung der schlanken Supply Chains verwenden, erlaubt bei grundsätzlich sicherer Versorgung die Berücksichtigung verschieden träger Versorgungssysteme.

Im Gegensatz zu Tan u. a. stellt für Christopher u. a. eine entkoppelte Struktur kein Mittel dar, die Variantenvielfalt einer Supply Chain abzubilden, sondern zielt auf die zeitliche Reaktionsfähigkeit eines Netzwerks ab. Schnelle Lieferantennetzwerke ermöglichen es in diesem Zusammenhang einem fokalen Unternehmen seine Versorgung nachfrageorientiert zu steuern, während langsame Versorgungsnetzwerke eine Entkopplung mithilfe von Pufferbeständen sowie eine unternehmensübergreifende Optimierung erfordern (vgl. Christopher, 2005: S. 119). Eine von Tan u. a. eingeführte Unterscheidung verschiedener Grade der Nachfrageunsicherheit (vgl. 2000: S. 460) wird von Christopher u. a. nicht übernommen. Trotzdem scheint, obwohl Christopher u. a. auch die Versorgungsseite in ihrem Ansatz berücksichtigen, der Betrachtungsgegenstand ihres Ansatzes eher die Nachfrageseite eines Wertschöpfungsnetzwerks zu sein. Anzumerken ist, dass Christopher u. a. in ihrem Beitrag darauf verzichten, die von ihnen identifizierten, passenden Supply Chains genauer zu beschreiben.

Andere Autoren haben jedoch den Ansatz von Christopher u. a. (2006) aufgegriffen und um detaillierte Beschreibungen anhand von ihnen identifizierter Gestaltungsparameter ergänzt (vgl. bspw. Faisal u. a., 2006: S. 883). Ein aktueller Beitrag hierzu stammt von Hilletofth (2009), der anhand von zwei Fallstudien darstellt, wie Unternehmen eine geeignete Konfiguration identifizieren und ihre Supply Chain passend gestalten können. Anzumerken ist, dass Hilletofth in seinem Beitrag nur drei Konfigurationen beschreibt, da er die von Christopher eingeführte Differenzierung der beiden schlanken Supply Chains aufgibt (vgl. Tabelle 11).

	Schlanke Supply Chain	Agile Supply Chain	Leagile Supply Chain
Paradigma	(Kosten-)Effizienz	Flexibilität	Hybrid
Typische Produkte	Standard (Verbrauchsgüter)	Speziell (Mode)	Standard, speziell und modular
Nachfrage	Vorhersagbar	Volatil	Volatil und unvorhersagbar
Varietät der Produkte	Gering	Hoch	Medium
Produktlebenszyklus	Lang	Kurz	Medium
Kaufgründe	Kosten	Beschaffungszeit, Verfügbarkeit	Service Level
Erfolgsfaktoren	Kosten	Verfügbarkeit	Kosten und Verfügbarkeit
Voraussetzungen	Qualität, Beschaffungszeit, Verfügbarkeit	Qualität, Kosten, Beschaffungszeit	Qualität und Beschaffungszeit
Deckungsbeitrag	Gering	Hoch	Moderat
Größte Kostenposition	Physische Kosten	Marktzugangskosten	Beides
Strafen bei Fehlmengen	Langfristig geregelt	Sofort und schwankend	Keine Fehlmengen möglich
Einkaufspolitik	Beschaffen von Produkten	Reservieren von Kapazitäten	Vendor-Managed-Inventory
Informationsbeschaffung	Erstrebenswert	Obligatorisch	Essenziell
Vorhersageprinzipien	Algorithmisch	Beratend	Beide
Reduzierung der Durchlaufzeit	Essenziell	Essenziell	Erstrebenswert
Elimination von Verschwendung	Essenziell	Erstrebenswert	Zusätzlich
Schnelle Rekonfiguration	Erstrebenswert	Essenziell	Essenziell
Robustheit	Zusätzlich	Essenziell	Erstrebenswert

Tabelle 11: Supply-Chain-Konfigurationen nach Hilletofth
(vgl. Hilletofth, 2009: S. 21)

Anhand der Tatsache, dass Hilletofth, obwohl er seine Analysen direkt auf den Arbeiten von Christopher u. a. aufbaut, sowohl die Anzahl als auch die Ausgestaltung der Konfigurationen modifiziert, wird deutlich, dass eine Bezeichnung der Konfigurationen mit generischen Strategien für ihre exakte Definition nicht ausreichend trennscharf ist. Erst die Identifikation von relevanten Gestaltungsparametern sowie die Angabe ihrer jeweiligen Ausprägungen beschreiben verschiedene Supply-Chain-Konfigurationen ausreichend genau.

2.4.3.2.3. Abbildung des Produktlebenszyklus

Eine weitere Ergänzung stellt die Integration des Produktlebenszyklus als zusätzlichen Kontingenzfaktor in den Ansatz von Christopher dar. Zwar berücksichtigt bereits Fisher die Länge des gesamten Produktlebenszyklus bei der Ableitung seiner Produktstereotypen (vgl. Tabelle 9), doch verzichtet er auf eine Unterscheidung der einzelnen Lebenszyklusphasen. Trotzdem stellt bereits Fisher fest, dass sich die für ein

Unternehmen passende Supply-Chain-Konfiguration mit der jeweiligen Produktlebenszyklusphase verändern kann (vgl. 1997: S. 110). Ansätze, die den Einfluss der Lebenszyklusphase eines Produkts berücksichtigen, wurden beispielsweise von Cigolini u. a. (2004) sowie Vonderembse u. a. (2006) entwickelt. Beide Ansätze unterscheiden sich jedoch hinsichtlich der von ihnen beschriebenen Konfigurationen. Während Vonderembse u. a. in ihrem Ansatz die drei auch von Hilletofth (2009) beschriebenen Konfigurationen verwenden (vgl. Abbildung 20), verzichten Cigolini u. a. in ihrem Ansatz auf eine hybride Strategie. Stattdessen unterscheiden Cigolini u. a. ähnlich wie Christopher u. a. (2006) in den Konfigurationen *Efficient* sowie *Lean* zwei schlanke Wertschöpfungsnetzwerke.

<table>
<tr><th rowspan="2">Lebenszyklusphase</th><th colspan="3">Produktstereotyp</th></tr>
<tr><th>Standard</th><th>Innovativ</th><th>Hybrid</th></tr>
<tr><td>Einführung</td><td rowspan="4">Schlanke Supply Chain</td><td rowspan="2">Agile Supply Chain</td><td rowspan="4">Hybride Supply Chain</td></tr>
<tr><td>Wachstum</td></tr>
<tr><td>Reife</td><td rowspan="2">Hybride/ Schlanke Supply Chain</td></tr>
<tr><td>Rückgang</td></tr>
</table>

Abbildung 20: Veränderlichkeit von Konfigurationen im Zeitverlauf
(vgl. Vonderembse u. a., 2006: S. 234)

Vonderembse u. a. verwenden zur Beschreibung der Umweltsituation, ähnlich wie Fisher, Produktstereotypen, denen sie zusätzlich die Phasen eines typischen Produktlebenszyklus gegenüberstellen (vgl. 2006: S. 234). Anzumerken ist, dass sie in Abhängigkeit der Lebenszyklusphase dem innovativen Produktstereotypen zwei passende Supply-Chain-Strategien bzw. -Strukturen zuordnen. Für die übrigen Produktstereotypen identifizierten sie jeweils nur eine passende Konfiguration, sodass sich ihr Modell hier nicht von denen anderer Autoren unterscheidet. Eine Veränderung des Produktstereotyps im Verlauf des Lebenszyklus bilden Vonderembse u. a. in ihrem Ansatz nicht explizit ab (vgl. Abbildung 19).

Eine solche Veränderung des Produktstereotyps im Verlauf seines Lebenszyklus stellen Cigolini u. a. (2004) dar. Da in ihrem Ansatz jeder dieser Stereotypen als Kontingenzfaktorenbündel eine Supply Chain beschreibt, verändert sich die passende Konfiguration in Abhängigkeit der Lebenszyklusphase. Anzumerken ist, dass weder Vonderembse u. a. noch Cigolini u. a. den genauen Zeitpunkt zum Wechsel der Konfiguration bzw. des Übergangs zwischen den Produktstereotypen sowie die Vorgehensweise in der Umstellungsphase genauer beschreiben.

2.4.3.3. *Das Modell nach Lee*

Wie Fisher und die Forschergruppe um Christopher hat auch Lee (2002) einen viel beachteten Konfigurationsansatz publiziert. Im Unterschied zu beispielsweise Christopher u. a. (2006) hat er diesen jedoch bisher nicht weiterentwickelt, sondern sich in späteren Veröffentlichungen vollständig von der Konsistenz-Effizienz-Hypothese entfernt. Stattdessen schlägt Lee in einem neueren Beitrag zum *Triple-A-Konzept* unabhängig von der jeweiligen Umweltsituation eine agile Supply Chain als optimale Gestaltung vor (vgl. Hau Lee, 2004). Trotzdem soll hier sein ursprünglicher Konfigurationsansatz betrachtet werden, da er in diesem Ansatz im Gegensatz zu anderen Konfigurationsansätzen auch Versorgungsunsicherheit berücksichtigt.

Außerhalb von Konfigurationsansätzen berücksichtigen beispielsweise Paulraj und Chen (2005) Umfeldunsicherheit als Einflussfaktor auf den strategischen Einkauf. Ihnen gelingt es jedoch nicht, im Rahmen einer explorativen, empirischen Vorstudie einen negativen Einfluss hoher Umfeldunsicherheit auf den strategischen Einkauf signifikant nachzuweisen (vgl. Paulraj, Chen, 2005: S. 317). Trotzdem betonen Snyder u. a. (2006), dass Entscheidungsträger die Versorgungsunsicherheit bei der Konfiguration ihrer Supply Chain nicht zugunsten der Nachfrageunsicherheit vernachlässigen dürften. Zwar betrachten sie beide Unsicherheiten als grundsätzlich ähnlich und ineinander übergehend, doch erscheinen verschiedene Strategien und Strukturen zu ihrer Reduzierung geeignet zu sein (vgl. Snyder u. a., 2006: S. 235). Obwohl auch Christopher u. a. (2006) die Versorgungsseite durch einen Kontingenzfaktor grundsätzlich berücksichtigen, inkludiert nur Lee (2002) tatsächlich auch Versorgungsunsicherheit in seinen Ansatz (vgl. Abbildung 21).

Lee unterscheidet sowohl auf der Versorgungs- als auch auf der Nachfrageseite einer Supply Chain jeweils zwei Umweltsituationen mit hoher bzw. geringer Unsicherheit. Ähnlich wie bereits Fisher verwendet auch Lee zur Beschreibung der Unsicherheiten Konstrukte, in denen er verschiedene Kontingenzfaktoren bündelt. Neben den Produktstereotypen der Nachfrageseite definiert er Prozessstereotypen der Versorgungsseite (Tabelle 12). Zu jeder der vier Umweltsituationen, die sich aus der Kombination von Produkt- und Prozessstereotypen ergeben, beschreibt Lee jeweils eine passende Supply Chain (vgl. 2002: S. 114), wobei die beiden Umweltsituationen mit geringer Versorgungsunsicherheit den von Fisher identifizierten Konfigurationen entsprechen. Anzumerken ist, dass sich auch Lee aufgrund der deterministischen Verknüpfung von Strategie und Struktur in seinem Ansatz von der Konsistenz-Effizienz-Hypothese löst und wie beispielsweise auch Fisher eher einen verhaltenswissenschaftlich-situativen Ansatz formuliert (vgl. Abschnitt 2.4.1).

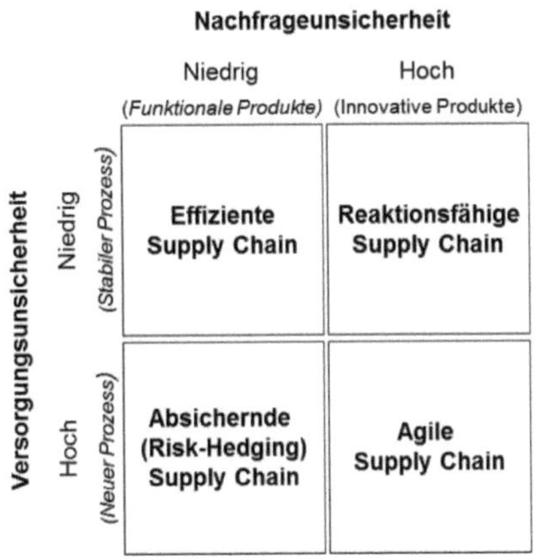

Abbildung 21: Supply-Chain-Konfigurationsmodell nach Lee
(vgl. Lee, 2002: S. 114)

Neben den beiden bereits von Fisher (1997) bekannten Konfigurationen einer *effizienten* sowie einer *reaktionsfähigen* Supply Chain (vgl. Abschnitt 2.4.3.1.1), definiert Lee in Erweiterung von Fisher zwei Konfigurationen für Umweltsituationen mit unsicherer Versorgung, eine *Risk-Hedging* Supply Chain für ein Standardprodukt sowie eine *agile* Supply Chain für innovative Produkte (vgl. 2002). Obwohl Lee auf eine systematische Identifikation von Gestaltungsparametern verzichtet, beschreibt er jede der vier von ihm verwendeten Supply Chains kurz. Die effiziente bzw. die reaktionsfähige Supply Chain entsprechen in ihrer Ausgestaltung den entsprechenden Konfigurationen in dem Ansatz von Fisher. Für die von ihm zusätzlich berücksichtigten Konfigurationen mit einer hohen Versorgungsunsicherheit schlägt er zusätzlich die Berücksichtigung *mehrerer Lieferanten* (Multiple Sourcing) als auch das Vorhalten von *Sicherheitsbeständen* vor (vgl. 2002: S. 113). Auf die Identifikation einer hybriden Konfiguration, wie beispielsweise Christopher u. a. sie mit der leagilen Supply Chain einführen, verzichtet Lee jedoch.

Anzumerken ist, dass die als agil bezeichneten Supply Chains in den Ansätzen von Lee und Christopher u. a. nicht identisch sein können. Während Lee diese Supply Chain als konsistent zu einer Umweltsituation mit beidseitiger Unsicherheit beschreibt, berücksichtigen Christopher u. a. eine solche Situation in ihrem Ansatz nicht. Vor dem Hintergrund der unscharfen Abgrenzung insbesondere der Konzepte Agilität und Reaktionsfähigkeit (vgl. Abschnitt 2.3.2.1), kann festgestellt werden, dass die agile Supply Chain nach Christopher u. a. den reaktionsfähigen Netzwerken nach Fisher und Lee entspricht.

Nachfrageunsicherheit		Versorgungsunsicherheit	
Funktionales Produkt	*Innovatives Produkt*	*Stabiler Prozess*	*Neuer Prozess*
Geringe Nachfrageunsicherheit	Hohe Nachfrageunsicherheit	Wenige Ausfälle	Verwundbar gegenüber Ausfällen
Vorhersagbare Nachfrage	Schwer vorhersagbare Nachfrage	Stabiler und hoher Ertrag	Schwankender und geringer Ertrag
Konstante Nachfragemenge	Schwankende Nachfragemenge	Wenige Qualitätsprobleme	Regelmäßige Qualitätsprobleme
Langer Produktlebenszyklus	Kurzer Produktlebenszyklus	Mehrere Bezugsquellen	Wenige Bezugsquellen
Geringe Bestandskosten	Hohe Bestandskosten	Zuverlässige Lieferanten	Unzuverlässige Lieferanten
Geringer relativer Deckungsbeitrag	Hoher relativer Deckungsbeitrag	Prozessveränderungen sind selten	Prozessveränderungen kommen oft vor
Wenige Produktvarianten	Viele Produktvarianten	Keine Kapazitätsbeschränkungen	Kapazitäten sind nur eingeschränkt verfügbar
Hohe Stückzahl je Produktvariante	Geringe Stückzahl je Produktvariante	Einfache Rüstvorgänge	Schwere Rüstvorgänge
Geringe Fehlmengenkosten	Hohe Fehlmengenkosten	Flexibel	Unflexibel
Geringes Risiko der Veralterung	Hohes Risiko der Veralterung	Konstante Durchlaufzeiten	Schwankende Durchlaufzeiten

Tabelle 12: Stereotypen im Supply-Chain-Konfigurationsmodell nach Lee
(vgl. Lee, 2002: S. 106–107)

Lee verzichtet weitgehend auf eine empirische oder theoretische Herleitung seines Ansatzes, die von ihm verwendeten Industriebeispiele weisen den Charakter von Erfahrungsberichten auf und dienen eher der Veranschaulichung als der Validierung seines Modells. Auch in der übrigen Literatur finden sich bisher nur wenige empirische Untersuchungen dieses Ansatzes. Zwar verwenden beispielsweise Roh u. a. (2008) für ihre Analysen zur Unternehmenskultur in Wertschöpfungsnetzwerken die von Lee identifizierten Konfigurationen, auf eine empirische Validierung des Ansatzes verzichten sie jedoch ebenfalls. Einen empirischen Hinweis auf die Validität des Ansatzes von Lee liefern dagegen Sun u. a. (2009). Sie können mithilfe eines Regressionsansatzes signifikant nachweisen, dass die Leistung von Supply Chains, die sich im Rahmen dieses Ansatzes konsistent zu ihrer Umwelt verhalten, höher ist als die der übrigen Supply Chains (vgl. Sun u. a., 2009: S. 209).

2.4.4. Einordnung der Supply-Chain-Konfigurationen aus der Literatur

2.4.4.1. Zusammenfassung weiterer Beiträge zu Supply-Chain-Konfigurationen

Neben den drei vorgestellten Modellen von Fisher (1997), Christopher u. a. (2006) und Lee (2002) sowie ihren Weiterentwicklungen finden sich in der Literatur weitere an der Konsistenz-Effizienz-Hypothese orientierte Ansätze zur Gestaltung von Supply Chains. Auch diese Ansätze fokussieren häufig insbesondere auf kongruente Konfigurationen für unterschiedliche Grade der Nachfrageunsicherheit. Ansätze, in denen unsichere Versorgungsprozesse berücksichtigt werden, finden sich in der Literatur dagegen eher selten (vgl. Tabelle 13).

Insgesamt unterscheiden sich die Ansätze in der Literatur sowohl hinsichtlich der in ihnen beschriebenen Konfigurationen als auch hinsichtlich der betrachteten Kontingenzfaktoren und Gestaltungsparameter. Jedoch werden in der Literatur teilweise ähnliche Konfigurationen mithilfe abweichender Faktoren und Parameter beschrieben (vgl. Tabelle 13). Anzumerken ist, dass die meisten Autoren die von ihnen identifizierten Konfigurationen ähnlich der bereits vorgestellten Ansätze anhand nur weniger *differenzierender Attribute* unterscheiden.

Im Hinblick auf die beschriebenen Konfigurationen fällt bei einem Vergleich der Ansätze auf, dass mit Ausnahme von Cravens u. a. (1996) sämtliche Autoren mindestens eine Konfiguration berücksichtigen, die eine Supply-Chain-Gestaltung nach dem *Effizienzparadigma* (vgl. Abschnitt 2.3.2.2) umfasst. Die vorgeschlagenen Umsetzungen dieses Paradigmas unterscheiden sich jedoch zwischen den verschiedenen Ansätzen. Während einige Autoren schlanke Supply Chains in Anlehnung an Ansätze des Lean Managements beschreiben (vgl. bspw. Christopher, 2000), betrachten andere eher unternehmensübergreifend geplante und optimierte Supply Chains (vgl. bspw. Lamming u. a., 2000). Christopher u. a. (2006) integrieren schließlich beide Umsetzungen in einem Ansatz (vgl. Abschnitt 2.4.3.2.2). Zusätzlich zu Konfigurationen im Zusammenhang mit dem Effizienzparadigma berücksichtigt eine Mehrzahl der Autoren in ihren Ansätzen verschiedene Umsetzungen des *Flexibilitätsparadigmas* (vgl. Abschnitt 2.3.2.1), häufig im Hinblick auf eine volatile Nachfrage (vgl. bspw. Naylor u. a., 1999). Anzumerken ist, dass aufgrund der unscharfen Abgrenzung der verschiedenen Konzepte innerhalb des Flexibilitätsparadigmas zwar die Beschreibungen, nicht aber die Bezeichnungen dieser Konfigurationen in der Literatur übereinstimmen. Eine dritte Gruppe von Konfigurationen, die insbesondere in dem Modell von Christopher u. a. (2006) sowie seinen Weiterentwicklungen verwendet wird, umfasst *hybride Supply Chains* (vgl. Abschnitt 2.3.2.3).

Autor	Differenzierende Attribute	Konfigurationen	Unsicherheit	
			Versorgung	Nachfrage
Fisher, 1997	Produktstereotyp	Effizient, Reaktionsfähig		X
Tan u. a., 2000	Produktstereotyp	Effizient, Reaktionsfähig (Anpassbar), Reaktionsfähig (Innovativ)		X
Hull, 2005	Produktstereotyp	Effizient, Reaktionsfähig (Nachfrage), Reaktionsfähig (Versorgung)		X
Lamming u. a., 2000	Produktstereotyp, Produktkomplexität	Effizient, Reaktionsfähig		X
Harland u. a., 2001	Produktstereotypen, Machtposition	Effizient, Reaktionsfähig		X
Corsten & Gabriel, 2004	Produktstereotyp, Produktstruktur	Effizient, Reaktionsfähig		X
Klaas, 2002	Strategische Ausrichtung, Auftragsauslösung	Straffes Logistiksegment, Agiles Logistiksegment, Modulares Logistiksegment, Individuelles Logistiksegment		X
Christopher, 2000	Varianten (Produkt), Volumen	Schlank, Agil		X
Naylor u. a., 1999	Varianten (Produkt), Variabilität (Produktion)	Schlank, Agil		X
Christopher u. a., 2006	Wiederbeschaffungszeit, Nachfragecharakteristik	Schlank, Agil, Entkoppelt		X
Faisal u.a., 2006		Schlank, Agil, Entkoppelt		X
Hilletofth, 2009		Schlank, Agil, Entkoppelt		X
Cigolini u.a., 2004	Produktlebenszyklusphase, Supply Chain Strategie	Schnell, Schlank, Effizient		X
Vonderembse, 2006	Produkttyp, Produktlebenszyklus	Schlank, Agil, Hybrid (z. B. Entkoppelt)		
Lee, 2002	Versorgungsunsicherheit, Nachfrageunsicherheit	Effizient, Reaktionsfähig (Nachfrage), Risk-Hedging, Agil (Versorgung und Nachfrage)	X	X
Cravens u. a. 1996	Umweltunsicherheit, Beziehungen im Netzwerk	Virtuelles Netzwerk, Flexibles Netzwerk, Wertschöpfungsnetzwerk, Umfassendes Netzwerk	X	X

Tabelle 13: Überblick über Supply-Chain-Konfigurationsansätze

(eigene Darstellung)

Insgesamt ergeben sich in Anlehnung an die verschiedenen strategischen Paradigmen zur Gestaltung von Supply Chains (vgl. Abschnitt 2.3.2) drei Gruppen von Konfigurationen, denen sich die meisten in Tabelle 13 zusammengefassten Ansätze zuordnen lassen.

2.4.4.2. *Entwicklung eines Orientierungsrahmens*

Die Beobachtung, dass in der Literatur zwar eine Vielzahl verschiedener Supply-Chain-Konfigurationen identifiziert werden, diese sich bei genauerer Analyse jedoch zu wenigen Gruppen zusammenfassen lassen, begründet den Bedarf nach ihrer Einordnung in einem gemeinsamen Ordnungsrahmen. Ein Beispiel für einen solchen Rahmen findet sich bei Neher (2005), der nach einer Literaturanalyse verschiedene Konfigurationen in einem Raum mit den Dimensionen *Unsicherheit*, *Produktionsmenge* und *Wettbewerbsstrategie anordnet.* Durch die Positionierung der von ihm identifizierten Konfigurationen in diesem Ordnungsrahmen kann Neher drei Gruppen ähnlicher Konfigurationen bilden (vgl. Abbildung 22), die zunächst den im Rahmen dieser Arbeit identifizierten Gruppen entsprechen (vgl. Abschnitt 2.4.4.1).

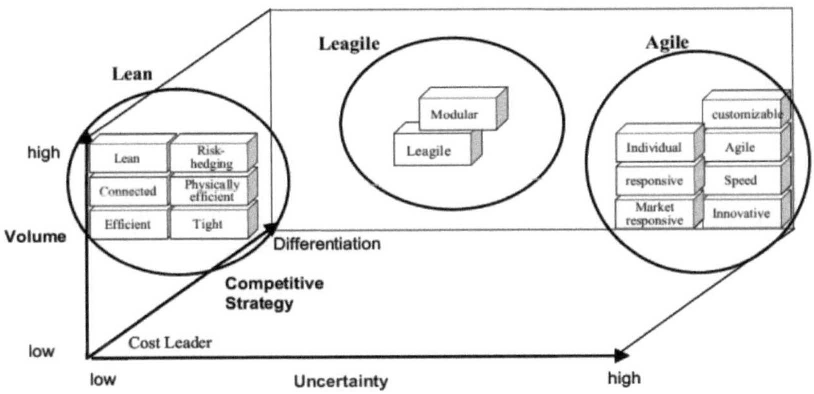

Abbildung 22: Ordnungsrahmen zur Abbildung von Supply-Chain-Konfigurationen
(vgl. Neher, 2005: S. 86)

Bei einer genaueren Analyse des Ordnungsrahmens von Neher (2005) fällt jedoch auf, dass insbesondere die Dimension Unsicherheit exklusiv auf den Kontext der Nachfrage fokussiert. Beispielsweise ordnet Neher die Konfiguration *Risk-Hedging Supply Chain* bei nur geringer Unsicherheit in die Gruppe der schlanken Wertschöpfungsnetzwerke ein, obwohl Lee (2002) sie für Situationen mit geringer Nachfrage- aber hoher Versorgungsunsicherheit definiert hat (vgl. Abbildung 22). Insgesamt ist der von Neher (2005) vorgeschlagene Ordnungsrahmen nicht dazu geeignet, Konfigurationen mit verschiedenen Graden von Versorgungsunsicherheit zu differenzieren. Die Ergänzung einer zusätzlichen Dimension zu diesem Ordnungsrahmen ist daher erforderlich.

Zudem fällt auf, dass Neher (2005) die Dimensionen seines Ordnungsrahmens in Anlehnung an die interdependenten Gestaltungsfelder einer Organisation nach der Konsistenz-Effizienz-Hypothese gewählt hat. Die von ihm identifizierten Gruppen befinden sich auf einer Diagonalen. Eine Reduzierung der Dimensionen in dem Ordnungsrahmen erscheint daher im Hinblick auf die Unterscheidung der drei Gruppen ohne Informationsverlust möglich. Beispielsweise könnte die Dimension *(Nachfrage-)Unsicherheit* zur Differenzierung der Gruppen gewählt werden. Aus den Überlegungen zur Erweiterung des Ordnungsrahmens bzw. den Erkenntnissen zur möglichen Dimensionsreduzierung des ursprünglichen Ansatzes ergibt sich ein modifizierter, zweidimensionaler Rahmen zur Einordnung der in der Literatur verfügbaren Ansätze. In Anlehnung an das Modell von Lee (2002) besteht dieser Ordnungsrahmen aus den Dimensionen Nachfrage- sowie Versorgungsunsicherheit (vgl. Abbildung 23).

Die Ansätze zur Ableitung von Supply-Chain-Konfigurationen nach der Konsistenz-Effizienz-Hypothese, in denen zwar verschiedene Grade von Nachfrage- nicht jedoch von Versorgungsunsicherheit unterschieden werden, sind in dem modifizierten Ordnungsrahmen in den Bereich geringer Versorgungsunsicherheit einzuordnen. Da insgesamt nur wenige Autoren Versorgungsunsicherheit berücksichtigt haben (vgl. Tabelle 13), befinden sich im unteren Bereich des Ordnungsrahmens auch nur wenige Konfigurationen (vgl. Abbildung 23). Anzumerken ist, dass in der Literatur bisher keine Supply-Chain-Konfiguration für eine Situation mit moderater Versorgungsunsicherheit aber stabiler Nachfrage verfügbar ist.

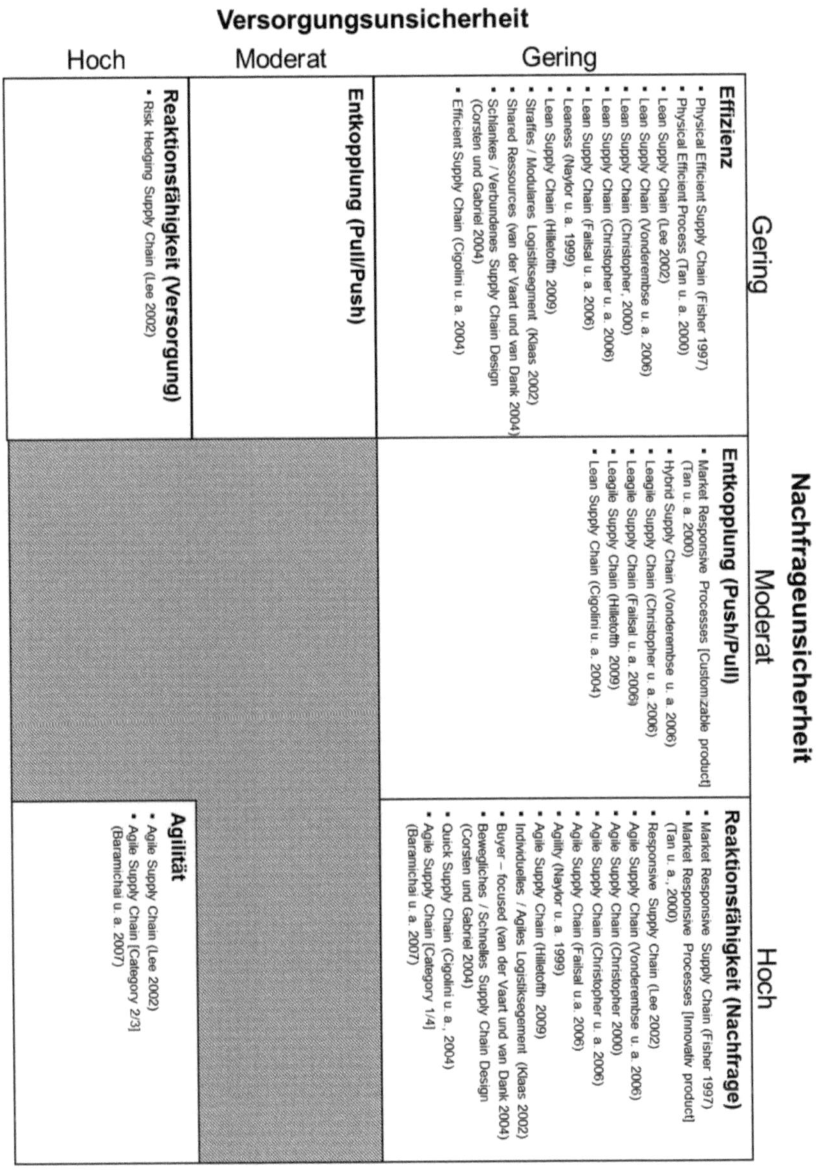

Abbildung 23: Modifizierter Ordnungsrahmen

(eigene Darstellung)

3. Risikokonzepte in Wertschöpfungsnetzwerken

In diesem Abschnitt wird in Bezug auf Wertschöpfungsnetzwerke der Stand der Forschung zu verschiedenen Risikokonzepten analysiert sowie Definitionen der Begriffe Risiko, Verwundbarkeit, Widerstandsfähigkeit und Risikoexposition im Hinblick auf Supply Chains ausgewählt bzw. entwickelt. Vor dem Hintergrund der teilweise geringen Anzahl verfügbarer Beiträge, die diese Risikokonzepte im Kontext von Wertschöpfungsnetzwerken betrachten, werden auch Erkenntnisse anderer Forschungsgebiete in den jeweiligen Analysen berücksichtigt. Die Grundlage dieses Abschnitts bildet eine Analyse des Risikobegriffs in der betriebswirtschaftlichen Forschung (vgl. Abschnitt 3.1). Im Rahmen dieser Analyse wird auch die Risikowahrnehmung von Entscheidungsträgern betrachtet. Aufbauend auf diesem allgemeinen Risikoverständnis sowie den Erkenntnissen zum Aufbau und Management von Wertschöpfungsnetzwerken (vgl. Abschnitt 0) wird im Rahmen einer Literaturanalyse eine Definition des Begriffs Supply-Chain-Risiko ausgewählt (vgl. Abschnitt 3.2). Zusätzlich wird bereits im Hinblick auf die Verwundbarkeit der Welleneffekt des Supply-Chain-Risikos betrachtet und eine Systematisierung dieser Risiken anhand ihrer Quellen eingeführt.

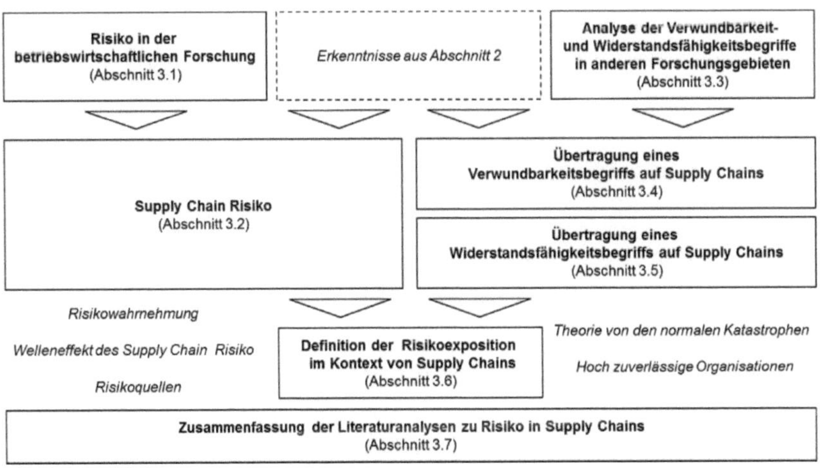

Abbildung 24: Inhalt und Aufbau von Abschnitt 1
(eigene Darstellung)

Weitere Risikokonzepte, die in diesem Abschnitt aus einer systemischen Perspektive betrachtet werden, stellen die Verwundbarkeit sowie die Widerstandsfähigkeit einer

Supply Chain dar. Ähnlich dem Vorgehen im Hinblick auf das Supply-Chain-Risiko werden auch zur Untersuchung dieser beiden Konzepte zunächst Ansätze aus anderen Wissensgebieten (vgl. Abschnitt 3.3). Im Rahmen dieser Analyse werden zwei für die Reduzierung von Verwundbarkeit wesentliche Ansätze aus der Organisationsforschung zum Entstehen von Katastrophen in soziotechnischen Systemen – die Theorie von den Normalen Katastrophen (NAT) sowie der Ansatz hoch zuverlässiger Organisationen (HRO) – eingeführt. Aufbauend auf diesen Erkenntnissen werden der Verwundbarkeits- (vgl. Abschnitt 3.4) und der Widerstandsfähigkeitsbegriff (vgl. Abschnitt 3.5) auf Supply Chains übertragen sowie ihr Zusammenhang beleuchtet. Als weiteres Risikokonzept wird der Begriff der Risikoexposition ergänzend eingeführt (vgl. Abschnitt 3.6). Abschließend werden die eingeführten Risikokonzepte zusammenfassend gegenübergestellt (vgl. Abschnitt 3.7).

3.1. Risiko in der betriebswirtschaftlichen Forschung

3.1.1. Unsicherheit

Das Verhältnis und der Umfang der Konzepte *Risiko*, *Ungewissheit* und *Unsicherheit* sowie des verwandten Begriffs der *Wahrscheinlichkeit* erscheinen trotz ihrer teilweise bereits seit Langem erfolgten mathematischen Formulierung in der Literatur nicht frei von Diskussionen zu sein. Obwohl die Begriffe eng zusammenhängen, soll an dieser Stelle zunächst das Konzept Unsicherheit betrachtet werden. Während eine kurze Analyse des Wahrscheinlichkeitsbegriffs in Abschnitt 3.1.2 erfolgt, wird der Ursprung des Risikobegriffs sowie die Wahrnehmung von Risiko durch Entscheidungsträger aufgrund ihrer höheren Relevanz für die vorliegende Arbeit in den Abschnitten 3.1.3 und 3.1.4 genauer betrachtet.

In Bezug auf die Bedeutung des Begriffs Unsicherheit merken Auckenthaler und Gabathuler an, dass verschiedene Resultate einer Handlung aufgrund verschiedener möglicherweise eintretender zukünftiger Umweltsituationen möglich sind, keines der Resultate ist unmöglich bzw. absolut bestimmt (vgl. 1997: S. 3–4). Unternehmerische Unsicherheit stellt in diesem Zusammenhang den Oberbegriff für mögliche Veränderungen von Umweltfaktoren dar, die in Verbindung mit dem Aktivitätsprofil und dem Aktionspotenzial eines Unternehmens seine Risiken bestimmen (vgl. Weber u. a., 2001: S. 50). Persson merkt hierzu an, dass eine direkte Verbindung zwischen Unsicherheit in Prozessen und dem Umfang von Verschwendung, die sie enthalten, besteht (vgl. 1995: S. 17). Beispielsweise neigen Entscheidungsträger dazu, bei der Anwesenheit von Unsicherheit Sicherheitspuffer in Prozesse zu einzubauen (vgl. Van der Vorst, Beulens, 2002: S. 412). Zusammenfassend treten in einer unsicheren Situation bestimmte Resultate einer Entscheidung mit einer gewissen Wahrscheinlichkeit ein; beträgt diese Wahrscheinlichkeit eins liegt Sicherheit vor (vgl. Auckenthaler, Gabathuler, 1997: S. 3–4). Im Rahmen dieser Beschreibung lassen sich anhand der Kenntnis über mögliche Umweltsituationen bzw. deren Eintrittswahrscheinlichkeiten verschiedene Unsicherheitskategorien unterscheiden (vgl. Tabelle 14). Die Zuordnung der Unsicherheitskategorien zu den Konzepten *Risiko, Ungewissheit* und *Unsicherheit* ist in der Literatur jedoch uneinheitlich.

Unsicherheitskategorie	Charakteristika
1. Ordnung (Risiko)	Es liegen objektive Eintrittswahrscheinlichkeiten für alle zukünftigen Umweltsituationen vor.
2. Ordnung (Ungewissheit)	Es liegen subjektive Wahrscheinlichkeiten für alle zukünftigen Umweltsituationen vor.
3. Ordnung (Unsicherheit)	Es liegen keine Eintrittswahrscheinlichkeiten für zukünftige Umweltsituationen vor, die Situationen sind aber der Art nach bekannt.
4. Ordnung (Unsicherheit)	Es liegen keine Eintrittswahrscheinlichkeiten für zukünftige Umweltsituationen vor, die Situationen sind nicht einmal aller der Art nach bekannt.

Tabelle 14: Unsicherheitskategorien
(vgl. Fiege, 2006: S. 41)

So merken beispielsweise Auckenthaler und Gabathuler an, dass die Möglichkeit, einer Umweltsituation eine objektive oder subjektive Wahrscheinlichkeit zuzuordnen, eine notwendige Bedingung des Risikobegriffs darstellt. Situationen, in denen diese Bedingung nicht erfüllt wird, bezeichnen sie als ungewiss (vgl. 1997: S. 3–4). Sie ordnen mit dieser Abgrenzung im Gegensatz zu Fiege (2006) die Unsicherheitskategorien erster und zweiter Ordnung dem Geltungsbereich des Risikobegriffs zu, während sie die übrigen Unsicherheitskategorien unter Ungewissheit subsumieren (vgl. Tabelle 14). Auch in der englischsprachigen Literatur wird oftmals nur zwischen den Begriffen „*risk*“ und „*uncertainty*“ unterschieden, wobei der Begriff „uncertainty“ sowohl mit Unsicherheit als auch mit Ungewissheit übersetzt werden kann. Anzumerken ist, dass abweichend zu Auckenthaler und Gabathuler in der vorliegenden Arbeit Unsicherheit der Kategorien drei und vier als Übersetzung des Begriffs „uncertainty“ und in Anlehnung an Fiege mit Unsicherheit bezeichnet werden soll.

Zum Verhältnis der beiden resultierenden Begriffe *Risiko* und *Unsicherheit* hat Knight bereits früh festgestellt, dass Risiko eine messbare Form der Unsicherheit darstellt (vgl. Knight, 1921: S. 20). Der in diesem Zusammenhang aus der englischsprachigen Literatur übernommene Unsicherheitsbegriff beschreibt die wahrgenommene Unfähigkeit eines Entscheidungsträgers, etwas genau vorhersagen zu können (vgl. Milliken, 1987: S. 136). Der Begriff bezieht sich demnach auf die Unfähigkeit sowohl die

Wahrscheinlichkeit des Eintretens zukünftiger Umweltzustände zu schätzen als auch mögliche Resultate einer Entscheidung vorherzusagen (vgl. Manuj, Mentzer, 2008a: S. 134). Diese Deutung des Unsicherheitsbegriffs entspricht auch der Abgrenzung Fieges (2006). Für die vorliegende Arbeit ist zur Definition der Konzepte Unsicherheit, Ungewissheit und Risiko daher festzustellen, dass der erweiterte Geltungsbereich des Risikobegriffs als eine mithilfe von objektiven oder subjektiven Wahrscheinlichkeiten messbare Unsicherheit (vgl. Knight, 1921) übernommen werden soll. In diesem Zusammenhang kennzeichnet Unsicherheit eine SItuation, in der verschiedene Resultate aufgrund verschiedener Umweltszenarien möglich, aber nicht vorhersehbar sind (vgl. Auckenthaler, Gabathuler, 1997). Auf die Verwendung des Begriffs Ungewissheit wird im Folgenden dagegen verzichtet.

3.1.2. Wahrscheinlichkeit

3.1.2.1. Wahrscheinlichkeitsrechnung nach Kolmogorov

Bei einer Betrachtung von Wahrscheinlichkeitstheorien erscheint es geboten, zwischen der jeweiligen *Interpretation* ihres Wahrscheinlichkeitsbegriffs sowie der *mathematischen Formulierung* von Wahrscheinlichkeit zu unterscheiden (vgl. Popper, 1966: S. 106). In der Literatur existieren für beide Betrachtungsebenen alternative Ansätze, wobei in Bezug auf die Wahrscheinlichkeitsrechnung bereits die Axiomatik Kolmogorovs (1933) als Standard weitgehend akzeptiert worden ist. Der Ansatz Kolmogorovs ist mengentheoretisch formuliert und umfasst drei Axiome, denen jeder mathematische Ausdruck, der als Wahrscheinlichkeitsmaß interpretiert werden soll, entsprechen muss (vgl. 1933: S. 2). In dieser Axiomatik stellt Ω eine nicht leere Menge dar, auf der die allgemeine Algebra F als Menge von Teilmengen von Ω definiert ist. Während Ω auch als Ergebnismenge bezeichnet wird, deren Elemente die Elementarereignisse darstellen, kann F als Ereignisraum verstanden werden, der verschiedene, auf Grundlage der Elementarereignisse definierte Ereignisse enthält. Jede Funktion $\mathrm{P(F)}$ stellt in dieser Axiomatik nach der Maßtheorie ein Wahrscheinlichkeitsmaß dar, während Ω, F und P zusammen als Wahrscheinlichkeitsraum bezeichnet werden.

$$P(A) \geq 0 \tag{3.1}$$

für alle $A \in F$

$$P(\Omega) = 1 \tag{3.2}$$

$$P(A \cup B) = P(A) + P(B) \tag{3.3}$$

für alle $A, B \in F$

mit $A \cap B = \emptyset$

Kolmogorov fordert die Nicht-Negativität (vgl. 3.1) sowie die Normierung von Wahrscheinlichkeiten auf den Bereich $0 \leq \mathrm{P(A)} \leq 1$, bei der die Wahrscheinlichkeit des sicheren Ereignisses stets $P(\Omega) = 1$ beträgt (vgl. 3.2). Zudem definiert er P als $\sigma - additiv$, wodurch die Wahrscheinlichkeit der Vereinigung von disjunkten Ereignissen der Summe ihrer Einzelwahrscheinlichkeiten entspricht (vgl. 3.3). Auch wenn einzelne Autoren alternative Formulierungen vorschlagen bzw. die Axiomatik Kolmogorovs ergänzen (vgl. bspw. Popper, 1966: S. 268ff.), soll im Rahmen dieser Arbeit die mathematische Beschreibung nach der als Standard etablierten Axiomatik von Kolmogorov erfolgen. Das Verständnis von Wahrscheinlichkeit wird durch die Festlegung auf eine Axiomatik jedoch nicht determiniert; vielmehr wird der Wahrscheinlichkeitsbegriff auch bei Anwendung derselben mathematischen Formulierung in der Literatur unterschiedlich interpretiert.

3.1.2.2. Wahrscheinlichkeitsbegriff

Bereits bei der Abgrenzung der Konzepte Risiko, Unsicherheit und Ungewissheit (vgl. Abschnitt 3.1.1) wurde insbesondere bei den Überlegungen Fieges (2006) deutlich, dass verschiedene Wahrscheinlichkeitsbegriffe existieren müssen (vgl. Tabelle 14). Tatsächlich können in diesem Zusammenhang insbesondere zwei Gruppen unterschieden werden (vgl. Popper, 1966: S. 107), *subjektive* und *objektive* Wahrscheinlichkeiten (vgl. De Finetti, 1989: S. 174). Grundlage des *subjektivistischen Wahrscheinlichkeitsbegriffs*, der auf Überlegungen von Bayes (1763) zurückgeht, ist die Interpretation von Wahrscheinlichkeiten, beispielsweise der Wahrscheinlichkeit des Eintretens eines bestimmten Ereignisses, als Grad der (rationalen) persönlichen Überzeugung zu dessen Eintreten (vgl. Popper, 1959: S. 25). Im Rahmen der modernen Entscheidungstheorie stellt eine subjektive Wahrscheinlichkeit die quantifizierte Überzeugung einer idealisierten Person dar (vgl. Kahneman u. a., 1982: S. 19). Die Wahrscheinlichkeit eines Ereignisses bzw. deren Schätzungen, hängen nach diesem Verständnis von dem schätzenden *Individuum*, der *Situation*, in der die

Schätzung erfolgt, sowie dem *Zeitpunkt* der Schätzung ab. In diesem Zusammenhang wird in der Literatur in der Regel rationales Entscheidungsverhalten unterstellt (vgl. Ramsey, 1931: S. 161), wie es bei Wetten von Individuen auf den Ausgang eines Wettkampfs vorliegt (vgl. bspw. de Finetti, 1992: S. 142). Ansätze, in denen auf diese oder ähnliche Einschränkung verzichtet wird, sind eher selten. Der subjektivistische Wahrscheinlichkeitsbegriff wird beispielsweise dazu verwendet, Entscheidungssituationen mit unvollständigem Wissen des Entscheidungsträgers zu beschreiben (vgl. Popper, 1959: S. 25).

Im Rahmen des *objektivistischen Wahrscheinlichkeitsbegriffs* wird Wahrscheinlichkeit dagegen unabhängig von der Überzeugung eines Individuums als in ihrer Höhe definierte Eigenschaft eines Experiments bzw. einer Situation verstanden. Bei genauerer Analyse zeigen sich jedoch auch innerhalb des objektivistischen Wahrscheinlichkeitsbegriffs verschiedene Schulen. Im Rahmen des *klassischen* Wahrscheinlichkeitsbegriffs, der bereits früh von Laplace (1819) formuliert worden ist, wird Wahrscheinlichkeit als das Verhältnis aller günstigen zu sämtlichen Resultaten verstanden. Jedes Resultat wird in diesem Zusammenhang zunächst als gleichwahrscheinlich angenommen (vgl. Laplace, 1819: S. 6–7). Da eine der Voraussetzungen eines solchen Verständnisses die Existenz einer diskreten Menge möglicher Resultat ist, wurde der klassische zum *frequentistischen* Wahrscheinlichkeitsbegriff weiterentwickelt. Vertreter dieses Wahrscheinlichkeitsbegriffs interpretieren die Eintrittswahrscheinlichkeit $p(x)$ eines Ereignisses x als den Grenzwert der relativen Häufigkeit $h(x)$,, der sich einstellt, wenn ein Experiment unter identischen Umständen unendlich oft wiederholt wird (vgl. Von Mises, 1957: S. 15).

$$h(x) = \frac{n_x}{N} \tag{3.4}$$

mit

$$n_x = Häufigkeit\ des\ Ereignisses\ x$$

$$N = Anzahl\ der\ Wiederholungen$$

$$p(x) = \lim_{N \to \infty} \frac{n_x}{N} \tag{3.5}$$

Venn (1866) leitet diesen Wahrscheinlichkeitsbegriff analytisch aus verschiedenen Beobachtungen, beispielsweise aus der Geschlechterverteilung bei Geburten, ab. In Bezug auf das Verhältnis zwischen geborenen Jungen und Mädchen merkt er an, dass Wahrscheinlichkeit nichts anderes als dieses Verhältnis darstellt (vgl. 1866: S. 34). Die Verwendung eines solchen Wahrscheinlichkeitsbegriffs ist jedoch in seiner einfachen Form in Bezug auf reale Situationen teilweise schwierig, da sich solche Situationen nicht unendlich oft wiederholen lassen, sondern lediglich in einer endlichen Anzahl N, in finiten Kollektiven (vgl. Von Mises, 1957: S. 82), auftreten. Die möglichen Eintrittswahrscheinlichkeiten eines Ereignisses y sind in einem solchen Fall nicht infinit, sondern können nur diskrete Werte annehmen (vgl. 3.6).

$$p(x) = \frac{n_y}{N} \tag{3.6}$$

mit $$n_y \leq N \wedge n_y \in \mathbb{N}$$

Wird eine Situation beobachtet, die nur einmalig ($\mathrm{N} = 1$) auftreten kann (*Single-Case-Problem*), ist es nach dem frequentistischen Wahrscheinlichkeitsbegriff *a priori* nicht möglich, den möglicherweise eintretenden Ereignissen Eintrittswahrscheinlichkeiten zuzuordnen. Dagegen ergibt sich *a posteriori* eine Eintrittswahrscheinlichkeit für das tatsächlich eingetretene Ergebnis von $\mathrm{p(y)} = 1$ (vgl. Fetzer, 1993: S. 67). Zusätzlich besteht bei wiederholbaren Experimenten eine Abhängigkeit zwischen der Ergebnisreihenfolge und der frequentistisch bestimmten Wahrscheinlichkeit, die gemessen an Beobachtungen realer Situationen ähnlich wie das Single-Case-Problem zu widersprüchlichen Aussagen führt (vgl. Hájek, 2009: S. 227). Verschiedene Autoren haben daher diesen Wahrscheinlichkeitsbegriff erweitert. Von Mises beispielsweise führt in diesem Zusammenhang das Konzept des *Kollektivs* ein, das alle gleichartigen Objekte oder Situationen, über die eine Wahrscheinlichkeitsaussage getroffen wird, zusammenfasst (vgl. 1957: S. 13). Mithilfe von zwei Anforderungen, die Von Mises an die Zusammensetzung eines Kollektivs formuliert, kann er zumindest das Reihenfolgeproblem des frequentistischen Wahrscheinlichkeitsbegriffs beheben (vgl. 1957: S. 28–29). Anzumerken ist, dass Von Mises es trotz dieser Erweiterungen ausschließt, Aussagen zu Wahrscheinlichkeiten von bestimmten Ereignissen in einmaligen Situationen zu treffen (vgl. 1957: S. 13). Nach seinem Ansatz ist die Existenz eines Kollektivs eine zwingende Voraussetzung zur Analyse von Wahrscheinlichkeiten (vgl. 1957: S. 14).

Andere Autoren haben diese Erweiterungen des frequentistischen Wahrscheinlichkeitsbegriffs jedoch nicht übernommen. Auch Kolmogorov, der bei der Ableitung seiner Axiomatik (vgl. Abschnitt 3.1.2.1) auf frühe Arbeiten Von Mises aufbaut, verzichtet auf das Konzept des Kollektivs (vgl. 1933: S. 3). Popper verzichtet nicht nur auf dieses Konzept, sondern entwickelt den frequentistischen Wahrscheinlichkeitsbegriff insbesondere aufgrund des Single-Case-Problems sowie zur wahrscheinlichkeitstheoretischen Interpretation der Quantenmechanik zur *Propensitätstheorie* weiter (vgl. 1957: S. 67). Nach diesem ebenfalls objektivistischen Verständnis des Wahrscheinlichkeitsbegriffs stellt die Wahrscheinlichkeit eine reale Systemeigenschaft dar. Diese Eigenschaft beschreibt losgelöst von einzelnen Elementen die Neigung eines Systems, einen bestimmten Zustand in seiner Umwelt anzunehmen bzw. zu einem bestimmten Ergebnis zu führen (vgl. Popper, 1959: S. 28). Seit ihrer ersten Formulierung durch Popper sind in der Literatur zahlreiche Varianten der Propensitätstheorie entwickelt worden (vgl. Gillies, 2000: S. 808), die entweder den kurz- (short run) oder langfristigen (long run) Ansätzen zugeordnet werden können (vgl. Fetzer, 1988: S. 123). Während für die langfristigen Propensitätstheorien ähnlich dem frequentistischen Wahrscheinlichkeitsbegriff grundsätzlich wiederholbare Situationen vorausgesetzt werden, wurden kurzfristige Propensitätstheorien im Hinblick auf eine endliche auch eins betragene Anzahl von Wiederholungen formuliert (vgl. Gillies, 2000: S. 822). Obwohl die fehlende Möglichkeit, im Rahmen der bestehenden objektivistischen Ansätze das Single-Case-Problem befriedigend abbilden zu können eines der beiden Motive zur Entwicklung der Propensitätstheorie darstellt, ist ihre Eignung hierzu in der Literatur umstritten (vgl. Gillies, 2000: S. 820). Howson und Urbach merken in diesem Zusammenhang an, dass Wahrscheinlichkeiten für einmalige Ereignisse auch im Rahmen von objektivistischen Wahrscheinlichkeitsbegriffen einen subjektivistischen Charakter besitzen (vgl. 1989: S. 228). Auch Gillies übernimmt diese Überlegungen in seiner Verallgemeinerung von Poppers Ansatz, in der er alle objektivistischen Wahrscheinlichkeitsbegriffe, die nicht explizit frequentistisch sind, zusammenfasst (vgl. 2000: S. 820).

Im Rahmen der vorliegenden Arbeit sollen Wahrscheinlichkeiten gemäß dieser allgemeineren Form der Propensitätstheorie verstanden werden. Ergänzend soll die Interpretation von Wahrscheinlichkeiten einmaliger Ereignisse, wie beispielsweise in ihrem Kontext einmalig auftretende Supply-Chain-Störungen (vgl. Abschnitt 3.2.2), nach Howson und Urbach (1989) subjektivistisch erfolgen.

3.1.3. Risikobegriffe in verschiedenen Disziplinen

Risiko und Unsicherheit werden in verschiedenen Gebieten der betriebswirtschaftlichen Forschung betrachtet. Beiträge zu ihrer Konzeptualisierung finden sich beispielsweise in den Bereichen Entscheidung, Strategie, Produktion, Rechnungswesen, Finanzen und Logistik (vgl. Zsidisin, 2003a: S. 217). Trotz der regelmäßigen Verwendung in verschiedenen Anwendungsgebieten und wissenschaftlichen Disziplinen (vgl. Jonen, 2005: S. 7–8) scheint eine allgemeine Definition des Risikobegriffs in der Literatur nicht zu bestehen (vgl. Rao, Goldsby, 2009: S. 99). Die Bedeutung des Begriffs ist vielmehr Gegenstand von Konfusion und Kontroversen (vgl. Fischhoff u. a., 1984: S. 123). Neben der Anzahl der beteiligten Wissenschaftsgebiete trägt auch das Fehlen eines eindeutigen Maßes sowie die oft unzureichende Abgrenzung des Risikobegriffs zu verwandten Konzepten zu seiner Mehrdeutigkeit bei (vgl. Jonen, 2005: S. 7–8). Einen Überblick über die Kontroversen zu Abgrenzung und Umfang des Risikobegriffs geben Fischhoff u. a. im Zusammenhang mit der Bewertung des Risikos neuer Technologien am Beispiel der Kernkraft (vgl. 1984: S. 124–127):

- *Objektivität*; in Anlehnung an verschiedene Wahrscheinlichkeitsbegriffe (vgl. Abschnitt 3.1.1) unterscheiden Fischhoff u. a. zwischen einem tatsächlichen statistisch nachweisbaren Risiko sowie einem wahrgenommenen Risiko einer Technologie. Als Grund für die Abweichung zwischen tatsächlichem und wahrgenommenem Risiko identifizieren sie unterschiedliche Informationsstände von Experten und der von einer Technologie betroffenen Bevölkerung.
- *Dimensionen von Risiko;* Fischhoff u. a. stellen fest, dass Technologien Schäden in verschiedenen Dimensionen auf unterschiedlichen Wegen verursachen können. Ihr Beispiel ist eine Technologie, die sowohl für Menschen als auch die ökologische Umwelt aufgrund von Explosionen sowie chronischen Vergiftungen tödlich ist (vgl. 1984: S. 125). Risikoanalysen, die nur auf eine Dimension fokussiert sind, bevorzugen Technologien, deren mögliche Schäden multidimensional sind.
- *Messen von Risiko;* für die Analyse von Risiken werden Maße benötigt. Da sich in vielen Bereichen noch keine allgemein anerkannte Risikomaßzahl etabliert hat, verwenden verschiedene Wissenschaftler abweichende Maße, die insbesondere bei einer subjektivistischen Betrachtungsweise von Risiko Interpretationsspielraum eröffnen.
- *Abgrenzung von Risiken;* zur Analyse von Risiken ist es erforderlich, insbesondere die inkludierten möglichen Schäden genau zu beschreiben. Hier ergibt sich der Bedarf zeitliche Konsequenzen, also indirekte Folgeschäden, sowie Schäden, die von mehr als einer Ursache gleichzeitig hervorgerufen werden, genauer zu betrachten.
- *Bedenken*; Fischhoff u. a. betrachten darüber hinaus den Umstand, dass bereits die Erwartung über das Eintreffen eines Risikos Schäden verursachen kann. Werden solche Schäden ebenfalls den Konsequenzen eines Risikos zugerechnet, ergeben sich zwei weitere Kontroversen; über die angemessene

Höhe solcher Schäden sowie über die ursächliche Verantwortlichkeit der analysierten Technologie (vgl. 1984: S. 127).

Obwohl Fischhoff u. a. diese Kontroversen im Hinblick auf die Analyse von Technologierisiken identifiziert haben, lassen sich ähnliche Diskussionen auch in anderen Wissenschaftsgebieten wiederfinden. Beispielsweise handelt es sich bei der *Objektivität* von Risiken, in Anlehnung an die verschiedenen Richtungen der Wahrscheinlichkeitstheorie, um ein in der Literatur kontrovers diskutiertes Konzept. Holton beispielsweise erläutert in seinem Beitrag zur Definition von Risiko aus der Perspektive der Finanzierung den Unterschied zwischen objektivistischen und subjektivistischen Wahrscheinlichkeiten (vgl. Abschnitt 3.1.2), indem er die Wahrscheinlichkeitsdefinitionen von Knight und Markowitz einander gegenüberstellt (vgl. 2004: S. 19–21). In diesem Zusammenhang merken Tah und Carr in ihrem Beitrag zum Risikomanagement in Projekten an, dass die Entscheidung, was ein Risiko ist und wie es zu bewerten sei, höchst subjektiv ist. Eine *Quantifizierung* von Risiko in den beiden von ihnen vorgeschlagenen Dimensionen Eintrittswahrscheinlichkeit und Ernsthaftigkeit eines Schadens ist dementsprechend schwierig (vgl. 2001: S. 839). Bezüglich der von Fischhoff u. a. ebenfalls identifizierten Kontroverse über die *Abgrenzung von Risiko* unterteilt Sadgrove (2005) in seinem Leitfaden zum Risikomanagement die Folgen allgemeiner Geschäftsrisiken exemplarisch in unmittelbare und finale Effekte. Während sich die unmittelbaren Effekte der betrachteten Risiken erheblich unterscheiden, ist der finale Effekt bei allen Risiken ein finanzieller Verlust (vgl. 2005: S. 8). Neben diesen Kontroversen über den Umfang des Risikobegriffs ist auch seine Definition in der Literatur immer noch uneinheitlich (vgl. Tabelle 15). Die *mathematischen Grundlagen* dieser Definitionen wurden teilweise bereits im 16. und 17. Jahrhundert im Zusammenhang mit Glücksspielen gelegt (vgl. Bernstein, 1996).

To preserve the distinction which has been drawn in the last chapter between the measurable uncertainty and an unmeasurable one we may use the term "risk" to designate the former and the term "uncertainty" for the latter. (vgl. Knight, 1921: S. 233)
The concepts "yield" and "risk" appear frequently in financial writings. Usually if the term "risk" were replaced by "variance of return," little change in apparent meaning would result. (vgl. Markowitz, 1952: S. 89)
Relative risks are best measured by the standard deviation (or coefficient of variation) of the rate of return. (vgl. Lintner, 1965: S. 14)
Decision theorists defined uncertainty as those situations where the probability of the outcome of events is unknown as opposed to risk situations where each outcome has a known probability. (vgl. Duncan, 1972: S. 317)
Risk is a compound measure of the probability and severity of adverse effects. (vgl. Lowrance, 1980: S. 6)
Risk refers to the negative variation in business outcome variables such as revenues, costs, profits, etc. March and Shapira (1987)
Risk refers exclusively to unpredictability in corporate outcome variables. This usage of risk is consistent with strategy researchers' use of variance (or standard deviation) of accounting-based performance variables such as return on equity and return on assets, stock returns volatility measures, and measures of deviations from stock analysts' earnings forecasts as measures of corporate risk. (vgl. Miller, 1992: S. 312)
There are three essential risk elements: (a) losses, (b) the significance of those losses, and (c) uncertainty associated with those losses. These elements are inherently imprecise and subjective. (vgl. Yates, Stone, 1992: S. 23)
Risk is the extent to which there is uncertainty about whether potentially significant and/or disappointing outcomes of decisions will be realized. (vgl. Sitkin, Pablo, 1992: S. 10)
We treat risk as the possibility of loss. (vgl. Chiles, McMackin, 1996: S. 80)
Risk is defined as a subjectively determined expectation of loss; the greater the probability of this loss, the greater is the risk. (vgl. Mitchell, 1999: S. 168)
The Royal Society (1992) stressed the negative elements of risk, defining it as a combination of the probability, or frequency, of occurrence of a defined hazard and the magnitude of the consequences of the occurrence. (vgl. Khan, Burnes, 2007: S. 199)
Exposure to a premise, the outcome of which is uncertain. (Rao, Goldsby, 2009: S. 100)

Tabelle 15: Risikodefinitionen aus der Literatur
(eigene Darstellung)

Im Hinblick auf die betriebswirtschaftliche Forschung haben insbesondere Autoren aus den Bereichen Finanzierung, Marketing, Psychologie, Management und Strategie zur Konzeptualisierung von Risiko beigetragen. Grundelemente der Definitionen aus diesen Bereichen sind die absolute *Höhe* eines drohenden Schadens, die *Wahrscheinlichkeit* des Schadenseintritts, die *Varianz* der Konsequenz einer Entscheidung, ein *Mangel an Informationen* sowie die Gefahr einmal gesetzte *Ziele nicht zu erreichen.* Die einzelnen Definitionsansätze sind jedoch nicht überschneidungsfrei (vgl. Baird, Thomas, 1990: S. 30).

Auf Grundlage der verschiedenen Grundelemente wurden in verschiedenen Bereichen weitere Konzeptualisierungen entwickelt (vgl. Sorensen, 2005: S. 1). In der Finanzierungsliteratur wird Risiko im Zusammenhang mit dem *Verhältnis von Gewinn zu Varianz* (vgl. Markowitz, 1952), dem Verhältnis von *systematischen Markt- und unsystematischen Unternehmensrisiken* im *Capital-Asset-Pricing-Model* (vgl. Lintner, 1965), dem *Real Optionen Ansatz* (vgl. Black, Scholes, 1973) oder dem Ausfall bzw. der Insolvenz eines Unternehmens (vgl. Beaver, 1966) betrachtet. Anzumerken ist, dass sich nicht alle Autoren aus dem Bereich Finanzierung in ihren Beiträgen auf eine Risikodefinition festlegen.

In der Organisations- und Managementforschung fokussieren viele Autoren auf das *Verhalten von Managern* in Entscheidungssituationen unter Umweltunsicherheit verschiedener Kategorien (vgl. Duncan, 1972). Risiko charakterisiert in diesem Zusammenhang die vermeintlich sichersten Situationen, in denen sowohl sämtliche Konsequenzen einer Entscheidung als auch objektive Wahrscheinlichkeiten über ihr Eintreten bekannt sind (vgl. Abschnitt 3.1.1). Beispielsweise betrachten Slovic u. a. in ihrem Beitrag Entscheidungen bei Vorliegen bekannter, riskanter Alternativen (vgl. 1977), während Tversky und Wakker die Neigung von Entscheidungsträgern Risiken einzugehen, abhängig von den drohenden Konsequenzen untersuchen (vgl. 1995). Im Hinblick auf die empirische Ausrichtung der vorliegenden Arbeit werden Beiträge zur Risikowahrnehmung von Entscheidungsträgern nachfolgend genauer betrachtet (vgl. Abschnitt 3.1.4).

Ebenfalls in der Managementforschung schlägt Quinn eine Konzeptualisierung von Risiko mithilfe des *Innovationsbegriffs* vor (vgl. 1980). In diesem Zusammenhang konnten Miller und Friesen in einer empirischen Untersuchung eine Korrelation zwischen der Neigung eines Unternehmens Risiken einzugehen und seiner Innovationstätigkeit nachweisen (vgl. 1982: S. 8). Ergänzend werden im Bereich des strategischen Managements häufig relationale Risiken in Partnerschaften, beispielsweise Risiken aufgrund von Partnern, die nicht über benötigte Fähigkeiten verfügen oder opportunistisch handeln, mitbetrachtet (vgl. Manuj, Mentzer, 2008a: S. 134).

Trotz ihrer Vielzahl lassen sich die verschiedenen Definitionsansätze und Weiterentwicklungen des Risikokonzepts unabhängig von ihrem Ursprung zu Gruppen aggregieren. Jonen (2005) beispielsweise stellt fest, dass ein Risikobegriff aus drei Bestandteilen zusammengesetzt werden kann. Als ersten Bestandteil identifiziert Jonen eine an den Quellen bzw. den Ursachen eines Risikos orientierte *Beschreibung der Ausgangsfaktoren*, als zweiten den *Informationszustand,* der die Existenz eines Informationsdefizits über das Erreichen der gesteckten Ziele beschreibt. Die *Zielbeeinflussung*, die den Bezug wirkungsbezogener oder zielorientierter Risikobegriffsbestandteile auf die Auswirkungen eines Risikos darstellt, wird von Jonen als dritter Bestandteil betrachtet (vgl. 2005: S. 16ff.). Manuj und Mentzer merken nach einer umfangreichen Literaturanalyse an, dass sämtliche von ihnen betrachtete Definitionsansätze die drei Elemente *möglicher Schaden*, *Eintrittswahrscheinlichkeit dieses Schadens* und *Bedeutung des Schadens* beinhalten (vgl. 2008a: S. 135). Damit bestätigen sie die Elemente, die bereits Yates und Stones in einem allgemeineren Beitrag zum Konstrukt Risiko identifiziert haben (vgl. 1992: S. 23). Auch im Rahmen der vorliegenden Arbeit sollen diese drei Elemente zur Beschreibung von Risiko verwendet werden.

3.1.4. Risikowahrnehmung von Entscheidungsträgern

Neben Beiträgen aus der Perspektive verschiedener Wissenschaftsgebiete zur eher theoretischen Konzeptualisierung von Risiko (vgl. Abschnitt 3.1.3), finden sich in der Literatur auch praktisch orientierte Untersuchungen zu der Wahrnehmung von Risiko durch Entscheidungsträger. Insgesamt interpretieren Entscheidungsträger Risiko entsprechend ihrer bisherigen Erfahrungen (vgl. Pablo, 1999: S. 105), wozu Faktoren wie Branchenzugehörigkeit ihrer jeweiligen Unternehmen aber beispielsweise auch das Branchenwachstum gehören (vgl. Baird, Thomas, 1990: S. 42). Wie Manuj und Mentzer feststellen, sollten deswegen die Denkweisen der jeweiligen Industrien bei Entscheidungen zu Risiko berücksichtigt werden (vgl. 2008a: S. 135). In diesem Zusammenhang wird in der Literatur sowohl betrachtet, welche der vorgeschlagenen theoretischen Konzeptualisierungen des Risikobegriffs das Risikoverständnis von Entscheidungsträgern am besten abbildet, als auch wie Manager verschiedene Bestandteile von Risiko in Abhängigkeit von seiner jeweiligen Höhe wahrnehmen.

In Bezug auf das Risikoverständnis von Entscheidungsträgern identifiziert Mitchell eine ständige Spannung zwischen zwei Interpretationen des Risikobegriffs, *Risiko als Gefahr* und *Risiko als mögliche, positive oder negative Abweichung von einem erwarteten Ergebnis* (1995: S. 117). Er zielt dabei auf die voneinander abweichenden Interpretationen nach dem psychologischen oder dem entscheidungslogischen Risikobegriff ab (vgl. Butz, 2005: S. 399). Bereits 1987 haben March und Shapira in diesem Zusammenhang eine oft zitierte Untersuchung zum Risikoverständnis von Entscheidungsträgern in Unternehmen vorgestellt. Sie vergleichen in ihrem Beitrag gestützt auf zwei empirische Untersuchungen das Risikoverständnis von Managern mit üblichen Konzepten der Entscheidungstheorie. Im Rahmen ihrer Untersuchung können sie zeigen, dass Manager mit dem Begriff Risiko intuitiv negative Abweichungen von einem erwarteten Ergebnis verbinden, Risiko also einseitig als Gefahr wahrnehmen (vgl. March, Shapira, 1987). Obwohl ihr Beitrag auf mittlerweile alten Daten aus Erhebungen im Zeitraum von 1973 bis 1974 bzw. 1984 bis 1985 basiert und obwohl die Autoren ihre Auswertungsmethodik nicht offenlegen, wird der Beitrag von March und Shapira in der Literatur häufig als Hinweis auf ein einseitiges Risikoverständnis von Managern angeführt.

Rao und Goldsby diskutieren basierend auf einer Literaturanalyse die unterschiedlichen Perspektiven der Entscheidungstheorie und der Managementforschung auf den Begriff Risiko (vgl. 2009: S. 100). Sie beschreiben Risiko aus der Perspektive der Entscheidungstheorie als nicht vollkommen kontrollierbares bzw. vorhersagbares Ergebnis, dessen Abweichung vom Erwarteten aber sowohl negativ als auch positiv sein kann (vgl. Abschnitt 3.1.3). Im Gegensatz dazu beschreiben Rao und Goldsby in ihrer Analyse den Risikobegriff der Managementforschung als grundsätzlich negative Abweichung. Ebenso wie bereits Khan und Burnes (vgl. 2007: S. 199) beziehen sich Rao und Goldsby in ihrer Analyse zur Risikodefinition aus der Managementperspektive auf Beiträge von Lowrance (1980), Rowe (1980) sowie Simon u. a. (2004). Trotz ihres theoretischen Ansatzes können Rao und Goldsby die Ergebnisse von March und Shapira (1987) bestätigen. Auch Locher u. a. betonen, dass Risiken nur negative Abweichungen von einem erwarteten Wert bezeichnen, positive seien mit Chance zu bezeichnen (vgl. 2004: S. 22). Im Zusammenhang mit Risikomanagement in Projekten nehmen Simon u. a. Risiko ebenfalls ausschließlich als negative Abweichung von den angestrebten Projektzielen wahr (vgl. 2004). March und Shapira folgern aus diesen Ergebnissen, dass in der Managementforschung klassische, auf der Varianz einer Verteilung basierende Risikomaße das Verhalten von Entscheidungsträgern nur unzureichend abbilden können (vgl. 1987: S. 1407). Die Varianz schließt als Streuungsmaß im Gegensatz zu diesem Risikoverständnis sowohl positive als auch negative Abweichungen von einem erwarteten Ergebnis ein.

In Bezug auf die Wahrnehmung von Risikobestandteilen stellen March und Shapira fest, dass Entscheidungsträger im Rahmen ihrer Risikobewertung eher einen möglichen Schaden als seine Eintrittswahrscheinlichkeit beachten (vgl. 1987: S. 1407). In der Unternehmenspraxis werden Entscheidungen unter Risiko häufig also nicht, wie einige Definitionen aus der Literatur es nahelegen (vgl. Tabelle 15) auf Grundlage des Produkts aus Schadenshöhe und Eintrittswahrscheinlichkeit getroffen. Insbesondere in Situationen, in denen große, die Existenz eines Unternehmens bedrohende Schäden drohen, scheinen Manager bei Ihren Entscheidungen auf die Berücksichtigung von Eintrittswahrscheinlichkeiten zu verzichten (vgl. Helliar u. a., 2001: S. 8). Auch Baird und Thomas (1990) bestätigen aus der Perspektive des strategischen Managements diese Beobachtungen empirisch. Sie können zeigen, dass die Schadenshöhe für Manager bei der Definition von Risiko eine höhere Relevanz besitzt, als die Eintrittswahrscheinlichkeit oder die Varianz. Auch beim Vergleich von langsam und schnell wachsenden Industrien wurde von ihnen die Schadenshöhe als wichtigste Definition von Risiko bestätigt (vgl. Baird, Thomas, 1990: S. 42).

Zsidisin identifiziert ausgehend von einer Risikodefinition (vgl. Tabelle 15) nach Sitkin und Pablo (1992) drei Bestandteile der allgemeinen Risikowahrnehmung aus der Literatur (vgl. 2003a: S. 217):

- Unsicherheit über das Ergebnis einer Entscheidung (outcome uncertainty)
- Erwartungen hinsichtlich des Ergebnisses einer Entscheidung (outcome expectations)
- Potenzial des Ergebnisses einer Entscheidung (outcome potential)

Zsidisin führt aus, dass Entscheidungsträger Risiko gemäß der *Transaktionskostentheorie* (vgl. Williamson, 1975) bzw. der *Prinzipal-Agent-Theorie* (vgl. Eisenhardt, 1989) aufgrund der *Variabilität des Ergebnisses*, des *fehlenden Wissens über die Verteilung möglicher Ergebnisse* sowie aufgrund der *mangelnden Kontrolle über das Erreichen des Ergebnisses* als Unsicherheit über das Ergebnis einer Entscheidung wahrnehmen (vgl. 2003a: S. 217). Zudem ist ihre Neigung Risiken einzugehen von dem Charakter des erwarteten Ergebnisses selber abhängig. Wie Kahnemann und Tversky in ihrem Beitrag zur *Prospect Theory* darstellen, verhalten sich Individuen, wenn alle möglichen Ergebnisse positiv sind, risikoavers, während sie sich bei ausschließlich negativen Ergebnissen risikosuchend verhaltend (vgl. 1979). Zudem neigen Manager dazu, bei Entscheidungen, deren Ergebnisse einer Wahrscheinlichkeitsverteilung folgen, die Eintrittswahrscheinlichkeit extremer Ereignisse zu überschätzen (vgl. Tversky, Wakker, 1995).

Vor dem Hintergrund der empirischen Ausrichtung der vorliegenden Arbeit werden die drei zur Beschreibung von Risiko adaptierten Elemente *möglicher Schaden*, *Eintrittswahrscheinlichkeit dieses Schadens* und *Bedeutung des Schadens* (vgl. Abschnitt 3.1.3), entsprechend der Erkenntnisse von March und Shapira (1987) gewichtet. Obwohl im Risikoverständnis der vorliegenden Arbeit alle drei Elemente berücksichtigt werden (vgl. Abschnitt 5.1), wird aufgrund der Ergebnisse von March und Shapira (1987) zur relativ höheren Bedeutung von Schaden und Schadenshöhe, die empirische Untersuchung auf die Schadenshöhe von Supply-Chain-Risiken fokussiert werden.

3.2. Supply-Chain-Risiko

3.2.1. Unsicherheit in Supply Chains

3.2.1.1. Adaption des Unsicherheitsbegriffs auf Wertschöpfungsnetzwerke

Der Begriff Unsicherheit wird in verschiedenen Zusammenhängen in der Literatur zu Wertschöpfungsnetzwerken verwendet, wobei die meisten Autoren auf eine explizite Definition des Begriffs verzichten. Auch die Abgrenzung von Unsicherheit zu anderen, verwandten Konzepten ist oftmals unscharf. Beispielswelse identifiziert Prater in diesem Zusammenhang eine Tendenz in der Literatur, verschiedene Quellen von Komplexität in Supply Chains ohne weitere Differenzierung unter dem Begriff Unsicherheit zu subsumieren (vgl. 2005: S. 524). Sanchez-Rodrigues u. a. beschreiben das Auftreten von Unsicherheit in Supply Chains als eine Situation, in der Entscheidungsträger die Folgen oder die Eintrittswahrscheinlichkeit eines Ereignisses nicht einschätzen können (vgl. 2010: S. 46). Sie lehnen sich mit dieser Beschreibung an den allgemeinen Unsicherheitsbegriff dritter bzw. vierter Ordnung an (vgl. Abschnitt 3.1.1.). Auch Zsidisin u. a. definieren den Unsicherheitsbegriff in Supply Chains mithilfe dieser beiden Komponenten (vgl. 2005: S. 3403). Eine genauere und häufig verwendete Definition von Unsicherheit in Bezug auf Supply Chains stammt von Vorst und Beulens, die eine Entscheidungssituation dann als unsicher bezeichnen, wenn sie durch mindestens eines der folgenden Merkmale charakterisiert werden kann (vgl. 2002: S. 413):

- Ein Entscheidungsträger weiß nicht genau, wie er sich entscheiden soll, da er sich über die Zielsetzung im Unklaren ist.
- Ein Entscheidungsträger verfügt nicht über oder versteht nicht alle Informationen zu seiner Supply Chain oder ihrer Umwelt.
- Ein Entscheidungsträger verfügt nicht über die benötigten Kapazitäten zur Informationsverarbeitung.
- Ein Entscheidungsträger ist nicht in der Lage, die Auswirkung seiner Entscheidung auf die Supply Chain vorherzusagen.
- Ein Entscheidungsträger verfügt nicht über effektive Steuerungsmaßnahmen (die Supply Chain ist nicht steuerbar).

Im Zusammenhang mit der Analyse von Komplexität liefert Milgate (2001) eine alternative Konzeptualisierung von Unsicherheit. Er beschreibt Unsicherheit in Bezug auf Supply Chains mithilfe von Überlegungen zur Zuverlässigkeit von Produktionssystemen, wobei er ein Produktionssystem als Serie paralleler bzw. sequenzieller Funktionen betrachtet. Die Zuverlässigkeit eines Systems definiert er in diesem Zusammenhang als das Produkt der Zuverlässigkeit seiner Elemente. Bei der Anwendung dieser Definition auf Supply Chains betrachtet Milgate nach Lambert u. a. (vgl. 1998: S. 6) die verschiedenen Wertschöpfungsstufen bzw. Ebenen einer Supply Chain als Funktionen im Sinne eines Produktionssystems. Da jede Ebene einer Supply Chain mit Unsicherheit behaftet sein kann (vgl. Lee, Billington, 1995: S. 43), scheint die Unsicherheit einer Supply Chain tendenziell mit der Anzahl ihrer Ebenen zuzunehmen (vgl. Milgate, 2001: S. 108). Auch Lee u. a. kommen bei Untersuchungen zur Verstärkung von Nachfrageschwankungen, die sie vom Endkunden ausgehend materialflussaufwärts in Supply Chains beobachtet haben, zu einem ähnlichen Ergebnis (vgl. 1997). Als Folge zunehmender Unsicherheit in komplexen Wertschöpfungsnetzwerken identifiziert Davis beispielsweise verspätete Lieferungen, Ausfälle von Maschinen oder Stornierungen von Bestellungen (vgl. 1993: S. 36). Auch Wilding identifiziert einen Zusammenhang zwischen der Versorgungs- bzw. Nachfrageunsicherheit sowie der Leistungsfähigkeit des Produktionsnetzwerks eines Unternehmens (1998: S. 599).

In Bezug insbesondere auf logistische Funktionen stellen Sanchez-Rodrigues u. a. fest, dass Unsicherheit in Form von Abweichungen in Prozessen und Systemen ein Hindernis für die effiziente Steuerung einer Supply Chain darstellt (vgl. 2010: S. 46). Anzumerken ist jedoch, dass Milgate, obwohl er im Rahmen einer internationalen, empirischen Studie ebenfalls Hinweise darauf findet, dass steigende Unsicherheit zu längeren Lieferzeiten bei geringerer Liefertreue führt, ein signifikanter Nachweis dieses Zusammenhangs nicht gelingt (vgl. 2001: S. 113). Unabhängig von ihren Auswirkungen versucht Prater in Anlehnung an Ergebnisse aus dem Bereich des Projektmanagements einen Zusammenhang zwischen dem Grad der Unsicherheit und dem erforderlichen Verhalten des Managements herzustellen (vgl. 2005). Hierzu übernimmt er vier von De Meyer u. a. identifizierte Grade der Unsicherheit (vgl. 2001: S. 63) und verbindet diese als Unsicherheit auf der Makroebene mit verschiedenen Managementaktionen (vgl. 2005: S. 526–527). Anzumerken ist, dass folgende von De Meyer u. a. (2001) verwendete Grade der Unsicherheit nicht den Unsicherheitskategorien nach Fiege (2006) entsprechen (vgl. Abschnitt 3.1.1):

- **Allgemeine Abweichungen** entstehen bei der zufälligen Variation verschiedener Leistungsparameter in der angenommenen Spannbreite.

- **Vorhergesehene Unsicherheit** geht von bekannten Einflussfaktoren aus, die das System in einer nicht vorhergesehenen Weise beeinflussen.
- **Unvorhergesehene Unsicherheit** entsteht, wenn nicht alle wichtigen Einflussfaktoren vorhergesagt werden können.
- **Chaos** wird von Ereignissen ausgelöst, deren Eintreten Ziele, Pläne und Ansätze außer Kraft setzt.

Innerhalb dieser Unsicherheitsgrade auf der Makroebene identifiziert Prater acht Unsicherheiten auf der Mikroebene in Supply Chains. Anzumerken ist, dass er beispielsweise den von Lee beschriebenen Bullwhip Effekt als Unsicherheit auf der Mikroebene dem zweiten Unsicherheitsgrad auf der Makroebene, der vorhergesehenen Unsicherheit zuordnet (vgl. Prater, 2005: S. 528).

3.2.1.2. Auslöser und Quellen von Unsicherheit in Wertschöpfungsnetzwerken

Zur effizienten Steuerung von Unsicherheit unterscheidet Davis wie auch andere Autoren (vgl. bspw. Geary u. a., 2002: S. 55), verschiedene Unsicherheitsquellen in Supply Chains, wobei er die verschiedenen Teilnetzwerke (vgl. Abschnitt 2.1.4) als Differenzierungsmerkmal verwendet (vgl. 1993: S. 38). Ergänzend weisen jedoch Kouvelis und Milner am Beispiel der Entscheidungen eines Unternehmens, eigene Fertigungskapazität aufzubauen oder benötigte Erzeugnisse am Versorgungsmarkt zu beschaffen, darauf hin, dass zwischen Versorgungs- und Nachfrageunsicherheit dynamische Wechselwirkungen bestehen (vgl. 2002: S. 717). Anzumerken ist, dass eine isolierte Betrachtung einzelner Unsicherheitsquellen, wie sie beispielsweise in einigen Ansätzen zur Supply-Chain-Konfiguration verwendet wird (vgl. Abschnitt 2.4.3), vor diesem Hintergrund nicht ausreichend zu sein scheint.

Neben einer Differenzierung von Unsicherheitsquellen nach dem betroffenen Teilnetzwerk einer Supply Chain, existieren in der Literatur alternative bzw. ergänzende Ansätze, in denen Unsicherheit nach dem betroffenen Objekt oder ihrem Grad klassifiziert wird. Beispielsweise unterscheiden Tachizawa und Thomsen ergänzend zu der Differenzierung von Versorgungs- bzw. Nachfrageunsicherheit die Unsicherheit über Liefer- bzw. Bedarfsmenge, über Zusammenstellung und über den Liefer- bzw. Bedarfszeitpunkt (vgl. 2007: S. 1118). Sanchez-Rodrigues u. a. verzichten vollständig auf eine genauere Betrachtung von Versorgungs- oder Nachfrageunsicherheit (vgl. 2008: S. 406) und betrachten Unsicherheit orientiert an dem Modell einer logistischen Triade (vgl. Bask, 2001: S. 473). Allerdings steht eine empirische Validierung ihres

Ansatzes noch aus, obwohl Sanchez-Rodrigues u. a. Hinweise für die Relevanz einiger dieser Quellen mithilfe von Fokusgruppendiskussionen finden (vgl. 2010: S. 53). Einige Autoren verbinden ihre Systematisierungen von Unsicherheit in Supply Chains mit einer Analyse ihrer jeweiligen Auslöser. Wu beispielsweise identifiziert für die Versorgungsunsicherheit im Hinblick auf die Lieferantenauswahl die Intensivierung des globalen Wettbewerbs, sich verändernde Kundenwünsche sowie kürzere Produktlebenszyklen als Auslöser von Unsicherheit (vgl. Wu, 2009: S. 194). Unabhängig von der Lieferantenauswahl identifiziert Peck (2005) in zwei empirischen Untersuchungen ähnliche Auslöser von Unsicherheit in Supply Chains (vgl. Tabelle 16).

Ergebnisse der ersten Untersuchung	Ergebnisse der zweiten Untersuchung
▪ Unregelmäßige Nachfrageverläufe ▪ Maßnahmen zur Kostenreduktion ▪ Wechsel und Erweiterungen von Produktspezifikationen ▪ Kunden gesteuerte Rekonfiguration des Netzwerkes	▪ Änderungen in den Produktspezifikationen ▪ Kontinuierliche Verbesserungsinitiativen ▪ Outsourcing ▪ Internes Netzwerkredesign ▪ IT Upgrades ▪ Wechsel in der Prozesstechnologie ▪ Rationalisierung der Lieferantenanzahl ▪ Konsolidierung in der jeweiligen Branche

Tabelle 16: Auslöser von Unsicherheit
(vgl. Peck, 2005: S. 214)

Auf Grundlage ihrer beiden Untersuchungen und vor dem Hintergrund der von ihr identifizierten Auslöser von Unsicherheit stellt Peck fest, dass es selbst für reife Produkte nicht möglich ist, ein Wertschöpfungsnetzwerk so zu balancieren, dass sich Nachfrage und Angebot langfristig entsprechen.

Insgesamt ist jedoch in Bezug auf Supply Chains nach einer Analyse verschiedener Beiträgen zu Unsicherheit festzustellen, dass die Abgrenzung des Konzepts zu den Begriffen Risiko (vgl. Abschnitt 3.2) und Verwundbarkeit (vgl. Abschnitt 3.4) unscharf ist (vgl. Manuj, Mentzer, 2008b: S. 193). Für die vorliegende Arbeit wird daher lediglich die Unterscheidung zwischen Versorgungs- und Nachfrageunsicherheit, wie sie auch in Ansätzen zur Supply-Chain-Konfiguration verwendet wird, übernommen. Für eine genauere Untersuchung von Quellen und Auslösern der Unsicherheit in Supply Chains wird dagegen auf die Analysen zu Supply-Chain-Risiko und Verwundbarkeit verwiesen.

3.2.2. Literaturanalyse zu dem Begriff Supply-Chain-Risiko

Für den Begriff *Supply-Chain-Risiko* existiert in der Literatur, ähnlich wie bereits für den allgemeineren Risikobegriff (vgl. Abschnitt 3.1.3), weder ein einheitliches Verständnis noch eine anerkannte Definition (vgl. Manuj, Mentzer, 2008b: S. 193). Zudem betrachten zwar etliche Autoren in ihren Beiträgen Supply-Chain-Risiken, verzichten aber zugunsten ihrer Beschreibung anhand von Beispielen (vgl. bspw. Chopra, Sodhi, 2004: S. 53; Johnson, 2001: S. 110) auf eine Definition des Begriffs. Andere Autoren betrachten zwar einen allgemeinen Risikobegriff, bleiben aber seine Adaption auf Supply Chains schuldig (vgl. bspw. Ritchie, Brindley, 2007: S. 305). Insgesamt scheint in der Literatur bisher keine anerkannte Typologie zu existieren, die den inhaltlichen Umfang des Begriffs Supply-Chain-Risiko festlegt (vgl. Rao, Goldsby, 2009: S. 98). Insbesondere die Abgrenzung zu dem tendenziell übergeordneten Unsicherheitskonzept sowie zu dem ereignisorientierten Begriff der Störung erscheint im Zusammenhang mit Wertschöpfungsnetzwerken unscharf. Vor einer genaueren Analyse verfügbarer Definitionen des Begriffs Supply-Chain-Risiko erscheint es daher erforderlich, zunächst das Verhältnis dieser drei Begriffe zu betrachten.

Im Hinblick auf *Unsicherheit* ist anzumerken, dass die Unschärfe der Abgrenzungen zwischen Unsicherheit und Risiko (vgl. Abschnitt 3.1.1) in Bezug auf Supply Chains eher zunimmt. Die gleichzeitige Betrachtung beider Konzepte ist in der Literatur zu Wertschöpfungsnetzwerken selten. Sanchez-Rodrigues u. a. beschreiben Unsicherheit als Auslöser von Risiken in Supply Chains sowie entsprechend Risiko als Folge von interner und externer Unsicherheit (vgl. 2010: S. 46). Auch Zsidisin u. a. beschreiben Risiko am Beispiel der Versorgungsseite eines Unternehmens als Produkt der zwei abgrenzbaren aber abhängigen Elemente *Unsicherheit* und *Einfluss* (vgl. 2005: S. 3403). Das Element Einfluss verstehen sie in Anlehnung an den Begriff der Exposition nach Miller (vgl. 1992: S. 312) als Sensitivität gegenüber Veränderungen unsicherer Einflussfaktoren. Anzumerken ist, dass insbesondere die Beschreibung von Zsidisin u. a. (2005) zwar dem Risikobegriff von Holton (2004) (vgl. Abschnitt 3.1.3), nicht jedoch der Abgrenzung von Unsicherheit und Risiko anhand der Unsicherheitskategorien beispielsweise nach Fiege (2006) entspricht.

Neben seinem Verhältnis zu Unsicherheit existiert eine weitere Unschärfe des Risikobegriffs in Supply Chains bei seiner Abgrenzung zu dem Konzept der *Supply-Chain-Störung* (Disruption), das von einigen Autoren anstelle des Risikobegriffs verwendet wird. Blackhurst u. a. definieren Supply-Chain-Störungen in Anlehnung an Svensson (2000: S. 731) als ungeplante Ereignisse, die in einer Supply Chain auftreten und den normalen bzw. erwarteten Materialfluss betreffen können (vgl. 2008: S. 143). Kleindorfer und Saad betrachten das Risiko von Störungen in Supply Chains, das sie von anderen Risiken beim Ausgleich von Angebot und Nachfrage unterscheiden (vgl. 2005: S. 53). Anzumerken ist, dass Blackhurst u. a. (2008) ihre

Definition auf ein Ereignis fokussieren. Die Konsequenzen dieses Ereignisses, beispielsweise ein ausgelöster Schaden, sind im Gegensatz zu üblichen Risikodefinitionen (vgl. Abschnitt 3.1.3) nicht Bestandteil dieses Begriffs. Im Rahmen der vorliegenden Arbeit wird diese Differenzierung genauso wie die von Zsidisin u. a. (2005) beschriebene Abgrenzung der Begriffe Risiko und Unsicherheit adaptiert.

Im Hinblick auf den Begriff Supply-Chain-Risiko ist zusätzlich zu seinem Verhältnis zu angrenzenden Konzepten bei einer Analyse von Definitionen zu beachten, dass Risiko von Unternehmen als mehrdimensionales Konstrukt wahrgenommen wird (Hallikas u. a., 2002; Shapira, 1995; vgl. Yates, Stone, 1992: S. 8). Einige Autoren verwenden daher in ihren Beiträgen, insbesondere im Zusammenhang mit empirischen Untersuchungen, verschiedene Risikodefinitionen parallel. Anzumerken ist jedoch, dass in der Literatur, obwohl sich die verwendeten Definitionsansätze unterscheiden, Risiko im Zusammenhang mit Supply Chains ausschließlich negativ definiert wird. Die Autoren adaptieren damit insbesondere die Wahrnehmung von Entscheidungsträgern (vgl. 3.1.4). Eine Betrachtung von Chancen findet sich in Bezug auf Supply Chains dagegen eher selten.

Bei der Definition des Begriffs Supply-Chain-Risiko lassen sich in der Literatur insbesondere zwei Ansätze unterscheiden, die sich auch in anderen Bereichen der Betriebswirtschaft sowie angrenzender Disziplinen (vgl. Abschnitt 3.1.3) wiederfinden:

- **Ereignisorientierter Definitionsansatz**, nach dem Autoren insbesondere auf Auslöser von Risiken fokussieren.
- **Ergebnisorientierter Definitionsansatz**, der auf der Möglichkeit von Zielabweichungen beruht.

Eine empirisch breit gestützte Definition nach dem *ereignisorientierten Ansatz* entwickelt beispielsweise Zsidisin mithilfe einer empirischen Untersuchung nach dem Ansatz der *Grounded Theory* (vgl. 2003a). Zsidisin fokussiert seine folgende Definition auf Versorgungsrisiken eines Wertschöpfungsnetzwerks (vgl. Abschnitt 3.2.4.2):

> *Supply risk is defined as the probability of an incident associated with inbound supply from individual supplier failures or the supply market occurring, in which its outcomes result in the inability of the purchasing firm to meet customer demand or cause threats to customer life and safety. (Zsidisin, 2003a: S. 222).*

Anzumerken ist, dass Zsidisin in dieser empirisch abgeleiteten Definition Risiko mithilfe der Wahrscheinlichkeit eines Ereignisses und nicht wie die Ergebnisse von March und Shapira (1987) nahegelegt hätten (vgl. Abschnitt 3.1.4) durch seine Schadenshöhe beschreibt. Insgesamt ist die von Zsidisin (2003a) verwendete Definition von Versorgungsrisiko dem Begriff der Supply-Chain-Störungen (vgl. Blackhurst u. a., 2008) ähnlich, da unter die Definition von Zsidisin nur solche Ereignisse fallen, die tatsächlich auch eine negative Konsequenz für die Kunden eines Unternehmens verursachen. Ereignisse, die keine negativen Konsequenzen haben oder deren Folgen nur das betrachtete Unternehmen selber betreffen bzw. von diesem gesteuert und nicht an seine Kunden weitergegeben werden, sind nicht Bestandteil von Zsidisins Definition. Auch wenn Zsidisins Definition nur für Versorgungsrisiken gilt, ist sie aufgrund ihrer empirischen Entstehung für die Identifikation einer Definition von Supply-Chain-Risiken in dieser Arbeit relevant. Empirisch ähnlich stark gestützte Definitionen für den Begriff Supply-Chain-Risiko liegen in der Literatur nicht vor.

Sanchez-Rodrigues u. a. verwenden für ihre aktuelle Definition von Supply-Chain-Risiko ebenfalls einen ereignisorientierten Ansatz, der im Gegensatz zu Zsidisin (2003a) zusätzlich Ereignisse umfasst, die nicht für einen Kunden, wohl aber für eine Supply Chain einen Schaden verursachen. Sie definieren Supply-Chain-Risiko als die Möglichkeit des Eintretens eines Ereignisses, dessen Eintrittswahrscheinlichkeit gering, dessen negative Folgen für die Supply Chain jedoch hoch sind (vgl. 2010: S. 46). Auch Kersten u. a. definieren Supply–Chain-Risiko ereignisorientiert (2007):

> *Supply Chain Risiko stellt den mit seiner Eintrittswahrscheinlichkeit bewerteten Schaden dar, der entsteht, wenn innerhalb eines Unternehmens, innerhalb seiner Supply Chain oder in deren Umfeld ein in seinen Auswirkungen für mindestens ein Unternehmen der Supply Chain negatives Ereignis auftritt (Kersten u. a., 2007).*

Anders als Zsidisin (2003a) fokussieren sie in ihrer Definition eher auf den Schaden eines solchen Risikos, der nicht auf die eigentlichen Kunden beschränkt ist, sondern entlang der gesamten Supply Chain auftreten kann. Im Gegensatz zu Sanchez-Rodrigues u. a. enthält ihre Definition keine Aussage über das Verhältnis von Schadenshöhe und Eintrittswahrscheinlichkeit eines Ereignisses. Tang (2006a: S. 453) ergänzt den ereignisorientierten Definitionsansatz um die Begriffe Unsicherheit und Supply-Chain-Störung. In diesem Zusammenhang unterscheidet er in seiner Definition zwischen operativen Risiken, die beispielsweise aus Versorgungs- bzw. Nachfrageunsicherheiten entstehen, sowie Störungen, die von Natur- oder anthropogenen Katastrophen ausgelöst werden (vgl. Tang, 2006a: S. 453).

Autoren, die in ihren Beiträgen den zweiten häufig zu findenden Definitionsansatz verwenden, lehnen sich in ihren *ergebnisorientierten Definitionen* oftmals an Erkenntnisse des strategischen Managements (vgl. Abschnitt 3.1.3) an. Zhang und Huang beispielsweise definieren Supply-Chain-Risiko als die Möglichkeit des Abweichens der Supply Chain von den Zielen des Managements (vgl. 2006: S. 300). Interessanterweise weicht auch Zsidisin in einer theoretischen Untersuchung zum Kontinuitätsmanagement in Versorgungsnetzwerken von seiner empirisch ermittelten ereignisorientierten Definition ab und verwendet ebenfalls einen ergebnisorientierten Ansatz (vgl. 2005). Zsidisin u. a. definieren Supply-Chain-Risiko unabhängig von einem tatsächlichen Auslöser als Schwankung des Ergebnisses (vgl. 2005: S. 3403). Wagner und Bode (2006a) versuchen sowohl den ergebnis- als auch den ereignisorientierten Ansatz in eine Definition aufzunehmen. Sie beschreiben Supply-Chain-Risiko einerseits ergebnisorientiert mithilfe negativer Konsequenzen für ein betrachtetes Unternehmen, die aus der Abweichung einer Leistungskennzahl von ihrem erwarteten Wert entstehen. Andererseits stellen sie fest, dass Risiko mit dem Schaden einer Supply-Chain-Störung gleichzusetzen ist (vgl. Wagner, Bode, 2006a: S. 303).

Für die vorliegende Arbeit wird auch vor dem Hintergrund ihrer empirischen Ausrichtung ein ergebnisorientierter Risikobegriff gewählt. Anzumerken ist, dass sich die betrachteten Definitionen unabhängig von ihrem Ansatz in Bezug auf die Abgrenzung des gegenüber Supply-Chain-Risiken exponierten Objekts unterscheiden. Während beispielsweise Sanchez-Rodrigues u. a. (2010) oder Wagner und Bode (2006a) Supply-Chain-Risiken als diejenige Risiken eines betrachteten Unternehmens beschreiben, die in seiner Supply Chain entstehen, bezeichnet Zsidisin (2003a) als Versorgungsrisiken nur Risiken, die eine Auswirkung auf Kunden haben. Kersten u. a. (2007) betrachten in diesem Zusammenhang das gesamte Wertschöpfungsnetzwerk, ohne auf ein Unternehmen der Supply Chain zu fokussieren.

3.2.3. Welleneffekt von Supply-Chain-Risiken

In der Literatur finden sich zahlreiche Beschreibungen von Supply-Chain-Störungen, die zwar außerhalb des Kontrollbereichs eines Unternehmens – beispielsweise in Produktionsstätten von Lieferanten oder ihren Transportwegen – aufgetreten sind, von denen ein betrachtetes Unternehmen sowie nachfolgende Stufen einer Supply Chain aber geschädigt worden sind. Beispielsweise untersuchen Zsidisin u. a. ein Feuer bei einem Lieferanten von Toyota (vgl. 2000: S. 189), das 1997 zu einer mehrtägigen Produktionsunterbrechung in fast allen japanischen Werken von Toyota sowie bei vielen seiner Lieferanten geführt hat (vgl. Nishiguchi, Beaudet, 1998). Auch Manuj und Mentzer beschreiben anhand der Terroranschläge auf das World Trade Center sowie der Hurrikans Rita und Katrina, wie ein Ereignis, das nur ein Element oder einen Prozess der Supply Chain direkt beeinflusst, die Leistungserstellung auch bei anderen Unternehmen unterbrechen kann (Manuj, Mentzer, 2008a: S. 133). Wagner und Bode weisen am Beispiel der deutschen Automobilindustrie darauf hin, dass die eigentliche Störung und der ausgelöste Schaden in weit entfernten Elementen eines Wertschöpfungsnetzwerks auftreten kann (vgl. 2006a: S. 301). In der Literatur wird ein solches Fortpflanzen einer Störung entlang eines Wertschöpfungsnetzwerks beidseitig des auslösenden Unternehmens mit dem Begriff *Welleneffekt* (ripple effect) bezeichnet (vgl. bspw. Hauser, 2003: S. 71).

Aufgrund der Existenz des Welleneffekts stellt die Möglichkeit des Eintretens einer Störung in einem Element des Wertschöpfungsnetzwerks ein Supply-Chain-Risiko für sämtliche anderen Unternehmen dieser Supply Chain dar (vgl. Zhang, Huang, 2006: S. 301). Die Exposition eines Unternehmens gegenüber Supply-Chain-Risiken wird daher neben direkten Lieferanten auch von Sublieferanten und Logistikdienstleistern vergrößert (vgl. Gilbert, Gips, 2000: S. 71). Anzumerken ist, dass der Welleneffekt zusammen mit der eingeschränkten Transparenz innerhalb vieler Wertschöpfungsnetzwerke dazu führt, dass weniger als 50 % aller Supply-Chain-Risiken eines Unternehmens für dieses sichtbar sind (vgl. Harland u. a., 2003: S. 59). Zudem können die Konsequenzen einer aufgetretenen Supply-Chain-Störung nach dem Welleneffekt aufgrund gemeinsamer Elemente verschiedener Supply Chains in Form einer Kreiswelle die Systemgrenzen eines Wertschöpfungsnetzwerks überspringen (vgl. Zsidisin u. a., 2000: S. 189). Kleinere Ereignisse können somit zu großen Schäden entlang einer Supply Chain führen (vgl. Norrman, Lindroth, 2004: S. 17).

Der Welleneffekt des Risikos steht in einer engen Beziehung zur Verwundbarkeit von Supply Chains (vgl. Abschnitt 3.4). Beispielsweise merken Jüttner u. a. an, dass weiße Flecken auf der Karte potenzieller Risikoquellen die Verwundbarkeit von Supply Chains erhöhen (vgl. 2003: S. 203). In der Literatur wird dieser Effekt auch im Zusammenhang mit der Abhängigkeit zwischen einzelnen Elementen eines Wertschöpfungsnetzwerks und seiner Verwundbarkeit analysiert (vgl. Peck, 2005). Als Ursachen des Welleneffekts können deswegen die Auslöser und Treiber der Verwundbarkeit betrachtet werden (vgl. Abschnitt 3.4). Anzumerken ist bereits hier, dass das entstehende Wirksystem aus Auslösern und Treibern komplex und Welleneffekte teilweise unvermeidbar sind. Beispielsweise identifiziert Kilgore die Einquellenbelieferung als Ursache des Welleneffekts (vgl. 2004), da sie die Abhängigkeit innerhalb eines Wertschöpfungsnetzwerks erhöht. Zhang und Huang stellen dagegen fest, dass eine hohe Anzahl gleichartiger Lieferanten aufgrund der ansteigenden Komplexität ebenfalls zu einer Zunahme des Welleneffektes führen kann (vgl. 2006: S. 301).

Aufgrund der Existenz des Welleneffekts und seiner komplexen Auswirkungen auf ein gesamtes Wertschöpfungsnetzwerk erscheint es für die vorliegende Arbeit erforderlich, den gewählten ereignisorientierten Definitionsansatz von Supply-Chain-Risiko (vgl. Abschnitt 3.2.2) stets auf ein gesamtes Netzwerk anzuwenden. In diesem Zusammenhang wird die Definition des Begriffs Supply-Chain-Risiko von Kersten u. a. (2007) für die vorliegende Arbeit übernommen.

3.2.4. Systematisierung von Supply-Chain-Risiken

3.2.4.1. Typologien von Risiken in Supply Chains

Unternehmen in Supply Chains bzw. gesamte Wertschöpfungsnetzwerke können, verstärkt durch den Welleneffekt (vgl. Abschnitt 3.2.3), einer Vielzahl unterschiedlicher Risiken ausgesetzt sein. Um die effiziente Eindämmung dieser Risiken zu unterstützen, wird in Ansätzen zur Risikosteuerung häufig versucht, diese nach verschiedenen Merkmalen zu systematisieren und in Typologien einzuordnen (Blackhurst u. a., 2008; vgl. bspw. Chopra, Sodhi, 2004; Gaonkar, Viswanadham, 2004). Gängige Merkmale, die zur Ableitung von Typologien herangezogen werden, stellen beispielsweise die horizontale bzw. vertikale Segmentierung von Wertschöpfungsnetzwerken, die Teilsysteme, in denen Risiken entstehen oder die Beeinflussbarkeit eines Risikos dar.

Häufig verwendet werden Typologien, die Risiken entsprechend ihres Auftretens verschiedenen Risikoquellen zuordnen, die an den *horizontal segmentierten Teilnetzwerken* einer Supply Chain orientiert sind (vgl. Abschnitt 2.1.4). Genauer werden in der Literatur die Elemente einer Supply Chain als Risikoquellen beschrieben, von denen Risiken für das Wertschöpfungsnetzwerk bzw. ein betrachtetes Unternehmen ausgehen. Bei der Abgrenzung der einzelnen Risikoquellen bzw. der Aggregationsebenen, auf denen diese Quellen abgeleitet werden, unterscheiden sich jedoch Ansätze verschiedener Autoren. Aufgrund ihrer Relevanz in der Literatur sowie für die vorliegende Arbeit werden diese Typologien in Abschnitt 3.2.4.2 genauer betrachtet. Neben der Unterscheidung nach horizontalen Teilnetzwerken verwenden einige Autoren Typologien, die an der vertikalen Segmentierung von Supply Chains (vgl. Abschnitt 2.1.3) orientiert sind. Cavinato (2004) ordnet beispielsweise Risiken entsprechend der Ströme, die sie beeinflussen, verschiedenen Ebenen bzw. Subnetzwerken zu. Er unterscheidet in diesem Zusammenhang zwischen dem Physischen, dem Finanziellen, dem Informations-, dem Beziehungs- sowie dem Innovationsnetzwerk (vgl. Cavinato, 2004: S. 384).

Andere Autoren bedienen sich für ihre Typologien an Überlegungen aus der Organisationsforschung, indem sie Risiken eines soziotechnischen Systems den *Elementen* und *Teilsystemen* zuordnen, in denen sie entstehen. Im Gegensatz zu Typologien in Anlehnung an horizontale Segmente einer Supply Chain fokussieren diese Ansätze auf die hierarchische Anordnung von Teilsystemen in einer Entscheidungssituation. Ritchie und Marshall haben beispielsweise folgende Risikofaktoren eines soziotechnischen Systems identifiziert, die auf ihren jeweiligen Ebenen zum Gesamtrisiko beitragen (vgl. 1993: S. 185):

- Umwelt,
- Branche,
- Organisation,
- Problemfeld,
- Entscheidungsträger.

Während die ersten drei Faktoren einen allgemeinen Bezugsrahmen für eine risikobehaftete Entscheidung bilden, definieren die beiden übrigen eine Entscheidungssituation eindeutig. Andere Autoren haben diesen Ansatz auf Supply Chains übertragen, wobei beispielsweise Rao und Goldsby die ursprünglichen Risikofaktoren unverändert lassen (vgl. 2009: S. 114), während Ritchie und Brindley (2007) diese Faktoren weiterentwickeln und gemäß ihres Wirkbereichs zu zwei Gruppen zusammenfassen. Eine der beiden Gruppen besteht aus *Risikofaktoren*, die wie ihre Umwelt oder ihre Konfiguration das Risiko einer Supply Chain direkt beeinflussen (vgl. Ritchie, Brindley, 2007: S. 1402). Die andere Gruppe enthält dagegen *Risikomanagementfaktoren*, die wie die Risikowahrnehmung von Entscheidungsträgern oder ihrer Einstellung gegenüber Risiko die Fähigkeit einer Supply Chain, Risiken zu steuern, bestimmen (vgl. Ritchie, Brindley, 2007: S. 1403). Die Faktoren beider Gruppen treiben bzw. dämpfen eine von Ritchie und Brindley eingeführte Größe, das aggregierte Supply-Chain-Risiko. Nach einem Vergleich mit dem allgemeineren Modell von Ritchie und Marshall (1993) ist festzustellen, dass Ritchie und Brindley die Ebene Organisation durch Faktoren der Supply-Chain-Konfiguration (vgl. Abschnitt 2.4.2) ersetzt sowie problemspezifische Faktoren in partner- und knotenspezifische Faktoren vertikal differenziert haben (vgl. Abschnitt 2.1.3).

Parallel entwickeln Ritchie und Brindley in Anlehnung an das Capital-Asset-Pricing-Model (vgl. Anschnitt 3.1.3) eine weitere Typologie von Supply-Chain-Risiken, in der sie nach dem Kriterium der *Beeinflussbarkeit* systematische und spezifische Risiken unterscheiden (vgl. 2007: S. 1402–1403). Systematische Risiken stellen Risiken dar, deren Auftreten nicht durch ein betrachtetes Unternehmen beeinflusst werden kann, während spezifische Risiken von den (strategischen) Entscheidungen eines Unternehmens determiniert werden. Anzumerken ist, dass diese Typologie beim Vergleich verschiedener Fristigkeiten nicht überschneidungsfrei ist, da einige Risikofaktoren bei einer kurzfristigen Betrachtung zwar systematisch, bei Wahl eines weiteren Zeithorizonts dagegen spezifisch sein können. Trotzdem berücksichtigen auch andere Autoren die Beeinflussbarkeit eines Risikos als Differenzierungsmerkmal in ihren Typologien (vgl. bspw. Wu u. a., 2006: S. 352).

Neben den genannten Kriterien finden sich in der Literatur weitere Merkmale von Risiken, anhand derer Autoren Typologien aufbauen. Beispiele hierfür sind Art (vgl. Mitchell, 1995: S. 115) und Auswirkungen (vgl. Lakshmi Narasimhan., Sahasranam, 2007: S. 5) eines Schadens sowie die Häufigkeit, mit der ein Risiko eintritt (vgl. Tummala, Leung, 1996: S. 59). Andere Autoren orientieren ihre Typologien an verschiedenen Schadensursachen, unabhängig davon in welchem Segment einer Supply Chain oder welcher organisatorischen Einheit sich diese befinden (vgl. bspw. Chopra, Sodhi, 2004: S. 54; Gautam Basu u. a., 2008: S. 6; Rossi u. a., 2005: S. 2). Einem ähnlichen Ansatz folgen auch Ritchie und Brindley bei der Ableitung eines Supply-Chain-Risikomodells für kleine Unternehmen (vgl. 2000: S. 579).

3.2.4.2. Risikoquellen in Anlehnung an eine horizontale Segmentierung

Eine in der Literatur häufig zu findende Form der Klassifizierung von Supply-Chain-Risiken stellen Typologien in Anlehnung an ihr Auftreten in den verschiedenen horizontalen Teilnetzwerken einer Supply Chain dar. Die Ursprünge dieses Ansatzes lassen sich beispielsweise in einigen Überlegungen von Mason-Jones und Towill finden (1998). Zur Analyse von Unsicherheit in Supply Chains haben beide ein generisches Modell aufstellt, anhand dessen sie die Versorgungs- und Nachfrageseite sowie das Produktions- und das Steuerungssystem als Auslöser von Unsicherheit in Supply Chains unterscheiden (vgl. Mason-Jones, Towill, 1998: S. 17). Auch wenn Mason-Jones und Towill dieses Modell im Zusammenhang mit Unsicherheit formuliert haben und in ihrem Beitrag selber nicht konsequent auf Supply Chains, sondern eher auf einzelne Unternehmen anwenden, haben nachfolgende Autoren ihren Ansatz für Supply-Chain-Risiken adaptiert und weiterentwickelt.

An der *Cranfield School of Management* leitet eine Forschergruppe um Christopher und Peck aus diesen Überlegungen eine Typologie ab, in der die vier von Mason-Jones und Towill (1998) identifizierten Auslöser von Unsicherheit zu zwei Gruppen von Supply-Chain-Risiken zugeordnet werden. Christopher und Peck unterscheiden Risiken, deren Ursprung innerhalb eines betrachteten Unternehmens liegen, von Risiken, die außerhalb eines betrachteten Unternehmens aber innerhalb seiner Supply Chain entstehen (vgl. 2004: S. 4). Formal vermeiden Christopher und Peck mit dieser Unterteilung eine Unschärfe, die in dem Modell von Mason-Jones und Towill hinsichtlich des Bezugs der Unsicherheit auf ein Unternehmen oder eine Supply Chain entstanden ist. Ergänzend ist allerdings anzumerken, dass die Gruppen trotz dieser Differenzierung nicht in jedem Fall überschneidungsfrei sind. Neben diesen beiden Gruppen identifizieren Christopher und Peck zusätzlich zu dem Modell nach Mason-Jones und Towill eine dritte Gruppe Risiken, die außerhalb einer Supply Chain in ihrem Umfeld entsteht (vgl. Abbildung 25). Mit der Integration dieser dritten Gruppe führen die Autoren eine ihrer früheren Typologien mit dem Ansatz von Mason-Jones und Towill zusammen (vgl. Christopher u. a., 2002: S. 35).

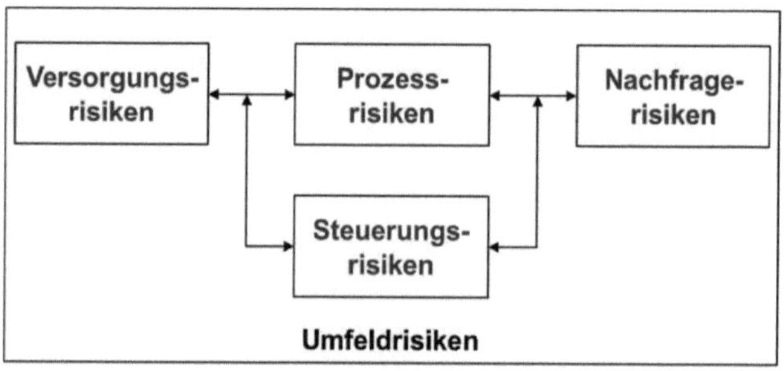

Abbildung 25: Risikoquellen in einer Supply Chain
(vgl. Christopher, Peck, 2004: S. 5)

Christopher und Peck beschreiben in verschiedenen Beiträgen zwei der drei von ihnen identifizierten Gruppen genauer (vgl. bspw. Peck u. a., 2003: S. 44). Im Hinblick auf Risiken, die innerhalb eines betrachteten Unternehmens entstehen, unterscheiden sie, in Anlehnung an Mason-Jones und Towill, Prozess- und Steuerungsrisiken. Diejenigen Risiken, die außerhalb eines Unternehmens aber innerhalb einer Supply Chain entstehen, teilen Christopher und Peck (2004) in Versorgungs- und

Nachfragerisiken auf. Insgesamt besteht ihr Modell damit aus folgenden fünf Risikoquellen (vgl. Abbildung 25):

- **Prozessrisiken** beziehen sich auf Störungen der Wertschöpfungs- und Unterstützungsprozesse innerhalb eines betrachteten Unternehmens, wobei Christopher und Peck hier auch die benötigte Infrastruktur inkludieren,
- **Steuerungsrisiken** beschreiben die Möglichkeiten von Fehlern im Managementsystem eines Unternehmens, wobei sich Christopher und Peck auf alle seine Ebenen beziehen,
- **Nachfragerisiken** stehen für Störungen im Material-, Informations- oder Finanzstrom zwischen dem betrachteten Unternehmen und Elementen der Supply Chain auf seiner Nachfrageseite,
- **Versorgungsrisiken** stehen für Störungen im Material-, Informations- oder Finanzstrom zwischen dem betrachteten Unternehmen und Elementen der Supply Chain auf seiner Versorgungsseite,
- **Umfeldrisiken** beziehen sich auf alle Risiken, die außerhalb des Wertschöpfungsnetzwerks entstehen, aber einen direkten oder indirekten Einfluss auf ein beliebiges Element oder einen Strom der Supply Chain haben.

Anzumerken ist, dass neben Christopher und Peck auch andere Autoren ähnliche Gruppen identifiziert haben. Beispielsweise betrachten Zhang und Huang in Anlehnung an ihre Quellen verschiedene Risikogruppen. Sie unterscheiden Risiken, die innerhalb einer Supply Chain, in ihrer Umwelt oder aufgrund ihrer Struktur entstehen (vgl. 2006: S. 300–301). Im Gegensatz zu Christopher und Peck verzichten sie jedoch auf eine genauere Betrachtung dieser Risikoquellen. Eine ähnliche Typologie entwickeln auch Manuj und Mentzer (2008a) in ihrem Vorgehen zum Umgang mit Supply-Chain-Risiken. Sie führen als Weiterentwicklung eines Ansatzes von Svensson (vgl. 2000, 2002b) eine hierarchische Struktur ein, in der sie Supply-Chain-Risiken verschiedenen Quellen zuordnen und diese Quellen zu Risikotypen zusammenfassen. Anzumerken ist in diesem Zusammenhang, dass sich die von ihnen unterschiedenen Risikoquellen nicht auf der gleichen Aggregationsebene wie in dem Modell von Christopher und Peck befinden, da Manuj und Mentzer ihre Risikoquellen genauer nach der Ursache von Risiken differenzieren. Allerdings ähneln die Risikotypen, die Manuj und Mentzer in Anlehnung an Ghoshal (1987: S. 429–431) ableiten, den Risikoquellen nach Christopher und Peck. Manuj und Mentzer identifizieren insgesamt acht dieser Risikotypen (vgl. 2008a: S. 138). Drei von ihnen, die Versorgungs- und Nachfragerisiken sowie die operativen Risiken, entsprechen den korrespondierenden Risikoquellen nach Christopher und Peck genau. Dieses Risikotypen können ähnlich der Darstellung der Risikoquellen nach Christopher und Peck in das Modell der erweiterten Supply Chain nach Mentzer (vgl. Abschnitt 2.1.2) eingeordnet werden. (vgl. Abbildung 26).

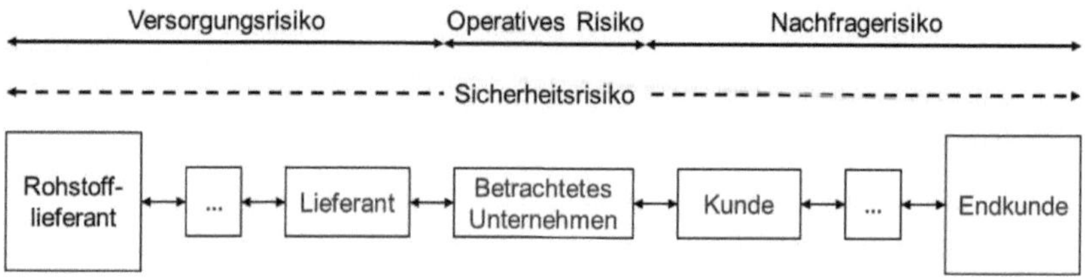

Abbildung 26: Risikotypen in der erweiterten Supply Chain
(vgl. Manuj, Mentzer, 2008a: S. 138)

Die von Christopher und Peck eingeführte Quelle der Umfeldrisiken unterteilen Manuj und Mentzer in die vier Risikotypen Makroökonomische, Politische, Wettbewerbs- und Ressourcenrisiken, wobei sie in ihrem Beitrag auf eine Integration dieser Risikotypen in das erweiterte Supply-Chain-Modell verzichten. Zusätzlich zu Christopher und Peck führen sie Sicherheitsrisiken als unterscheidbaren Typ ein, womit sie allerdings das Prinzip der Definition von Risikotypen anhand des Merkmals der horizontalen Segmentierung einer Supply Chain verlassen (vgl. Abbildung 26). Entsprechend merken Manuj und Mentzer an, dass die von ihnen beschriebene Struktur keinesfalls überschneidungsfrei ist und dass viele der von ihnen betrachteten Risiken nicht isoliert auftreten. Trotzdem verwenden auch Autoren aus dem Gebiet des Beschaffungsmanagements eine ähnliche, hierarchische Struktur als Typologie für Risiken der Versorgungsseite einer Supply Chain. Anzumerken ist in diesem Zusammenhang, dass beispielsweise Zsidisin u. a. (vgl. 2000: S. 188) oder Jahns und Henke (vgl. 2004: S. 38) in ihren Typologien nicht nur unternehmensinterne Beschaffungsrisiken, sondern Supply-Chain-Risiken aus dem Versorgungsnetzwerk betrachten.

Ergänzend führen Manuj und Mentzer im Hinblick auf die Steuerung von Risiken auf der untersten Ebene ihrer Typologie parallel zwei weitere Beschreibungsmerkmale von Risiken ein. Mit ihrem ersten Merkmale differenzieren sie Risiken nach der Art eines drohenden Schadens in *quantitative und qualitative Risiken.* Mithilfe des zweiten Merkmals differenzieren sie ebenfalls zwei Risikogruppen, wobei sich die Zugehörigkeit eines Risikos zu einer der Gruppen danach richtet, ob für seine Steuerung ein *atomistischer oder ein holistischer Managementansatz* geeigneter ist. Insbesondere die zweite Unterscheidung, die sie in Anlehnung an die Überlegungen Svenssons (2000) vornehmen (vgl. Abschnitt 2.1.2), ist im Zusammenhang mit dem Welleneffekt (vgl. Abschnitt 3.2.3) für die Verwundbarkeit von Supply Chains relevant. Manuj und Mentzer führen in Bezug auf ihr Vorgehen zur Steuerung von Risiken aus, dass der atomistische Ansatz eher für Zulieferteile mit geringem Wert, geringer Komplexität aber hoher Verfügbarkeit geeignet ist. Der aufwendigere holistische Ansatz sollte dagegen bei Teilen mit einem hohen Wert und einer hohen Komplexität, die eine hohe Spezifizität aufweisen, angewendet werden (vgl. Manuj, Mentzer, 2008a: S. 136).

Auch andere Autoren verwenden als Merkmal zur Ableitung von Typologien Risikoquellen, die an der horizontalen Segmentierung einer Supply Chain orientiert sind. Insbesondere die Unterscheidung von Versorgungs- und Nachfragerisiken sowie eingeschränkt von Unternehmensrisiken wird in diesen Beiträgen übernommen. Beispielsweise differenzieren Tang und Tomlin im Zusammenhang mit flexiblen Strategien zur Risikosteuerung sechs Risikoquellen, von denen sie in ihrem Beitrag jedoch nur Versorgungs-, Nachfrage- und Prozessrisiken hinsichtlich ihrer Steuerungsstrategien näher betrachten (vgl. 2008: S. 3–5). Auch Wagner und Bode leiten verschiedene Risikoquellen ab, deren Einfluss auf die Leistungsfähigkeit von Wertschöpfungsnetzwerken sie anschließend empirisch überprüfen (vgl. 2006b: S. 5–6). Neben Versorgungs- und Nachfragerisiken betrachten sie in ihrer Studie Risikoquellen im Bereich von Bürokratie, Infrastruktur und Katastrophen. Die Tatsache, dass ihnen ein signifikanter Nachweis dieses Einflusses zwar für Versorgungs- und Nachfragerisiken, nicht aber für die übrigen Risikoquellen gelingt (vgl. Wagner, Bode, 2005: S. 19), zeigt die empirische Relevanz von Versorgungs- und Nachfragerisiken als Gruppen einer Typologie auf. Anzumerken ist, dass sich diejenigen Risikoquellen, für die Wagner und Bode keinen signifikanten Einfluss führen konnten, in dieser Form in der übrigen Literatur eher selten finden. Methodisch ist zu der Studie von Wagner und Bode anzumerken, dass eine Beschreibung der Risikoquellen, beispielsweise durch Schadenshöhe und Eintrittswahrscheinlichkeit, mithilfe der verwendeten Skalen nicht möglich ist (vgl. 2005: S. 36). In Bezug auf die Relevanz von Nachfrage- und Versorgungsrisiken kommt auch Johnson nach einer Analyse von Fallstudien aus der Spielzeugindustrie zu einem ähnlichen Ergebnis (vgl. 2001: S. 110), wobei er unter Versorgungsrisiken auch Umwelt- sowie Prozess- und Steuerungsrisiken subsumiert.

Ein Vergleich der verschiedenen Ansätze zu Risikoquellen als Typologie von Supply-Chain-Risiken zeigt, dass sich die verschiedenen Ansätze sowohl hinsichtlich der Anzahl der unterschiedenen Risikoquellen als auch deren weiterer Aufgliederung unterscheiden. Obwohl empirische Validierungen dieser Typologien noch weitgehend ausstehen, deuten die Ergebnisse von Wagner und Bode (2005) sowie Johnson (2001) darauf hin, dass mit einer zunehmenden Differenzierung die empirische Relevanz zusätzlicher Risikoquellen abnimmt. Da ein ähnlicher Effekt auch für mehrstufige Typologien zu erwarten ist, wird im Rahmen der vorliegenden Arbeit die einfache Typologie der Cranfield School of Management verwendet.

3.2.5. Risikotreiber in Supply Chains

Im Zusammenhang mit Typologien von Supply Chains werden in der Literatur häufig Risikotreiber identifiziert, die im weitesten Sinne Auslöser für das Entstehen von Risiken aus den gebildeten Quellen oder Verstärker dieser Risiken darstellen (vgl. Abbildung 27). Insgesamt unterscheidet sich das Verständnis über die Wirkweise und den Charakter von Risikotreibern zwischen verschiedenen Autoren stark (vgl. Ritchie, Brindley, 2007: S. 1402). Sowohl die Auswahl der betrachteten Treiber als auch deren Verhältnis zu verschiedenen Typologien und dem Risikobegriff ist insgesamt unscharf. Einige Autoren vermeiden in diesem Zusammenhang eine Unterscheidung der Konzepte fast vollständig. Beispielsweise verwenden Wu u. a. (2006) das Konzept der Risikofaktoren, die sie wie Supply-Chain-Risiken in ihre Risikotypologie (vgl. Abschnitt 3.2.4.1) einordnen. Obwohl Wu u. a. auf eine Definition des Begriffs Risikofaktor verzichten, zeigt die Auswahl der von ihnen im Rahmen einer Literaturanalyse sowie von Expertengesprächen identifizierten Faktoren, dass sie unter dem Begriff sowohl Risiken als auch Risikotreiber subsumieren (vgl. 2006: S. 353). Auch Ritchie und Brindley (2007) verwenden die Begriffe Risikotreiber und Risikoquelle synonym.

Abbildung 27: Quellen und Treiber von Supply-Chain-Risiken
(nach Jüttner u. a., 2003: S. 201; Williams u. a., 2008: S. 257)

Vor dem Hintergrund dieser bisher uneinheitlichen Konzeptualisierung lassen sich auf methodischer Ebene zwei Ansätze sowie auf inhaltlicher Ebene zwei Kategorien von Risikotreibern unterscheiden. Methodisch beschränken sich viele Autoren, auch aufgrund der hohen Anzahl möglicher Treiber in unterschiedlichen Kategorien, auf eine *deskriptive Sammlung von Risikotreibern*, ohne auf die Wirkzusammenhänge einzelner Treiber genauer einzugehen (vgl. bspw. Teuteberg, 2008: S. 101). Andere Autoren formulieren hierarchische *Ursache-Wirkungs- oder kausale Effektmodelle*, die allerdings häufig aufgrund der Anzahl möglicher Treiber und Wechselwirkungen entweder unvollständig oder kompliziert sind (vgl. bspw. Gautam Basu u. a., 2008: S. 14). Die Anwendung dieser Modelle sowie die Vielzahl der in ihnen enthaltenen Wechselwirkungen und Rückkopplungen zwischen verschiedenen Supply-Chain-Risikotreibern spiegeln die Komplexität einer Supply Chain und ihrer Interaktionen mit verschiedenen Umsystemen wider. In diesem Zusammenhang stellen Einflussdiagramme eine verbreitete Form zur Darstellung von Ursache-Wirkungsmodellen dar (Deleris u. a., 2004; vgl. bspw. Hallikas u. a., 2004). Kao u. a. übersetzen ein solches Modell, in dem Naim u. a. Versorgungsdefizite eines fokalen Unternehmens erklären (vgl. 2002: S. 145) in ein dynamisches bayesisches Netzwerkmodell (vgl. 2005: S. 341) wobei sie die in ihrem Modell enthaltene Rückkopplung als Zeitabhängigkeit interpretieren.

Inhaltlich können zur Charakterisierung der verschiedenen Treiber vereinfachend zwei Kategorien unterschieden werden, wobei die meisten Autoren Treiber beider Kategorien in ihren Ansätzen verwenden. Die erste Kategorie umfasst *Zustände und Ereignisse*, die zwar teilweise nur mit einer gewissen Wahrscheinlichkeit eintreten, aber bereits isoliert betrachtet als *negativ wahrgenommen* werden. Die Abgrenzung vieler Treiber dieser Kategorie gegenüber Supply-Chain-Risiken ist entsprechend unscharf, beispielsweise identifiziert Matcook allgemeine Risiken explizit als Treiber von Versorgungsrisiken (vgl. 2009: S. 253). Auch Chopra und Sodhi ordnen Naturkatastrophen und die mögliche Insolvenz eines Lieferanten, ein von vielen Autoren als Versorgungsrisiko identifiziertes Ereignis (vgl. bspw. Manuj, Mentzer, 2008a: S. 138–139) den Risikotreibern zu (vgl. 2004: S. 54). Auch Treiber, die weniger den Charakter eines plötzlich eintretenden Ereignisses aufweisen, aber vorwiegend negative Zustände darstellen, fallen in diese Kategorie. Clouse und Busch beschreiben in diesem Zusammenhang organisatorische und prozessuale Defizite in einem Unternehmen, wie beispielsweise mangelnde Informationen, Erfahrungen oder Fähigkeiten als Auslöser verschiedener Versorgungsrisiken (vgl. 2003: S. 15). Dagegen handelt es sich bei der zweiten Kategorie Risikotreiber um *Gestaltungsparameter*, deren Ausprägungen nicht ausschließlich negativ wahrgenommen, sondern von Unternehmen in Supply Chains bewusst herbeigeführt werden. Beispiele hierfür sind eine weltweite

Fremdvergabe von Wertschöpfungsanteilen, eine vertikale Integration entlang einer Supply Chain (vgl. Chopra, Sodhi, 2004: S. 54) oder das Tätigen von Investitionen, die spezifisch auf einen Supply-Chain-Partner ausgerichtet sind (vgl. Hallikas u. a., 2004: S. 56). Risikotreiber beider Kategorien können sowohl direkt als auch indirekt Supply-Chain-Risiken verstärken oder auslösen, wobei insbesondere ihre indirekten Effekte erst in Ursache-Wirkungsmodellen deutlich werden.

Insgesamt erscheint die Konzeptualisierung von Risikotreibern in der Literatur noch keinen hohen Reifegrad erreicht zu haben. Es finden sich weder eine allgemein anerkannte Definition noch ein Modell zur Wirkweise dieser Treiber. Auch eine Analyse oder Typologie hinsichtlich der verstärkenden Wirkung auf einzelne Bestandteile des Supply-Chain-Risikos, beispielsweise nach Eintrittswahrscheinlichkeit und Schadenshöhe, steht noch aus. Grundsätzlich führt die große Anzahl relevanter Treiber zu einem Dilemma bei der Ableitung von Wirkmodellen zwischen Vollständigkeit, Berücksichtigung von Wechselwirkungen und Modellkomplexität. Anzumerken ist zudem, dass mit zunehmendem Modellumfang sowie zunehmender -komplexität, die Verallgemeinerbarkeit und die Validierbarkeit der Wirkmodelle abnehmen. Eine systematische und vollständige Aggregation der in der Literatur genannten Risikotreiber erscheint aufgrund der unscharfen Abgrenzung zu den Konzepten Supply-Chain-Risiko und Verwundbarkeit sowie den komplexen Wechselwirkungen der Treiber nur ungenau möglich. Auf die Verwendung des Konstrukts Risikotreiber wird deswegen im weiteren Verlauf der vorliegenden Arbeit verzichtet. Anzumerken ist jedoch, dass es sich bei den im Zusammenhang mit der Verwundbarkeit von Supply Chains analysierten Treibern (vgl. Abschnitt 5.2.3), gemäß der hier verwendeten Abgrenzung um eine Teilmenge der Risikotreiber handelt, wobei insbesondere Treiber der zweiten Kategorie betrachtet werden.

3.3. Analyse der Verwundbarkeits- und Widerstandsfähigkeitsbegriffe in anderen Forschungsgebieten

3.3.1. Überblick zu verschiedenen Verwundbarkeitsbegriffen in der Literatur

Der Begriff Verwundbarkeit wird in der Literatur zunehmend in einer Vielzahl von Wissensgebieten verwendet (vgl. Schneiderbauer, Ehrlich, 2004: S. 13). In vielen dieser Gebiete beschreibt Verwundbarkeit die *Anfälligkeit eines Systems gegenüber externen Störungen*, Gefahren oder Katastrophen. Häufig wird daher in der Literatur eine Konzeptualisierung von Verwundbarkeit als Bestandteil einer Definition von Katastrophenrisiken oder im engen Zusammenhang mit der Analyse dieser Risiken entwickelt. Anzumerken ist jedoch, dass es sich bei Verwundbarkeit und Risiko trotz ihrer konzeptionellen Nähe um zwei unterscheidbare Konzepte handelt, deren differenzierte Betrachtung erheblich zum Verständnis von Möglichkeiten zur Risikoreduktion beiträgt (vgl. Cardona, 2004: S. 39). Zur Definition des Begriffs Verwundbarkeit haben bisher insbesondere Beiträge aus der Katastrophenforschung sowie Analysen im Zusammenhang mit dem Klimawandel beigetragen. Definitionsansätze von Autoren der Betriebswirtschaftslehre sind dagegen seltener zu finden. Eine allgemeine und interdisziplinäre Definition von Verwundbarkeit steht jedoch noch weitgehend aus (vgl. Tabelle 17). Beispielsweise wurde der Aspekt einer absichtlichen Schädigung von außen, den der Verwundbarkeitsbegriff insbesondere im Bereich der Computerwissenschaften (vgl. Bass, Robichaux, 2001) sowie teilweise im Bereich des Militärs (vgl. Fry, 2010: S. 496) aufweist, nicht in andere Wissensgebiete übernommen.

Birkmann identifiziert aus der Literatur, teilweise in Anlehnung an ihre originären Wissensgebiete, fünf Schulen zur Definition des Verwundbarkeitsbegriffs, die er mit Zusammenhang mit der Verwundbarkeit von Gesellschaften gegenüber Naturkatastrophen um einen weiteren Ansatz ergänzt (vgl. 2006: S. 39):

- Verwundbarkeit als duale Struktur
- Verwundbarkeitsbegriff der Katastrophenforschung
- Verwundbarkeitsbegriff der Nationalökonomie
- Verwundbarkeit gegenüber des globalen Klimawandels
- Ganzheitliche Verwundbarkeits- und Risikobewertung

Bohle (2001) beschreibt in seinem Bezugsrahmen zur Analyse von Verwundbarkeit eine *duale Struktur*, in der er neben der Exposition eines soziotechnischen Systems gegenüber externen Störungen auch seine interne Fähigkeit zum Umgang mit Gefahren berücksichtigt. Die Verwundbarkeit eines Systems ergibt sich aus der Überlagerung beider Eigenschaften (vgl. Bohle, 2001: S. 4), sodass verschiedene Systeme unter gleichen externen Bedingungen abweichende Grade von Verwundbarkeit aufweisen können. Anzumerken ist, dass Bohle auf eine Darstellung einer Verbindung zwischen Risiko und Verwundbarkeit verzichtet, den Begriff der Exposition aber in seinen Bezugsrahmen subsumiert.

A measure, for a given population or region, of the underlying factors that influence exposure to famine and predisposition to adverse consequences of famine. (Downing, 1993: S. 10)

By "vulnerability" we the characteristics of a person or group in terms of their capacity to anticipate, cope with, resist, and recover from the impact of a natural hazard. (Blaikie u. a., 1994: S. 8)

A risk is viewed as the adverse effects if vulnerability is exploited. (De Ru, Eloff, 1996: S. 240)

The degree of susceptibility and resilience of the community and environment to hazards. (Salter, 1997: S. 62)

We define 'vulnerability' to hazards as people's differential incapacity to deal with hazards, based on the position of groups and individuals within both the physical and social worlds. Building on this literature, we see vulnerability as a function of two attributes: 1) exposure (the risk of experiencing a hazardous event); and 2) coping ability, subdivided into resistance (the ability to absorb impacts and continue functioning), and resilience (the ability to recover from losses after an impact). (Clark u. a., 1998: S. 59)

Vulnerability: A characteristic of the system (e.g. a flaw, bug or feature) that provides a means of exploitation. (Bass, Robichaux, 2001: S. 1)

Vulnerability is the degree to which a system is susceptible to, or unable to cope with adverse effects of climate change, including climate variability and extremes. Vulnerability is a function of the character, magnitude, and rate of climate variation to which the system is exposed, its sensitivity, and its adaptive capacity. (McCarthy, 2001: S. 21)

Vulnerability is the potential for loss. (Cutter, 2001: S. 13)

Risk is a function of the likelihood of a given threat-source's exercising a particular potential vulnerability, and the resulting impact of that adverse event on the organization. (Stonebumer u. a., 2002: S. 8)

Vulnerability can be defined as the propensity of an endangered element due to any kind of natural hazard to suffer different degrees of loss or amount of damage depending on its particular social, economic, cultural, and political weaknesses. (Alcántara-Ayala, 2002: S. 119)

The concept of vulnerability expresses the multidimensionality of disasters by focusing attention on the totality of relationships in a given social situation which constitute a condition that, in combination with environmental forces, produces a disaster. (Oliver-Smith, 2004: S. 11)

Human Vulnerability: A human condition or process resulting from physical, social, economic and environmental factors, which determine the likelihood and scale of damage from the impact of a given hazard. (UNDP, 2004: S. 98)

Vulnerability is generally defined as the susceptibility to damage. (Luers, 2005: S. 215)

Vulnerability is the intrinsic and dynamic feature of an element at risk that determines the expected damage/harm resulting from a given hazardous event and is often even affected by the harmful event itself. (Renaud, 2006: S. 117)

Vulnerability is the exposure to risk and an inability to avoid or absorb potential harm. In this context. (Pelling, 2003: S. 5)

Vulnerability: the characteristics and circumstances of a community, system or asset that make it susceptible to the damaging effects of a hazard. (UNISDR, 2009: S. 12)

Vulnerability: Intrinsic properties of something that create susceptibility to a source of risk that can lead to a consequence. (Siegel u. a., 2009: S. 50)

The characteristics of a system that cause it to suffer a definite degradation (incapability to perform the designated mission) as a result of having been subjected to a certain level of effects in an unnatural (manmade) hostile environment. (Riper, 2006: S. 10)

Tabelle 17: Ausgewählte Verwundbarkeitsdefinitionen aus der Literatur

(eigene Darstellung)

In vielen Beiträgen aus der *Katastrophenforschung* wird Verwundbarkeit dagegen neben anderen Faktoren wie Exposition, Umweltsituation oder der Fähigkeit zur Bewältigung von Katastrophen als ein Bestandteil von Risikodefinitionen verwendet (vgl. bspw. Davidson, 1997: S. 5). Verwundbarkeit als Anfälligkeit eines soziotechnischen Systems gegenüber Naturkatastrophen wird nach dieser Schule im engeren Sinne als Systemeigenschaft verstanden, die unabhängig von der Beschaffenheit der Systemumwelt oder der Exposition des Systems besteht. Je nach betrachtetem Teilsystem kann der Verwundbarkeitsbegriff dieser Schule in verschiedene Dimensionen unterschieden werden (vgl. Bollin u. a., 2003: S. 70), die beispielsweise Van Westen und Kingma genauer beschreiben (vgl. 2008: S. 4–5):

- **Physische Verwundbarkeit** bezeichnet die Möglichkeit eines physischen Schadens an der bebauten Umgebung. Die tatsächliche Schadenshöhe hängt von der Zerstörungskraft der auslösenden Naturkatastrophe ab.
- **Soziale Verwundbarkeit** bezeichnet den besonderen Einfluss eines Ereignisses auf bestimmte soziale Gruppen sowie die Fähigkeiten der Gruppenmitglieder im Umgang mit Risiko.
- **Ökonomische Verwundbarkeit** bezeichnet den möglichen Einfluss einer Gefahr auf ökonomische Werte und Prozesse. Sie dient zudem zur Differenzierung der Verwundbarkeit verschiedener Wirtschaftszweige.
- **Ökologische Verwundbarkeit** bezeichnet die Verwundbarkeit von Ökosystemen gegenüber Gefahren.

Auch andere Autoren unterscheiden die Verwundbarkeit eines soziotechnischen Systems in ähnlichen Dimensionen (vgl. bspw. Pelling, 2003), wobei Alcantara-Ayala anmerkt, dass Katastrophen nur unter gleichzeitiger Anwesenheit von natürlicher und humanitärer Verwundbarkeit eintreten (vgl. 2002: S. 108). Trotz Unterscheidung von Verwundbarkeiten verschiedener Teilsysteme bleiben viele Autoren der Katastrophenforschung eine genaue Definition von Verwundbarkeit schuldig.

Einen Beitrag hierzu leisten Wisner u. a. (2004), die aus der volkswirtschaftlichen Perspektive der *Nationalökonomie* die Verwundbarkeit gegenüber Katastrophenrisiken mithilfe von dreistufigen Ursache-Wirkungsketten in ihrem Pressur und Release (PAR) Modell genauer beschreiben. In ihrem Modell erklären Wisner u. a. das Entstehen von Zuständen (Unsafe Conditions), in denen die Verwundbarkeit von Individuen gegenüber Katastrophen offensichtlich wird, mit Verwundbarkeitstreibern (Dynamic Pressures). Diese Verwundbarkeitstreiber entstehen in ihrem Modell aufgrund auslösender Ursachen (Root Causes) sowie einer Interaktion der Treiber mit den auslösenden Ursachen (vgl. Wisner u. a., 2004: S. 51). Als Beispiele für auslösende Ursachen nennen Wisner u. a. den beschränkten Zugang zu Ressourcen oder die Existenz bestimmter politischer bzw. ökonomischer Ordnungssysteme (vgl. Abbildung 28). Bezüglich der von ihnen identifizierten Verwundbarkeitstreiber stellen Wisner u. a. fest, dass diese Treiber an sich nicht zwingend negativ für ein System sind.

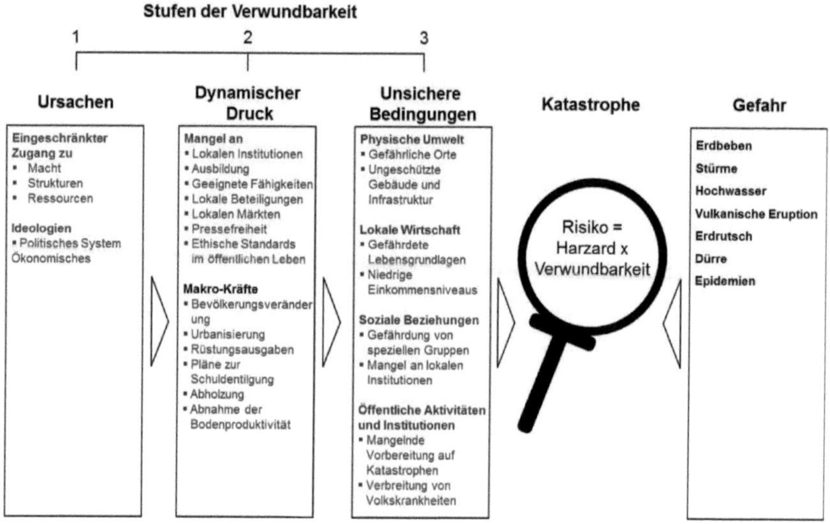

Abbildung 28: PAR-Modell
(vgl. Wisner u. a., 2004: S. 51)

Anzumerken ist, dass der Verwundbarkeitsbegriff innerhalb des PAR-Modells, wie bereits in den Ansätzen der Katastrophenforschung, zur Erklärung von Katastrophenrisiken verwendet wird. Im Vergleich zu diesen Ansätzen erscheint der Verwundbarkeitsbegriff im PAR-Modell jedoch umfassender, da Wisner u. a. (2004) Faktoren zur Beschreibung von Umweltsituation und Exposition unter diesem Begriff subsumieren. Hieraus ergibt sich der in (3.7) dargestellte, einfache Zusammenhang zwischen Risiko und Verwundbarkeit.

$$R = H \times V \tag{3.7}$$

mit

$$R = Katastrophenrisiko$$
$$H = Hazard\ (Gefahr)$$
$$V = Verwundbarkeit$$

Insgesamt stellt das PAR-Modell einen der bekanntesten verfügbaren Ansätze zur Erklärung von Verwundbarkeit dar, wobei seine Fokussierung auf eher globale Verwundbarkeitstreiber teilweise kritisiert wird (vgl. Birkmann, 2006: S. 31).

Auch in Beiträgen, in denen die Konsequenzen des *globalen Klimawandels* betrachtet werden, werden Verwundbarkeitskonzepte verwendet. Einen systemischen Ansatz hierzu liefern beispielsweise Turner u. a. (2003), die in ihrem Bezugsrahmen ähnlich dem Ansatz des PAR-Modells das Entstehen von Verwundbarkeit mithilfe von Ursache-Wirkungsbeziehungen abbilden. Zur Modellierung der Komplexität des betrachteten Klimasystems mit seinen verschiedenen geografischen Betrachtungsebenen sowie seinem auf globaler Ebene geschlossenem Charakter wählen Turner u. a. (vgl. 2003: S. 8076) die Form eines kybernetischen Systems zweiter Ordnung (vgl. Abschnitt 2.2.1.2), in dem Konsequenzen des Klimawandels zu Auslösern weiterer Veränderungen werden. Die Grundlage dieses Modells bildet ein Verwundbarkeitsbegriff, der sich aus den Konzepten Exposition, Sensitivität und Widerstandsfähigkeit zusammensetzt. Ähnlich der dualen Struktur von Bohle (2001) stellt Verwundbarkeit in dem Bezugsrahmen von Turner u. a. das Ergebnis der Überlagerung von Exposition und Widerstandsfähigkeit dar. Während jedoch Bohle (2001) insbesondere Schocks, also unerwartet auftretende, kurzzeitige Störungen, betrachtet, haben Turner u. a. (2003) ihren Bezugsrahmen zur Analyse einer langfristigen Entwicklung ausgelegt. Entsprechend ergänzen sie die von Bohle verwendete Fähigkeit zum Umgang mit Schäden um die Fähigkeit zur langfristigen Anpassung eines Systems an eine veränderte Umweltsituation (vgl. Turner u. a., 2003: S. 8077). Anzumerken ist, dass die Sensitivität, mit deren Hilfe Turner u. a. die Schnittstelle zwischen ökologischer Umwelt und Gesellschaft als drittes Element ihres Verwundbarkeitsbegriffs darstellen, aufgrund ihrer Nähe zur Exposition von anderen Autoren nicht übernommen worden ist (vgl. Luers, 2005: S. 216).

Ähnlich dem systemischen Ansatz von Turner u. a. (2003) haben auch Autoren aus der Katastrophenforschung das Verwundbarkeitskonzept von Davidson (1997) zu einer *ganzheitlichen Verwundbarkeits- und Risikoanalyse* weiterentwickelt. Während jedoch Turner u. a. im Rahmen der Klimaforschung die Interaktionen verschiedener geografischer Teilsysteme betrachten, wenden beispielsweise Carreño u. a. (2007) diesen Ansatz in Anlehnung an Bollin u. a. (2003) auf den Zusammenhang verschiedener Verwundbarkeitsdimensionen an. Sie verwenden hierzu den Verwundbarkeitsbegriff von Davidson (1997), den sie jedoch um einige Faktoren (vgl. (3.8)) reduzieren (vgl. 2007: S. 139).

$$R = E \times H \times V \tag{3.8}$$

mit $R = Katastrophenrisiko$

$E = Exposition$

$H = Hazard\ (Gefahr)$

$$V = Verwundbarkeit$$

Anzumerken ist, dass ähnlich wie bei Davidson (1997) die genaue Definition von Verwundbarkeit bei Carreño u. a. (2007) unscharf bleibt (vgl. Hiete, Merz, 2008: S. 1). Zur Verwundbarkeitsanalyse formulieren Carreño u. a. in Anlehnung an die Theorie zu komplexen Systemen bzw. der Kontrolltheorie einen Bezugsrahmen als Regelkreis in Form eines kybernetischen Systems erster Ordnung. Dieser Rahmen verfügt im Gegensatz zu dem Ansatz von Turner u. a. (2003) über eine externe Steuerungsinstanz (vgl. Carreño u. a., 2007: S. 140). Die Regelstrecke bildet in ihrem Modell ein komplexes System exponierter Elemente, das verschiedenen externen Gefahren ausgesetzt ist. Aus den Wechselwirkungen der exponierten Elemente sowie den externen Gefahren ergeben sich Risiken, die in dem Modell mithilfe eines primären physischen Schadens sowie weiterer sekundärer Einflüsse beschrieben werden. Die Risiken bilden Eingangsgrößen für die Steuerungsinstanz, die Carreño u. a. (2007) als Risikomanagement mit nachgelagertem ausführendem System beschreiben (vgl. Abbildung 29).

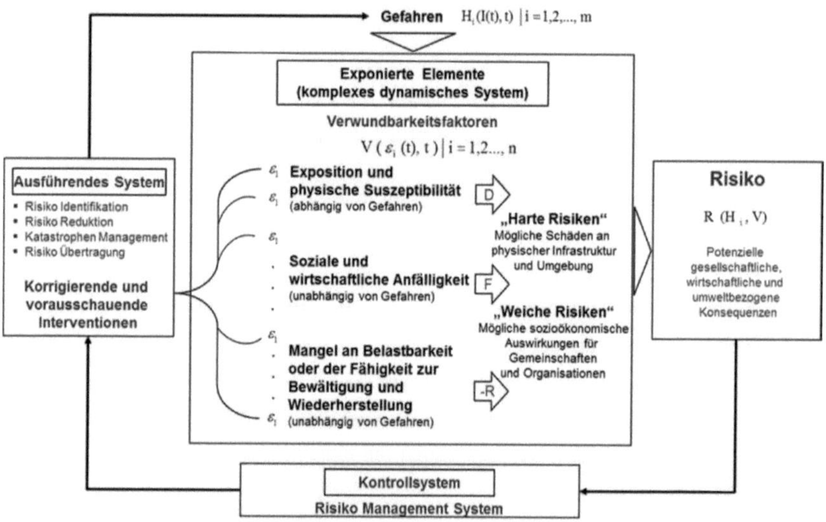

Abbildung 29: Ganzheitliche Analyse von Risiko und Verwundbarkeit
(vgl. Carreño u. a., 2007: S. 140)

Innerhalb des komplexen Systems exponierter Elemente unterscheiden Carreño u. a. drei für die Verwundbarkeit des Systems relevante Dimensionen, denen sie verschiedene im Zeitverlauf veränderliche Verwundbarkeitstreiber zuordnen. Anzumerken ist, dass nur die physische Exposition direkt mit dem Eintreten einer Gefahr gekoppelt ist. Die beiden anderen Dimensionen sind in ihren Ausprägungen zwar unabhängig von dem Eintreten einer Gefahr, bestimmen jedoch im Katastrophenfall den sekundären Einfluss eines primären physischen Schadens.

Ein Vergleich der vorgestellten Modelle bzw. der verschiedenen Schulen zur Definition von Verwundbarkeit verdeutlicht, dass sich die Konzeptualisierungen dieses Begriffs in der Literatur sowohl umfänglich als auch methodisch unterscheiden. In Bezug auf ihren Umfang unterscheiden sich die verschiedenen Verwundbarkeitsbegriffe insbesondere hinsichtlich ihrer Abgrenzung zu den Konzepten Widerstandsfähigkeit bzw. Exposition gegenüber Gefahren. Einige Autoren, die das Konzept der Widerstandsfähigkeit in ihren Verwundbarkeitsbegriff inkludieren, verstehen Verwundbarkeit als übergeordnete Eigenschaft, die einer Überlagerung von Anfälligkeit und Widerstandsfähigkeit entspricht (vgl. bspw. Turner u. a., 2003). Andere Autoren betrachten Verwundbarkeit und Widerstandsfähigkeit auf gleicher konzeptioneller Ebene als spiegelbildliche Konzepte (vgl. bspw. Davidson, 1997). Ähnliches gilt für die Abgrenzung von Exposition und Verwundbarkeit. Bei einer konzeptionellen Trennung beider Konzepte, kann Exposition als Häufigkeit von Störungen und Verwundbarkeit als Anfälligkeit gegenüber eintretenden Störungen verstanden werden (vgl. bspw. Carreño u. a., 2007). Ein übergeordneter Verwundbarkeitsbegriff rückt dagegen konzeptionell in die Nähe verschiedener Risikobegriffe (vgl. bspw. Wisner u. a., 2004). Obwohl zur Definition des Verwundbarkeitsbegriffs der vorliegenden Arbeit die Adaption der Konzepte auf Supply Chains erforderlich scheint (vgl. Abschnitt 3.4), wird für die weitere interdisziplinäre Literaturanalyse hinsichtlich sowohl Exposition als auch Widerstandsfähigkeit ein Verwundbarkeitsbegriff im engeren Sinne ähnlich der Katastrophenforschung verwendet. Methodisch unterscheiden sich die vorgestellten Modelle insbesondere hinsichtlich der Berücksichtigung von Auslösern der Verwundbarkeit sowie teilweise von Rückkopplungs- und Zeiteffekten. Während vor dem Hintergrund der Themenstellung der vorliegenden Arbeit ein Verzicht auf die Betrachtung von Ursachen der Verwundbarkeit nicht möglich erscheint, ist zu Rückkopplungseffekten bereits an dieser Stelle anzumerken, dass diese zu einer hohen, empirisch schwer abzubildenden Modellkomplexität führen.

3.3.2. Überblick zu verschiedenen Widerstandsfähigkeitsbegriffen in der Literatur

Spiegelbildlich zu dem Begriff der Verwundbarkeit im engeren Sinne (vgl. Abschnitt 3.3.1) wird in verschiedenen Wissensgebieten das Konstrukt der Widerstandsfähigkeit eines Systems verwendet (vgl. Holling, 2001: S. 394), wobei Widerstandsfähigkeit die *Eigenschaft eines Objektes im Umgang mit Störungen* beschreibt. Hinsichtlich der Konzeptualisierung von Widerstandsfähigkeit stammen wichtige Beiträge aus der Psychologie sowie der Ökologie (vgl. Ponomarov, Holcomb, 2009: S. 125). Aber auch Soziologie, Wirtschaftswissenschaften sowie der physikalische Elastizitätsbegriff haben zur Diskussion über Widerstandsfähigkeit beigetragen (vgl. Horne, Orr, 1998: S. 31). Die verschiedenen Definitionsansätze unterscheiden sich zwischen den Wissensgebieten, aber teilweise auch innerhalb dieser erheblich. Insbesondere die Frage, ob es sich bei Widerstandsfähigkeit um ein statisches oder dynamisches Phänomen handelt, seine Abgrenzung zu benachbarten Konzepten sowie die Anwendung einer systemischen Betrachtungsweise sind Dimensionen zur Differenzierung der Konstrukte.

Ein Bereich, der stark zur Konzeptualisierung von Widerstandsfähigkeit beigetragen hat, ist die Psychologie und hier insbesondere die *Entwicklungspsychologie* (vgl. Ponomarov, Holcomb, 2009: S. 127). Im Gegensatz zu Definitionen aus anderen Bereichen wird in der Psychologie weitestgehend auf eine systemische Perspektive verzichtet, weder das widerstandsfähige Objekt noch die Wirkbeziehungen um das Widerstandsfähigkeitskonstrukt werden hier üblicherweise als System beschrieben. Trotz dieser Gemeinsamkeit sind die Definitionsansätze innerhalb des Wissensgebiets heterogen (vgl. Luthar u. a., 2000: S. 545). Allgemein umfasst Widerstandsfähigkeit in der Entwicklungspsychologie Phänomene, die ein gutes Ergebnis trotz einer ernsthaften Bedrohung während der Entwicklung beschreiben (vgl. Masten, 2001: S. 228). Grotberg schlägt vor, dieses Grundverständnis nicht nur auf Individuen, sondern auch auf Gruppen und Gemeinschaften anzuwenden (vgl. 1995: S. 212). Luthar u. a. beschreiben Widerstandsfähigkeit genauer als dynamischen Prozess einer positiven Anpassung an signifikante Widrigkeiten (vgl. 2000: S. 543). Somit existieren in der Psychologie sowohl statische als auch dynamische Definitionen von Widerstandsfähigkeit, wobei dynamische Konzeptualisierungen aufgrund der Fokussierung der Entwicklungspsychologie überwiegen. Unabhängig davon, ob eine statische oder dynamische Betrachtungsweise gewählt wird, stellt Widerstandsfähigkeit in der Psychologie jedoch ein übergeordnetes Konstrukt dar, das die beiden Dimensionen Bedrohung bzw. Widrigkeit sowie gute Anpassung subsumiert (vgl. Luthar, 2006: S. 742). Auf eine bestehende Schwierigkeit im Zusammenhang mit der Konzeptualisierung von Widerstandsfähigkeit weisen Luther u. a. hin. Sie stellen fest, dass zentrale Begriffe im Zusammenhang mit dem Konstrukt nur unscharf definiert sind und in der Literatur in verschiedenen Bedeutungen verwendet werden. Auch der Begriff der Verwundbarkeit ist in diesem Zusammenhang nicht eindeutig (vgl. Luthar u. a., 2000: S. 549).

Neben der Psychologie hat auch die *Ökologie* wesentlich zur Definition und Konzeptualisierung von Widerstandsfähigkeit beigetragen. Anderes als in der Psychologie sind in der Ökologie aufgrund des Betrachtungsgegenstands dieser Disziplin verschiedene systemische Definitionsansätze entstanden. Eine Unterscheidung zwischen statischen und dynamischen Ansätzen lässt sich jedoch auch hier vornehmen. Frühe Konzepte definieren Widerstandsfähigkeit im Zusammenhang mit Ökosystemen statisch und eher eng. Hollin beispielsweise führt eine Unterscheidung zwischen Widerstandsfähigkeit und Stabilität ein und betrachtet beide als zwei getrennte Eigenschaften eines Systems (vgl. 1973). Während Widerstandsfähigkeit als die Fähigkeit Veränderung von Parametern und Variablen zu absorbieren und trotzdem fortzubestehen beschreibt, definiert er Stabilität als Fähigkeit nach einer Störung einen ursprünglichen Gleichgewichtszustand wieder einzunehmen (vgl. 1973: S. 17). Andere Autoren haben auf Grundlage der Feststellung von Clapman, dass in Systemen immer eine implizite Stabilitätsannahme existiert (vgl. 1973), Widerstandsfähigkeit und Stabilität nicht mehr getrennt betrachtet, sondern beide Eigenschaften in einem erweiterten Definitionsansatz zusammengeführt. Westman beschreibt Widerstandsfähigkeit entsprechend als den Grad mit dem, die Weise auf die und die Geschwindigkeit mit der ein Ökosystem nach einer Störung seine ursprünglichen Strukturen und Funktionen wieder herstellen kann (vgl. 1986). Während das Wiederherstellen von Strukturen eher dem Stabilitätsbegriff von Hollin (1973) entspricht, da hier die Morphologie des Systems in seinen Ausgangszustand versetzt wird, lehnt sich die Wiederherstellung von Funktionen eher an seinen Widerstandsfähigkeitsbegriff an. Anzumerken ist, dass auch Westmans Definitionsansatz auf einem statischen Verständnis von Widerstandsfähigkeit basiert. Westman (1978) aber auch andere Autoren (vgl. bspw. Clapham, 1973; Orians, 1975) haben seine Definition weiter ausgestaltet und folgende Eigenschaften widerstandsfähiger Ökosysteme identifiziert (vgl. Ponomarov, Holcomb, 2009: S. 126):

- **Elastizität**, Geschwindigkeit, mit der nach dem Eintreten einer Störung wieder ein stabiler Zustand erreicht werden kann.
- **Amplitude**, maximales Ausmaß der Deformationen, aus der das System noch in seinen ursprünglichen Zustand zurückkehren kann.
- **Hysterese** (Pfadabhängigkeit), Grad, zu dem Deformation während einer Störung und Wiederherstellung nach Beendigung dieser Störung nicht spiegelbildlich verlaufen.

- **Formbarkeit**, Abweichung zwischen dem ursprünglichen und dem nach einer Störung wieder erreichbaren Gleichgewichtszustand.
- **Dämpfung**, Stärke und Wirkweise von Kräften, die die Wiederherstellung eines Systems ablenken.

In aktuelleren Beiträgen zeigen die meisten Autoren ein eher dynamisches Verständnis des Begriffs Widerstandsfähigkeit, wobei die Dynamik der Widerstandsfähigkeit eines Ökosystems teilweise im Zusammenhang mit einem komplexen Wirksystem konzeptualisiert wird. Anzumerken ist, dass diese Autoren Widerstandsfähigkeit analog zu dem Gebiet der Psychologie nicht als statische, in den internen Strukturen eines Systems begründete Eigenschaft verstehen, sondern als eine im Zeitverlauf schwankende Größe beschreiben. Anders als in der Psychologie ist aber im Bereich der Ökologie eine Betrachtung eines Gesamtsystems mit verschiedenen Einflussgrößen möglich.

Ein Beispiel für die Integration der Widerstandsfähigkeit in ein komplexes Wirkmodell zeigen Holling und Gunderson auf (2002). Ihr Modell fokussiert auf den Zusammenhang zwischen dem Potenzial, dem Verbindungsgrad von Kontrollvariablen und internen Prozessen sowie der Widerstandsfähigkeit eines Ökosystems (vgl. 2002). Da nicht alle Wirkbeziehungen zwischen diesen drei Größen von ihnen als positiv angenommen werden, entsteht ein schwingfähiges, dynamisches System, das Holling und Gunderson als Raum aus diesen drei Größen bzw. Dimensionen darstellen. In diesem Raum identifizieren sie einen geschlossenen Graph von Systemzuständen, der das Schwingen des Systems zwischen hohen bzw. geringen Ausprägungen der drei Dimensionen beschreibt (vgl. Holling, 2001: S. 395). Holling und Gunderson interpretieren diesen Graphen als adaptiven Kreislauf, den ein Ökosystem periodisch durchläuft und in dessen Verlauf sich das Niveau der Widerstandsfähigkeit dieses Systems verändert. Innerhalb ihres Modells definieren Holling und Gunderson Widerstandsfähigkeit als die Fähigkeit eines Systems bei einer Störung seine Funktion und Kontrolle aufrechtzuerhalten (vgl. 2002: S. 50). Ein ähnliches Verständnis weisen Carpenter u. a. auf, die Widerstandsfähigkeit ebenfalls in Anlehnung an ein dynamisches System als die Breite eines stabilen Attraktors definieren (vgl. 1999).

Auch Cumming u. a. (2005) vertreten ein dynamisches Verständnis des Begriffs Widerstandsfähigkeit, das sie jedoch mithilfe des Konzepts der Identität eines Systems losgelöst von Eigenschaften oder Variablen allgemein beschreiben. Hierdurch versuchen sie den von ihnen im Hinblick auf empirische Forschung festgestellten Mangel anderer Definitionen zu heilen, Widerstandsfähigkeit anhand a priori ausgewählter

Variablen zu analysieren und damit bereits durch die Festlegung dieser Variablen das Ergebnis entscheidend zu beeinflussen. Sie definieren Widerstandsfähigkeit als die Fähigkeit eines Systems, seine Identität auch bei Auftreten interner Veränderungen und externer Störungen aufrechtzuerhalten (vgl. Cumming u. a., 2005: S. 976). Zur Beschreibung der Identität eines Systems erweitern Cumming u. a. einen Ansatz von Wiggins (1967), der die drei Dimensionen *Komponenten eines Systems*, *Beziehungen zwischen diesen Komponenten* sowie *Fähigkeit von Komponenten und Beziehungen sich selbst durch Zeit und Raum aufrechtzuerhalten* in dem Begriff Identität zusammengefasst hat. Als vierte Dimension fügen Cumming u. a. in Anlehnung an die moderne Systemtheorie (vgl. Abschnitt 2.2.1.2) zur Abbildung von Dynamik in ihrem Widerstandsfähigkeitsbegriff die Eigenschaften *Innovation und Selbstorganisation* eines Systems hinzu. Anzumerken ist, dass sich widerstandsfähige Systeme aufgrund von Innovation und Selbstorganisation zwar an eine Vielzahl von externen Bedingungen anpassen können, beide Eigenschaften jedoch auch dazu beitragen können, die Widerstandsfähigkeit eines Systems zu reduzieren (vgl. Cumming u. a., 2005: S. 976).

Auch in anderen Wissensgebieten finden sich ähnliche, an der systemischen Perspektive orientierte Definitionen von Widerstandsfähigkeit (vgl. Ponomarov, Holcomb, 2009). Rose beispielsweise vertritt für seine Beschreibung der Widerstandsfähigkeit von *volkswirtschaftlichen Systemen* ein zu Cumming u. a. (2005) ähnliches dynamisches Verständnis des Konstrukts. Er unterscheidet in diesem Zusammenhang zwei Arten von Widerstandsfähigkeit, die inhärente und adaptive Widerstandsfähigkeit. Mit systeminhärent bezeichnet er die Fähigkeit eines Systems unter normalen Umständen innerhalb der Systemgrenzen auf Veränderungen zu reagieren, während die adaptive Widerstandsfähigkeit die Fähigkeit eines Systems beschreibt, sich Krisensituationen anzupassen und seine Systemkonfiguration entsprechend zu modifizieren (vgl. 2006: S. 230–234). Anzumerken ist an dieser Stelle, dass die beiden von Rose unterschiedenen Widerstandsfähigkeitsbegriffe eine große inhaltliche Nähe zu den Begriffen Flexibilität und Agilität aufweisen (vgl. Abschnitt 2.3.2.1).

Die Vereinten Nationen verwenden demgegenüber bei der Definition der Widerstandsfähigkeit eines sozialen Systems gegenüber Naturkatastrophen eine Erweiterung der Definition von Westmann (1986), womit sie eine eher statische Definition vertreten. So definieren sie im Rahmen ihrer internationalen Strategie zur *Reduktion von Katastrophen* Widerstandsfähigkeit für ein System, eine Gemeinschaft oder eine Gesellschaft als die Fähigkeit einer Gefahr zu widerstehen, sie zu absorbieren, sich anzupassen und sich von ihren Auswirkungen zeitnah und effizient unter Bewahrung und Wiederherstellung wichtiger Grundstrukturen und -funktionen zu erholen (vgl. UNISDR, 2009: S. 24). Die Vereinten Nationen führen in einem Kommentar zu dieser Definition aus, dass die Widerstandsfähigkeit einer Gemeinschaft von den zwei folgenden Faktoren abhängt:

- Verfügbarkeit von benötigten Ressourcen,
- Fähigkeit der Gemeinschaft zur Selbstorganisation, sowohl vor als auch während eines Ereignisses bzw. der Erholungszeit.

Während es sich bei dem ersten Faktor um eine notwendige Voraussetzung handelt, um handlungsfähig zu sein, verdeutlicht der zweite Faktor das Verständnis von Widerstandsfähigkeit dieser Definition. Die Vereinten Nationen ordnen hier einer widerstandsfähigen Gemeinschaft die Fähigkeit einer bereits pro-aktiven Anpassung an eine drohende Gefahr, auch unter Verlassen eines stabilen Zustandes, zu. Wie die Vertreter eines dynamischen Begriffsverständnisses aus dem Gebiet der Ökologie sowie Roses adaptive Widerstandsfähigkeit aus der Volkswirtschaftslehre wird auch in dieser Definition Anpassungsfähigkeit als Eigenschaft eines widerstandsfähigen Systems beschrieben. Trotz dieser Inkludierung von Anpassungsfähigkeit handelt es sich eher um ein statisches Verständnis des Begriffs, ein dynamisches Niveau der Widerstandsfähigkeit wird von den Vereinten Nationen nicht vorgesehen.

Auch im Bereich der *Organisationslehre* haben verschiedene Autoren Definitionen von Widerstandsfähigkeit formuliert. Wildavsky beispielsweise beschreibt Widerstandsfähigkeit als die Fähigkeit einer Organisation mit unerwarteten Gefahren, nachdem diese eingetreten sind, umzugehen und sich wiederherstellen zu können (vgl. 1988: S. 77). Er fokussiert seine Definition von Widerstandsfähigkeit damit auch auf die adaptive Widerstandsfähigkeit nach Rose (2006) und vertritt ein dynamisches Verständnis des Begriffs. Horne und Orr erweitern diese Definition um eine zeitliche Dimension, indem sie Widerstandsfähigkeit als die grundlegende Qualifikation von Individuen, Gruppen, Organisationen und ganzen Systemen beschreiben, produktiv auf signifikante Veränderungen, die den erwarteten Verlauf von Ereignissen verändern, antworten zu können, ohne in eine längere Periode zurückschreitenden Verhaltens eintreten zu müssen (vgl. 1998: S. 31). Ähnlich zu der Konzeptualisierung von Widerstandsfähigkeit innerhalb der Psychologie wird in der Organisationslehre in das Verständnis des Begriffes die Fähigkeit einer Organisation aus überstandenen Krisen zu lernen inkludiert (vgl. Weick, 1987). Anzumerken ist, dass eine Organisation, die aus widerstandsfähigen Individuen besteht, nicht zwingend ebenfalls widerstandsfähig ist (vgl. Coutu, 2002: S. 52). Die Konzepte zur Widerstandsfähigkeit in der Organisationsforschung wurden teilweise in den Beiträgen zu hoch zuverlässigen Systemen bzw. in der Theorie zur Aufmerksamkeit von Organisationen übernommen (vgl. Abschnitt 3.3.3.3).

Im Rahmen der vorliegenden Arbeit wird ein dynamischer Widerstandsbegriff verwendet, der sowohl die inhärente als auch die adaptive Widerstandsfähigkeit nach Rose (2006) umfasst. Dieser Begriff wird in Anlehnung an Cumming u. a. (2005) um den Aspekt der Identität eines Systems sowie nach Horne und Orr (1998) um eine zeitliche Dimension der Widerstandsfähigkeit ergänzt.

3.3.3. Verwundbarkeit und Widerstandsfähigkeit im Kontext der Organisationsforschung

3.3.3.1. Verwundbarkeit und Widerstandsfähigkeit als Einflussgrößen in der Katastrophenforschung

Das Auftreten einiger anthropogener Katastrophen, ausgelöst durch Unfälle in großtechnischen Systemen, hat dazu geführt, dass die Unfallursachen innerhalb dieser Systeme intensiv, nicht nur aus technischer, sondern auch aus organisatorischer Perspektive untersucht wurden (vgl. Leveson u. a., 2009: S. 227). Insbesondere während der Analysen eines Unfalls in dem amerikanischen Kernkraftwerk Three-Mile-Island nahe Harrisburg 1979 wurden zwei interessante Ansätze entwickelt, aus denen in den folgenden Jahren die beiden wichtigsten Denkschulen in der Katastrophenforschung aus organisatorischer Perspektive hervorgegangen sind (vgl. La Porte, 1982). Beide Denkschulen unterscheiden sich jedoch sowohl hinsichtlich ihrer Aussagen als auch hinsichtlich der Logik ihres Erkenntnisgewinns.

Die *Theorie der normalen Katastrophen* nach Charles Perrow (1981) besagt, dass Unfälle in komplexen und eng gekoppelten technischen Systemen und Organisationen unvermeidlich sind (vgl. Abschnitt 3.3.3.2). Die Theorie der normalen Katastrophen wurde deduktiv entwickelt, Perrow formuliert sie aus verschiedenen Erkenntnissen der Organisationsforschung. Trotzdem wurde die Theorie von den normalen Katastrophen nach ihrer Entwicklung anlässlich des Three-Mile-Island-Unfalls von Perrow und anderen Autoren um zahlreiche Beispiele von Unfällen aus anderen Bereichen ergänzt (vgl. bspw. Perrow, 1984). Die zweite Denkschule ist der Ansatz der *hoch zuverlässigen Organisationen*, an dem eine Forschergruppe um Todd La Porte an der University of California in Berkeley arbeitet (vgl. LaPorte, Consolini, 1991). Die Vertreter dieses Ansatzes schließen aus der Analyse verschiedener Fallstudien induktiv, dass selbst komplexe Organisationen mit engen Kopplungen, die bestimmte organisatorische Regeln befolgen, hoch zuverlässig sein können (vgl. Abschnitt 3.3.3.3). Die Aussagen beider Denkschulen sind also widersprüchlich, auch wenn einige Vertreter des Ansatzes der hoch zuverlässigen Organisationen eine komplementäre Beziehung zwischen ihnen unterstellen (vgl. Rijpma, 1997: S. 16). Zwischen Vertretern beider Denkschulen ist es seit den 1990iger Jahren zu einem längeren Disput über den Wert beider Ansätze in verschiedenen wissenschaftlichen Publikationen gekommen (Hopkins, 1999; bspw. Perrow, 1994). Während jedoch die Theorie der normalen Katastrophen inhaltlich nur um den Aspekt einiger verstärkender Mechanismen in dem Verhalten von Organisationen (vgl. Sagan, 1993) weiterentwickelt worden ist (vgl. Rijpma, 2003: S. 38), wurde der Ansatz der hoch zuverlässigen Organisationen im Zuge weiterer Fallstudien substanziell verfeinert. Aufgrund der induktiven Anlage dieses Ansatzes konnten bei der fortgesetzten Analyse verschiedener Organisationen weitere Merkmale hoch zuverlässiger Systeme identifiziert und in den Ansatz aufgenommen werden (vgl. Abschnitt 3.3.3.3).

Ein weiterer Unterschied zwischen beiden Denkschulen besteht in ihren Ausrichtungen. Perrow formuliert seine Theorie als Erklärung für das Auftreten von Katastrophen aufgrund von Systemunfällen in soziotechnischen Systemen. Da er nach der Diskussion seiner Überlegungen zu dem eher pessimistischen Schluss kommt, dass bestimmte soziotechnische Systeme wie z. B. Kernkraftwerke nicht zuverlässig betrieben werden können, empfiehlt er die Aufgabe dieser Technologien (Perrow, 1987: S. 408). Auf das Aufzeigen anderer Lösungsmöglichkeiten verzichtet er dagegen vollständig. Im Gegensatz zu Perrow formulieren LaPorte und seine Gruppe ihren Ansatz tendenziell optimistisch (vgl. Leveson u. a., 2009: S. 228). Sie betrachten weniger die Ursachen von Katastrophen, sondern fokussieren auf die Übertragung von Verhaltensweisen bestehender, hoch zuverlässiger soziotechnischer Systeme auf andere Organisationen. Beide Ansätze fokussieren aufgrund dieser unterschiedlichen Ausrichtung auf unterschiedliche Ebenen in dem Themenkomplex anthropogener Katastrophen. Anzumerken ist in diesem Zusammenhang, dass neben der Theorie von den normalen Katastrophen weitere Erklärungsansätze zum Auftreten von Katastrophen im Umfeld von Organisationen bestehen (vgl. bspw. Reason, 1997; Turner, Pidgeon, 1997). Auch wenn keine dieser Theorien eine eigene Denkschule begründet hat, wird insbesondere die Theorie der Inkubationszeit von Katastrophen (Disaster Incubation Theory) nach Turner und Pidgeon (1997) von einigen Autoren mit dem Ansatz der hoch zuverlässigen Organisationen kombiniert. Denn anders als Perrow, der Katastrophen deterministisch aus den Eigenschaften komplexer Organisationen erklärt, identifizieren Turner und Pidgeon Fehler von Kontrollinstanzen im

Vorfeld von Unfällen als eigentliche Auslöser (vgl. 1997). Turner entwickelte seine Theorie bereits 1978, also vor dem Entstehen der Ansätze von Perrow und LaPorte, seine Überlegungen wurden aber bis zur Neuauflage seines Buches 1997 weitestgehend ignoriert. Die Theorie der Inkubationszeit von Katastrophen ist im Gegensatz zu der von Perrow eher optimistisch und aus der Managementperspektive formuliert (vgl. Gephart, 1984). Rijpma (2003) stellt in diesem Zusammenhang fest, dass sich die Theorie der Inkubationszeit von Katastrophen und der Ansatz der hoch zuverlässigen Organisationen spiegelbildlich zueinander verhalten. Hoch zuverlässige Organisationen vermeiden genau diejenigen Fehler, die nach der Theorie von Turner und Pidgeon zu Katastrophen führen (vgl. Rijpma, 2003: S. 40).

3.3.3.2. Normal Accident Theory

Die Theorie der normalen Katastrophen (Normal Accident Theory) wurde nach der Analyse des Unfalls von Harrisburg weiterentwickelt und von ihrem Entdecker Charles Perrow in einer viel beachteten Publikation auch auf andere großtechnische Systeme angewendet (1984). Perrow bezieht seine Theorie auf ein System, in das er die von ihm sogenannten DEPOSE-Komponenten inkludiert (vgl. 1987: S. 23):

- Systemauslegung (Design),
- Ausrüstung (Equipment),
- Verfahren (Procedures),
- Bedienpersonal (Operators),
- Zubehör und Material (Supplies and Materials),
- Systemumwelt (Environment).

Bereits mit der Integration des Bedienpersonals in den Geltungsbereich seines Ansatzes wird deutlich, dass Perrow seine Theorie der normalen Katastrophen nicht für technische, also streng deterministische Systeme, sondern für soziotechnische Systeme formuliert. Auch seine Perspektive auf die Fallstudien in seinem Buch, in denen er die Wechselwirkungen zwischen technischen Systemen einerseits sowie Bedienpersonal und Konstrukteuren andererseits beschreibt, verstärkt diesen Eindruck. Sagan ergänzt bei seiner Erweiterung der Theorie, dass komplexe Organisationen Unfälle provozieren, weil ihre offiziellen Sicherheitsziele aufgrund von wirtschaftlichen oder anderen Interessen aufgegeben werden (vgl. 1993). Rijpma stellt im Hinblick auf bestehende Zweifel an der Relevanz der von Perrow analysierten Fallstudien für die Theorie der normalen Katastrophen (vgl. bspw. Hopkins, 1999: S. 101) klar, dass

Perrow diese Theorie nicht nur für technisch determinierte Unfälle abgeleitet hätte (vgl. 2003: S. 38).

Die Kernaussage der Theorie der normalen Katastrophen ist, dass *in eng gekoppelten technischen Systemen mit komplexen Interaktionen Unfälle auftreten, die nicht vorhersehbar und damit nicht zu vermeiden, also quasi normal sind.* Perrow spricht in diesem Zusammenhang von normalen oder Systemunfällen (vgl. 1987: S. 18). Anzumerken ist, dass die Theorie der normalen Katastrophen zwar das Auftreten unvermeidbarer Unfälle in bestimmten technischen Systemen erklärt, nicht aber als Begründung sämtlicher Unfälle dieser Systeme dienen kann (vgl. Perrow, 1994: S. 218). Perrow identifiziert zusätzlich zu Systemunfällen, Komponentenunfälle als Auslöser von Katastrophen in großtechnischen Systemen, deren Auftreten aber nicht von der Theorie erklärt wird. In diesem Zusammenhang beschreibt er einen Systemunfall als simultanen Ausfall mehrerer Komponenten, wobei zwischen den einzelnen Defekten unvorhersehbare Wechselwirkungen auftreten (vgl. 1987: S. 105). Auch das Auftreten von Systemunfällen in lose gekoppelten oder linearen Systemen betrachtet die Theorie der normalen Katastrophen nicht (vgl. Rijpma, 2003: S. 27). Zur Beschreibung des Geltungsbereichs seiner Theorie entwickelt Perrow Merkmale, mithilfe deren Ausprägungen er komplexe und lineare Interaktion (vgl. Tabelle 18) sowie enge und lose Kopplung (vgl. Tabelle 19) unterscheiden kann. Allgemein differenziert Perrow komplexe von linearen Interaktionen dadurch, dass komplexe Interaktionen von einer Kontrollinstanz nicht geplant oder erwartet werden, und dass sie für diese Instanz entweder nicht sichtbar oder nicht durchschaubar sind (vgl. 1987: S. 115). Das Auftreten von kleineren Defekten kann bei Anwesenheit komplexer Interaktionen zu unvorhergesehenen Systemunfällen führen.

Komplexe Systeme	Lineare Systeme
Enge Nachbarschaft	Räumliche Trennung
Common-Mode-Verknüpfungen	Festgelegte Verknüpfungen
Verknüpfte Subsysteme	Getrennte Subsysteme
Eingeschränkte Substitutionsmöglichkeiten	Kaum eingeschränkte Substitutionsmöglichkeiten
Rückkopplungsschleifen	Wenig Rückkopplungsschleifen
Integrierte Kontrollinstrumente mit Mehrfachfunktion	Unabhängige Kontrollinstrumente mit nur einer Funktion
Indirekte Informationen	Direkte Informationen
Beschränkte Kenntnis	Umfassende Kenntnis

Tabelle 18: Attribute komplexer und linearer Systeme

(vgl. Perrow, 1987: S. 129)

Perrow identifiziert drei Ebenen eines technischen Systems, auf denen es zu komplexen Interaktionen kommen kann bzw. bei dem Unfall in Harrisburg kam. Grundlage einer Interaktion ist auf jeder dieser Ebenen eine Kopplung oder Verknüpfung von Systemelementen oder Teilsystemen, wobei bestimmte Verknüpfungen das System komplex werden lassen.

Auf *funktionaler Ebene* führen Common-Mode-Funktionen zu dem Auftreten komplexer Interaktionen. Common-Mode-Funktionen stellen Funktionen dar, die in verschiedenen, unabhängigen Teilsystemen von demselben Systemelement erfüllt werden. Fällt ein solches Element aus, stehen gleichzeitig mehrere Funktionen des Systems nicht mehr zur Verfügung, Perrow spricht in diesem Zusammenhang von abhängigen Fehlern (1987: S. 108). Abhängige Fehler entstehen unter anderem dann, wenn die Komplexität innerhalb eines Systems erhöht wird (vgl. Hagen, 1980: S. 509). Zur Vermeidung solcher Fehler werden großtechnische Systeme redundant ausgelegt (Perrow, 1987: S. 108), da Redundanz aus Sicht der Theorie der normalen Katastrophen die einzige Möglichkeit darstellt, aus unzuverlässigen Elementen ein zuverlässiges System aufzubauen (vgl. Sagan, 1993: S. 19). Paradoxerweise wird durch das Hinzufügen weiterer Elemente bei redundanter Auslegung dieser Systeme ihre Komplexität erhöht (vgl. Weaver, 1981: S. 381). Insbesondere die Annahme, dass Redundanz die einzige Möglichkeit zur Erhöhung der Zuverlässigkeit eines Systems darstellt, ist in der Literatur allerdings umstritten (vgl. Leveson u. a., 2009: S. 233). Im Umfeld der Organisationsforschung verweisen insbesondere die Anhänger der Denkschule von den hoch zuverlässigen Systemen auf mindestens vier Faktoren, die die Zuverlässigkeit einer Organisation erhöhen (vgl. 3.3.3.3.), Redundanz ist nur einer von diesen Faktoren (vgl. LaPorte, Consolini, 1991). Neben der Verknüpfung aufgrund von Common-Mode-Funktionen identifiziert Perrow auf zwei weiteren Ebenen Interaktionen.

Die räumliche Nachbarschaft ihrer Elemente stellt auf der *physischen Ebene* eine weitere Verknüpfung von Teilsystemen dar, die zu komplexen Interaktionen führen kann. Auch die Verwendung von aggregierten und damit indirekten Informationen über den Zustand einzelner Systemelemente kann auf der *Signalebene* zu komplexen Interaktionen führen (vgl. Perrow, 1987: S. 109). Zur Erhöhung der Zuverlässigkeit von großtechnischen Systemen empfiehlt Perrow bei Auftreten komplexer Interaktionen eine dezentrale Steuerung dieses Systems. Er begründet seine Empfehlung mit der Beobachtung, dass Fehler aufgrund von komplexen Interaktionen zuerst von den direkten Steuerungsinstanzen eines Teilsystems erkannt werden, bevor eine übergeordnete Kontrollinstanz auf diese aufmerksam werden kann. In einem System mit dezentral aufgebauter Steuerung können diese direkten Instanzen eingreifen, bevor ein Systemunfall entsteht (Perrow, 1987: S. 388).

Enge Kopplung	Lose Kopplung
Keine Verzögerung des Betriebsablaufs möglich	Verzögerung des Betriebsablaufs möglich
Unveränderbarkeit des Ablaufs	Ablauf veränderbar
Produktionsziel nur mit einer Methode realisierbar	Alternative Methoden möglich
Geringer Spielraum bei Betriebsstoffen, Ausrüstung und Personal	Mehr oder weniger großer Spielraum verfügbar
Puffer und Redundanzen konstruktiv vorgeplant	Puffer und Redundanzen durch zufällige Umstände verfügbar
Substitution von Betriebsstoffen, Ausrüstung und Personal begrenzt vorgeplant	Substitution je nach Bedarf möglich

Tabelle 19: Systeme mit enger und loser Kopplung
(vgl. Perrow, 1987: S. 136)

Neben der Komplexität von Interaktionen hat Perrow den Grad der Enge von Kopplungen zwischen verschiedenen Elementen als zweite Dimension zur Beschreibung von Systemen innerhalb der Theorie von normalen Katastrophen eingeführt. Im Gegensatz zu einer losen Kopplung existieren zwischen zwei eng gekoppelten Elementen keine Puffer oder Elastizitäten, sodass sich Vorgänge eines Elements unmittelbar auf alle anderen Elemente auswirken, die mit dem betroffenen Element eng gekoppelt sind. Systeme, deren Elemente lose gekoppelt sind, können erzwungene Veränderungen verarbeiten, ohne sich zu destabilisieren, während eng gekoppelte Systeme auf solche Störungen direkter reagieren (vgl. Perrow, 1987: S. 131). Trotz dieser scheinbaren Vorteilhaftigkeit lose gekoppelter Systeme stellt Perrow fest, dass aufgrund technischer oder wirtschaftlicher Überlegungen für lineare Systeme, eine enge Kopplung die optimale Organisationsweise ist (vgl. 1987: S. 132). Zur Unterscheidung, ob es sich bei einer Verknüpfung von Elementen um eine eher lose oder enge Kopplung handelt, hat Perrow wie bereits zur Analyse der Interaktionen zwischen Elementen verschiedene Merkmale bestimmt, anhand deren Ausprägungen eine Klassifizierung der Kopplung vorgenommen werden kann (vgl. Tabelle 19). Eine enge Kopplung von Elementen führt zu einer schnellen Fehlerfortpflanzung innerhalb des Systems, sodass sich auch kleine, unbedeutende Fehler zu Katastrophen aufschaukeln können (vgl. 1994: S. 214). Als Organisationsstruktur für eng gekoppelte Systeme empfiehlt Perrow deswegen in Anlehnung an Arbeiten anderer Autoren (vgl. Burns, Stalker, 1994; Woodward, 1980) einen zentralisierten Aufbau, da dieser eine schnelle Reaktion des gesamten Systems auch bei Unfällen ermöglicht.

Aus seinen Ausführungen zur sicheren Gestaltung sowohl von Systemen mit komplexen Interaktionen als auch solchen mit engen Kopplungen bestätigt Perrow per deduktivem Schluss seine Theorie. Ein eng gekoppeltes System, das zusätzlich komplexe Interaktionen aufweist, müsste gleichzeitig dezentral und zentral aufgebaut sein, um das Auftreten von Systemunfällen vermeiden zu können, was ein unlösbares Dilemma darstellt (vgl. Perrow, 1987: S. 387).

Perrow selber hat die Theorie der normalen Katastrophen nicht nur auf großtechnische Systeme wie Kernkraftwerke oder petrochemische Anlagen angewendet, sondern auch Fallstudien anderer soziotechnischer Systeme analysiert (vgl. 1987). Hierzu hat er zunächst verschiedene Systeme hinsichtlich des Charakters ihrer Kopplungen und Interaktionen untersucht und in einer Matrix verglichen (vgl. Abbildung 30). Anzumerken ist, dass die Einordnung der einzelnen Systeme der subjektiven Einschätzung Perrows entstammt. Auf eine Verwendung der von ihm identifizierten allgemeinen Merkmale zur Bewertung und Kopplung von soziotechnischen Systemen (vgl. Tabelle 18 und Tabelle 19) hat Perrow dagegen verzichtet und dazu angemerkt, dass keine zuverlässige Möglichkeit bestehe, Komplexität bzw. Kopplung zu messen. Zudem erscheinen die Systemgrenzen nicht bei allen in Abbildung 30 positionierten Systemen eindeutig definiert zu sein (vgl. Perrow, 1987: S. 137).

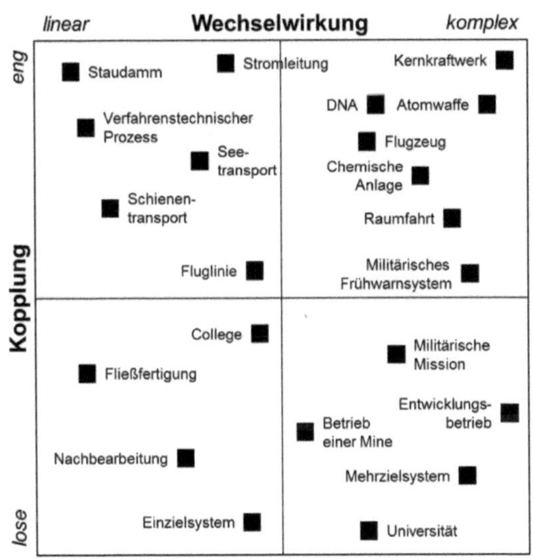

Abbildung 30: Interaktion und Kopplung verschiedener soziotechnischer Systeme
(vgl. Perrow, 1987: S. 138)

Ausgehend von dieser Einordnung analysiert er den Luft- und Seeverkehr, immobile Systeme wie Bergwerke und Staudämme sowie die verschiedenen Raumfahrtprogramme, das amerikanische Frühwarnsystem gegenüber nuklearen Angriffen sowie die industrielle Gentechnik hinsichtlich ihrer Anfälligkeit gegenüber System- und Komponentenunfällen. Das Ergebnis seiner Analysen kombiniert Perrow mit einem eher politisch zu verstehenden Appell (vgl. Marais u. a., 2004: S. 2). Er empfiehlt bestimmte Technologien in Abhängigkeit ihres Katastrophenpotenzials und der Kosten alternativer Lösungen entweder aufzugeben, einzuschränken oder zu verbessern (vgl. Perrow, 1987: S. 408). Später hat Sagan bei seiner Erweiterung der Theorie der normalen Katastrophen insbesondere die Betrachtung des amerikanischen Frühwarnsystems vertieft und in diesem Zusammenhang verschiedene beinahe Unfälle analysiert (vgl. 1993).

3.3.3.3. High Reliable Organizations

Der Ansatz der hoch zuverlässigen Organisationen wurde ebenfalls im Zusammenhang mit der Analyse des Störfalls in einem Kernkraftwerk nahe Harrisburg 1979 durch LaPorte (1982) erstmals publiziert. Seitdem wurde der Ansatz von einer interdisziplinären Forschergruppe an der University of California in Berkeley um Todd LaPorte kontinuierlich weiterentwickelt und veröffentlicht (vgl. Roberts, 1989: S. 112). Zwar stellen auch LaPorte und Consolini mit Bezug auf die Literatur fest, dass von keiner Organisation erwartet werden kann, fehlerfrei zu operieren. Sie identifizieren jedoch gleichzeitig im Rahmen von empirischen Untersuchungen Beispiele von komplexen soziotechnischen Systemen, die dieses Ziel annähernd erreichen (vgl. 1991: S. 20). Rochlin merkt in diesem Zusammenhang an, dass die Struktur einer Organisation stark von der Art und den Anforderungen ihrer Kerntechnologie abhängt (vgl. Rochlin, 1989: S. 159). Die Forscher in Berkeley unterscheiden folglich anhand der technologischen Komponenten von soziotechnischen Systemen zwischen fehlertoleranten und Hoch-Risiko-Organisationen[6]. Fehlertolerante Organisationen können aus Versuch und Irrtum lernen und sich in Bezug auf eine für sie optimale Balance zwischen Effizienz und Sicherheit weiterentwickeln. Für Hoch-Risiko-Organisationen ist der Schaden eines Fehlers dagegen so hoch, dass dieser die positiven Lerneffekte in jedem Fall übersteigt (vgl. LaPorte, Consolini, 1991: S. 22). Aus der Gruppe der Hoch-Risiko-Organisationen beschreibt Roberts diejenigen als hoch zuverlässig, die über einen langen Zeitraum außerordentlich zuverlässig sind und wiederholt in Situationen, in denen katastrophale Fehler möglich gewesen wären, nicht versagt haben

[6] In einigen Publikationen werden alle Organisationen, die nicht fehlertolerant sind, als hoch zuverlässige Organisationen bezeichnet. Um diese von der betrachteten Untergruppe zu unterscheiden, wird hier der von Charles Perrow eingeführte Begriff der Hoch-Risiko-Organisationen verwendet.

(vgl. 1989: S. 112). Wie Marais u. a. im Hinblick auf diese allgemeine Definition anmerken, ist es nach dieser Abgrenzung schwierig, eine nicht hoch zuverlässige Organisation zu finden (vgl. 2004: S. 3). LaPorte und Consoline haben folgende drei Merkmale identifiziert, anhand derer sich hoch zuverlässige von fehlertoleranten Organisationen unterscheiden (vgl. 1991: S. 22):

- Die Elemente des soziotechnischen Systems sind so *eng gekoppelt*, dass bei Versagen eines der Elemente, das Erreichen des Produktionsziels ernsthaft gefährdet ist.
- Die Konsequenzen betrieblicher Fehler sind öffentlich sichtbar und gefürchtet, sodass ein *starker externer Druck auf die Organisation* besteht, zuverlässige interne Abläufe zu etablieren.
- Hoch zuverlässige Organisationen verfügen über eine *gute Ausstattung mit Ressourcen*, die es ihnen erlauben, stark in Zuverlässigkeit zu investieren.

Aus der Untersuchung von drei Organisationen, die diesen Merkmalen entsprechen, dem amerikanischen Flugsicherheitssystem, einem regionalen Stromnetz sowie dem Flugbetrieb auf zwei Flugzeugträgern, leiten die Mitglieder der Forschergruppe in Berkeley verschiedene Strategien und Grundsätze ab. Ihre Empfehlungen soll es Organisationen ermöglichen, trotz komplexer Interaktionen und enger Kopplungen zwischen ihren Elementen hoch zuverlässig zu operieren (vgl. Roberts, 1993). Anzumerken ist jedoch, dass es der Forschergruppe mit ihrem empirischen Ansatz bisher nicht gelungen ist, allgemeingültige Strategien zu identifizieren, die unabhängig von der tatsächlichen Ausgestaltung des soziotechnischen Systems einer Hoch-Risiko-Organisation, zu hoher Zuverlässigkeit führen (vgl. Rijpma, 2003: S. 39). Insbesondere durch die Erweiterung der Analysen beispielsweise auf Unterseeboote (vgl. Bierly, Spender, 1995) oder weitere Kernkraftwerke (vgl. Rochlin, Meier, 1994) werden die Unterschiede zwischen den Verhaltensweisen der Organisationen deutlich.

Trotzdem lassen sich aus den verschiedenen Veröffentlichungen der Forschergruppe um LaPorte wesentliche Strategien ableiten, die zu hoher Zuverlässigkeit der Organisationen führen. Wiederholt genannt wird in diesem Zusammenhang beispielsweise das *Vorhalten von Redundanzen* (vgl. Rochlin u. a., 1987), die *Dezentralisierung von Entscheidungen* bei gleichzeitigem Schaffen einer *Unternehmenskultur, die auf hohe Zuverlässigkeit abstellt* (vgl. Weick, 1987), das *Ziel fehlerfrei zu sein* (vgl. Rochlin, 1989), die Fähigkeit einer *lernenden Organisation* (vgl. LaPorte, Consolini, 1991) sowie die *Nebeneinanderstellung verschiedener Ansätze* und Wahrnehmungen vor wichtigen Entscheidungen (vgl. Schulman, 1993). Weick u. a. adaptieren schließlich Ansätze aus der Psychologie zur Aufmerksamkeit von Individuen (vgl. bspw. Langer, Moldoveanu, 2000) auf Organisationen und entwickeln die bestehenden Ansätze aus dem Bereich der hoch zuverlässigen Organisationen zu ihrer *Theorie zur Aufmerksamkeit (Mindfulness) von Organisationen* weiter (vgl. 1999a). Seit der Veröffentlichung von Weicks Theorie der Aufmerksamkeit von Organisationen ist eine separate Diskussion über Entscheidungen in hoch zuverlässigen Organisationen aus der Literatur weitestgehend verschwunden (vgl. Hayes, 2006: S. 5). Anzumerken ist, dass Weick und Sutcliffe in ihre Theorie auch den Begriff der *Widerstandsfähigkeit* (vgl. Abschnitt 3.3.2) inkludieren, der von der Forschergruppe um LaPorte in Berkeley nicht verwendet wird.

3.4. Übertragung eines Verwundbarkeitsbegriffs auf Supply Chains

3.4.1. Literaturanalyse bestehender Definitionsansätze zur Verwundbarkeit

Im Vergleich mit Ansätzen zu Supply-Chain-Risiken und deren Steuerung ist die Anzahl der Beiträge zur Verwundbarkeit von Wertschöpfungsnetzwerken in der Literatur eher gering. Entsprechend merkt Peck an, dass die Forschung zur Verwundbarkeit in Wertschöpfungsnetzwerken im Gegensatz zu anderen Disziplinen des Supply-Chain-Managements erst am Anfang steht (vgl. 2005: S. 216). Auch Wagner und Bode stellen fest, dass der Stand des Wissens über Mechanismen und Bedingungen, die die Verwundbarkeit von Supply Chains beeinflussen, sowie über das Zusammenwirken von Supply-Chain-Verwundbarkeit und -Risiko sehr begrenzt ist (vgl. 2006a: S. 302). Bereits auf normativer Ebene sind in der Literatur nur wenige Definitionen von Verwundbarkeit im Zusammenhang mit Supply Chains verfügbar. Lediglich Svensson sowie einige Autoren der Forschergruppe um Martin Christopher an der Cranfield School of Management haben bisher wesentlich zu einer Konzeptualisierung von Supply-Chain-Verwundbarkeit beigetragen.

In ihren Beiträgen definieren Autoren der *Cranfield School of Management* Verwundbarkeit häufig als Exposition gegenüber ernsthaften Störungen, wobei diese Störungen aus Supply-Chain-Risiken entstehen und die Fähigkeit einer Supply Chain effektiv den Endkundenmarkt zu bedienen, einschränken (Chapman u. a., 2002: S. 60; vgl. bspw. Christopher u. a., 2002: S. 12). Christopher und Peck verwenden parallel zu dieser Definition folgende Formel zur Beschreibung von Verwundbarkeit, in der Verwundbarkeit ebenfalls als Exposition gegenüber Risiken konzeptualisiert wird.

„Unter Risiko: verwundbar; wahrscheinlich verloren oder beschädigt zu werden“ (Christopher, Peck, 2004: S. 3).

Während auch Jüttner die Definition von Christopher u. a. (2002) für eine empirische Untersuchung zu Verwundbarkeit und Risiko in Supply Chains übernimmt (vgl. Jüttner, 2005: S. 124), hat sie in einem früheren Beitrag noch eine abweichende Definition verwendet. Hier definiert sie Verwundbarkeit als Neigung von Risikoquellen und -treibern, Vermeidungsstrategien zu überwinden und negative Konsequenzen in Supply Chains zu verursachen (vgl. Jüttner u. a., 2003: S. 200). Jüttner beschreibt in ihrer früheren Definition Verwundbarkeit damit nicht wie die übrigen Autoren aus Cranfield als Exposition gegenüber Risiken, sondern als Anfälligkeit von Supply Chains gegenüber Risiken.

Neben den Autoren aus Cranfield hat insbesondere *Göran Svensson* zur Definition von Supply-Chain-Verwundbarkeit beigetragen. Hierzu hat er zunächst einen ähnlichen Ansatz wie die Autoren aus Cranfield verwendet und Verwundbarkeit als die Existenz zufällig auftretender Störungen definiert, die negative Konsequenzen für ein betrachtetes Unternehmen und seine Lieferanten verursachen (vgl. 2000: S. 732). In späteren Beiträgen hat er seine Definition jedoch schrittweise weiterentwickelt. Hier beschreibt er Verwundbarkeit als Zustand, der die Zielerreichung von Unternehmen aufgrund des Auftretens negativer Konsequenzen aus Störungen beeinträchtigt (vgl. 2002a: S. 112). Dieser Zustand wird durch die Abhängigkeit zwischen Aktivitäten verschiedener Unternehmen einer Supply Chain verursacht. Den Grad der Verwundbarkeit eines Unternehmens beschreibt Svensson als proportional zu dem Grad dieser Abhängigkeiten sowie den aus dieser Abhängigkeit drohenden Konsequenzen (2002b: S. 169, vgl. 2002c: S. 323). Auch in späteren Beiträgen hat Svensson diese Definition verwendet (vgl. 2004a: S. 169, 2004b: S. 729). Im Gegensatz zu den Autoren aus Cranfield beschreibt Svensson, insbesondere in seinen späteren Definitionen, Verwundbarkeit allgemein als Zustand, ohne darauf einzugehen, ob es sich um die Exposition oder die Anfälligkeit gegenüber Risiken handelt. Allerdings identifiziert er in der Abhängigkeit zwischen Unternehmen bereits eine interne Ursache von Verwundbarkeit in Supply Chains.

Außer Svensson und der Forschergruppe um Christopher haben sich nur wenige andere Autoren an der Adaption des Verwundbarkeitskonstrukts auf Supply Chains beteiligt. Hauser verwendet einen Definitionsansatz, der keiner der Definitionen von Svensson oder den Forschern um Christopher entspricht. Für ihn stellen diejenigen Risiken Verwundbarkeiten dar, die nach dem Auftreten eines Ereignisses zu signifikanten Störungen oder Unterbrechungen einer Supply Chain führen (vgl. 2003: S. 68). Hauser verwendet den Begriff Verwundbarkeit demnach zu einer Beschreibung einer Gruppe von Risiken. Einen ähnlichen Ansatz verfolgen auch Dong und Chen (vgl. 2007: S. 371) sowie Sheffi und Rice (vgl. 2005: S. 43), die vorschlagen, die Verwundbarkeit einer Supply Chain gegenüber einem störenden Ereignis mithilfe dessen Eintrittswahrscheinlichkeit und Ausmaß, also mit typischen Risikomaßen (vgl. Abschnitt 3.1.3) zu quantifizieren.

Andere Autoren haben den Zusammenhang zwischen Risiko und Verwundbarkeit in Übereinstimmung mit dem allgemeinen Verwundbarkeitsbegriff (vgl. bspw. Carreño u. a., 2007; Wisner u. a., 2004) entgegengesetzt definiert. Beispielsweise identifizieren Gaonkar und Viswanadham die Verwundbarkeit von Unternehmen in Supply Chains gegenüber Schäden bei anderen Elementen des Netzwerks oder opportunistischen Verhaltens ihrer Partner als Risikoquelle (vgl. 2007: S. 267). Bames und O-loruntoba definieren Verwundbarkeit als Anfälligkeit gegenüber Veränderungen oder Verlusten aufgrund bestehender organisatorischer und funktionaler Vorgehensweisen oder Bedingungen (vgl. 2005: S. 527). Ihre Definition ähnelt damit stark den allgemeinen Ansätzen zur Verwundbarkeit aus dem Bereich der Katastrophenforschung (vgl. Abschnitt 3.3.1). Ähnlich den im Rahmen der Erdbebenforschung untersuchten Systemen betrachten auch Bames und Oloruntoba immobile Objekte bzw. Supply-Chain-Knotenpunkte. Pai u. a. dagegen verwenden diesen Definitionsansatz im Hinblick auf eine mehrstufige Supply Chain, indem sie feststellen, dass die Bewertung von Supply-Chain-Verwundbarkeit aus der Identifikation bedrohter Elemente sowie einer Anfälligkeitsanalyse besteht (Pai u. a., 2003: S. 4561). Gaudenzi und Borghesi vermeiden zwar eine Festlegung auf einen Definitionsansatz, stellen aber im Zusammenhang mit den Definitionen nach Svensson fest, dass der Begriff Supply-Chain-Verwundbarkeit in der Literatur verwendet wird, um die Abhängigkeiten und Risiken zu beschreiben, die zwischen Organisationen aufgrund der Herausforderung „besser, schneller, günstiger" entstehen (vgl. 2006: S. 114). Auch Sheffi (2005b) verzichtet auf eine genaue Definition, unterscheidet jedoch anhand der Risiken, gegenüber denen Unternehmen anfällig sind, verschiedene Dimensionen der Verwundbarkeit (vgl. Tabelle 20).

Verwundbarkeitsdimensionen	Supply-Chain-Risiken (Beispiele)
Finanzielle Verwundbarkeit	Treibstoffpreise, Wirtschaftsabschwung, Wechselkursschwankungen, Gesetzesänderungen
Strategische Verwundbarkeit	Neue Wettbewerber, Verlust geistigen Eigentums, Ungeplante Ausgaben, Preiskriege
Verwundbarkeit der Leistungserstellung	Fehler in EDV-Systemen, Unfälle, Verlust von Lieferanten, Diebstahl, Personalwechsel
Verwundbarkeit gegenüber Katastrophen	Erdbeben Flut, Produktzuverlässigkeit, Verlust eines Schlüsselstandortes, Geopolitische Risiken

Tabelle 20: Dimensionen der Verwundbarkeit mit Beispielrisiken
(vgl. Sheffi, 2005b: S. 25)

Blos u. a. haben diesen Ansatz im Rahmen einer empirischen Studie übernommen und für einige der von Sheffi identifizierten Risiken eine Verwundbarkeits-Einfluss-Rate berechnet (vgl. 2009: S. 250). Anzumerken ist, dass sie zwar das Ergebnis, nicht aber die Berechnung dieser Rate in ihrem Beitrag beschrieben haben, sodass dieser Ansatz für die Bewertung von Verwundbarkeit im Rahmen dieser Arbeit (vgl. Abschnitt 5.3.1) nicht übernommen werden kann.

3.4.2. Synthese einer Definition von Supply-Chain-Verwundbarkeit

Beim Vergleich der Definitionen von Supply-Chain-Verwundbarkeit in der Literatur ergibt sich ein heterogenes Bild. Obwohl sich in anderen Bereichen bereits die *Anfälligkeit gegenüber Risiken oder Katastrophen* als grundlegendes Verständnis von Verwundbarkeit durchgesetzt hat (vgl. Abschnitt 3.3.1), vertreten die Autoren aus der Supply-Chain-Forschung abweichende Verwundbarkeitskonzepte. Während die Autoren aus Cranfield Verwundbarkeit als Expositionen gegenüber Risiken verstehen (vgl. Christopher u. a., 2002: S. 12), beschreibt Svensson sie als Zustand, der sich aus der Abhängigkeit zwischen Elementen einer Supply Chain ergibt (vgl. Svensson, 2002b: S. 169). Die Autoren aus Cranfield konzeptualisieren Supply-Chain-Verwundbarkeit mit ihrer Definition als eine Eigenschaft, die sich aus der Umwelt eines Wertschöpfungsnetzwerks ergibt, also von Kontingenzfaktoren außerhalb des Systems Supply Chain bestimmt wird. Svensson dagegen identifiziert mit der mehrdimensionalen Abhängigkeit zwischen den Unternehmen einer Supply Chain interne Gestaltungsparameter als Ursachen ihrer Verwundbarkeit. Damit entspricht sein Verständnis von Verwundbarkeit eher dem der Katastrophenforschung, ohne dass er allerdings explizit den Begriff der Anfälligkeit verwendet. Bames und Oloruntoba (2005) sowie Pai u. a. (2003) adaptieren dagegen vollständig die Perspektive dieser Disziplin und konzeptualisieren Verwundbarkeit von Supply Chains als deren Anfälligkeit gegenüber Supply-Chain-Risiken. Andere Autoren differenzieren nicht zwischen den Konzepten Verwundbarkeit und Risiko (vgl. Hauser, 2003), was zumindest im Bereich der Katastrophenforschung das Verständnis beider erheblich erschwert (vgl. Cardona, 2004: S. 39). In Bezug auf die Verwundbarkeit von Supply Chains wird in dieser Arbeit das allgemeine Verwundbarkeitsverständnis der Katastrophenforschung verwendet. Die Verwundbarkeit von Wertschöpfungsnetzwerken kann damit, in Präzisierung der Definitionen von Bames und Oloruntoba (2005) sowie Pai u. a. (2003), als *Anfälligkeit gegenüber Schäden verstanden werden, wobei sich Anfälligkeit auf den gesamten Schaden in einem Wertschöpfungsnetzwerk bezieht, den das Eintreten eines Supply-Chain-Risikos in einer Supply Chain oder ihrer Umwelt auslöst*. Dem Ansatz der Autoren aus Cranfield, Verwundbarkeit mit der Exposition gegenüber Supply-Chain-Risiken zu konzeptualisieren, wird dagegen nicht gefolgt. Vielmehr werden im Folgenden Verwundbarkeit und Exposition als zwei differenzierbare Konzepte betrachtet (vgl. Abschnitt 3.6).

Ein weiterer Unterschied zwischen den Verwundbarkeitsdefinitionen verschiedener Autoren ist analog zu der Konzeptualisierung von Supply-Chain-Risiko (vgl. Abschnitt 3.2.2) in Bezug auf das verwundbare Objekt erkennbar. Auch dieser Unterschied wird anhand des Vergleichs von Autoren aus Cranfield mit dem Definitionsansatz von Svensson deutlich. Während Svensson die Verwundbarkeit eines Elements der Supply Chain betrachtet, die aufgrund seiner Integration in ein Gesamtsystem entsteht, beschreiben Christopher u. a. die Verwundbarkeit des Objekts Supply Chain. Insbesondere die Perspektive Svenssons bildet in diesem Zusammenhang die Grundlage zahlreicher Analysen zur Verwundbarkeit von Unternehmen. Jüttner identifiziert in diesem Zusammenhang Beiträge, die ähnlich zu Svensson, die Verwundbarkeit einzelner Unternehmen in Supply Chains betrachten (vgl. 2005: S. 121). Auch Ireland und Webb verwenden diese Perspektive bei ihrer Untersuchung der ökonomischen Verwundbarkeit einzelner Unternehmen in Supply Chains. Wie Svensson leiten sie diese aus den gegenseitigen Abhängigkeiten sowie ergänzend aus dem Vertrauen der Unternehmen untereinander ab (vgl. 2007). In der vorliegenden Arbeit wird vor dem Hintergrund des Welleneffekts (vgl. Abschnitt 3.2.3) sowie der gewählten Definition von Supply-Chain-Risiko nach Kersten u. a. (2007) bei der Analyse der Ursachen von Verwundbarkeit aus der Literatur nicht zwischen Supply Chains und Unternehmen in Supply Chains unterschieden.

3.4.3. Verhältnis der Supply-Chain-Verwundbarkeit zur Theorie den normalen Katastrophen

Bezüglich der Ursachen von Verwundbarkeit stellt Peck fest, dass in der Literatur bisher keine Einigkeit darüber besteht, ob Verwundbarkeit eine Folge unzureichenden Supply-Chain-Managements darstellt und folglich durch eine effektivere Steuerung von Wertschöpfungsnetzwerken reduziert werden kann, oder ob es sich bei Verwundbarkeit um eine unerwünschte Nebenwirkung gerade der erfolgreichen Anwendung dieser Ansätze handelt (vgl. 2006a: S. 139). Tatsächlich werden in der Literatur unterschiedliche Konzepte und Entwicklungen als Ursachen der Verwundbarkeit von Wertschöpfungsnetzwerken bzw. Unternehmen in Supply Chains genannt (vgl. bspw. Foroughi u. a., 2006: S. 2732–2733). Zudem scheinen zwischen den identifizierten Ursachen komplexe Wechselwirkungen zu existieren, die in der Literatur unterschiedlich dargestellt werden. Im Gegensatz zu dem Konzept der Risikotreiber, das aufgrund einer noch unreifen Konzeptualisierung nicht genauer betrachtet wird (vgl. Abschnitt 3.2.5), haben einige Autoren in Bezug auf die Verwundbarkeit von Wertschöpfungsnetzwerken einen theoretischen Erklärungsansatz gefunden, in dem sie die *Theorie der normalen Katastrophen* auf die Verwundbarkeit von Supply Chains anwenden (Prud'homme, Zsidisin, 2007; vgl. bspw. Wagner, Bode, 2006a).

Perrow (1987) beschreibt mithilfe der Theorie von den normalen Katastrophen das Ansteigen der Wahrscheinlichkeit von Systemunfällen in Abhängigkeit der Enge von Kopplungen und der Komplexität von Interaktionen zwischen Systemelementen. In Systemen mit engen Kopplungen und komplexen Interaktionen sind Systemunfälle nach seiner Theorie unvermeidlich (vgl. Abschnitt 3.3.3.2). Anzumerken ist, dass Perrow seine Theorie allgemein zur Erklärung von Systemunfällen in soziotechnischen Systemen, nicht aber explizit von Wertschöpfungsnetzwerken formuliert hat. Da Supply Chains in der Literatur auch in anderen Zusammenhängen als soziotechnische Systeme betrachtet worden sind (vgl. bspw. Hsu, 2005), erscheint eine Übertragbarkeit möglich, wobei bisher in der Literatur ein Defizit bei der Validierung von der Übertragbarkeit dieser Theorie sowie ihrer Aussagen auf Supply Chains besteht.

Anzumerken ist, dass die Theorie von den normalen Katastrophen die Wahrscheinlichkeit des Entstehens von Systemunfällen in Abhängigkeit von Kopplung und Wechselwirkungen zwischen Systemelementen erklärt. Damit sie auch zur Analyse der Verwundbarkeit von Supply Chains verwendet werden kann, scheinen eine Übertragung des Begriffs Systemunfall auf Supply Chains sowie ein Vergleich mit dem Verwundbarkeitsbegriff erforderlich. Perrow beschreibt einen *Systemunfall* als den gleichzeitigen Ausfall verschiedener Systemelemente, der durch das Auftreten eines Fehlers und die Weitergabe seiner Folgen ausgelöst wird (vgl. 1987: S. 105). Während das Auftreten von Fehlern nicht vermieden werden kann, erfolgt die Weitergabe seiner Folgen umso schneller, je enger die Kopplungen und je komplexer, also unkontrollierbarer die Interaktionen zwischen den einzelnen Systemelementen sind. Die Wahrscheinlichkeit, dass das Auftreten eines Fehlers auch zu einem Systemunfall führt, steigt mit zunehmender Enge der Kopplungen bzw. zunehmender Komplexität der Interaktionen an; das System wird im gleichen Maße anfälliger gegenüber Systemunfällen. In Bezug auf Supply Chains stellt ein Systemunfall ein signifikantes Abweichen der Supply Chain von ihren Zielen dar, das durch das Auftreten eines Fehlers oder einer Störung bei einem ihrer Elemente sowie der Übertragung der resultierenden Fehlerfolgen auf andere Elemente ausgelöst wird. Prud'homme und Zsidisin stellen in diesem Zusammenhang fest, dass die Wahrscheinlichkeit eines Systemunfalls ansteigt, je größer die Komplexität und die wechselseitige Abhängigkeit in einer Supply Chains ist (vgl. 2007: S. 8).

Das Konzept der *Verwundbarkeit* bezieht sich auf die Anfälligkeit einer Supply Chain gegenüber Schäden, die durch das Eintreten eines Supply-Chain-Risikos entstehen (vgl. Abschnitt 3.4.2). Der Begriff Supply-Chain-Risiko umfasst auch Fehler oder Störungen eines Unternehmens, die aufgrund des Welleneffekts zu Schäden bei anderen Elementen des Netzwerks führen (vgl. Abschnitt 3.2.2). Beim Vergleich dieses Verwundbarkeitsbegriffs mit Perrows Definition eines Systemunfalls, erscheinen beide Konzepte insbesondere bei Berücksichtigung des Welleneffekts ähnlich, sodass im Folgenden die Theorie von den normalen Katastrophen zur Erklärung des Entstehens von Verwundbarkeit in Supply Chains verwendet wird. Zu berücksichtigen ist jedoch, dass die Übertragung der Theorie von den normalen Katastrophen nur für die Auslöser von Systemunfällen gilt. Zusätzlich werden abweichend zu Perrows Formulierungen verallgemeinernd die Abhängigkeit zwischen den Elementen einer Supply Chain sowie die Komplexität des Netzwerks als Auslöser von Verwundbarkeit betrachtet.

Obwohl bisher nur wenige Autoren diesen Ansatz gewählt haben (vgl. Bode, Wagner, 2010) haben, deuten einige Beiträge auf die Zulässigkeit eines solchen Transfers hin. Beispielsweise wenden bereits Wagner und Bode (2010; vgl. 2006a) sowie Ojha und Gokhale (vgl. 2009) diese Theorie zur Erklärung des Entstehens von Verwundbarkeit aus Komplexität und Abhängigkeit in Supply Chains an.

Eine empirische Bestätigung der Zulässigkeit einer solchen Übertragung steht jedoch noch weitgehend aus. Prud'homme und Zsidisin (2007) skizzieren in ihrem Beitrag zwar eine empirische Untersuchung, die Prud'homme im Rahmen ihrer Dissertation auch durchführt (vgl. 2008), doch fokussiert sie ihre Datenanalyse auf den Zusammenhang zwischen wahrgenommener Verwundbarkeit und Aufmerksamkeit (vgl. Abschnitt 3.3.3.3). Ojha und Gokhale verwenden zwar die Theorie der normalen Katastrophen, um einen Zusammenhang zwischen der Verwundbarkeit und ihren Auslösern abzuleiten, berücksichtigen sie aber in ihren nachfolgenden empirischen Analysen nicht mehr (vgl. 2009: S. 351).

Auch Wagner und Bode haben die Annahme von Komplexität und Abhängigkeit als Auslöser für Verwundbarkeit zunächst nur theoretisch belegt (2006a). Obwohl sie die Theorie von den normalen Katastrophen zur Hypothesenbildung verwenden, untersuchen Wagner und Bode die Effekte ausgewählter Gestaltungsparameter auf die *Verwundbarkeit* von Supply Chains (vgl. 2006a: S. 304), ohne in ihrer empirischen Analyse auf Komplexität oder Abhängigkeit einzugehen. In einer späteren Untersuchung betrachten Bode und Wagner (2010) die Effekte struktureller Komplexität sowie von Abhängigkeit auf die *Risikoexposition* von Wertschöpfungsnetzwerken. Auch im Rahmen dieser Studie gelingt ihnen ein Nachweis der Übertragbarkeit der Theorie von den Normalen Katastrophen nicht vollständig. Insbesondere auf eine empirische Betrachtung möglicher Effekte der Abhängigkeit verzichten sie aufgrund von Schwierigkeiten bei seiner Operationalisierung (vgl. hierzu Wolf, 2001) vollständig (vgl. Bode, Wagner, 2010: S. 16). Im Hinblick auf die drei untersuchten Dimensionen der Komplexität[7] sehen Bode und Wagner jedoch ihre Hypothesen, dass das Komplexitätsniveau positiv mit der Risikoexposition von Unternehmen korreliert, jeweils als bestätigt an (vgl. 2010: S. 18). Anzumerken ist, dass Bode und Wagner in diesem Beitrag die Theorie der normalen Katastrophen zur Erklärung der Risikoexposition heranziehen, obwohl Perrow (1987) mit ihr das Entstehen von Katastrophen aus Unfällen erklärt.

3.5. Übertragung eines Widerstandsfähigkeitsbegriffs auf Supply Chains

3.5.1. Literaturanalyse bestehender Definitionsansätze zu Widerstandsfähigkeit

Ähnlich der Verwundbarkeit wurde auch das Konzept der Widerstandsfähigkeit bereits vereinzelt aus anderen Bereichen (vgl. Abschnitt 3.3.2) auf Supply Chains übertragen. Insgesamt handelt es sich jedoch bei der Widerstandsfähigkeit um eine neue, sowohl in der Literatur (vgl. Christopher, Peck, 2004: S. 3) als auch in der Unternehmenspraxis (vgl. Tompkins, 2007: S. 14) noch wenig erforschte Managementdisziplin. Trotzdem finden sich in der Literatur bereits einige Definitionen von Widerstandsfähigkeit, die zeigen, dass sich in Bezug auf Supply Chains bereits ein weitgehend

[7] Bode und Wagner unterscheiden horizontale, vertikale sowie spartiale Komplexität einer Supply Chain (vgl. 2010: S. 16) und beziehen sich damit auf die Komplexität auf bzw. zwischen den Betrachtungsebenen (vgl. Abschnitt 2.1.3) sowie die geografische Ausdehnung einer Supply Chain.

einheitliches Verständnis von Widerstandsfähigkeit herausgebildet zu haben scheint. Beispielsweise definieren Rice und Caniato Widerstandsfähigkeit in Bezug auf ein Versorgungsnetzwerk als Fähigkeit, auf unerwartete Störungen reagieren und einen normalen Betrieb des Versorgungsnetzwerks wiederherstellen zu können (vgl. 2003: S. 4). Sie zeigen mit dieser Definition ein eher statisches Verständnis von Widerstandsfähigkeit, wie es bereits im Zusammenhang mit Ökosystemen von Westmann (vgl. 1986) beschrieben worden ist (vgl. Abschnitt 3.3.2). Ähnlich wie Westman umfasst ihre Definition den Stabilitätsbegriff nach Hollin (1973). Ein ähnliches Verständnis vertreten auch Christopher und Peck, die Widerstandsfähigkeit in Supply Chains als Fähigkeit eines Systems definieren, nach einer Störung entweder zu seinem ursprünglichen Zustand zurückzukehren oder einen neuen, vorteilhafteren einzunehmen (vgl. 2004: S. 2). Bhamidipaty u. a. ergänzen diesen Ansatz um eine zeitliche Dimension, in dem sie Widerstandsfähigkeit als eine schnelle Antwort bzw. Anpassung auf dynamische Veränderungen bei fortgesetzter Leistungserstellung und nur geringen Auswirkungen auf die Geschäftstätigkeit beschreiben (vgl. 2007: S. 1).

Während jedoch Rice und Caniato (2003) in ihrer Definition nur allgemein die Rückkehr zu einem normalen Betrieb beschreiben, weisen Christopher und Peck (2004) sowie Bhamidipaty u. a. (2007) sowohl auf die inhärente als auch auf die adaptive Komponente der Widerstandsfähigkeit (vgl. Rose, 2006) hin. Auch Ponomarov und Holcomb beschreiben Widerstandsfähigkeit grundsätzlich ähnlich, wobei sie noch stärker ihren adaptiven Charakter betonen. Zusätzlich erweitern sie das Konzept um die Fähigkeit, sich auf unerwartete Ereignisse vorbereiten zu können, eine Fähigkeit, die auch aktuelle Definitionen aus anderen Wissensgebieten inkludieren (vgl. bspw. UNISDR, 2009). Sie definieren Widerstandsfähigkeit in Anlehnung an Betrachtungen aus ökologischer, sozialer, psychologischer, ökonomischer sowie organisatorischer Perspektive, als *adaptive Fähigkeit einer Supply Chain, sich auf unerwartete Ereignisse vorzubereiten, auf Störungen zu reagieren sowie sich von diesen, unter Fortführung der Leistungserstellung, auf einem geforderten Niveau der Kontrolle über Strukturen und Funktionen, zu erholen* (vgl. Ponomarov, Holcomb, 2009: S. 131).

Diesem Definitionsansatz folgend, grenzen Zsidisin u. a. die Konzepte *Robustheit* und *Widerstandsfähigkeit*, die von einigen Autoren in ähnlichen Zusammenhängen diskutiert werden (Stewart u. a., 2009; vgl. bspw. Tang, 2006b), gegeneinander ab. Während Robustheit die Fähigkeit eines Systems eine Störung zu ertragen, darstellt, beschreiben Zsidisin u. a. Widerstandsfähigkeit als Fähigkeit, einen Gleichgewichtszustand nach einer Störung wieder zu erreichen und negative Auswirkungen auf das

System zu korrigieren (vgl. Zsidisin u. a., 2005: S. 3404). Widerstandsfähigkeit ist demnach das übergreifende Konzept, das Robustheit umfasst.

Insgesamt ist festzustellen, dass in der Literatur eher das statische Verständnis von Widerstandsfähigkeit auf Supply Chains adaptiert worden ist. Eine überwiegend dynamische bzw. prozessuale Perspektive, wie sie mittlerweile beispielsweise in der Psychologie vorherrscht, findet sich in Beiträgen zu Wertschöpfungsnetzwerken dagegen nur selten (vgl. Abschnitt 3.3.2). Eine Ausnahme hierzu stellt lediglich die Definition von Stewart u. a. dar, die im Zusammenhang mit der Widerstandsfähigkeit von kommunalen Gemeinschaften auch Supply Chains betrachten. Sie beschreiben Widerstandsfähigkeit als den Prozess des Verbindens adaptiver Fähigkeiten zu einer positiven Trajektorie des Funktionierens und der Adaptivität, nachdem ein Schaden entstanden ist (vgl. 2009: S. 349). Ausgangspunkt dieser Definition ist die Überlegung, dass sich zwei Katastrophen niemals vollständig entsprechen und der zielgerichtete Aufbau von Widerstandsfähigkeit deswegen vor dem Eintreten einer Katastrophe nicht möglich ist. In diesem Zusammenhang identifizieren sie *Robustheit*, *Umgang mit Komplexität*, *eine anpassbare Infrastruktur* sowie *eine lernende Organisation* als adaptive Fähigkeiten zur Erzeugung von Widerstandsfähigkeit, wobei insbesondere die Inkludierung der Fähigkeit einer lernenden Organisation den dynamischen Ansatz dieser Definition verdeutlicht.

Im Zusammenhang mit der Widerstandsfähigkeit von Wertschöpfungsnetzwerken werden häufig auch Konzepte wie Flexibilität, Agilität, Reaktionsfähigkeit (vgl. Abschnitt 2.3.2.1) oder Transparenz genannt. In der Literatur besteht jedoch keine Einigkeit darüber, ob es sich hierbei um eigenständige logistische Fähigkeiten oder Eigenschaften einer widerstandsfähigen Supply Chain handelt (vgl. Ponomarov, Holcomb, 2009: S. 133). Christopher und Peck stellen diesbezüglich fest, dass Widerstandsfähigkeit bereits bei der Gestaltung einer Supply Chain berücksichtigt werden sollte, da bestimmte Ausprägungen von Gestaltungsparametern die Widerstandsfähigkeit eines solchen Systems erhöhen (vgl. 2004: S. 6). Sie nennen in diesem Zusammenhang insbesondere Beschaffungsstrategien, Kollaboration, Agilität und den Aufbau eines unternehmensübergreifenden Ansatzes zur Risikosteuerung. Tang schlägt als Ergänzung zu den von ihm diskutierten robusten Supply-Chain-Strategien eine ähnliche Gestaltung vor. Er nennt partnerschaftliche Lieferantennetzwerke, die Reduktion von Durchlaufzeiten sowie die Formulierung von Krisenplänen als geeignete Ansätze zur Erhöhung der Widerstandsfähigkeit einer Supply Chain (vgl. 2006b: S. 43). Sheffi subsumiert viele dieser Punkte unter dem Konzept der Flexibilität, das er neben dem Schaffen von Redundanzen als Quelle von Widerstandsfähigkeit identifiziert (vgl. 2005a: S. 2). Tompkins zeigt in Bezug auf Flexibilität den Zusammenhang zwischen der Widerstandsfähigkeit eines Unternehmens und seiner Supply Chain auf (vgl. 2007: S. 15). Anders als Coutu im Bereich der Organisationsforschung, beschreibt er einen positiven Zusammenhang zwischen der Widerstandsfähigkeit eines Systems und der seiner Elemente (vgl. Abschnitt 3.3.2).

3.5.2. Zusammenhang der Verwundbarkeits- und Widerstandsfähigkeitsbegriffe mit Bezug auf Supply Chains

Neben ihrer Definition ist in Bezug auf die vorliegende Arbeit insbesondere das Verhältnis von Widerstandsfähigkeit zu Verwundbarkeit von Interesse. In diesem Zusammenhang finden sich in der Literatur einige Hinweise darauf, dass es sich insbesondere in Bezug auf Supply Chains bei Widerstandsfähigkeit und Verwundbarkeit um spiegelbildliche Begriffe handelt, die verschiedene Wahrnehmungen eines übergeordneten Konzeptes beschreiben. Entsprechend verwenden beispielsweise Dynes u. a. (vgl. 2007: S. 420) sowie Tompkins (vgl. 2007: S. 15) Verwundbarkeit und Widerstandsfähigkeit auf einer konzeptionellen Ebene. Im Hinblick auf das Entstehen von Widerstandsfähigkeit in Supply Chains identifizieren Falasca u. a. Gestaltungsparameter und Kontingenzfaktoren (vgl. 2008: S. 602), die auch von anderen Autoren im Zusammenhang mit Verwundbarkeit genannt werden (vgl. Abschnitt 5.2.3). Barnes und Oloruntoba stellen zu dem Verhältnis beider Begriffe fest, dass aufgrund enger Abhängigkeiten in Geschäftsbeziehungen Verwundbarkeit entsteht, die die Widerstandsfähigkeit eines Wertschöpfungsnetzwerks einschränkt (vgl. Barnes, Oloruntoba, 2005: S. 529). Umgekehrt merken Bogataj und Bogataj an, dass effizientes Risikomanagement die Verwundbarkeit von Supply Chains reduziert, in dem es ihre Widerstandsfähigkeit erhöht (vgl. 2007: S. 291). Ähnlich argumentieren Sheffi und Rice, die zur Verringerung der Verwundbarkeit einer Supply Chain empfehlen, die Eintrittswahrscheinlichkeit einer Störung zu reduzieren sowie die Widerstandsfähigkeit des Netzwerks zu erhöhen (vgl. 2005: S. 41). Wie Sheffi und Rice betrachten auch andere Autoren die Analyse und Reduktion der Eintrittswahrscheinlichkeit von Störungen sowie den Widerstandsfähigkeitsbegriff getrennt (vgl. bspw. Tompkins, 2007: S. 14). Diese Tatsache kann als weiterer Hinweis auf das spiegelbildliche Verhältnis der Begriffe Verwundbarkeit und Widerstandsfähigkeit sowie als Bestätigung ihrer Abgrenzung zu dem Konzept der Risikoexposition (vgl. Abschnitt 3.6) gewertet werden. Vereinfachend kann für die vorliegende Arbeit angenommen werden, dass in Bezug auf Supply Chains Widerstandsfähigkeit bzw. Verwundbarkeit jeweils geringe bzw. hohe Ausprägungen des Merkmals Anfälligkeit gegenüber Supply-Chain-Störungen bezeichnen.

Der Manipulation beider Eigenschaften ist jedoch schwierig, da sich einzelne Ausprägungen von Gestaltungsparametern hinsichtlich ihres Effekts auf die Widerstandsfähigkeit bzw. Verwundbarkeit einer Supply Chain im Zeitverlauf unterschiedlich auswirken (vgl. Swaminathan, Tomlin, 2007: S. 41). Ponomarov und Holcomb stellen hierzu fest, dass noch eine Forschungslücke bei den komplexen Ursache-Wirkungs-Beziehungen besteht, die zwischen einzelnen Elementen der Widerstandsfähigkeit bestehen (vgl. 2009: S. 133). Sie schlagen deswegen eine Analyse der Widerstandsfähigkeit nach dem Ansatz der Grounded Theory vor (vgl. Ponomarov, Holcomb, 2009: S. 139). Einen ersten Beitrag hierzu liefern beispielsweise Pettit u. a. (2010), die mithilfe dieser Forschungsmethodik einen konzeptionellen Bezugsrahmen zur Sicherstellung der Widerstandsfähigkeit einer Supply Chain ableiten, ohne jedoch genauer auf einzelne Gestaltungsparameter einzugehen (vgl. 2010: S. 8).

3.6. Definition der Risikoexposition im Kontext von Supply Chains

Ohne einen direkten Bezug zu Wertschöpfungsnetzwerken hat Miller *Exposition* als die Sensitivität eines Unternehmens bzw. eines Projektes gegenüber Veränderungen einer von mehreren unsicheren Variablen beschrieben (vgl. 1992: S. 2). Da Miller auf eine genauere Beschreibung von Sensitivität verzichtet, bleibt bei dieser Definition die Abgrenzung des Begriffs Exposition unscharf. In Bezug auf Supply Chains wurde bereits bei der Analyse und Synthese von Definitionsansätzen des Verwundbarkeitsbegriffs deutlich, dass es sich bei Risikoexposition und Verwundbarkeit zwar um ähnliche, aber nur scheinbar kongruente Begriffe handelt (vgl. Abschnitt 3.4). Die Verwundbarkeit bzw. die Widerstandsfähigkeit beschreibt die Anfälligkeit einer Supply Chain gegenüber dem Entstehen von Schäden aus Supply-Chain-Störungen. *Die Risikoexposition eines Wertschöpfungsnetzwerks stellt unabhängig von dieser Anfälligkeit die Anzahl verschiedenartiger Supply-Chain-Störungen dar, die im Hinblick auf dieses Netzwerk in einem definierten Zeitraum auftreten* (vgl. Manuj, Mentzer, 2008b: S. 206). Die Risikoexposition erscheint in diesem Zusammenhang im Gegensatz zur Verwundbarkeit bzw. Widerstandsfähigkeit keine originäre Systemeigenschaft einer Supply Chain zu sein. Sie entsteht nicht aufgrund des Zusammenwirkens der Systemelemente bzw. ihrer Eigenschaften, sondern in Anlehnung an das Konzept der Risikoquellen (vgl. Abschnitt 3.2.4.2) durch die Überlagerung des Auftretens externer Ereignisse mit individuellen Fehlern einzelner Systemelemente.

Trotz dieses Charakters der Risikoexposition werden in der Literatur Wirkzusammenhänge zwischen der Gestaltung und der Risikoexposition einer Supply Chain beschrieben (vgl. Tabelle 21), die es Unternehmen erlauben, ihre Supply Chain in Übereinstimmung mit ihrer Bereitschaft Risiken einzugehen zu konfigurieren (vgl.

Wagner, Bode, 2006a: S. 302). Eine Theorie zu Auslösern der Risikoexposition wurde bisher jedoch noch nicht identifiziert. Insgesamt scheinen in der Literatur im Vergleich zur Verwundbarkeit weniger Beiträge zur Risikoexposition von Wertschöpfungsnetzwerken zu existieren.

Zsidisin u. a. (2003: S. 1)	**Kilgore** (2003: S. 2)	**Spekman und Davis** (2004: S. 416)	**Rao und Goldsby** (2009: S. 98)
Schlankere (geringere) Bestände	Überkonzentration von Standorten, Organisationen und Strömen	Verbreitete Integration von Unternehmen in kollaborativen Netzwerken	Fremdvergabe von Produktion, Distribution und Logistik
Verstärkte Einquellen-Belieferung			Kürzere Produkt- und Technologielebenszyklen
Häufigere Einführung neuere Produkte			Globalisierung der Märkte
Längere Versorgungslinien			Gestiegene Versorgungsunsicherheit
Verstärkte Fremdvergabe			Gestiegene Nachfrageunsicherheit
Verkürzte Durchlaufzeiten			

Tabelle 21: Treiber der Risikoexposition aus der Literatur
(eigene Darstellung)

3.7. Zusammenfassung der Literaturanalysen zu Risiko in Supply Chains

In diesem Abschnitt wurden aus der Literatur Definitionen zur Unterscheidung verschiedener Risikokonzepte mit Bezug auf Wertschöpfungsnetzwerke entwickelt. Da der Stand der Forschung zu Risikokonzepten innerhalb der Literatur zu Supply Chains bisher noch nicht ausreichend fortgeschritten ist, um die betrachteten Konzepte ausreichend trennscharf zu definieren, wurden auch andere Forschungsgebiete in die Analyse einbezogen. Im Rahmen der durchgeführten Literaturanalyse wurden vorrangig Beiträge zu den Konzepten *Risiko*, *Verwundbarkeit*, *Widerstandsfähigkeit* sowie *Risikoexposition* aus der Supply-Chain-Forschung sowie anderer Gebiete wie der Organisationslehre oder der Psychologie in Bezug auf die Erkenntnisse zum Aufbau und Management von Wertschöpfungsnetzwerken (vgl. Abschnitt 0) betrachtet.

Zur Synthese einer *Risikodefinition* im Kontext von Supply Chains wurde zunächst eine gängige Abgrenzung verschiedener Unsicherheitskategorien aus der Literatur eingeführt sowie der Wahrscheinlichkeitsbegriff dieser Arbeit festgelegt. Zur Beschreibung von *Wahrscheinlichkeiten* soll im Folgenden eine *Axiomatik* Kolmogorovs (1933) verwendet werden. Ihr Verständnis folgt der *Propensitätstheorie* Poppers (1959), wobei zur Interpretation von Wahrscheinlichkeiten einmaliger Ereignisse eine *subjektivistische Betrachtungsweise* verwendet werden soll (vgl. Howson, Urbach, 1989). Als Grundlage einer Definition des Begriffs Supply-Chain-Risiko wurden aufbauend auf dem gewählten Verständnis von Wahrscheinlichkeit verschiedene Risikobegriffe überwiegend aus der betriebswirtschaftlichen Forschung analysiert. Zur Beschreibung des Risikoverständnisses der vorliegenden Arbeit wurden die drei Elemente *möglicher Schaden*, *Eintrittswahrscheinlichkeit dieses Schadens* sowie *Bedeutung des Schadens* identifiziert (vgl. Yates, Stone, 1992). Den Erkenntnissen von March und Shapira (1987) zur *Risikowahrnehmung von Entscheidungsträgern* folgend wurden die Elemente Schaden und Schadenshöhe höher gewichtet. Aufbauend auf diesen Erkenntnissen, einer Literaturanalyse sowie auf Überlegungen zu einem Welleneffekt von Risiken in Wertschöpfungsnetzwerken wurde für diese Arbeit eine *ereignisorientierte Definition* des Begriffs Supply-Chain-Risiko nach Kersten u. a. (2007) übernommen. Zur Systematisierung und Beschreibung verschiedener Supply-Chain-Risiken wurde der Ansatz der Cranfield School of Management, Risiken in Wertschöpfungsnetzwerken gemäß ihrer *Quellen* zu klassifizieren, adaptiert.

Auch die Bestimmung des Verwundbarkeits- bzw. des Widerstandsfähigkeitsbegriffs erfolgte in Anlehnung an Vorarbeiten aus anderen Forschungsgebieten. Im Hinblick auf die Verwundbarkeit von Supply Chains wurde aus der Forschung zu Naturkatastrophen ein Begriff im engeren Sinne übernommen, der die Konzepte Widerstandsfähigkeit und Exposition nicht umfasst. Insbesondere das *PAR-Modell* nach Wiesner u. a. (2004), in dem das Risiko eines Systems als die Interaktion einer Gefahr mit seiner Verwundbarkeit betrachtet wird, wurde als Grundlage für eine Definition von Verwundbarkeit im Supply-Chain-Kontext übernommen. Nach einer zusätzlichen Analyse der verfügbaren Supply-Chain-Literatur wurde in Abgrenzung zu Definitionsansätzen, die Verwundbarkeit als Exposition beschreiben (vgl. bspw. Christopher u. a., 2002), aus den Überlegungen von Barnes und Oloruntoba (2005) sowie Pai u. a. (2003) eine Definition von Verwundbarkeit in Supply Chains entwickelt. *Verwundbarkeit soll als Anfälligkeit gegenüber Schäden verstanden werden, wobei sich Anfälligkeit auf den gesamten Schaden in einem Wertschöpfungsnetzwerk bezieht, den das Eintreten eines Supply-Chain-Risikos in einer Supply Chain oder ihrer Umwelt auslöst.* Zur Ableitung einer Definition von Widerstandsfähigkeit in Supply Chains haben bisher insbesondere die Psychologie sowie die Ökologie beigetragen. Aus einer Analyse von Beiträgen aus diesem Gebiet wurde ein *dynamisches Begriffsverständnis*, das sowohl die *inhärente* als auch die *adaptive Widerstandsfähigkeit* nach Rose (2006) umfasst, adaptiert. Diesem Verständnis folgend wurde zur Beschreibung von

Widerstandsfähigkeit im Kontext von Supply Chains der Definitionsansatz von Stewart u. a. (2009) übernommen. Mit Bezug auf Supply Chains wurde für beide Konzepte festgestellt, dass Widerstandsfähigkeit und Verwundbarkeit jeweils Situationen mit geringen bzw. hohen Ausprägungen desselben Merkmals *Anfälligkeit gegenüber Supply-Chain-Störungen* darstellen.

Zur Identifikation von Auslösern der Verwundbarkeit bzw. Widerstandsfähigkeit eines Systems wurden insbesondere zwei Ansätze aus der Katastrophenforschung betrachtet, die *Theorie von den normalen Katastrophen* (Normal Accident Theory – NAT) sowie der Ansatz der *hoch zuverlässigen Organisationen* (High Reliability Organisations – HRO). Nach der pessimistischen Grundaussage der NAT sind Katastrophen in eng gekoppelten und gleichzeitig komplexen soziotechnischen Systemen unvermeidlich (vgl. Perrow, 1987). Im HRO-Ansatz werden dagegen in Anlehnung an Organisationen, wie Kernkraftwerke oder Unterseeboote, die über einen langen Zeitraum fehlerfrei funktioniert haben, Prinzipien beschrieben, mithilfe deren Umsetzung auch andere Organisationen zuverlässig funktionieren können (vgl. bspw. LaPorte, Consolini, 1991). Da die NAT das Entstehen von Verwundbarkeit aus systemischer Perspektive erklärt, wurde diese Theorie nach einer Literaturanalyse zu ihrer Übertragbarkeit auf Supply Chains für die weiteren Analysen adaptiert. Die aus der NAT verallgemeinerten Systemeigenschaften *Komplexität* und *Abhängigkeit* stellen wesentliche Auslöser der Verwundbarkeit von Supply Chains dar. Anzumerken ist, dass der eher heuristische HRO-Ansatz zwar im Hinblick auf die Analysen zur strategisch und strukturell induzierten Verwundbarkeit von Supply Chains weniger relevant ist, jedoch – im Rahmen der Ableitung einer Vorgehensweise zur Verwundbarkeitsreduktion – in Abschnitt 6.6 wieder aufgegriffen wird.

Abschließend wurde in diesem Abschnitt die Risikoexposition einer Supply Chain definiert. In Anlehnung an Miller (1992) kann diese Eigenschaft als die Anzahl der Störungen verstanden werden, denen eine Supply Chain pro Zeiteinheit ausgesetzt ist. Im Gegensatz zu Verwundbarkeit bzw. Widerstandsfähigkeit stellt die Risikoexposition nicht die Eigenschaft eines betrachteten Systems, sondern seines Umsystems dar.

Festzustellen ist, dass in Bezug auf die betrachteten Risikokonzepte während der Literaturanalyse nur wenige Beiträge identifiziert werden konnten, in denen das Zusammenwirken dieser Konzepte bzw. einer Auswahl von ihnen beleuchtet wird. Vor dem Hintergrund der Zielsetzung der vorliegenden Arbeit ergibt sich jedoch der Bedarf nach der Kenntnis dieses Zusammenwirkens als Bezugsrahmen der Analysen zur strategisch und strukturell induzierten Verwundbarkeit von Supply Chains. Für die Synthese eines solchen wird an dieser Stelle auf den ersten Teil der Modellentwicklung im Rahmen der Kausalanalyse dieser Arbeit verwiesen (vgl. Abschnitt 5.1). Unter Berücksichtigung des Konfigurationsansatzes in Supply Chains (vgl. Abschnitt 2.4) begründen insbesondere die Aussagen zu den Auslösern der Verwundbarkeit aus der NAT die Annahme, dass zur Analyse der Verwundbarkeit in Wertschöpfungsnetzwerken die Betrachtung von mehrstufigen Ursache-Wirkungs-Beziehungen erforderlich ist. Die Formulierung dieser Ursache-Wirkungs-Beziehungen erfolgt im Rahmen der Entwicklung eines Strukturmodells vgl. Abschnitt 5.2).

4. Methodische Grundlagen

In diesem Abschnitt werden die verwendete empirische Forschungsmethode ausgewählt und anschließend wesentliche ihrer Grundlagen eingeführt. Im Hinblick auf die empirische Zielsetzung der vorliegenden Arbeiten sowie die Anzahl möglicher Einflussfaktoren, die nach den Literaturanalysen zum Stand der Forschung bereits absehbar ist, werden in diesem Abschnitt ausschließlich multivariate Analyseverfahren betrachtet (vgl. Abschnitt 4.1). Nach einem Überblick über gängige Verfahren aus dieser Gruppe sowie ihren Anwendungsvoraussetzungen wird die Kausalanalyse, in deren Rahmen Strukturgleichungsmodelle betrachtet werden, als empirische Forschungsmethode dieser Arbeit ausgewählt. Anschließend werden einige methodische Grundlagen dieses Verfahrens betrachtet (vgl. Abschnitt 4.2). Da verschiedene Varianten der Kausalanalyse existieren, ist an dieser Stelle auch eine Verfeinerung der Verfahrensauswahl erforderlich. Es wird das LISREL-Verfahren ausgewählt.

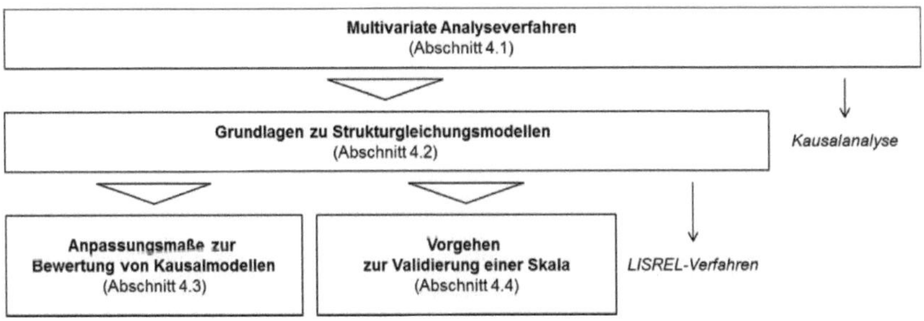

Abbildung 31: Inhalt und Aufbau von Abschnitt 0
(eigene Darstellung)

Nach der Einführung allgemeiner Grundlagen zur Kausalanalyse bzw. zu LISREL-Verfahren werden statistische Maßzahlen betrachtet, mit deren Hilfe die Anpassungsgüte eines Kausalmodells bewertet werden kann (vgl. Abschnitt 4.3). Diese Bewertung ermöglicht Aussagen dazu, wie gut ein *a priori* formuliertes Modell zu den empirischen Daten passt. Abschließend wird aus der Literatur eine Vorgehensweise zur Validierung einer neu entwickelten Skala eingeführt (vgl. Abschnitt 4.4). Mithilfe dieser Vorgehensweise werden bei der späteren Durchführung der Kausalanalyse die Validität derjenigen Messmodelle untersucht, die in dieser Form erstmalig verwendet werden. Auch im Rahmen dieser Vorgehensweise werden Anpassungsmaße verwendet.

4.1. Multivariate Analyseverfahren

4.1.1. Überblick üblicher multivariater Analyseverfahren

Eine Bestimmung bzw. Validierung der im Rahmen dieser Arbeit beschriebenen Effekte mithilfe empirischer Daten setzt die Auswahl und Anwendung eines geeigneten statistischen Verfahrens voraus. Die Eignung eines statistischen Verfahrens wird in diesem Zusammenhang von den Eigenschaften eines formulierten Modells sowie dem Skalenniveau der verwendeten Indikatoren bestimmt. In diesem Zusammenhang zeigen bereits die diskutierten theoretischen Grundlagen, dass es sich bei einem geeigneten Verfahren aufgrund der Anzahl von betrachteten Einflussfaktoren nur um ein *multivariates Analyseverfahren* handeln kann.

Die Gruppe der multivariaten Analyseverfahren umfasst sämtliche statistische Verfahren, mit deren Hilfe gleichzeitig mehrere Messgrößen bzw. Variablen im Zusammenhang mit einem Betrachtungsgegenstand analysiert werden können (vgl. Hair u. a., 2006: S. 4). Anzumerken ist, dass die von einigen Autoren vorgenommene Unterscheidung zwischen multivariablen und multivariaten Verfahren im Folgenden vernachlässigt wird. Sowohl Verfahren, die eine Analyse mehrerer, auch unabhängig voneinander sinnvoll zu interpretierender Variablen erlauben, als auch Verfahren, die insbesondere zur Untersuchung von gemeinsamen Effekten verschiedener Variablen entwickelt worden sind, werden daher als multivariate Analyseverfahren bezeichnet. Multivariate Analyseverfahren beruhen auf dem Konzept der Zufallsvariablen (englisch: variate), die eine gewichtete Linearkombination verschiedener Variablen darstellt. Die einzelnen Variablen X_i $(i = 1 \text{ bis } n)$ werden durch das zu bestimmende bzw. zu validierende Modell definiert, ihre jeweiligen Gewichte w_i aus den empirisch ermittelten Werten geschätzt. Anzumerken ist, dass die bei der Schätzung der Gewichte w_i verfolgte Zielfunktion von dem verwendeten multivariaten Analyseverfahren bestimmt wird. Mathematisch lässt sich dieser Zusammenhang folgendermaßen ausdrücken (vgl. Hair u. a., 2006: S. 5):

$$Wert\ einer\ Zufallsvariablen = w_1X_1 + \cdots + w_iX_i + \cdots + w_nX_n \tag{4.1}$$

Allgemein werden zwei Gruppen von multivariaten Analyseverfahren unterschieden, *strukturentdeckende* sowie *strukturprüfende* Verfahren (vgl. Abbildung 32). Während strukturentdeckende Verfahren dazu geeignet sind, mögliche Zusammenhänge zwischen verschiedenen Zufallsvariablen aufzuzeigen, können mithilfe strukturprüfender Verfahren bereits bestehende Annahmen zu solchen Zusammenhängen bestätigt werden. Insbesondere das Vorhandensein bzw. das Ausmaß von Effekten *unabhän-*

giger Variablen, deren Werte nicht durch andere, ebenfalls untersuchte Variablen bestimmt werden, auf von ihnen *abhängige* Variablen wird mithilfe strukturprüfenden Verfahren untersucht. Anzumerken ist, dass das Bestehen von Annahmen zu abhängigen Variablen die Voraussetzung zur Anwendung von strukturprüfenden Verfahren darstellt (vgl. Hair u. a., 2006: S. 13).

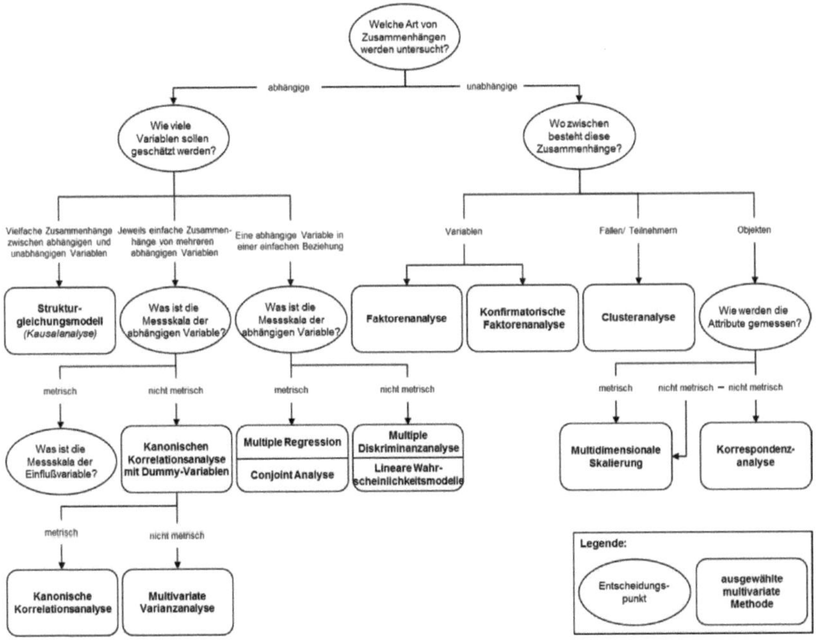

Abbildung 32: Vorgehen zur Auswahl eines geeigneten multivariaten Verfahrens
(vgl. Hair u. a., 2006: S. 14–15)

Da sowohl mehrere strukturentdeckende als auch strukturprüfende Verfahren verfügbar sind, ergibt sich während einer empirischen Untersuchung die Notwendigkeit ein problemadäquates multivariates Analyseverfahren zu identifizieren. Zur Auswahl eines geeigneten Verfahrens schlagen Hair u. a. (2006) ein dreistufiges Vorgehen vor (vgl. Abbildung 32). Neben der Existenz von Annahmen zu abhängigen und unabhängigen Variablen als ersten Schritt ihres Vorgehens, identifizieren Hair u. a. die jeweilige Anzahl von abhängigen und unabhängigen Variablen bzw. die strukturgebende Instanz als weitere Kriterien. Zusätzlich ist in einigen Fällen die Berücksichtigung des Skalenniveaus bei der Messung der jeweiligen Variablen erforderlich (vgl. Hair u. a., 2006: S. 13).

4.1.2. Anwendungsvoraussetzungen multivariater Analyseverfahren

Die Zulässigkeit der Verwendung univariater bzw. multivariater Verfahren bei der Analyse von empirisch gewonnenen Datensätzen hängt wesentlich von der Struktur der Daten selber bzw. ihrer Verteilung ab. Hair u. a. identifizieren in diesem Zusammenhang vier Voraussetzungen, denen Datensätze bzw. inkludierte Variablen entsprechen sollten, um uni- bzw. multivariate Methoden unverfälscht anwenden zu können (vgl. 2006: S. 79 ff.):

- Die **Normalität** beschreibt, ob die Verteilung der Daten einer empirischen Variablen hinreichend genau einer Normalverteilung folgt. Die Normalität ist verletzt, wenn die empirische Dichtefunktion einer Variablen dazu geeignet ist, die Normalverteilungsannahme signifikant auszuschließen. In diesem Zusammenhang erfordern univariate Verfahren, dass jede Variable hinreichend normal verteilt ist, während multivariate Verfahren zusätzlich voraussetzen, dass die inkludierten Variablen gemeinsam multivariat normal verteilt sind.
- **Homoskedastizität** beschreibt die Annahme, dass die Varianzen der erklärten Variablen unabhängig von den Ausprägungen der erklärenden Variablen sind. Entsprechend sollte auch die Streuung der Fehlerterme unabhängig von den erklärenden Variablen sein.
- **Linearität** bezieht sich auf den Grad der Zusammenhänge zwischen den Variablen eines Modells. Sowohl uni- als auch multivariate Analyseverfahren bewerten Zusammenhänge zwischen Variablen mithilfe ihrer Korrelation, die nur den linearen Anteil eines Effekts zwischen Variablen erfassen kann.
- **Unkorrelierte Fehlerterme** setzen voraus, dass die Verteilung der Schätzfehler keinem Muster folgt. Korrelieren die Fehlerterme dagegen, weist der Datensatz einen Zusammenhang auf, der nicht in dem uni- bzw. multivariaten Modell abgebildet ist.

Da das Vorliegen *normal verteilter* Daten die wichtigste Voraussetzung für die Anwendbarkeit multivariater Analyseverfahren darstellt, wird die folgende Betrachtung auf die Überprüfung dieser Voraussetzung fokussiert. Festzustellen ist aber bereits an dieser Stelle, dass moderate Verletzungen der Normalverteilungsannahme bei einigen Verfahren und größeren Stichprobenumfängen toleriert werden können.

4.1.3. Verfahren zur Überprüfung der Normalverteilungsannahme

Eine Überprüfung der Normalverteilungsannahme kann entweder *grafisch* beispielsweise mithilfe von Verteilungsdiagrammen sowie anhand zahlreicher *Testverfahren* erfolgen. Hair u. a. empfehlen in diesem Zusammenhang die Verwendung einer Kombination beider Ansätze (vgl. 2006: S. 81), wobei bei der Analyse von Datensätzen mit einer hohen Anzahl von Variablen häufig auf die Verwendung grafischer Verfahren verzichtet wird. Gängige und beispielsweise in der Statistiksoftware SPSS implementierte *Testverfahren* zur Überprüfung der Normalverteilungsannahme stellen der *Shapiro-Wilk Test* (vgl. Shapiro, Wilk, 1965) sowie eine Variante des *Kolmogorov-Smirnov Tests* (vgl. Lilliefors, 1967) dar. Beide Testverfahren verwenden eine Nullhypothese H0, nach der die Daten einer Variablen normal verteilt sind. Wird diese Nullhypothese in Bezug auf die getestete Variable nicht abgelehnt, darf Normalität für diese Variable unterstellt werden.

Kann für verschiedene Variablen jeweils Normalität angenommen werden, ist ihre Analyse im Rahmen univariater Analyseverfahren zulässig. Zur Anwendung multivariater Verfahren wird zusätzlich gefordert, dass sämtliche Variablen zusammen multivariat normalverteilt sind (vgl. Hair u. a., 2006: S. 80). Diese Annahme ist gesondert zu überprüfen. Muss die Normalverteilungsannahme für eine Variable aufgrund der Ergebnisse beider Tests abgelehnt werden, ist eine Verwendung von multivariaten Analyseverfahren nicht grundsätzlich auszuschließen. Hair u. a. machen ihre Anwendbarkeit vielmehr von dem Stichprobenumfang sowie dem Grad der Abweichung abhängig (vgl. 2006: S. 80).

In Bezug auf den *Stichprobenumfang* weisen Hair u. a. darauf hin, dass die Verletzung der Normalverteilungsannahme insbesondere bei kleinen Stichproben $(n < 50)$ einen starken Einfluss auf die Ergebnisse hat, bei größeren Stichproben $(n > 200)$ jedoch vernachlässigt werden kann. *Je größer eine Stichprobe ist, desto eher können multivariate Verfahren auch bei einer signifikanten Abweichung der empirischen Verteilung von der Normalverteilungsannahme angewendet werden.* Zur Bewertung des Grades einer möglichen Abweichung von der Normalverteilungsannahme schlagen Hair u. a. zusätzlich die Analyse von *Schiefe* (Skewness) und *Wölbung* (Kurtosis) einer empirischen Verteilung vor (vgl. 2006: S. 80).

Die Schiefe $v(X)$ einer Verteilung kann als ein Maß für ihre Symmetrie verstanden werden. Formal stellt die Schiefe für jede Verteilung einer Zufallsvariablen X den Quotienten aus ihrem dritten zentralen Moment $\mu_3(X)$ sowie der dritten Potenz ihres ersten zentralen Moments, der Standardabweichung $\sigma(X)$, dar (vgl. (4.2)). Die Wölbung, die bei eingipfligen Wahrscheinlichkeitsverteilungen die Form der Kurve um ihren Maximalwert beschreibt, wird formal als Quotient des vierten zentralen Moments einer Verteilung sowie der vierten Potenz ihrer Standardabweichung berechnet (vgl. (4.3)).

$$\nu(X) = \frac{\mu_3(X)}{\sigma^3(X)} \tag{4.2}$$

$$\beta(X) = \frac{\mu_4(X)}{\sigma^4(X)} \tag{4.3}$$

$$\gamma(X) = \frac{\mu_4(X)}{\sigma^4(X)} - 3 \tag{4.4}$$

Ist eine Zufallsvariable X normal verteilt, nimmt das dritte zentrale Moment für diese Variablen den Wert $\nu(X) = 0$ an, während ihre Wölbung den Wert $\beta(X) = 3$ aufweist. Häufig wird jedoch zur leichteren Interpretation anstatt der Wölbung die transformierte Größe Exzess angegeben (vgl. West u. a., 1995: S. 60), die für eine normal verteilte Zufallsvariable den Wert $\gamma(\mathrm{X}) = 0$ annimmt. Da für eine Bestimmung der zentralen Momente einer empirischen Verteilung geeignete Schätzverfahren existieren, kann anhand eines Vergleichs von empirischer Schiefe und Exzess mit den entsprechenden Werten der Normalverteilung der Grad der Abweichung analysiert werden. Schumacker und Lomax merken in Bezug auf nominal skalierte Variablen an, dass Verfahren, die eine Normalverteilung der Beobachtungen erfordern, bis zu Werten von ± 1 für die Schiefe und $\pm 1{,}5$ für den Exzess der empirischen Verteilung angewendet werden können (vgl. 2004: S. 69). Auch Prud'homme übernimmt im Rahmen der Analyse ihres Datensatzes diese Schwellenwerte, wobei sie für den Exzess Werte von ± 3 toleriert (vgl. 2008: S. 91).

4.1.4. Auswahl eines multivariaten Analyseverfahrens

Im folgenden Abschnitt soll auf Grundlage des Vorgehens von Hair u. a. (2006) ein Analyseverfahren zur Beantwortung der Eingangsformulierten Forschungsfragen mithilfe empirischer Daten ausgewählt werden. Im Hinblick auf die Verfahrensauswahl in wissenschaftlichen Arbeiten ist festzustellen, dass die Auswahl der Forschungsmethode an der Problemstellung orientiert zu erfolgen hat (vgl. Blaxter u. a., 2010: S. 80). Da die Problemstellung zwar beschrieben, aber noch nicht exakt formuliert ist, kann an dieser Stelle streng genommen noch keine Auswahl eines multivariaten Analyseverfahrens erfolgen. Da jedoch die Abbildung einer Problemstellung mithilfe eines statistischen Modells bzw. Hypothesensystems Kenntnisse zu diesem Verfahren voraussetzt, ergibt sich im Hinblick auf den Aufbau der vorliegenden Arbeit ein Dilemma. Die Auswahl eines multivariaten Analyseverfahrens erfordert die

Kenntnis des untersuchten Modells, zur richtigen Formulierung dieses Modells werden jedoch bereits die methodischen Grundlagen des auszuwählenden Verfahrens benötigt. Zur stetigen Abbildung des tatsächlich iterativen Gangs der Untersuchung wird an dieser Stelle daher die Modellauswahl anhand der Zielsetzung sowie der bereits eingeführten Grundlagen vorgenommen.

Einen ersten Hinweis zur Verfahrensauswahl liefert die erste der eingangs formulierten Forschungsfragen, die auf eine Analyse der Ursache-Wirkungszusammenhänge zwischen der Konfiguration und der Verwundbarkeit einer Supply Chain abzielt (vgl. Abschnitt 1.2). Da bereits in dieser Frage Annahmen zu Zusammenhängen zwischen Variablen enthalten sind, bietet sich zu ihrer Beantwortung die Anwendung von *strukturprüfenden Verfahren* an. Anzumerken ist, dass diese Verfahrensauswahl auch vor dem Hintergrund der zweiten Forschungsfrage Bestand hat. Diese Frage zielt nicht auf das Entdecken möglicher Zusammenhänge, sondern auf eine Validierung von Effekten auf die Verwundbarkeit einer Supply Chain ab. Im Hinblick auf die strukturprüfenden Verfahren erfolgt die weitere Verfahrensauswahl an der Anzahl der gleichzeitig parallel bzw. hintereinander betrachteten Ursache-Wirkungszusammenhängen orientiert (vgl. Abbildung 32).

Vor dem Hintergrund der Zielsetzung der vorliegenden Arbeit deuten die Literaturanalysen zur Supply-Chain-Konfiguration bzw. der Theorie von den normalen Katastrophen auf das Bestehen von mehrstufigen Ursache-Wirkungszusammenhängen zwischen der Konfiguration einer Supply Chain, den Auslösern der Verwundbarkeit nach der NAT sowie der Verwundbarkeit hin. Unter Berücksichtigung dieser Hinweise ist in Anlehnung an das von Hair u. a. vorgeschlagenen Vorgehen zur Verfahrensauswahl die Anwendung eines *Strukturgleichungsmodells* erforderlich. In Bezug auf die Anwendung von Strukturgleichungsmodellen ist das empirische Skalenniveau bei der Auswahlentscheidung irrelevant (vgl. Abbildung 32). Anzumerken ist, dass die Überprüfung der Anwendungsvoraussetzungen multivariater Analyseverfahren erst im Anschluss an die Datenerhebung mithilfe der gewonnen Daten möglich ist. Da jedoch zur Ausgestaltung der Datenerhebung die Kenntnis des betrachteten Modellzusammenhangs erforderlich ist, können die Anwendungsvoraussetzungen der Kausalanalyse erst während der Durchführung des Verfahrens überprüft werden. Eine Modifikation der Verfahrensauswahl ist zu diesem Zeitpunkt selten möglich.

4.2. Grundlagen zu Strukturgleichungsmodellen

4.2.1. PLS- und LISREL-Verfahren

Als Strukturgleichungsmodelle werden verschiedene statistische Verfahren bezeichnet, die es erlauben, eine Menge von Beziehungen zwischen abhängigen und unabhängigen Variablen zu untersuchen, wobei sämtliche dieser Variablen sowohl kontinuierlich als auch diskret skaliert sein können (vgl. Ullman, 2006: S. 35). Da Strukturgleichungsmodelle in der Sozialforschung zur empirischen Analyse kausaler Ursache-Wirkungszusammenhänge verwendet werden (vgl. Bollen, 1989: S. 4), wird die Anwendung dieses Verfahrens auch als *Kausalanalyse* bezeichnet. Anzumerken ist, dass aus wissenschaftstheoretischer Perspektive ein Nachweis von Kausalität allein mithilfe von multivariaten Analyseverfahren nicht möglich erscheint (vgl. Homburg, Pflesser, 2000: S. 635).

Anhand der zur Modellschätzung verwendeten Elemente der empirischen Kovarianzmatrix lassen sich *varianz-* und *kovarianz*basierte Ansätze der Kausalanalyse unterscheiden (vgl. Scholderer, Balderjahn, 2005: S. 88). Beide Ansätze werden im Folgenden jeweils gemäß der am häufigsten in der Literatur genannten Verfahren zu ihrer Umsetzung bezeichnet. In Bezug auf den varianzbasierten Ansatz handelt es sich hierbei um das *Partial-Least-Squares* (PLS) Verfahren. Als Vertreter des kovarianzbasierten Ansatzes wird das *Linear-Structural-Relationships* (*LISREL)* Verfahren verwendet. Anzumerken ist, dass mit LISREL streng genommen kein eigenständiges Verfahren, sondern das erste verfügbare Softwarepaket zur Formulierung und Lösung von Strukturgleichungsmodellen nach den Überlegungen von Jöreskog (1970) und Sörbom (1974) bezeichnet wird (vgl. Scholderer, Balderjahn, 2005: S. 89). Obwohl beide Verfahren im Hinblick auf die betrachteten Strukturmodelle übereinstimmen, umfassen sie unterschiedliche Ansätze zur Konstruktion von Schätzern der Modellparameter aus den empirischen Daten (vgl. Ringle, 2004: S. 5). Während im Rahmen des PLS-Verfahrens ausschließlich die Diagonale der empirischen Kovarianzmatrix, also die empirischen Varianzen zur Schätzung des Modells verwendet wird, erfolgt die Modellanpassung nach dem LISREL-Verfahren anhand der vollständigen Matrix. Innerhalb des LISREL-Verfahrens werden unterschiedliche Schätzverfahren verwendet (vgl. Abschnitt 4.2.3), die jedoch alle auf die Abbildung der empirischen durch eine geschätzte Kovarianzmatrix abzielen.

Obwohl sie ursprünglich in unterschiedlichen Wissenschaftsgebieten entwickelt worden sind, das PLS-Verfahren entstammt der ökonometrischen, das LISREL-Verfahren der psychometrischen Forschungstradition (vgl. Scholderer, Balderjahn,

2005: S. 88), werden beide Verfahren im Rahmen der betriebswirtschaftlichen Forschung mittlerweile teilweise parallel eingesetzt. Zwar scheint sich das LISREL-Verfahren als Standard bei der statistischen Analyse mehrstufiger kausaler Zusammenhänge durchgesetzt zu haben, doch wird auch das ältere und verdrängte PLS-Verfahren aufgrund seiner Eignung für kleine Stichprobenumfänge wieder häufiger eingesetzt (vgl. Scholderer, Balderjahn, 2005: S. 88). Aufgrund der durch ihre konzeptionellen Unterschiede verursachten verfahrensspezifischen Implikationen besteht bei der Konzeption von Kausalanalysen zur Vermeidung methodischer Fehler die Notwendigkeit einer inhaltlich fundierten Verfahrensauswahl (vgl. Ringle, 2004: S. 35).

Zur Unterstützung der Verfahrensauswahl werden in einigen Beiträgen beide Verfahren anhand typischer Eigenschaften bzw. Anwendungsfelder gegenübergestellt (vgl. Gefen u. a., 2000) oder vergleichend auf denselben Datensatz angewendet (vgl. Fornell, Bookstein, 1982). Anzumerken ist, dass ein allgemeingültiger und objektiver Vergleich beider Verfahren auf Grundlage der Literatur nur unscharf sein kann, da die Beschreibungen der Eigenschaften und Anwendungsfelder beider Verfahren in der Literatur teilweise widersprüchlich sind. Zudem finden sich Vergleiche beider Verfahren hauptsächlich in Beiträgen aus dem Bereich der neueren Literatur zum PLS-Verfahren (vgl. bspw. Ringle, 2004: S. 31), in denen insbesondere die Vorteilhaftigkeit dieses Verfahrens herausgearbeitet wird (vgl. Scholderer, Balderjahn, 2005: S. 93). Ähnliche Beiträge mit Bezug auf das LISREL-Verfahren finden sich in der Literatur dagegen kaum. Die Vorteilhaftigkeit eines der beiden Verfahren ist daher im Rahmen der vorliegenden Arbeit auf Grundlage der Literatur nicht nachweisbar.

Vor diesem Hintergrund empfehlen Huber u. a. (2007) eine an den spezifischen Eigenschaften beider Verfahren (vgl. Tabelle 22) sowie den unterschiedlichen Zielsetzungen bei der Formulierung von Kausalmodellen orientierte, inhaltliche Verfahrensauswahl. In Bezug auf die Zielsetzung bei der Formulierung von Kausalmodellen unterscheiden sie zwei verbreitete Fälle (vgl. Huber u. a., 2007: S. 13):

- Untersuchungen, in denen auf Grundlage eines theoretisch fundierten Hypothesensystems die allgemeine *Bestätigung von angenommenen Zusammenhängen* zwischen latenten Variablen mit konsistenten Schätzern angestrebt wird,
- Untersuchungen, die als Entscheidungsunterstützung auf eine genaue *Vorhersage zukünftiger Werte einer oder mehrerer Zielvariablen* sowie die Identifikation bestmöglicher Erklärungen für diese Veränderungen abzielen.

Während in der Literatur zur konfirmatorischen Bestätigung von Zusammenhängen Modelle nach dem LISREL-Verfahren empfohlen werden, erscheinen zur genauen Vorhersage von Zielvariablen sowie zur explorativen Untersuchung von Zusammenhängen Modelle nach dem PLS-Verfahren geeigneter zu sein (vgl. Gefen u. a., 2000: S. 26–27).

Eigenschaft	**PLS-Verfahren**	**LISREL-Verfahren**
Ansatz	Varianzbasiert	Kovarianzbasiert
Annahmen	Keine (nicht parametrisches Verfahren); zur Bestimmung konkreter Werte der latenten Variablen (Prädiktorenspezifikation): eindeutige und umkehrbare Kausalität sowie lineare Zusammenhänge	Abhängig vom angewendeten Schätzverfahren, in der Regel: multivariate Normalverteilung der Indikatorvariablen mit unabhängigen Beobachtungen (parametrisches Verfahren)
Parameterschätzungen	Mit größeren Stichprobenumfängen und einer höheren Anzahl von Indikatoren pro latenter Variable zunehmend konsistent	Konsistent
Werte der latenten Variablen	Explizit geschätzt	Unbestimmt
Zusammenhang von latenten Variablen und Indikatoren	Sowohl formative als auch reflexive Messmodelle	Üblicherweise reflexive Messmodelle
Zielsetzung und Eignung	Genaue Vorhersage latenter Variablen	Genaue Schätzung der Modellparameter
Modell Komplexität	Große Komplexität (100 Konstrukte und 1000 Indikatoren)	Geringe bis moderate Komplexität (weniger als 100 Indikatoren)
Empfohlener Stichprobenumfang	Abhängig von der Güte des Teilmodells mit der höchsten Anzahl unabhängiger Variablen, Untergrenzen zwischen 30 und 100 Fällen	Abhängig von der Güte des Gesamtmodells, Untergrenzen zwischen 200 und 800 Fällen

Tabelle 22: Vergleich der Eigenschaften des PLS- und LISREL-Verfahrens
(vgl. Chin, Newsted, 1999: S. 314)

In der Literatur werden jedoch zusätzlich zu inhaltlichen Überlegungen beim Vergleich beider Verfahren insbesondere zwei Vorteile des PLS-Verfahrens genannt, die es für eine Anwendung in empirischen Untersuchungen geeigneter erscheinen lassen.

Einen häufig genannten Vorteil des PLS-Verfahrens stellen seine im Vergleich zum LISREL-Verfahren *geringeren Anforderungen* an die verwendeten Daten sowohl hinsichtlich ihres Umfangs als auch ihrer Verteilung dar (vgl. Tabelle 22). So wird bei Vergleichen beider Verfahren in der Literatur für das LISREL-Verfahren übereinstimmend *eine größere minimale Stichprobe gefordert*. Anzumerken ist jedoch, dass die absolute Größe dieser kleinsten noch zulässigen Stichprobe umstritten ist. Während beispielsweise Chin und Newsted im Hinblick auf das LISREL-Verfahren 200 bis 800 Fälle als minimale Stichprobengröße beschreiben (vgl. 1999: S. 314), nennen Gefen u. a. im selben Zusammenhang 100 bis 150 Fälle als Untergrenze (vgl. 2000: S. 9). Scholderer und Balderjahn schließlich vermeiden eine absolute Definition des minimalen Stichprobenumfangs und stellen fest, dass die Stichprobengröße mindestens das Fünffache der Anzahl der zu schätzenden Parameter betragen sollte (vgl. 2005: S. 97). Neben der größeren minimalen Stichprobe bestehen bei Anwendung des LISREL-Verfahrens oftmals zusätzliche Anforderungen an die *empirische Verteilung der verwendeten Daten*, die das PLS-Verfahren aufgrund seiner Konstruktion nicht aufweist. Im Gegensatz zum PLS-Verfahren werden zur Parameterschätzung in Modellen nach dem LISREL-Verfahren üblicherweise Schätzverfahren verwendet, die eine multivariate Normalverteilung der Indikatorvariablen voraussetzen (vgl. Tabelle 22). Scholderer und Balderjahn weisen jedoch darauf hin (vgl. 2005: S. 94), dass mittlerweile auch innerhalb des LISREL-Verfahrens Schätzer verfügbar sind, die keine Verteilungsannahme umfassen (vgl. Abschnitt 4.2.3). Vor dem Hintergrund der besseren inhaltlichen Eignung des LISREL-Verfahrens sowie der erwarteten Stichprobengröße, erscheinen die geringeren Anforderungen des PLS-Verfahrens an die verwendeten Daten keinen Vorteil dieses Verfahrens darzustellen. Im Falle einer nicht zu tolerierenden Abweichung der empirischen Daten von der Normalverteilungsannahme sind in der Literatur mittlerweile alternative Schätzverfahren verfügbar.

Als weiterer Vorteil des PLS- gegenüber dem LISREL-Verfahren wird in der Literatur seine Eignung zur Berücksichtigung von *formativ modellierten Messmodellen* (vgl. Abschnitt 4.2.2) genannt, deren Verwendung im Zusammenhang mit dem LISREL-Verfahren in der Literatur umstritten ist (vgl. Tabelle 22). Während einige Autoren die Verwendung von formativ formulierten Indikatoren in Modellen nach dem LISREL-Verfahren ausschließen (vgl. bspw. Ringle, 2004: S. 32), betonen andere die Eignung auch des LISREL-Verfahrens zur Berücksichtigung solcher Messmodelle (vgl. bspw. Scholderer, Balderjahn, 2005: S. 93). Da auch Jöreskog und Sörbom die Verwendung formativer Messmodelle im Zusammenhang mit dem LISREL-Verfahren beschreiben (vgl. bspw. Jöreskog, Sörbom, 1996: S. 185), erscheint ihre Berücksichtigung in diesem Verfahren grundsätzlich möglich.

Die durchgeführte Analyse hat gezeigt, dass die in der Literatur genannten Vorteile des PLS- gegenüber dem LISREL-Verfahren im Hinblick auf die Verfahrensauswahl der vorliegenden Arbeit irrelevant sind. Die Verfahrensauswahl erfolgt daher im Hinblick auf die jeweilige *Zielsetzung* und *Eignung* der beiden Verfahren (vgl. Tabelle 22). In diesem Zusammenhang wird für das PLS-Verfahren die genaue Schätzung *latenter Variablen* genannt, während das LISREL-Verfahren auf eine genaue Schätzung der *Modellparameter* abzielt. Als Zielsetzung der vorliegenden Arbeit wurde die Identifikation sowie der Analyse von Ursache-Wirkungs-Beziehungen genannt, die zum Entstehen von Verwundbarkeit in Supply Chains beitragen. Die Vorhersage des Niveaus dieser Verwundbarkeit in Abhängigkeit anderer Faktoren wie der Konfiguration einer Supply Chain zählt dagegen nicht zu ihren Zielen. Vor diesem Hintergrund wird für die weiteren Analysen das *LISREL-Verfahren* ausgewählt. Anzumerken ist, dass im Rahmen des LISREL-Verfahrens die vollständige Kovarianzmatrix der betrachteten Variablen zur Parameterschätzung verwendet wird, während die Parameterschätzung innerhalb des PLS-Verfahrens ausschließlich auf den Varianzen, also der Diagonalen der Kovarianzmatrix beruht. Die sich aus dieser Tatsache naiv ergebene höhere Genauigkeit des LISREL-Verfahrens unterstützt die getroffene Verfahrensauswahl.

4.2.2. Methodische Grundlagen des LISREL-Verfahrens

Methodisch stellen Strukturgleichungs- bzw. Kausalmodelle eine Kombination von Ansätzen der *Faktoranalyse* mit *multiplen Regressionsmodellen* dar (vgl. Ullman, 2006: S. 35), wobei im Rahmen des PLS- bzw. des LISREL-Verfahrens unterschiedliche Faktoranalysen verwendet werden (vgl. Scholderer, Balderjahn, 2005: S. 90). Während das PLS-Verfahren auf einer Hauptkomponentenanalyse basiert, umfasst das LISREL-Verfahren eine konfirmatorische Faktoranalyse. Die Regressionsmodelle bilden in beiden Verfahren zusammen das *Strukturmodell* (vgl. Abbildung 33), das die angenommenen Beziehungen zwischen den *latenten Variablen* eines Kausalmodells beschreibt. Die jeweilig verwendeten Ansätze der Faktoranalyse dienen als *Messmodell* zur Definition der Zusammenhänge zwischen den latenten Variablen und ihren Indikatoren (vgl. Byrne, 2001: S. 12). Anzumerken ist, dass durch die Integration mehrerer, voneinander unabhängiger Regressionsmodelle mithilfe eines Strukturgleichungsmodells gleichzeitig mehrstufige Ursache-Wirkungs-Beziehungen untersucht werden können. Im Rahmen einer Kausalanalyse können demnach Modelle betrachtet werden, bei denen die abhängige Variable eines Regressionsmodells eine der unabhängigen Variablen eines anschließenden Modells darstellt (vgl. Hair u. a., 2006: S. 711).

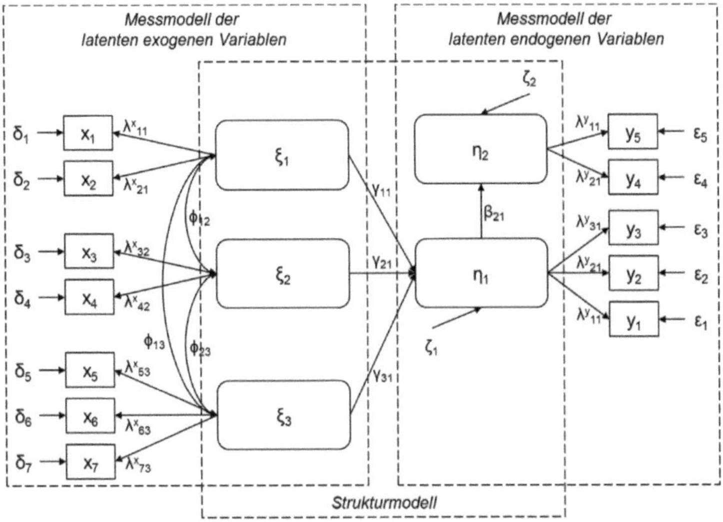

Abbildung 33: Grafische Darstellung eines Kausalmodells[8]

(Byrne, 2001: S. 13; vgl. bspw. Homburg, Baumgartner, 1985: S. 348; Ringle, 2004: S. 9)

Latente Variablen stellen Merkmale innerhalb eines Kausalmodells dar, deren Existenz zwar angenommen wird, deren Ausprägungen jedoch nicht unmittelbar beobachtet werden können. Anzumerken ist, dass im Hinblick auf latente Variablen zwischen *endogenen* Variablen (η), deren Werte teilweise durch ein betrachtetes Modell erklärt werden, und *exogenen* Variablen (ξ), die als unabhängige Einflussfaktoren in dieses Modell eingehen, unterschieden wird (vgl. Abbildung 33). In der allgemein verwendeten Schreibweise des LISREL-Verfahrens werden die Effekte zwischen den latenten endogenen Variablen mit β bezeichnet und in der Koeffizientenmatrix B modelliert. Die Effekte der exogenen auf die endogenen latenten Variablen werden dagegen mit γ bezeichnet und in der Koeffizientenmatrix Γ zusammengefasst (vgl. Homburg, Baumgartner, 1985: S. 347). Zusammen mit einem Fehlervektor ζ, der den Fehlertermen in multiplen Regressionsmodellen entspricht, kann ein Strukturmodell auch formal beschrieben werden (vgl. (4.5)).

$$\eta = \mathrm{B}\eta + \Gamma\xi + \zeta \tag{4.5}$$

[8] Für die grafische Darstellung wurde die Notation des LISREL-Verfahrens verwendet

$$y = \Lambda_y \eta + \varepsilon \tag{4.6}$$

$$x = \Lambda_x \xi + \delta \tag{4.7}$$

Da latente Variablen nicht direkt beobachtet bzw. gemessen werden können, ist zur Bestimmung ihrer Ausprägungen die *Formulierung eines Messmodells* erforderlich. Mithilfe eines Messmodells wird die Verbindung zwischen einer Datenquelle, beispielsweise einem Fragebogen, und den latenten Variablen innerhalb eines Strukturmodells hergestellt (vgl. Byrne, 2001: S. 12). Zu diesem Zweck umfasst ein Messmodell jeweils eine oder mehrere Messhypothesen zu den Effekten zwischen unmittelbar messbaren Indikatorvariablen bzw. *Indikatoren* aus der Datenquelle und einzelnen, latenten Variablen. Innerhalb eines Messmodells werden sowohl Indikatoren (x) für endogene latente Variablen als auch Indikatoren (y) für exogene latente Variablen benötigt. Zusammen werden die Indikatoren einer latenten Variablen auch als ihre *Skala* bezeichnet. Die Identifikation von Indikatoren bzw. die Ableitung einer Skala kann entweder in Anlehnung an bereits validierte Skalen früherer empirischer Untersuchungen oder auf Grundlage einer Literaturanalyse erfolgen (vgl. Hair u. a., 2006: S. 735). Da im Rahmen einer Kausalanalyse in der Regel Zusammenhänge zwischen latenten Variablen untersucht werden, deren Ausprägungen aus den Messwerten ihrer Indikatoren geschätzt werden, werden in der Literatur in beiden Fällen hohe Anforderungen an die Validität eines Messmodells bzw. einer Skala gestellt (vgl. Abschnitt 4.4.1).

Die Beziehungen zwischen den latenten Variablen eines Strukturmodells und ihren jeweiligen Indikatoren können mithilfe von faktoranalytischen Modellen formalisiert werden (vgl. (4.6) und (4.7)). Während y und x jeweils als mehrdimensionale Vektoren die Indikatoren der endogenen bzw. exogenen latenten Variablen beinhalten, können die Koeffizientenmatrizen Λ_y bzw. Λ_x als Faktorladungsmatrizen interpretiert werden (vgl. Homburg, Baumgartner, 1985: S. 348). Die Vektoren ε bzw. δ enthalten die Messfehler der jeweiligen Indikatoren. Anzumerken ist, dass es sich bei der Darstellung in den Gleichungen (4.5) bis (4.7) um ein formalisiertes Kausalmodell nach dem LISREL-Verfahren handelt, wobei das Messmodell, wie häufig in diesem Zusammenhang (vgl. Tabelle 22), reflexiv formuliert ist.

Je nach Effektrichtung der Indikatoren auf eine latente Variable lassen sich reflexiv bzw. formativ formulierte Konstrukte unterscheiden (vgl. Abbildung 34). Umfassen die jeweiligen Messhypothesen die Vermutung, dass zwischen den Ausprägungen einer latenten Variable und den Werten der ihr zugeordneten Indikatoren ein kausal gerichteter Ursache-Wirkungs-Zusammenhang besteht, wird diese latente Variable mithilfe von *reflexiven Indikatoren* gemessen. Eine Veränderung ihrer Ausprägung spiegelt sich in einem reflexiven Konstrukt in der gleichzeitigen Veränderung sämtlicher mit ihr verbundenen Indikatoren wider. Da reflexive Indikatoren einer latenten Variablen gleichermaßen durch dieselbe Größe kausal beeinflusst werden, sind sie untereinander hoch korreliert und messen, jedoch fehlerbehaftet, das Gleiche (vgl. Christophersen, Grape, 2009: S. 105).

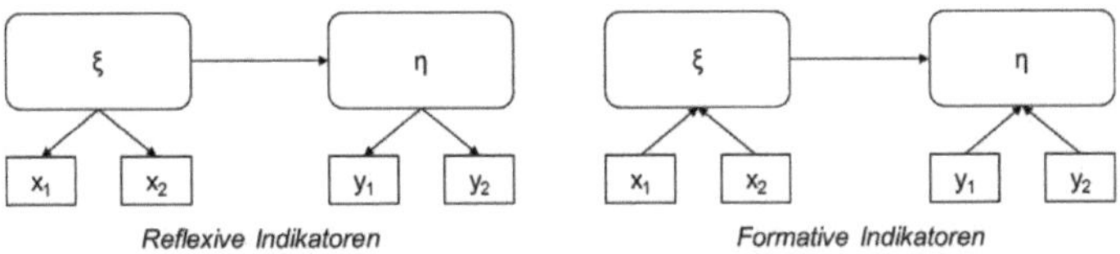

Abbildung 34: Reflexive und formative Indikatoren
(vgl. Fornell, Bookstein, 1982: S. 441)

Ist der angenommene Zusammenhang zwischen einer latenten Variable und ihren Indikatoren entgegengesetzt gerichtet, sodass Werte der Indikatoren die Ursache für verschiedene Ausprägungen der latenten Variablen darstellen, werden *formative Indikatoren* verwendet. Jeder einzelne Indikator kann isoliert eine Veränderung der latenten Variablen verursachen, eine Spiegelung dieser Veränderung in anderen formativen Indikatoren kann im Gegensatz zu reflexiven Indikatoren aufgrund der entgegengesetzten Kausalitätsannahme nicht begründet werden. Mehrere formative Indikatoren können zusammen als Index verstanden werden, in dem jeder Indikator einen anderen Aspekt der latenten Variablen abbildet. Die Elimination eines Indikators führt daher zu einem Informationsverlust (vgl. Christophersen, Grape, 2009: S. 106).

Da in beiden Messmodellen die jeweils abhängige Variable fehlerbehaftet ist, weisen reflexive und formative Modelle aufgrund ihrer entgegengesetzt gerichteten Kausalitätsannahmen unterschiedliche formale Darstellungen auf (vgl. (4.6) und (4.8)). Während in reflexiven Modellen die Messung von Indikatoren als Spiegelbild einer nicht zu beobachtenden Variable nur fehlerbehaftet gelingen kann, muss in formativen Messmodellen die Vorhersage einer latenten Variablen auf Grundlage ihrer Ursachen unscharf und mit dem Fehler ζ behaftet bleiben.

$$\eta = \sum_{i=1}^{n} \lambda_i^y * y_i + \zeta \qquad (4.8)$$

mit: i : Anzahl der Indikatoren der latenten Variablen η

Anzumerken ist, dass reflexive Messmodelle im Hinblick auf die betriebswirtschaftliche Forschung trotz einiger Kritik noch immer den Standard bilden (vgl. Christophersen, Grape, 2009: S. 104).

4.2.3. Schätzverfahren

Zur Anpassung von Strukturgleichungsmodellen erfolgt im Rahmen einer Kausalanalyse nach dem LISREL-Verfahren aus den empirischen Daten eine simultane Schätzung der Modellparameter. Zur Durchführung dieser Parameterschätzung wurden in der Literatur bereits verschiedene Schätzverfahren vorgeschlagen, wobei die Konstruktion dieser Verfahren ähnlich ist.

Aus den multivariaten Regressionsmodellen sowie den Parametern eines Strukturgleichungsmodells lässt sich eine für jedes Modell implizite Kovarianzmatrix Σ ableiten (vgl. Schumacker, Lomax, 2004: S. 64). Diese Matrix kann unter Anwendung verschiedener Annahmen und Spezifikationen als Funktion eines Vektors α der unbekannten Modellparameter dargestellt werden (vgl. Homburg, Baumgartner, 1985: S. 350). Die Schätzung dieser Parameter erfolgt anhand der Minimierung der Unterschiedlichkeit zwischen der impliziten und der empirisch ermittelten Kovarianzmatrix mithilfe einer Diskrepanzfunktion für symmetrische Matrizen F, wobei nach Homburg und Baumgartner (1985) gilt:

$$f_S(\alpha) = F\big(S, \Sigma(\alpha)\big) \rightarrow min \qquad (4.9)$$

Nimmt die Diskrepanzfunktion den Wert null an ($\mathrm{S}\text{-}\Sigma(\widehat{\alpha}) = 0$), konnte eine perfekte Anpassung zwischen Modell und empirischen Daten erreicht werden (vgl. Schumacker, Lomax, 2004: S. 66). Der Vektor $\hat{\alpha}$ stellt in diesem Fall einen Vektor α dar, der $F\big(S, \Sigma(\alpha)\big)$ minimiert. Ein Vektor α umfasst folgende Parameter eines Strukturgleichungsmodells:

- Pfadkoeffizienten zwischen den latenten Konstrukten
- Faktorladungen der Indikatoren auf die Faktoren
- Varianzen/Kovarianzen der exogenen, latenten Variablen
- Varianzen der Fehlervariablen der endogenen, latenten Variablen

- Varianzen der Messfehlervariablen

Die Diskrepanzfunktion F lässt sich aus verschiedenen gängigen statistischen Schätzverfahren ableiten (vgl. Homburg, Baumgartner, 1985: S. 350), wie beispielsweise dem *Maximum Likelihood Verfahren* oder verschiedenen Varianten des *Kleinste Quadrate Ansatzes* (vgl. Schumacker, Lomax, 2004: S. 66). Die Anwendungsvoraussetzungen der Kausalanalyse sowie die erreichbare Güte der Parameterschätzungen hängen direkt von dem verwendeten Schätzverfahren ab. Da noch kein absolut überlegenes Verfahren existiert, besteht im Rahmen der Auswahl eines Schätzverfahrens üblicherweise ein Zielkonflikt zwischen den Kriterien *Anwendbarkeit* sowie *Genauigkeit* der einzelnen Verfahren.

Beispielsweise sind im Hinblick auf ihre Genauigkeit das *Maximum Likelihood* (ML) sowie das *Generalized Least Squares* (GLS) Verfahren anderen Schätzverfahren so lange überlegen, wie ihre Anwendungsanforderungen erfüllt und die empirischen Daten bei einem ausreichenden Stichprobenumfang multivariat normal verteilt sind (vgl. Hu, Bentler, 1995). Entsprechen die empirischen Daten der Normalverteilungsannahme dagegen nicht, bleiben beide Verfahren zwar prinzipiell anwendbar (vgl. Hair u. a., 2006: S. 743), verlieren aber an Genauigkeit, sodass die Anwendung anderer Schätzverfahren mit geringeren Anforderungen zu genaueren Schätzungen führen kann. Beispielsweise wird bei Vorliegen nicht normal verteilter Daten die Güte derjenigen Schätzverfahren weniger beeinflusst, zu deren Ableitung keine Verteilungsannahme erforderlich ist. In der Literatur werden in diesem Zusammenhang insbesondere das *Unweighted Least Squares* (ULS) sowie das *Asymptotically Distribution Free* (ADF) Verfahren genannt (vgl. Schumacker, Lomax, 2004: S. 66). Anzumerken ist, dass ADF eine Weiterentwicklung des Weighted Least Squares Verfahrens (WLS) darstellt und ULS auch als Ordinary Least Squares Verfahren (OLS) bezeichnet wird.

Obwohl das *ADF-Verfahren* im direkten Vergleich dem ULS-Verfahren überlegen ist, wird es aufgrund seiner hohen Anforderungen an die Stichprobengröße (vgl. Schumacker, Lomax, 2004: S. 67) selten verwendet. In Abhängigkeit der Anzahl von Indikatorvariablen $(p + q)$ kann der zur Berechnung in AMOS erforderliche Stichprobenumfang mithilfe von (4.10) ermittelt werden.

$$n_{min} = \frac{(p+q) * (p+q+1)}{2} \tag{4.10}$$

Das *ULS-Verfahren* stellt das erste Schätzverfahren dar, das im Zusammenhang mit Strukturgleichungsmodellen verwendet wurde. Da zur Ableitung dieses Verfahrens ebenfalls keine Verteilungsannahme benötigt wird, ist auch seine Genauigkeit nicht von der empirischen Verteilung der Daten abhängig. Anzumerken ist jedoch, dass das ULS-Verfahren aufgrund der fehlenden Verteilungsannahme auch nicht mit einer Teststatistik verknüpft ist. Folglich ist die Durchführung von Signifikanztests der geschätzten Parameter im Rahmen dieses Verfahrens nicht möglich (vgl. Schumacker, Lomax, 2004: S. 66). Obwohl Ogasawara mithilfe von Simulationsstudien zeigen konnte, dass die Ergebnisse von ULS-Schätzungen unter der Voraussetzung gleicher Varianzen mit denen des ML-Verfahrens hoch korrelieren (vgl. 2003: S. 81), scheint das ULS-Verfahren im Vergleich mit dem moderneren ML-Verfahren weniger effizient zu sein (vgl. Hair u. a., 2006: S. 743). Da das ML-Verfahren zudem robust gegenüber Verletzungen der Normalverteilungsannahme zu reagieren scheint (vgl. Olsson u. a., 2000: S. 559), wurde das ULS-Verfahren größtenteils von dem effizienteren ML-Verfahren verdrängt (vgl. Hair u. a., 2006: S. 743).

In diesem Zusammenhang diskutieren West u. a. die Konsequenzen, die sich aus der Anwendung des ML-Verfahrens auf nicht normal verteilte Daten für die Ergebnisse der Schätzung ergeben, sowohl für kontinuierliche als auch für kategoriale Variablen (vgl. 1995: S. 62–64). In Bezug auf kategoriale Variablen, die auch im Rahmen der vorliegenden Arbeit als Indikatoren verwendet werden (vgl. Anhang 4), identifizieren sie folgende Effekte:

- Der χ^2 Wert, der die Diskrepanz zwischen dem geschätzten Modell und den empirischen Daten anzeigt, wird mit zunehmender Abweichung von einer Normalverteilung überschätzt, wobei insbesondere die Berücksichtigung von unterschiedlich schiefen Variablen (vgl. Abschnitt 4.1.2) zu überhöhten χ^2 Werten führt.
- Faktorladungen und interfaktorielle Korrelation werden insgesamt moderat unterschätzt, wobei sich dieser Effekt bei Variablen mit wenigen Kategorien bei zunehmender Schiefe der empirischen Verteilungen sowie bei unterschiedlich schiefen Variablen verstärkt.
- Die Schätzungen der Fehlervarianzen werden stärker als andere Parameter verfälscht, sodass irrtümlich Korrelationen zwischen den Fehlertermen auftreten können.

- Da die Standardfehler der Parameter zu gering geschätzt werden, ist die Zuverlässigkeit der Signifikanztests der Parameter eingeschränkt, wobei sich auch dieser Effekt mit zunehmender Schiefe der empirischen Verteilungen verstärkt.

4.3. Anpassungsmaße zur Bewertung von Kausalmodellen

4.3.1. Lokale Anpassungsmaße

Mithilfe von Anpassungsmaßen wird auf der Grundlage seiner Parameterschätzungen die Anpassungsgüte eines untersuchten Kausalmodells an die verwendeten Daten bewertet (vgl. Homburg, Baumgartner, 1985: S. 351). Zu diesem Zweck ist in der Literatur mittlerweile eine Vielzahl von Maßzahlen und Kriterien verfügbar, wobei jedoch die Berücksichtigung sämtlicher Anpassungsmaße im Rahmen einer Bewertung zu vermeiden ist (vgl. Schermelleh-Engel u. a., 2003: S. 51). Stattdessen identifizieren einige Autoren jeweils eine kleine Auswahl von verfügbaren Anpassungsmaßen, die zusammen eine Bewertung von Kausalmodellen erlauben (vgl. bspw. Zinnbauer, Eberl, 2004: S. 21), wobei Umfang und Zusammensetzung dieser Auswahlen uneinheitlich sind (vgl. Schermelleh-Engel u. a., 2003: S. 51). Im Hinblick auf ihren Bewertungsgegenstand lassen sich zwei Kategorien von Anpassungsmaßen unterscheiden; während *globale* Anpassungsmaße die Anpassungsgüte des gesamten Kausalmodells bewerten, werden *lokale* Anpassungsmaße zur Bewertung einzelner Modellteile verwendet (vgl. Abbildung 35). Anzumerken ist, dass üblicherweise parallel sowohl globale als auch lokale Anpassungsmaße zur Bewertung eines Kausalmodells verwendet werden.

Maßzahlen zur Bewertung der Anpassungsgüte einzelner Bestandteile eines Kausalmodells werden häufig im Rahmen von konfirmatorischen Ansätzen zur Analyse der Validität eines Messmodells bzw. einzelner reflexiver Konstrukte verwendet (vgl. Abschnitt 6.3). Homburg und Baumgartner identifizieren in diesem Zusammenhang drei lokale Anpassungsmaße aus der Literatur (vgl. 1985: S. 363), wobei sie im Hinblick auf diese Maßzahlen auch jeweils Schranken einer guten Modellanpassung formulieren (vgl. Tabelle 23).

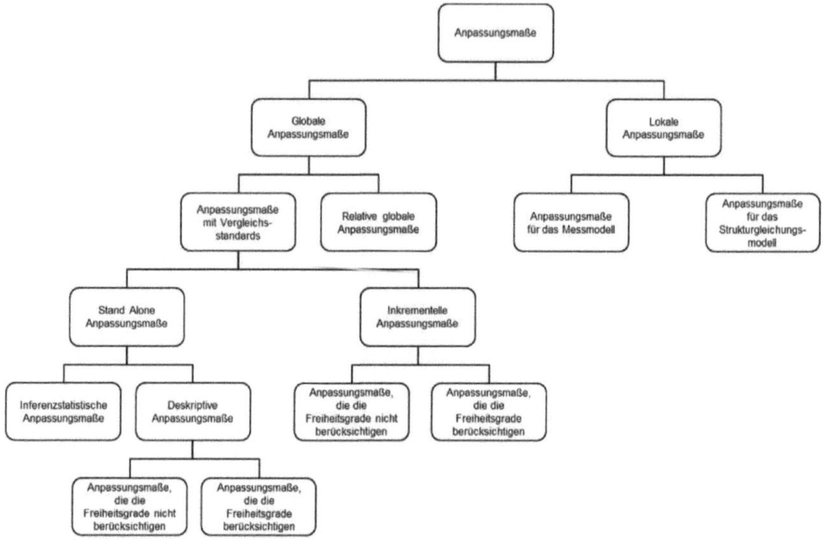

Abbildung 35: Verschiedenen Anpassungsmaße für Kausalmodelle
(vgl. Homburg, Baumgartner, 1985: S. 352)

Zur Bewertung, wie gut ein einzelner Indikator x_i dazu geeignet ist, eine latente Variable ξ_j zu messen, schlagen Homburg und Baumgartner die Verwendung eines von Werts u. a. (1974) formulierten lokalen Anpassungsmaßes vor (vgl. 1985: S. 360). Diese als *Reliabilität eines Indikators* ($\mathrm{rel}(\mathrm{x_i})$) bezeichnete Maßzahl stellt die quadrierte Korrelation zwischen einem Indikator und dem zugehörigen Konstrukt dar (vgl. (4.11)). Im Hinblick auf die Anpassungsgüte des vollständigen Messmodells einer latenten Variablen identifizieren Homburg und Baumgartner zwei weitere Anpassungsmaße aus der Literatur (vgl. 1985: S. 361), die *Faktorreliabilität* ($FR(\xi_j)$) nach Werts u. a. (1974: S. 29) sowie die *durchschnittlich erklärte Varianz* ($DEV(\xi_j)$) nach Fornell und Larcker (1981: S. 46). Die Faktorreliabilität stellt ein Maß für die Konsistenz der Messung einer latenten Variablen durch ihr Messmodell mit N Indikatoren dar (vgl. Ahire, Devaraj, 2001: S. 321). Die durchschnittlich erklärte Varianz zeigt dagegen auf, welcher Anteil der Streuung in den Werten einer latenten Variablen mithilfe dieses Messmodells erklärt werden kann (vgl. Fornell, Larcker, 1981: S. 46).

$$\rho_{ij} = \mathrm{rel}(x_i) = \frac{{\lambda_{ij}^{x}}^{2}}{{\lambda_{ij}^{x}}^{2} + VAR(\delta_i)} \tag{4.11}$$

$$\rho_{ij} = \mathrm{rel}(x_i) = \frac{{\lambda_{ij}^{x}}^{2}}{{\lambda_{ij}^{x}}^{2} + VAR(\delta_i)} \tag{4.12}$$

$$DEV(\xi_j) = \frac{\sum_{i=1}^{N} \lambda_{ij}^{x\,2}}{\sum_{i=1}^{N} \lambda_{ij}^{x\,2} + \sum_{i=1}^{N} VAR(\delta_i)} \tag{4.13}$$

Anzumerken ist, dass (4.11) bis (4.13) in der von Werts u. a. (vgl. 1974: S. 29) sowie später auch von Fornell und Larcker (vgl. 1981: S. 45) verwendeten Formulierung für standardisierte latente Variablen dargestellt sind. Es gilt entsprechend $EV(\xi_j) = 0$ sowie $VAR(\xi_j) = 1$.

4.3.2. Globale Anpassungsmaße

Im Gegensatz zu den lokalen werden *globale Anpassungsmaße* zur Bewertung der Anpassungsgüte eines vollständigen Kausalmodells verwendet. Hierzu wird in verschiedenen mathematischen Formulierungen die Abweichung zwischen der implizierten und der empirisch ermittelten Kovarianzmatrix der Indikatorvariablen betrachtet (vgl. Homburg, Baumgartner, 1985: S. 361). Die Minimierung dieser Abweichung mithilfe einer Diskrepanzfunktion $F(S, \Sigma(\alpha))$ stellt das Ziel verschiedener Schätzverfahren zur Modellanpassung dar (vgl. Abschnitt 4.2.3). In diesem Zusammenhang stellt $\hat{\alpha}$ den Vektor der zu schätzenden Modellparameter dar, der die Diskrepanzfunktion F minimiert. Anzumerken ist, dass zwar die meisten globalen Anpassungsmaße eine absolute Gütebewertung zulassen, in der Literatur jedoch auch relative Maße diskutiert werden, deren Werte nur im Rahmen von Vergleichen verschiedener Kausalmodelle zu interpretieren sind (vgl. Zinnbauer, Eberl, 2004: S. 9).

Für die Werte der im Folgenden ausschließlich betrachteten absoluten Anpassungsmaße existieren dagegen Kriterien bzw. Schranken, anhand derer eine Gütebewertung auch bei einer isolierten Betrachtung einzelner Kausalmodelle möglich ist (vgl. Abbildung 35). In Abhängigkeit des Ursprungs dieser Kriterien bzw. Schranken lassen sich inferenzstatistische, deskriptive sowie inkrementelle Anpassungsmaße unterscheiden. Anzumerken ist, dass es aufgrund der hohen Anzahl existierender Ansätze auch in Bezug auf globale Anpassungsmaße notwendig erscheint, die Bewertung der Güte eines Kausalmodells nur auf eine Auswahl der Maße zu stützen (vgl. Homburg, Baumgartner, 1985: S. 362). Im Hinblick auf diese Auswahl ist zu berücksichtigen, dass es nur einige Anpassungsmaße erlauben, im Rahmen der Gütebewertung eine hohe Modellkomplexität negativ zu berücksichtigen. Anpassungsmaße, bei denen der Verlust eines Freiheitsgrads nicht negativ sanktioniert wird, bevorzugen tendenziell überparametrisierte Modelle, da die Gütebewertung durch das Hinzufügen eines zusätzlichen Modellparameters nur verbessert werden kann (vgl. Homburg, Baumgartner, 1985: S. 355).

Inferenzstatistische Anpassungsmaße sind so konstruiert, dass sie die Verwendung der χ^2-Verteilung zur Gütebewertung erlauben. Anzumerken ist, dass auch eine Formulierung des χ^2-Anpassungstests als inferenzstatistisches Anpassungsmaß existiert (vgl. Schoenfeld, 1980: S. 147). Dieser Test ermöglicht es, die Nullhypothese, dass ein geschätztes Kausalmodell zu den verwendeten Daten passt, auf Signifikanz zu testen (vgl. Jöreskog, Sörbom, 1996: S. 28). Unter der Nullhypothese folgt die Teststatistik (vgl. (4.14)), einer χ^2-Verteilung deren Freiheitsgrade sich aus (4.15) ergeben. Anzumerken ist, dass bei der Verwendung von inferenzstatistischen Anpassungsmaßen aufgrund dieser Berechnung der Freiheitsgrade der χ^2-Verteilung stets die Modellkomplexität in der Bewertung berücksichtigt wird. Obwohl eine Ablehnung der Nullhypothese eine unzureichende Güte des Kausalmodells direkt nachweist und dadurch eine weitere Gütebewertung formal obsolet macht, ist die Verwendung dieses Anpassungstests in der Literatur umstritten (vgl. Homburg, Baumgartner, 1985: S. 363). Vor dem Hintergrund, dass ein Modell selten eine vollkommene Abbildung einer Wirklichkeit darstellt, erscheint insbesondere die Formulierung der Nullhypothese ungeeignet (vgl. Cudeck, Browne, 1983: S. 165). Weiterentwicklungen dieses Tests dienen daher nicht der Untersuchung *ob*, sondern *wie gut* ein geschätztes Kausalmodell zu den erhobenen Daten passt (vgl. Steiger, 1990: S. 176). In der Literatur wird in diesem Zusammenhang häufig die Verwendung des von Steiger und Lind (1980) erstmalig vorgeschlagenen Anpassungsmaßes *RMSEA* (Root Mean Squared Error of Approximation) empfohlen (vgl. (4.16)). Während Werte im Bereich von $RMSEA \leq 0{,}05$ erfahrungsgemäß eine hohe Modellgüte anzeigen, sollten Kausalmodelle mit einem $RMSEA > 0{,}1$ verworfen werden (vgl. bspw. Browne, Cudeck, 1993: S. 144). Anzumerken ist, dass die Einordnung des RMSEA als inferenzstatistisches Anpassungsmaß umstritten ist. Schermelleh-Engel u. a. ordnen diesen Koeffizienten beispielsweise aufgrund seiner auf Erfahrungen beruhenden Vergleichswerte in die Gruppe der deskriptiven Anpassungsmaße ein (vgl. 2003: S. 36).

$$\chi^2 = (n-1) * F\big(S, \Sigma(\hat{\alpha})\big) \tag{4.14}$$

$$\mathrm{df} = \frac{1}{2} * (p+q) * (p+q+1) - r \tag{4.15}$$

mit

$p + q = Anzahl\ der\ Indikatoren\ im\ Modell$
$r = Anzahl\ der\ zu\ schätzenden\ Parameter$

$$\mathrm{RMSEA} = \sqrt{\frac{\chi^2 - df}{df * (n-1)}} \quad (4.16)$$

Bei der Verwendung von *deskriptiven Anpassungsmaßen* wird, wie bereits bei der Analyse des RMSEA, zur Gütebewertung der jeweilige Wert, den ein Anpassungsmaß für ein zu untersuchendes Kausalmodell annimmt, mit bestehenden Erfahrungswerten verglichen. Ein Beispiel für ein solches deskriptives Anpassungsmaß stellt der Goodness of Fit Index (GFI), der in dieser Form von Tanaka und Huba (1984) eingeführt wurde und hier in der Formulierung von Homburg und Baumgarten (1985) dargestellt ist (vgl. (4.17)). Die statistische Grundlage dieses Anpassungsmaßes bildet der Quotient aus dem Minimum der verwendeten Schätzfunktion nach der Modellanpassung und dieser Funktion vor der Anpassung (vgl. Jöreskog, Sörbom, 1996: S. 29). Der GFI kann maximal den Wert 1 einnehmen, wobei hohe Werte von $\mathrm{GFI} \geq 0{,}9$ auf eine gute Modellanpassung hindeuten.

$$GFI = 1 - \frac{sp[(\Sigma(\hat{\alpha})^{-1}S - I)^2]}{sp[(\Sigma(\hat{\alpha})^{-1}S)^2]} \quad (4.17)$$

mit

$$I = Einheitsmatrix$$
$$sp: Spur\ einer\ quadratischen\ Matrix$$

$$AGFI = 1 - \frac{(p+q) * (p+q+1)}{2 * df} * (1 - GFI) \quad (4.18)$$

Da der GFI nicht dazu geeignet ist, die Komplexität eines Kausalmodells zu berücksichtigen, empfehlen beispielsweise Homburg und Baumgartner (1985) alternativ die Verwendung des AGFI (Adjusted Goodness of Fit Index) oder eines Quotienten aus χ^2-Teststatistik (vgl. (4.14)) und den zugehörigen Freiheitsgraden der χ^2-Verteilung (vgl. (4.15)).

Mit *inkrementellen Anpassungsmaßen* wird ein Kausalmodell anhand der Differenz der Anpassungsgüte bewertet, die sich aus dem Vergleich eines Basismodells mit dem untersuchten Modell ergibt. Als Grundlage eines solchen Vergleichs wird in den meisten Ansätzen ein Basismodell mit unabhängigen Indikatoren verwendet, zu dessen Schätzung sämtliche Faktorladungen und Fehlerterme auf eines bzw. null fixiert werden (vgl. Schermelleh-Engel u. a., 2003: S. 39). Da ein solches Basismodell jedoch weder Informationen enthält noch eine inhaltliche Plausibilität aufweist, zeigt eine Gütebewertung anhand üblicher inkrementeller Anpassungsmaße lediglich auf, inwieweit ein untersuchtes Modell besser als gar kein Modell ist. Vor dem Hintergrund der Trivialität dieser Aussage raten Homburg und Baumgartner von der Verwendung inkrementeller Anpassungsmaße ab, in denen die Komplexität des Kausalmodells nicht berücksichtigt werden kann (vgl. 1985: S. 360). In der Literatur sind mittlerweile verschiedene inkrementelle Anpassungsmaße verfügbar, die eine Berücksichtigung der Modellkomplexität erlauben. Aufgrund ihrer Unempfindlichkeit gegenüber kleineren Stichprobenumfängen sind von diesen Ansätzen im Rahmen der vorliegenden Arbeit insbesondere der auf die Überlegungen von Tucker und Lewis (vgl. 1973: S. 5) zurückgehende Tucker Lewis Index (TLI) sowie der von Bentler (1990) eingeführte *Comparitive Fit Index* (CFI) relevant. Da der TLI jedoch in Anwendung und Interpretation umstritten (vgl. Zinnbauer, Eberl, 2004: S. 12) und nicht normiert ist (vgl. Schermelleh-Engel u. a., 2003: S. 41), wird im Folgenden auf seine Anwendung zugunsten des CFI verzichtet (vgl. (4.19)).

$$CFI = 1 - \frac{max\{\chi_k{}^2 - df_k, 0\}}{max\{\chi_j{}^2 - df_j, \chi_k{}^2 - df_k, 0\}} \tag{4.19}$$

mit

k: *Angepasstes Kausalmodell*
j: *Unabhängiges Basismodell*

Da die Schätzung der Nichtzentralität ($\chi_k{}^2$-df_k) für gut angepasste Modelle nahe null liegt, deuten hohe Werte des CFI nahe eins auf eine hohe Anpassungsgüte eines Kausalmodells hin (vgl. Bentler, 1990: S. 166). Neben dem CFI wird im Rahmen der vorliegenden Arbeit auch der Normed Fit Index (NFI) oder *Bentler-Bonett-Koeffizient* nach Bentler und Bonett (1980), in dem die Modellkomplexität nicht berücksichtigt werden kann, verwendet (vgl. (4.20)).

$$NFI = 1 - \frac{\chi_k{}^2}{\chi_j{}^2} \tag{4.20}$$

Während Homburg und Baumgartner (1985) bei der Bewertung vollständiger Kausalmodelle von diesem Koeffizienten abraten, wird seine Verwendung von anderen Autoren im Rahmen der Validierung von Messmodellen zur Überprüfung der Konvergenzvalidität empfohlen (vgl. Abschnitt 4.4.2). Anzumerken ist, dass die Auswirkungen einer fehlenden Berücksichtigung von Modellkomplexität bei der isolierten Betrachtung von Messmodellen vernachlässigt werden können, da diese im Rahmen von Kausalmodellen üblicherweise von dem jeweiligen Strukturmodell induziert wird. Wie der CFI basiert auch der NFI auf einem Vergleich der χ^2-Teststatistik des angepassten Modells, mit der eines Basismodells. Auch dieser Koeffizient kann Werte zwischen null und eins annehmen, wobei größere Werte eine bessere Anpassung anzeigen.

Eine Zusammenfassung der im Rahmen dieser Arbeit verwendeten Anpassungsmaße sowie ihrer jeweiligen Schwellenwerte für eine gute Anpassung eines Kausalmodells ist in Tabelle 23 dargestellt. In diesem Zusammenhang erscheint eine Angabe von absoluten Schwellenwerten jedoch nicht unproblematisch zu sein, da auch die Höhe der Schwellenwerte von dem tatsächlichen Stichprobenumfang sowie der Modellkomplexität abzuhängen scheint (vgl. Homburg, Baumgartner, 1985: S. 363).

Anpassungsmaße	Anforderung	Quelle
Lokale Anpassungsmaße		
Reliabilität eines Indikators (rel)	$\mathrm{rel}(x_i) \geq 0{,}4$	Homburg und Baumgartner (1985: S. 363)
Faktorreliabilität (FR)	$FR(\xi_j) \geq 0{,}6$	Homburg und Baumgartner (1985: S. 363)
Durchschnittlich erklärte Varianz (DEV)	$DEV(\xi_j) \geq 0{,}5$	Fornell und Larcker (1981: S. 46)
Globale Anpassungsmaße		
Root Mean Squared Error of Approximation (RMSEA)	$RMSEA \leq 0{,}08$	Browne und Cudeck (1993: S. 144)
Quotient χ^2/df	$\chi^2/df \leq 2{,}0$	Byrne (1989: S. 55)
Goodness of Fit Index (GFI)	$GFI \geq 0{,}9$	Hair u. a. (2006: S. 747)
Comparative Fit Index (CFI)	$CFI \geq 0{,}9$	Bentler (1990: S. 166)
Normed Fit Index (NFI)	$NFI \geq 0{,}9$	Bentler und Bonett (1980: S. 600)

Tabelle 23: Anpassungsmaße zur Bewertung der Güte eines Kausalmodells
(eigene Darstellung)

Im Hinblick auf eine ähnliche, von ihnen identifizierte Auswahl wichtiger Anpassungsmaße merken Homburg und Baumgartner an, dass eine ausnahmslose Erfüllung aller Anforderungen nicht erforderlich sei (vgl. 1985: S. 363).

4.4. Vorgehen zur Validierung einer Skala

4.4.1. Bestandteile der Skalenvalidität

Vor der Schätzung und der Analyse eines Strukturgleichungsmodells ist es erforderlich, die Validität seines Messmodells anhand der ermittelten empirischen Daten aufzuzeigen. Häufig wird die Validität eines Messmodells anhand der Skalenvalidität der einzelnen latenten Variablen gezeigt, wobei sowohl Skalen, die bereits im Rahmen früherer empirischer Analysen validiert werden konnten, als auch neu entwickelte

Konstrukte zu untersuchen sind (vgl. Hair u. a., 2006: S. 735). Zur Überprüfung dieser Validität wird in der Literatur oftmals ein dreistufiges Vorgehen vorgeschlagen, im Rahmen dessen folgende Bestandteile der Skalenvailidität vor und nach der Durchführung einer empirischen Untersuchung betrachtet werden (vgl. O'Leary-Kelly, Vokurka, 1998: S. 389):

- Die **inhaltliche Validität** beschreibt, inwieweit eine Skala den Kern eines Konstrukts erfasst (vgl. Carmines, Zeller, 1979: S. 21), also tatsächlich die betrachtete latente Variable misst. Zur Überprüfung der inhaltlichen Validität ist bereits vor der Datenerhebung anhand von theoretischen Analysen, von Vorstudien oder von Expertenwissen aufzuzeigen, dass die verwendeten Indikatoren den zu messenden theoretischen Faktor hinreichend abbilden (vgl. Ahire, Devaraj, 2001: S. 321).
- Die **Konstruktvalidität** bewertet anhand der erhobenen Daten, also nach dem Abschluss der Feldphase einer Untersuchung, inwieweit die empirischen Indikatoren tatsächlich dazu geeignet sind, als Skala ein reflexives Konstrukt zu messen (vgl. O'Leary-Kelly, Vokurka, 1998: S. 389). Der Betrachtungsgegenstand der Konstruktvalidität ist insbesondere das Zusammenwirken und die Korrelation der verschiedenen Indikatoren eines Faktors, wobei zu ihrer Überprüfung zahlreiche Kriterien in der Literatur genannt werden.
- Die **nomologische Validität** einer Skala beschreibt, inwieweit die Messwerte verschiedener Konstrukte eines Modells ihren erwarteten Beziehungen entsprechen. Im Gegensatz zur Konstruktvalidität, die auf die interne Validität der jeweiligen Konstrukte abzielt, wird im Rahmen der nomologischen Validität die externe Validität der Konstrukte im Verhalten zueinander betrachtet (vgl. Peter, 1981: S. 135).

Teilweise wird bei der Durchführung einer Kausalanalyse die *inhaltliche Validität* ihres Messmodells bereits durch die systematische Ableitung seiner Konstrukte bzw. von Indikatoren der latenten Variablen aus der Literatur sichergestellt (vgl. bspw. Koch, 2010: S. 142). Zudem ist in Bezug auf die *nomologische Validität* festzustellen, dass die Erwartungen über den Zusammenhang der betrachteten Konstrukte im Hypothesensystem einer Kausalanalyse formuliert und bei der Anpassung des Strukturgleichungsmodells getestet werden. Auf eine separate Betrachtung der nomologischen Validität wird daher oftmals verzichtet. Dieser Vorgehensweise folgend wird auch im Rahmen der vorliegenden Arbeit auf eine separate Untersuchung von inhaltlicher sowie nomologischer Validität verzichtet. Im Fokus der Analysen zur Skalenvalidierung steht daher im Rahmen dieser Arbeit insbesondere die Überprüfung der *Konstruktvalidität*.

4.4.2. Vorgehensweise zur Konstruktvalidierung

Im Zusammenhang mit der Analyse der Konstruktvalidität wird in der Literatur empfohlen, das Vorliegen folgender vier Eigenschaften für das zu überprüfende Konstrukt nachzuweisen (vgl. Ahire, Devaraj, 2001: S. 321; O'Leary-Kelly, Vokurka, 1998: S. 389):

- **Eindimensionalität,** diese Eigenschaft beschreibt, in welchem Maße die Indikatoren eines Konstrukts gemeinsam nur einen Faktor messen.
- Die **Reliabilität** eines Konstrukts ist ein Maß für die Konsistenz der Messung der latenten Variablen dieses Konstrukts durch seine Indikatoren.
- Die **Konvergenzvalidität** eines Konstrukts zeigt auf, inwieweit verschiedene Arten der Messung dieses Konstrukts das gleiche Ergebnis liefern.
- Die **Diskriminanzvalidität** eines Konstrukts beschreibt die Unterscheidbarkeit dieses Konstrukts von anderen Konstrukten eines Messmodells.

Zur Überprüfung dieser vier Eigenschaften werden in der Literatur verschiedene Maßzahlen und Schwellenwerte vorgeschlagen, die beispielsweise von Ahire und Devaraj zu einem Vorgehen zur Ableitung und Validierung von Skalen verdichtet wurden (vgl. 2001: S. 324). In diesem Zusammenhang lassen sich in der Literatur insbesondere zwei Vorgehensweisen unterscheiden, ein eher *explorativer Ansatz* zur Validierung von Skalen (vgl. Schwab, 1980) sowie ein *konfirmatorisches Vorgehen* (vgl. Bagozzi, 1980). Anzumerken ist, dass eine Konstruktvalidierung nach dem konfirmatorischen Vorgehen innerhalb des methodischen Rahmens sowie anhand der Gütemaße (vgl. Abschnitt 4.3) der kovarianzbasierten Kausalanalyse erfolgt. Der explorative Ansatz basiert dagegen auf einer explorativen Faktoranalyse, die beispielsweise auch in Kausalanalysen nach dem PLS-Verfahren verwendet wird.

Im Rahmen beider Verfahren erfolgt die Konstruktvalidierung grundsätzlich anhand von Faktoranalysen, mit denen die Beziehung zwischen den latenten Variablen und ihren Indikatoren bzw. die Parameter zu ihrer Beschreibung aus den empirischen Daten geschätzt werden. Im explorativen Ansatz wird hierzu eine Form der explorativen Faktoranalyse, eine *Hauptkomponentenanalyse mit Varimax-Rotation*, verwendet, bei der die Hauptkomponenten die latenten Variablen des Kausalmodells darstellen. Der Ansatz weist einen entdeckenden Charakter auf, da bei einer Hauptkomponentenanalyse *a priori* keine Beziehungen zwischen einer latenten Variablen und verschiedenen Indikatoren ausgeschlossen werden. Zwar beruht auch der explorative Ansatz auf Annahmen zu der latenten Variablen, ihren Indikatoren und deren Zusammenhängen (Ahire, Devaraj, 2001: S. 320), die Entdeckung und Abbildung weiterer Zusammenhänge ist mathematisch jedoch möglich. Dagegen wird bei der im Rahmen des konfirmatorischen Vorgehens verwendeten *konfirmatorischen Faktoranalyse* die Stärke von a priori bereits qualitativ definierten Effekten von Indikatoren auf eine latente Variable geschätzt, wobei hohe Effektstärken das vermutete Messmodel bestätigen. Eine Entdeckung weiterer Zusammenhänge ist jedoch nicht möglich.

Aufgrund des unterschiedlichen Charakters der Faktoranalysen weisen beide Ansätze abweichende Eigenschaften auf. Grundsätzlich erscheint der explorative Ansatz in diesem Zusammenhang eher dazu geeignet zu sein, versteckte oder nicht erkannte Strukturen und Beziehungen innerhalb eines Konstrukts zu erkennen. Der konfirmatorische Ansatz ermöglicht dagegen die Ableitung von Skalen mit tendenziell höherer Validität (vgl. Ahire, Devaraj, 2001: S. 319). Da jedoch insbesondere bei der Analyse von Modellen in eher neuen Wissensgebieten beide Eigenschaften wichtig sind, haben Ahire und Devaraj den explorativen und den konfirmatorischen Ansatz zu einem *hybriden Vorgehen* kombiniert (vgl. 2001). Zwar empfehlen sie in diesem hybriden Vorgehen tendenziell einen konfirmatorischen Ansatz, ergänzen diesen jedoch um eine zusätzliche explorative Faktoranalyse. Anzumerken ist, dass auch andere Autoren die Durchführung einer explorativen Faktoranalyse als mögliche, aber nicht notwendige Ergänzung einer konfirmatorischen Untersuchung zulassen (vgl. Venkatraman, 1989: S. 951).

Der Unterschied zwischen beiden Vorgehen wird insbesondere bei der Überprüfung der *Eindimensionalität* der Konstrukte deutlich. Bei der Anwendung des explorativen Vorgehens wird die Durchführung einer Hauptkomponentenanalyse und anschließende Elimination aller Indikatoren, die auf mehr als einem Faktor laden, empfohlen. Nach dem konfirmatorischen Vorgehen ist es dagegen ausreichend, bei einer konfirmatorischen Faktoranalyse des Konstrukts einen Goodness of Fit Index (GFI) von größer 0,9 zu erreichen, um Eindimensionalität unterstellen zu können. Der Goodness of Fit Index (GFI) wird neben der Untersuchung der Eindimensionalität im Rahmen von konfirmatorischen Faktoranalysen auch zur Beurteilung der Güte von vollständigen Strukturgleichungsmodellen verwendet (vgl. Abschnitt 4.3.2). Ahire und Devaraj schlagen in ihrem hybriden Vorgehen die Anwendung beider Kriterien zum Nachweis der Eindimensionalität vor (vgl. 2001: S. 324).

Auch zur Überprüfung der *Reliabilität* eines Konstrukts verwenden Ahire und Devaraj in ihrem hybriden Vorgehen eine Kombination von Kriterien des explorativen Ansatzes mit Gütemaßen kovarianzbasierter Kausalmodelle. Als exploratives Reliabilitätsmaß schlagen sie die Verwendung des von Cronbach eingeführten Koeffizienten α vor (vgl. 1951: S. 304), der im Rahmen der Gütebewertung von Kausalmodellen nicht verwendet wird (vgl. Abschnitt 4.3). Der Koeffizient α zeigt auf Grundlage des Verhältnisses der kumulierten Varianzen der Indikatoren, zu der Varianz der latenten Variablen an, inwieweit N Indikatoren x_i einer latenten Variablen ξ_j das gleiche messen (vgl. (4.21).

$$\alpha = \frac{N}{N-1}\left(1 - \frac{\sum_{i=1}^{N} VAR(x_i)}{VAR(\xi_j)}\right) \tag{4.21}$$

Cronbachs α ist in einem Bereich zwischen 0 und 1 interpretierbar, wobei höhere Werte des Koeffizienten für eine bessere Reliabilität stehen. Da sich jedoch aus der Konstruktion dieses Koeffizienten kein eindeutiger Schwellenwert ableiten lässt, ab dem eine ausreichende Reliabilität besteht, werden in der Literatur verschiedene Grenzwerte genannt. In der Literatur wird häufig ab einem Wert von $\alpha \geq 0{,}7$ die Reliabilität einer Skala als gegeben unterstellt (vgl. Hair u. a., 2006: S. 137). Einige Autoren nennen jedoch im Hinblick auf explorative Untersuchungen auch einen Grenzwert von $\alpha \geq 0{,}6$ sowie selten von $\alpha \geq 0{,}5$ (vgl. Nunnally u. a., 1967). Anzumerken ist, dass Cronbachs α, obwohl es das am weitesten verbreitete Reliabilitätskriterium darstellt, einige konzeptionelle Schwächen aufweist. Beispielsweise verhält sich der Wert des Koeffizienten empfindlich sowohl gegenüber der Anzahl der Indikatoren (N) als auch des Stichprobenumfangs (vgl. Ahire, Devaraj, 2001: S. 322). Aufgrund dieser Defizite verzichten einige Autoren auf die Verwendung bzw. Interpretation dieses Koeffizienten zur Reliabilitätsanalyse (vgl. bspw. Prud'homme, 2008: S. 106). Auch Ahire und Devaraj verwenden in ihrem hybriden Vorgehen zur Skalenvalidierung zusätzlich zu Cronbachs α den von Werts u. a. (1974) vorgeschlagenen Koeffizienten ρ_c. Dieser Koeffizient wird im Rahmen von kovarianzbasierten Kausalmodellen auch als *Faktorreliabilität* ($\mathrm{FR}(\xi_j)$) zur Bewertung der lokalen Anpassungsgüte verwendet (vgl. Abschnitt 4.3.1). In Bezug auf die Interpretation der Faktorreliabilität gilt wie bei Cronbachs α, dass höhere Werte des Koeffizienten eine bessere Reliabilität anzeigen. Als Schwellenwert für eine akzeptable Reliabilität der Messung eines Faktors nennen Werts u. a. (1974) einen ρ_c Wert von $\mathrm{FR}(\xi_j)$ (vgl. Tabelle 23). Auch Ahire und Devaraj verwenden im Rahmen ihres Vorgehensmodells diesen Schwellenwert (vgl. 2001: S. 322). Im Hinblick auf die Kombination von Cronbachs α mit der Faktorreliabilität in dem hybriden Vorgehen ist anzumerken, dass Ahire und Devaraj zwar für beide Reliabilitätsmaße Schwellenwerte vorschlagen, eine Gewichtung beider Kriterien oder eine Empfehlung für den Fall, dass die Kriterien nicht übereinstimmen, aber schuldig bleiben.

Ausgeprägter als in Bezug auf die Reliabilität und ähnlich der Eindimensionalität bestehen bei der Überprüfung der *Konvergenzvalidität* Unterschiede zwischen dem explorativen Ansatz und dem konfirmatorischen Verfahren zur Entwicklung und Validierung von Skalen (vgl. Ahire, Devaraj, 2001: S. 323). Während der explorative Ansatz keine explizite Überprüfung zulässt, bieten sich im Rahmen des konfirmatorischen Verfahrens verschiedene Ansätze zur Analyse der Konvergenzvalidität (vgl. Bagozzi u. a., 1991). Verbreitet sind in diesem Zusammenhang Kriterien auf Grundlage einer *Multitrait-Multimethod Matrix*, die ursprünglich zur Überprüfung psychologischer Diagnoseinstrumente entwickelt wurde (vgl. Campbell, Fiske, 1959). Obwohl die Analyse dieser Matrix zu einer Minimierung der Varianz zwischen den Indikatoren der Konstrukte entlang des gesamten Messmodells beiträgt, berücksichtigen Ahire und Devaraj sie in ihrem Vorgehen nicht. Sie schlagen stattdessen die Verwendung eines globalen Anpassungsmaßes für kovarianzbasierte Kausalmodelle, des *Bentler-Bonett-Koeffizienten*, zum Nachweis von Konvergenzvalidität vor (vgl. Bentler, Bonett, 1980: S. 600). Der Aufwand zur Ermittlung dieses Koeffizienten im Rahmen einer konfirmatorischen Faktoranalyse ist im Vergleich zu der Erstellung einer Multitrait-Multimethod Matrix eher gering (vgl. Ahire, Devaraj, 2001: S. 322). Der Bentler-Bonett-Koeffizient oder Normed Fit Index (NFI) gehört zu der Gruppe der inkrementellen Anpassungsmaße. Er basiert auf einem Vergleich der Anpassungsgüte des betrachteten Konstrukts ($\chi_k{}^2$) mit der eines hypothetischen Nullmodells ($\chi_j{}^2$), in dem keine Beziehungen zwischen den Indikatoren und der latenten Variablen bestehen (vgl. Abschnitt 4.3.2). Der Normed Fit Index kann Werte zwischen 0 und 1 annehmen, wobei größere Werte eine bessere Anpassung anzeigen. In Bezug auf die Konvergenzvalidität deuten NFI Werte, die größer als 0,8 sind auf eine akzeptable, und solche die größer als 0,9 sind auf eine starke Konvergenzvalidität hin (vgl. Ahire, Devaraj, 2001: S. 322).

Auch zum Nachweis der *Diskriminanzvalidität* identifizieren Ahire und Devaraj verschiedene Kriterien (vgl. 2001: S. 322). Im Hinblick auf die Reihenfolge der Analysen empfehlen sie, die Überprüfung der Diskriminanzvalidität erst nach dem Erreichen der drei übrigen Eigenschaften der Konstruktvalidität durchzuführen. Eine an dem explorativen Ansatz orientierte Möglichkeit zur Überprüfung der Diskriminanzvalidität stellt der Vergleich des Reliabilitätskoeffizienten Cronbach α eines Konstrukts mit seiner durchschnittlichen Korrelation zu sämtlichen anderen Konstrukten des Modells dar (vgl. Ghiselli u. a., 1981). Fornell und Larcker schlagen alternativ einen am konfirmatorischen Verfahren orientierten Vergleich der durchschnittlich erklärten Varianz jedes Konstrukts ($\mathrm{DEV}(\xi_j)$) mit den quadrierten Korrelationen zwischen den Konstrukten vor (vgl. 1981: S. 46). Ist die durchschnittlich erklärte Varianz eines Konstrukts größer als die größte quadrierte Korrelation dieses Konstrukts zu einem anderen Konstrukt des Modells, gilt die Diskriminanzvalidität für dieses Konstrukt als nachgewiesen. Zur Einordnung beider Ansätze ist anzumerken, dass Ahire und Devaraj das Verfahren nach Ghiselli u. a. (1981) als notwendiges, den Test nach Fornell und Larcker (1981) dagegen als zusätzliches Kriterium in ihrem Vorgehen berücksichtigen (vgl. 2001: S. 322).

Die vorgestellten Kriterien zum Nachweis der Konstruktvalidität sind zusammengefasst mit ihren jeweiligen Schwellenwerten in Tabelle 24 dargestellt. Bei der nachfolgenden Untersuchung der Konstruktvalidität werden zunächst Eindimensionalität, Reliabilität und Konvergenzvalidität für jedes Konstrukt diskutiert, während die Diskriminanzvalidität für alle Konstrukte gemeinsam betrachtet wird.

Eigenschaft der Konstruktvalidität	**Kriterium**	**Schwellenwert**
Eindimensionalität	Hauptkomponentenanalyse mit Varimax-Rotation	-
	Konfirmatorische Faktoranalyse	$GFI \geq 0{,}9$
Reliabilität	Crombachs α	$\alpha \geq 0{,}7$ (selten: $\alpha \geq 0{,}5$)
	Faktorreliabilität (FR)	$FR \geq 0{,}6$
Konvergenzvalidität	Bentler-Bonnett-Koeffizient	$NFI \geq 0{,}8$ (besser: $NFI \geq 0{,}9$)
Diskriminanzvalidität	Crombachs α > Durchschnittliche Korrelation zwischen den Konstrukten	-
	AVE > Quadrierte Korrelationen zwischen den Konstrukten	-

Tabelle 24: Maßzahlen zur Beurteilung der Konstruktvalidität

(eigene Darstellung)

Abschließend ist nach Dunn u. a. zur Validität von Konstrukten festzustellen (vgl. 1994: S. 164), dass die dauerhafte Etablierung der Validität eines Konstrukts selbst bei erfolgreichem Nachweis von Konvergenz- und Diskriminanzvalidität auf Grundlage nur einer Untersuchung nicht möglich ist.

5. Entwicklung eines Strukturgleichungsmodells

In diesem Abschnitt wird als erster Schritt einer Kausalanalyse das Strukturgleichungsmodell der vorliegenden Arbeit formuliert. Zunächst wird auf Grundlage der durchgeführten Literaturanalysen zu Wertschöpfungsnetzwerken (vgl. Abschnitt 0) und Risikokonzepten (vgl. Abschnitt 1) ein Bezugsrahmen entwickelt, der einen mehrstufigen Zusammenhang zwischen der Konfiguration einer Supply Chain und ihrem aggregierten Risiko darstellt (vgl. Abschnitt 5.1). Die Risikokonzepte Verwundbarkeit und Risikoexposition werden in diesem Bezugsrahmen ebenfalls berücksichtigt.

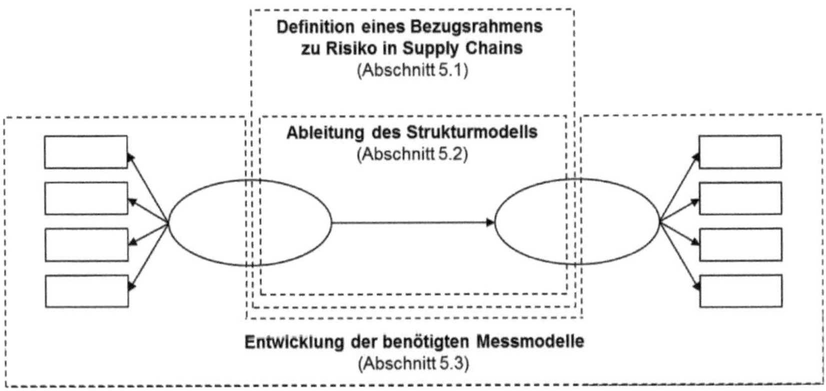

Abbildung 36: Inhalt und Aufbau von Abschnitt 1

Der Bezugsrahmen dient der Einordnung und dem Verständnis des Strukturmodells dieser Arbeit zu den Zusammenhängen der Verwundbarkeit und der Konfiguration einer Supply Chain (vgl. Abschnitt 5.2). Das Strukturmodell, das zusammen mit den benötigten Messmodellen ein Strukturgleichungsmodell bildet, fokussiert auf diejenigen Faktoren und Zusammenhänge innerhalb des Bezugsrahmens, die zur Beantwortung der eingangs formulierten Forschungsfragen (vgl. Abschnitt 1.2) dienen. Die angenommenen Effekte der verschiedenen Faktoren aufeinander werden zusätzlich in Form eines Hypothesensystems formalisiert. Ergänzend zu dem Strukturmodell werden Messmodelle zu den berücksichtigten Faktoren abgeleitet (vgl. Abschnitt 5.3). Die im Rahmen dieser Modelle verwendeten Indikatoren werden anhand der Literatur identifiziert.

5.1. Definition eines Bezugsrahmens zu Risiko in Supply Chains

5.1.1. Teil 1: Supply Chain Risiko, Verwundbarkeit und Risikoexposition

Aufbauend auf den Analysen der Konzepte Supply-Chain-Risiko (vgl. Abschnitt 3.2), Verwundbarkeit (vgl. Abschnitt 3.4) bzw. Widerstandsfähigkeit (vgl. Abschnitt 3.5) sowie Risikoexposition (vgl. Abschnitt 3.6) sollen im Folgenden die Zusammenhänge zwischen diesen Konzepten dargestellt werden. Zu diesem Zweck wird ein Bezugsrahmen entwickelt, der ein später abgeleitetes Strukturmodell sowie die empirischen Analysen der vorliegenden Arbeit umfasst. Neben den genannten Konzepten werden zur Entwicklung dieses Bezugsrahmens verschiedene Ansätze zu Katastrophenrisiken (vgl. Abschnitt 3.3), insbesondere das PAR-Modell (vgl. Wisner u. a., 2004), berücksichtigt. Den Ausgangspunkt der folgenden Entwicklung bilden einige Ansätze aus der Literatur, in denen anstatt einzelner Supply-Chain-Risiken ein wahrgenommenes Gesamtrisiko, das *aggregierte Supply-Chain-Risiko betrachtet wird* (Ritchie, Brindley, 2007; vgl. Zsidisin, 2003b). Das aggregierte Risiko eines Wertschöpfungsnetzwerks stellt in diesem Zusammenhang die Überlagerung seiner sämtlichen Supply-Chain-Risiken dar.

Anhand der Betrachtung eines *einzelnen Supply-Chain-Risikos* werden zunächst die grundlegenden Zusammenhänge zwischen den verschiedenen betrachteten Konzepten deutlich. Ein Supply-Chain-Risiko R_i stellt definitionsgemäß einen mit seiner Eintrittswahrscheinlichkeit P_i bewerteten Schaden S_i dar (vgl. Kersten u. a., 2007), womit sich ein Risiko als Funktion dieser beiden Größen beschreiben lässt:

$$R_i = f(S_i, P_i) = S_i * P_i \tag{5.1}$$

mit

$$i = 1 \; bis \; n \tag{5.2}$$

In ihrem *PAR-Modell* formulieren Wisner u. a. (2004) das Risiko eines Erdbebens R_B für eine Stadt dagegen mithilfe der Gefahr eines Erdbebens H_B sowie der Verwundbarkeit $V_{s,B}$ der Stadt gegenüber einem solchen Ereignis (vgl. Abschnitt 3.3.1):

$$R_B = H_B \times V_{s,B} \tag{5.3}$$

Ein Erdbeben ist in dieser Betrachtungsweise ein stochastisch auftretendes, negatives Ereignis, das einen Schaden verursacht, dessen Höhe jedoch von der Anfälligkeit des betroffenen Systems gegenüber diesem Ereignis abhängt. Zum Transfer dieser Betrachtungsweise auf Wertschöpfungsnetzwerke ist es hilfreich, das Entstehen eines Schadens aus dem Zusammenwirken einer Supply-Chain-Störung D_i sowie der Verwundbarkeit eines Wertschöpfungsnetzwerks gegenüber Störungen V_{SC} genauer zu betrachten. Vereinfachend wird hierzu angenommen, dass die Verwundbarkeit einer Supply Chain nicht von einem auslösenden Ereignis abhängt. Der Auslöser eines Schadens ist eine Störung, die wie in dem Modell von Wisner u. a. (2004) und ähnlich einem Impuls in der Physik eine Supply Chain entweder anregt, um ihren Gleichgewichtszustand zu schwingen, oder zu einer kurzzeitigen bzw. dauerhaften Deformation dieses Systems führt. Die Schadenshöhe S_i ist der im Vergleich zum Verharren im Gleichgewichtszustand entstehende Mehraufwand, der durch das Einwirken der auslösenden Supply-Chain-Störung entsteht. Bestimmt wird die Schadenshöhe durch das Verhalten des Systems selber, festgelegt durch eine Eigenschaft, die negativ als Verwundbarkeit (vgl. Abschnitt 3.4) und positiv als Widerstandsfähigkeit (vgl. Abschnitt 3.5) verstanden werden kann.

$$S_i = f(D_i, V_{SC}) \tag{5.4}$$

$$R_i = P_i * f(D_i, V_{SC}) \tag{5.5}$$

$$R_i = f(P_i, D_i, V_{SC}) \tag{5.6}$$

Die Risikoexposition $Ex_{SC,i}$ einer Supply Chain beschreibt, in welchem Maße eine Supply Chain dem Eintreten eines Risikos $\mathrm{R_i}$ ausgesetzt ist (vgl. Abschnitt 3.6). Gemäß dieser Definition enthält sie ausschließlich Aussagen über das Eintreten eines Risikos, nicht über den bei seinem Eintreten entstehenden Schaden. Sie stellt damit eine Funktion der Eintrittswahrscheinlichkeit des Risikos sowie des auslösenden Ereignisses dar, wobei die Eintrittswahrscheinlichkeit eines Risikos gleich der des auslösenden Ereignisses sein soll (vgl. Abschnitt 3.2.2):

$$Ex_{SC,i} = f(P_i, D_i) \tag{5.7}$$

$$R_i = f\left(Ex_{SC,i}, V_{SC}\right) \tag{5.8}$$

$$R_i = Ex_{SC,i} \times V_{SC} \tag{5.9}$$

Die multiplikative Verknüpfung in (5.9) ergibt sich analog zu (5.1) aus der Definition von Kersten u. a. (2007). Hier wird Supply-Chain-Risiko als Produkt der Schadenshöhe bei Eintritt einer Störung sowie der Eintrittswahrscheinlichkeit dieser Störung beschrieben. Da die Risikoexposition ähnlich einer Wahrscheinlichkeit den Risikoeintritt und die Verwundbarkeit die Schadenshöhe bestimmt, können beide multiplikativ verknüpft werden, wobei jedoch der skalare Charakter des Zusammenhangs verloren geht. Da eine Supply Chain, insbesondere auf ihrer Prozessebene (vgl. Abschnitt 2.1.3), aus zahlreichen Elementen besteht, die isoliert oder kollektiv von verschiedenen, teilweise für diese Elemente spezifischen Störungen betroffen sein können, ergibt sich für ein solches Netzwerk im Gegensatz zu der Betrachtung von Naturkatastrophen eine Vielzahl verschiedenartiger Risiken. Zusätzlich sind aufgrund des Welleneffekts sämtliche Störungen bzw. Risiken einer Supply Chain, auch wenn sie geografisch oder organisatorisch weit entfernt auftreten, für jedes ihrer Unternehmen relevant (vgl. Abschnitt 3.2.3). Wegen der resultierenden hohen Anzahl möglicher Störungen (vgl. Sheffi, 2005b: S. 14) erscheint in Bezug auf Wertschöpfungsnetzwerke eine Identifikation und Steuerung jedes einzelnen Risikos unmöglich zu sein (vgl. Zhang, Huang, 2006: S. 300). Einige Autoren schlagen daher vor, anstatt einer Gruppe subjektiv ausgewählter Risiken das aggregierte Risiko einer Supply Chain aR_{SC} zu betrachten (Ritchie, Brindley, 2007; vgl. bspw. Zsidisin, 2003a). Unter der Annahme, dass einzelne Supply-Chain-Risiken unabhängig voneinander eintreten, lässt sich das aggregierte Supply-Chain-Risiko formal als Summe seiner Bestandteile darstellen (5.10). Wird in dieser Darstellung R_i durch (5.5) ersetzt, kann die Verwundbarkeit einer Supply Chain in Anlehnung an das PAR-Modell als ein Einflussfaktor des aggregierten Risikos isoliert werden (5.14):

$$aR_{SC} = \sum_{i=1}^{n} R_i(S_i, P_i) \tag{5.10}$$

$$aR_{SC} = \sum_{i=1}^{n} R_i(S_i, P_i) \tag{5.11}$$

$$aR_{SC} = V_{SC} \times \sum_{i=1}^{n} (P_i \times D_i) \tag{5.12}$$

Da die einzelnen Risiken aufgrund der Definitionen von Verwundbarkeit und aggregiertem Supply-Chain-Risiko nicht unabhängig voneinander sein können, ist diese Darstellung im Hinblick auf die hier beschriebenen Konzepte falsch. Statt einer Addition der Risiken müsste bereits in (5.10) eine Überlagerung gewählt werden, deren Ausprägung jedoch von der betrachteten Supply Chain abhängt. Vereinfachend wird daher in (5.12) die Addition durch die Risikoexposition ersetzt, wobei sich diese im Gegensatz zu (5.7) auf alle potenziellen Risiken, bzw. deren auslösende Ereignisse $\vec{D}$ und Eintrittswahrscheinlichkeiten $\vec{P}$ bezieht.

$$Ex_{SC} = f(\vec{P}, \vec{D}) \tag{5.13}$$

mit

$$\vec{D} = (D_1, \dots, D_n) \tag{5.14}$$

und

$$\vec{D} = (D_1, \dots, D_n) \tag{5.15}$$

$$aR_{SC} = V_{SC} \times E_{SC}(\vec{P}_{SC}, \vec{D}_{SC}) \tag{5.16}$$

Das aggregierte Supply-Chain-Risiko kann mit (5.14) sowie (5.15) als eine Funktion der Verwundbarkeit sowie der Risikoexposition einer Supply Chain formuliert werden (5.16). Zur Vereinfachung dieses Zusammenhangs wird das Bestehen einer möglichen Abhängigkeit der Verwundbarkeit bzw. der Risikoexposition einer Supply Chain von der jeweiligen Störung vernachlässigt. Bei Vorliegen einer solchen Abhängigkeit würde mindestens eines der beiden Bestandteile des aggregierten Supply-Chain-Risikos von mindestens einer Eigenschaft der Störung selber abhängen.

Insbesondere das Ausmaß der Verwundbarkeit einer Supply Chain erscheint in diesem Zusammenhang von der Position der Störung im Wertschöpfungsnetzwerk abzuhängen (vgl. Christopher u. a., 2003). Diese Position bildet in Anlehnung an die horizontale Segmentierung einer Supply Chain nicht nur die Grundlage der Einteilung von Risiko nach Risikoquellen (vgl. Abschnitt 3.2.4.2), sondern wird auch in einigen Ansätzen zur Verwundbarkeitsbewertung verwendet (vgl. Abschnitt 5.3.1). Einen weiteren Hinweis auf den Einfluss der Position eines Störungseintritts liefert eine Beobachtung bei der Literaturanalyse, wonach viele Beiträge zu Risiko oder Verwundbarkeit von Supply Chains entweder auf das Versorgungsnetzwerk (vgl. bspw. Zsidisin, 2003a) oder das Distributionsnetzwerk (vgl. bspw. Svensson, 2002c) fokussiert sind. Auch die Analysen zu verschiedenen Supply-Chain-Konfigurationsmodellen (vgl. Abschnitt 2.4.3) sowie eine Simulationsstudie von Kull und Closs (2008), in der sie eine unterschiedliche Verwundbarkeit gegenüber Störungen der Versorgungs- bzw. Nachfrageseite zeigen (vgl. Abschnitt 5.1.3), bestätigen diesen Eindruck. Entsprechend kann davon ausgegangen werden, dass der Grad der Verwundbarkeit einer Supply Chain gegenüber einer Störung auch von dem Teilnetzwerk abhängt, in dem diese Störung eintritt. Da aus den gleichen Hinweisen ein ähnlicher Zusammenhang auch für die Exposition gegenüber Risiken abgeleitet werden kann, ist eine Differenzierung des aggregierten Supply-Chain-Risikos aR_{SC} nach Risikoquellen RQ_p (vgl. Christopher, Peck, 2004) sinnvoll.

$$aR_{SC}(RQ_p) = V_{SC}(RQ_p) \times E_{SC}(\vec{P}_{SC}, \vec{D}_{SC}, RQ_p) \tag{5.17}$$

mit

$$p = \begin{pmatrix} Versorgung \\ Nachfrage \\ Steuerung \\ Prozess \\ Umwelt \end{pmatrix} \tag{5.18}$$

Eine Abhängigkeit von Risikoexposition und Verwundbarkeit gegenüber der Ebene eines Wertschöpfungsnetzwerks, in der eine Störung eintritt, scheint ebenfalls zu bestehen, wobei insbesondere Überlegungen zur Schaffung widerstandsfähiger Strukturen auf verschiedenen Ebenen des Wertschöpfungsnetzwerks auf eine solche Abhängigkeit hindeuten. Da zu erwarten ist, dass sich die Effekte dieser Abhängigkeiten aufgrund der Aggregation der Risiken aufheben und da die Abbildung dieser Abhängigkeiten für die Identifikation eines Zusammenhangs zwischen aggregiertem Risiko, Verwundbarkeit und Risikoexposition wenig beiträgt, wird auf eine weitere Differenzierung des aggregierten Risikos entsprechend der vertikalen Betrachtungsebenen einer Supply Chain verzichtet.

5.1.2. Teil 2: Supply-Chain-Konfiguration und aggregiertes Supply-Chain-Risiko

Im ersten Teil des Bezugsrahmens der vorliegenden Arbeit wird das aggregierte Supply-Chain-Risiko als Produkt der Verwundbarkeit sowie der Risikoexposition eines Wertschöpfungsnetzwerks erklärt (vgl. (5.17)). Vor dem Hintergrund der Zielsetzung der vorliegenden Arbeit ist festzustellen, dass die Abbildung dieser Zusammenhänge zwar eine notwendige, nicht jedoch aber eine ausreichende Voraussetzung zur Beantwortung der eingangs formulierten Forschungsfragen (vgl. Abschnitt 1.2) darstellt. Im Folgenden wird daher eine Erweiterung des Bezugsrahmens zur Abbildung der Zusammenhänge von Verwundbarkeit und Konfiguration einer Supply Chain entwickelt.

Einen in Bezug auf die erforderliche Erweiterung des Bezugsrahmens verwendbaren Ansatz liefert beispielsweise Zsidisin (2003b). Zur Bewertung des wahrgenommenen, aggregierten Versorgungsrisikos eines Unternehmens schlägt er eine Analyse der Beschaffungssituation dieses Unternehmens vor. Zsidisin verwendet zur Beschreibung der Beschaffungssituation verschiedene Merkmale, die er in Anlehnung an die von ihm identifizierten Risikoquellen (vgl. 2003a: S. 222) zu den Gruppen *Marktsituation* und *Lieferanten* zusammenfasst (vgl. 2003b: S. 20). Anzumerken ist, dass Zsidisin (2003b) diese Gruppen im Hinblick auf die Unterscheidung zwischen Kontingenzfaktoren und Gestaltungsparametern ableitet. Im Gegensatz zu Zsidisin, der in seinem Beitrag auf die Formulierung eines Zusammenhangs zwischen den Merkmalen einer Supply Chain und dem wahrgenommenen Risiko verzichtet, beschreiben Ritchie und Brindley (2007) das aggregierte Supply-Chain-Risiko explizit als Funktion verschiedener Einflussfaktoren (vgl. Abbildung 37).

Aggregiertes Supply Chain Risiko = f {(externe Umgebung) * (industriespezifisch) * (Supply Chain Konfiguration) * (partnerspezifisch) * (knotenspezifisch)}

Abbildung 37: Aggregiertes Supply-Chain-Risiko
(vgl. Ritchie, Brindley, 2007: S. 1402)

Im Vergleich zu dem Ansatz von Zsidisin (2003b) differenzieren Ritchie und Brindley (2007) bei der Zusammenfassung dieser Einflussfaktoren die entstehenden Gruppen genauer. Sie unterschieden hierfür orientiert an dem jeweiligen Betrachtungsgegenstand zwei Gruppen mit Kontingenzfaktoren, *externe Umwelt* und *Branche*, sowie drei mit Gestaltungsparametern, *Supply-Chain-Konfiguration*, *Partner* und *Knoten* (vgl. Abbildung 37). Anzumerken ist, dass Ritchie und Brindley (2007), obwohl sie in ihrem Ansatz den Begriff Supply-Chain-Konfiguration verwenden, diesen nicht im Sinne der Konsistenz-Effizienz-Hypothese (vgl. Abschnitt 2.4.1) verstehen. Ansonsten wäre eine gleichzeitige Berücksichtigung von Merkmalen der Supply-Chain-Konfiguration sowie von Kontingenzfaktoren nicht erforderlich gewesen.

Sowohl die Überlegungen von Ritchie und Brindley (2007) als auch der Ansatz von Zsidisin (2003b) weisen auf einen kausalen Zusammenhang zwischen verschiedenen Gestaltungsparametern bzw. Kontingenzfaktoren einer Supply Chain sowie ihrem aggregierten Risiko hin. Unter Berücksichtigung der Konsistenz-Effizienz-Hypothese werden im Rahmen der vorliegenden Arbeit diese Zusammenhänge um die Supply-Chain-Konfiguration erweitert (vgl. Abbildung 38).

Abbildung 38: Einfacher Bezugsrahmen der vorliegenden Arbeit
(eigene Darstellung)

Unter Berücksichtigung des ersten Teils des Bezugsrahmens der vorliegenden Arbeit (vgl. Abschnitt 5.1) kann der Zusammenhang zwischen Konfiguration und aggregiertem Risiko eines Wertschöpfungsnetzwerks unter Berücksichtigung von Verwundbarkeit und Risikoexposition präzisiert werden (vgl. Abbildung 39). Während jedoch die Risikoexposition in Anlehnung an die bereits identifizierten Quellen von Supply-Chain-Risiken (vgl. Abschnitt 3.2.4.2) offensichtlich sowohl von Gestaltungsparametern als auch von Kontingenzfaktoren beeinflusst wird, ist der externe Einfluss auf die Verwundbarkeit fraglich. Aufgrund ihres Charakters als interne Systemeigenschaft (vgl. Abschnitt 3.4) scheint die Verwundbarkeit von Supply Chains insbesondere von verschiedenen Gestaltungsparametern abhängig zu sein. Bereits Perrow (1987) identifiziert im Rahmen seiner Theorie von den normalen Katastrophen als Ursachen der Anfälligkeit von soziotechnischen Systemen ausschließlich interne Phänomene (vgl. Abschnitt 3.3.3.2). In Bezug auf Supply Chains identifizieren beispielsweise Kleindorfer und Saad (2005) mit der *Gestaltung von Produkt und Supply Chain* sowie der *operativen Steuerung* eines Wertschöpfungsnetzwerks ausschließlich interne Parameter als wesentliche Entscheidungsfelder zur Reduzierung ihrer Verwundbarkeit (vgl. 2005: S. 54). Auch in der übrigen Literatur finden sich in diesem Zusammenhang insbesondere Beiträge, die den Einfluss der Supply-Chain-Struktur oder anderer Gestaltungsparameter belegen (Kull, Closs, 2008; vgl. bspw. Rodrigues u. a., 2007).

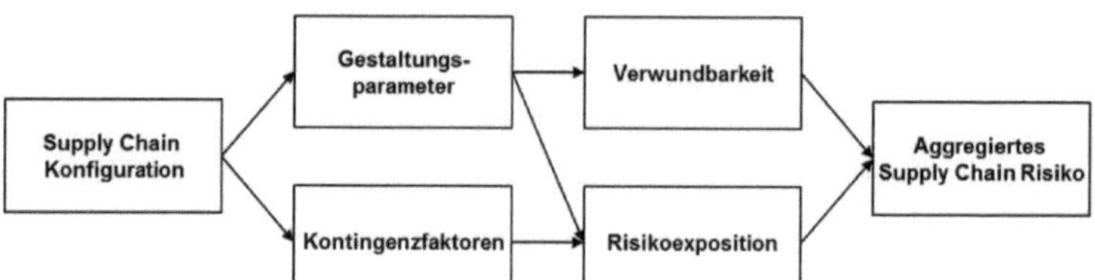

Abbildung 39: Erweiterter Bezugsrahmen der vorliegenden Arbeit
(eigene Darstellung)

Ein direkter Einfluss externer Faktoren auf die Verwundbarkeit von Supply Chains kann trotz fehlender Hinweise in der Literatur nicht vollständig ausgeschlossen werden. Vor dem Hintergrund der empirischen Ausrichtung der vorliegenden Arbeit sowie den der Theorie der normalen Katastrophen wird auf die Berücksichtigung eines direkten Einflusses verzichtet (vgl. Abbildung 39). Ein indirekter Einfluss der Umweltsituation auf die Verwundbarkeit von Supply Chains ergibt sich jedoch ohnehin, da Gestaltungsparameter und Kontingenzfaktoren aufgrund der Konsistenz-Effizienz-Hypothese in hohem Maße interdependent sind (vgl. Abschnitt 2.4.1).

5.1.3. Wirkzusammenhang innerhalb des Bezugsrahmens

Der erweiterte Bezugsrahmen der vorliegenden Arbeit (vgl. Abbildung 39) begründet mithilfe der beiden Stufen Gestaltungsparameter bzw. Kontingenzfaktoren sowie Verwundbarkeit bzw. Risikoexposition einen Einfluss der Konfiguration auf das aggregierte Risiko einer Supply Chain. Der Effekt verschiedener Konfigurationen auf das Niveau des aggregierten Supply-Chain-Risikos kann mit diesem Bezugsrahmen dagegen nicht erklärt werden. Eine Analyse ähnlicher Zusammenhänge in der Literatur erlaubt es jedoch, Arbeitshypothesen zu diesem Effekt zu formulieren. Anzumerken ist, dass auch in der Literatur nur wenige Beiträge verfügbar sind, die einen ähnlichen Bezugsrahmen verwenden. Im Folgenden werden deswegen auch Untersuchungen berücksichtigt, die ähnliche Konzepte, beispielsweise anstatt des aggregierten Risikos die Unsicherheit in Supply Chains, oder nur Teile des Bezugsrahmens, beispielsweise anstatt der Supply-Chain-Konfiguration den Einfluss einzelner Gestaltungsparameter, betrachten. Zudem erscheint insbesondere eine empirische Analyse des vollständigen Bezugsrahmens aufgrund der Anzahl möglicher Elemente methodisch schwierig zu sein.

Einige Autoren untersuchen die Anfälligkeit verschiedener Supply-Chain-Strukturen gegenüber Supply-Chain-Störungen mithilfe von vereinfachten Simulationsansätzen (Kull, Closs, 2008; vgl. bspw. Lalwani u. a., 2006; Rodrigues u. a., 2007). Lalwani u. a. (2006) sowie Kull und Closs (2008) betrachten insbesondere das Distributionsnetzwerk einer Supply Chain, während Rodrigues u. a. (2007) das Modell einer erweiterten Supply Chain (vgl. Abschnitt 2.1.2) für ihre Analysen wählen. Sowohl Lalwani u. a. (vgl. 2006: S. 18) als auch Rodrigues u. a. (vgl. 2007: S. 19) können für ihre jeweiligen Betrachtungsrahmen zeigen, dass jeweils die nach dem *Effizienzparadigma* (vgl. Abschnitt 2.3.2.2) optimal gestaltete Netzwerkalternative am anfälligsten gegenüber Supply-Chain-Störungen ist. Auch Kull und Closs (2008) kommen bei einem Vergleich verschiedener Bestandsniveaus und -positionen innerhalb eines Distributionssystems zu ähnlichen Ergebnissen. Bei einer isolierten Analyse der bestandsführenden Stufen in ihrem Modell – des Großhändlers sowie des Händlers (vgl. Abbildung 40) – können Kull und Closs zwar eine Reduzierung der Anfälligkeit gegenüber Störungen aufgrund höherer Bestände für den Großhändler, nicht jedoch für den Händler nachweisen (vgl. 2008: S. 1167).

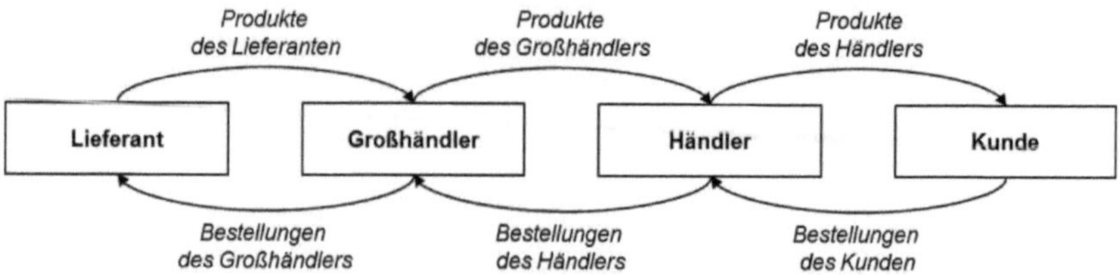

Abbildung 40: Modell eines Distributionssystems
(vgl. Kull, Closs, 2008: S. 1161)

Anzumerken ist, dass Kull und Closs mit ihren unterschiedlichen Kombinationen hoher bzw. geringer Bestände sowohl *effiziente* (geringe Bestände auf beiden Stufen), *flexible* (hohe Bestände auf beiden Stufen) als auch *entkoppelte* (geringe Bestände des Großhändlers, hohe des Händlers) Strukturen abbilden. In diesem Zusammenhang können sie aufzeigen, dass sowohl die effiziente als auch die entkoppelte Struktur anfällig gegenüber Supply-Chain-Risiken ist (vgl. 2008: S. 1168). In Bezug auf entkoppelte Strukturen erklären Kull und Closs ihr Ergebnis damit, dass ein System in dieser Konfiguration einen HOT (Highly Optimized Tolerance) Zustand einnimmt (vgl. Carlson, Doyle, 1999: S. 1424). In diesem Zustand ist ein System zwar reaktionsfähig gegenüber einer volatilen Nachfrage jedoch gleichzeitig anfällig gegenüber Störungen der Versorgung. Auch Kull und Closs identifizieren eine weitreichende Optimierung nach dem Effizienzparadigma als Auslöser von Supply-Chain-Risiken.

Prater u. a. (2001) weisen nach der Analyse mehrerer Fallstudien darauf hin, dass für die Gestaltung einer Supply Chain nach dem Flexibilitätsparadigma ein optimales Niveau der Agilität existiert. Wird dieses Niveau überschritten, überkompensiert die durch die zunehmende Systemkomplexität ebenfalls ansteigende Verwundbarkeit den positiven Effekt weiterer Agilität (vgl. 2001: S. 827). Anzumerken ist, dass Prater u. a. ähnlich der Theorie von den normalen Katastrophen (vgl. 3.3.3.1) annehmen, dass eine Erhöhung der Flexibilität eines Systems durch das Schaffen von Redundanzen unvermeidlich zu einem Anstieg der Systemkomplexität führt. Eine Reduktion der Verwundbarkeit von Supply Chains kann nach ihren Ergebnissen also nicht in jeder Situation durch ein höheres Maß an Flexibilität erreicht werden. Zu einem ähnlichen Ergebnis kommt auch Papadakis (2006), der mithilfe von Event-Studien die Verwundbarkeit *Build to Order* (BTO) und *Build to Stock* (BTS) Systemen (vgl. Abschnitt 2.3.2.3) gegenüber Störungen der Versorgung miteinander vergleicht. Anzumerken ist, dass Papadakis in Anlehnung an den Konfigurationsansatz von Fisher (vgl. Abschnitt 2.4.3.1) BTO-Systeme als *reaktionsfähige* und BTS-Systeme als *effiziente* Supply Chains interpretiert. Mithilfe ihrer Bewertung auf internationalen Finanzmärkten kann Papadakis zeigen, dass BTO-Systeme in der Wahrnehmung von Investoren auf die von ihm untersuchte Supply-Chain-Störung verwundbarer als BTS-Systeme reagiert haben (vgl. 2006: S. 31). Die Ergebnisse von Papadakis lassen sich teilweise auf die von ihm ausschließlich verwendeten finanziellen Indikatoren sowie auf einige Besonderheiten der betrachteten Branche, beispielsweise eines negativen Cash-to-Cash Cycles bei BTO-Systemen, zurückführen. Trotzdem liefert seine Studie einige Hinweise darauf, dass effiziente Supply Chains nicht immer verwundbarer als reaktionsfähige sind.

Insgesamt deuten die bisherigen Untersuchungen in der Literatur jedoch darauf hin, dass Supply Chains, die im Hinblick auf das Effizienzparadigma optimal gestaltet werden, anfälliger gegenüber Supply-Chain-Störungen sind, als solche, die optimal nach dem Flexibilitätsparadigma konfiguriert werden. Die betrachteten Simulationsstudien deuten zusätzlich auf einen stetigen, positiven Zusammenhang zwischen dem Grad der Gestaltung einer Supply Chain nach dem Effizienzparadigma sowie ihrem aggregierten Risiko hin. Gleichzeitig gegeben jedoch die Ergebnisse von Prater u. a. (2001) einen Hinweis darauf, dass ein optimales Flexibilitätsniveau existiert. Ein solcher optimaler Grad widerspricht jedoch einem stetigen Zusammenhang zwischen einer Supply-Chain-Gestaltung nach dem Flexibilitätsparadigma und ihrem Risiko.

Die folgenden *Arbeitshypothesen* (AH) zum Zusammenhang zwischen Supply-Chain-Konfiguration und aggregiertem Supply-Chain-Risiko beziehen sich, um sie in stetiger Form formulieren zu können, auf die Effizienz eines Systems. Anzumerken ist, dass die Ergebnisse von Kull und Closs (2008) nahelegen, den Effekt der Konfiguration, in Anlehnung beispielsweise an den Supply-Chain-Konfigurationsansatz von Lee (vgl. Abschnitt 2.4.3.3) nach Versorgungs- bzw. Nachfrageseite zu differenzieren (vgl. Abbildung 41):

AH_1: *Je effizienter die Konfiguration der Versorgungsseite eines Wertschöpfungsnetzwerks ausgelegt wird, desto höher ist sein aggregiertes Supply-Chain-Risiko.*

AH_2: *Je effizienter die Konfiguration der Nachfrageseite eines Wertschöpfungsnetzwerks ausgelegt wird, desto höher ist sein aggregiertes Supply-Chain-Risiko.*

Unter Berücksichtigung, dass eine gleichzeitig optimale Gestaltung einer Supply Chain nach dem Effizienz- sowie dem Flexibilitätsparadigma unmöglich ist (vgl. Abschnitt 2.3.2.3), lassen diese Arbeitshypothesen auch Rückschlüsse auf den Effekt zunehmender Flexibilität zu.

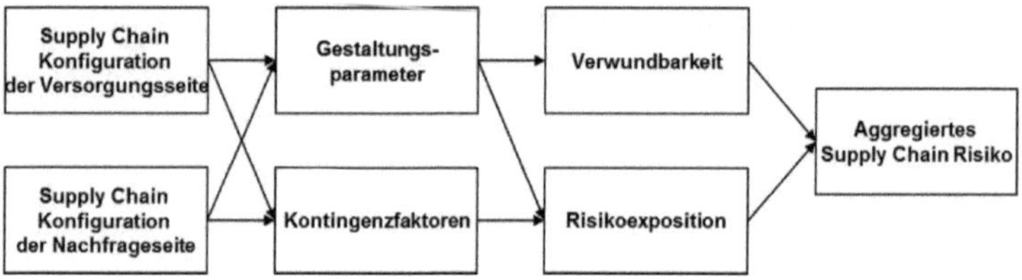

Abbildung 41: Vollständiger Bezugsrahmen der vorliegenden Arbeit
(eigene Darstellung)

Zur Abbildung dieser Arbeitshypothesen wird die erweiterte Version des Bezugsrahmens (vgl. Abbildung 39) erneut zum vollständigen Bezugsrahmen ergänzt (vgl. Abbildung 41).

5.2. Ableitung des Strukturmodells

5.2.1. Gewählte Vorgehensweise zur Formulierung des Strukturmodells

Der entwickelte Bezugsrahmen ist dazu geeignet, allgemein die Effekte der Konfiguration einer Supply Chain auf ihr aggregiertes Risiko zu beschreiben (vgl. Abbildung 41). Die folgende Formulierung eines Strukturmodells wird in Anlehnung an die Zielsetzung der vorliegenden Arbeit innerhalb dieses Bezugsrahmens auf die Ursache-Wirkungs-Beziehungen zwischen der *Supply-Chain-Konfiguration*, ihren *Gestaltungsparametern* sowie ihrer *Verwundbarkeit* (vgl. Abbildung 42) beschränkt.

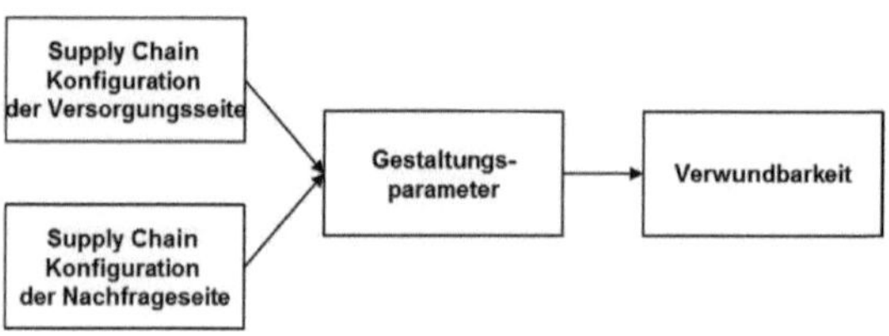

Abbildung 42: Ausschnitt des Bezugsrahmens zur Modellformulierung
(eigene Darstellung)

Vor der Überführung jedes betrachteten Ausschnitts des Bezugsrahmens in ein Strukturmodell ist jedoch eine Ausgestaltung der Stufe Gestaltungsparameter erforderlich ist. Diese Stufe umfasst eine Vielzahl von Gestaltungsparametern auf unterschiedlichen vertikalen Betrachtungsebenen einer Supply Chain (vgl. Abschnitt 2.3.3), die sich in Bezug auf Existenz und Stärke ihrer Effekte auf die Verwundbarkeit unterscheiden können. In diesem Zusammenhang ist zur Reduktion der Modellkomplexität eine Beschränkung auf diejenigen Gestaltungsparameter erforderlich, deren mögliche Ausprägungen tatsächlich einen relevanten Effekt auf die Verwundbarkeit von Supply Chains haben. Da zudem die Ausprägungen verschiedener Parameter nach der Konsistenz-Effizienz-Hypothese interdependent sind, erscheint eine Bündelung relevanter Parameter zusätzlich möglich.

Zur Identifikation von Gestaltungsparametern, die tatsächlich einen Effekt auf die Verwundbarkeit von Wertschöpfungsnetzwerken aufweisen, werden im Rahmen einer Literaturanalyse diejenigen Parameter identifiziert, die häufig als Verwundbarkeitstreiber bezeichnet werden. Die Relevanz dieser Gestaltungsparameter wird nach ihrer Bündelung anhand der Anzahl ihrer Nennungen bestimmt (vgl. Tabelle 26). In Bezug auf die ausgewerteten Beiträge ist anzumerken, dass viele Autoren die betrachteten Gestaltungsparameter als Verwundbarkeitstreiber lediglich nennen (vgl. bspw. Baumann u. a., 2006), häufig in Einleitungen oder zur Begründung ihrer Analysen. Eine systematische Ableitung (vgl. bspw. Wagner, Bode, 2006a) oder empirische Validierung (vgl. bspw. Jüttner, 2005) der Verwundbarkeitstreiber bleiben die meisten Autoren hingegen schuldig. Anzumerken ist, dass sich im Hinblick auf die beschriebenen Wirkbeziehungen zwischen Gestaltungsparametern und Verwundbarkeit zwei Ansätze unterscheiden lassen. Während einige Autoren den Effekt der Gestaltungsparameter auf die Verwundbarkeit direkt darstellen, verwenden andere Autoren zu seiner Beschreibung mehrstufige Wirkbeziehungen, in denen sie diesen Effekt mithilfe von *intermediären Konzepten* genauer beschreiben. Da eine genauere Beschreibung dieses Effekts zur Formulierung eines Strukturmodells beitragen kann, werden neben relevanten Gestaltungsparametern auch häufig verwendete intermediäre Konzepte aus der Literatur identifiziert.

Zur Analyse von Gestaltungsparametern und intermediären Konzepten, die im Rahmen der vorliegenden Arbeit relevant sein könnten, wurden aus der Literatur zunächst 25 Beiträge für eine genauere Analyse identifiziert. Ausgewählt wurden Beiträge, in denen jeweils Ausprägungen einzelner Gestaltungsparameter als Treiber von Verwundbarkeit oder in einem ähnlichen Zusammenhang, beispielsweise zu Supply-Chain-Risiken, untersucht wurden. Von diesen 25 Beiträgen wurden jedoch nur diejenigen bei der Auswertung berücksichtigt, deren Autoren in ihrem Verständnis des Begriffs Verwundbarkeit mit der Definition der vorliegenden Arbeit (vgl. Abschnitt 3.4.2) übereinstimmen und die genannten Treiber auch auf diesen Begriff beziehen. Insgesamt können zur Identifikation von relevanten Gestaltungsparametern 14 Beiträge verwendet werden, von denen neun Beiträge ebenfalls intermediäre Konzepte aufweisen. Anzumerken ist, dass in den berücksichtigten Beiträgen nicht die Gestaltungsparameter selber, sondern diejenigen ihrer Ausprägungen genannt werden, von denen die jeweiligen Autoren einen auslösenden bzw. verstärkenden Effekt auf die Verwundbarkeit von Supply Chains erwarten. Eine Analyse der Richtung ihrer jeweiligen Effekte erscheint daher in Bezug auf die einzelnen Gestaltungsparameter nicht erforderlich.

Die Analysen von Gestaltungsparametern und intermediären Konzepten erfolgen sequenziell, wobei eine vorgelagerte Identifikation der häufig verwendeten intermediären Konzepte eine differenziertere Betrachtung der Gestaltungsparameter erlaubt. Methodisch werden beide Analysen dagegen ähnlich und orientiert an der Anzahl der Nennungen von Gestaltungsparametern und intermediären Konzepten in den jeweiligen Beiträgen durchgeführt.

5.2.2. Bestimmung der zu berücksichtigenden intermediären Konzepte und ihrer Effekte

In den neun Beiträgen, deren Autoren den Effekt von Gestaltungsparametern auf die Verwundbarkeit von Supply Chain mithilfe von mehrstufigen Wirkbeziehungen beschreiben, werden insgesamt sieben intermediäre Konzepte verwendet, wobei nur drei dieser Konzepte mehr als einmal erwähnt werden (vgl. Anhang 3). Gemessen an der Anzahl ihrer Nennungen weisen *Abhängigkeit* und *Komplexität* insgesamt die höchste Relevanz der identifizierten Konzepte auf, wobei in vier Beiträgen beide Konzepte parallel verwendet werden (vgl. Tabelle 25).

	Prud'homme und Zsidisin (2007: S. 7–9)	Svensson (2004c: S. 479)	Sutton (2006: S. 111)	Tang (2006b: S. 33)	Foroughi u. a. (2006: S. 2732)	Hendricks und Singal (2005: S. 50–51)	Wagner und Bode (2006a: S. 302)	Baumann u. a. (2006: S. 67)	Jüttner (2005: S. 134)	Pai u. a. (2003: S. 4560)	Norrman und Jansson (2004: S. 434–435)	Peck (2006a: S. 137)	Hallikas u. a. (2005: S. 75)	Ponomarov und Holcomb (2009: S. 124–125)	**Summe**
Verschiedene Formen der Abhängigkeit	1	1	1	-	-	1	-	1	-	-	-	-	-	1	**6**
Längere und komplexere Netzwerke	1	-	1	1	-	1	-	1	-	-	-	-	-	-	**5**
Globale Leistungserstellung	-	-	-	1	-	-	-	1	-	-	-	-	-	-	**2**
Uneindeutigkeit eines Systems	1	-	-	-	-	-	-	-	-	-	-	-	-	-	**1**
Wegfall von Puffern zwischen Prozessen und Elementen einer Supply Chain	1		-	-	-	-	-	-	-	-	-	-	-	-	**1**
Gestiegener Transportanteil		-	-	-	-	-	-	-	-	-	-	1	-	-	**1**
Verlust von Kontrolle	-	-	-	-	1	-	-	-	-	-	-	-	-	-	**1**

Tabelle 25: Relevanz verschiedener intermediärer Konzepte

(eigene Darstellung)

Sowohl die Anzahl der Nennungen von Komplexität und Abhängigkeit als auch die Tatsache, dass beide Konzepte in den meisten Beiträgen *simultan* verwendet werden, deuten auf einen der Theorie von den normalen Katastrophen (vgl. Abschnitt 3.3.3.2) ähnlichen Wirkzusammenhang hin. Beispielsweise führt Sutton aus, dass die Integration von IT-Systemen zum Entstehen eng gekoppelter und komplexer Beziehungen zwischen den Elementen einer Supply Chain führt. Bestehende Defizite in Risikomanagement und IT-Governence machen Unternehmen daher verwundbar gegenüber nicht identifizierten Risiken ihrer Partner (vgl. 2006: S. 111). Auch Prud'homme und Zsidisin (2007) begründen die Verwendung von Komplexität und Abhängigkeit als intermediäres Konzept explizit mit der Theorie von den normalen Katastrophen.

Ergänzend finden sich in der Literatur jedoch auch Hinweise, die einen *separaten* Effekt von Komplexität bzw. Abhängigkeit auf die Verwundbarkeit von Supply Chains aufzeigen. Beispielsweise beobachten Harland u. a. (2003), dass in Versorgungsnetzwerken mit einem höheren Komplexitätsniveau auch das Risiko ansteigt (vgl. 2003: S. 60). Im Hinblick auf die Anfälligkeit von Supply Chains leiten Craighead u. a. aus einer Fallstudienanalyse ab, dass das Ausmaß der Auswirkungen von Supply-

Chain-Störungen positiv mit der Komplexität eines Wertschöpfungsnetzwerks korreliert (vgl. 2007: S. 141). Auch Neiger u. a. (2009) unterstellen einen solchen Zusammenhang. In Anlehnung an Rossi u. a. (2005) merken sie an, dass die Verwundbarkeit von Wertschöpfungsnetzwerken zu einem großen Anteil von ihrer Komplexität bestimmt wird (vgl. Neiger u. a., 2009: S. 2). Eine Erklärung für den separaten Effekt der Komplexität auf die Verwundbarkeit von Supply Chains geben Manuj und Metzer (2008a). Da Komplexität ein Hindernis für ein effektives Risikomanagement in Wertschöpfungsnetzwerken darstellt, wird mit der Umsetzung dieses Ansatzes keine ausreichende Reduktion von Verwundbarkeit erreicht (vgl. Manuj, Mentzer, 2008a: S. 147).

In Bezug auf den Effekt von Abhängigkeit haben beispielsweise Smeltzer und Siferd im Rahmen von Fallstudien im Beschaffungsmanagement Hinweise darauf gefunden, dass eine enge Kopplung bzw. Abhängigkeit zwischen Elementen einer Supply Chain ihr Risiko erhöhen kann (vgl. 1998: S. 44). Auch Svensson untersucht den Effekt der Abhängigkeit auf die Verwundbarkeit einer Supply Chain in verschiedenen Beiträgen (vgl. Svensson, 2002b, 2004a). Ein empirischer Nachweis dieses Effekts gelingt ihm jedoch nicht (vgl. 2002b: S. 181). In einem späteren Beitrag weist Svensson darauf hin, dass der Grad der wahrgenommenen Verwundbarkeit neben der wahrgenommenen Abhängigkeit auch von dem Vertrauen eines Unternehmens zu anderen Unternehmen seiner Supply Chain abhängt (vgl. 2004c: S. 479). Prud'homme und Zsidisin ergänzen insbesondere im Hinblick auf die Verwundbarkeit, dass Unternehmen bei der Anwendung von Ansätzen des Supply-Chain-Managements in ihren Entscheidungen zwar formal unabhängig bleiben, im Hinblick auf die Konsequenzen dieser Entscheidungen jedoch eng gekoppelt sind (vgl. 2007: S. 6). Auch Smeltzer und Siferd (1998) identifizieren Allianzen als Ursache von Abhängigkeit zwischen den Elementen einer Supply Chain. Anzumerken ist, dass Allianzen in der Literatur neben der Verwundbarkeit häufig auch im Zusammenhang mit erhöhter Leistung von Lieferanten sowie größerer Wettbewerbsfähigkeit einer gesamten Supply Chain genannt werden (vgl. bspw. Chen, Paulraj, 2004: S. 125). Spekman und Davis ergänzen in diesem Zusammenhang, dass Entscheidungsträger zur Steigerung von Effizienz und Effektivität von Wertschöpfungsprozessen ihre Unternehmen einer größeren Verwundbarkeit aussetzen (vgl. 2004: S. 416).

Unabhängig davon, ob die Effekte von Komplexität und Abhängigkeit auf die Verwundbarkeit einer Supply Chain hauptsächlich simultan oder auch separat auftreten, lassen die Ergebnisse der Literaturanalyse (vgl. Tabelle 25) eine Berücksichtigung von Komplexität und Abhängigkeit bei der Formulierung eines Strukturmodells geboten erscheinen. Daher wird für die folgenden Analysen der aus dem Bezugsrahmen abgeleitete Wirkzusammenhang (vgl. Abbildung 42) um den intermediären Einfluss von Komplexität und Abhängigkeit erweitert (vgl. Abbildung 43).

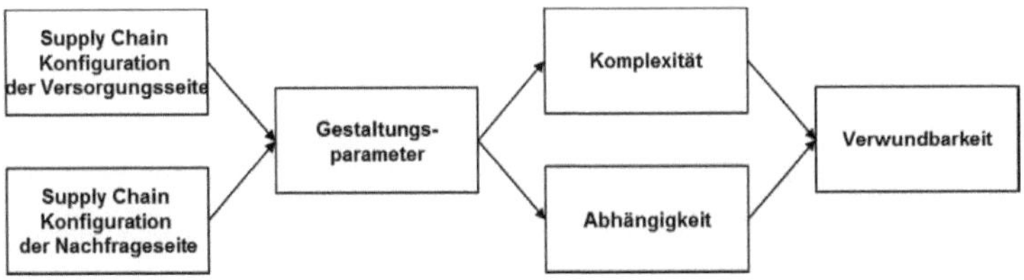

Abbildung 43: Erweiterung des betrachteten Wirkzusammenhangs
(eigene Darstellung)

Unter Berücksichtigung der *Theorie von den normalen Katastrophen* sowie den Ergebnissen der Literaturanalyse zur Identifikation relevanter intermediärer Konzepte, können aus dem erweiterten Wirkzusammenhang zwei Hypothesen zu den Effekten von Komplexität und Abhängigkeit auf die Verwundbarkeit formuliert werden[9].

H_{13}: *Je größer die Abhängigkeit zwischen den Elementen eines Wertschöpfungsnetzwerks ist, desto höher ist seine Verwundbarkeit.*

H_{14}: *Je größer die Komplexität eines Wertschöpfungsnetzwerks ist, desto höher ist seine Verwundbarkeit.*

Festzustellen ist, dass trotz der Erweiterung des Wirkzusammenhangs eine Anpassung des Bezugsrahmens dieser Arbeit (vgl. Abbildung 41) nicht notwendig erscheint. Der Effekt der Konfiguration einer Supply Chain auf ihr aggregiertes Risiko wird durch die Berücksichtigung von intermediären Konzepten nicht verändert.

5.2.3. Bestimmung relevanter Gestaltungsparameter und ihrer Effekte

Nach der Identifikation und Integration von Komplexität und Abhängigkeit als intermediäre Konzepte werden im zweiten Schritt der Analyse in Bezug auf ihren Effekt auf die Verwundbarkeit von Supply Chains relevante *Gestaltungsparameter* bestimmt. Ergänzend zum ersten Schritt der Analyse, in dem lediglich Beiträge mit einem mehrstufigen Wirkzusammenhang zwischen Gestaltungsparametern und Verwundbarkeit ausgewertet wurden, werden im Folgenden auch Beiträge berücksich-

[9] Zu der Bennung bzw. der Nummerierung dieser und der folgenden Hypothesen ist anzumerken, dass diese im Hinblick auf das vollständige Modell (vgl. Abbildung 46) und nicht an der Reihenfolge der Ableitung der einzelnen Hypothesen orientiert erfolgen.

tigt, in denen ein direkter Effekt von Gestaltungsparametern beschrieben wird (vgl. Anhang 3). Insgesamt wurden aus den 14 berücksichtigten Beiträgen 75 Gestaltungsparameter bzw. deren Ausprägungen identifiziert, die in Form von Treibern einen direkten oder indirekten Effekt auf die Verwundbarkeit von Supply Chains aufweisen.

Eine systematische Auswertung der genannten Gestaltungsparameter wird jedoch durch ihre abweichende Formulierung in den verschiedenen Beiträgen erschwert. Die identifizierten Parameter bzw. ihre Verwundbarkeit treibenden Ausprägungen werden daher codiert und zu 22 Gruppen zusammengefasst (vgl. Anhang 4), wobei zwölf dieser Gruppen nur jeweils einen Parameter enthalten (vgl. Tabelle 26). Neben der Anzahl ihrer Nennungen wird zudem bestimmt, wie oft Gestaltungsparameter einer Gruppe im Zusammenhang mit den berücksichtigten intermediären Konzepten genannt werden. Im Hinblick auf die Auswertung ist anzumerken, dass Beiträge, in denen verschiedene, während der Auswertung zu einer Gruppe zusammengefasste Gestaltungsparameter genannt werden, im Rahmen der Addition entsprechend mehrfach berücksichtigt werden. Da zudem beispielsweise Hallikas u. a. (vgl. 2005: S. 75) Komplexität bzw. Abhängigkeit in ihrem Beitrag nicht als intermediäres Konzept, sondern als Gestaltungsparameter verwenden, befinden sich in der Auswertung zwei entsprechende Gruppen (vgl. Tabelle 26).

	Prud'homme und Zsidisin (2007: S. 7–9)	Svensson (2004c: S. 479)	Sutton (2006: S. 111)	Tang (2006b: S. 33)	Foroughi u. a. (2006: S. 2732)	Hendricks und Singal (2005: S. 50–51)	Wagner und Bode (2006a: S. 302)	Baumann u. a. (2006: S. 67)	Jüttner (2005: S. 134)	Pai u. a. (2003: S. 4560)	Norman und Jansson (2004: S. 434–435)	Peck (2006a: S. 137)	Hallikas u. a. (2005: S. 75)	Ponomarov und Holcomb (2009: S. 124–125)	**Summe**	Einfluss auf Komplexität	Einfluss afu Abhängigkeit
Reduzierung von Puffern (Zeit, Kapazität, Bestände)	2	2	-	1	1	3	2	1	1	-	2	-	-	-	**15**	3	7
Globalisierung (Versorgung, Leistungserstellung, Nachfrage)	1	-	-	-	2	1	2	2	1	1	1	1	-	1	**13**	3	2
Lieferantenkonzentration (allgemein, pro PN)	1	1	-	1	-	1	3	-	1	-	1	-	-	-	**9**	3	4
Outsourcing	1	1	-	2	-	1	1	-	1	-	1	-	-	1	**9**	4	4
Supply Chain Integration	-	-	1	-	-	-	1	-	-	1	1	-	-	-	**4**	2	2
Kurze Produktlebenszyklen	-	-	-	1	-	-	-	-	-	-	2	-	-	1	**4**	1	1
Konzentration der Leistungserstellung	1	-	-	-	-	-	-	-	2	-	-	-	-	-	**3**	-	-
Variantenvielfalt	-	-	-	1	1	-	-	-	-	-	-	-	-	-	**2**	1	-
Viele Unternehmen pro SC	-	-	-	-	-	2	-	-	-	-	-	-	-	-	**2**	2	-
Komplexität	-	-	-	-	1	-	-	-	-	-	-	-	1	-	**2**	-	-
Abhängigkeit zwischen Unternehmen	-	-	-	-	-	-	-	-	-	-	-	-	1	-	**1**	-	-
Bedarf nach spezifischen Komponenten	-	1	-	-	-	-	-	-	-	-	-	-	-	-	**1**	-	-
Defizite in der Risikoplanung	-	-	-	-	1	-	-	-	-	-	-	-	-	-	**1**	-	-
Kapazitätsgrenzen bei Schlüsselkomponenten	-	-	-	-	-	-	-	-	-	-	1	-	-	-	**1**	-	-
Lange Durchlaufzeiten	-	-	-	-	-	1	-	-	-	-	-	-	-	-	**1**	-	-
Mangelnde Transparenz	1	-	-	-	-	-	-	-	-	-	-	-	-	-	**1**	-	-
Nachfrage nach JIT-Belieferung und kurzen Durchlaufzeiten	-	-	-	-	-	-	-	-	-	-	1	-	-	-	**1**	-	-
Vergrößerung der Kapazitäten	-	-	-	-	-	-	-	1	-	-	-	-	-	-	**1**	-	-
Wenige Kunden	-	1	-	-	-	-	-	-	-	-	-	-	-	-	**1**	-	-
Wenige Märkte	-	1	-	-	-	-	-	-	-	-	-	-	-	-	**1**	-	-
Wenige Produkte	-	1	-	-	-	-	-	-	-	-	-	-	-	-	**1**	-	-
Veränderte Verantwortungs-wahrnehmung vieler Manager	-	-	-	-	-	-	-	1	-	-	-	-	-	-	**1**	-	-

Tabelle 26: Identifikation relevanter Ausprägungen[10]

(eigene Darstellung)

[10] Beiträge, deren Autoren mehrere ähnliche Gestaltungsparameter bzw. Ausprägungen als Treiber der Verwundbarkeit von Supply Chains identifiziert haben, die im Rahmen der vorliegenden Auswertung zusammengefasst worden sind, werden in Tabelle 26 entsprechend mehrfach berücksichtigt.

Gemessen an der Anzahl ihrer Nennungen in den berücksichtigten Beiträgen erscheinen insbesondere vier Gestaltungsparameter bzw. ihre Ausprägungen einen verstärkenden Effekt auf die Verwundbarkeit von Supply Chains aufzuweisen (vgl. Tabelle 27). Im Hinblick auf eine empirische Bestätigung dieses Ergebnisses ist anzumerken, dass bisher nur wenige Untersuchungen zur Identifikation entsprechender Gestaltungsparameter in der Literatur verfügbar sind, wobei in diesem Zusammenhang insbesondere der Beitrag von Jüttner (2005) relevant erscheint. Auch Jüttner identifiziert in ihrer Untersuchung eine Auswahl von Gestaltungsparametern bzw. ihren Ausprägungen, die die Verwundbarkeit dieser Systeme auslösen oder verstärken. Anstatt einer Literaturanalyse verwendet sie jedoch zur Identifikation relevanter Parameter Expertengespräche sowie eine großzahlige Befragung zur Validierung ihrer sechs Parameter umfassenden Auswahl (vgl. Jüttner, 2005: S. 134). Jüttner kann anhand dieser Befragung[11] aufzeigen, dass der Effekt der *Globalisierung von Wertschöpfungsnetzwerken* sowie einer *Reduktion von Beständen* im Vergleich von den meisten Experten, jeweils mehr als 50 % der Befragten, bestätigt wird. Anzumerken ist, dass beide Gestaltungsparameter bzw. Ausprägungen auch in der übrigen Literatur am häufigsten genannt wurden (vgl. Tabelle 26). Auch die Relevanz der Ausprägungen *Lieferantenkonzentration* sowie *Outsourcing*, die in der Literatur ebenfalls häufig genannt werden (vgl. Tabelle 26), kann Jüttner im Rahmen ihrer Befragung bestätigen.

Beschriebene Ausprägung (Verwundbarkeitstreiber)	**Gestaltungsparameter**
Reduzierung von Puffern (Zeit, Kapazität, Bestände)	Leitlinien der Prozessgestaltung
Globalisierung (Versorgung, Leistungserstellung, Nachfrage)	Grad der Internationalisierung
Lieferantenkonzentration (allgemein, pro Artikel)	Struktur der Lieferantenbasis
Outsourcing	Grad der Fremdvergabe

Tabelle 27: Gestaltungsparameter und relevante Ausprägungen
(eigene Darstellung)

Unter Verwendung der Ergebnisse dieser Literaturanalyse kann der erweiterte Wirkzusammenhang (vgl. Abbildung 43) genauer beschrieben werden (vgl. Abbildung 44), sodass auch für die Effekte der identifizierten Gestaltungsparameter bzw. ihrer in der Literatur als Verwundbarkeitstreiber genannten Ausprägungen Hypothesen formuliert werden können. Anzumerken ist, dass sich die Richtung dieser Effekte auf die

[11] Insgesamt umfasst der Rücklauf von Jüttners empirischer Studie 137 Antworten, was einer Rücklaufquote von 8 % entspricht (vgl. Jüttner, 2005: S. 124).

Verwundbarkeit direkt aus dem Zusammenhang ihrer Nennung in der Literatur als Verwundbarkeitstreiber ableiten lässt. Zusätzlich weisen beispielsweise Tang (2006b) und Forohghi u. a. (2006) im Hinblick auf Ursachen der Komplexität einer Supply Chain darauf hin, dass eine Anwendung von Optimierungsansätzen im Rahmen des Supply-Chain -Managements zu einer Erhöhung von Komplexität und Verwundbarkeit des jeweiligen Wertschöpfungsnetzwerks führt.

Unter Berücksichtigung der Hypothesen H_{13} und H_{14} sowie der mehrstufigen Wirkzusammenhänge in der Literatur (vgl. Abschnitt 5.2.2) werden Effekt und Wirkrichtung im Rahmen des erweiterten Wirkzusammenhangs (vgl. Abbildung 44) auch auf Komplexität und Abhängigkeit übertragen.

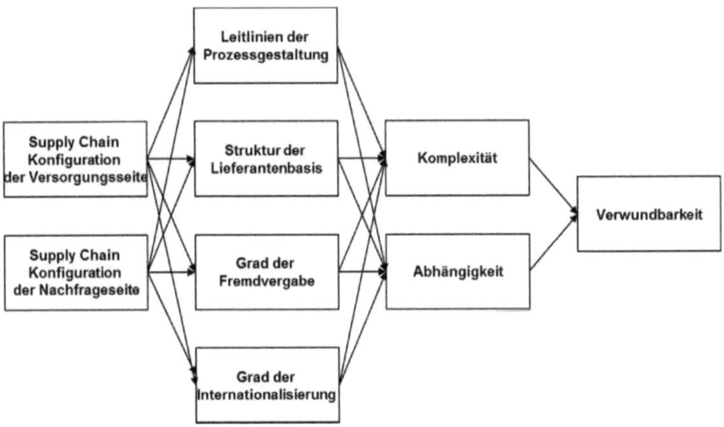

Abbildung 44: Relevante Gestaltungsparameter im erweiterten Wirkzusammenhang
(eigene Darstellung)

Für die Effekte der identifizierten Gestaltungsparameter können unter Berücksichtigung ihrer im Zusammenhang mit steigender Verwundbarkeit genannten Ausprägungen folgende Hypothesen formuliert werden.

H_5: *Je stärker die Puffer innerhalb eines Wertschöpfungsnetzwerks reduziert werden, desto größer ist die Abhängigkeit zwischen seinen Elementen.*

H_6: *Je stärker die Puffer innerhalb eines Wertschöpfungsnetzwerks reduziert werden, desto geringer ist seine Komplexität.*

H_7: *Je stärker die Lieferantenbasis eines Wertschöpfungsnetzwerks konzentriert wird, desto größer ist die Abhängigkeit zwischen seinen Elementen.*

H_8: *Je stärker die Lieferantenbasis eines Wertschöpfungsnetzwerks konzentriert wird, desto geringer ist seine Komplexität.*

H_9: *Je höher der Grad der Fremdvergabe innerhalb eines Wertschöpfungsnetzwerks ist, desto größer ist die Abhängigkeit zwischen seinen Elementen.*

H_{10}: *Je höher der Grad der Fremdvergabe innerhalb eines Wertschöpfungsnetzwerks ist, desto größer ist seine Komplexität.*

H_{11}: *Je höher der Grad Internationalisierung eines Wertschöpfungsnetzwerks ist, desto größer ist die Abhängigkeit zwischen seinen Elementen.*

H_{12}: *Je höher der Grad Internationalisierung eines Wertschöpfungsnetzwerks ist, desto größer ist seine Komplexität.*

5.2.4. Formulierung von Hypothesen zu den Effekten der Supply-Chain-Konfiguration auf die relevanten Gestaltungsparameter

Die Effekte der Supply-Chain-Konfiguration auf die verschiedenen Gestaltungsparameter bzw. ihre Ausprägungen lassen sich unter Berücksichtigung der Konsistenz-Effizienz-Hypothese (vgl. Abschnitt 2.4.3) aus der Literatur ableiten. Anzumerken ist, dass in Anlehnung an die Formulierung der Arbeitshypothesen HA_1 und HA_2 diese Effekte im Hinblick auf eine nach dem Effizienzparadigma (vgl. Abschnitt 2.3.2.2) gestaltete Supply-Chain-Konfiguration untersucht werden. Die Hypothesen H1a bis H4b sind entsprechend formuliert.

In Bezug auf die *Prozessgestaltung* finden sich in der Literatur an verschiedenen Stellen Hinweise darauf, dass in effizienten Supply-Chain-Konfigurationen *Puffer zu reduzieren* sind. Beispielsweise merkt Fisher im Hinblick auf eine *Effcient Supply Chain* (vgl. Abschnitt 2.4.3.1) an, dass Bestände und Durchlaufzeiten zu reduzieren sowie die Maschinenbelegung zu maximieren seien (vgl. 1997: S. 108). Auch De Treville u. a. empfehlen zur Gestaltung schlanker Wertschöpfungssysteme die Reduzierung von Puffern, beispielsweise durch die Anwendung von Just-In-Time-Ansätzen (vgl. 2004: S. 615). Lee weist zusätzlich auf die Bedeutung von Ansätzen zur optimalen Ausnutzung von Kapazitäten in Produktion und Distribution hin (vgl. 2002: S. 113). Vor dem Hintergrund der Relevanz von reduzierten Puffern für effiziente Supply-Chain-Konfigurationen lassen sich für ihren Effekt auf die Leitlinien der Prozessgestaltung folgende Hypothesen ableiten:

H_{1a}: *Je effizienter die Konfiguration der Versorgungsseite eines Wertschöpfungsnetzwerks ausgelegt wird, desto stärker werden ihre Puffer reduziert.*

H_{1b}: *Je effizienter die Konfiguration der Nachfrageseite eines Wertschöpfungsnetzwerks ausgelegt wird, desto stärker werden ihre Puffer reduziert.*

Im Hinblick auf die *Konzentration der Lieferantenbasis* werden als Motive in der Literatur oftmals geringere Kosten bei höherer Qualität der Beschaffungsobjekte genannt (vgl. bspw. Lyons u. a., 1990: S. 31). Nach gängigen Erwartungen von Einkäufern führt ein höheres Qualitätsniveau der Beschaffungsobjekte gleichzeitig zu geringeren Gesamtkosten der Beschaffung (vgl. Larson, 1994: S. 8). Anzumerken ist, dass der Gestaltungsparameter Lieferantenstruktur sowohl die Anzahl der Lieferanten für ein Beschaffungsobjekt als auch die absolute Anzahl der Lieferanten beschreibt. Zeng erklärt in diesem Zusammenhang die geringeren Kosten der *Einquellenbelieferung* mit geringeren Bestell- und Logistikkosten (vgl. 2000: S. 221). Auch die längeren Geschäftsbeziehungen zwischen Unternehmen und ihren Lieferanten, die oftmals aufgrund einer Konzentration ihrer Lieferantenbasis entstehen, können zu geringeren Beschaffungskosten führen (vgl. Goffin u. a., 1997: S. 426). Fisher (1997) nennt folglich im Hinblick auf effiziente Supply-Chain-Konfigurationen Kosten und Qualität als Kriterien zur Lieferantenauswahl (vgl. Abschnitt 2.4.3.1). Aufgrund der erwarteten Effekte einer konzentrierten Lieferantenbasis auf Beschaffungskosten und Qualität der Beschaffungsobjekte sowie vor dem Hintergrund der Bedeutung von Kosten und Qualität bei der Lieferantenauswahl in effizienten Supply-Chain-Konfigurationen lassen sich folgende Hypothesen formulieren:

H_{2a}: *Je effizienter die Konfiguration der Versorgungsseite eines Wertschöpfungsnetzwerks ausgelegt wird, desto stärker ist ihre Lieferantenbasis konzentriert.*

H_{2b}: *Je effizienter die Konfiguration der Nachfrageseite eines Wertschöpfungsnetzwerks ausgelegt wird, desto stärker ist ihre Lieferantenbasis konzentriert.*

Ähnlich den Motiven einer Konzentration ihrer Lieferantenbasis verfolgen viele Unternehmen auch bei der *Fremdvergabe von Wertschöpfungsanteilen* ähnliche Zielsetzungen (vgl. Lyons u. a., 1990: S. 30), wobei in der Literatur häufig Kostenreduktion als Vorteil des Outsourcings genannt wird. Einen theoretischen Erklärungsansatz für dieses Motiv liefert die *Transaktionskostentheorie*, in der die Vorteilhaftigkeit verschiedener Formen der Organisation von Wertschöpfung anhand eines Vergleichs von Produktions- und Transaktionskosten gezeigt wird. Im Sinne dieser Theorie stellen Transaktionen interne oder unternehmensübergreifende Wertschöpfungsprozesse bzw. –teilprozesse dar (vgl. bspw. Coase, 1937: S. 195). Da der Verlauf der Transaktionsaktionskosten für verschiedene Organisationsformen in unterschiedlichem Maße von Faktoren wie beispielsweise der Versorgungssicherheit oder der Spezifität der eingesetzten Produktionsfaktoren abhängig ist, sind in unterschiedlichen Situationen verschiedene Formen der Zusammenarbeit effizient (vgl. Williamson, 1985). In Bezug auf die Formulierung von Hypothesen zu dem Effekt der Supply-Chain-Konfiguration auf den Grad der Fremdvergaben von Wertschöpfungsanteilen ist anzumerken, dass die Fremdvergabe nur bei geringer Versorgungsunsicherheit die effizientere Organisationsform darstellt. Unter Anwesenheit hoher Versorgungsunsicherheit erscheint dagegen aus der Perspektive der Transaktionskostentheorie, die Eigenerstellung vorteilhafter zu sein (vgl. Holcomb, Hitt, 2007: S. 465). Da jedoch in Anlehnung an die Konsistenz-Effizienz-Hypothese effiziente Supply-Chain-Konfigurationen ausschließlich in sicheren, vorhersagbaren Situationen vorteilhaft sind (vgl. Lee, 2002: S. 114), erscheint in einem solchen Kontext Outsourcing die bevorzugte Organisationsform zu sein. Anzumerken ist, dass in der Literatur, beispielsweise auf Grundlage verschiedener Ressourcentheorien (vgl. Penrose, 1959), ergänzend zu Kosten weitere Motive für eine Fremdvergabe von Wertschöpfungsanteilen genannt werden (vgl. bspw. Quinn, Hilmer, 1994: S. 50). Eine Integration der verschiedenen Ansätze erscheint bei einer Erweiterung des Transaktionskostenbegriffs möglich (vgl. bspw. Holcomb, Hitt, 2007). In empirischen Studien wurde zudem wiederholt, wie beispielsweise bei der Untersuchung von Kersten u. a. zur Fremdvergabe von Logistikdienstleistungen (vgl. 2008b: S. 61), eine erwartete Kostenreduktion als dominantes Motiv für Outsourcing genannt. Im Folgenden soll daher ein positiver Zusammenhang zwischen der Gestaltung einer Supply Chain nach dem Effizienzparadigma und dem Grad der Fremdvergabe von Wertschöpfungsanteilen angenommen werden:

H_{3a}: *Je effizienter die Konfiguration der Versorgungsseite eines Wertschöpfungsnetzwerks ausgelegt wird, desto höher ist der Grad der Fremdvergabe.*

H_{3b}: *Je effizienter die Konfiguration der Nachfrageseite eines Wertschöpfungsnetzwerks ausgelegt wird, desto höher ist der Grad der Fremdvergabe.*

Im Hinblick auf die *Internationalisierung von Wertschöpfungsnetzwerken* können in Anlehnung an ihre vertikale bzw. horizontale Segmentierung in Betrachtungsebenen und Teilnetzwerke (vgl. Abschnitt 2.1) verschiedene Formen unterschieden werden. Die Internationalisierung von Beschaffungsaktivitäten erfolgt häufig auf der Organisationsebene durch die Integration global differenzierter Elemente in das Versorgungsnetzwerk einer Supply Chain. Anzumerken ist, dass in der Literatur mit der Internationalisierung von Beschaffungsaktivitäten verschiedene Konzepte assoziiert werden, deren Umfang und Verständnis jedoch konvergieren (vgl. Zeng, 2000: S. 222). Auf eine Unterscheidung dieser Konzepte wird im Folgenden verzichtet, da sich sämtliche Ansätze zur Internationalisierung von Beschaffungsaktivitäten unter dem Begriff *Global Sourcing* subsumieren lassen. In diesem Zusammenhang kann Global Sourcing als die effiziente Kombination verschiedener global vorhandener Ressourcen beschrieben werden (vgl. Spekman, 1991: S. 2). Die Globalisierung der Leistungserstellung innerhalb einer Organisation, beispielsweise im Rahmen von *internationalen Produktionsnetzwerken*, wird in der Literatur häufig als Offshoring bezeichnet. Da Offshoring im Gegensatz zum Outsourcing nicht die Fremdvergabe, sondern die geografische Verlagerung von Wertschöpfungsanteilen umfasst (vgl. Chopra, Meindl, 2007: S. 417), beschreibt es eine Internationalisierung auf der Standort- bzw. Prozessebene einer Supply Chain. In Bezug auf die Versorgung global verteilter Absatzmärkte mit den Gütern einer Supply Chain wird in der Literatur oftmals die Integration von eigenständigen regionalen Organisationen als zusätzliche Elemente in ein bestehendes Distributionsnetzwerk diskutiert (vgl. bspw. Arnold, 2000). Im Gegensatz zum Aufbau eigener global verteilter Distributionsstandorte sind solche Ansätze der Organisationsebene einer Supply Chain zuzuordnen.

Eine Internationalisierung von Supply Chains wird in der Literatur im Zusammenhang mit verschiedenen Motiven und Zielsetzungen genannt (vgl. bspw. Zeng, 2000: S. 223), wobei insbesondere zwei häufig betrachtet werden. Viele Autoren diskutieren Internationalisierung häufig entweder im Rahmen einer möglichen globalen Expansion von Unternehmen (vgl. bspw. Arnold, 2000) oder vor dem Hintergrund steigender Produktivität bzw. sinkender Kosten (vgl. bspw. Olsen, 2006: S. 5). Auch empirische Studien bestätigen die hohe praktische Relevanz beider Motive, wobei eine erwartete Kostenreduktion beispielsweise in der Untersuchung von Lewin und Peeters das am häufigsten genannte Motiv für solche Ansätze darstellt (vgl. 2006: S. 22). Anzumerken ist, dass die jeweilige Relevanz von globaler Expansion und Kostenreduktionen von dem betrachteten Teilnetzwerk abhängt. Während die globale Expansion hauptsächlich im Zusammenhang mit der Internationalisierung von Distributions- sowie teilweise von Produktionsnetzwerken genannt wird, werden Ansätze zu Global Sourcing bzw. Offshoring häufiger vor dem Hintergrund geringerer Kosten diskutiert (vgl. bspw. Kotabe, 1998: S. 108). Bei der Analyse der übrigen Gründe einer Internationalisierung fällt auf, dass Motive im Zusammenhang mit dem Flexibilitätsparadigma entweder nicht berücksichtigt (vgl. Zeng, 2000) oder empirisch nur selten genannt (vgl. Lewin, Peeters, 2006) werden. Vor diesem Hintergrund kann Levy mithilfe einer Simulationsstudie zeigen, dass Supply Chains mit internationalen Versorgungsnetzwerken aufgrund längerer Reaktionszeiten auf volatile Nachfrage mit einem höheren Anteil nicht befriedigter Nachfrage reagieren als solche mit einer nationalen Versorgung (vgl. 1995: S. 356). Bei Anwesenheit von Nachfrageunsicherheit erscheinen global verteilte Versorgungs- bzw. Produktionsnetzwerke daher, insbesondere unter Berücksichtigung der Überlegungen Fishers (1997) zu innovativen Produkten (vgl. Abschnitt 2.4.3.1) nach der Konsistenz-Effizienz-Hypothese unzulässig. Auch bei Anwesenheit von Versorgungsunsicherheit, insbesondere von operativen Risiken bei der effektiven Durchführung von Versorgungsprozessen, wird in der Literatur von Global Sourcing bzw. Offshoring abgeraten (vgl. Aron, Singh, 2005: S. 141).

In Bezug auf den Effekt der Supply-Chain-Konfiguration auf den Grad der Internationalisierung von Supply Chains können aufgrund der besonderen Bedeutung des Kostenmotivs sowie den Hinweisen auf eine Unzulässigkeit dieser Ansätze in unsicheren Situationen, folgende Hypothesen formuliert werden:

H_{4a}: *Je effizienter die Konfiguration der Versorgungsseite eines Wertschöpfungsnetzwerks ausgelegt wird, desto höher ist der Grad ihrer Internationalisierung.*

H_{4b}: *Je effizienter die Konfiguration der Nachfrageseite eines Wertschöpfungsnetzwerks ausgelegt wird, desto höher ist der Grad ihrer Internationalisierung.*

Anzumerken ist, dass die im Rahmen des Wirkzusammenhangs abgeleiteten Hypothesen die Arbeitshypothesen HA1 und HA2 des Bezugsrahmens ersetzen.

5.2.5. Einführung einer differenzierten Betrachtung der Verwundbarkeit

Wurden bei den bisherigen Analysen zur Formulierung eines Strukturmodells auf die Ursache-Wirkungs-Zusammenhänge zwischen den Stufen *Supply-Chain-Konfiguration*, *Gestaltungsparameter* sowie den *intermediären Konzepten* fokussiert, wird im Folgenden der Begriff der Verwundbarkeit genauer differenziert (vgl. Abbildung 45).

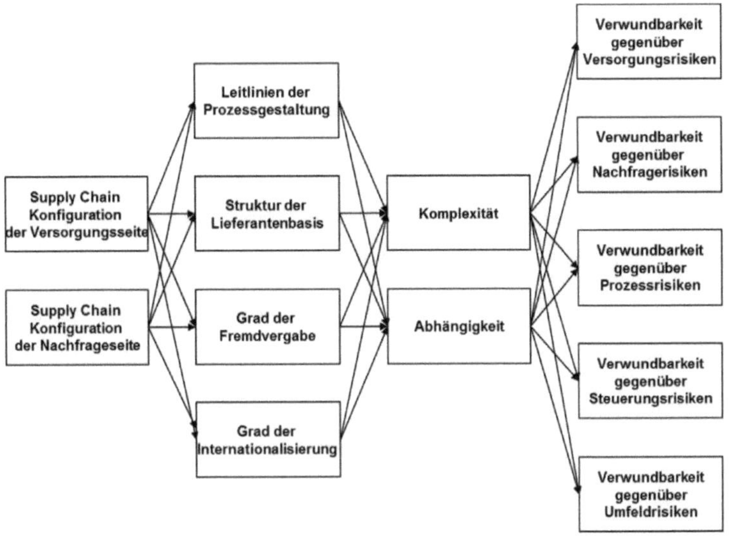

Abbildung 45: Berücksichtigung einer differenzierten Betrachtung der Verwundbarkeit
(eigene Darstellung)

Im Zusammenhang mit der Verwundbarkeit von Wertschöpfungsnetzwerken werden in der Literatur in Anlehnung an die Risiken, gegenüber denen eine Supply Chain jeweils anfällig ist, verschiedene Verwundbarkeiten unterschieden (vgl. bspw. Manuj, Mentzer, 2008a: S. 145). Da jedoch nach dieser Differenzierung auch in Bezug auf verschiedene Verwundbarkeiten die hohe Anzahl verschiedener, teilweise unbekannter Supply-Chain-Risiken eine Analyse erschwert, werden im Folgenden die verschiedenen Verwundbarkeiten ähnlich der Typologien von Supply-Chain-Risiken zu Dimensionen zusammengefasst. Anzumerken ist, dass auch Christopher u. a. (2003) ein ähnliches Vorgehen wählen. In Anlehnung an eine Klassifizierung von Supply-Chain-Risiken nach ihren Quellen (vgl. Abschnitt 3.2.4), unterscheiden Christopher u. a. in Bezug auf ein fokales Unternehmen sechs Verwundbarkeitsdimensionen (vgl. 2003: S. 15). In diesem Zusammenhang ergänzen Christopher u. a. (2003) die fünf von der Cranfield School of Management identifizierten Risikoquellen (vgl. Abschnitt 3.2.4.2), um die Verwundbarkeit aufgrund fehlender Steuerungsmöglichkeiten von Supply-Chain-Risiken. In Anlehnung an die Analyse verschiedener Typologien (vgl. Abschnitt 3.2.4.2) wird das Vorgehen von Christopher u. a. (2003) zur Definition verschiedener Verwundbarkeitsdimensionen in dem Strukturmodell dieser Arbeit übernommen. Auf eine Berücksichtigung der Ergänzungen von Christopher u. a.

(2003) wird jedoch aufgrund von Redundanzen zu der Quelle Steuerungsrisiken verzichtet.

Aus der detaillierteren Betrachtung der Verwundbarkeit von Supply Chains im Rahmen des Strukturmodells (vgl. Abbildung 45) entsteht die Notwendigkeit die Hypothesen H13 und H14 (vgl. Abschnitt 5.2.2) genauer zu formulieren. In Bezug auf den Effekt der Abhängigkeit zwischen den Elementen einer Supply Chain auf die verschiedenen Dimensionen der Verwundbarkeit ergeben sich folgende Hypothesen:

H_{13a}: *Je größer die Abhängigkeit zwischen den Elementen eines Wertschöpfungsnetzwerks ist, desto höher ist seine Verwundbarkeit gegenüber Versorgungsrisiken.*

H_{13b}: *Je größer die Abhängigkeit zwischen den Elementen eines Wertschöpfungsnetzwerks ist, desto höher ist seine Verwundbarkeit gegenüber Nachfragerisiken.*

H_{13c}: *Je größer die Abhängigkeit zwischen den Elementen eines Wertschöpfungsnetzwerks ist, desto höher ist seine Verwundbarkeit gegenüber Prozessrisiken.*

H_{13d}: *Je größer die Abhängigkeit zwischen den Elementen eines Wertschöpfungsnetzwerks ist, desto höher ist seine Verwundbarkeit gegenüber Steuerungsrisiken.*

H_{13e}: *Je größer die Abhängigkeit zwischen den Elementen eines Wertschöpfungsnetzwerks ist, desto höher ist seine Verwundbarkeit gegenüber Umfeldrisiken.*

Auch die Hypothese zum Effekt ansteigender Komplexität einer Supply Chain auf ihre Verwundbarkeit bedarf einer differenzierten Formulierung:

H_{14a}: *Je größer die Komplexität eines Wertschöpfungsnetzwerks ist, desto höher ist seine Verwundbarkeit gegenüber Versorgungsrisiken.*

H_{14b}: *Je größer die Komplexität eines Wertschöpfungsnetzwerks ist, desto höher ist seine Verwundbarkeit gegenüber Nachfragerisiken.*

H_{14c}: *Je größer die Komplexität eines Wertschöpfungsnetzwerks ist, desto höher ist seine Verwundbarkeit gegenüber Prozessrisiken.*

H_{14d}: *Je größer die Komplexität eines Wertschöpfungsnetzwerks ist, desto höher ist seine Verwundbarkeit gegenüber Steuerungsrisiken.*

H_{14e}: *Je größer die Komplexität eines Wertschöpfungsnetzwerks ist, desto höher ist seine Verwundbarkeit gegenüber Umfeldrisiken.*

Mit der Ableitung dieser Hypothesen ist die Formulierung eines Strukturmodells im Rahmen dieser Arbeit abgeschlossen. Das entstandene Hypothesensystem wird im in Abschnitt 5.2.6 zusammengefasst und in der Form eines Kausalmodells dargestellt.

5.2.6. Zusammenfassung des Strukturmodells

Im Folgenden sind das in Abschnitt 5.2 schrittweise entwickelte Strukturmodell (vgl. Abbildung 46) sowie das korrespondierende Hypothesensystem (vgl. Tabelle 28) konsolidiert in Form eines Kausalmodells dargestellt. Beide Darstellungen bilden die Grundlage für die empirische Analyse der abgeleiteten Zusammenhänge zwischen Supply-Chain-Konfiguration, Gestaltungsparametern, intermediären Konzepten sowie den verschiedenen Dimensionen der Verwundbarkeit in Abschnitt 6.5.

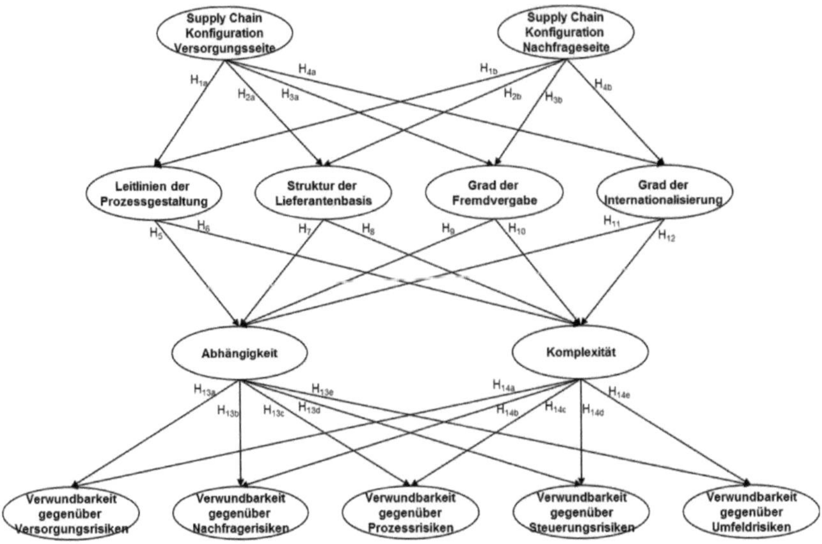

Abbildung 46: Vollständiges Strukturmodell dieser Arbeit

(eigene Darstellung)

Das Strukturmodell umfasst neben den abgeleiteten Ursache-Wirkungs-zusammenhängen auch die im Rahmen seiner Ableitung formulierten Hypothesen (vgl. Abbildung 46).

H_{1a}	Je effizienter die Konfiguration der Versorgungsseite eines Wertschöpfungsnetzwerks ausgelegt wird, desto stärker werden ihre Puffer reduziert.
H_{1b}	Je effizienter die Konfiguration der Nachfrageseite eines Wertschöpfungsnetzwerks ausgelegt wird, desto stärker werden ihre Puffer reduziert.
H_{2a}	Je effizienter die Konfiguration der Versorgungsseite eines Wertschöpfungsnetzwerks ausgelegt wird, desto stärker ist ihre Lieferantenbasis konzentriert.
H_{2b}	Je effizienter die Konfiguration der Nachfrageseite eines Wertschöpfungsnetzwerks ausgelegt wird, desto stärker ist ihre Lieferantenbasis konzentriert.
H_{3a}	Je effizienter die Konfiguration der Versorgungsseite eines Wertschöpfungsnetzwerks ausgelegt wird, desto höher ist der Grad der Fremdvergabe.
H_{3b}	Je effizienter die Konfiguration der Nachfrageseite eines Wertschöpfungsnetzwerks ausgelegt wird, desto höher ist der Grad der Fremdvergabe.
H_{4a}	Je effizienter die Konfiguration der Versorgungsseite eines Wertschöpfungsnetzwerks ausgelegt wird, desto höher ist der Grad ihrer Internationalisierung.
H_{4b}	Je effizienter die Konfiguration der Nachfrageseite eines Wertschöpfungsnetzwerks ausgelegt wird, desto höher ist der Grad ihrer Internationalisierung.
H_5	Je stärker die Puffer innerhalb eines Wertschöpfungsnetzwerks reduziert werden, desto größer ist die Abhängigkeit zwischen seinen Elementen.
H_6	Je stärker die Puffer innerhalb eines Wertschöpfungsnetzwerks reduziert werden, desto geringer ist seine Komplexität.
H_7	Je stärker die Lieferantenbasis eines Wertschöpfungsnetzwerks konzentriert wird, desto größer ist die Abhängigkeit zwischen seinen Elementen.
H_8	Je stärker die Lieferantenbasis eines Wertschöpfungsnetzwerks konzentriert wird, desto geringer ist seine Komplexität.
H_9	Je höher der Grad der Fremdvergabe innerhalb eines Wertschöpfungsnetzwerks ist, desto größer ist die Abhängigkeit zwischen seinen Elementen.
H_{10}	Je höher der Grad der Fremdvergabe innerhalb eines Wertschöpfungsnetzwerks ist, desto größer ist seine Komplexität.
H_{11}	Je höher der Grad der Internationalisierung eines Wertschöpfungsnetzwerks ist, desto größer ist die Abhängigkeit zwischen seinen Elementen.
H_{10}	Je höher der Grad der Internationalisierung eines Wertschöpfungsnetzwerks ist, desto größer ist seine Komplexität.
H_{13a}	Je größer die Abhängigkeit zwischen den Elementen eines Wertschöpfungsnetzwerks ist, desto höher ist seine Verwundbarkeit gegenüber Versorgungsrisiken.
H_{13b}	Je größer die Abhängigkeit zwischen den Elementen eines Wertschöpfungsnetzwerks ist, desto höher ist seine Verwundbarkeit gegenüber Nachfragerisiken.
H_{13c}	Je größer die Abhängigkeit zwischen den Elementen eines Wertschöpfungsnetzwerks ist, desto höher ist seine Verwundbarkeit gegenüber Prozessrisiken.
H_{13d}	Je größer die Abhängigkeit zwischen den Elementen eines Wertschöpfungsnetzwerks ist, desto höher ist seine Verwundbarkeit gegenüber Steuerungsrisiken.
H_{14a}	Je größer die Komplexität eines Wertschöpfungsnetzwerks ist, desto höher ist seine Verwundbarkeit gegenüber Versorgungsrisiken.
H_{14b}	Je größer die Komplexität eines Wertschöpfungsnetzwerks ist, desto höher ist seine Verwundbarkeit gegenüber Nachfragerisiken.
H_{14c}	Je größer die Komplexität eines Wertschöpfungsnetzwerks ist, desto höher ist seine Verwundbarkeit gegenüber Prozessrisiken.
H_{14d}	Je größer die Komplexität eines Wertschöpfungsnetzwerks ist, desto höher ist seine Verwundbarkeit gegenüber Steuerungsrisiken.

Tabelle 28: Zusammenfassung des Hypothesensystems dieser Arbeit

(eigene Darstellung)

Anzumerken ist, dass zur empirischen Analyse der strukturellen Verwundbarkeit von Wertschöpfungsnetzwerken, neben Strukturmodell und Hypothesensystem, Messmodelle bzw. Indikatoren abgeleitet werden müssen, mit deren Hilfe die Faktoren, die von den Ursache-Wirkungs-Zusammenhängen verknüpft werden, empirisch gemessen werden können.

5.3. Entwicklung der benötigten Messmodelle

5.3.1. Messmodelle zu den Verwundbarkeitsdimensionen

5.3.1.1. Bewertung von Supply-Chain-Verwundbarkeit in der Literatur

Zur empirischen Analyse der Effekte der Supply-Chain-Konfiguration, der relevanten Gestaltungsparameter sowie der intermediären Konzepte auf die verschiedenen Verwundbarkeitsdimensionen, ist die Identifikation eines geeigneten Messmodells für jede der verwendeten latenten Variablen erforderlich. Die einzelnen Indikatoren dieser Messmodelle bzw. die Messhypothesen zu den Effekten dieser Indikatoren auf die zu messende latente Variable sind in diesem Zusammenhang möglichst schlüssig aus der Literatur abzuleiten (vgl. Abschnitt 4.2.2). Schließlich stellt die Validierung der Messhypothesen nicht das originäre Ziel einer Kausalanalyse dar. Die latente Variable bildet zusammen mit ihren Indikatoren Konstrukte, deren Zusammenhänge im Rahmen der Kausalanalyse untersucht werden.

Im Hinblick auf die Formulierung eines Messmodells für die verschiedenen Dimensionen der Verwundbarkeit erscheinen aus der Literatur insbesondere Ansätze zur Bewertung von Verwundbarkeit relevant. Die Bewertung von Supply-Chain-Verwundbarkeit ist in der Literatur insgesamt bisher nur wenig behandelt worden (vgl. Pai u. a., 2003: S. 4561). Sheffi merkt hierzu an, dass eine *a priori* Bewertung der Verwundbarkeit von Wertschöpfungsnetzwerken zwar an Bedeutung gewinnt, in einem komplexen und globalisierten Umfeld aber zunehmend schwieriger wird (vgl. 2005b: S. 10). Einen Hinweis auf eine Ursache dieser Schwierigkeiten liefern Swaminathan und Tomlin (2007). Nach ihrer Untersuchung hängt die Bewertung von Verwundbarkeit auch von dem betrachteten Zeithorizont ab, wobei diese Abhängigkeit insbesondere für Risiken mit geringen Eintrittswahrscheinlichkeiten bei gleichzeitig hohen Schadenshöhen ausgeprägt ist (vgl. Swaminathan, Tomlin, 2007: S. 41).

Trotz dieses konzeptionellen Defizits finden sich in der Literatur insbesondere im Zusammenhang mit der Analyse und Steuerung von Supply-Chain-Risiken Ansätze, die auf einer Verwundbarkeitsbewertung aufbauen. Beispielsweise schlagen Deleris und Erhun eine Vorgehensweise zur Risikobewertung vor, in der das Auftreten einer

Supply-Chain-Störung sowie die Verwundbarkeit eines Wertschöpfungsnetzwerks gegenüber dieser Störung isoliert betrachtet und anschließend mithilfe einer Monte Carlo Simulation zu einer Risikobewertung verbunden wird (vgl. 2005: S. 1644). Zur quantitativen Bewertung der Verwundbarkeit eines Versorgungsnetzwerks gegenüber einer Supply-Chain-Störung verwenden Deleris und Erhun den finanziellen Verlust, der aufgrund des entgangenen Verkaufsvolumens bei Eintreten dieser Störung entsteht (vgl. 2005: S. 1644). Andere, auch finanzielle, Verluste berücksichtigen sie hingegen nicht. Pai u. a. verfolgen einen ähnlichen Ansatz, wobei sie die Verwundbarkeitsbewertung in die Phasen Identifikation von bedrohten Objekten sowie Anfälligkeitsanalyse unterteilen (vgl. 2003: S. 4561). Auch Kleindorfer und Saad trennen die Bewertungen von Eintrittswahrscheinlichkeit und Verwundbarkeit, wobei sie im Hinblick auf die Verwundbarkeit einen auf Agenten basierenden Ansatz im Rahmen ihrer SAM-Methodik vorschlagen (vgl. 2005: S. 55).

Im Gegensatz zu diesen Ansätzen, die aufgrund ihrer methodisch anspruchsvollen Simulationsverfahren für eine empirische Untersuchung ungeeignet erscheinen, entwickeln Svensson (2000) sowie Christopher u. a. (2003) Ansätze, in denen die Verwundbarkeit von Supply Chains mithilfe eher qualitativer Bewertungsverfahren analysiert wird. Svensson leitet aus Expertengesprächen einen Bezugsrahmen ab, indem er mithilfe von Strukturmerkmalen, wie dem Wert der Beschaffungsobjekte und der Komplexität des Materialflusses, die Verwundbarkeit von Versorgungsnetzwerken in zwei Kategorien unterteilt (vgl. 2000: S. 743). Bei der Bewertung seines Ansatzes stellt Svensson jedoch fest, dass der von ihm entwickelte Bezugsrahmen nicht trennscharf genug ist, Unterkategorien oder Störungen aus anderen Quellen ausreichend abbilden zu können (vgl. Svensson, 2000: S. 747). Zudem ist anzumerken, dass Svensson für seinen Ansatz einer indirekten Bewertung von Verwundbarkeit Effekte von Gestaltungsparametern verwendet, die im Rahmen der vorliegenden Arbeit untersucht werden sollen. Eine Adaption seines Bezugsrahmens zur Validierung dieser Effekte erscheint daher nicht möglich.

Einen ebenfalls im Hinblick auf Anwendung in der Unternehmenspraxis entwickelten Bewertungsansatz schlagen Christopher u. a. (2003) vor. Bei ihrer Bewertung handelt es sich im Gegensatz zu dem Bezugsrahmen von Svensson (2000) um einen direkten Ansatz, in dem qualitative Einschätzungen zu Bedeutung und Steuerungsmaßnahmen von ausgewählten Supply-Chain-Risiken zu einer Verwundbarkeitsbewertung aggregiert werden (vgl. 2003: S. 38). Die zu bewertenden Supply-Chain-Risiken strukturieren sie in Anlehnung an die von ihnen entwickelte Typologie (vgl. Abschnitt 3.2.4.2), wobei sie zwischen internen und externen Risikoquellen unterscheiden. Anzumerken ist, dass Christopher u. a. entsprechend ihres Verständnisses des Verwundbarkeitsbegriffs dieses Verfahren nicht für die Anfälligkeit eines Wertschöpfungsnetzwerks gegenüber Risiken, sondern seine Risikoexposition (vgl. Abschnitt 3.4.1) entwickeln. Einen Hinweis darauf, dass der direkte Ansatz von Christopher u. a. (2003) auf die Verwundbarkeitsbewertung im Rahmen einer empirischen Befragung übertragen werden kann, liefert Prud'homme (2008) im Rahmen ihrer Dissertation. Zur empirischen Analyse des Effekts der Supply-Chain-Kontinuitätsplanung auf die Leistungsfähigkeit von Unternehmen, berücksichtigt sie auch Exposition und Anfälligkeit der Unternehmen gegenüber Supply-Chain-Störungen. Die Messung beider Konzepte erfolgt jeweils direkt mithilfe einer siebenteiligen Skala auf Ebene verschiedener Risikoquellen, die sie aus der Literatur ableitet (vgl. Prud'homme, 2008: S. 55). Anzumerken ist, dass Prud'homme nicht den absoluten Grad der Verwundbarkeit, sondern relativ die Veränderung dieses Grades in den letzten zwölf Monaten abfragt (vgl. 2008: S. 130).

Der im Hinblick auf die Unternehmenspraxis entwickelte Ansatz von Christopher u. a. (2003) sowie dessen modifizierte Anwendung in der empirischen Untersuchung von Prud'homme (2008) zeigen, dass eine Bewertung der Supply-Chain-Verwundbarkeit mithilfe einer direkten, qualitativen Messung von Supply-Chain-Risiken möglich ist. Anzumerken ist, dass in Anlehnung an ihre Definition im Rahmen der vorliegenden Arbeit (vgl. Abschnitt 3.4.2) zur Messung der Verwundbarkeit einer Supply Chain nur die Schäden, die durch ausgewählte Supply-Chain-Störungen entstehen, als Indikatoren relevant erscheinen.

5.3.1.2. Bestimmung von Indikatoren zur Messung der Verwundbarkeit

Als Indikatoren der Verwundbarkeit eines Wertschöpfungsnetzwerks werden die qualitativen Bewertungen der Schadenshöhen ausgewählter Supply-Chain-Risiken verwendet (vgl. Abschnitt 5.3.1.1), die aus Störungen im Material-, Informations- oder Finanzstrom zwischen den Elementen dieses Wertschöpfungsnetzwerks entstehen (vgl. Peck u. a., 2003: S. 44). Anzumerken ist, dass in diesem Zusammenhang eine Identifikation sämtlicher relevanter Supply-Chain-Risiken aufgrund der Vielzahl möglicher Störungen nicht möglich erscheint (vgl. Abschnitt 5.1.1). Für die folgenden Analysen wird daher auf eine exemplarische Auswahl von Supply-Chain-Störungen zurückgegriffen. Aufgrund der differenzierten Betrachtung der Verwundbarkeitsdimensionen (vgl. Abschnitt 5.2.5) ergibt sich zudem die Notwendigkeit, die als Indikatoren ausgewählten Supply-Chain-Störungen den verschiedenen Dimensionen zuzuordnen, wobei diese Zuordnung von der Perspektive der Befragten abhängig sein könnte. Die folgende in Anlehnung an die Literatur sowie aufbauend auf den Ergebnissen einer Vorstudie (vgl. Kersten u. a., 2008a) entwickelte Zuordnung kann daher nur als vorläufig betrachtet werden und bedarf einer explorativen Bestätigung im Rahmen der Validitätsanalyse (vgl. Abschnitt 6.3).

Auf der *Versorgungsseite* lassen sich in Abhängigkeit von der Dauer ihrer Auswirkungen kurz- und langfristige Störungen unterscheiden. Während es sich bei kurzfristigen Störungen um Ereignisse innerhalb des Prozessnetzwerks einer Supply Chain handelt (vgl. Abschnitt 2.1.3), die im Zusammenhang mit nur einer Lieferung stehen (vgl. bspw. Sinha u. a., 2004: S. 163), beziehen sich langfristige Störungen auf das organisatorische Netzwerk. Nach dieser Unterscheidung können kurzfristige Störungen der Versorgung zum vollständigen Ausfall einer Lieferung oder gemessen an den Erwartungen eines Unternehmens zu qualitativen, quantitativen bzw. zeitlichen Abweichungen führen (vgl. Tabelle 29). Langfristige Störungen betreffen die Fähigkeit eines Versorgungsnetzwerks, benötigte Beschaffungsobjekte zur Verfügung zu stellen. Auslösende Ereignisse stellen beispielsweise der Ausfall eines Lieferanten (vgl. Sheffi, Rice, 2005: S. 44) oder die Knappheit der Objekte auf dem Beschaffungsmarkt (vgl. Zsidisin, 2003b: S. 16) dar. Anzumerken ist, dass insbesondere die allgemeine Knappheit von bestimmten Objekten im Hinblick auf die betrachtete Branche relevant erscheint (vgl. Kersten u. a., 2010: S. 40).

Mögliche Störungen auf der *Nachfrageseite* können unabhängig von einer Transaktion die nachgefragte Menge allgemein betreffen sowie nach einer vollzogenen Transaktion von dem Verhalten des jeweiligen Kunden ausgehen. Neben einer schwankenden Nachfrage (vgl. Gaonkar, Viswanadham, 2007: S. 267) sowie dem dauerhaften Verlust eines Kunden, sind für die Windenergiebranche beispielsweise *Änderungen der Fördergesetze* (vgl. Roth, Espersen, 2002: S. 58) sowie vor dem Hintergrund der hohen Investitionen für einen Offshore-Windpark der *vollständige Ausfall einer Finanzierung* relevant (vgl. Kersten u. a., 2010: S. 41). Störungen, die nach einer Transaktion aufgrund des Verhaltens eines Kunden entstehen, können beispielsweise nachträgliche Änderungen von Spezifikationen und Bedarfszeitpunkten bereits verbindlich bestellter Objekte sowie der Ausfall von Zahlungen des Kaufpreises sein (vgl. Tabelle 29).

Verwundbarkeit gegenüber Versorgungs-risiken	Verwundbarkeit gegenüber Nachfragerisiken	Verwundbarkeit gegenüber Prozessrisiken	Verwundbarkeit gegenüber Steuerungs-risiken	Verwundbarkeit gegenüber Umfeldrisiken
Ausfall einer Zulieferung	Schwankungen der Nachfrage-menge	Störung Produktion	Falsche Absatzprognose	Preisanstieg Material
Ungenügende Qualität einer Zulieferung	Gesetzes-änderung	Störung EDV	Falsche Bedarfsplanung	Aufbau Handels-schranken
Unvollständige Zulieferung	Ausfall Finanzierung	Ausfall Personal	Falsches Produktions-programm	Anstieg Rohstoffpreise
Verzögerung einer Zulieferung	Verlust Kunden	Störung Kommunikation	Fehlerhafte Synchronisation von Vertrieb und Produktion	Wechselkurs-schwankungen
Lieferantenverlust	Verzögerter Abruf	Obsoleszenz	Weitergabe falscher Bestellmengen	Anstieg Lohnkosten
Material dauerhaft nicht erhältlich	Zahlungsausfall		Wissensabfluss	Höhere Gewalt
	Änderung Spezifikation			

Tabelle 29: Indikatoren der Verwundbarkeitsdimensionen
(eigene Darstellung)

In Bezug auf unternehmensinterne Störungen lassen sich in Anlehnung an die Typologie von Christopher und Peck (2004) zwei Verwundbarkeitsdimensionen unterscheiden. Während sich Prozessrisiken auf Störungen der operativen Wertschöpfungs- und Unterstützungsprozesse eines Unternehmens beziehen, entstehen Steuerungsrisiken aus Fehlern bzw. Störungen im Managementsystem dieses Unternehmens (vgl. Abschnitt 3.2.4.2).

Prozessrisiken gehen beispielsweise von Störungen der technischen Infrastruktur von Produktionsprozessen (vgl. Gaonkar, Viswanadham, 2007: S. 267) aus, wobei insbesondere Störungen von Produktionsanlagen und EDV-Systemen relevant erscheinen. Auch der Ausfall von Personal oder einem Kommunikationssystem stellt eine Störung der Wertschöpfungsprozesse eines Unternehmens dar (vgl. Rice, Caniato, 2003: S. 18). Zusätzlich erscheint eine Obsoleszenz von bereits vollständig oder teilweise hergestellten Gütern eine wesentliche Störung dieser Prozesse zu sein. In Bezug auf das Managementsystem eines Unternehmens entstehen Störungen intern insbesondere aus Fehlentscheidungen sowie schlecht abgestimmten Schnittstellen zwischen einzelnen Unternehmensbereichen. Solche *Steuerungsrisiken* sind beispielsweise Fehlentscheidungen in Beschaffung, Produktion und Vertrieb (vgl. Lentz, 2005: S. 38) sowie eine mangelnde Abstimmung an kritischen Schnittstellen durch die Weitergabe falscher Bestellmengen oder durch eine fehlerhafte Synchronisation zwischen Produktion und Vertrieb (vgl. Tabelle 29). Auch der Wissensabfluss an Wettbewerber (vgl. Mitroff, Alpaslan, 2003: S. 114) stellt ein, insbesondere im Hinblick auf die Windenergiebranche, relevantes Steuerungsrisiko dar.

Für sämtliche Risiken, die außerhalb eines Unternehmens oder seiner Supply Chain entstehen, haben Christopher und Peck (2004) entsprechend ihres Ursprungs die Gruppe der *Umfeldrisiken* definiert (vgl. Abschnitt 3.2.4.2). Hierbei handelt es sich um Risiken, die aufgrund von Störungen außerhalb des Einflussbereichs der Elemente eines Wertschöpfungsnetzwerks entstehen, diese aber negativ beeinflussen. Beispiele solcher Störungen sind dabei sowohl Naturkatastrophen als auch Entwicklungen in den rechtlichen und ökonomischen Umsystemen einer Supply Chain (vgl. Shi, 2004: S. 225). In Bezug auf das ökonomische Umsystem einer Supply Chain werden in diesem Zusammenhang der Anstieg von Preisen für Versorgungsleistungen wie Rohstoffe oder sonstige Materialien, ein Anstieg des Lohnniveaus sowie schwankende Wechselkurse (vgl. Spekman, Davis, 2004: S. 417) betrachtet. Auch Veränderungen des rechtlichen Umsystems, wie beispielsweise der Aufbau von Handelsschranken, können in diesem Zusammenhang signifikante Störungen einer Supply Chain darstellen (vgl. Peck, 2006b: S. 27).

5.3.2. Bestimmung von Indikatoren zur Messung der wahrgenommenen Komplexität und Abhängigkeit in Supply Chains

Ansätze zur Bewertung der latenten Variablen Komplexität und Abhängigkeit im Zusammenhang mit Supply Chains, die zu einer Ableitung von Messmodellen verwendet werden könnten, finden sich in der Literatur insbesondere im Rahmen von empirischen Untersuchungen eher selten. Im Zusammenhang mit der Theorie von den normalen Katastrophen haben Wagner und Bode (vgl. Abschnitt 3.4.3) sowie Prud'homme (2008) Komplexität und Abhängigkeit empirisch betrachtet. Unabhängig von dieser Theorie finden sich in den Beiträgen von Harland u. a. (2003) sowie Smeltzer und Siferd (1998) Fallstudienanalysen zu dem Effekt dieser Konzepte. Svensson (vgl. 2004a) untersucht den Effekt von Abhängigkeit auf die Verwundbarkeit in Kunden-Lieferanten-Beziehungen mithilfe einer empirischen Befragung. Auch Spekman und Davis (2004) werten Daten einer empirischen Befragung aus, die sie jedoch nicht selber durchgeführt haben (The Economist, 2002). Bode und Wagner merken an, dass beide Konzepte empirisch schwer zu erfassen sind (vgl. 2010: S. 16). Auch eine Übertragung von Perrows Skalen zur Unterscheidung von komplexen und linearen (vgl. Tabelle 18) sowie eng und lose gekoppelten großtechnischen Systemen (vgl. Tabelle 19) zur Konzeptualisierung von Komplexität und Abhängigkeit ist aufgrund des unterschiedlichen geografischen Zentralisierungsgrads von Supply Chains und den von Perrow analysierten soziotechnischen Systemen nicht möglich. Zudem bilden die einzelnen Indikatoren dieser Skalen eher Tendenzen als absolute Eigenschaften ab, deren gleichzeitiges Auftreten auch in eng gekoppelten bzw. komplexen Systemen unwahrscheinlich ist (vgl. Perrow, 1987: S. 136).

In Bezug auf eine *Konzeptualisierung von Komplexität* finden sich in der Literatur vereinzelt Ansätze, in denen das Konstrukt aufgrund seiner Mehrdimensionalität mithilfe verschiedener Konzepte gleichzeitig beschrieben wird (vgl. bspw. Flynn, Flynn, 1999: S. 1023). Wilding hat in einem der ersten Ansätze zur Analyse von Komplexität in Supply Chains das Konstrukt aus der Perspektive der Systemtheorie (vgl. Abschnitt 2.2.1.2) mithilfe der drei Merkmale deterministisches Chaos, parallele Wechselwirkungen sowie Verstärkungseffekten beschrieben (vgl. 1998: S. 600). Die von Wilding gewählten Merkmale erscheinen insbesondere dazu geeignet, das dynamische Verhalten eines komplexen Systems abzubilden, das er als Auslöser von Unsicherheit im Zusammenhang mit Supply Chains identifiziert hat. Auch Vachon und Klassen (2002) verwenden zur Beschreibung von Komplexität in Supply Chains ähnliche, auf die Dynamik eines Systems fokussierte Konzepte. Zusätzlich zu Interkonnektivität und Unvorhersagbarkeit berücksichtigen sie jedoch auch eine große Anzahl von Systemelementen als Indikator einer hohen Komplexität von Supply Chains (vgl. Vachon, Klassen, 2002: S. 220). Anzumerken ist, dass Vachon und Klassen (2002) diesen zusätzlichen Indikator aus einer technischen Perspektive auf Komplexität übernommen haben (vgl. bspw. Scuricini, 1988). Die Definition von Vachon und Klassen (2002) ist dem Konzept der komplexen adaptiven Systeme ähnlich, das insbesondere Choi u. a. aus der Systemtheorie auf Wertschöpfungsnetzwerke übertragen haben (vgl. 2001: S. 358). In Anlehnung an diese Konzeptualisierung stellt auch Prud'homme zusammenfassend fest, dass Komplexität in Supply Chains eine Funktion der Attribute *Unsicherheit*, *technologische Kompliziertheit* sowie *Struktur des Systems* darstellt (vgl. 2008: S. 42). Unsicherheit wird im Hinblick auf die Konzeptualisierungen von Komplexität in Supply Chains nicht ausschließlich, wie in einigen Ansätzen zur Supply-Chain-Konfiguration, zur Beschreibung einer externen Situation verwendet. Sie ist vielmehr als eine Systemeigenschaft im Zusammenhang mit der Dynamik von Wertschöpfungsnetzwerken zu verstehen (vgl. Wilding, 1998). Wilding zeigt einen Zusammenhang von Unsicherheit und Dynamik nach Houlihan und Oliver (1986) am Beispiel des Unternehmens *Intel* auf, dessen Versorgungs- und Nachfrageseite sich in zehn Jahren insgesamt nur wenige Minuten in einem Gleichgewichtszustand befunden haben (vgl. 1998: S. 599).

Unter Berücksichtigung der konzeptionellen Nähe von *Unsicherheit und Dynamik* bei der Beschreibung von Komplexität in Supply Chains erfolgt die Auswahl von Indikatoren zur Komplexitätsmessung im Rahmen der vorliegenden Arbeit in Anlehnung an die von Prud'homme (2008) identifizierte Operationalisierung (vgl. Tabelle 30). Die *Dauer der Beziehungen* zwischen den Elementen eines Wertschöpfungsnetzwerks wird als Indikator für die Dynamik bzw. die Unsicherheit innerhalb eines Systems verwendet. Die *Abhängigkeit von gesetzlichen Vorschriften* deutet dagegen insbesondere im Hinblick auf die betrachtete Branche (vgl. Kersten u. a., 2008a: S. 12) auf externe Unsicherheit hin.

In Bezug auf die *technologische Kompliziertheit* definiert Singh eine komplexe Technologie als ein angewandtes System, dessen Komponenten zahlreiche Interaktionen aufweisen und zusammen ein nicht teilbares Ganzes bilden (vgl. 1997: S. 12). Die Anzahl möglicher Indikatoren für die technische Kompliziertheit einer Supply Chain erscheint nach dieser Definition aufgrund ihres Charakters als soziotechnisches System begrenzt. Beispiele komplexer Technologien nach Singhs (1997) Definition stellen im Hinblick auf Wertschöpfungsnetzwerke verschiedene Informationssysteme dar, wobei beispielsweise Flynn und Flynn die Bedeutung der Informationsverarbeitung im Zusammenhang mit der Komplexität von Produktionssystemen aufzeigen (vgl. 1999: S. 1043). Lasch und Gießmann nennen schließlich *nicht kompatible Schnittstellen* sowie *unterschiedliche Informationssysteme* als einen Treiber von Komplexität in Versorgungsnetzwerken (2009: S. 2002). Aufgrund ihrer Eigenschaften als komplexe Technologien sowie ihrem Effekt auf die Komplexität in Supply Chains erscheinen Informationssysteme bzw. die *Kompatibilität verschiedener Informationssysteme* als Indikator der technologischen Kompliziertheit einer Supply Chain geeignet.

Eine Adaption der von vielen Autoren zur Operationalisierung von Komplexität verwendeten Merkmale der *Supply-Chain-Struktur* ist vor dem Hintergrund des Strukturmodells der vorliegenden Arbeit schwierig. Da in diesem Strukturmodell auch die Effekte verschiedener Gestaltungsparameter einer Supply Chain auf ihre Komplexität betrachtet werden (vgl. Abschnitt 5.2.4), erscheint eine Verwendung dieser oder ähnlicher Parameter als Indikatoren des Konstrukts Komplexität nicht möglich. Anzumerken ist, dass effiziente Konfigurationen nach der Konsistenz-Effizienz-Hypothese mit wenigen Gestaltungsparametern zu Struktur und Strategie einer Supply Chain beschrieben werden können (vgl. Abschnitt 2.4.1). Die Ansätze von Prud'homme (2008) sowie Bode und Wagner (2010) sind daher in diesem Zusammenhang zu Ableitung von Indikatoren ungeeignet. Auf eine Erhebung von Strukturmerkmalen zur Komplexitätsmessung wird daher zugunsten ihrer allgemeinen Einschätzung in Anlehnung an die Fragestellungen von Prud'homme (vgl. 2008: S. 128) verzichtet (vgl. Tabelle 30).

Empfundene Abhängigkeit	Empfundene Komplexität
Starke Verhandlungsposition der Zulieferer	Kurze Beziehungen
Abhängigkeit von SC-Partnern	Abhängigkeit von gesetzlichen Vorschriften
Enge Bindung an SC-Partner	Inkompatible Informationssysteme
Abhängigkeit von Schlüsselpersonal	Komplexität des Wertschöpfungsnetzwerks

Tabelle 30: Indikatoren der Konstrukte Komplexität und Abhängigkeit
(eigene Darstellung)

Die *Abhängigkeit* des Elements A eines soziotechnischen Systems von dem Element B dieses Systems ist proportional zu dem Bedarf von A nach Ressourcen von B sowie umgekehrt proportional zu der Verfügbarkeit dieser Ressourcen außerhalb des betrachteten Systemausschnitts (vgl. Emerson, 1962: S. 32). In Bezug auf Supply Chains kann Abhängigkeit als der Umfang verstanden werden, zu dem ein Element wertvolle Ressourcen anbietet, für die nur wenige alternative Quellen existieren (vgl. Hibbard u. a., 2001: S. 48). Da der hier unterstellte Effekt einer geringen Verfügbarkeit von Versorgungsquellen auf die Abhängigkeit innerhalb einer Supply Chain einen Bestandteil des Strukturmodells darstellt, kann die Definition von Emerson (1962) nur wenig zur Operationalisierung von Abhängigkeit im Rahmen der vorliegenden Arbeit beitragen. Lediglich der von Emerson (1962) erwähnte und beispielsweise von Dwyer (1984) genauer beschriebene Zusammenhang zwischen Macht und Abhängigkeit erscheint zur Konzeptualisierung von Abhängigkeit hilfreich.

In Bezug auf die Elemente einer Supply Chain handelt es sich bei Abhängigkeit, ähnlich der allgemeinen Operationalisierung von Komplexität, um ein mehrdimensionales Konstrukt (vgl. Svensson, 2002b: S. 173). Svensson schlägt zur Operationalisierung der Abhängigkeit zwischen zwei Unternehmen einer Supply Chain zwei Konstrukte, *zeitliche* sowie *organisatorische* Abhängigkeit, vor (vgl. 2002b: S. 171). Als Indikatoren der Konstrukte identifiziert er insgesamt sieben Ebenen von Abhängigkeit, die er insbesondere aus der schwedisch-sprachigen Literatur identifiziert (vgl. bspw. Hammarkvist u. a., 1984). Eine empirische Validierung seiner beiden Konstrukte im Rahmen einer Faktoranalyse gelingt ihm jedoch aufgrund ihrer fehlenden Eindimensionalität nicht (vgl. 2002b: S. 180). Trotzdem übernimmt beispielsweise Prud'homme (2008) verschiedene Indikatoren von Svensson (2002b), verzichtet jedoch auf eine Verwendung der beiden von ihm vorgeschlagenen Konstrukte (vgl. 2008: S. 45). Obwohl Prud'homme diese sowie zusätzliche Indikatoren aus der Literatur zu nur einem Konstrukt zusammenfasst, gelingt ihr im Gegensatz zu Svensson dessen Validierung weitgehend (vgl. 2008: S. 100). In Bezug auf die vorliegende Arbeit ist jedoch anzumerken, dass die Eindimensionalität eines Konstrukts zur Abhängigkeit, das aus Indikatoren verschiedener Betrachtungsebenen von Abhängigkeit nach Svenssons (2002b) besteht, als unsicher anzusehen ist. Auch Wagner und Bode (2006a) verzichten daher auf eine Abbildung der Mehrdimensionalität von Abhängigkeit und übernehmen lediglich die Unterscheidung zwischen kunden- bzw. lieferantenseitiger Abhängigkeit von Svensson (vgl. 2002b: S. 179). Anzumerken ist, dass Bode und Wagner (2010) in einer späteren empirischen Analyse zur Theorie der normalen Katastrophen Konstrukte in Bezug auf Abhängigkeit nicht mehr berücksichtigen (vgl. Abschnitt 3.4.3).

Vor dem Hintergrund ihrer möglichen Nähe zu Gestaltungsparametern sowie der Mehrdimensionalität von Abhängigkeit erscheint die Auswahl von Indikatoren zur Messung von Abhängigkeit im Rahmen der vorliegenden Arbeit begrenzt. Daher wird zur empirischen Bestimmung von Abhängigkeit im Rahmen des Strukturmodells der Ansatz von Wagner und Bode (2006a) übernommen, den Effekt von *Abhängigkeit* direkt zu messen. Ergänzend wird in Anlehnung an die Theorie der normalen Katastrophen (vgl. Perrow, 1987: S. 136) und das in dieser Theorie verwendete Konzept der Kopplung von Systemelementen (vgl. Abschnitt 3.3.3.2) eine *enge Verknüpfung* der Unternehmen als Indikator gewählt. In Anlehnung an den in der Literatur beschriebenen Zusammenhang von Macht und Abhängigkeit (vgl. Dwyer, 1984: S. 682) wird auch eine *starke Verhandlungsposition der Zulieferer* als Indikator von Abhängigkeit verwendet. Neben diesen Indikatoren, die Abhängigkeit auf der Organisationsebene einer Supply Chain messen, wird ergänzend zu den bisher in der Literatur verfügbaren Untersuchungen die *Abhängigkeit von Schlüsselpersonal* als Indikator von Abhängigkeit auf den unteren Betrachtungsebenen berücksichtigt.

In Bezug auf die Auswahl der Indikatoren für die Faktoren Komplexität und Abhängigkeit (vgl. Tabelle 30) ist anzumerken, dass beide Konstrukte eine direkte Abfrage der zu messenden Faktoren umfassen. Wagner und Bode (2006a) passen aufgrund einer ähnlichen Operationalisierung von Komplexität und Abhängigkeit die Messung ihrer Indikatoren entsprechend an. Anstatt den Grad der Anwesenheit von Komplexität und Abhängigkeit zu erheben, messen sie die Relevanz von Abhängigkeit in Bezug zu Supply-Chain-Risiken. Da dieser Ansatz auch im Rahmen der vorliegenden Arbeit übernommen wird, handelt es sich bei den gemessenen Faktoren genau um *empfundene* Abhängigkeit bzw. Komplexität (vgl. Tabelle 30).

5.3.3. Formulierung von Messmodellen zu den relevanten Gestaltungsparametern

Die im Rahmen einer Literaturanalyse als relevant identifizierten und aggregierten Gestaltungsparameter (vgl. Abschnitt 5.2.3) stellen jeweils Bündel einzelner aber verwandter Parameter aus der Literatur dar (vgl. Tabelle 26). Es handelt sich bei ihnen daher nicht um einzelne direkt zu beobachtende, sondern um latente Variablen. Die empirische Bestimmung von Ausprägungen dieser Gestaltungsparameter erfordert daher die Formulierung eines Messmodells. Zur Identifikation der benötigten Indikatoren erscheinen insbesondere diejenigen Beiträge bzw. die in ihnen genannten Aspekte hilfreich, die bereits zur Ableitung der vier aggregierten Gestaltungsparameter verwendet wurden.

Als mögliche Indikatoren für die *Leitlinien der Prozessgestaltung* können, entsprechend der Richtung des Effekts dieses Gestaltungsparameters auf die Verwundbarkeit (vgl. Abschnitt 5.2.4), Merkmale der effizienten Gestaltung von Wertschöpfungsprozessen bzw. der Reduzierung von Flexibilität und Agilität (vgl. Abschnitt 2.3.2) verwendet werden. In der Literatur werden in diesem Zusammenhang die *Reduzierung von Puffern* in den Bereichen Bestände (vgl. Svensson, 2004c: S. 479), Durchlaufzeiten (vgl. Norrman, Jansson, 2004: S. 434) und Kapazitäten (vgl. Hendricks, Singhal, 2005: S. 50) genannt. Auch Bestrebungen zur *Anwendung von Just-in-Time-Prinzipien* (vgl. bspw. Norrman, Jansson, 2004: S. 434) zielen auf eine effiziente Gestaltung von Wertschöpfungsprozessen ab. Anzumerken ist, dass eine weitreichende Reduzierung von Lieferzeiten mit steigenden Logistikkosten verbunden ist (vgl. Flämig, Seipold, 2006). Weitere Merkmale einer flexiblen Prozessgestaltung stellen die Möglichkeiten dar, *Prozessschritte durch alternative Verfahren zu substituieren* bzw. an *nachfolgende Unternehmen zu übertragen* (vgl. Tabelle 31). Anzumerken ist, dass die Indikatoren in Bezug auf eine effiziente bzw. eine flexible Prozessgestaltung entgegengesetzt gerichtet sind.

In Bezug auf die *Struktur der Lieferantenbasis* verzichten einige Autoren bei ähnlichem Aggregationsgrad des Parameters auf die Identifikation von weiteren Indikatoren. Sie nennen stattdessen ebenfalls im Zusammenhang mit der Verwundbarkeit von Supply Chains die Konsolidierung (vgl. Prud'homme, Zsidisin, 2007: S. 7) oder die Glättung (vgl. Wagner, Bode, 2006a: S. 302) der Lieferantenbasis als kritische Gestaltungsparameter. Andere Autoren unterscheiden zwischen der *Anzahl direkter Lieferanten eines Unternehmens* (vgl. bspw. Svensson, 2004c: S. 479) sowie der *Anzahl paralleler Lieferanten für ein Beschaffungsobjekt* (vgl. bspw. Hendricks, Singhal, 2005: S. 50). Zusätzlich erscheint insbesondere vor dem Hintergrund der betrachteten Branche (vgl. Kersten u. a., 2008a: S. 12) die *Verfügbarkeit von Lieferanten* für die Struktur der Lieferantenbasis als Indikator relevant. Anzumerken ist, dass es sich bei diesem Merkmal eigentlich um einen Kontingenzfaktor handelt, der jedoch einen erheblichen Einfluss auf die Struktur der Lieferantenbasis aufweist.

Leitlinien der Prozessgestaltung	Struktur der Lieferantenbasis	Grad der Fremdvergabe	Grad der Internationalisierung
Möglichst JIT und JIS	Single Sourcing	Zunahme Outsourcing	Globale Absatzmärkte
Prozess enthält Puffer	Wenige direkte Lieferanten	Größere Lieferanten	Global Sourcing
Möglichkeit zur Substitution von Prozessschritten	Mehrere Lieferanten verfügbar	Mehr Unternehmen in der Supply Chain	Internationales Produktionsnetzwerk
Nachfolgende Unternehmen können einspringen		Supply Chain hat nur wenige Stufen	

Tabelle 31: Indikatoren der relevanten Gestaltungsparameter
(eigene Darstellung)

Ähnlich ihres Vorgehens bei der Struktur der Lieferantenbasis verwenden viele Autoren im Rahmen ihrer empirischen Untersuchungen auch im Hinblick auf den *Grad der Fremdvergabe* nur einen allgemeinen Indikator (vgl. bspw. Prud'homme, 2008: S. 132). Weitere bzw. genauere Indikatoren finden sich in der Literatur dagegen eher selten. Auch eine quantitative, auf Kennzahlen beruhende Messung der Fremdvergabe, beispielsweise mithilfe der Wertschöpfungstiefe, wird in der Literatur nicht verwendet. In Anlehnung an dieses Vorgehen wird auch im Rahmen der vorliegenden Arbeit ein auf wenige Indikatoren fokussierter Ansatz zur Messung der Fremdvergabe übernommen. Anzumerken ist, dass in der Literatur im Zusammenhang mit der Verwundbarkeit von Wertschöpfungsnetzwerken sowohl die Anwendung (vgl. bspw. Jüttner, 2005: S. 134) als auch die Zunahme von Outsourcing (vgl. bspw. Norrman, Jansson, 2004: S. 434) als relevante Treiber genannt werden. Vor dem Hintergrund der häufigen Anwendung von Outsourcing wird aufgrund der zu erwartenden geringeren Trennschärfe einer Zustandsbeschreibung im Rahmen der vorliegenden Arbeit die *Zunahme von Outsourcing* als Indikator verwendet. Zusätzlich werden Konsequenzen, die sich aus einem zunehmenden Outsourcings von Wertschöpfungsanteilen eines Unternehmens entweder an andere Elemente seiner Supply Chain oder Unternehmen, die bisher nicht Bestandteil des betrachteten Wertschöpfungsnetzwerks waren, für ein Wertschöpfungsnetzwerk als Indikatoren verwendet. Bei einer Vergabe von eigenen Wertschöpfungsanteilen an bestehende Lieferanten ist in diesem Zusammenhang eine *zunehmende Größe von Lieferanten* zu erwarten. In diesem Fall können die durch eine Anwendung von Outsourcingstrategien oftmals erwarteten niedrigeren Kosten beispielsweise durch Economies of Scale (vgl. Stigler, 1958: S. 54) der größeren Lieferanten erreicht werden (vgl. Abschnitt 2.3.2.2). Die Berücksichtigung neuer Lieferanten führt dagegen zu *mehr Unternehmen in einer Supply Chain* sowie einer veränderten Anzahl von Stufen in diesem Wertschöpfungsnetzwerk. Anzumerken ist, dass dieser Indikator im Rahmen der vorliegenden Arbeit mit dem Gegenereignis *Supply Chain hat nur wenige Stufen* operationalisiert wird.

Auch in Bezug auf den *Grad der Internationalisierung* von Supply Chains wird in der Literatur oftmals nur allgemein die Globalisierung von Supply Chains als Treiber einer zunehmenden Verwundbarkeit genannt (vgl. bspw. Pai u. a., 2003: S. 4560). Nur wenige Autoren differenzieren den Effekt der Globalisierung genauer. Beispielsweise unterscheiden Wagner und Bode (2006a) im Zusammenhang mit der Verwundbarkeit von Supply Chains zwischen weltweiter Beschaffung und globalen Absatzmärkten. Auch Peck (2006a) betrachtet die Globalisierung von Supply Chains differenzierter und nennt insbesondere die weltweite Beschaffung als Treiber von Verwundbarkeit. Orientiert an diesen Ansätzen erfolgt im Rahmen der vorliegenden Arbeit die Ableitung von Indikatoren für den Grad der Internationalisierung in Anlehnung an die horizontalen Teilnetzwerke einer Supply Chain (vgl. Abschnitt 2.1.4). Anzumerken ist, dass neben den in der Literatur verwendeten Gestaltungsparametern einer *weltweiten Beschaffung* sowie *globaler Absatzmärkte* zusätzlich die *Internationalisierung von Produktionsnetzwerken* als Indikator berücksichtigt wird (vgl. Tabelle 31).

5.3.4. Formulierung von Messmodellen zur Supply-Chain-Konfiguration

Die Auswertung verschiedener Ansätze aus der Literatur zur Gestaltung von Wertschöpfungsnetzwerken nach der Konsistenz-Effizienz-Hypothese hat gezeigt (vgl. Absatz 2.4.3), dass aufgrund möglicherweise abweichender Umweltsituationen mit unterschiedlichen Graden von Unsicherheit die Konfigurationen von Versorgungs- und Nachfrageseite einer Supply Chain zu differenzieren sind. Da diese Unterscheidung auch im Rahmen der vorliegenden Arbeit bei der Ableitung des Strukturmodells bzw. der Hypothesen berücksichtigt worden ist (vgl. Abschnitt 5.2.6), sind zur Operationalisierung der Supply-Chain-Konfiguration zwei Konstrukte erforderlich. In diesem Zusammenhang erscheinen insbesondere diejenigen Kontingenzfaktoren bzw. Gestaltungsparameter als Indikatoren geeignet, die von den verschiedenen Autoren zur Beschreibung der Konfigurationen verwendet werden. Anzumerken ist in diesem Zusammenhang, dass sich in der Literatur insbesondere Ansätze zur Gestaltung der Nachfrageseite einer Supply Chain finden (vgl. Abschnitt 2.4.4.1), während im Hinblick auf die Unterscheidung von Konfigurationen der Versorgungsseite nur der Ansatz von Lee (2002) verfügbar ist.

Zur Identifikation von Indikatoren der Supply-Chain-Konfiguration auf der *Nachfrageseite* werden im Folgenden zunächst diejenigen Merkmale einer Supply Chain betrachtet, die in der Literatur im Zusammenhang mit verschiedenen Konfigurationsansätzen genannt werden (vgl. Tabelle 32). Anzumerken ist, dass bei dieser Auswertung nur Ansätze berücksichtigt werden können, in denen zur Unterscheidung der jeweils identifizierten Konfigurationen einheitliche Merkmale verwendet werden. Der ausführliche Ansatz von Corsten und Gabriel (2004), in dem zur Beschreibung der identifizierten Konfigurationen verschiedene Merkmale verwendet werden, sowie die Überlegungen von Harland u. a. (2001), Klaas (2002), Naylor u. a. (1999) und Cigolini u. a. (2004), die auf eine merkmalsgestützte Beschreibung von Konfigurationen vollständig verzichten, werden bei der Identifikation von Indikatoren daher nicht berücksichtigt. Erste Hinweise zur Identifikation von Indikatoren können im Rahmen der Literaturanalyse anhand der Anzahl der Nennung einzelner Merkmale gewonnen werden. Werden beispielsweise zunächst nur Merkmale als Indikatoren berücksichtigt, die in mindestens der Hälfte der analysierten Beiträge erwähnt werden, würden sich die vier Indikatoren *Vorhersagbarkeit der Nachfragemenge*, *Produkt(stereo)typ*, *Länge des Produktlebenszyklus* sowie *Variantenanzahl pro Produkt* ergeben (vgl. Tabelle 32).

Ein Vergleich der berücksichtigten Ansätze zeigt jedoch, dass die Anzahl der von den einzelnen Autoren verwendeten Merkmale uneinheitlich ist (vgl. Tabelle 32). Einige Autoren identifizieren jeweils nur so viele Merkmale, wie zur Differenzierung der Konfigurationen in ihren Ansätzen erforderlich sind (vgl. bspw. Hull, 2005). Demgegenüber beschreiben Lee (2002), Faisal u. a. (2006) sowie Hilletofth (2009) die Konfigurationen in ihren Ansätzen mithilfe einer Vielzahl von Merkmalen genauer. Anzumerken ist, dass diese Autoren im Rahmen ihrer Beschreibungen teilweise redundante bzw. voneinander abhängige Merkmale verwenden (vgl. bspw. Lee, 2002).

Merkmale	Lee (2002: S. 106)	Fisher (1997: S. 107)	Tan u. a. (2000: S. 460)	Hull (2005: S. 229)	Lamming u. a. (2000: S. 687)	Christopher (2000: S. 39)	Christoper u. a. (2006: S. 283)	Faisal u. a. (2006: S. 883)	Hilletofth (2009: S. 23)	Vonderembse u. a. (2006: S. 228)	Σ
Vorhersagbarkeit der Nachfragemenge	X	X	X	-	-	X	X	X	X	X	8
Produkt(stereo)typ	X	X	X	X	X	-	-	X	X	-	7
Länge des Produktlebenszyklus	X	X	X	-	-	-	-	X	X	X	6
Variantenanzahl pro Produkt	X	X	X	-	-	X	-	X	X	-	6
Nachfragecharakteristik	X	-	-	-	-	X	-	X	X	-	4
Relativer Deckungsbeitrag	X	X	-	-	-	-	-	X	X	-	4
Fehlmengenkosten (inkl. Vertragsstrafen)	X	-	-	-	-	-	-	X	X	-	3
Kaufanreiz (Customer Driver)	-	-	-	-	-	-	-	X	X	-	2
Market Winner	-	-	-	-	-	-	-	X	X	-	2
Market Qualifier	-	-	-	-	-	-	-	X	X	-	2
Veralterung / Nachlässe am Saisonende	X	X	-	-	-	-	-	-	-	-	2
Absatzmenge je SKU	X	-	-	-	-	-	-	-	-	-	1
Nachfrageunsicherheit	X	-	-	-	-	-	-	-	-	-	1
Bestandskosten	X	-	-	-	-	-	-	-	-	-	1
Tolerierte Lieferzeit im make-to-order Fall	-	X	-	-	-	-	-	-	-	-	1
Produktkomplexität	-	-	-	-	X	-	-	-	-	-	1
Bediente Marktsegmente	-	-	-	-	-	-	-	-	-	X	1
Σ	11	7	4	1	2	4	2	10	10	4	

Tabelle 32: Vergleich Umweltattribute zur Beschreibung der Nachfrageseite
(eigene Darstellung)

Um im Rahmen dieser Arbeit die gleichzeitige Verwendung offensichtlich redundanter Merkmale als Indikatoren der Konfiguration auf der Nachfrageseite zu vermeiden, erscheint eine Analyse möglicher Redundanzen sowie eine Anpassung der ursprünglichen Indikatorauswahl erforderlich. In diesem Zusammenhang fallen insbesondere folgende Merkmale aufgrund möglicher Redundanz auf:

- Das Merkmal *Produkt(stereo)typ* wird von einigen Autoren als übergreifende Charakterisierung einer idealtypischen Umweltsituation auf der Nachfrageseite verwendet (vgl. bspw. Fisher, 1997). Es ist daher zu anderen Merkmalen, die ebenfalls ausgewählte Aspekte dieser Situation genauer beschreiben, redundant.

- Das Merkmal *Nachfrageunsicherheit* wird von Lee (2002) exklusiv zur Differenzierung der Umweltsituation auf der Nachfrageseite verwendet (vgl. Abschnitt 2.4.3.3). Zwei Bestandteile dieses Konstrukts sind *Vorhersagbarkeit* und *Charakteristik der Nachfrage*, die in anderen Modellen als Kontingenzfaktoren genannt werden.
- Einige Autoren unterteilen die *Bestandskosten* eines Gutes in Beschaffungs- und Lagerhaltungskosten, wobei ein Bestandteil der Lagerhaltungskosten die Kosten für die *Veralterung von Beständen* darstellen. (vgl. Ballou u. a., 2000: S. 337).
- Die Merkmale *Variantenanzahl pro Produkt* und die *Absatzmenge je Produktvariante* (SKU) sind voneinander abhängig. Je mehr Varianten eines Produkts hergestellt werden, desto geringer ist die Absatzmenge je Variante.
- Da die bei einer *Stock-Out-Situation* die nicht erlösten *Deckungsbeiträge* einen erheblichen Anteil an den Fehlmengenkosten haben können (vgl. Weber, Wallenburg, 2010: S. 187), scheinen beide Merkmale ebenfalls voneinander abhängig zu sein.

Nach der Analyse dieser Redundanzen wird das Merkmal *Produkt(stereo)typ* aus der ursprünglichen Auswahl entfernt und durch dasjenige bisher unberücksichtigte Merkmal ersetzt, das in der ausgewerteten Literatur am häufigsten genannt wird (vgl. Tabelle 32). Da in diesem Zusammenhang die Merkmale *Nachfragecharakteristik* und *relativer Deckungsbeitrag* in der Literatur die gleiche Anzahl von Nennungen aufweisen, werden beide Merkmale aufgenommen. Anzumerken ist, dass das Merkmal relativer Deckungsbeitrag teilweise von dem ebenfalls häufig genannten Merkmal Fehlmengenkosten abhängig zu sein scheint. Im Hinblick auf eine empirische Messung der Indikatoren wird daher das Merkmal *Fehlmengenkosten* als Indikator verwendet (vgl. Tabelle 33).

Konfiguration der Versorgungsseite	Konfiguration der Nachfrageseite
Mehrere Lieferanten verfügbar	Konstante Nachfrage
Lieferanten sind kein Engpass	Vorhersagbare Nachfrage
Lieferanten sind zuverlässig	LZ entspricht einer WEA
Keine Qualitätsprobleme	Viele Varianten
Lieferantenwechsel möglich	Hohe Kosten bei Stockout
Prozess ist stabil	

Tabelle 33: Indikatoren der Konstrukte zur Konfiguration von Supply Chains
(eigene Darstellung)

Im Gegensatz zur Nachfrageseite existieren in Bezug auf die *Versorgungsseite* einer Supply Chain nur wenige Ansätze in der Literatur, in denen verschiedene Konfigurationen dieses Teilnetzwerks unterschieden werden (vgl. Abschnitt 2.4.4.1). Anzumerken ist, dass nur Lee (2002) einheitliche Merkmale zur Differenzierung und Beschreibung der jeweiligen Konfigurationen identifiziert. Die Ableitung von entsprechenden Indikatoren auf der Versorgungsseite kann daher nur auf Grundlage der von Lee verwendeten Merkmale erfolgen (vgl. Tabelle 12). Insgesamt identifiziert Lee in diesem Zusammenhang zehn Merkmale (vgl. 2002: S. 107), von denen sechs im Rahmen dieser Arbeit als Indikatoren berücksichtigt werden (vgl. Tabelle 33). Nicht als Indikatoren werden aufgrund geringerer Relevanz oder ihrer Nähe zu anderen Indikatoren folgende Merkmale verwendet:

- Das Merkmal *Anfälligkeit gegenüber Störungen* ist inhaltlich dem Konstrukt *Verwundbarkeit gegenüber Prozessrisiken* (vgl. Abschnitt 5.2.5) sehr ähnlich, das in dem Strukturmodell dieser Arbeit indirekt von der Konfiguration der Versorgungsseite beeinflusst wird (vgl. Abschnitt 5.2.6).
- Das Merkmal *Konstanz und Niveau der Prozessausbeute* erscheint insbesondere in Bezug auf chemische bzw. verfahrenstechnische Prozesse bzw. die Rohstoffgewinnung relevant. Seine Relevanz in Bezug auf die betrachtete Branche erscheint dagegen deutlich geringer.
- Das Merkmal *Flexibilität* ist insbesondere in Bezug auf Versorgungsprozesse redundant zu dem Indikator *Kapazitätsbeschränkungen*.
- Das Merkmal *Vorhersagbarkeit der Beschaffungszeit* ist Bestandteil des Indikators *Zuverlässigkeit der Lieferanten*.

Die übrigen von Lee (2002) identifizierten Merkmale werden als Indikatoren der Konfiguration auf der Versorgungsseite verwendet (vgl. Tabelle 33).

6. Empirische Analyse zur strategisch und strukturell induzierten Verwundbarkeit von Supply Chains

In diesem Abschnitt wird die strategisch und strukturell induzierte Verwundbarkeit von Supply Chains mithilfe des bereits entwickelten Strukturgleichungsmodells (vgl. Abschnitt 1) sowie einer 2008 durchgeführten Vorstudie in der Fokusbranche (vgl. Kersten u. a., 2008a) empirisch untersucht.

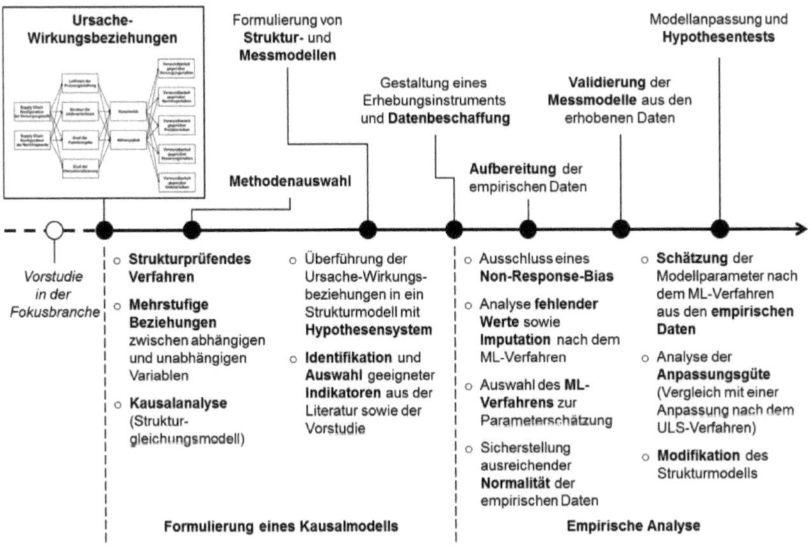

Abbildung 47: Zusammenhang der einzelnen konzeptionellen und empirischen Analyseschritte (eigene Darstellung)

Den ersten Schritt der empirischen Analyse bildet die Erhebung einer Datenbasis in der Windenergieanlagenindustrie (vgl. Abschnitt 6.1). Bei der Gestaltung des Erhebungsinstruments sind die entwickelten Messmodelle zu berücksichtigen, sodass sämtliche Indikatoren untersucht werden. Im Anschluss an ihre Erhebung werden die empirischen Daten an dieser Stelle im Rahmen einer explorativen Auswertung analysiert, da die einzelnen Variablen in der späteren Kausalanalyse nur in hoch aggregierter Form betrachtet werden. Im zweiten Schritt der empirischen Analyse wird der Datensatz für eine Verwendung im Rahmen einer Kausalanalyse durch die Behandlung fehlender Werte vorbereitet (vgl. Abschnitt 6.2). Das Ziel dieses Analyseschritts stellt sowohl der Ausschluss einer Schweigeverzerrung als auch die Imputation fehlender Werte in der Datenmatrix dar. Im dritten Schritt der empirischen Analyse wird im Hinblick auf die ergänzten Daten ein Verfahren zur Parameterschätzung im Rahmen der späteren Modellanpassung ausgewählt (vgl. Abschnitt 6.3). Auch die im vierten Analyseschritt folgende Validierung der Messmodelle aus den empirischen Daten erfordert bereits die Durchführung von Parameterschätzungen mithilfe des ausgewählten Schätzverfahrens (vgl. Abschnitt 6.4). In diesem Schritt wird anhand der empirischen Daten überprüft, ob die aus der Literatur abgeleiteten Messmodelle tatsächlich valide Konstrukte darstellen. Im Anschluss an diese Analyse werden nicht valide Konstrukte bzw. Indikatoren aus dem Modell entfernt und ein reduziertes Strukturmodell (Modell 1) mit ausschließlich validen Konstrukten formuliert. Im fünften Schritt der empirischen Analyse wird im Rahmen der Kausalanalyse die Anpassung des entwickelten Strukturgleichungsmodells an die empirischen Daten durchgeführt und das formulierte Hypothesensystem auf Signifikanz untersucht (vgl. Abschnitt 6.5). Während der Durchführung der Kausalanalyse werden zwei Strukturmodelle mit identischen Messmodellen betrachtet. Im Anschluss an die Analyse des reduzierte Strukturmodells (Modell 1) werden aus diesem nicht signifikante Effekte entfernt und aufbauend auf den Erkenntnissen dieser Analyse zusätzliche Zusammenhänge berücksichtigt. Das modifizierte Strukturmodell (Modell 3) wird erneut angepasst und analysiert. Während im Rahmen der Kausalanalyse Erkenntnisse zum Bestehen, der Richtung sowie der relativen Effektstärke verschiedener Zusammenhänge zwischen der Konfiguration und der Verwundbarkeit einer Supply Chain gewonnen wurden, werden im sechsten Schritt der Analyse diese Ergebnisse im Hinblick auf die Reduzierung von Verwundbarkeit gedeutet (vgl. Abschnitt 6.6). Auf Grundlage der empirischen Ergebnisse sowie unter Berücksichtigung ergänzender Ansätze aus der Literatur werden die Implikationen aus der Kausalanalyse zu einem strategischen Vorgehen zur Reduzierung von Verwundbarkeit in Supply Chains kombiniert.

6.1. Erhebung der Datenbasis in der Windenergieanlagenindustrie

6.1.1. Aufbau des Fragebogens

Eine Untersuchung des abgeleiteten Strukturmodells bzw. der Hypothesen zu den Beziehungen der latenten Variablen innerhalb dieses Modells (vgl. Abschnitt 5.2.6), erfordert die Anpassung eines Kausalmodells an eine Datenbasis, die sämtliche als Indikatoren identifizierte Variablen umfasst (vgl. Abschnitt 5.3). Da keine geeignete, öffentlich zugängliche Datenbasis verfügbar war, ergab sich im Rahmen der vorliegenden Arbeit die Notwendigkeit einer empirischen Erhebung zur Datenbeschaffung. Die Anzahl der zur Anpassung eines kovarianzbasierten Strukturgleichungsmodells benötigten Datensätze (vgl. Abschnitt 4.2.1) ließ in diesem Zusammenhang eine *schriftliche Befragung* erforderlich erscheinen.

Die Datenerhebung wurde im Rahmen einer umfassenderen Studie des Instituts für Logistik und Unternehmensführung der Technischen Universität Hamburg-Harburg zum aktuellen Anwendungsstand des Supply Chain Risk Managements in der deutschen Windenergiebranche durchgeführt (vgl. Kersten u. a., 2011b). Diese Erhebung stellt die Neuauflage einer ähnlichen Studie aus dem Jahr 2008 dar (vgl. Kersten u. a., 2008a), die als Vorstudie im Rahmen dieser Arbeit bei der Ableitung von Indikatoren (vgl. Abschnitt 5.3) sowie der Gestaltung des Erhebungsinstruments verwendet wurde.

Der Fragebogen der Erhebung wurde den Unternehmen der Zielgruppe elektronisch in zwei unterschiedlichen Formen zugänglich gemacht. Hierzu erhielten die im Vorfeld identifizierten Kontaktpersonen eine E-Mail, an die der Fragebogen in Form eines auch druckbaren Formulars im Portable Document Format (PDF) angehängt war. Zur Rücksendung der ausgefüllten Fragebögen wurden den Teilnehmern die Kanäle E-Mail und Fax sowie eine postalische Rücksendung angeboten. Zudem erhielten die Kontaktpersonen mit der ersten Nachricht einen Verweis auf eine online zugängliche Version des Fragebogens, die eine direkte Beantwortung des Fragebogens in dem Befragungssystem des Instituts für Unternehmensführung und Logistik, Inquery, erlaubt.

Das Erhebungsinstrument umfasste neben Fragen zu einigen direkt abgefragten Daten, wie beispielsweise den zur Charakterisierung der Stichprobe verwendeten Merkmalen (vgl. Abschnitt 6.1.1), auch solche, die auf Einschätzungen der Teilnehmer zu Ausprägungen verschiedener, als Indikatoren verwendeter Merkmale abzielen. Zur Messung dieser Variablen wurden Skalen mit sieben Abstufungen verwendet, die in Anlehnung an Likert Skalen (vgl. Likert, 1932) von *„sehr gering“* (Stufe 0) bis *„sehr hoch“* (Stufe 6) codiert waren. Während in Bezug auf Indikatoren der Verwundbarkeit diese Skala zur Bewertung von Schadenshöhen verwendet wurde (vgl. Abschnitt 5.3.1.2), kam sie im Hinblick auf Risikotreiber im Zusammenhang mit der wahrgenommenen Komplexität bzw. Abhängigkeit zur Bewertung der Relevanz zum Einsatz (vgl. Abschnitt 5.3.2). Indikatoren der relevanten Gestaltungsparameter (vgl. Abschnitt 5.3.3) bzw. der Supply-Chain-Konfiguration (vgl. Abschnitt 5.3.4) wurden mithilfe der Skala anhand der Übereinstimmung der Antwortpersonen mit verschiedenen Aussagen gemessen.

Neben der Datenbeschaffung im Rahmen der vorliegenden Arbeit diente der verwendete Fragebogen auch im Zusammenhang einer umfassenderen Studie. Er umfasst daher auch Fragen, die nicht im Zusammenhang mit der vorliegenden Arbeit stehen.

6.1.2. Zielgruppe und Stichprobenzusammensetzung

Als Zielgruppe der Befragung wurden, gestützt auf eine Vorstudie in der gleichen Branche (vgl. Kersten u. a., 2008a), die Supply Chains von *Windenergieanlagenherstellern* ausgewählt. Anzumerken ist, dass die Auswahl dieser Branche insbesondere aus zwei Überlegungen heraus erfolgt ist. Zum einen erscheint diese Zielgruppe aufgrund ihrer Zusammensetzung aus Unternehmen verschiedener Felder repräsentativ für den Maschinen- und Anlagenbau sowie verwandter Branchen zu sein. Zum anderen konnte in der Vorstudie gezeigt werden, dass die Supply Chains aufgrund ihres geringen Alters – Windenergieanlagen werden in Deutschland erst seit 1990 industriell hergestellt (vgl. Deutscher Bundestag, 1991) – und ihrer geringen Reife (vgl. Abbildung 48) hohen Risiken ausgesetzt sind (vgl. Kersten u. a., 2010: S. 45). Im Rahmen der Untersuchung können daher entsprechend deutliche Effekte erwartet werden.

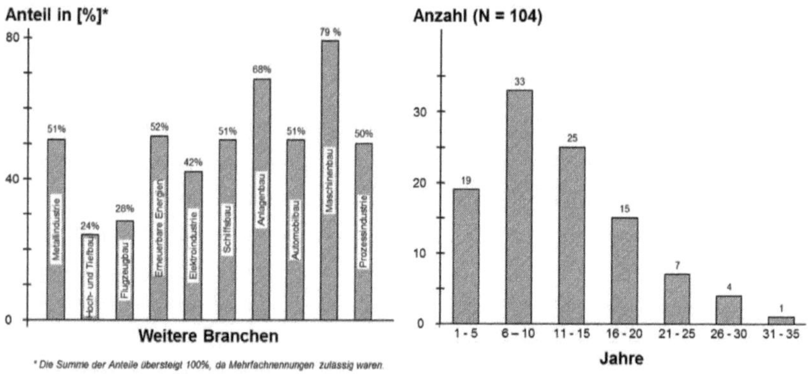

Abbildung 48: Zusammensetzung der Stichprobe 1

a) Branchen, in denen die Teilnehmer aktiv sind, b) Dauer der Erfahrung in der Windenergie

(eigene Darstellung)

Insgesamt wurden bei der Neuauflage im Jahr 2010 Unternehmen aus Deutschland sowie angrenzenden Staaten befragt, deren Kontaktdaten aus der Vorstudie bzw. den Ausstellerverzeichnissen diverser Fachmessen entnommen wurden. Nach einem zweimonatigen Befragungszeitraum, in dem die 386 befragten Unternehmen wiederholt telefonisch kontaktiert wurden, ergab sich ein Rücklauf von 110 Fragebögen, was einer Rücklaufquote von 28,5 % entspricht. In ihrer Zusammensetzung repräsentieren die teilnehmenden Unternehmen verschiedene Stufen des Lieferanten- und Produktionsnetzwerks der untersuchten Supply Chains, von Materialienlieferanten bis zu Anlagenherstellern. Obwohl einige der antwortenden Unternehmen zusätzlich zu ihren physischen Produkten auch Dienstleistungen vor und nach dem Netzanschluss der Anlagen anbieten, befinden sich in der Stichprobe keine Unternehmen, die ausschließlich auf Dienstleistungen spezialisiert sind (vgl. Abbildung 49). Die meisten der teilnehmenden Unternehmen sind sowohl im Segment der landgestützten (Onshore-) Windenergieanlagen als auch in dem der seegestützten (Offshore-) Anlagen tätig. Anzumerken ist, dass das Segment der Kleinwindenergieanlagen mit einer Leistung von unter 1MW seltener vertreten ist.

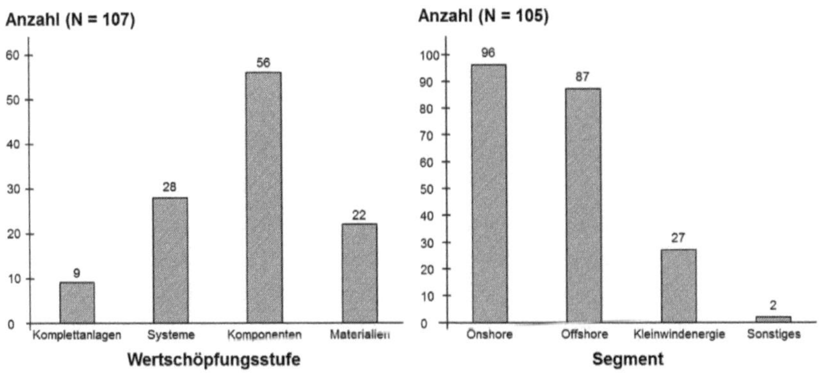

Abbildung 49: Zusammensetzung der Stichprobe 2

c) Wertschöpfungsstufe, d) Segment

(eigene Darstellung)

Im Hinblick auf das Merkmal Unternehmensgröße weist die betrachtete Stichprobe einen weit gespreizten Wertebereich auf, wobei eine Mehrheit der befragten Unternehmen zwischen 100 und 10.000 Mitarbeiter hat. Gemessen an dem Anteil dieser Mitarbeiter, die auch tatsächlich im Bereich Windenergieanlagen tätig sind, lassen sich insbesondere zwei Gruppen unterscheiden. Die erste Gruppe umfasst Unternehmen, die zwar auch im Bereich Windenergie tätig sind, aber nur 20 % oder weniger ihrer Mitarbeiter in diesem Bereich einsetzen. In der zweiten Gruppe befinden sich dagegen Unternehmen, die sich auf die Herstellung von Windenergieanlagen oder ihrer Komponenten spezialisiert haben. In Unternehmen dieser Gruppe sind 80 % oder mehr der Mitarbeiter in der Sparte Windenergie beschäftigt (vgl. Abbildung 50).

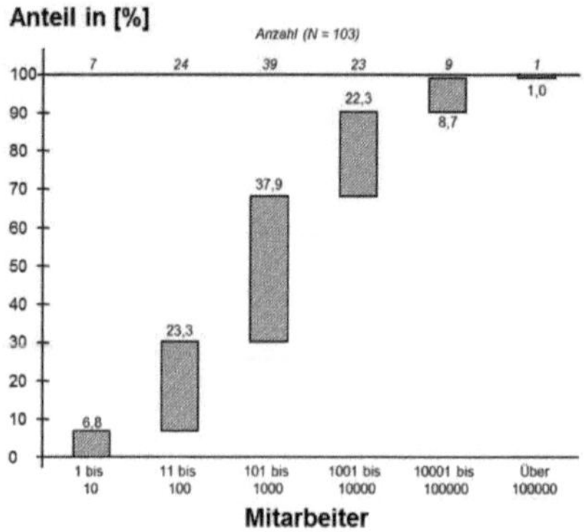

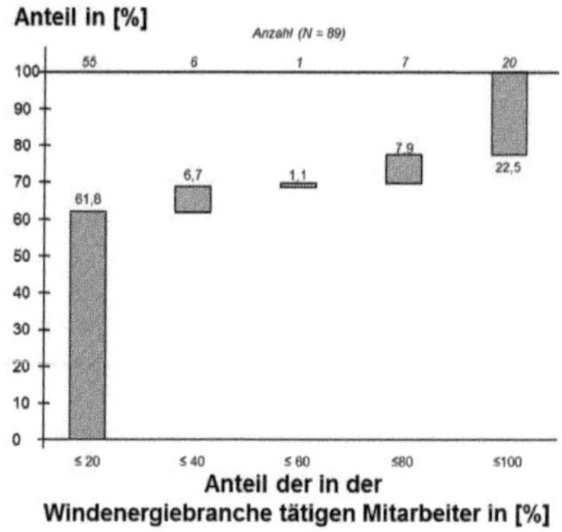

Abbildung 50: Zusammensetzung der Stichprobe 3

e) Unternehmensgröße, f) Anteil in der Windenergie

(eigene Darstellung)

Die Position der antwortenden Individuen in den befragten Unternehmen lässt sich aufgrund abweichender Positionsbezeichnungen nur unscharf bestimmen, wobei nach einer Auswertung der erhobenen Daten rund 70 % der Antwortpersonen einer Leitungs- bzw. Managementposition zugeordnet werden konnten. Unabhängig von ihrer Position sind die Angaben zu den Bereichen, in denen die antwortenden Individuen tätig sind, genauer auswertbar (vgl. Abbildung 51).

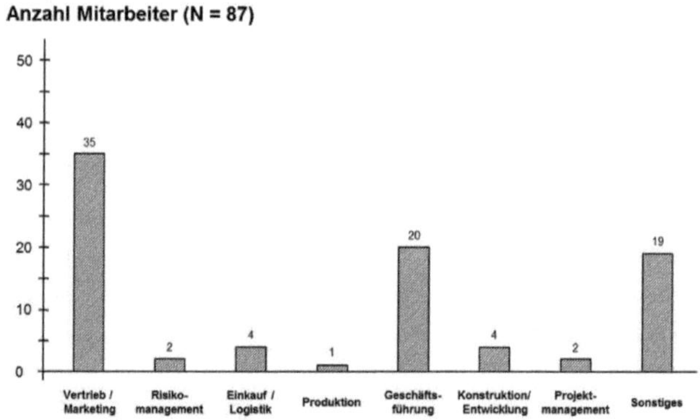

Abbildung 51: Zusammensetzung der Stichprobe 4

g) Tätigkeitsbereiche der Antwortpersonen

(eigene Darstellung)

6.1.3. Explorative Auswertung der verwendeten Indikatoren

Die Variablen, die als mögliche Indikatoren für die Konstrukte des Strukturgleichungsmodells identifiziert wurden (vgl. Abschnitt 5.3), werden im Folgenden einer explorativen Datenauswertung unterzogen. Im Rahmen dieser Datenauswertung wird die Lage der Variablen anhand ihres empirischen *Mittelwerts* sowie die Verteilung mithilfe der *Standardabweichung* der empirischen Daten betrachtet (vgl. Tabelle 34). Für eine vollständige explorative Auswertung des Datensatzes wird an dieser Stelle auf Anhang 5 verwiesen.

		Mittelwert	Standard-abweichung
Versorgungsseite	Lieferanten sind kein Engpass	3,04	1,59
	Lieferanten sind zuverlässig	4,20	1,01
	Keine Qualitätsprobleme	3,63	1,41
	Lieferantenwechsel möglich	2,55	1,53
	Prozess ist stabil	3,13	1,40
	Mehrere Lieferanten verfügbar	3,13	1,39
Nachfrage-seite	Konstante Nachfrage	2,15	1,19
	Vorhersagbare Nachfrage	2,80	1,43
	LZ entspricht einer WEA	4,37	1,62
	Viele Varianten	3,90	1,70
	Hohe Kosten bei Stockout	3,04	1,79

Tabelle 34: Indikatoren der beiden Konstrukte zur Konfiguration einer Supply Chain
(eigene Darstellung)

Eine Analyse der Indikatoren der Konfiguration einer Supply Chain zeigt auf (vgl. Tabelle 34), dass die Variable *Konstante Nachfrage* den geringsten Mittelwert bei einer ebenfalls niedrigen Standardabweichung aufweist. Die befragten Unternehmen der Windenergiebranche bewegen sich demnach auf einem eher volatilen Markt. Da die Datenerhebung im Jahr 2010 unter dem Eindruck zurückgehender Absatzmengen stattfand (vgl. BWE, 2011), verwundert dieses Ergebnis nicht. Anzumerken ist, dass die hohen Werte der *Variablen LZ entspricht einer WEA* unter der Konsistenz-Effizienz-Hypothese nicht zu einem unsicheren Kontext auf der Nachfrageseite passen (vgl. Abschnitt 2.4.3.3). Im Hinblick auf die Versorgungsnetzwerke der betrachteten Unternehmen ist hierzu festzustellen, dass die betrachteten Indikatoren, mit Ausnahme der Variablen *Lieferantenwechsel möglich*, Werte über dem Mittelpunkt der Likert-Skala aufweisen. Unter der Voraussetzung, dass die befragten Unternehmen konsistente Konfigurationen aufweisen, weisen die Unternehmen häufig einen nach dem Effizienzparadigma gestalteten Versorgungsprozess auf. Insbesondere ist auffällig, dass die Variable *Lieferanten sind zuverlässig* bei einer sehr geringen Standardabweichung einen hohen Mittelwert aufweist. Unter Berücksichtigung der Variablen *Keine Qualitätsprobleme*, die ähnliche Werte aufweist, entsteht der Eindruck, dass die befragten Unternehmen mit der Leistung ihrer Lieferanten zufrieden sind. Im Gegensatz zu der zufriedenstellenden Leistung der jeweiligen Lieferanten steht jedoch ihre Verhandlungsposition. Diese wird von den befragten Unternehmen in Bezug auf Supply-Chain-Risiken eher gering eingeschätzt. Entsprechend weist die Variable *Starke Verhandlungsposition der Zulieferer* einen geringen Mittelwert auf (vgl. Tabelle 35). Auch die *Abhängigkeit von* sowie die *Bindung an Supply-Chain-Partner* bewerten die befragten Unternehmen als gering. Trotz der Ablehnung einer Abhängigkeit von ihren Partnern, bewerten die befragten Unternehmen die Existenz von nur *kurzen Beziehungen* zu anderen Elementen ihrer Supply Chain ebenfalls gering. Die niedrigen Werte der jeweiligen Standardabweichungen deuten darauf hin, dass sich die befragten Unternehmen auch in dieser Einschätzung eher homogen verhalten haben.

		Mittelwert	Standard-abweichung
Abhängigkeit	Starke Verhandlungsposition der Zulieferer	2,29	1,38
	Abhängigkeit von Supply-Chain-Partnern	2,64	1,56
	Enge Bindung an Supply-Chain-Partner	2,84	1,52
	Abhängigkeit von Schlüsselpersonal	2,81	1,52
Komplexität	Kurze Beziehungen	1,92	1,50
	Abhängigkeit von gesetzlichen Vorschriften	2,86	1,60
	Inkompatible Informationssysteme	1,91	1,44
	Komplexität des Wertschöpfungsnetzwerks	2,24	1,41

Tabelle 35: Indikatoren von wahrgenommener Abhängigkeit und Komplexität
(eigene Darstellung)

Vergleichend lässt sich zwischen den Indikatoren der Supply-Chain-Konfiguration und den Variablen im Zusammenhang mit der wahrgenommene Komplexität bzw. Abhängigkeit ein Niveauunterschied feststellen. Die befragten Unternehmen haben die Indikatoren von Komplexität und Abhängigkeit systematisch geringer bewertet. Da es sich bei dieser explorativen Datenauswertung um eine aggregierte Betrachtung handelt, ist an dieser Stelle noch nicht festzustellen, ob dieser Unterschied Auswirkungen auf die Kausalanalyse haben wird.

Das Niveau der Mittelwerte derjenigen Variablen, die als Indikatoren der relevanten Gestaltungsparameter identifiziert worden sind (vgl. Abschnitt 5.3.3), ist im Vergleich der Konstrukte ebenfalls nicht homogen (vgl. Tabelle 36). Zusätzlich deuten hohe Werte der Standardabweichungen einiger Indikatoren, beispielsweise der Variablen *Internationales Produktionsnetzwerk*, darauf hin, dass auch die befragten Unternehmen hinsichtlich ihrer Einschätzungen nicht homogen sind. Den höchsten Mittelwert dieser Indikatoren weist die Variable *globale Absatzmärkte* auf, während die befragten Unternehmen Ansätze zum *Single Sourcing* am seltensten anwenden. Auffällig ist, dass die befragten Unternehmen gemessen an den jeweiligen Mittelwerten seltener weltweit einkaufen (*Global Sourcing*) als verkaufen.

		Mittelwert	Standard-abweichung
Leitlinien der Prozessgestaltung	Möglichst JIT und JIS	2,76	1,59
	Möglichkeit zur Substitution von Prozessschritten	2,10	1,40
	Nachfolgende Unternehmen können einspringen	2,23	1,48
	Prozess enthält Puffer	2,95	1,34
Lieferanten-basis	Mehrere Lieferanten verfügbar	3,13	1,39
	Single Sourcing	1,83	1,51
	Wenige direkte Lieferanten	2,34	1,72
Fremdvergabe	Größere Lieferanten.	2,80	1,35
	Zunahme Outsourcing	2,38	1,39
	Mehr Unternehmen in der Supply Chain	2,63	1,46
	Supply Chain hat nur wenige Stufen	3,63	1,54
Internationali-sierung	Globale Absatzmärkte	4,44	1,57
	Global Sourcing	3,62	1,83
	Internationales Produktionsnetzwerk	3,18	1,97

Tabelle 36: Indikatoren der relevanten Gestaltungsparameter
(eigene Darstellung)

Im Hinblick auf die Indikatoren der Verwundbarkeit wird die explorative Auswertung um zusätzliche Variablen erweitert. Diese Indikatoren wurden im Rahmen einer Risikobewertung erhoben, in der parallel zu der aus ihnen resultierenden Schadenshöhe auch die Eintrittswahrscheinlichkeit von Ereignissen abgefragt wurde. Während die Schadenshöhen als Indikatoren der Verwundbarkeit im Rahmen der nachfolgenden Kausalanalyse dienen, stellen die Eintrittswahrscheinlichkeiten der jeweiligen Ereignisse mögliche Indikatoren der Risikoexposition dar, die im Rahmen dieser Arbeit jedoch nicht empirisch betrachtet wird.

Für die Auswertung von empirischen Risikobewertungen hat sich bereits die Darstellungsform des Risikoportfolios bewährt (vgl. bspw. Kersten, Hohrath, 2007: S. 50), bei der die Variablen zu Schadenshöhe und Eintrittswahrscheinlichkeit eines Ereignisses gegeneinander aufgetragen werden (vgl. Kajüter, 2003: S. 120). Die Punkte eines solchen Portfolios können als Risiken interpretiert werden. Im Hinblick auf den Vergleich dieser Punkte bzw. einer Reihung der dargestellten Risiken entsprechend ihres Betrags, ist festzustellen, dass diese von der Risikowahrnehmung des Betrachters abhängt. Die naive Annahme eines multiplikativen Zusammenhangs zwischen Eintrittswahrscheinlichkeit und Schadenshöhe ist zur Interpretation des Portfolios hilfreich aber nicht immer zulässig (vgl. Abschnitt 3.1.4). Die Mittelwerte der Indikatoren zur Verwundbarkeit können in einer solchen Darstellung auf der Ordinate des Portfolios abgelesen werden (vgl. Abbildung 52). Auf eine Berücksichtigung der Standardabweichungen in dem Portfolio wurde an dieser Stelle zugunsten der Lesbarkeit der Darstellung verzichtet.

Eine Analyse des Risikoportfolios der vollständigen Stichprobe zeigt, dass insbesondere Risiken, deren Quellen jeweils außerhalb eines befragten Unternehmens liegen, in beiden Dimensionen hoch bewertet worden sind. Im Vergleich bewerten die Unternehmen Nachfragerisiken wie den *Verlust oder den Zahlungsausfall eines Kunden*, sowie Umfeldrisiken, wie den *Anstieg von Rohstoffpreisen* oder *Wechselkursschwankungen*, am höchsten. Risiken, die auf eigene Fehler oder Unfälle im eigenen Unternehmen entstehen, wie ein *falsches Produktionsprogramm* oder *Ausfall von Schlüsselpersonal*, werden eher als gering eingeschätzt. Auch Risiken im Zusammenhang mit einer möglichen Schlechtleistung von Lieferanten werden in Übereinstimmung mit den Indikatoren der Konfiguration gering bewertet.

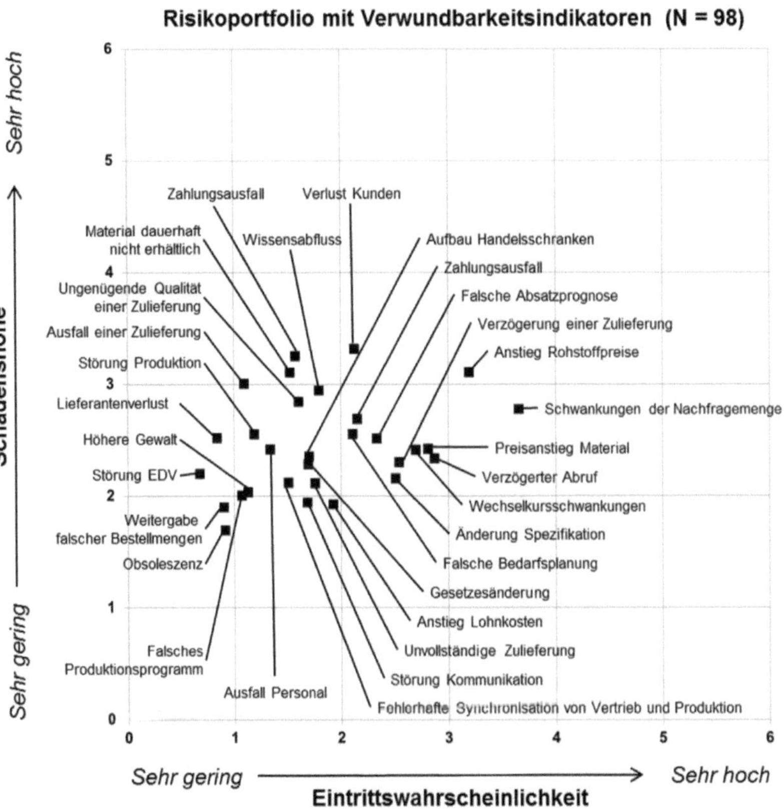

Abbildung 52: Darstellung der Verwundbarkeitsindikatoren in einem Risikoportfolio
(eigene Darstellung)

Bei einer Analyse des Risikoportfolios der Gesamtstichprobe fällt zusätzlich auf, dass sich sämtliche Punkte im unteren Bereich eher geringer Risiken befinden. Die Streuung der Punktwolke ist insgesamt niedrig. Lediglich fünf Ereignisse weisen in einer der beiden Dimensionen einen Mittelwert auf, der größer als der Mittelpunkt der jeweils verwendeten Skala ist. Das Ereignis *Anstieg Rohstoffpreise* stellt das einzige Risiko dar, dessen Mittelwerte in beiden Dimensionen größer als die Mittelpunkte der Skalen sind. Vor dem Hintergrund der geäußerten Erwartungen an die Höhe der Risiken der jungen Windenergiebranche (vgl. Abschnitt 6.1.2) scheinen diese Beobachtungen zunächst zu überraschen. Einen Erklärungsansatz für die geringen Mittelwerte lieferten die durchgeführte Vorstudie (vgl. Kersten u. a., 2008a) sowie die vollständige Auswertung dieses Datensatzes (vgl. Anhang 5).

	Eintrittswahrscheinlichkeit		Schadenshöhe	
	Mittelwert	Standard-abweichung	Mittelwert	Standard-abweichung
Ausfall einer Zulieferung	1,10	0,90	3,00	1,78
Ungenügende Qualität einer Zulieferung	1,61	0,91	2,84	1,44
Unvollständige Zulieferung	1,76	1,12	2,11	1,36
Verzögerung einer Zulieferung	2,55	1,26	2,30	1,33
Lieferantenverlust	0,84	0,96	2,52	1,87
Material dauerhaft nicht erhältlich	1,53	1,37	3,10	1,85
Preisanstieg Material	2,82	1,22	2,41	1,25
Schwankungen der Nachfragemenge	3,66	1,22	2,77	1,39
Zahlungsausfall	1,58	1,09	3,25	1,74
Änderung Spezifikation	2,51	1,54	2,15	1,42
Verlust Kunden	2,13	1,33	3,31	1,52
Verzögerter Abruf	2,88	1,56	2,33	1,30
Ausfall Finanzierung	2,15	1,61	2,68	1,92
Obsoleszenz	0,92	0,97	1,69	1,50
Störung Produktion	1,19	0,94	2,55	1,67
Störung EDV	1,13	0,91	2,03	1,49
Ausfall Personal	1,34	1,05	2,41	1,63
Falsche Absatzprognose	2,34	1,23	2,51	1,35
Falsche Bedarfsplanung	2,11	1,23	2,55	1,43
Falsches Produktionsprogramm	1,07	1,00	2,00	1,63
Fehlerhafte Synchronisation von Vertrieb und Produktion	1,51	1,20	2,11	1,55
Weitergabe falscher Bestellmengen	0,91	0,91	1,89	1,52
Störung Kommunikation	1,69	1,23	1,94	1,30
Gesetzesänderung	1,70	1,12	2,28	1,69
Aufbau Handelsschranken	1,71	1,12	2,35	1,54
Anstieg Rohstoffpreise	3,20	1,29	3,10	1,46
Wechselkursschwankungen	2,70	1,55	2,41	1,51
Anstieg Lohnkosten	1,93	1,01	1,92	1,05
Höhere Gewalt	0,68	0,60	2,19	1,94
Wissensabfluss	1,80	1,10	2,94	1,53

Tabelle 37: Mittelwert und Standardabweichung der Verwundbarkeitsindikatoren
(eigene Darstellung)

Die Windenergiebranche und daher auch die untersuchte Stichprobe sind in ihrer Zusammensetzung nicht homogen (vgl. Abschnitt 6.1.2). Die befragten Unternehmen unterscheiden sich vielmehr, beispielsweise im Hinblick auf ihre Wertschöpfungsstufe, ihre Größe sowie ihre Branchenerfahrung. Da jedoch die Bewertung einzelner Risiken durch die befragten Unternehmen von diesen Größen erheblich beeinflusst wird (vgl. bspw. Kersten u. a., 2010: S. 40), umfasst der vollständige Datensatz verschiedene Teilstichproben mit abweichenden Risikobewertungen. Da sich in einer solchen Situation die Risikobewertungen der Teilstichproben ausgleichen, werden Datensätze mit einer solchen Struktur systematisch zur Mitte verfälscht; die Streuung zwischen den Variablen nimmt ab. Eine Analyse der Streuung innerhalb der Variablen anhand ihrer jeweiligen Standardabweichungen bestätigt diesen Eindruck (vgl. Tabelle 37).

Innerhalb des vorliegenden Datensatzes wurden beispielsweise die Wertschöpfungsstufe eines Unternehmens, sein Betätigungsfeld (Onshore oder Offshore) sowie auch das von ihm angewandte Prinzip zur Produktionssteuerung als relevante Einflussgrößen auf die Risikobewertung der befragten Unternehmen identifiziert (vgl. Anhang 5).

6.2. Behandlung fehlender Werte in der Datenmatrix

6.2.1. Betrachtung des Vorliegens eines Unit Nonresponse

In vielen Datensätzen, die mithilfe von empirischen Befragungen entstanden sind, treten fehlende Werte (*Missing Values*) auf. Als fehlende Werte werden in diesem Zusammenhang Zellen der empirisch gewonnenen Datenmatrix bezeichnet, für die keine gültigen Werte vorliegen. Insgesamt werden unter dem Begriff fehlende Werte sechs verschiedene Effekte subsumiert, die zu Lücken in der Datenmatrix führen können (vgl. Göthlich, 2007: S. 119). In Bezug auf diese Lücken werden üblicherweise die Fälle Unit Nonresponse und Item Nonresponse (vgl. Abschnitt 6.2.2) unterschieden (vgl. Schnell u. a., 2008: S. 306).

Bei Auftreten eines *Unit Nonresponse* liegen von einem Element der Zielgruppe keine gültigen Antworten vor, beispielsweise weil sich ein Unternehmen nicht an der Befragung beteiligt hat (vgl. Schafer, Graham, 2002: S. 149). Treten Unit Nonresponses in Abhängigkeit von einzelnen Variablen des Datensatzes mit unterschiedlichen Wahrscheinlichkeiten auf, besteht die Gefahr einer systematischen Verzerrung von nachgelagerten Analysen. Der Begriff des *Nonresponse Bias* (B) oder Schweigeverzerrung bezeichnet in diesem Zusammenhang die gewichtete Differenz zwischen dem Erwartungswert der Antworten von Personen in der Stichprobe (μ_1) und dem Erwartungswert derjenigen Antworten (μ_2), die von denjenigen Elementen der Zielgruppe, die sich nicht an der Befragung beteiligt haben, gegeben worden wären (vgl. Filion, 1975: S. 483). Der Gewichtungsfaktor (R_2) stellt das Verhältnis der Anzahl nicht teilnehmender Individuen (N_2) zu der Größe der gesamten Zielgruppe (N) dar (vgl. (6.1)).

$$B = R_2(\mu_1 - \mu_2) \tag{6.1}$$

mit $$R_2 = \frac{N_2}{N}$$

Besteht in Bezug auf ein Merkmal ein signifikant von Null verschiedener Nonresponse Bias, scheinen teilnehmende und nicht teilnehmende Elemente zwei unterscheidbaren Teilmengen der ursprünglichen Zielgruppe anzugehören. Eine Verallgemeinerung der Befragungsergebnisse zu diesem Merkmal von der Stichprobe auf die ursprüngliche Zielgruppe ist daher bei Vorliegen eines Nonresponse Bias nicht zulässig (vgl. Armstrong, Overton, 1977: S. 396). Der Nachweis bzw. die Korrektur eines Nonresponse Bias sind jedoch aufgrund des Fehlens von Werten für die nicht teilnehmenden Elemente der Zielgruppe schwierig. Trotzdem werden in der Literatur verschiedene Verfahren zur Korrektur einer solchen Verzerrung in empirischen Befragungen vorgeschlagen (vgl. Lambert, Harrington, 1990).

Eines dieser Verfahren, die *Extrapolationsmethode*, kann neben der Korrektur auch zur Identifikation eines möglichen Nonresponse Bias verwendet werden. Die Grundlage dieser Methode bildet die Annahme, dass die Antworten von teilnehmenden Personen umso stärker den Antworten von nicht teilnehmenden Elementen einer Zielgruppe ähneln, je weniger bereitwillig die Teilnahme erfolgt ist (vgl. Pace, 1939). Als Indikator für die Bereitwilligkeit, mit der sich ein Individuum an einer Befragung beteiligt, wird häufig der Zeitraum bzw. der Aufwand bis zum Eingang seiner Antwort verwendet. Die Werte einer Variablen weisen unter dieser Annahme eine Abhängigkeit von dem Antwortzeitpunkt auf.

Zur Vorhersage fehlender Werte in Datensätzen, die aus empirischen Befragungen stammen, schlägt Filion (1975), aufbauend auf diesen Überlegungen, ein lineares Modell vor. Bei Auftreten einer messbaren Differenz zwischen frühen und späten Antworten können mithilfe dieses Modells fehlende Werte aus den vorliegenden Antworten bzw. ihren verschiedenen Antwortzeitpunkten extrapoliert werden (vgl. Filion, 1975: S. 484). Zudem kann eine solche Differenz als Hinweis auf die Existenz einer Schweigeverzerrung gedeutet werden (vgl. Armstrong, Overton, 1977: S. 397). Verfahren zum Nachweis oder der Korrektur eines Nonresponse Bias in empirisch gewonnenen Datensätzen sind mittlerweile in vielen Wissenschaftsgebieten verbreitet (vgl. Lambert, Harrington, 1990: S. 21). Neben dem von Filion (1975) vorgeschlagenen linearen werden auch nichtlineare Modelle (vgl. Daniel, 1975) sowie Wahrscheinlichkeitsfunktionen (vgl. Zimmer, 1956) zur Vorhersage fehlender Werte verwendet.

Wenn der Verlauf einer möglichen Schweigeverzerrung unbekannt ist, wird jedoch häufig das einfache, lineare Modell Filions (1975) verwendet. Zum Nachweis einer signifikanten Differenz im Rahmen dieses Modells werden für ausgewählte Variablen einer Untersuchung häufig unverbundene, zweiseitige t-Tests auf Gleichheit der Mittelwerte früher und später Antworten durchgeführt. Getestet wird jeweils die Nullhypothese, dass die Mittelwerte beider Teilstichproben gleich sind.

Die Anwendung eines Tests auf Mittelwertgleichheit verschiedener Teilstichproben stellt jedoch im Hinblick auf das Bestehen eines Nonresponse Bias ein unsymmetrisches Vorgehen dar. Wenn die Nullhypothese eines Tests nicht abgelehnt wird, also die Existenz einer Differenz zwischen frühen und späten Antworten nicht signifikant nachgewiesen werden kann, wird häufig davon ausgegangen, dass eine Stichprobe nicht mit einem Nonresponse Bias behaftet ist. Muss die Nullhypothese des Tests dagegen abgelehnt werden, wird zwar das Bestehen einer nicht zufällig auftretenden Differenz zwischen den Mittelwerten der Teilstichproben, nicht jedoch die Existenz eines Nonresponse Bias signifikant nachgewiesen. Das Bestehen einer nicht zufällig aufgetretenen Differenz zwischen den Mittelwerten der Teilstichproben kann somit nicht exklusiv auf das Auftreten einer Schweigeverzerrung zurückgeführt werden. Zum Nachweis eines Nonresponse Bias sind daher weitere, häufig sehr aufwendige Analyseschritte, wie beispielsweise die nachträgliche Befragung ursprünglich nicht teilnehmender Individuen, erforderlich (vgl. Mentzer, Flint, 1997: S. 206).

Trotz dieses unsymmetrischen Vorgehens wird auch im Rahmen der vorliegenden Arbeit versucht, wie in vielen logistischen Studien (vgl. Mentzer, Flint, 1997: S. 206) sowie vergleichbaren empirischen Arbeiten (vgl. bspw. Koch, 2010: S. 129), zunächst einen Nonresponse Bias mithilfe von Tests auf gleiche Mittelwerte der Teilstichproben auszuschließen. Ergeben sich in diesem Analyseschritt Hinweise auf eine Schweigeverzerrung in einer relevanten Anzahl der verwendeten Variablen, wird für diese Variablen eine Befragung einiger Elemente der Zielgruppe, die sich nicht an der schriftlichen Erhebung beteiligt haben, erforderlich. Aus der nach dem Eingangsdatum der Antworten angeordneten Datenmatrix werden in diesem Zusammenhang drei gleichlange Teilstichproben gebildet, wobei in Anlehnung an Pace (1939) lediglich die Gruppen der frühesten sowie der spätesten Antworten bei der folgenden Analyse verwendet werden. Zwischen diesen beiden Gruppen werden die Mittelwerte sämtlicher Variablen mithilfe von unverbundenen, zweiseitigen t-Tests bei einem Signifikanzniveau von $\alpha = 0{,}05$ verglichen.

Als Ergebnisse dieser Tests ergeben sich bei 24 der 275 betrachteten numerischen Variablen, aufgrund der signifikant von Null verschiedenen Differenz zwischen den Mittelwerten der Teilstichproben, Hinweise auf die Existenz eines Nonresponse Bias.

Im Hinblick auf die übrigen 251 Variablen des Datensatzes kann das Vorliegen eines Nonresponse Bias dagegen ausgeschlossen werden. Da im Rahmen der Kausalanalyse lediglich drei der Variablen, für die Hinweise auf das Vorliegen eines Nonresponse Bias gefunden wurden, tatsächlich als Indikatoren verwendet werden (vgl. Abschnitt 5.3), wird bei insgesamt 61 Indikatoren auf eine weitere Analyse der festgestellten Verzerrung verzichtet. Zu ergänzen ist jedoch, dass sich die untersuchten Teilstichproben in ihrer Zusammensetzung im Hinblick auf die Wertschöpfungsstufe unterscheiden. Neben dem Bestehen einer Schweigeverzerrung können auch die abweichenden Anteile von Komponentenlieferanten in den Teilstichproben eine Signifikanz verursacht haben.

6.2.2. Heilung möglicher Item Nonresponses

6.2.2.1. Vorgehensweise zum Umgang mit Item Nonresponses

In Abgrenzung zum Unit Nonresponse, dem Fehlen sämtlicher Antworten eines Elements der Zielgruppe, liegen *Item Nonresponses* vor, wenn fallweise jeweils nur einzelne Antworten bzw. Werte fehlen (vgl. Schafer, Graham, 2002: S. 149). Auch das Auftreten von Item Nonresponses kann, insbesondere bei der Verwendung multivariater Analyseverfahren, zu negativen Konsequenzen bzw. einer Verzerrung während der Datenanalyse führen (vgl. Hair u. a., 2006: S. 49–50):

- Viele multivariate Analyseverfahren, beispielsweise auch Strukturgleichungsmodelle, erfordern vollständige Datensätze. Treten Fälle mit fehlenden Werten für einzelne Variablen auf, können diese Fälle bei der multivariaten Analyse nicht berücksichtigt werden. Die Anzahl der verwendbaren Fälle kann sich dadurch insbesondere bei empirisch entstandenen Datensätzen deutlich verringern und unter die für das jeweilige Analyseverfahren benötigte Fallanzahl sinken.
- Treten die fehlende Werte in einem Datensatz nicht vollständig zufällig auf, können sämtliche statistischen Analysen dieser Daten systematisch verfälscht sein.

Während im Rahmen einer multivariaten Analyse von Datensätzen fehlende Werte aufgrund einer Reduktion der Fallanzahl offensichtlich werden, bleibt eine systematische Verfälschung der Ergebnisse aufgrund nicht zufällig auftretender, fehlender Werte dagegen oftmals verborgen (vgl. Hair u. a., 2006: S. 50).

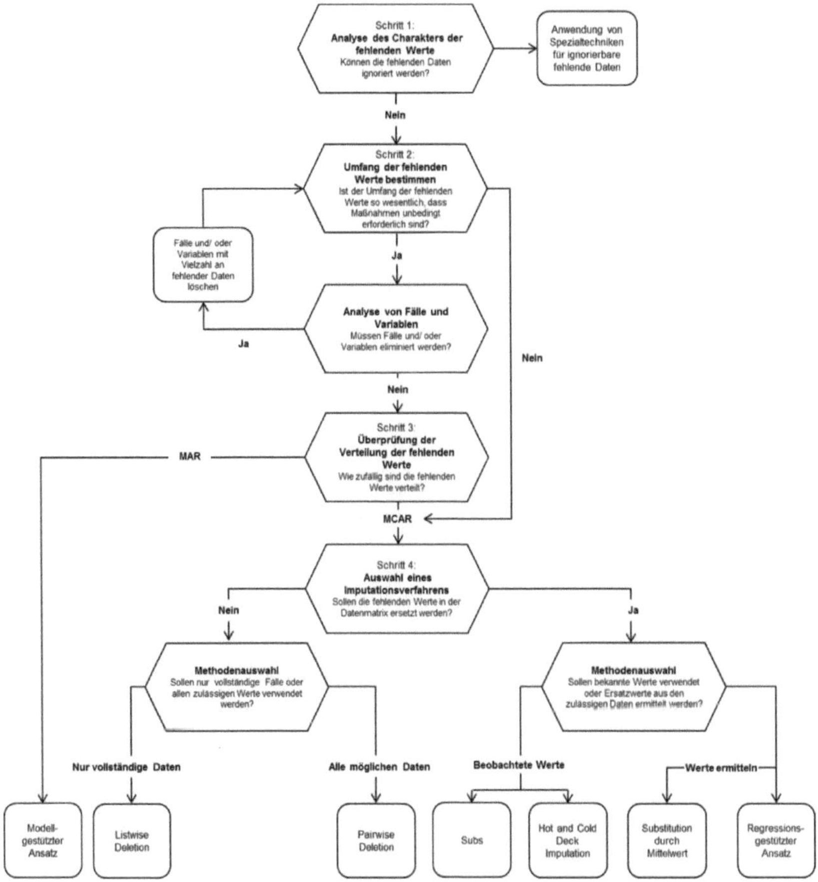

Abbildung 53: Vorgehen zur Analyse fehlender Werte
(vgl. Hair u. a., 2006: S. 53)

Die Folgen fehlender Werte können für viele Datensätze zwar durch geeignete Imputationsverfahren gelindert werden, doch hängt deren Anwendbarkeit ebenfalls von dem Grad der Zufälligkeit des Auftretens der fehlenden Werte in der Datenmatrix ab. *Imputationsverfahren* stellen in diesem Zusammenhang Techniken dar, mit deren Hilfe die Datenmatrix nachträglich so ergänzt werden kann, dass nachfolgende Analysen ermöglicht aber nicht verfälscht werden (vgl. Lessler, Kalsbeek, 1992). Hierzu werden aus den vorliegenden Daten nach verschiedenen Verfahren Werte ermittelt, die sich an der Stelle der fehlenden Werte wahrscheinlich befunden hätten, wenn diese nicht fehlen würden. Zum Umgang mit fehlenden Werten stellen Hair u. a.

(2006) ein vierstufiges Vorgehen vor, anhand dessen auch die nachfolgende Analyse der fehlenden Werte in der vorliegenden Arbeit strukturiert wird (vgl. Abbildung 53).

6.2.2.2. Betrachtung von Charakter und Umfang der fehlenden Werte

Als ersten Schritt ihres Vorgehens schlagen Hair u. a. (2006) die *Analyse des Charakters der fehlenden Werte* vor, in der sie abhängig von dem Fehlermechanismus, nach dem die fehlenden Werte entstehen, ignorierbare und nicht ignorierbare fehlende Werte unterscheiden. Gemäß ihrer Definition können fehlende Werte ignoriert werden, wenn diese erwartet auftreten, also bereits Teil des Untersuchungsdesigns sind, und beispielsweise aufgrund der Zensierung von Antworten oder dem Auslassen irrelevanter Fragebogenteile entstehen. Fehlende Werte, die nicht in diesem Sinne Teil des Untersuchungsdesigns sind, können dagegen nicht ignoriert werden (vgl. Hair u. a., 2006: S. 52).

Das von Hair u. a. (2006) entwickelte Vorgehen fokussiert insbesondere auf nicht ignorierbar fehlende Werte. Für das weitere Vorgehen ist es zunächst unerheblich, ob die Ursache fehlender Werte zum Zeitpunkt der Datenanalyse bekannt ist, beispielsweise technische Fehler bei der Befragungsdurchführung, oder direkt mit der Fähigkeit bzw. dem Willen der Befragungsteilnehmer zusammenhängt, eine Frage zu beantworten (vgl. Hair u. a., 2006: S. 54). Für die Analyse ignorierbarer Werte schlagen sie die Anwendung spezieller Techniken außerhalb ihres Vorgehens vor (vgl. Abbildung 53). Anzumerken ist, dass die Differenzierung zwischen ignorierbaren und nicht ignorierbaren fehlenden Werten sowie die Folgen, die sich für weitere Analyse aus ihr ergeben, in der Literatur nicht einheitlich beschrieben werden. Beispielsweise unterscheidet zwar auch Allision (2001) ignorierbare und nicht ignorierbare fehlende Werte. Er bezieht sich hierbei jedoch auf den Grad der Zufälligkeit, mit dem diese Werte in der Datenmatrix verteilt sind (vgl. Allison, 2001: S. 5). In Bezug auf den vorliegenden Datensatz ist festzustellen, dass nach der Definition von Hair u. a. (2006: S. 54) nicht ignorierbar fehlende Werte vorliegen.

Im zweiten Schritt des Vorgehens wird der *Umfang der fehlenden Werte* eines Datensatzes betrachtet. Im Rahmen dieses Schritts ist insbesondere der Anteil fehlender Werte pro Variable bzw. Fall zu analysieren, da Variablen und Fälle mit einem zu hohen Anteil fehlender Werte anschließend aus dem Datensatz eliminiert werden müssen. Anzumerken ist, dass ein trennscharfer Grenzwert, ab dem der Anteil fehlender Werte als zu hoch betrachtet werden kann, nicht existiert. Hair u. a. (2006) stellen hierzu fest, dass Variablen bzw. Fälle sicher zu eliminieren sind, wenn diese mehr als 50 % fehlender Werte aufweisen. Eine Empfehlung für den Bereich unterhalb dieses Grenzwerts bleiben sie aber auch schuldig und verweisen stattdessen auf die Einschätzung des jeweiligen Forschers. Bei einer Betrachtung der fehlenden Werte des vorliegenden Datensatzes ergibt sich bei einer Analyse der insgesamt 107 Fälle die in Tabelle 38 dargestellte Verteilung. Festzustellen ist, dass lediglich für 31 Fälle sämtliche Werte vorliegen, sodass die Elimination aller Fälle mit fehlenden Werten den Datensatz so stark verkleinern würde, dass eine Anwendung multivariater Verfahren unmöglich wird (vgl. Abschnitt 4.1.4). Es werden daher zunächst, wie auch von Hair u. a. (2006) vorgeschlagen, die sieben Fälle mit mehr als 50 % fehlender Werte sowie der Fall mit mehr als 30 % fehlender Werte aus dem Datensatz entfernt. Der gekürzte Datensatz umfasst noch 99 Fälle, von denen 90 Fälle weniger als 10 % fehlender Werte aufweisen.

Anzahl der Fälle mit einem Anteil						
0 %	>0 % und <10 %	>10 % und <20 %	>20 % und <30 %	>30 % und <40 %	>40 % und <50 %	>50 %
31	59	6	3	1	0	7

Tabelle 38: Verteilung der fehlenden Werte pro Fall in dem ursprünglichen Datensatz
(eigene Darstellung)

Nach der Elimination dieser Fälle wird eine Analyse der fehlenden Werte pro Variable durchgeführt, deren Ergebnis in Tabelle 39 dargestellt ist. Es zeigt sich, dass die fehlenden Werte gleichmäßig über die 89 im Rahmen der vorliegenden Arbeit verwendeten Variablen verteilt sind; keine der Variablen weist mehr als 50 % fehlende Werte auf. Lediglich für die beiden Variablen, die Angaben zum Umsatz des jeweiligen Unternehmens enthalten, ist mit mehr als 30 % eine Häufung fehlender Werte festzustellen. Da der Datensatz mit der Mitarbeiteranzahl einen weiteren Indikator zur Unternehmensgröße enthält, können diese beiden Variablen aus dem Datensatz eliminiert werden, sodass der Datensatz insgesamt noch 87 Variablen enthält. Nach der Analyse des Umfangs fehlender Werte ergibt sich für den gekürzten Datensatz aus 87 Variablen und 99 Fällen ein Anteil von 2,80 % fehlender Werte, was einen eher niedrigen Wert darstellt. Koch (2010) verweist im Rahmen einer ähnlichen Untersuchung zur Einordnung des Anteils fehlender Werte auf Analysen von Schnell (1986), der Studien mit bis zu 30 % fehlender Werte betrachtet hat (vgl. Koch, 2010: S. 131).

Anzahl der Fälle mit einem Anteil						
0 %	>0 % und <10 %	>10 % und <20 %	>20 % und <30 %	>30 % und <40 %	>40 % und <50 %	>50 %
17	69	1	0	2	0	0

Tabelle 39: Verteilung der fehlenden Werte pro Variable in dem gekürzten Datensatz
(eigene Darstellung)

6.2.2.3. *Überprüfung der Verteilungsannahme der fehlenden Werte*

Im Anschluss an die Analyse des Umfangs fehlender Werte schlagen Hair u. a. (2006) als dritten Schritt ihres Vorgehens eine Überprüfung der *Verteilung dieser Werte* in der Datenmatrix vor. Nach Rubin lassen sich in Bezug auf die Zufälligkeit der Verteilung fehlender Werte folgende drei Grade unterscheiden (vgl. 1976: S. 582):

- Fehlende Werte, deren Verteilung dem Grad *Missing Completely at Random* (MCAR) entsprechen, treten vollständig zufällig in der Datenmatrix auf. Eine systematische Verfälschung von Analysen ist aufgrund dieser Werte nicht zu erwarten.
- Liegt der Grad *Missing at Random* (MAR) vor, treten fehlende Werte einer Variablen nicht zufällig, sondern in Abhängigkeit der Werte mindestens einer anderen Variablen auf. Ein Zusammenhang zwischen den fehlenden Werten einer Variablen und derselben Variablen besteht dagegen nicht. Nach Allison kann die Verfälschung aufgrund von MAC verteilten Werten ebenfalls ignoriert werden (vgl. 2001: S. 5).
- Ist die Wahrscheinlichkeit für das Fehlen eines Wertes von dem Niveau dieses fehlenden Wertes abhängig, liegt eine Verteilung der Klasse *Missing Not At Random* (MNAR) vor. Eine systematische Verfälschung von Analysen ist bei einer solchen Verteilung zu befürchten.

Da einzig das Vorliegen einer vollständig zufälligen Verteilung der fehlenden Werte (MCAR) die Auswahl eines Imputationsverfahren im vierten Schritt ihres Vorgehens nicht einschränkt, empfehlen Hair u. a. (2006) den Datensatz insbesondere auf das Vorliegen dieser Verteilungsannahme zu testen. Sie schlagen hierzu ein von Little (1988) entwickeltes Testverfahren vor. Die Teststatistik dieses Verfahrens folgt unter der Nullhypothese, dass die fehlenden Werte eines Datensatzes nicht von der MCAR-Annahme abweichen, einer asymptotischen $\chi^2 - Verteilung$. Wird in diesem Test die Nullhypothese nicht verworfen, darf für die weitere Analysen MCAR unterstellt werden. Muss die Nullhypothese dagegen abgelehnt werden, sodass eine Verteilung der fehlenden Werte nach der MCAR-Annahme sehr unwahrscheinlich ist, empfehlen Hair u. a., die Identifikation der bestehenden Abhängigkeiten durch die differenzierte Betrachtung einzelner Variablen (vgl. 2006: S. 57). Liegt wenigstens MAR vor, erscheinen insbesondere auf Modellierung aufbauende Imputationsverfahren geeignet zu sein (vgl. Allison, 2001: S. 5).

Bei der Analyse des reduzierten Datensatzes dieser Arbeit mithilfe des Softwarepakets SPSS ergibt sich ein Chi-Quadrat Wert $\chi^2 = 3865{,}195$, der bei $DF = 3895$ Freiheitsgraden zu einem empirischen Signifikanzniveau von $p = 0{,}634$ führt. Mit diesem Ergebnis muss die Nullhypothese für den vorliegenden Datensatz nicht abgelehnt werden, sodass im Folgenden von einer Verteilung der fehlenden Werte nach der MCAR-Annahme ausgegangen werden darf.

6.2.2.4. Ergänzung der Datenmatrix

Als vierten und finalen Schritt ihres Vorgehens definieren Hair u. a. (2006) die *Auswahl eines Imputationsverfahrens*, wobei zunächst festzulegen ist, ob eine Datenmatrix überhaupt nachträglich ergänzt werden soll. Wird auf eine Ergänzung des Datensatzes verzichtet, können Analysen, die eine vollständige Datenmatrix voraussetzen, nur mit einem um die unvollständigen Fälle reduzierten Datensatz durchgeführt werden. Üblicherweise werden in diesem Zusammenhang zwei Verfahren zur Fallreduktion unterschieden (vgl. Göthlich, 2007: S. 123):

- *Listwise Deletion,* also die exklusive Berücksichtigung nur vollständiger Fälle,
- *Pairwise Deletion,* die Berücksichtigung jeweils aller Fälle, die keine fehlenden Werte in benötigten Variablen aufweisen.

Da der vorliegende Datensatz lediglich 31 vollständige Fälle enthält (vgl. Tabelle 38), würde die Anwendung der *Listwise Deletion* auf die vorliegende Datenmatrix einen hohen Informationsverlust verursachen. Das Verfahren der *Pairwise Deletion* kann jedoch aufgrund schwankender Teilstichprobenumfänge grundsätzlich zu Schwierigkeiten im Zusammenhang mit Strukturgleichungsmodellen führen (vgl. Kline, 2010: S. 57). Für die weiteren Analysen wird daher auf die Ergänzung fehlender Daten durch Imputation zurückgegriffen.

Auch im Hinblick auf eine Imputation identifizieren Hair u. a. (2006) zwei verschiedene Ansätze; zum einen Techniken, bei denen fehlende Werte durch tatsächlich beobachtete Werte ersetzt werden, sowie zum anderen Schätz- bzw. Berechnungsverfahren (vgl. Abbildung 53). Die Entscheidung für einen der beiden Ansätze sowie die

Eignung der jeweiligen Verfahren sind von dem vorliegenden Datensatz abhängig, ein in jeder Situation dominantes Verfahren konnte bisher nicht entwickelt werden (vgl. Göthlich, 2007: S. 129). Während jedoch für Verfahren zum Ersetzen fehlender durch tatsächlich beobachtete Werte zusätzliche Informationen benötigt werden, verwenden viele der verfügbaren Schätz- bzw. Berechnungsverfahren die Zusammenhänge der Datenmatrix selber zur Bestimmung der jeweils einzufügenden Werte. Da zur Imputation des vorliegenden Datensatzes keine zusätzlichen Informationen vorliegen, soll die Ergänzung der Datenmatrix mithilfe von *Berechnungsverfahren* vorgenommen werden.

Hair u. a. (2006) schlagen bei Vorliegen der MCAR-Annahme sowie einer kleinen Anzahl vollständiger Fälle eine auf einem multivariaten Regressionsverfahren basierende Imputation vor. Andere Autoren verwenden in empirischen Analysen, die vergleichbar zu der vorliegenden Arbeit sind, jedoch den *Expectation-Maximization* (EM) Algorithmus, mit dessen Hilfe fehlende Werte iterativ geschätzt werden (vgl. bspw. Prud'homme, 2008: S. 90). Die Verwendung des EM-Algorithmus auch bei Vorliegen der MCAR-Annahme wird von diesen Autoren hauptsächlich mit den Nachteilen von Regressionsverfahren begründet (vgl. Hair u. a., 2006: S. 63). Insbesondere die Tendenz von Regressionsverfahren, vorhandene Beziehungen innerhalb eines Datensatzes zu verstärken sowie Werte außerhalb eines ursprünglichen Wertebereichs zu erzeugen, wird in diesem Zusammenhang oftmals angeführt. Hair u. a. (2006) empfehlen die Verwendung des EM-Algorithmus dagegen nur für Datensätze, in denen die MCAR-Annahme verletzt wird.

In Bezug auf die Ergänzung der vorliegenden Datenmatrix ist anzumerken, dass eine Möglichkeit zur Verfahrensauswahl nicht besteht. Der häufig bevorzugte EM-Algorithmus konvergiert bei Anwendung auf diese Matrix auch nach 10.000 Iterationen nicht, sodass auf ein Regressionsverfahren zur Imputation zurückgegriffen werden muss. Da die Imputation von Werten, die mithilfe eines Regressionsverfahrens geschätzt wurden, neben den bereits beschriebenen Nachteilen die Varianz der Datenmatrix zu kleineren Werten verfälscht, schlagen Hair u. a. vor, den geschätzten Werten Residuen hinzuzufügen (2006: S. 63). Bei der Imputation des vorliegenden Datensatzes werden die Schätzungen deswegen mit zufällig normal verteilten Fehlertermen behaftet.

6.3. Auswahl eines passenden Verfahrens zur Parameterschätzung

6.3.1. Überprüfung der Normalverteilungsannahme der Variablen

Die Annahmen normalverteilter Werte der einzelnen Indikatorvariablen sowie einer gemeinsamen multivariaten Normalverteilung sämtlicher Werte stellen Anwendungsvoraussetzungen multivariater Analyseverfahren dar, deren Verletzung jedoch in gewissen Situationen toleriert werden kann (vgl. Abschnitt 4.1.2). Da die Normalverteilungsannahme nicht nur eine Voraussetzung für die Anwendbarkeit der Kausalanalyse darstellt, sondern bereits die Auswahl eines Schätzverfahrens beeinflusst (vgl. Abschnitt 4.2.3), soll diese Annahme bereits an dieser Stelle überprüft werden. Hierzu wird zunächst auf die vorgestellten Testverfahren zurückgegriffen, wobei auf eine grafische Analyse aufgrund der hohen Anzahl zu untersuchender Variablen verzichtet wird (vgl. Abschnitt 4.1.3).

In Bezug auf den vorliegenden Datensatz muss jedoch für sämtliche Variablen, sowohl nach dem *Shapiro-Wilk* als auch nach dem *Kolmogorov-Smirnov*-Test, die Nullhypothese, dass die jeweilige Variable normalverteilt ist, bei einem Signifikanzniveau von $\alpha = 0{,}05$ abgelehnt werden. *Die Annahme univariat normal verteilter Daten ist vor dem Hintergrund dieses Ergebnisses unzulässig.* Auf weitere Analysen hinsichtlich des Vorliegens multivarianter Normalität wird daher im Rahmen der vorliegenden Arbeit verzichtet.

Da multivariate Verfahren in bestimmten Situationen trotz einer Ablehnung der Normalverteilungsannahme anwendbar bleiben, wird in der Literatur zur Bewertung dieser Abweichung eine Betrachtung des Stichprobenumfangs sowie eine Analyse von Schiefe und Exzess der empirischen Verteilung vorgeschlagen (vgl. Hair u. a., 2006: S. 80). Der Umfang der untersuchten Stichprobe Verteilung vorgeschlagen (vgl. Hair u. a. 2006, S.80). Der Umfang der untersuchten Stichprobe beträgt $n = 99$ Beobachtungen, liegt also in dem *uneindeutigen Bereich* zwischen dem kritischen $(n \leq 50)$ und dem unbedenklichen $(n \geq 200)$ Schwellenwert (vgl. Abschnitt 4.1.3). Eine Beeinflussung multivariater Verfahren durch die Abwesenheit von Normalität kann also nicht ausgeschlossen werden, ihr Effekt erscheint jedoch aufgrund des Stichprobenumfangs moderat zu sein.

Zur Bewertung von Schiefe $\nu(X)$ und Exzess $\gamma(X)$ der empirischen Verteilung einer Variablen X, werden in der Literatur verschiedene Schwellenwerte angegeben, unterhalb derer eine Abweichung von der Normalverteilungsannahme vernachlässigt werden kann. Beispielsweise fordern Schumacker und Lomax für nominal skalierte

Variablen eine Schiefe von $|\nu(X)| \leq 1$ sowie einen Exzess von $|\gamma(X)| \leq 1{,}5$ (vgl. 2004: S. 69). Auch Prud'homme wendet ähnliche Schwellenwerte an, wobei sie für den Exzess Werte von ± 3 toleriert (vgl. 2008: S. 91). Im Hinblick auf die vorliegende Arbeit ist festzustellen, dass *alle relevanten Variablen des betrachteten Datensatzes für Schiefe und Exzess Werte unterhalb der strengen Schwellenwerte von Schumacker und Lomax aufweisen.*

Zusammenfassend bleibt festzustellen, dass die Verteilungen der empirischen Variablen im vorliegenden Datensatz bereits signifikant gegen die univariate Normalverteilungsannahme verstoßen. Da es sich jedoch um kategoriale und zensierte Daten handelt, bei denen die Abweichungen von Schiefe und Wölbung innerhalb eines tolerablen Bereichs liegen, und da der Stichprobenumfang den kritischen Wert von 50 übersteigt, erscheinen multivariate Verfahren zur weiteren Analyse anwendbar zu sein. Die Auswirkungen fehlender Normalität sind jedoch bei Auswahl und Interpretation dieser Verfahren zu berücksichtigen.

6.3.2. Auswahl eines Schätzverfahrens für die Kausalanalyse

Vor der Analyse des Strukturgleichungsmodells an den ergänzten Datensatz ist schließlich die Auswahl eines Schätzverfahrens erforderlich, mit dessen Hilfe die Parameterschätzung durchgeführt werden soll. Anzumerken ist, dass dasselbe Verfahren sowohl bei der Anpassung des Strukturmodells als auch bei der Durchführung von *konfirmatorischen Faktoranalysen* zur Validierung des Messmodells benötigt wird. Die Auswahl eines Schätzverfahrens erfolgt in Anlehnung an die zur Anfertigung der vorliegenden Arbeit verfügbare Statistiksoftware AMOS 17.0.

Vor dem Hintergrund, dass ein signifikanter Nachweis der Normalverteilungsannahme für keine der untersuchten Variablen gelungen ist (vgl. Abschnitt 6.3.1), erscheint zunächst ein Schätzverfahren vorteilhaft, zu dessen Ableitung keine Verteilungsannahme erforderlich ist (vgl. Abschnitt 4.2.3). In der Literatur werden insbesondere zwei Verfahren genannt, das *Unweighted Least Squares* (ULS) sowie das *Asymptotically Distribution Free* (ADF), Verfahren, die ohne Verteilungsannahme auskommen (vgl. Schumacker, Lomax, 2004: S. 66). Während jedoch das ULS-Verfahren mittlerweile als überholt gilt, gilt das ADF-Verfahren bei Vorliegen einer ausreichend großen Stichprobe als effizient. Die für die Anwendung des ADF-Verfahrens erforderliche Stichprobengröße hängt von der Anzahl der in einem Strukturgleichungsmodell berücksichtigten Indikatoren ab, und kann mithilfe von (4.10) abgeschätzt werden. Für das Strukturgleichungsmodell der vorliegenden Arbeit ergibt sich ein erforderlicher Stichprobenumfang on $n_{min} = 1891$. Da der tatsächlich erreichte Stichprobenumfang von $n = 99$ deutlich unter dieser Schwelle liegt, muss auf die Anwendung des ADF-Verfahrens im Rahmen dieser Arbeit verzichtet werden. Das veraltete ULS-Verfahren stellt somit das einzige Schätzverfahren ohne Verteilungsannahme dar, das im Rahmen dieser Arbeit angewendet werden kann.

Vor dem Hintergrund der höheren Effizienz des *Maximum Likelihood* (ML) Verfahren sowie der Beobachtung, dass es robust gegenüber Verletzungen der Normalverteilungsannahme reagiert (vgl. Hair u. a., 2006: S. 743), *wird im Folgenden auf die Anwendung des ULS- zugunsten des ML-Verfahrens prinzipiell verzichtet*. Im Gegensatz zu Schätzverfahren ohne eine Verteilungsannahme ermöglicht das ML-Verfahren zudem Hypothesentests (vgl. Abschnitt 4.2.3). Anzumerken ist an dieser Stelle, dass andere Autoren in ähnlichen Untersuchungen das ULS-Verfahren bevorzugt haben (Koch, 2010; vgl. bspw. Schröder, 2010).

Trotz seiner Robustheit sind bei der Anwendung des ML-Verfahrens auf nicht ausreichend normalverteilte Daten verschiedene Konsequenzen zu erwarten (vgl. West u. a., 1995). Zu erwähnen ist an dieser Stelle insbesondere die drohende systematische Überschätzung der χ^2-Werte und damit die Unterschätzung der Modellgüte. Da die Abweichungen der empirischen Verteilung von der Normalverteilung im Hinblick auf Schiefe und Wölbung innerhalb der tolerablen Grenzen bleiben (vgl. Abschnitt 6.3.1), ist jedoch insgesamt nur mit moderaten Effekten zu rechnen. Um die Konsequenzen der Verletzung der Normalität insbesondere auf die Modellgüte abschätzen zu können, werden bei der Evaluierung des Kausalmodells und seiner Varianten neben den Gütemaßen der ML-Schätzung, auch diejenigen nach dem ULS-Verfahren angegeben (vgl. Abschnitt 6.5).

6.4. Validierung der Messmodelle aus den erhobenen Daten

6.4.1. Indikatoren der Konfiguration

Bevor zur Analyse des Hypothesensystems die Parameter des Strukturgleichungsmodells mithilfe des ML-Verfahrens aus den empirischen Daten geschätzt werden können, ist der Nachweis einer hinreichenden Validität des Messmodells, mit dessen Hilfe die latenten Variablen des Strukturmodells bestimmt werden, erforderlich. Zum Nachweis der Validität eines Messmodells wird üblicherweise die Konstruktvalidität seiner Skalen einzeln untersucht (vgl. Abschnitt 4.2.2).

Zur Analyse der Validität des aufgespaltenen Konstrukts Supply-Chain-Konfiguration (vgl. Abschnitt 5.2.6) werden im Folgenden die beiden resultierenden Konstrukte in Anlehnung an das hybride Vorgehen von Ahire und Devaraj (vgl. 2001: S. 324) hinsichtlich der in Tabelle 24 zusammengefassten Eigenschaften betrachtet. Die Eindimensionalität beider Konstrukte zur Supply Chain Konfiguration wird zunächst mithilfe einer explorativen Faktoranalyse untersucht, wobei beide Konstrukte gemeinsam betrachtet werden, um eventuell bestehende Kreuzkorrelationen erkennen zu können.

Vor der Durchführung einer explorativen Faktoranalyse empfehlen Hair u. a. die Korrelationsmatrix hinsichtlich ihrer Eignung, also des Vorliegens ausreichender Korrelationen zwischen den inkludierten Indikatoren zu überprüfen (vgl. 2006: S. 114). Kaiser, Meyer und Olkin schlagen hierzu die *Measuring Sampling Adequacy* (MSA) vor, die auf dem Verhältnis *Anti-Image* (q_{jk}) zu gesamter (r_{jk}) Korrelation der Indikatoren j und k beruht (vgl. Kaiser, 1970: S. 405). Die Anti-Image-Korrelation lässt sich aus der Anti-Image-Kovarianzmatrix bzw. deren Diagonale, der Anti-Image-Varianz, ableiten, wobei die Anti-Image-Varianz eines Indikators den Varianzanteil dieser Variablen darstellt, der von den übrigen Indikatoren unabhängig ist (vgl. Backhaus u. a., 2005: S. 275). Es existieren zwei Varianten der MSA, die zur Evaluation eines Indikators j (vgl. (6.2)) oder in Bezug auf die gesamte Korrelationsmatrix (vgl. (6.3)) verwendet werden können. Beide Varianten sind nachfolgend in ihrer standardisierten Form mit einem Wertebereich zwischen 0 und 1 dargestellt (vgl. Kaiser, Rice, 1974: S. 112). Anzumerken ist, dass die Variante der MSA, die sich auf die gesamte Korrelationsmatrix bezieht, auch als Kaiser-Meyer-Olkin-Kriterium (KMO) bezeichnet wird.

$$MSA\,(j) = \frac{\sum_{k\ mit\ j \neq k} r_{jk}^2}{\sum_{k\ mit\ j \neq k} r_{jk}^2 + \sum_{k\ mit\ j \neq k} q_{jk}^2} \tag{6.2}$$

$$KMO = MSA = \frac{\sum \sum_{j \neq k} r_{jk}^2}{\sum \sum_{j \neq k} r_{jk}^2 + \sum \sum_{j \neq k} q_{jk}^2} \tag{6.3}$$

Zur Interpretation des KMO-Kriteriums entwickeln Kaiser und Rice (1974) eine Skala, auf der höhere Werte eine bessere Eignung einer Korrelationsmatrix zur Durchführung einer explorativen Faktoranalyse anzeigen (vgl. Tabelle 40).

Bereich	Skala (original)	Skala (Übersetzung)
$MSA \geq 0{,}9$	Marvelous	Ausgezeichnet
$MSA \geq 0{,}8$	Meritorious	Lobenswert
$MSA \geq 0{,}7$	Middling	Mittelmäßig, Leidlich
$MSA \geq 0{,}6$	Mediocre	Mittelmäßig, Zweitklassik
$MSA \geq 0{,}5$	Miserable	Ärmlich
$MSA < 0{,}5$	Unacceptable	Unzulässig

Tabelle 40: Skala zur Interpretation des KMO-Kriteriums
(vgl. Kaiser, Rice, 1974: S. 112)

Für die gesamte Korrelationsmatrix der Indikatoren zur Supply-Chain-Konfiguration ergibt sich ein Wert von $\mathrm{KMO} = 0{,}587$. Dieser Wert liegt zwar oberhalb des Schwellenwerts zur Durchführung einer Faktoranalyse (vgl. Tabelle 40), aber unterhalb des von Kaiser empfohlenen Werts von $\mathrm{KMO}_{\min} = 0{,}8$ (vgl. 1970: S. 405). Als weiteres Vorgehen empfehlen Hair u. a. bei Auftreten eines unzulässigen KMO-Wertes eine Analyse des $\mathrm{MSA}\,(\mathrm{j})$ jedes einzelnen Indikators, sowie eine Elimination derjenigen Indikatoren, deren Werte unterhalb des Schwellenwertes von $\mathrm{MSA}\,(\mathrm{j})_{\min} = 0{,}5$ liegen (vgl. 2006: S. 115). Obwohl sich der KMO-Wert hier knapp im zulässigen Bereich befindet, sollen an dieser Stelle die $\mathrm{MSA}\,(\mathrm{j})$-Werte der einzelnen Indikatoren analysiert werden, die auf der Diagonalen der Anti-Image-Korrelationsmatrix in Tabelle 41 dargestellt sind.

Anhand der Werte auf der Diagonalen in Tabelle 41 wird unmittelbar ersichtlich, dass der Indikator *Hohe Kosten bei Stockout* einen unzulässigen $\mathrm{MSA}\,(\mathrm{j})$-Wert aufweist und somit von der weiteren Analyse auszuschließen ist. Auch die Werte der Indikatoren *Viele Varianten* und *Mehrere Lieferanten verfügbar* liegen nur knapp über dem Schwellenwert, sodass diese Indikatoren ebenfalls von der weiteren Analyse ausgeschlossen werden. Nach der Elimination dieser drei Indikatoren zeigt sich bei einer erneuten Analyse der $\mathrm{MSA}\,(\mathrm{j})$-Werte in der Anti-Image-Korrelationsmatrix, dass der Indikator *Konstante Nachfrage* unterhalb des Schwellenwertes liegt. Auch dieser Indikator muss deswegen entfernt werden. Die sich nach der Elimination auch dieses Indikators ergebene zweifach reduzierte Korrelationsmatrix weist einen Wert von $\mathrm{KMO} = 0{,}685$ auf. Obwohl auch dieser Wert eher mittelmäßig ist (vgl. Tabelle 40), erlaubt er die Durchführung einer explorativen Faktoranalyse, jedoch nur auf Grundlage der zweifach reduzierten Korrelationsmatrix.

	Konstante Nachfrage	Vorhersagbare Nachfrage	LZ entspricht einer WEA	Viele Varianten	Hohe Kosten bei Stockout	Mehrere Lieferanten verfügbar	Lieferanten sind kein Engpass	Lieferanten sind zuverlässig	Keine Qualitätsprobleme	Lieferantenwechsel möglich	Prozess ist stabil
Konstante Nachfrage	,535										
Vorhersagbare Nachfrage	-,148	,553									
LZ entspricht einer WEA	-,048	,030	,641								
Viele Varianten	-,133	-,185	-,001	,513							
Hohe Kosten bei Stockout	-,086	,091	,109	-,296	,398						
Mehrere Lieferanten verfügbar	,033	,100	-,014	,019	-,155	,504					
Lieferanten sind kein Engpass	-,088	-,123	-,130	-,011	,230	-,317	,628				
Lieferanten sind zuverlässig	,120	-,181	-,074	,084	-,071	-,042	-,145	,702			
Keine Qualitätsprobleme	,047	,013	-,133	,173	-,159	,094	-,073	-,312	,625		
Lieferantenwechsel möglich	-,151	-,051	-,120	,143	-,045	-,367	,054	-,173	,047	,606	
Prozess ist stabil	-,001	,002	,156	-,120	,028	,157	-,196	-,169	-,165	-,204	,595

Tabelle 41: Anti-Image-Korrelationsmatrix mit MSA(j)-Werten der SC-Konfiguration
(eigene Darstellung)

Im Rahmen einer explorativen Faktoranalyse ist es zunächst erforderlich, die Anzahl der Faktoren aus den Daten selber zu bestimmen, da bei einer Hauptkomponentenanalyse im Gegensatz zu einer konfirmatorischen Faktoranalyse die Anzahl der zu extrahierenden Komponenten nicht a priori vorgegeben wird. Anzumerken ist, dass grundsätzlich ein Zielkonflikt in Bezug auf die Faktoranzahl besteht. Zwar nimmt der Anteil der erklärten Varianz mit steigender Faktorenanzahl zu, die Interpretierbarkeit der Lösung dagegen ab. Zur Identifikation der idealen Faktorenanzahl bieten sich daher insbesondere Verfahren an, die auf der Analyse des Verhältnisses von Erklärungsanteil und Faktorenanzahl einer Lösung aufbauen. Als Maßzahl für den Erklärungsanteil eines Faktors wird in diesem Zusammenhang sein Eigenwert verwendet (vgl. Hair u. a., 2006: S. 102). Cattell schlägt zur Bestimmung der idealen Faktorenanzahl ein grafisches Verfahren, den sogenannten *Scree-Test*, vor (vgl. 1966), bei dem die Anzahl der Faktoren gegen den jeweiligen Eigenwert des letzten extrahierten Faktors aufgetragen wird. Da die Eigenwerte der Faktoren mit zunehmender Anzahl monoton fallen und üblicherweise die Differenz zwischen den Eigenwerten benachbarter Faktoren ebenfalls mit zunehmender Faktorenanzahl sinkt, nähert sich der Graph des Scree-Tests asymptotisch an die Abszisse an. Der Punkt, ab dem diese Annäherung beginnt, definiert die Anzahl der zu extrahierenden Faktoren, wobei anzumerken ist, dass dieses Verfahren nicht immer eindeutige Lösungen liefert (vgl. Backhaus u. a., 2005: S. 296).

Objektiver ist die Bestimmung der Faktorenanzahl mithilfe des Kaiser-Kriteriums (vgl. Kaiser, Dickman, 1959). Nach diesem Kriterium werden in der extrahierten Lösung alle Faktoren, die einen größeren Varianzanteil als eine einzelne Variable erklären, also einem Eigenwert größer als eins aufweisen, berücksichtigt (vgl. Hair u. a., 2006: S. 120). Obwohl es sich bei dem Kaiser-Kriterium um das am häufigsten angewendete Kriterium zur Bestimmung der Faktorenanzahl handelt (vgl. Backhaus u. a., 2005: S. 297), liefert es zuverlässig gute Ergebnisse nur für Analysen mit 20 bis 50 Indikatoren (vgl. Hair u. a., 2006: S. 120). Unterhalb von 20 Indikatoren werden bei der Anwendung des Kaiser-Kriteriums tendenziell zu wenige, oberhalb von 50 Indikatoren dagegen zu viele Faktor extrahiert. Neben Kaiser-Kriterium und Scree-Test kann die Faktoranzahl auch anhand der Summe der insgesamt erklärten Varianz ermittelt oder in Übereinstimmung mit a priori vorliegenden Informationen bestimmt werden (vgl. Hair u. a., 2006: S. 120). Anzumerken ist, dass in Bezug auf die Analyse der Supply-Chain-Konfiguration solche a priori Informationen vorliegen, da sowohl in der Literatur (vgl. Abschnitt 2.4.3.3) als auch bei der Ableitung des Strukturmodells (vgl. Abschnitt 5.2.6) zwei Konstrukte zur Supply-Chain-Konfiguration unterschieden werden. Diese a priori Informationen scheinen durch die Anwendung des Kaiser-Kriteriums sowie des Scree-Tests bestätigt zu werden; beide Verfahren empfehlen die Extraktion von zwei Faktoren (vgl. Abbildung 54).

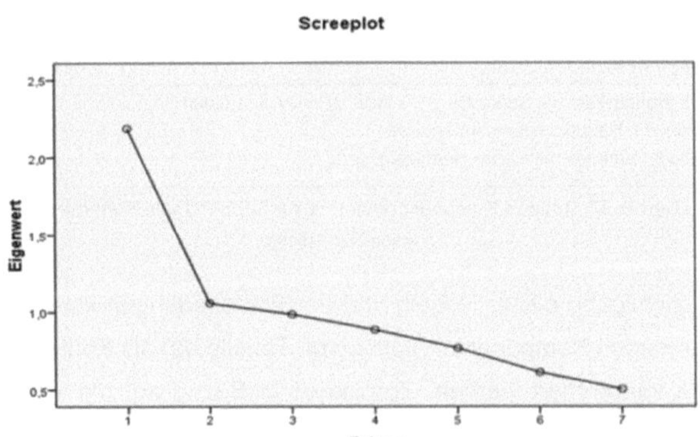

Abbildung 54: Scree-Plot zur Ermittlung der Anzahl von Konfigurationskonstrukten
(eigene Darstellung)

Werden diesen Empfehlungen folgend tatsächlich zwei Komponenten extrahiert, ergibt sich nach der Durchführung einer Varimax-Rotation die in Tabelle 42 dargestellte Komponentenmatrix, in der die Faktorladungen der einzelnen Indikatoren auf diese beiden Komponenten ablesbar sind. Laden die Indikatoren jeweils hauptsächlich auf einer der beiden Komponenten kongruent, deutet dieses auf das Vorliegen von Eindimensionalität der beiden Konstrukte hin. Die Komponenten können in einem solchen Fall als Abbildung des entsprechenden Faktors interpretiert werden. Laden Indikatoren auf verschiedenen Komponenten, wird deren Interpretation erschwert, sodass diese Variablen bei einer inhaltlichen Analyse oftmals unberücksichtigt bleiben. Anzumerken ist, dass zur Aussagekraft von Ladungsstärken bzw. zur Beurteilung, ab wann eine Mehrfachladung vorliegt, keine festen Kriterien existieren. Backhaus u. a. warnen in diesem Zusammenhang vor der Interpretation von Faktorladungen, wenn diese kleiner als 0,5 sind (vgl. 2005: S. 331). Auch Hair u. a. identifizieren 0,5 als Schwellenwert für die praktische Relevanz einer Faktorladung. Sie stellen jedoch fest, dass bereits Ladungen zwischen 0,3 und 0,4 die Minimalanforderungen für eine inhaltliche Interpretation erfüllen (vgl. 2006: S. 128), wobei diese Schwellenwerte für die Identifikation von Mehrfachladungen entsprechend gelten.

	Komponente	
	1	**2**
Vorhersagbare Nachfrage	,121	,473
LZ entspricht einer WEA	,731	-,518
Lieferanten sind kein Engpass	,562	,248
Lieferanten sind zuverlässig	,632	,433
Keine Qualitätsprobleme	,530	,283
Lieferantenwechsel möglich	,531	,143
Prozess ist stabil	,251	,716
Eigenwert	*1,891*	*1,354*
Erklärte Varianz (%)	*27,012*	*19,344*

$KMO = 0{,}685$; Barlett-Test auf Spärizität: $\chi^2 = 70{,}2$; $df = 21$; $p = 0{,}000$
Extraktionsmethode: Hauptkomponentenanalyse
Rotationsmethode: Varimax mit Kaiser-Normalisierung.

Tabelle 42: Rotierte Komponentenmatrix zur Supply-Chain-Konfiguration
(eigene Darstellung)

Unter Berücksichtigung dieser Regeln und der Faktorladungen kann die erste Komponente der rotierten Komponentenmatrix (vgl. Tabelle 42) als Konfiguration der Versorgungsseite interpretiert werden. Zumindest in Bezug auf die Items *Lieferanten sind kein Engpass*, *Lieferanten sind zuverlässig*, *Keine Qualitätsprobleme* sowie *Lieferantenwechsel möglich* deutet die explorative Faktoranalyse auf das Vorliegen von Eindimensionalität dieses Faktors hin. Die zweite Komponente stellt gemäß der vorliegenden a priori Informationen die Konfiguration der Nachfrageseite dar. Die Verteilung der Faktorladungen der Variablen *Vorhersagbarkeit der Nachfrage* bestätigt diese Annahme zunächst. Jedoch kann bereits die Variable *LZ entspricht einer WEA* nicht verwendet werden, da sie auf beiden Faktor annähernd gleich stark lädt. Da im Rahmen der Analyse der Anti-Image-Korrelationsmatrix (vgl. Tabelle 41) die restlichen aus der Literatur identifizierten Indikatoren der Supply-Chain-Konfiguration auf der Nachfrageseite von der Analyse ausgeschlossen wurden, stehen keine weiteren Variablen als Indikatoren dieses Konstrukts zur Verfügung. Eine Berücksichtigung des Faktors Konfiguration auf der Nachfrageseite ist demnach nicht möglich. Anzumerken ist, dass aufgrund der Elimination dieses Konstrukts die Hypothesen H_{1b} bis H_{4b} im Rahmen der vorliegenden Arbeit nicht weiter untersucht werden können. Auch die übrigen Schritte zur Überprüfung der Validität der Konstrukte zur Supply-Chain-Konfiguration werden folglich nur für die Konfiguration der Versorgungsseite durchgeführt (vgl. Tabelle 43).

Konstrukt	GFI	NFI	α	FR	Indikator	Faktorladung	p-Wert
Konfiguration Versorgung	0,994	0,969	0,537	0,537	Lieferanten sind kein Engpass	0,36	-
					Lieferanten sind zuverlässig	0,87	0,002
					Keine Qualitätsprobleme	0,48	0,004
					Lieferantenwechsel möglich	0,34	0,014

Tabelle 43: Ergebnis der CFA zur Supply-Chain-Konfiguration auf der Versorgungsseite
(eigene Darstellung)

Zur weiteren Untersuchung der Konstruktvalidität und in deren Rahmen insbesondere der Eindimensionalität schlagen Ahire und Devaraj die Durchführung einer konfirmatorischen Faktoranalyse durch. Wird bei dieser Analyse ein GFI-Wert von mindestens $0{,}9$ erreicht (vgl. Tabelle 24), deutet dieses auf ein ausreichendes Maß an Eindimensionalität des Konstrukts hin. Die konfirmatorische Faktoranalyse zur Supply-Chain-Konfiguration der Versorgungsseite ergibt in diesem Zusammenhang einen Wert von $\text{GFI} = 0{,}987$ (vgl. Tabelle 43). Zur Beurteilung der Reliabilität eines Konstrukts schlagen Ahire und Devaraj die Verwendung der Koeffizienten Cronbachs α und Faktorreliabilität FR vor. Obwohl beide Koeffizienten für das Konstrukt zur Supply-Chain-Konfiguration auf der Versorgungsseite den gleichen Wert annehmen, ist ihre Aussage zu seiner Reliabilität aufgrund der abweichenden Schwellenwerte der Koeffizienten (vgl. Abschnitt 4.4.2) nicht eindeutig. Zwar liegen beide Koeffizienten unter ihren empfohlenen Schwellenwerten (vgl. Tabelle 24), doch erfüllt Cronbachs α die Anforderungen für explorative Untersuchungen (vgl. Ahire, Devaraj, 2001: S. 322). Trotzdem kann die Reliabilität des Konstrukts aufgrund dieses Ergebnisses nicht vollständig überzeugen. Die Konvergenzvalidität, die nach Ahire und Devaraj anhand des Bentler-Bonnett-Koeffizienten gegen einen Schwellenwert von $\mathrm{NFI} \geq 0{,}8$ bewertet wird (vgl. 2001: S. 322), ist dagegen sicher gegeben.

Vor der abschließenden Analyse der Diskriminanzvalidität, die für alle Konstrukte gemeinsam in Abschnitt 6.4.5 erfolgt, bleibt jedoch festzuhalten, dass die Konstruktvalidität der Supply-Chain-Konfiguration auf der Versorgungsseite aufgrund der eingeschränkten Reliabilität eher schwach ist, was bei der weiteren Analyse und Diskussion der Ergebnisse zu berücksichtigen ist.

6.4.2. Indikatoren der relevanten Gestaltungsparameter

Zur Analyse der Konstruktvalidität der relevanten Gestaltungsparameter soll ebenfalls, wie bereits bei der Supply-Chain-Konfiguration (vgl. Abschnitt 6.4.1), das hybride Vorgehen von Ahire und Devaraj (vgl. 2001: S. 324) zur Anwendung kommen. Die Eindimensionalität der einzelnen Konstrukte wird deswegen zunächst mithilfe einer Hauptkomponentenanalyse und anschließender Varimax-Rotation betrachtet und dann zusammen mit Reliabilität und Konvergenzvalidität anhand einer konfirmatorischen Faktoranalyse überprüft.

Vor der Durchführung einer Hauptkomponentenanalyse ist die Eignung der Korrelationsmatrix für dieses Verfahren anhand des KMO-Kriteriums nachzuweisen. In diesem Zusammenhang ergibt sich ein Wert von $\mathrm{KMO} = 0{,}601$, der in der Literatur als gerade ausreichend gilt (vgl. Tabelle 40). Eine genauere Analyse der $\mathrm{MSA(j)}$-Werte für einzelne Variablen zeigt, dass die Indikatoren *Möglichst JIT und JIS* und *Nachfolgende Unternehmen können einspringen* Werte der Measuring Sampling Adequacy von $\mathrm{MSA(j)} < 0{,}5$ aufweisen und von der weiteren Analyse ausgeschlossen werden müssen. Eine erneute Überprüfung der MSA der reduzierten Korrelationsmatrix zeigt, dass auch der Indikator *Prozess enthält Puffer* eliminiert werden muss. Die zweifach reduzierte Korrelationsmatrix weist nach der Elimination dieser drei Indikatoren einen Wert von $\mathrm{KMO} = 0{,}654$ auf, der als Grundlage einer explorativen Faktoranalyse ausreichend erscheint. Die Bestimmung der Faktoranzahl erfolgt mithilfe des Kaiser-Kriteriums, da der Scree-Test kein eindeutiges Ergebnis liefert (vgl. Abbildung 55). Nach dem Grenzwert des Kaiser-Kriteriums werden vier Faktoren extrahiert.

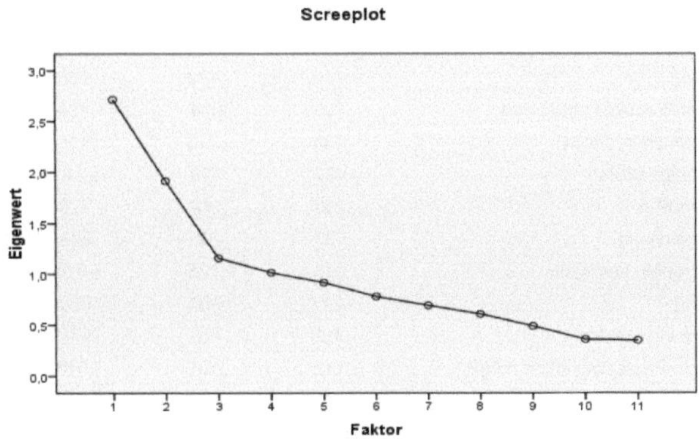

Abbildung 55: Scree-Plot zur Bestimmung der Treiberanzahl
(eigene Darstellung)

Bei Analyse der rotierten Ladungsmatrix wird deutlich (vgl. Tabelle 44), dass die erste Komponente dem Gestaltungsparameter *Grad der Internationalisierung* entspricht, die Indikatoren *Globale Absatzmärkte*, *Global Sourcing* sowie *Internationales Produktionsnetzwerk* laden exklusiv hoch auf dieser Komponente. Die zweite Komponente kann als *Struktur der Lieferantenbasis* aufgefasst werden, die Indikatoren *Mehrere Lieferanten verfügbar*, *Single Sourcing* und *Wenige direkte Lieferanten* laden jeweils stark auf diesem Faktor. Die dritte extrahierte Komponente entspricht dem Gestaltungsparameter *Grad der Fremdvergabe*, wobei lediglich die Indikatoren *Größere Lieferanten* und *Zunahme Outsourcing* auf diesem Faktor hoch laden. Da auf der vierten Komponente, die dem Gestaltungsparameter *Leitlinien der Prozessgestaltung* entsprechen sollte, nur ein Indikator hoch lädt, erscheint dieser Faktor für ein Strukturgleichungsmodell ungeeignet und wird deswegen bei den weiteren Analysen vernachlässigt. Anzumerken ist in diesem Zusammenhang, dass im Rahmen der Analyse der MSA(j)-Werte drei der vier Indikatoren dieses Gestaltungsparameters eliminiert werden mussten. Die Hypothesen H_{1a} sowie H_5 und H_6 können folglich im Rahmen der folgenden Auswertung (vgl. Abschnitt 6.5) nicht evaluiert werden.

Die Indikatoren *Mehr Unternehmen in der SC* sowie *SC hat nur wenige Stufen* stellen für keinen der Gestaltungsparameter einen exklusiven Indikator dar, da sie jeweils auf mehreren Faktoren hoch laden. Sie erscheinen deswegen ebenfalls für die Analyse des Hypothesensystems ungeeignet und werden bei der Anpassung des Strukturgleichungsmodells nicht berücksichtigt.

	Komponente			
	1	**2**	**3**	**4**
Globale Absatzmärkte	,660	-,092	,342	-,219
Global Sourcing	,719	-,192	,050	,296
Internationales Produktionsnetzwerk	,796	,004	,139	,227
Mehr Unternehmen in der SC	,334	-,210	,416	,430
SC hat nur wenige Stufen	,422	,516	-,240	-,226
Größere Lieferanten	,213	,149	,725	-,057
Zunahme Outsourcing	,037	,000	,813	,080
Mehrere Lieferanten verfügbar	,015	-,728	-,024	-,015
Single Sourcing	-,217	,760	,068	-,291
Wenige direkte Lieferanten	-,106	,710	,078	,170
Substitution von Prozessschritten möglich	,112	,028	-,011	,835
Eigenwert	*1,994*	*1,992*	*1,569*	*1,245*
Erklärte Varianz (%)	*18,126*	*18,112*	*14,260*	*11,316*

KMO $= 0{,}654$; Barlett-Test auf Spärizität: $\chi^2 = 202{,}8$; $df = 55$; $p = 0{,}000$
Extraktionsmethode: Hauptkomponentenanalyse.
Rotationsmethode: Varimax mit Kaiser-Normalisierung.

Tabelle 44: Rotierte Komponentenmatrix zur Bestimmung der Verwundbarkeitstreiber
(eigene Darstellung)

Die Ergebnisse der konfirmatorischen Faktoranalyse der drei verbliebenen Konstrukte der Gestaltungsparameter sind in Tabelle 45 dargestellt. Die Eindimensionalität der reduzierten Konstrukte wird jeweils durch einen Goodness of Fit von $\mathrm{GFI} = 1{,}000$ bestätigt, wobei diese Maßzahl aufgrund der geringen Anzahl verbliebener Indikatoren nur eine begrenzte Aussagekraft aufweist. Die Reliabilität der Konstrukte *Grad der Internationalisierung* und *Struktur der Lieferantenbasis* erscheint gemessen am Koeffizienten Faktorreliabilität und seinem Schwellenwert von $\mathrm{FR} \geq 0{,}5$ gegeben zu sein. Die Werte von Cronbachs α sind zwar für beide Konstrukte knapp unterhalb des konservativen Schwellenwerts von $\alpha \geq 0{,}7$, erscheinen aber unter Berücksichtigung der hohen Sensitivität dieses Koeffizienten gegenüber der Indikatoranzahl sowie der explorativen Ausrichtung dieser Analyse ebenfalls ausreichend. Die Reliabilität des Konstrukts *Grad der Fremdvergabe* ist dagegen schwächer, der Wert von Cronbachs α liegt nur knapp oberhalb des Schwellenwerts für nicht etablierte Konstrukte, der Wert des Koeffizient FR liegt unterhalb seines Schwellenwerts. Die Konvergenzvalidität ist für die drei verbliebenen Konstrukte gegeben. Eine Überprüfung ihrer Diskriminanzvalidität erfolgt gemeinsam mit den anderen Konstrukten des Modells in Abschnitt 6.4.5.

Konstrukt	GFI	NFI	α	FR	Indikatoren	Schätzer	p-Wert
Grad der Internationalisierung	1,000	1,000	0,695	0,713	Globale Absatzmärkte	0,526	-
					Global Sourcing	0,701	< 0,001
					Mehr Unternehmen in der Supply Chain	0,751	< 0,001
Struktur der Lieferantenbasis	1,000	1,000	0,656	0,660	Single Sourcing	0,73	-
					Mehrere Lieferanten verfügbar	-0,64	< 0,001
					Wenige direkte Lieferanten	0,53	< 0,001
Grad der Fremdvergabe	1,000	1,000	0,534	0,534	Größere Lieferanten	0,61	-
					Zunahme Outsourcing	0,59	-

Tabelle 45: Ergebnisse der konfirmatorischen Faktoranalyse der Verwundbarkeitstreiber
(eigene Darstellung)

Neben dem Ausschluss des Konstrukts *Leitlinien der Prozessgestaltung* führt die Eliminierung von sechs der ursprünglich vierzehn im Hinblick auf die relevanten Gestaltungsparameter identifizierten Indikatoren dazu, dass das Konstrukt *Grad der Fremdvergabe* mit nur zwei Indikatoren *unterbestimmt* ist. Im Rahmen von Kausalanalyse sind die Parameterschätzungen im Zusammenhang mit statistisch unterbestimmten Faktoren nicht vertrauenswürdig. Da sich eine Unterbestimmung bei der Modellanpassung durch zusätzliche Beziehungen heilen lässt (vgl. Schumacker, Lomax, 2004: S. 64), erscheint die weitere Berücksichtigung dieses Faktors aufgrund der Anzahl seiner Verknüpfungen mit statistisch bestimmten Faktoren im Rahmen des abgeleiteten Strukturmodells möglich. Die beiden anderen Faktoren *Grad der Internationalisierung* sowie *Struktur der Lieferantenbasis* sind mit jeweils drei Indikatoren *statistisch bestimmt.*

6.4.3. Indikatoren von wahrgenommene Komplexität und Abhängigkeit

Als Indikatoren für die wahrgenommene Komplexität eines Wertschöpfungsnetzwerks und die wahrgenommene Abhängigkeit zwischen seinen Elementen, wurde der Einfluss verschiedener Aspekte dieser Faktoren auf das wahrgenommene Supply-Chain-Risiko der teilnehmenden Unternehmen abgefragt (vgl. Abschnitt 5.3.2). Die Validierung dieser Skalen erfolgt, wie auch für die Supply-Chain-Konfiguration und die relevanten Gestaltungsparameter, in Anlehnung an das hybride Vorgehen von Ahire und Devaraj (vgl. 2001: S. 324). Der erste Schritt dieses Vorgehens stellt die Überprüfung der Eindimensionalität mithilfe einer explorativen sowie einer konfirmatorischen Faktoranalyse dar. Das KMO-Kriterium, das in diesem Zusammenhang die Eignung einer Korrelationsmatrix zur Durchführung einer explorativen Faktoranalyse anzeigt, nimmt für die Indikatoren der Konstrukte *wahrgenommene Abhängigkeit* und *wahrgenommene Komplexität* einen Wert von $\mathrm{KMO} = 0{,}831$ an. Dieser Wert deutet darauf hin, dass die Durchführung einer explorativen Faktoranalyse bedenkenlos möglich ist (vgl. Tabelle 40). Auf eine Analyse der Measuring Sampling Adequacy kann deswegen an dieser Stelle verzichtet werden (vgl. Hair u. a., 2006: S. 115). Die Bestimmung der Faktoranzahl erfolgt mithilfe eines Scree-Test, aus dessen Graph sich die Extraktion von zwei Faktoren ableiten lässt (vgl. Abbildung 56). Anzumerken ist, dass nach dem Kaiser-Kriterium, entsprechend seiner Tendenz, bei einer kleinen Anzahl von Items eher zu konservativen Lösungen zu führen (vgl. Abschnitt 6.4.1), nur ein einzelner Faktor zu extrahieren wäre.

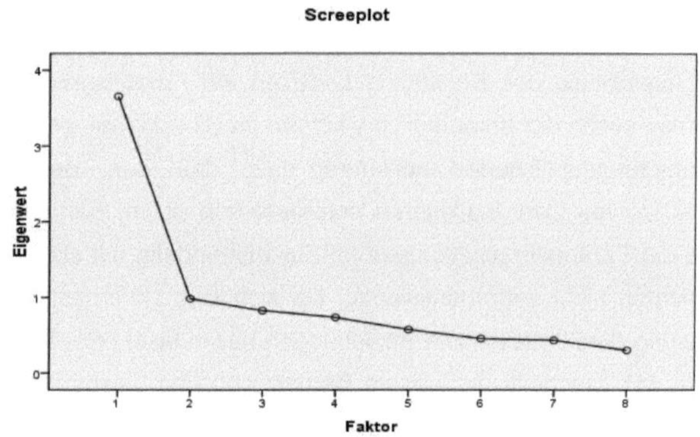

Abbildung 56: Scree-Plot der Konstrukte Komplexität und Abhängigkeit
(eigene Darstellung)

Die rotierte Lösung der Hauptkomponentenanalyse bestätigt die Eindimensionalität der beiden Konstrukte *wahrgenommene Komplexität* und *wahrgenommene Abhängigkeit* weitgehend (vgl. Tabelle 46), wobei die Indikatoren *Abhängigkeit von Schlüsselpersonal sowie Kurze Beziehungen* auf beiden Faktoren ähnlich hoch laden. Unter Vernachlässigung dieser beiden Variablen lässt sich die erste Komponente als Grad der wahrgenommenen Abhängigkeit zu Supply-Chain-Partnern interpretieren, während die zweite Komponente den Grad der wahrgenommenen Komplexität eines Wertschöpfungsnetzwerks bzw. seiner Steuerung misst.

	Komponente	
	1	2
Abhängigkeit von gesetzlichen Vorschriften	,169	,687
Abhängigkeit von Schlüsselpersonal	,365	,499
Inkompatible Informationssysteme	,109	,831
Komplexität des Wertschöpfungsnetzwerks	,363	,700
Starke Verhandlungsposition der Zulieferer	,792	,174
Kurze Beziehungen	,527	,389
Enge Bindung an SC-Partner	,750	,252
Abhängigkeit von SC-Partnern	,830	,184
Eigenwert	*2,641*	*2,181*
Erklärte Varianz (%)	*30,762*	*27,264*

$KMO = 0{,}831$; Barlett-Test auf Spärizität: $\chi^2 = 238{,}4\ df = 28;\ p = 0{,}000$
Extraktionsmethode: Hauptkomponentenanalyse.
Rotationsmethode: Varimax mit Kaiser-Normalisierung.

Tabelle 46: Rotierte Komponentenmatrix der Konstrukte Komplexität und Abhängigkeit
(eigene Darstellung)

Die konfirmatorische Faktoranalyse mit einem Goodness of Fit Wert von $\mathrm{GFI} = 1{,}000$ bestätigt die Eindimensionalität der resultierenden Konstrukte zur *wahrgenommenen Abhängigkeit* sowie zur *wahrgenommenen Komplexität* (vgl. Tabelle 24), soweit dieses bei Konstrukten mit drei Indikatoren möglich ist (vgl. Abschnitt 6.4.1). Die Reliabilität der Konstrukte erscheint angesichts der Werte von Cronbachs α und Faktorreliabilität FR gegeben zu sein. Anzumerken ist, dass im Vergleich der beiden Konstrukte, der Faktor *wahrgenommene Abhängigkeit* zuverlässiger durch seine Indikatoren angezeigt wird als der Faktor *wahrgenommene Komplexität.* Bei diesem Faktor liegen die Werte der Koeffizienten Cronbachs α und Faktorreliabilität knapp unterhalb der konservativen Schwellenwerte. Konvergenzvalidität scheint, gemessen an den jeweiligen Werten des Bentler-Bonnett-Koeffizienten mit $\mathrm{NFI} = 1{,}000$ gegeben zu sein.

Konstrukt	GFI	NFI	α	FR	Indikatoren	Schätzer	p-Wert
Abhängigkeit	1,000	1,000	0,782	0,739	Starke Verhandlungsposition der Zulieferer	0,61	-
					Enge Bindung an SC-Partner	0,74	< 0,001
					Abhängigkeit von SC-Partnern	0,87	< 0,001
Komplexität	1,000	1,000	0,692	0,584	Abhängigkeit von gesetzlichen Vorschriften	0,56	-
					Inkompatible Informationssysteme	0,70	< 0,001
					Komplexität des Wertschöpfungsnetzwerks	0,73	< 0,001

Tabelle 47: Ergebnisse der CFA zu Komplexität und Abhängigkeit
(eigene Darstellung)

Die Überprüfung der Diskriminanzvalidität erfolgt für die Konstrukte *wahrgenommene Komplexität* und *wahrgenommene Abhängigkeit* mit den anderen Konstrukten des Modells in Abschnitt 6.4.5.

6.4.4. Indikatoren der Verwundbarkeitsdimensionen

Die Verwundbarkeit eines Wertschöpfungsnetzwerks kann in Anlehnung an die Risikoquellen, gegenüber denen das System verwundbar ist (vgl. Abschnitt 3.2.4.2), in verschiedenen Dimensionen unterschieden werden, wobei jede dieser Dimensionen eine latente Variable des Strukturgleichungsmodells darstellt. Als Indikatoren dieser Faktoren wurden in Anlehnung an das Risikoverständnis dieser Arbeit die jeweiligen Einschätzungen zur potenziellen Schadenshöhe verschiedener Risiken identifiziert (vgl. Abschnitt 5.3.1). Die Validierung der aus diesen Überlegungen resultierenden fünf Verwundbarkeitskonstrukte erfolgt gemeinsam nach dem hybriden Vorgehen von Ahire und Devaraj (vgl. 2001: S. 324).

Die Eindimensionalität der Konstrukte wird gemäß diesem Vorgehen zweistufig mithilfe einer explorativen und einer konfirmatorischen Faktoranalyse untersucht (vgl. Abschnitt 4.4.2). Die Auswertung des KMO-Kriteriums zur Bewertung der Korrelationsmatrix hinsichtlich ihrer Eignung zur Durchführung einer explorativen Faktoranalyse ergibt einen Wert von $\mathrm{KMO} = 0{,}856$, der eine gute Durchführbarkeit anzeigt (vgl. Tabelle 40). Eine Analyse der Measuring Sampling Adequacy ist daher für diese Konstrukte nicht erforderlich. Die Auswertung des Scree-Tests zur Bestimmung der Anzahl extrahierter Komponenten ergibt eine Faktoranzahl von fünf (vgl. Abbildung 57). Anzumerken ist, dass nach dem Kaiser-Kriterium die Extraktion von sechs Faktoren empfohlen wird. Aufgrund der vorliegenden *a priori* Informationen zur Anzahl der Risikoquellen bzw. Verwundbarkeitstreiber wird jedoch an diese Stelle auf die Extraktion eines sechsten Faktors verzichtet.

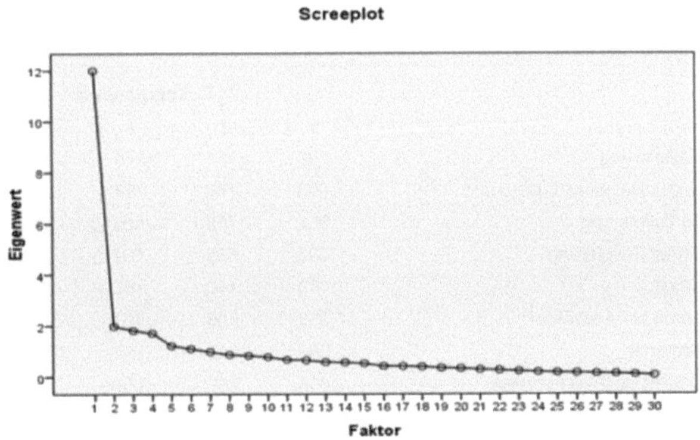

Abbildung 57: Scree-Plot der Konstrukte zur Verwundbarkeit einer Supply Chain
(eigene Darstellung)

Die rotierte Komponentenmatrix ist in Tabelle 48 dargestellt. Die Variablen, die als Indikatoren zu berücksichtigen sind, sowie ihre jeweiligen Ladungen wurden hervorgehoben. Die Variablen, die von einer weiteren Analyse ausgeschlossen wurden, laden entweder auf mehr als einer Komponente hoch (beispielsweise *Ausfall Finanzierung*) oder weisen nur eine vergleichsweise geringe Ladung auf (beispielsweise *Zahlungsausfall*). Zur Bewertung der Ladungsstärke wurde ein konservativer Schwellenwert von 0,6 angewendet. Die extrahierten Komponenten lassen sich mithilfe der übrigen Indikatoren eindeutig als die fünf Verwundbarkeitsdimensionen identifizieren. Die Einschätzungen zu Schäden, die durch Störungen in den Supply Chains der Befragten verursacht werden, laden insbesondere auf der zweiten und vierten Komponente hoch. Während die zweite Komponente als Verwundbarkeit gegenüber Versorgungsrisiken verstanden werden kann, lässt sich die vierte Komponente als Verwundbarkeit gegenüber Nachfragerisiken interpretieren. Analog repräsentieren die erste und die dritte Komponente die Verwundbarkeit gegenüber Steuerungs- bzw. Prozessrisiken.

Anzumerken ist in diesem Zusammenhang, dass die befragten Unternehmen den Indikator *Höhere Gewalt* ebenfalls den Prozessrisiken und nicht, wie aufgrund der Literaturanalyse zu erwarten gewesen wäre, den Umfeldrisiken zugeordnet haben. Entsprechend fällt bei Betrachtung der Risiken, die auf der fünften Komponente hoch laden, auf, dass es sich hierbei vorwiegend um Risiken des ökonomischen Unternehmensumfeldes handelt (vgl. Tabelle 48). Insgesamt deuten die Ergebnisse der explorativen Faktoranalyse auf das Vorliegen der Eindimensionalität der Konstrukte zur Verwundbarkeit hin.

	Komponente				
	1	2	3	4	5
Ausfall einer Zulieferung	,133	,714	,275	-,013	,271
Ungenügende Qualität einer Zulieferung	,093	,740	,298	,169	,121
Unvollständige Zulieferung	,352	,715	-,032	,309	,055
Verzögerung einer Zulieferung	,283	,665	-,007	,344	,023
Lieferantenverlust	,183	,740	,287	-,090	,146
Material dauerhaft nicht erhältlich	,352	,608	,310	,085	,275
Preisanstieg Material	,064	,345	,143	,293	,664
Schwankungen der Nachfragemenge	,214	,059	-,054	,755	,302
Zahlungsausfall	-,030	,255	,564	,251	,298
Änderung Spezifikation	,576	,261	,093	,078	,194
Verlust Kunden	,436	,202	,309	,260	,320
Verzögerter Abruf	,180	,285	,240	,586	,281
Ausfall Finanzierung	,294	,187	,555	,454	-,015
Obsoleszenz	,304	-,029	,595	,193	,260
Störung Produktion	,237	,271	,696	,215	,097
Störung EDV	,343	,334	,620	,087	-,113
Ausfall Personal	,250	,427	,615	,198	-,045
Falsche Absatzprognose	,432	,215	,193	,626	,008
Falsche Bedarfsplanung	,672	,210	,208	,404	-,012
Falsches Produktionsprogramm	,769	,070	,211	,142	,173
Fehlerhafte Synchronisation von Vertrieb und Produktion	,791	,302	,245	,096	-,007
Weitergabe falscher Bestellmengen	,639	,337	,271	,252	,067
Störung Kommunikation	,643	,367	,161	,216	,141
Gesetzesänderungen	,150	,052	,276	,676	,140
Aufbau Handelsschranken	,378	,054	,352	,292	,397
Anstieg Rohstoffpreise	,252	,157	-,024	,205	,789
Wechselkursschwankungen	,081	,081	,241	,038	,692
Anstieg Lohnkosten	,455	,021	,145	,211	,285
Höhere Gewalt	,169	,144	,699	-,094	,320
Wissensabfluss	,462	,077	,477	,045	,130
Eigenwert	*4,770*	*4,206*	*4,035*	*3,067*	*2,653*
Erklärte Varianz (%)	*15,901*	*14,019*	*13,451*	*10,223*	*8,843*

$\text{KMO} = 0{,}856$; Barlett-Test auf Spärizität: $\chi^2 = 1857{,}5$; $\text{df} = 435$; $\text{p} = 0{,}000$
Extraktionsmethode: Hauptkomponentenanalyse.
Rotationsmethode: Varimax mit Kaiser-Normalisierung.

Tabelle 48: Rotierte Komponentenmatrix der Konstrukte zur Verwundbarkeit
(eigene Darstellung)

Zur weiteren Analyse der Validität der Konstrukte zur Verwundbarkeit von Supply Chains schlagen Ahire und Devaraj die Durchführung einer konfirmatorischen Faktoranalyse vor (vgl. 2001: S. 324), deren Ergebnisse in Tabelle 49 dargestellt sind.

Die Ergebnisse dieser Analysen bestätigen aufgrund der erreichten Werte des Goodness of Fit Index von jeweils $\text{GFI} \geq 0{,}9$ das Vorliegen von Eindimensionalität. Anzumerken ist, dass im Rahmen der konfirmatorischen Faktoranalyse des Konstrukts *Verwundbarkeit gegenüber Versorgungsrisiken* zunächst eine Mehrdimensionalität entdeckt wurde, die sich durch die Elimination des *Items Verzögerung einer Zulieferung* heilen ließ (vgl. Tabelle 49). Die Reliabilität der Konstrukte erscheint ebenfalls sicher gegeben zu sein. Beide Kriterien, die Koeffizienten Cronbachs α sowie Faktorreliabilität FR, liegen für die Konstrukte zur Verwundbarkeit über ihren jeweiligen Schwellenwerten (vgl. Tabelle 24). Anzumerken ist, dass für die Interpretation des Koeffizienten Cronbachs α verschiedene Schwellenwerte existieren, wobei die α Werte der Konstrukte zur Verwundbarkeit über dem konservativen Wert von $\alpha \geq 0{,}7$ liegen. Die Konvergenzvalidität erscheint für die fünf Konstrukte zur Verwundbarkeit einer Supply Chain ebenfalls gegeben zu sein, der Bentler-Bonnett-Koeffizient nimmt für die fünf Konstrukte jeweils Werte über dem Schwellenwert von $\text{NFI} \geq 0{,}9$ an.

Konstrukt	GFI	NFI	α	FR	Indikatoren	Schätzer	p-Wert
Verwundbarkeit gegenüber Versorgungsrisiken	0,989	0,988	0,872	0,878	Ausfall einer Zulieferung	0,81	-
					Ungenügende Qualität einer Zulieferung	0,74	< 0,001
					Unvollständige Zulieferung	0,71	< 0,001
					Lieferantenverlust	0,77	< 0,001
					Material dauerhaft nicht erhältlich	0,79	< 0,001
Verwundbarkeit gegenüber Nachfragerisiken	1,000	1,000	0,708	0,708	Schwankungen der Nachfragemenge	0,69	-
					Verzögerter Abruf	0,74	< 0,001
					Gesetzesänderungen	0,60	< 0,001
Verwundbarkeit gegenüber Steuerungsrisiken	0,978	0,979	0,873	0,876	Falsches Produktionsprogramm	0,78	-
					Fehlerhafte Synchronisation von Vertrieb und Produktion	0,85	< 0,001
					Weitergabe falscher Bestellmengen	0,79	< 0,001
					Störung Kommunikation	0,78	< 0,001
Verwundbarkeit gegenüber Prozessrisiken	0,999	0,999	0,778	0,786	Obsoleszenz	0,57	-
					Störung Produktion	0,81	< 0,001
					Störung EDV	0,72	< 0,001
					Höhere Gewalt	0,66	< 0,001
Verwundbarkeit gegenüber Umfeldrisiken	1,000	1,000	0,736	0,790	Preisanstieg Material	0,62	-
					Anstieg Rohstoffpreise	0,97	< 0,001
					Wechselkursschwankungen	0,59	< 0,001

Tabelle 49: Ergebnisse der CFA zur Verwundbarkeit

(eigene Darstellung)

Die Überprüfung der Diskriminanzvalidität erfolgt für die Konstrukte zur Verwundbarkeit von Supply Chains gemeinsam mit den übrigen in Abschnitt 6.4.5.

6.4.5. Analyse der Diskriminanzvalidität aller Konstrukte

Zur Untersuchung des Vorliegens von Diskriminanzvalidität, die den Grad der Unterscheidbarkeit eines Konstrukts von den übrigen beschreibt (vgl. Abschnitt 4.4.2), ist eine gemeinsame Analyse sämtlicher Konstrukte eines Kausalmodells notwendig. Ahire und Devaraj empfehlen daher, die Diskriminanzvalidität erst nach dem Abschluss der Analysen zu dem Vorliegen der übrigen Eigenschaften valider Konstrukte zu betrachten (vgl. 2001: S. 322).

Zum Nachweis des Vorliegens ausreichender Diskriminanzvalidität eines Konstrukts werden üblicherweise Kriterien verwendet, die auf einem Vergleich der Ähnlichkeit seiner Indikatoren mit seiner Ähnlichkeit zu den übrigen Konstrukten eines Modells beruhen (vgl. Abschnitt 4.4.2). Während zum Nachweis von Eindimensionalität, Reliabilität und Konvergenzvalidität jeweils die Messmodelle der einzelnen Faktoren ausreichen, ist zum Nachweis des Vorliegens von Diskriminanzvalidität die Formulierung eines gemeinsamen Messmodells erforderlich. Ein gemeinsames Messmodell umfasst zwar sämtliche Konstrukte einer Kausalanalyse, enthält aber im Gegensatz zu einem Strukturmodell keine gerichteten Kausalzusammenhänge. Stattdessen wird in einem solchen gemeinsamen Modell die Korrelation sämtlicher latenter Variablen unterstellt. Aus den Schätzungen dieser Korrelationen lassen sich die Vergleichswerte der beiden folgenden im Rahmen dieser Arbeit identifizierten Kriterien zum Nachweis der Diskriminanzvalidität ableiten (vgl. Tabelle 24):

- Der Vergleich des Koeffizienten Cronbachs α eines Konstrukts j als Maß der inneren Ähnlichkeit mit der durchschnittlichen Korrelation dieses Konstrukts zu den übrigen Konstrukten eines Modells $\bar{r}_j$, wobei bei Vorliegen von Diskriminanzvalidität gilt: $\alpha > \bar{r}_j$ (vgl. Ghiselli u. a., 1981).
- Der Vergleich der durchschnittlich erklärten Varianz eines Konstrukts j DEV (vgl. Abschnitt 4.3.1) als Maß seiner inneren Ähnlichkeit mit der größten vorkommenden, quadratischen Korrelation dieses zu anderen Konstrukten des Modells $\mathrm{MAX}(r_{j,k}^2)$, wobei bei Vorliegen von Diskriminanzvalidität gilt: $\mathrm{DEV} > \mathrm{MAX}(r_{j,k}^2)$ (vgl. Fornell, Larcker, 1981).

Die zur Überprüfung dieser beiden Kriterien erforderlichen Vergleichswerte des gemeinsamen Messmodells sind in Tabelle 50 dargestellt. Auf der Diagonalen der Matrix wird die durchschnittliche Korrelation des jeweiligen Konstrukts mit allen übrigen sowie unterhalb der Diagonalen die Korrelation zwischen den einzelnen Konstrukten dargestellt. Oberhalb der Diagonalen befinden sich die quadrierten Korrelationen.

	Konfiguration Versorgungsseite	Lieferantenkonzentration	Outsourcing	Globalisierung	Abhängigkeit	Komplexität	Verwundbarkeit gegenüber Versorgungsrisiken	Verwundbarkeit gegenüber Nachfragerisiken	Verwundbarkeit gegenüber Steuerungsrisiken	Verwundbarkeit gegenüber Prozessrisiken	Verwundbarkeit gegenüber Umfeldrisiken
Konfiguration Versorgungsseite	**0,120**	9,5%	1,3%	0,1%	2,2%	3,7%	0,1%	0,1%	0,1%	2,0%	3,0%
Lieferanten-konzentration	0,309	**0,181**	3,8%	8,9%	0,3%	0,1%	4,7%	3,0%	0,3%	1,1%	14,1%
Outsourcing	0,113	0,194	**0,148**	6,1%	0,0%	1,2%	0,4%	5,0%	4,8%	2,0%	2,3%
Globalisierung	0,030	0,298	0,246	**0,227**	6,4%	15,9%	1,1%	2,2%	7,3%	3,2%	11,5%
Abhängigkeit	0,148	0,050	0,014	0,252	**0,361**	45,0%	28,9%	24,2%	21,0%	19,6%	29,1%
Komplexität	0,192	0,033	0,111	0,399	0,671	**0,424**	33,5%	42,4%	51,1%	32,9%	9,8%
Verwundbarkeit gegenüber Versorgungsrisiken	0,024	0,217	0,065	0,107	0,538	0,579	**0,403**	31,0%	47,9%	50,4%	28,7%
Verwundbarkeit gegenüber Nachfragerisiken	0,037	0,174	0,223	0,148	0,492	0,651	0,557	**0,419**	37,3%	37,0%	48,0%
Verwundbarkeit gegenüber Steuerungsrisiken	0,030	0,056	0,219	0,271	0,458	0,715	0,692	0,611	**0,427**	52,6%	24,1%
Verwundbarkeit gegenüber Prozessrisiken	0,140	0,105	0,142	0,179	0,443	0,574	0,710	0,608	0,725	**0,406**	18,9%
Verwundbarkeit gegenüber Umfeldrisiken	0,174	0,375	0,152	0,339	0,539	0,313	0,536	0,693	0,491	0,435	**0,405**

Tabelle 50: Bestimmung der durchschnittlichen Korrelation zwischen den Konstrukten
(eigene Darstellung)

Der Vergleich der durchschnittlichen Korrelation $\bar{r}_j$ mit dem Koeffizienten Cronbachs α sowie der jeweils größten quadrierten Korrelationen $\mathrm{MAX}(r_{j,k}^2)$ mit der durchschnittlich erklärten Varianz DEV ist in Tabelle 51 dargestellt. Es ist erkennbar, dass nach dem übergeordneten Kriterium von Ghiselli u. a. (1981) die Diskriminanzvalidität für alle Konstrukte gegeben ist. Das Kriterium von Fornell und Larcker (1981) deutet jedoch auf Defizite der Diskriminanzvalidität für die Konstrukte *Wahrgenommene Komplexität*, *Verwundbarkeit gegenüber Nachfragerisiken* sowie *Verwundbarkeit gegenüber Umfeldrisiken* hin (vgl. Tabelle 51). Anzumerken ist, dass die beiden Konstrukte zur *Verwundbarkeit gegenüber Nachfrage-* bzw. *Umfeldrisiken* die kritische Korrelation in diesem Zusammenhang untereinander aufweisen, während sie sich von den übrigen Konstrukten hinreichend differenzieren (vgl. Tabelle 50). Die Ähnlichkeit beider Konstrukte ist insbesondere aufgrund der Indikatoren des reduzierten Konstrukts *Verwundbarkeit gegenüber Umfeldrisiken* (vgl. Abschnitt 6.4.4) aus dem ökonomischen Umfeld von Unternehmen inhaltlich gegeben.

	Ghiselli u. a. 1981		*Fornell und Larcker 1981*		
	$\bar{r}_j$	α	$\mathrm{MAX}(r_{j,k}^2)$	DEV	**Diskriminanzvalidität**
Konfiguration Versorgungsseite	0,12	0,537	0,095	0,233	*Gegeben*
Struktur der Lieferantenbasis	0,181	0,656	0,141	0,396	*Gegeben*
Grad der Fremdvergabe	0,148	0,534	0,061	0,364	*Gegeben*
Grad der Internationalisierung	0,227	0,695	0,115	0,465	*Gegeben*
Wahrgenommene Abhängigkeit	0,361	0,782	0,450	0,575	*Gegeben*
Wahrgenommene Komplexität	0,424	0,692	0,511	0,429	*Eingeschränkt gegeben*
Verwundbarkeit gegenüber Versorgungsrisiken	0,403	0,872	0,504	0,596	*Gegeben*
Verwundbarkeit gegenüber Nachfragerisiken	0,419	0,708	0,480	0,447	*Eingeschränkt gegeben*
Verwundbarkeit gegenüber Steuerungsrisiken	0,427	0,873	0,526	0,641	*Gegeben*
Verwundbarkeit gegenüber Prozessrisiken	0,406	0,778	0,526	0,486	*Eingeschränkt gegeben*
Verwundbarkeit gegenüber Umfeldrisiken	0,405	0,761	0,480	0,574	*Gegeben*

Tabelle 51: Überprüfung der Diskriminanzvalidität der Konstrukte
(eigene Darstellung)

Das Konstrukt *wahrgenommene Komplexität* weist eine kritische Korrelation zu den Konstrukten *Verwundbarkeit gegenüber Steuerungsrisiken* sowie *wahrgenommene Abhängigkeit* auf. Bei Berücksichtigung der bereits von Perrow (1987) im Rahmen der Normal Accident Theory vorgeschlagenen Skalen zu Komplexität und Kopplung von Elementen in technischen Systemen (vgl. Abschnitt 3.3.3.2) wird deutlich, dass auch hier beide Faktoren ähnliche Skalen aufweisen. Die ähnliche Einschätzung der Befragungsteilnehmer von Komplexität und Abhängigkeit in ihren Supply Chains ist vor diesem Hintergrund zu erwarten gewesen. Die Nähe von Steuerungsrisiken und Komplexität bestätigt ebenfalls die Übertragbarkeit der Theorie auf Supply Chains, da insbesondere unzureichende Steuerungsmöglichkeiten nach der Theorie der normalen Katastrophen bei Anwesenheit von Komplexität aus Unfällen Katastrophen entstehen lassen (vgl. Abschnitt 3.3.3.2). Obwohl die nach dem Kriterium von Fornell und Larcker (1981) eingeschränkte Diskriminanzvalidität der Konstrukte *wahrgenommene Komplexität*, *Verwundbarkeit gegenüber Nachfragerisiken* sowie *Ver-*

wundbarkeit gegenüber Umfeldrisiken inhaltlich erklärbar erscheint, muss sie bei der Analyse des Hypothesensystems berücksichtigt werden. Insgesamt erscheint jedoch die Diskriminanzvalidität der Konstrukte, insbesondere bei Bezug auf das Kriterium von Ghiselli u. a. (1981), hinreichend gegeben zu sein.

6.4.6. Zusammenfassung valider Konstrukte für Struktur- und Messmodell

In den Abschnitten 6.4.1 bis 6.4.5 wurden die Messmodelle der relevanten Konstrukte hinsichtlich der Eigenschaften *Eindimensionalität*, *Reliabilität*, *Konvergenzvalidität* und *Diskriminanzvalidität* überprüft, deren gemeinsames Vorhandensein dazu geeignet ist, die Validität eines Konstrukts anzuzeigen (vgl. Ahire, Devaraj, 2001: S. 324). Die Ergebnisse dieser Analysen sind für die teilweise modifizierten Konstrukte zusammenfassend in Tabelle 52 dargestellt. Auffällig ist, dass die Reliabilität bzw. die Diskriminanzvalidität für einige Konstrukte nur eingeschränkt gegeben ist. In diesem Zusammenhang wird die *Reliabilität* eines Konstrukts als eingeschränkt gegeben aufgeführt, wenn der Wert des Koeffizient Cronbachs α zwar über der Grenze für explorative Untersuchungen, nicht aber über dem anerkannten konservativen Schwellenwert liegt (vgl. Abschnitt 4.4.2). Die *Diskriminanzvalidität* eines Konstrukts wird als eingeschränkt gegeben betrachtet, wenn diese zwar das notwendige Kriterium nach Ghiselli u. a. (1981) erfüllt, nach Fornell und Larcker (1981) jedoch anzuzweifeln wäre. Konstrukte, die mindestens eine der für ihre Validität relevanten Eigenschaften nur eingeschränkt aufweisen, können auch insgesamt nur als eingeschränkt valide gelten (vgl. Tabelle 52). Die Validität der übrigen Konstrukte konnte dagegen vollständig nachgewiesen werden.

Im Rahmen der Analysen mussten sowohl einige Indikatoren verschiedener latenter Variablen sowie die Konstrukte *Konfiguration der Nachfrageseite* und *Leitlinien der Prozessgestaltung* aus dem Modell eliminiert werden. Durch die Elimination einzelner Variablen ist die Anzahl verfügbarer Indikatoren für wenige Faktoren des Modells unter die empfohlene Anzahl von vier Indikatoren pro Faktor gefallen (vgl. Hair u. a., 2006: S. 783). Die Aussagekraft der statistischen Analysen insbesondere zu Eindimensionalität und Konvergenzvalidität der betroffenen Konstrukte wird hierdurch eingeschränkt. Anzumerken ist jedoch, dass aufgrund der geringeren Anzahl verfügbarer Indikatoren für die Anpassung des Kausalmodells keine Auswirkungen zu erwarten sind, da die Konstrukte hier aufgrund ihrer Verknüpfungen untereinander statistisch bestimmt sind (vgl. Schumacker, Lomax, 2004: S. 64). Durch die Elimination der beiden Konstrukte wird dagegen ein Test der Hypothesen H_{1a}, H_{1b} bis H_{4b} sowie H_5 und H_6 im Rahmen des resultierenden Modells ausgeschlossen. Folglich lassen sich die abgeleiteten Effekte der Konfiguration auf der Nachfrageseite sowie der Leitlinien zur Prozessgestaltung auf die Verwundbarkeit einer Supply Chain im Rahmen dieser Arbeit nicht empirisch validieren. Während zur Bestätigung von Effekten der Konfiguration der Nachfrageseite sowohl die Literatur als auch die Übertragung von Erkenntnissen in Bezug auf die Konfiguration der Versorgungsseite beitragen können, ist eine Evaluation von Effekten der Prozessgestaltung aufgrund der Elimination dieser beiden Konstrukte nur eingeschränkt möglich. Eine Betrachtung der übrigen Hypothesen ist unter Berücksichtigung auch der eingeschränkt validen Konstrukte im Rahmen der nachfolgenden Kausalanalyse durchführbar. Anzumerken ist jedoch, dass durch eine Berücksichtigung von nur eingeschränkt validen Konstrukten von einem negativen Effekt auf die erreichbare Güte des Kausalmodells auszugehen ist.

	Eindimensionalität	**Reliabilität**	**Konvergenz-validität**	**Diskriminanz-validität**
Konfiguration Nachfrageseite	*Nicht gegeben*	-	-	-
Konfiguration Versorgungsseite	*Gegeben*	*Eingeschränkt gegeben*	*Gegeben*	*Gegeben*
Puffer	*Nicht gegeben*	-	-	-
Lieferantenkonzentration	*Gegeben*	*Eingeschränkt gegeben*	*Gegeben*	*Gegeben*
Outsourcing	*Gegeben*	*Eingeschränkt gegeben*	*Gegeben*	*Gegeben*
Globalisierung	*Gegeben*	*Gegeben*	*Gegeben*	*Gegeben*
Abhängigkeit	*Gegeben*	*Gegeben*	*Gegeben*	*Gegeben*
Komplexität	*Gegeben*	*Gegeben*	*Gegeben*	*Eingeschränkt gegeben*
Verwundbarkeit gegenüber Versorgungsrisiken	*Gegeben*	*Gegeben*	*Gegeben*	*Gegeben*
Verwundbarkeit gegenüber Nachfragerisiken	*Gegeben*	*Gegeben*	*Gegeben*	*Eingeschränkt gegeben*
Verwundbarkeit gegenüber Steuerungsrisiken	*Gegeben*	*Gegeben*	*Gegeben*	*Gegeben*
Verwundbarkeit gegenüber Prozessrisiken	*Gegeben*	*Gegeben*	*Gegeben*	*Eingeschränkt gegeben*
Verwundbarkeit gegenüber Umfeldrisiken	*Gegeben*	*Gegeben*	*Gegeben*	*Gegeben*

Tabelle 52: Zusammenfassung der Analysen zur Konstruktvalidität
(eigene Darstellung)

Zur Analyse dieses Effekts wird im Folgenden eine Bewertung der globalen Anpassungsgüte für zwei Varianten des gemeinsamen Messmodells sämtlicher zu berücksichtigender Konstrukte durchgeführt. Die Anpassungsgüte des vollständigen *Basismodells* aus sämtlichen, mindestens eingeschränkt validen Konstrukten, das bereits bei den Betrachtungen zur Diskriminanzvalidität verwendet wurde (vgl. Abschnitt 6.4.5), wird mit der Güte eines *reduzierten Messmodells*, das nur die uneingeschränkt validen Konstrukte umfasst (vgl. Tabelle 52), verglichen. Anzumerken ist in diesem Zusammenhang, dass die Anpassungsgüte des gemeinsamen Messmodells die maximal erreichbare Güte eines Kausalmodells darstellt.

Die Bewertung der Güte beider Messmodelle erfolgt anhand verschiedener globaler Anpassungsmaße (vgl. Abschnitt 4.3.2), die im Folgenden auch für die Evaluation der Anpassungsgüte des vollständigen Kausalmodells verwendet werden. Für die Schätzung der Korrelationen zwischen den Faktoren werden parallel sowohl das Maximum Likelihood (ML) als auch das Unweighted Least Squares (ULS) Verfahren verwendet (vgl. Abschnitt 6.3.2). Anzumerken ist, dass bei Schätzungen mithilfe des verteilungsfreien ULS-Verfahren nicht alle Gütemaße berechnet werden können (vgl. Tabelle 53).

Schätzverfahren	Modell	χ^2	df	GFI	RMSEA	NFI	CFI
ML	Umfassendes Basismodell	823,58	574	0,721	0,067	0,616	0,831
ML	Reduziertes Messmodell	208,516	125	0,837	0,083	0,784	0,897
ULS	Umfassendes Basismodell	1947,91		0,945	-	0,922	-
ULS	Reduziertes Messmodell	434,124		0,974	-	0,960	-

Tabelle 53: Anpassungsgüte des vollständigen Messmodells
(eigene Darstellung)

Bei einem Vergleich der beiden Messmodelle wird deutlich, dass sich die Anpassungsgüte des reduzierten Messmodells nur moderat gegenüber der Güte des umfassenden Basismodells verbessert (vgl. Tabelle 53). Der *Root Mean Squared Error of Approximation* des reduzierten Messmodells liegt sogar über dem *RMSEA* des Basismodells. Anzumerken ist, dass bei Anwendung des ML-Verfahrens zur Parameterschätzung die Anpassungsmaße beider Varianten des Messmodells unter ihren jeweiligen Schwellenwerten liegen (vgl. Tabelle 53), sodass auch die Schätzungen im Rahmen des vollständigen Kausalmodells unterhalb dieser Schwellenwerte liegen werden. Unter Verwendung des ULS-Verfahrens werden die Schwellenwerte einer guten Modellanpassung (vgl. Tabelle 24) dagegen deutlich übersprungen. Da durch eine Reduzierung des Messmodells keine erhebliche Verbesserung der Anpassungsgüte erreicht werden kann, die Anzahl der im Rahmen des Kausalmodells betrachteten Hypothesen jedoch abnimmt, wird für die folgenden Analysen auf eine Elimination weiterer Konstrukte verzichtet (vgl. Abbildung 58).

Abbildung 58: Angepasstes Strukturmodell als Basismodell (Modell 1) mit Hypothesen
(eigene Darstellung)

Da die fehlende Validität der Konstrukte *Konfiguration der Nachfrageseite* und *Leitlinien der Prozessgestaltung* zu ihrer Elimination führt, ergibt sich die Notwendigkeit das aus der Literatur abgeleitete Strukturmodell (vgl. Abbildung 46) für die weitere Kausalanalyse zu reduzieren (vgl. Abbildung 58). Die Hypothesen H_{1a}, H_{1b} bis H_{4b} sowie H_5 und H_6 entfallen entsprechend. Anzumerken ist, dass diese Hypothesen aus formalen Gründen entfallen, Rückschlüsse über die Existenz der in ihnen beschriebenen Effekte sind daher nicht zulässig. Das reduzierte Strukturmodell bildet das *Basismodell* der folgenden Kausalanalyse (vgl. Abschnitt 6.5.1) und definiert die Menge der betrachteten latenten Variablen.

6.5. Analyse des Strukturgleichungsmodells

6.5.1. Analyse der Hypothesen des Basismodells

6.5.1.1. Betrachtung der Anpassungsgüte des Basismodells

Das Basismodell (*Modell 1*) der Kausalanalyse zur Verwundbarkeit von Supply Chains besteht aus dem reduzierten Strukturmodell (vgl. Abbildung 58) sowie den vollständig und eingeschränkt validen Konstrukten des gemeinsamen Messmodells. Zur Schätzung der Modellparameter nach dem Maximum Likelihood (ML) sowie dem Unweighted Least Squares (ULS) Verfahren werden Mess- und Strukturmodell in der

Statistiksoftware AMOS 17.0 in ein Pfadmodell überführt und mit dem aufbereiteten Datensatz (vgl. Abschnitt 6.2), der im Programm SPSS 17.0 verwaltet wird, verknüpft.

Die Anpassung des Kausalmodells an die empirischen Daten gelingt bei einer Schätzung nach dem ML-Verfahren mit einer Ähnlichkeit von $\chi^2_{\mathrm{ML}} = 940$. Bei der vorliegenden Anzahl von Freiheitsgraden $\mathrm{df}_{\mathrm{ML}} = 610$ führt dieser Wert der Teststatistik zu eher geringen Werten der gängigen Anpassungsmaße (vgl. Tabelle 54). Sowohl der *Goodness of Fit Index* ($\mathrm{GFI}_{\mathrm{ML}} = 0{,}693$) als auch der *Comparative Fit Index* ($\mathrm{CFI}_{\mathrm{ML}} = 0{,}777$) liegen unter ihren jeweiligen Schwellenwerten von $0{,}9$ (vgl. Tabelle 48).

Schätzverfahren	χ^2	**Df**	**GFI**	**RMSEA**	**NFI**	**CFI**
ML	940	610	0,693	0,074	0,561	0,777
ULS	-	-	0,924	-	0,892	-

Tabelle 54: Anpassungsgüte des Basismodells (Modell 1)
(eigene Darstellung)

Zur Bewertung der Anpassungsgüte dieser Schätzung ist anzumerken, dass die Anwendung des ML-Verfahrens auf nicht normal verteilte Daten zu einer Überschätzung des empirischen χ^2-Werte führt (vgl. West u. a., 1995). An dieser Stelle konnten daher niedrige Werte der Anpassungsmaße erwartet werden (vgl. Abschnitt 6.3.2). Obwohl im Rahmen dieser Arbeit der Beitrag der Überschätzung nicht ermittelt werden kann, liefert der Goodness of Fit Index der Schätzung nach dem ULS-Verfahren von $\mathrm{GFI}_{\mathrm{ULS}} = 0{,}924$ einen Hinweis auf sein Ausmaß (vgl. Tabelle 54). Für die tatsächlich unter Anwendung des ML-Verfahrens erreichbare Modellgüte kann am Beispiel des Goodness of Fit Index folgender Zusammenhang angenommen werden:

$$GFI_{ML} \leq GFI < GFI_{ULS} \tag{6.4}$$

Festzuhalten bleibt jedoch, dass die Werte der Anpassungsmaße jeweils exklusiv für das Modell und das Schätzverfahren gelten, für das sie ermittelt worden sind. Aufgrund seiner überlegenen Effizienz sowie der Möglichkeit anhand seiner Schätzungen Hypothesen mithilfe von Signifikanztests zu überprüfen, werden im Folgenden die Modellparameter der ML-Schätzung betrachtet (vgl. Abbildung 59).

In Abbildung 59 sind die standardisierten Pfadkoeffizienten dargestellt, die sich bei einer Anpassung des Kausalmodells (vgl. Abbildung 58) mithilfe des ML-Verfahrens ergeben. Die standardisierten Pfadkoeffizienten des ML-Verfahrens können jeweils als ein Maß für die lineare Korrelation zwischen zwei Konstrukten verstanden werden. Sie stellen formal Korrelationskoeffizienten nach Pearson (1896) dar. Der interpretierbare Wertebereich der Koeffizienten befindet sich in einem Intervall von $[-1; 1]$, wobei höhere Beträge stärkere Effekte anzeigen. Anzumerken ist, dass eine isolierte Analyse der Effektstärke keine Aussage zur Signifikanz des Auftretens eines Effekts erlaubt. Eine solche Aussage bedarf zusätzlich der Berücksichtigung des Stichprobenumfangs sowie der Streuung der gemessenen Variablen. Die kleinen Beträge einiger Pfadkoeffizienten des Basismodells (vgl. Abbildung 59) deuten jedoch bereits auf eine geringe Signifikanz einzelner Hypothesen hin (vgl. Tabelle 28).

Abbildung 59: Basismodell (Modell 1) mit standardisierten Pfadkoeffizienten
(eigene Darstellung)

Genauer wird das signifikante Auftreten der angenommenen Effekte in den folgenden Abschnitten jeweils mithilfe eines zweiseitigen t-Tests untersucht. In diesen Tests wird die Nullhypothese, dass die jeweiligen Pfadkoeffizienten γ_{jk} bzw. β_{kl} zwischen den Konstrukten ξ_j und η_k bzw. η_k und η_l nicht signifikant von null verschieden sind (H_0: $\gamma_{jk} = 0\ bzw.\ \beta_{kl} = 0$) getestet. Als Gegenhypothese (H_1: $\gamma_{jk} \neq 0\ bzw.\ \beta_{kl} \neq 0$) wird jeweils eine der Hypothesen des Hypothesensystems verwendet (vgl. Abschnitt 5.2.6). Anzumerken ist, dass aufgrund ihrer Formulierung auch ein einseitiger t-Tests zur Analyse der Hypothesen zulässig ist, mit dessen Hilfe neben dem Betrag auch die Richtung der Abweichung getestet werden kann. Obwohl bei einem einseitigen im Vergleich zu einem zweiseitigen Test bereits kleinere Abweichungen in der angenommenen Richtung als signifikant erkannt werden, wird im Folgenden auf seine Verwendung verzichtet, sodass auch umgekehrt gerichtete Effekte signifikant werden können. Zur Durchführung der Tests wird aus den unstandardisierten Pfadkoeffizienten sowie den standardisierten Fehlern ihrer Schätzung mithilfe einer Teststatistik ein empirisches Signifikanzniveau p bestimmt, das der $t-Verteilung$ (vgl. Student, 1908) folgt. Das empirische Signifikanzniveau p stellt in diesem Zusammenhang die Wahrscheinlichkeit dar, mit der ein Effekt zufällig in der Stichprobe gemessen wurde, der Pfadkoeffizient für die Grundgesamtheit also den Wert null aufweist.

6.5.1.2. Analyse der Hypothesen zu den Effekten der Supply-Chain-Konfiguration

Nach der Elimination der Konstrukte *Konfiguration der Nachfrageseite* und *Leitlinien der Prozessgestaltung* enthält das Basismodell noch drei Hypothesen zu angenommenen Effekten der Supply-Chain-Konfiguration auf relevante Gestaltungsparameter und damit mittelbar auf die Verwundbarkeit (vgl. Abbildung 58). Anzumerken ist jedoch, dass lediglich Effekte von der Konfiguration auf der Versorgungsseite abgebildet werden. Die Ergebnisse der Signifikanztests der Hypothesen H_{2a} bis H_{4a} bzw. der entsprechenden Pfadkoeffizienten sind in Tabelle 55 dargestellt.

Hypothese				Pfad-koeffizient	Pfad-koeffizient	Fehler	Empirische Signifikanz
					Standardisiert	*Standardisiert*	$p-Wert$
H_{2a}	Struktur der Lieferantenbasis	←	Konfiguration Versorgung	-0,421	-0,302	0,221	0,057
H_{3a}	Grad der Fremdvergabe	←	Konfiguration Versorgung	0,204	0,167	0,188	0,278
H_{4a}	Grad der Internationalisierung	←	Konfiguration Versorgung	0,003	0,001	0,237	0,991

Tabelle 55: Test der Hypothesen zur Konfiguration der Versorgungsseite
(eigene Darstellung)

Bei einem zweiseitigen t-Test und einer tolerierten Wahrscheinlichkeit für einen Fehler erster Art von $\alpha = 0{,}05$ kann für keinen der drei Pfadkoeffizienten die Nullhypothese abgelehnt werden. Effekte der Supply-Chain-Konfiguration der Versorgungsseite auf die *Struktur der Lieferantenbasis* (H_{2a}), den *Grad der Fremdvergabe* (H_{3a}) sowie den *Grad der Internationalisierung* (H_{4a}) können daher nicht signifikant nachgewiesen werden. Während jedoch die Hypothesen H_{3a} und H_{4a} deutlich abgelehnt werden ($p \gg \alpha$), entspricht das empirische Signifikanzniveau des Koeffizienten zwischen der Supply-Chain-Konfiguration und der Struktur der Lieferantenbasis annähernd der tolerierten Wahrscheinlichkeit für einen Fehler erster Art. Es wird daher trotz der knappen Ablehnung von H_{2a} weiter von der Existenz dieses Effekts ausgegangen.

Auffällig ist in diesem Zusammenhang jedoch das negative Vorzeichen des Pfadkoeffizienten. Aufgrund ihrer Konstruktion deuten hohe Werte beider Konstrukte jeweils auf eine hohe Stabilität der Versorgungsprozesse bzw. auf einen hohen Grad der Lieferantenkonzentration hin. Ein negativer Pfadkoeffizient zeigt daher einen der Hypothese H_{2a} entgegen gerichteten Effekt, nach dem eine Konfiguration in Anlehnung an das Effizienzparadigma zu einem geringen Grad der Lieferantenkonzentration führt. Da dieser Effekt zwar annähernd signifikant ist, jedoch der aus der Literatur abgeleiteten Richtung widerspricht (vgl. Abschnitt 5.2.4), erscheint die Annahme eines kausalen Zusammenhangs beider Konstrukte zweifelhaft. Der angenommene Effekt der Konfiguration auf die *Struktur der Lieferantenbasis* wird daher in einer Modifikation des Basismodells durch eine Korrelation beider Konstrukte ersetzt. Da bei einer erneuten Schätzung des modifizierten Basismodells das empirische Signifikanzniveau unverändert bleibt und der Korrelationskoeffizient den gleichen Wert annimmt, den der Pfadkoeffizient des ursprünglichen Basismodells aufwies, wird diese Modifikation des Basismodells für die folgenden Analysen beibehalten.

Die durchgeführten Analysen zu den Hypothesen H_{2a} bis H_{4a} zeigen, dass der Einfluss der *Supply-Chain-Konfiguration auf der Versorgungsseite* auf die relevanten Gestaltungsparameter eher gering ist. Weder der *Grad der Fremdvergabe* noch der *Grad der Internationalisierung* eines Unternehmens wird von der Konfiguration seiner Supply Chain beeinflusst. Dagegen geht auf der Versorgungsseite eine Konfiguration nach dem Effizienzparadigma mit einer *breiten Lieferantenbasis* einher.

6.5.1.3. Analyse der Hypothesen zu den Effekten der Gestaltungsparameter

In Bezug auf die Zusammenhänge der identifizierten Gestaltungsparameter auf die wahrgenommene Komplexität bzw. die wahrgenommene Abhängigkeit (vgl. Abbildung 58) weisen die Schätzungen sämtlicher Pfadkoeffizienten (H_7 bis H_{12}) die angenommene Richtung auf. Trotzdem können die aus der Literatur abgeleiteten Effekte (vgl. Abschnitt 5.2.3) nur teilweise signifikant bestätigt werden (vgl. Tabelle 56). Insbesondere die Effekte einer *konzentrierten Lieferantenbasis*, die in der Literatur häufig sowohl als Treiber von Komplexität als auch von Abhängigkeit genannt wird (vgl. Tabelle 26), kann im Rahmen der Kausalanalyse nicht nachgewiesen werden. Da weder in Bezug auf H_7 noch auf H_8 der geschätzte Pfadkoeffizient signifikant von null verschieden ist (vgl. Tabelle 56), kann ein verstärkender Effekt einer konzentrierten Lieferantenbasis auf die wahrgenommene Abhängigkeit bzw. Komplexität nicht nachgewiesen werden.

	Hypothese			Pfad-koeffizient	Pfad-koeffizient	Fehler	Empirische Signifikanz
					Standardisiert	Standardisiert	$p-Wert$
H_7	Wahrgenommene Abhängigkeit	←	Struktur der Lieferantenbasis	0,128	0,134	0,125	0,305
H_8	Wahrgenommene Komplexität	←	Struktur der Lieferantenbasis	0,059	0,083	0,09	0,51
H_9	Wahrgenommene Abhängigkeit	←	Grad der Fremdvergabe	0,135	0,123	0,148	0,362
H_{10}	Wahrgenommene Komplexität	←	Grad der Fremdvergabe	0,256	0,312	0,127	0,044
H_{11}	Wahrgenommene Abhängigkeit	←	Grad der Internationalisierung	0,235	0,299	0,108	0,03
H_{12}	Wahrgenommene Komplexität	←	Grad der Internationalisierung	0,167	0,284	0,081	0,04

Tabelle 56: Test der Hypothesen zu den Effekten der relevanten Gestaltungsparameter
(eigene Darstellung)

In Bezug auf den in der Literatur ebenfalls häufig genannten Zusammenhang zwischen Outsourcing und Abhängigkeit konnte ein verstärkender Effekt der *Fremdvergabe* auf die wahrgenommene Abhängigkeit nicht signifikant nachgewiesen werden. Die Hypothese H_9 kann daher nicht angenommen werden. Dagegen konnte in Bezug auf die wahrgenommene Komplexität ein signifikant von Null verschiedener Effekt der *Fremdvergabe* nachgewiesen werden. Ein hoher Grad der Fremdvergabe führt zu einer größeren wahrgenommenen Komplexität, die Hypothese H_{10} wird entsprechend angenommen.

Da auch die Pfadkoeffizienten zwischen den Konstrukten *Grad der Internationalisierung* und *wahrgenommene Abhängigkeit* bzw. *wahrgenommene Komplexität* signifikant von null verschieden sind (vgl. Tabelle 56), können auch die Hypothesen H_{11} und H_{12} angenommen werden. Ein hoher Internationalisierungsgrad von Wertschöpfungsnetzwerken führt demnach zu einer größeren wahrgenommenen Abhängigkeit und einer größeren wahrgenommenen Komplexität. Obwohl in der Literatur ein positiver Effekt zwischen Globalisierung und Abhängigkeit eher selten beschrieben wird (vgl. Tabelle 26), stellt der Grad der Internationalisierung den einzigen Gestaltungsparameter dar, dessen Effekt auf die wahrgenommene Abhängigkeit im Rahmen der Kausalanalyse signifikant nachgewiesen werden konnte. Zudem handelt es sich bei dem Grad der Internationalisierung um den einzigen der identifizierten Gestaltungsparameter für den im Zusammenhang mit beiden intermediären Konzepten (vgl. Abschnitt 5.2.2) ein verstärkender Effekt besteht.

Durch die Analyse der Hypothesen zu den relevanten Gestaltungsparametern entsteht ein uneinheitliches Bild. Während die *Struktur der Lieferantenbasis keinen* nachweisbaren Einfluss auf *Abhängigkeit oder Komplexität* hat, werden beide Konzepte mit einem *zunehmenden Grad der Internationalisierung verstärkt*. Höhere Grade der Fremdvergabe verstärken zwar die Komplexität, nicht jedoch die Abhängigkeit innerhalb eines Wertschöpfungsnetzwerks.

6.5.1.4. Analyse der Hypothesen zu den Effekten von wahrgenommener Komplexität und Abhängigkeit

Die Zusammenhänge zwischen Komplexität bzw. Abhängigkeit und der Verwundbarkeit von Supply Chains erscheinen heterogen zu sein. Bei der Anpassung des Basismodells ergeben sich sowohl hinsichtlich der Verwundbarkeitsdimensionen als auch im Vergleich von wahrgenommener Komplexität und Abhängigkeit verschieden hohe Effektstärken (vgl. Tabelle 57). Unabhängig von ihrer Signifikanz deuten jedoch sämtliche Pfadkoeffizienten jeweils auf einen verstärkenden Effekt von Komplexität und Abhängigkeit hin.

	Hypothese			Pfadkoeffizient	Pfadkoeffizient	Fehler	Empirische Signifikanz
				Standardisiert	*Standardisiert*		$p - Wert$
H_{13a}	Verwundbarkeit Versorgungsrisiken	←	Wahrgenommene Abhängigkeit	0,288	0,242	0,126	0,022
H_{13b}	Verwundbarkeit Nachfragerisiken	←	Wahrgenommene Abhängigkeit	0,159	0,208	0,092	0,085
H_{13c}	Verwundbarkeit Prozessrisiken	←	Wahrgenommene Abhängigkeit	0,108	0,094	0,124	0,380
H_{13d}	Verwundbarkeit Steuerungsrisiken	←	Wahrgenommene Abhängigkeit	0,054	0,049	0,104	0,605
H_{13e}	Verwundbarkeit Umfeldrisiken	←	Wahrgenommene Abhängigkeit	0,331	0,396	0,111	0,003
H_{14a}	Verwundbarkeit Versorgungsrisiken	←	Wahrgenommene Komplexität	1,094	0,686	0,235	< 0,001
H_{14b}	Verwundbarkeit Nachfragerisiken	←	Wahrgenommene Komplexität	0,679	0,665	0,178	< 0,001
H_{14c}	Verwundbarkeit Prozessrisiken	←	Wahrgenommene Komplexität	1,189	0,773	0,245	< 0,001
H_{14d}	Verwundbarkeit Steuerungsrisiken	←	Wahrgenommene Komplexität	1,263	0,870	0,237	< 0,001
H_{14e}	Verwundbarkeit Umfeldrisiken	←	Wahrgenommene Komplexität	0,424	0,379	0,150	0,005

Tabelle 57: Test der Hypothesen zu wahrgenommener Komplexität und Abhängigkeit
(eigene Darstellung)

Gemessen an ihrer jeweiligen Stärke erscheinen die Effekte der *wahrgenommenen Abhängigkeit* auf die Verwundbarkeit umso höher zu sein, desto weiter die Quellen, gegenüber deren Risiken ein Unternehmen anfällig ist, organisatorisch von diesem entfernt sind. Insbesondere scheint die Abhängigkeit zwischen den Elementen eines Wertschöpfungsnetzwerks die Anfälligkeit dieser Elemente gegenüber unternehmensinternen Risiken nicht zu beeinflussen. Die Pfadkoeffizienten zwischen den Konstrukten wahrgenommene Abhängigkeit sowie Verwundbarkeit gegenüber Prozess- bzw. gegenüber Steuerungsrisiken sind nicht signifikant von null verschieden, die Hypothesen H_{13c} und H_{13d} können daher nicht angenommen werden (vgl. Tabelle 57). Dagegen können die Effekte der wahrgenommenen Abhängigkeit auf die übrigen Verwundbarkeitsdimensionen größtenteils signifikant nachgewiesen werden, sodass sowohl die Hypothese H_{13a} als auch die Hypothese H_{13e} angenommen werden kann. In Bezug auf den Effekt der wahrgenommenen Abhängigkeit auf die Verwundbarkeit gegenüber Nachfragerisiken ist das Ergebnis des Signifikanztests uneindeutig. Obwohl der entsprechende Pfadkoeffizient formal nicht signifikant von null verschieden ist, kann die knappe Ablehnung der Hypothese H_{13b} bei gleichzeitiger Signifikanz der übrigen Hypothesen zu unternehmensexternen Risiken als Hinweise auf die Existenz eines solchen Effekts verstanden werden. Bei den folgenden Untersuchungen wird daher weiterhin ein entsprechender Effekt berücksichtigt.

Im Gegensatz zu den Effekten des Konstrukts wahrgenommene Abhängigkeit ist in Bezug auf sämtliche Verwundbarkeitsdimensionen ein positiver Effekt einer hohen *wahrgenommenen Komplexität* signifikant nachweisbar. Die Hypothesen H_{14a} bis H_{14e} können angenommen werden, wobei, ähnlich wie bereits in Bezug auf die wahrgenommene Abhängigkeit, die einzelnen Effektstärken mit der organisatorischen Position der jeweiligen Risikoquelle zusammenhängen (vgl. Tabelle 57). Während jedoch eine hohe wahrgenommene Abhängigkeit insbesondere die Anfälligkeit von Unternehmen gegenüber externen Risiken erhöht, weist die wahrgenommene Komplexität höhere Effektstärken im Zusammenhang mit der Verwundbarkeit gegenüber internen Risiken auf.

Unabhängig von der Betrachtung der einzelnen Verwundbarkeitsdimensionen ist eine wichtige Erkenntnis der Analysen zu wahrgenommener Abhängigkeit bzw. Komplexität, dass *Komplexität als Treiber der Verwundbarkeit einen größeren Effekt als Abhängigkeit aufweist*. Lediglich im Hinblick auf die *Verwundbarkeit gegenüber Umfeldrisiken ist der Einfluss von Komplexität und Abhängigkeit annähernd gleich.*

6.5.1.5. Zusammenfassung der Analysen zum Basismodell

Nach der Analyse des Basismodells ist festzustellen, dass insgesamt *zehn Effekte signifikant nachgewiesen werden konnten*, während *acht der ursprünglichen Hypothesen abgelehnt werden mussten*. Die Konfiguration der Versorgungsseite hat keinen kausalen Effekt auf die drei betrachteten Gestaltungsparameter. Zwar konnte zwischen der Supply-Chain-Konfiguration und der Struktur der Lieferantenbasis ein signifikanter Zusammenhang nachgewiesen werden, dieser wurde jedoch aufgrund seiner Richtung als Korrelation interpretiert. Die Hypothesen zu Effekten der betrachteten Gestaltungsparameter auf Abhängigkeit und Komplexität konnten teilweise bestätigt werden. Während im Hinblick auf die Komplexität eines Wertschöpfungsnetzwerks verstärkende Effekte sowohl von dem Grad der Fremdvergabe als auch dem Grad der Internationalisierung nachgewiesen werden konnten, wird die wahrgenommene Abhängigkeit innerhalb einer Supply Chain lediglich durch eine zunehmende Internationalisierung verstärkt. Die Struktur der Lieferantenbasis stellt dagegen weder einen Treiber der Abhängigkeit noch einen der Komplexität dar. Bei der Analyse der nächsten Stufe des Strukturmodells (Modell 1) konnte gezeigt werden, dass die Effekte der wahrgenommenen Komplexität auf die verschiedenen Verwundbarkeitsdimensionen im Vergleich zu den Effekten der wahrgenommenen Abhängigkeit dominant sind. Ihre Komplexität stellt in Bezug auf Supply Chains demnach den wichtigeren Treiber ihrer Verwundbarkeit dar. Eine Ausnahme bildet hier lediglich die Verwundbarkeit gegenüber Umfeldrisiken, die von Komplexität und Abhängigkeit annähernd gleich verstärkt wird.

Auf Grundlage dieser Ergebnisse lässt sich eine reduzierte Form des Basismodells (*Modell 2*) formulieren, in der die signifikant nachweisbaren Zusammenhänge sowie zusätzlich der Effekt zwischen den Konstrukten *wahrgenommene Abhängigkeit* und *Verwundbarkeit gegenüber Nachfragerisiken* beibehalten werden (vgl. Abbildung 60). Die Modifikation des Strukturmodells beeinflusst jedoch sowohl *statistisch* seine Anpassungsgüte als auch *inhaltlich* die mit ihm möglichen Aussagen.

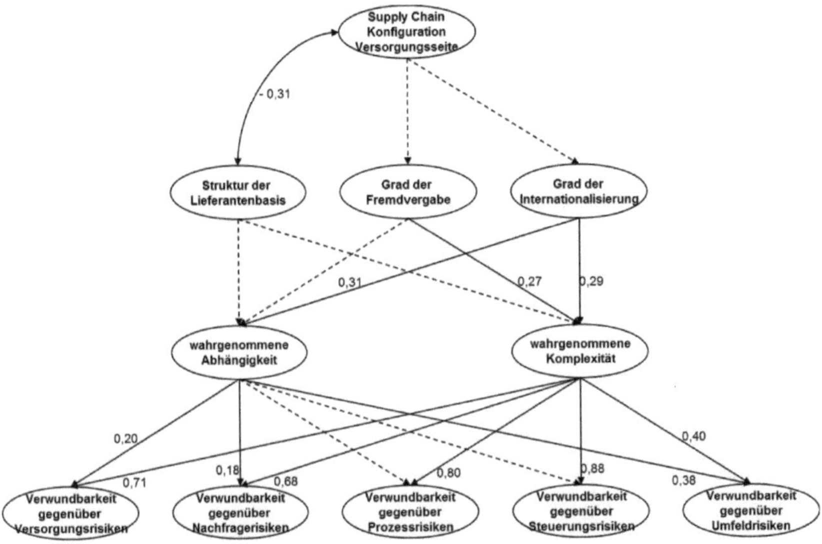

Abbildung 60: Reduziertes Basismodell (Modell 2) mit standardisierten Pfadkoeffizienten
(eigene Darstellung)

Statistisch hat die Elimination der nicht signifikanten Effekte nur eine geringe Auswirkung. Zwar steigt der Wert der χ^2-Teststatisik aufgrund der etwas ungenaueren Parameterschätzung leicht an (vgl. Abschnitt 4.3.2), doch kompensiert die höhere Anzahl an Freiheitsgraden des reduzierten Basismodells (Modell 2) diesen Effekt. Entsprechend steigen GFI sowie NFI, in denen die Modellkomplexität nicht berücksichtigt wird, leicht an, während sich die Werte des Quotienten χ^2/df sowie des CFI leicht verbessern (vgl. Tabelle 58). Insgesamt ist die Anpassungsgüte des reduzierten Basismodells (Modell 2) jedoch nahezu identisch zu der des ursprünglichen Modells (Modell 1).

Schätzverfahren	χ^2	df	GFI	RMSEA	NFI	CFI
ML	943,8	617	0,692	0,074	0,561	0,779
ULS	-	-	0,906	-	0,866	-

Tabelle 58: Anpassungsgüte des reduzierten Basismodells (Modell 2)
(eigene Darstellung)

Inhaltlich sind die Konsequenzen der Elimination statistisch nicht signifikanter Zusammenhänge jedoch bedeutend. Die Effekte der Supply-Chain-Konfiguration auf den Grad der Fremdvergabe sowie den Grad der Internationalisierung mussten aufgrund mangelnder Signifikanz aus dem Modell entfernt werden. Das Konstrukt Struktur der Lieferantenbasis, das mit der Supply-Chain-Konfiguration korreliert, weist keinen signifikanten Effekt auf die wahrgenommene Abhängigkeit bzw. Komplexität auf. In dem resultierenden Strukturmodell (Modell 2) wird kein Zusammenhang mehr zwischen den Konstrukten zu Konfiguration und Verwundbarkeit einer Supply Chain abgebildet (vgl. Abbildung 60). Obwohl für die Konstrukte wahrgenommene Komplexität und wahrgenommene Abhängigkeit sowie für einige der identifizierten Gestaltungsparameter direkte bzw. indirekte Effekte auf die Verwundbarkeit von Supply Chains gezeigt werden konnten, lässt sich ein indirekter Einfluss der Konfiguration mithilfe des reduzierten Basismodells (Modell 2) nicht untersuchen. Auch eine Analyse möglicher Effekte der Supply-Chain-Gestaltung nach einem der beiden Gestaltungsparadigmen ist anhand dieses Modells (Modell 2) nicht möglich.

Insbesondere zur Beantwortung der zweiten Forschungsfrage wird daher das reduzierte Basismodell (Modell 2) vor der weiteren Analyse um direkte Effekte zwischen der Supply-Chain-Konfiguration und den Konstrukten zu Verwundbarkeit eines Wertschöpfungsnetzwerks ergänzt (vgl. Abschnitt 6.5.2).

6.5.2. Anpassung eines modifizierten Strukturmodells zur Untersuchung zusätzlicher Effekte

6.5.2.1. Effekte der Supply-Chain-Konfiguration im modifizierten Strukturmodell

Das reduzierte Basismodell (vgl. Abschnitt 6.5.1.5) wird für die folgenden Analysen um direkte Effekte zwischen der Supply-Chain-Konfiguration auf der Versorgungsseite und den Konstrukten zu den verschiedenen Verwundbarkeitsdimensionen zum *modifizierten* Strukturmodell (*Modell 3*) ergänzt (vgl. Abbildung 61). Das modifizierte Modell wird erneut mithilfe der Statistiksoftware AMOS 17.0 an die empirischen Daten angepasst, wobei auch bei dieser Analyse sowohl das ML- als auch das ULS-Schätzverfahren verwendet werden. Anzumerken ist, dass die Anpassungsgüte des modifizierten Strukturmodells derjenigen beider Formen des Basismodells entspricht (vgl. Tabelle 58).

Schätzverfahren	χ^2	df	GFI	RMSEA	NFI	CFI
ML	927,1	612	0,694	0,072	0,567	0,787
ULS	-	-	0,915	-	0,879	-

Tabelle 59: Anpassungsgüte des modifizierten Strukturmodells (Modell 3)
(eigene Darstellung)

Eine Analyse der zusätzlichen Effekte zwischen der *Supply-Chain-Konfiguration* und den Konstrukten zu den verschiedenen Verwundbarkeitsdimensionen zeigt zunächst, dass vier der fünf hinzugefügten Effekte signifikant von null verschiedene Pfadkoeffizienten aufweisen (vgl. Tabelle 60). Gemessen an den Beträgen der jeweiligen Pfadkoeffizienten liegt der Einfluss der *Supply-Chain-Konfiguration* auf die verschiedenen Verwundbarkeitsdimensionen insgesamt in einer ähnlichen Größenordnung wie die Effekte von *wahrgenommener Komplexität* bzw. *Abhängigkeit*. Im Vergleich ist er zwischen beiden Konstrukten einzuordnen (vgl. Abbildung 61).

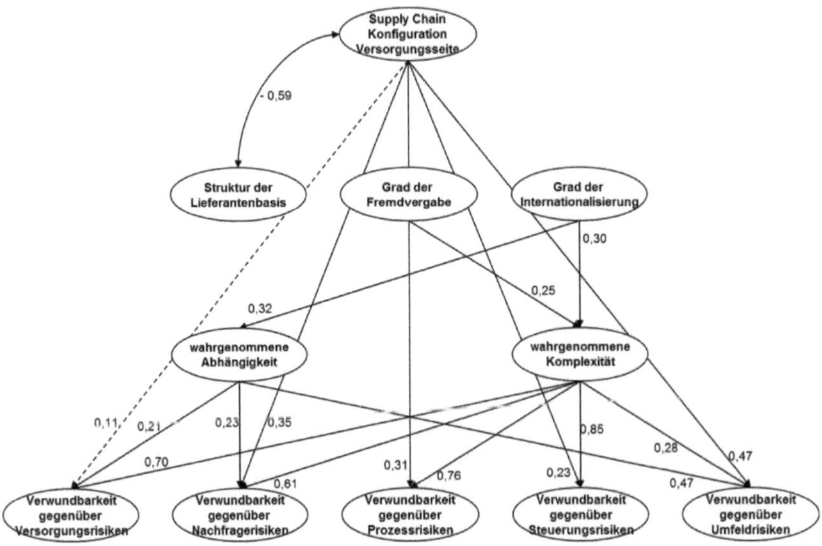

Abbildung 61: Modifiziertes Modell (Modell 3) mit standardisierten Pfadkoeffizienten
(eigene Darstellung)

Zum inhaltlichen Verständnis der hinzugefügten Effekte ist anzumerken, dass sämtliche Pfadkoeffizienten zwischen der *Supply-Chain-Konfiguration* und der Verwundbarkeit gegenüber den verschiedenen Risikoquellen positive Werte aufweisen. Entsprechend der Formulierung ihrer Messmodelle (vgl. Abschnitt 5.3) bedeutet ein positiver Zusammenhang zwischen den Konstrukten, dass die Verwundbarkeit einer Supply Chain ansteigt, je stärker ihre Konfiguration dem Effizienzparadigma entspricht. Da eine solche Gestaltung in der Literatur häufig mit stabilen Versorgungsprozessen in Verbindung gebracht wird (vgl. Lee, 2002: S. 114), erscheint ein solches Ergebnis zunächst wenig plausibel. Anzumerken ist jedoch, dass beispielsweise bereits Rodrigues u. a. zeigen konnten, dass nach dem Effizienzparadigma gestaltete Supply Chains anfälliger als reaktionsfähige Systeme gegenüber Störungen reagieren (vgl. 2007: S. 19). Einen weiteren Beitrag zur Erklärung dieses Zusammenhangs liefert die Berücksichtigung des Bezugsrahmens der vorliegenden Arbeit (vgl. Abschnitt 5.1). Die Verwundbarkeit umfasst hier in Anlehnung an ihre Definition (vgl. Abschnitt 3.4.2) zwar die Anfälligkeit einer Supply Chain gegenüber Schäden, nicht jedoch die Frequenz, mit der die ursächlichen Supply-Chain-Störungen eintreten. Daher widersprechen die vorliegenden Ergebnisse nicht den Stabilitätsvermutungen aus der Literatur, da sie keine Aussagen zu dem aggregierten Risiko einer Supply Chain enthalten. Stattdessen zeigen die Analysen des modifizierten Strukturmodells, dass die Konsequenzen von Supply-Chain-Störungen, die in stabilen Prozessen auftreten, größer sind, als in Konfigurationen nach dem Flexibilitätsparadigma.

Effekt			Pfad-koeffizient	Pfad-koeffizient	Fehler	Empirische Signifikanz
				Standardisiert	*Standardisiert*	$p-Wert$
Verwundbarkeit Versorgungsrisiken	←	Konfiguration Versorgung	0,266	0,108	0,279	0,341
Verwundbarkeit Nachfragerisiken	←	Konfiguration Versorgung	0,559	0,354	0,241	0,020
Verwundbarkeit Prozessrisiken	←	Konfiguration Versorgung	0,775	0,313	0,330	0,019
Verwundbarkeit Steuerungsrisiken	←	Konfiguration Versorgung	0,522	0,228	0,260	0,045
Verwundbarkeit Umfeldrisiken	←	Konfiguration Versorgung	0,815	0,468	0,291	0,005

Tabelle 60: Test der direkten Effekte der Konfiguration auf die Verwundbarkeit
(eigene Darstellung)

Bei einer vergleichenden Analyse der direkten Effekte der Supply-Chain-Konfiguration auf die verschiedenen Verwundbarkeitsdimensionen fällt auf, dass der Pfadkoeffizient zwischen diesem Konstrukt und der Verwundbarkeit gegenüber Versorgungsrisiken als Einziger nicht signifikant von null verschieden ist (vgl. Tabelle 60). Ein Effekt der Supply-Chain-Konfiguration auf der Versorgungsseite auf die Anfälligkeit gegenüber Risiken aus diesem Teilnetzwerk konnte somit nicht nachgewiesen werden. Anzumerken ist, dass Papadakis (2006) im Rahmen einer Event Study nachweist, dass effiziente Supply Chains gegenüber bestimmten Störungen ihres Versorgungsnetzwerks weniger anfällig reagieren als reaktionsfähige (vgl. Abschnitt 5.1.3). Die Tatsache, dass dieser Effekt nicht bestätigt wird, deutet auf eine Überlagerung des von Papadakis (2006) beschriebenen Effekts mit dem Effekt der Supply-Chain-Konfiguration hin. Derselbe Effekt der Supply-Chain-Konfiguration lässt die Pfadkoeffizienten der übrigen Verwundbarkeitsdimensionen signifikant positiv von null abweichen.

Die Analyse des modifizierten Strukturmodells bestätigt direkte Effekte der Konfiguration auf die Verwundbarkeit einer Supply Chain, wobei *Wertschöpfungsnetzwerke, die eine Konfiguration nach dem Effizienzparadigma aufweisen, anfälliger gegenüber Supply-Chain-Störungen sind.* In Bezug auf Versorgungsnetzwerke tritt dieser Effekt, möglicherweise aufgrund einer Überlagerung mit einem von Papadakis (2006) beschriebenen Effekt (vgl. Abschnitt 5.1.3), gedämpft auf.

6.5.2.2. Residuale Effekte von Komplexität und Abhängigkeit

Ein Vergleich des modifizierten Strukturmodells (Modell 3) mit dem reduzierten Basismodell (Modell 2) zeigt, dass die Schätzungen der Effekte von *wahrgenommener Komplexität* und *Abhängigkeit* auf die verschiedenen Verwundbarkeitsdimensionen auch bei einer zusätzlichen Berücksichtigung von direkten Effekten der *Supply-Chain-Konfiguration* annähernd konstant bleiben. Lediglich in Bezug auf die *Verwundbarkeit gegenüber Umfeldrisiken* weichen die Schätzungen der Pfadkoeffizienten im modifizierten Strukturmodell (vgl. Abbildung 61) von denen im reduzierten Basismodell ab (vgl. Abbildung 60). Während jedoch der Effekt der *wahrgenommenen Komplexität* auf diese Verwundbarkeitsdimension geringer geschätzt wird, steigt derjenige der *wahrgenommenen Abhängigkeit* an, wobei beide Effekte auch im modifizierten Strukturmodell signifikant sind. Anzumerken ist, dass eine solche Verschiebung der Effektstärken zwischen den Konstrukten *wahrgenommene Komplexität* und *wahrgenommene Abhängigkeit* in diesem Zusammenhang als Hinweis auf eine Überschätzung des Effekts der *wahrgenommenen Komplexität* im Basismodell gedeutet werden kann.

Insgesamt führt eine zusätzliche Berücksichtigung direkter Effekte der Supply-Chain-Konfiguration auf die verschiedenen Verwundbarkeitsdimensionen jedoch nicht dazu, dass der Erklärungsbeitrag der im Basismodell als Auslöser identifizierten Faktoren *wahrgenommene Komplexität* und *wahrgenommene Abhängigkeit* wesentlich abnimmt. Das Vorliegen der bereits im Basismodell (Modell 1) identifizierten Effekte wird durch das Verhalten des modifizierten Strukturmodells bestätigt (vgl. Hair u. a., 2006: S. 722). Zusätzlich zeigt diese Beobachtung, dass die Konfiguration einer Supply Chain zusätzliche, direkte Effekte auf ihre Verwundbarkeit aufweist, die einer im Basismodell (Modell 1) nicht berücksichtigten Ursache-Wirkungs-Beziehung entsprechen. Die Effekte der *Supply-Chain-Konfiguration* sowie von *wahrgenommener Komplexität* und *Abhängigkeit* auf die Verwundbarkeit von Wertschöpfungsnetzwerken scheinen demnach weitgehend unabhängig voneinander zu bestehen.

6.6. Ableitung eines strategischen Vorgehens zur Reduzierung von Verwundbarkeit in Supply Chains

6.6.1. Konsistenz von Kontext und Versorgungsnetzwerk wahren

Die empirischen Ergebnisse dieser Arbeit belegen, dass Wertschöpfungsnetzwerke umso verwundbarer sind, je stärker sie nach dem Effizienzparadigma gestaltet wurden. Aus ökonomischer Perspektive erscheint es sinnvoll in reifen Branchen, deren Produkte eher dem funktionalen Stereotypen entsprechen, Supply Chains so weit wie möglich nach dem Effizienzparadigma zu gestalten (vgl. Snow u. a., 1992: S. 19). Als Befähiger eines stabilen Versorgungsnetzwerks werden neben Netzwerkstruktur und Beziehungen in der Literatur beispielsweise Lieferantenmanagement- bzw. Anreizsysteme zur Kontrolle opportunistischen Verhaltens genannt (vgl. Harland u. a., 2003: S. 55). Festzustellen ist hierzu, dass die Ergebnisse der durchgeführten Kausalanalyse mit den Ansätzen verschiedener Autoren zu Supply-Chain-Konfigurationen übereinstimmen (vgl. bspw. Fisher, 1997). Insbesondere der Ansatz von Lee (2002), der neben dem Distributionsnetzwerk implizit auch das Versorgungsnetzwerk betrachtet, wird durch die Ergebnisse der vorliegenden Arbeit bestätigt. Die nachgewiesene, höhere Verwundbarkeit von Wertschöpfungsnetzwerken, die nach dem Effizienzparadigma gestaltet wurden, lässt daher eine solche Gestaltung nur dann vorteilhaft erscheinen, *wenn das Umsystem einer Supply Chain bzw. genauer eines betrachteten Teilsystems ausreichend stabil ist*. Dieser Zusammenhang gilt jeweils sowohl für Versorgungs- als auch Distributionsnetzwerke unabhängig.

Sollte sich die Stabilität bzw. Vorhersagbarkeit der verschiedenen Teilsysteme einer Supply Chain unterscheiden, bietet sich eine Entkopplung von Versorgungs- und Distributionsnetzwerk an (vgl. Abschnitt 2.3.2.3). *In der Literatur wird eine solche Gestaltung insbesondere für Situationen vorgeschlagen, in denen die Versorgung stabil, die Nachfrage dagegen unsicher ist* (Manuj, Mentzer, 2008a: S. 146). Die durchgeführte Kausalanalyse bzw. die aufgezeigten Effekte von Internationalisierung und Fremdvergabe auf die Verwundbarkeit eines Wertschöpfungsnetzwerks zeigen jedoch zusätzlich einen Bedarf nach einer alternativen Konfiguration mit einer entkoppelten Supply Chain auf. Da die beschriebenen Effekte in jedem Teilnetzwerk gültig sind, lässt sich aus ihrer Existenz beispielsweise ableiten, dass das globale Versorgungsnetzwerk für ein funktionales Gut trotz stabiler Nachfrage in hohem Grad verwundbar sein kann. Obwohl in einer solchen Situation für das Distributionsnetzwerk aufgrund des Kontexts der Nachfrage eine am Effizienzparadigma orientierte Gestaltung passend ist, erfordert die Verwundbarkeit des Versorgungsnetzwerks eine Gestaltung nach dem Flexibilitätsparadigma. Erfolgt in einer solchen Situation die Identifikation einer passenden Konfiguration hauptsächlich auf den Kontext der Nachfrage fokussiert (vgl. bspw. Fisher, 1997), ist in Bezug auf das Versorgungsnetzwerk einer Supply Chain eine Konsistenz von Strategie, Struktur und Umwelt nicht sichergestellt (vgl. Snyder u. a., 2006: S. 235). Im Hinblick auf die Gestaltung eines Versorgungsnetzwerks ist daher festzustellen, dass ein stabiles Umsystem seines korrespondierenden Distributionsnetzwerks keine ausreichende Bedingung für eine Gestaltung nach dem Effizienzparadigma darstellt.

In der Literatur wird diese Feststellung bisher jedoch nur selten berücksichtigt. Eine Ausnahme bildet der Ansatz von Lee (2002), in dem explizit eine Konfiguration, die Lee als *Risk Hedging Supply Chain* bezeichnet, für Situationen mit hoher Versorgungsunsicherheit bei gleichzeitig stabiler Nachfrage beschrieben wird. Als Gestaltungsempfehlung identifiziert Lee insbesondere die Berücksichtigung von redundanten Elementen im Versorgungsnetzwerk. Aufgrund des stabilen Kontexts der Nachfrage und dem damit verbundenen Effizienzbedarf schlägt er vor, Redundanzen gemeinsam mit anderen Unternehmen derselben Branche zu nutzen (vgl. Lee, 2002: S. 113). Auf die verstärkenden Effekte von redundanten Elementen sowie von der Verknüpfung verschiedener Supply Chains auf die Komplexität eines Netzwerks geht er nicht ein.

Vor dem Hintergrund der Ergebnisse dieser Arbeit erscheint jedoch die Verknüpfung verschiedener Netzwerke über gemeinsame Elemente aufgrund der resultierenden Gesamtkomplexität der verbundenen Systeme nicht in jeder Situation vorteilhaft. Da die Berücksichtigung von redundanten Elementen aufgrund der Verwundbarkeit eines Versorgungsnetzwerks trotzdem erforderlich sein kann, wird an dieser Stelle im Hinblick auf das angeführte Beispiel *die Entkopplung von Supply Chains in ein nach dem Flexibilitätsparadigma gestaltetes Versorgungs- sowie ein effizientes Distributionsnetzwerk vorgeschlagen.* Obwohl eine Entkopplung jeweils einen ausreichend großen Materialbestand am Entkopplungspunkt erfordert, könnte auch die Berücksichtigung von weiteren Entkopplungspunkten, die beidseitig eines besonders verwundbaren Teilnetzwerks eine Gestaltung nach dem Effizienzparadigma ermöglichen, insgesamt wirtschaftlich sein. Anzumerken ist jedoch, dass eine Konfiguration mit entkoppelter Supply Chain für Situationen mit unsicherer Versorgung aber stabiler Nachfrage in der Literatur bisher nicht noch beschrieben wird.

6.6.2. Effekte nach der Theorie von den normalen Katastrophen

Im Hinblick auf Komplexität und Abhängigkeit konnte im Rahmen der durchgeführten Kausalanalyse gezeigt werden, dass beide Systemeigenschaften jeweils verstärkende Effekte auf die verschiedenen Dimensionen der Verwundbarkeit von Supply Chains aufweisen (vgl. Abschnitt 6.5). Die empirischen Ergebnisse bestätigen damit den Einfluss jener beiden Eigenschaften, die auch nach der *Theorie von den normalen Katastrophen* die Verwundbarkeit soziotechnischer Systeme erhöhen. Auffällig ist jedoch, dass die verschiedenen Verwundbarkeitsdimensionen jeweils unterschiedlich stark von diesen beiden Eigenschaften beeinflusst werden (vgl. Tabelle 61).

	wahrgenommene Komplexität	**wahrgenommene Abhängigkeit**
Verwundbarkeit gegenüber **Steuerungsrisiken**	0,85	0,05*
Verwundbarkeit gegenüber **Prozessrisiken**	0,76	0,09*
Verwundbarkeit gegenüber **Versorgungsrisiken**	0,70	0,21
Verwundbarkeit gegenüber **Nachfragerisiken**	0,61	0,23
Verwundbarkeit gegenüber **Umfeldrisiken**	0,28	0,47

* Diese Koeffizienten entstammen abweichend aus dem Basismodell (Modell 1). Aufgrund fehlender Signifikanz der Pfade wurden sie in den modifizierten Strukturmodell (Modell 3) nicht mehr berücksichtigt.

Tabelle 61: Effekt von Komplexität und Abhängigkeit auf die Verwundbarkeit
(eigene Darstellung)

Eine Analyse der jeweiligen Effekte von wahrgenommener Komplexität und Abhängigkeit auf die Verwundbarkeitsdimensionen offenbart einen Zusammenhang zwischen ihrer jeweiligen Stärke und der organisatorischen Distanz einer Risikoquelle von einem betrachteten Unternehmen. Die Effekte der Komplexität nehmen mit zunehmender Nähe einer Risikoquelle zu, während die Effekte der Abhängigkeit abnehmen (vgl. Tabelle 61). Es kann insgesamt ein *gegenläufig gerichteter Verlauf* der Effektstärken von Komplexität und Abhängigkeit festgestellt werden (vgl. Abbildung 62). Zu ergänzen ist, dass der *Einfluss der Komplexität auf die Verwundbarkeit insgesamt stärker als derjenige der Abhängigkeit ist.*

Neben den Effekten dieser beiden Eigenschaften wird in der Theorie von den normalen Katastrophen eine *Wechselwirkung* zwischen Komplexität und Abhängigkeit berücksichtigt, deren Auftreten die Effekte der einzelnen Konzepte dominiert. Die Existenz dieser Wechselwirkung erklärt Perrow (1987) mit zwei Beobachtungen. Zum einen steigt die Verwundbarkeit soziotechnischer Systeme mit dem Grad ihrer Komplexität bzw. der Enge der Kopplung ihrer Elemente an. Zum anderen hängt ihre Fähigkeit zu einer eindämmenden Reaktion auf eingetretene Störungen von ihrer Steuerung ab, wobei komplexe Systeme von dezentralen, eng gekoppelten Systemen jedoch von zentralen Steuerungsinstanzen zu einer robusten Reaktion befähigt werden. Aus diesem Dilemma leitet Perrow die pessimistische Hypothese ab, dass aufgrund der Wechselwirkung beider Eigenschaften Katastrophen in hoch komplexen und gleichzeitig eng gekoppelten Systemen unvermeidlich sind (vgl. Abschnitt 3.3.3.2).

In Bezug auf diese Wechselwirkung ist festzustellen, dass der genaue Verlauf ihrer Effektstärke in Abhängigkeit der beiden Konzepte unbekannt ist. Unabhängig von ihrem Verlauf zeigen die Analysen Perrows jedoch, dass die Effektstärke der Wechselwirkung dann höhere Werte annimmt, je größer auch Abhängigkeit und Komplexität in einem System sind (vgl. bspw. 1987: S. 138). Beim Zutreffen dieser Annahme auch auf Supply Chains hätten im Rahmen der durchgeführten Kausalanalyse verstärkende Effekte von Komplexität und Abhängigkeit insbesondere auf diejenigen Verwundbarkeitsdimensionen auftreten müssen, auf die auch die jeweils andere Eigenschaft einen starken Effekt aufweist. Tatsächlich traten die stärksten Effekte beider Eigenschaften jedoch jeweils auf verschiedene Verwundbarkeitsdimensionen auf. Die verstärkenden Effekte von Komplexität und Abhängigkeit auf die Verwundbarkeit von Supply Chains überlagern sich demnach (vgl. Abbildung 62), ein Effekt ihrer Wechselwirkung ist nicht erkennbar.

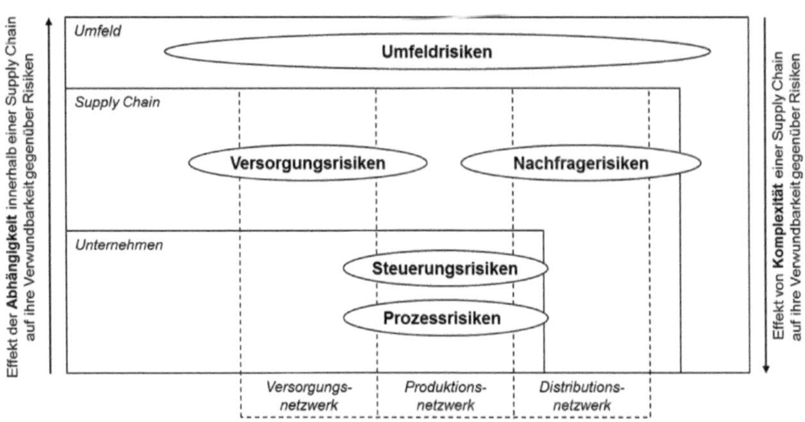

Abbildung 62: Effektstärken von Abhängigkeit und Komplexität auf die Verwundbarkeit
(eigene Darstellung in Anlehnung an Christopher, Peck, 2004; Zhang, Huang, 2006)

Insgesamt deuten die empirischen Ergebnisse dieser Arbeit darauf hin, dass die Theorie von den normalen Katastrophen nur teilweise dazu geeignet ist, die Entstehung bzw. Verstärkung von Verwundbarkeit von Supply Chains zu erklären. Zwar stellen insbesondere Komplexität aber auch Abhängigkeit wichtige Treiber der Verwundbarkeit von Supply Chains dar, eine Wechselwirkung beider Systemeigenschaften konnte jedoch nicht nachgewiesen werden. Da keine Wechselwirkung zwischen Komplexität und Abhängigkeit zu bestehen scheint, ist insbesondere die Übertragbarkeit der Vorhersage Perrows (1987) zur Unvermeidbarkeit von Katastrophen zweifelhaft. *Eine Reduktion der Verwundbarkeit einer Supply Chain ist abweichend von seiner pessimistischen Vorhersage demnach möglich.* Im Folgenden werden mithilfe einer systemischen Perspektive aus den konzeptionellen und empirischen Ergebnissen dieser Arbeit Gestaltungsempfehlungen abgeleitet, die auf eine Reduzierung zunächst der Komplexität sowie nachgestellt der Abhängigkeit in Supply Chain abzielen.

6.6.3. Ambivalente Effekte der Komplexitätsreduktion durch Vereinfachung

Zur Identifikation von Gestaltungsempfehlungen, mit deren Umsetzung die Komplexität einer Supply Chain im Hinblick auf ihre Verwundbarkeit reduziert werden kann, ist eine qualitative Betrachtung des Entstehens von Verwundbarkeit aus Komplexität vorteilhaft. Ein komplexes System ist weniger bestimmt als ein lineares (vgl. Perrow, 1987: S. 115), seine Reaktionen auf unerwartete Ereignisse bzw. Aktionen zu ihrer Bewältigung sind daher schwerer vorhersagbar. Auch Informationen zu den Folgen eines Ereignisses bzw. zu seinem Zustand sind in einem komplexen System weniger eindeutig (vgl. Rijpma, 1997: S. 20). Eine Eindämmung von Störungen in komplexen Systemen wird durch die *Unsicherheit über sein Verhalten und seinen Zustand* erschwert, sodass ein komplexes System insgesamt anfälliger auf Störungen reagiert. Wie auch im Rahmen dieser Arbeit im Hinblick auf Supply Chains empirisch gezeigt, verringert daher eine Reduzierung seiner Komplexität gleichzeitig die Verwundbarkeit eines Systems.

Für eine solche Reduzierung von Komplexität existieren in der Literatur bereits zahlreiche Ansätze, die jedoch jeweils auf die *Vereinfachung eines Systems durch eine Reduzierung der Anzahl und Vielfalt seiner Elemente sowie ihrer wechselseitigen Beziehungen* abzielen (vgl. Meyer, 2007: S. 33). Allgemein können zur Vereinfachung der Struktur eines Systems sowohl einzelne *Teilsysteme aufgegeben* als auch *redundante Elemente oder Systemteile eliminiert* werden. Während die Aufgabe von Teilsystemen häufig auch mit der Aufgabe von Funktionen des Gesamtsystems verbunden ist, bleibt der Funktionsumfang eines Systems beim Abbau von Redundanzen unverändert. In Systemen, deren Teile überlappend konstruiert sind, führt die Aufgabe eines Teilsystems auch zu einer Reduktion der Redundanzen. Die Vereinfachung eines Systems, beispielsweise durch das Eliminieren redundanter Elemente, reduziert direkt seine Komplexität, weist aber auch einen abschwächenden indirekten Effekt auf seine Verwundbarkeit auf (vgl. Abbildung 63).

Neben diesem abschwächenden hat die Vereinfachung eines Systems jedoch auch einen verstärkenden Effekt auf seine Verwundbarkeit. Die Anwesenheit von Redundanzen erhöht neben seiner Komplexität auch die Widerstandsfähigkeit eines Systems (vgl. Rijpma, 1997: S. 17). Umgekehrt reduziert der Abbau von Redundanzen prinzipiell die Möglichkeit eines Systems, beim Auftreten einer Störung die betroffenen Funktionen mithilfe paralleler Elemente aufrechtzuerhalten. Mit dem Grad der Vereinfachung eines Systems steigt auch seine Bestimmtheit an, sodass seine Freiheitsgrade bzw. seine Flexibilität abnehmen (vgl. Kirchhof, 2003: S. 62). Die Abhängigkeit des Systems von jedem seiner Elemente steigt an (vgl. Abbildung 63).

Abbildung 63: Ambivalente Effekte der Vereinfachung[12]
(eigene Darstellung)

Deutlich wird dieser Zusammenhang am Beispiel des Versorgungsnetzwerks eines fokalen Unternehmens. Im Hinblick auf dieses Netzwerk stellen aus systemischer Perspektive Lieferanten, Beschaffungsobjekte oder Lieferungen Elemente dar, deren hohe Anzahl bzw. zeitliche Veränderung die Komplexität des Netzwerks erhöht (vgl. Lasch, Gießmann, 2009: S. 202). Die Reduzierung der Anzahl dieser Elemente, wie beispielsweise der Lieferanten, verringert zwar die strukturelle Komplexität des Netzwerks, gleichzeitig jedoch auch die Anzahl der Freiheitsgrade eines fokalen Unternehmens. Beim Eintreten einer Störung nehmen die Möglichkeiten dieses Unter-

[12] Verwundbarkeit und Widerstandsfähigkeit sind hier zum besseren Verständnis entgegen der Definition der vorliegenden Arbeit (vgl. Abschnitt 3.5.2) als zwei Faktoren dargestellt.

nehmens, rechtzeitig auf eine alternative Versorgungsquelle zu wechseln, mit der Anzahl der Lieferanten in seinem Versorgungsnetzwerk ab. Resultierend steigt die Abhängigkeit des Unternehmens bzw. seiner Supply Chain von den verbliebenen Lieferanten tendenziell an, wobei dieser Effekt im Rahmen dieser Arbeit nicht signifikant nachgewiesen werden konnte (vgl. Abschnitt 6.5.1.3). Auch eine verringerte Anzahl anderer Elemente mit anderen Funktionen und auf anderen vertikalen Ebenen einer Supply Chain führt zu einer Reduktion von Komplexität und Freiheitsgraden.

Trotz der ambivalenten Effekte der Vereinfachung finden sich jedoch sowohl in den empirischen Ergebnissen der Kausalanalyse als auch in der Literatur Hinweise darauf, dass eine Ableitung von Gestaltungsempfehlungen vorrangig auf die Reduktion von Komplexität abzielen sollte (vgl. Abschnitt 6.6.4).

6.6.4. Vorrangig ist die Komplexität zu reduzieren

Im Hinblick auf eine Verringerung der Verwundbarkeit von Supply Chains zeigt eine kombinierte Analyse der vorliegenden empirischen Ergebnisse und einiger Erkenntnisse der Organisationsforschung einen Vorrang der Komplexitätsreduktion. Eine Auswertung des Strukturgleichungsmodells zeigt, dass die Anwesenheit von *Abhängigkeit* und *Komplexität* die Verwundbarkeit einer Supply Chain gegenüber Risiken aus verschiedenen Systemteilen sowie ihrem Umsystem verstärkt. Ein Vergleich der jeweiligen Effektstärken beider Konzepte verdeutlicht jedoch, dass die Effekte der Komplexität im Vergleich zu denen der Abhängigkeit dominant sind. *Komplexität stellt in Bezug auf die Verwundbarkeit eines Wertschöpfungsnetzwerks den stärkeren Treiber dar.* Geringere Ausprägung von Komplexität und Abhängigkeit tragen entsprechend ihrer Effekte zu einer verringerten Verwundbarkeit einer Supply Chain bei. Die wichtigere Einflussgröße zur Reduzierung der Verwundbarkeit von Wertschöpfungsnetzwerken stellt daher aus systemischer Perspektive die *Reduzierung ihres Komplexitätsniveaus* dar. Eine Reduzierung der Abhängigkeit zwischen den Elementen einer Supply Chain ist vor dem Hintergrund ihres geringeren Einflusses als Gestaltungsansatz zur Reduktion der Verwundbarkeit prinzipiell zweitrangig.

Obwohl beispielsweise auch Prud'homme (vgl. 2008: S. 114) im Rahmen einer Kausalanalyse zur Anwendung und Effektivität von Kontingenzplänen zu einem ähnlichen Ergebnis kommt, erscheint die empfohlene Reihenfolge zur Reduzierung von Komplexität und Abhängigkeit vor dem Hintergrund früherer Analysen zu den Effekten der Abhängigkeit auf die Verwundbarkeit einer Supply Chain zunächst erstaunlich (vgl. bspw. Svensson, 2004b, 2004c). Vor ihrer inhaltlichen Würdigung ist jedoch formal darauf hinzuweisen, dass es sich bei dieser Reihenfolge um das Ergebnis einer vergleichenden Analyse handelt. Bei einer isolierten Betrachtung der Abhängigkeit sind ihre Effekte auf die Verwundbarkeit von Supply Chains in Übereinstimmung mit der Literatur nicht zu vernachlässigen.

Die Tatsache, dass im Rahmen der Kausalanalyse stärkere Effekte für Komplexität nachgewiesen wurden, könnte jedoch auch auf die unterschiedlichen Managementaufgaben zurückzuführen sein, die jeweils mit dem Auftreten von Komplexität und Abhängigkeit verbunden sind. Während Abhängigkeit eine bestimmte Situation mit wenigen Freiheitsgraden und geringer Unsicherheit kennzeichnet, ist ein komplexes System unbestimmt und uneindeutig. Zudem können Entscheidungsträger die von ihnen wahrgenommene Abhängigkeit bzw. die aus ihr bei Eintreten einer Störung drohenden Konsequenzen durch den Aufbau von Vertrauen innerhalb ihrer Supply Chain abmildern (vgl. Svensson, 2004c: S. 479). Dagegen stellt für Entscheidungsträger bereits die Steuerung eines komplexen Systems eine Situation permanenter Überforderung dar (vgl. Abschnitt 2.2.1.3), deren Grad bei Auftreten einer Störung weiter ansteigt. Während der Einfluss bzw. die Wahrnehmung von Abhängigkeit zu anderen Elementen einer Supply Chain durch Entscheidungsträger begünstigt durch andauernde Geschäftsbeziehungen bzw. fortschreitende Supply-Chain-Integration tendenziell im Zeitverlauf abnimmt, bleibt derjenige der Komplexität konstant.

Neben dem dominierenden Effekt der Komplexität auf die Verwundbarkeit finden sich beispielsweise in der *Organisationslehre* weitere Überlegungen, die einen Vorrang der Komplexitätsreduktion auch im Hinblick auf die ambivalenten Effekte der Vereinfachung bestätigen. Ausgangspunkt dieser Überlegungen ist die Beobachtung, dass das Hinzufügen von Redundanzen die Widerstandsfähigkeit eines Systems nicht, wie erwartet, stetig erhöht bzw. dass Systeme durch das Hinzufügen von Redundanzen teilweise sogar verwundbarer werden (vgl. Perrow, 1999: S. 152). Als Ursachen dieses Effekts werden in soziotechnischen Systemen insbesondere drei Phänomene identifiziert (vgl. Sagan, 2004: S. 937):

- **Mehrfachausfälle** (*Common Mode Failures*), die bei Eintreten einer Störung durch ungeplante Interaktionen der Elemente eines komplexen Systems entstehen, vermindern die Effektivität von Redundanzen. Wechselwirkungen zwischen redundanten Instanzen eines Systems können den simultanen Ausfall eines Elements sowie seiner Sicherung verursachen. Ist ein Element bzw. seine Sicherung eng mit den übrigen Elementen eines Systems verknüpft, kann eine Störung dieses Elements oder seiner Sicherung zu einem Ausfall des Gesamtsystems führen. Während bei Wechselwirkungen zwischen redundanten Elementen die Widerstandsfähigkeit eines Systems durch den Einbau zusätzlicher Sicherungen nicht ansteigt, nimmt sie bei enger Verknüpfung eines Elements mit dem Gesamtsystem mit zunehmender Anzahl redundanter Elemente sogar ab.

- **Diffusion von Verantwortung**, anders als in technischen Systemen wird das Verhalten der Elemente eines soziotechnischen Systems durch die Anwesenheit von Redundanzen beeinflusst. Wie psychologische Experimente zeigen (vgl. Darley, Latane, 1968: S. 382), nimmt in soziotechnischen Systemen die Effektivität redundanter Elemente in Krisensituationen ab, wobei insbesondere ihre Reaktionsgeschwindigkeit sinkt.
- **Überkompensation**, Elemente soziotechnischer Systeme bzw. diese Systeme selber neigen im Wissen über die Existenz von Redundanzen bzw. Sicherungen dazu, ihr Verhalten zu verändern und ein System auf gefährliche Weise auszunutzen. Der Effekt einer erhöhten Widerstandsfähigkeit wird durch zusätzlich eingegangene Risiken bzw. unaufmerksames Verhalten teilweise überkompensiert (vgl. Viscusi, 1984: S. 327).

Die Phänomene bewirken, dass der Einbau von Redundanzen in soziotechnische Systeme immer ihre Komplexität aber nur in einigen Situationen auch ihre Widerstandsfähigkeit erhöht. Umgekehrt führt eine Reduktion von Freiheitsgraden eines Systems durch den Abbau von Redundanzen nicht in jeder Situation zu einer Schwächung seiner Widerstandsfähigkeit.

Zusammenfassend lassen sich aus den Ergebnissen der Kausalanalyse sowie aus den theoretischen Überlegungen der Organisationslehre zwei Motive für den prinzipiellen Vorrang einer Komplexitätsreduktion ableiten. Ein Vergleich ihrer jeweiligen Effekte zeigt zunächst, dass Komplexität im Vergleich zur Abhängigkeit den stärkeren Treiber der Verwundbarkeit einer Supply Chain darstellt. Da eine Wechselwirkung beider Systemeigenschaften nicht besteht, kann bei einer isolierten Betrachtung eine *Komplexitätsreduktion im Vergleich zu einer Reduktion der Abhängigkeit stärker zur Minderung der Verwundbarkeit eines Wertschöpfungsnetzwerks beitragen.* Zudem stellt die Vereinfachung einer Supply Chain ein effektiveres Werkzeug zur Komplexitätsreduktion dar, als es der Aufbau von Redundanzen zur Reduktion von Abhängigkeit ist. Aufgrund des stärkeren Effekts der Komplexität reduziert die Vereinfachung eines Systems seine Verwundbarkeit selbst dann, wenn durch den Abbau von Redundanzen die Abhängigkeit zwischen den übrigen Elementen einer Supply Chain ansteigt. Der Effekt einer Komplexitätsreduktion überkompensiert in

Bezug auf die Verwundbarkeit eines Wertschöpfungsnetzwerks in der Regel den Effekt steigender Abhängigkeit. Vor dem Hintergrund, dass die Vereinfachung eines Systems den gleichzeitigen Aufbau von Redundanzen weitgehend ausschließt, ist auch *in Bezug auf die Effektivität von Gestaltungsempfehlungen zur Minderung der Verwundbarkeit ein Vorrang der Komplexitätsreduktion erkennbar* (vgl. Abbildung 64).

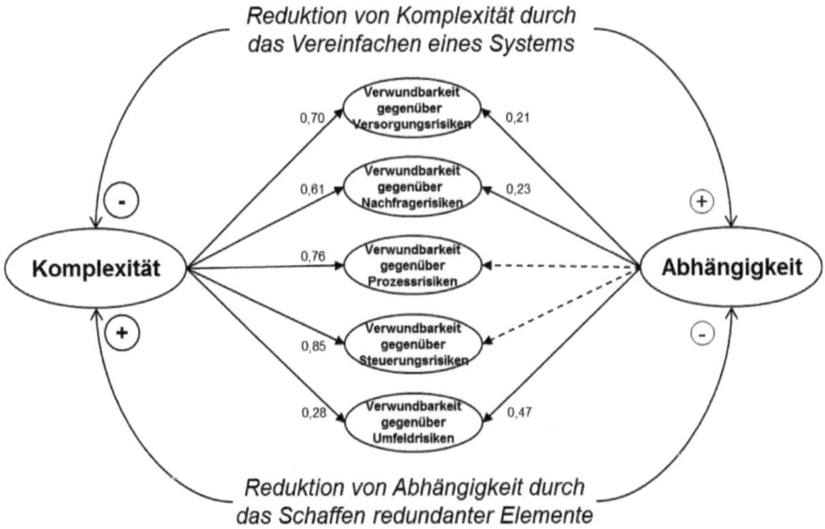

Abbildung 64: Zielkonflikt zwischen der Reduktion von Komplexität und Abhängigkeit
(eigene Darstellung)

Trotz dieses prinzipiellen Vorrangs einer Komplexitätsreduktion trägt auch der Abbau von Abhängigkeit zwischen den Elementen einer Supply Chain zur Minderung ihrer Verwundbarkeit insbesondere gegenüber unternehmensexternen Risiken bei. Anzumerken ist jedoch, dass die Vereinfachung eines Systems unter Abbau von Redundanzen zwar die Abhängigkeit seiner Elemente erhöhen kann, der Aufbau von Redundanzen zur Verringerung von Abhängigkeit jedoch stets die Komplexität dieses Systems erhöht.

Eine Reduzierung der gegenseitigen Abhängigkeit ihrer Elemente erscheint in Bezug auf die Verwundbarkeit einer Supply Chain daher nur dann vorteilhaft, wenn durch eine entsprechende Umgestaltung die Komplexität des Systems nicht über den *optimalen Grad der Vereinfachung* ansteigt (vgl. Abschnitt 6.6.5). Eine Alternative zum Aufbau von Redundanzen stellt im Hinblick auf die Verminderung der Abhängigkeit das Schaffen von Vertrauen dar (vgl. Svensson, 2004c: S. 479). Als allgemeine Gestaltungsempfehlung ist festzuhalten, dass vor *dem Hintergrund der Ergebnisse dieser Arbeit die Verwendung redundanter Elemente als Gestaltungsoption zur Reduktion von Abhängigkeit weitgehend ausgeschlossen werden kann.* Abweichend zu dieser allgemeinen Empfehlung ist im Hinblick auf Supply Chains mit einer hohen Exposition gegenüber Umfeldrisiken (vgl. Abbildung 64) oder in bereits vereinfachten Systemen (vgl. Abschnitt 6.6.5) der Aufbau von Redundanzen in besonders exponierten Teilsystemen vorteilhaft.

6.6.5. Der optimale Grad der Vereinfachung ist zu beachten

Trotz der Hinweise, die in Bezug auf die Verminderung von Verwundbarkeit auf einen prinzipiellen Vorrang der Komplexitätsreduktion hindeuten (vgl. Abschnitt 6.6.4), hängt die Wirksamkeit der Vereinfachung einer Supply Chain von dem bestehenden Komplexitätsgrad des Systems ab. Das Potenzial zur Vereinfachung bestehender Systeme wird durch die Aufgabe, die diese Systeme innerhalb ihrer Umsysteme erfüllen, begrenzt. Auch eine Supply Chain benötigt zum sicheren Funktionieren in einer gegebenen Umwelt ein gewisses Komplexitätsniveau. Die Vereinfachung eines Wertschöpfungsnetzwerks mit dem Ziel seine Komplexität und Verwundbarkeit zu reduzieren, erscheint daher nur in dem Maße vorteilhaft, in dem die Fähigkeit seiner Elemente, nachhaltig fortzubestehen, nicht eingeschränkt wird.

Aufgrund der ambivalenten Effekte der Vereinfachung zur Komplexitätsreduktion kann entgegen der allgemeinen Gestaltungsempfehlung eine redundante Systemgestaltung trotz des Aufbaus weiterer Komplexität vorteilhaft sein. Zwar wird im Hinblick auf die Verwundbarkeit einer Supply Chain der abschwächende Effekt von Redundanzen gewöhnlich von dem verstärkenden Effekt der mit ihnen verbundenen Komplexität überkompensiert (vgl. Abschnitt 6.6.4), doch kann bei Unterschreitung eines optimalen Komplexitätsgrads der Aufbau von Redundanzen die Verwundbarkeit einer Supply Chain vermindern. Anstatt ein System vollständig von Redundanzen zu befreien, kann die Widerstandsfähigkeit verwundbarer Teilsysteme durch den Aufbau einzelner lokaler Redundanzen erhöht werden, ohne dass der Komplexitätsanstieg im Gesamtsystem diese Erhöhung ausgleicht. Hierfür ist jedoch ein anderes Verständnis von Redundanzen erforderlich (vgl. Sagan, 2004: S. 944).

Die effektive Berücksichtigung von Redundanzen in einem System bzw. die Bestimmung seiner optimal vereinfachten Konfiguration erfordert einen *situativen Ansatz*, der statt einem technischen einem soziotechnischen Verständnis von Redundanzen folgt. Allgemeine Gestaltungsempfehlungen können hierzu jedoch nicht abgeleitet werden. *Die Berücksichtigung redundanter Elemente oder Funktionen in verwundbaren Abschnitten einer Supply Chain ist daher so lange vorteilhaft, wie die resultierende Komplexität die gewonnene Widerstandsfähigkeit nicht kompensiert* (vgl. Abbildung 65). Die Erhöhung der Widerstandsfähigkeit durch eine redundante Gestaltung verwundbarer Teilsysteme einer Supply Chain wird durch ihre *Modularisierung* sowie die *Entkopplung* der einzelnen Module unterstützt.

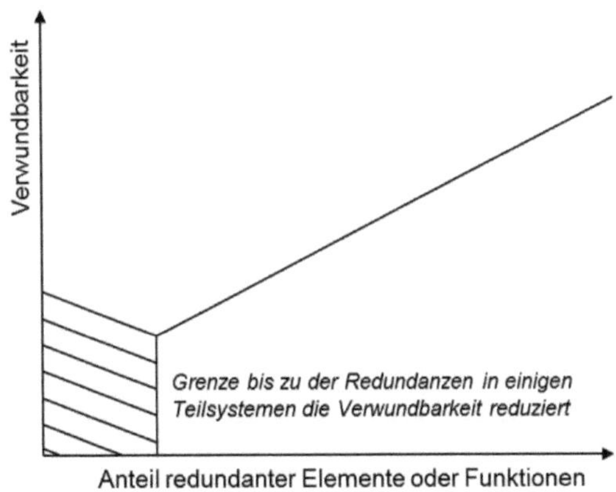

Abbildung 65: Zusammenhang zwischen Verwundbarkeit und Redundanz
(eigene Darstellung in Anlehnung an Sagan, 2004)

Ist der optimale Grad der Vereinfachung bereits erreicht, kann neben dem Abbau von Redundanzen auch eine Modifikation weiterer Gestaltungsparameter bzw. ihrer Ausprägungen zu einer Reduzierung von Komplexität und Verwundbarkeit in einer Supply Chain beitragen. Die Ergebnisse der durchgeführten Kausalanalyse zeigen beispielsweise auf, dass hohe Grade sowohl der *Fremdvergabe* von Wertschöpfungsanteilen als auch der *Internationalisierung* von Wertschöpfungsnetzwerken die Komplexität und mittelbar die Verwundbarkeit einer Supply Chain erhöhen. Im Hinblick auf die Komplexität einer Supply Chain führen höhere Grade von Fremdvergabe und Internationalisierung einer gegebenen Supply Chain zu einer höheren Anzahl von Elementen sowie einer Reduktion der Transparenz im Netzwerk. Da bei der Wahl der Ausprägungen dieser Gestaltungsparameter ein Zielkonflikt zwischen Leistungsfähigkeit und Verwundbarkeit eines Systems besteht (vgl. Jüttner, 2005: S. 133), sollte bei Entscheidungen über höhere Grade von Fremdvergabe und Internationalisierung die steigende Verwundbarkeit gegen die erhoffte Verbesserung der Wirtschaftlichkeit abgewogen werden (vgl. Levy, 1997: S. 101). Die Neugestaltung eines soziotechnischen Systems mit dem Ziel der Komplexitätsreduzierung verringert häufig daher häufig seine Effizienz (vgl. Perrow, 1999: S. 150).

6.6.6. Die residuale Verwundbarkeit ist weiter zu reduzieren

Das Potenzial von Ansätzen, die darauf abzielen, die Verwundbarkeit einer Supply Chain mithilfe der Reduktion ihrer Komplexität zu mindern, wird durch den optimalen Grad der Vereinfachung eines Systems begrenzt. Sobald im Hinblick auf ein Wertschöpfungsnetzwerk der optimale Grad der Vereinfachung erreicht ist, ist eine weitere Minderung seiner Verwundbarkeit durch eine fortschreitende Komplexitätsreduktion nur noch schwer möglich. Da der optimale Grad der Vereinfachung eines Systems jedoch von seinem minimal erforderlichen Komplexitätsniveau abhängt (vgl. Abschnitt 6.6.5), sinkt bei steigender minimaler Komplexität einer Supply Chain das Potenzial von Ansätzen zur Komplexitätsreduktion die Verwundbarkeit eines Wertschöpfungsnetzwerks zu mindern. Jedoch führt beispielsweise der Komplexitätsanstieg in ihren Umsystemen (vgl. bspw. D'Aveni, Gunther, 1994: S. 2) dazu, dass auch für ein nachhaltiges Fortbestehen der Elemente einer Supply Chain ein zunehmend höheres minimales Komplexitätsniveau erforderlich ist. Zudem erhöht auch eine zunehmende Optimierung von Wertschöpfungsnetzwerken hinsichtlich Geschwindigkeit, Volumen, Effizienz sowie der Fähigkeit, in einem ungünstigen Umfeld zu funktionieren, ihre minimale Komplexität (vgl. Perrow, 1999: S. 150). Im Zeitverlauf kann daher die Verwundbarkeit eines Wertschöpfungsnetzwerks trotz erfolgreicher Vereinfachung ansteigen. Eine Eindämmung bzw. Minderung dieser Verwundbarkeit mithilfe einer Komplexitätsreduktion erscheint in einer solchen Situation nicht ausreichend möglich.

Aus dieser Beobachtung lässt sich der Bedarf nach einem zusätzlichen Ansatz ableiten, mit dessen Hilfe die Verwundbarkeit einer Supply Chain auch ohne die Möglichkeit einer weiteren Komplexitätsreduktion vermindert werden kann. In Anlehnung an die Theorie von den normalen Katastrophen sowie an den entwickelten Bezugsrahmen (vgl. Abschnitt 5.1.3) erscheint in diesem Zusammenhang zunächst der Abbau von wechselseitigen Abhängigkeiten zwischen den Elementen einer Supply Chain naheliegend. Bei Berücksichtigung der Ergebnisse der vorliegenden Arbeit, nach denen der Abbau von Abhängigkeit durch einen simultanen Anstieg ihrer Komplexität überkompensiert wird, wird jedoch der Bedarf nach einem alternativen Ansatz zur Minderung der Verwundbarkeit einer Supply Chain deutlich.

Einen Hinweis auf die Existenz eines solchen Ansatzes liefert die durchgeführte Kausalanalyse. Ihre Ergebnisse deuten darauf hin, dass die pessimistische Grundaussage der Theorie von den normalen Katastrophen nicht auf Wertschöpfungsnetzwerke übertragbar ist. Das Entstehen von katastrophalen Schäden nach dem Eintritt von Supply-Chain-Störungen ist demnach vermeidbar. Wenn jedoch Katastrophen in Supply Chains prinzipiell vermieden werden können, lässt sich das Entstehen von Verwundbarkeit und Widerstandsfähigkeit in diesen Systemen auch mit der konkurrierenden *Theorie der Aufmerksamkeit (Mindfulness)* aus der Organisationslehre erklären.

Die Theorie der Aufmerksamkeit, die eine Weiterentwicklung des Ansatzes der hoch zuverlässigen Organisationen darstellt (vgl. LaPorte, Consolini, 1991), erklärt die Eigenschaft einiger Organisationen, wie beispielsweise von Flugzugträgern oder Kernkraftwerken, hoch zuverlässig zu sein, mit *fünf Prinzipien* (vgl. Abbildung 66). Die Umsetzung dieser fünf Prinzipien durch jedes ihrer Mitglieder ermöglicht es diesen hoch zuverlässigen Organisationen, auch dann ihre Aufgabe zu erfüllen, wenn ein erwartetes Ereignis nicht bzw. ein unerwartetes oder unvorhergesehenes Ereignis eintritt (vgl. Weick, Sutcliffe, 2010: S. 23). Während die ersten drei Prinzipien der *Antizipation* eine hoch zuverlässige Organisation dazu befähigen, mögliche Störungen direkt nach ihrem Auftreten und vor dem Eintritt möglicher Konsequenzen aufzuspüren, erlauben es ihr die beiden Prinzipien der *Eindämmung*, negative Konsequenzen einer Störung zu reduzieren. Insbesondere das vierte Prinzip, das *Streben nach Widerstandsfähigkeit*, ermutigt die Mitglieder dieser Organisationen, bewusst Freiheitsgrade und damit Komplexität in ihren jeweiligen Teilsystemen aufzubauen.

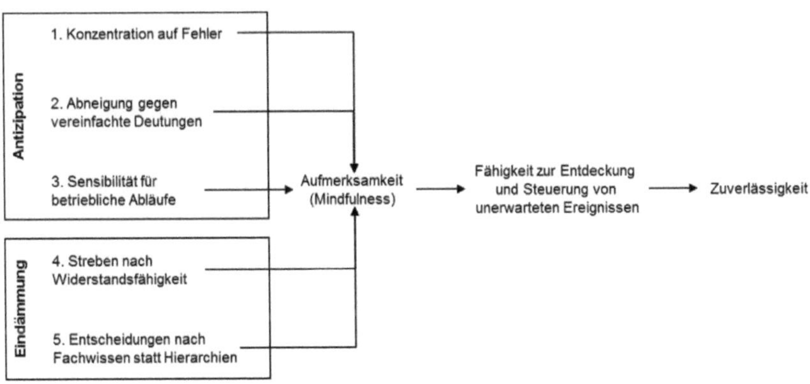

Abbildung 66: Prinzipien hoch zuverlässiger Organisationen
(nach Weick u. a., 2008: S. 37)

Auffällig ist, dass *Kontingenzplanung*, in deren Rahmen Organisationen unmittelbare Reaktionen sowie weitere Maßnahmen zur Sicherung ihres Fortbestehens bei Eintreten bestimmter Ereignisse festlegen, nicht zu den Prinzipien hoch zuverlässiger Organisationen gehört. Die zukünftigen Ereignisse, deren Bewältigung in Kontingenzplänen beschrieben wird, werden genauso wie die Maßnahmen zu ihrer Bewältigung *a priori* von einer Organisation festgelegt. Da sie im Hinblick auf zukünftige Ereignisse formuliert werden, können Kontingenzpläne lediglich Störungen und Maßnahmen umfassen, die bei ihrer Formulierung vorhersehbar waren. Sie drücken Erwartungen einer Organisation über mögliche Ereignisse sowie ihre Fähigkeiten zur Bewältigung dieser Ereignisse aus. Da jedoch ihre Entscheidungsträger in zukünftigen Situationen einseitig nach Bestätigung ihrer Erwartungen suchen, nimmt die Aufmerksamkeit einer Organisation gegenüber anderen Störungen sowie alternativen Möglichkeiten ihrer Eindämmung ab (vgl. Weick, Sutcliffe, 2010: S. 71). *Die Existenz von Kontingenzplänen reduziert daher die Widerstandsfähigkeit einer Organisation gegenüber denjenigen Ereignissen, deren Eindämmung in diesen Plänen nicht beschrieben wird.* Verstärkt wird dieser Effekt dadurch, dass Organisationen in diesen Plänen zwar häufig Störungen und die denkbar bedrohlichsten Situationen in ihrem Umfeld, nicht jedoch mögliche eigene Fehler berücksichtigen. Zudem treten viele Störungen lediglich mit einer geringen Wahrscheinlichkeit ein, sodass Organisationen beim Formulieren von Kontingenzplänen selten über Erfahrungen hinsichtlich möglicher Reaktionen auf diese Ereignisse verfügen (vgl. Perrow, 1999: S. 152). *Die Effektivität von Kontingenzplänen ist daher auch in Bezug auf diejenigen Störungen, die in ihnen berücksichtigt werden, nicht sichergestellt.* Vor dem Hintergrund ihrer zweifelhaften Effektivität ist das Schaffen einer aufmerksamen Organisation der Formulierung von Kontingenzplänen vorzuziehen.

6.6.7. Werkzeuge des schlanken Managements dienen der Umsetzung von Prinzipien hoch zuverlässiger Organisationen

Die Übertragbarkeit der Prinzipien hoch zuverlässiger Organisationen, die im Hinblick auf die *Vermeidung von Fehlern* formuliert wurden, auf Supply Chains bzw. ihre Elemente, deren Handeln von dem *ökonomischen Prinzip* bestimmt wird, ist umstritten. Der Unterschied zwischen diesen und anderen Organisationen wird anhand ihrer jeweiligen Zielgrößen deutlich; hoch zuverlässige Organisationen streben nach maximaler Effektivität während Unternehmen versuchen ihre Effizienz zu maximieren. Trotzdem lassen sich hoch zuverlässige Organisationen auch im Hinblick auf wirtschaftlich handelnde Elemente einer Supply Chain als Prototypen *adaptiver Konfigurationen* verstehen, die in einem komplexen Umfeld widerstandsfähig operieren (vgl. Weick u. a., 2008: S. 50). Die Prinzipien hoch zuverlässiger Organisationen beziehen sich insbesondere auf das Verhalten ihrer einzelnen Mitglieder bzw. der Elemente des jeweils betrachteten Systems. Diese Elemente werden durch eine adaptive Konfiguration ihres Systems zur Umsetzung dieser Prinzipien befähigt.

Der Aufbau von Fähigkeiten zur Antizipation und zur Eindämmung möglicher Störungen mithilfe der Prinzipien hoch zuverlässiger Organisationen erfordert jedoch häufig zusätzlichen Aufwand jedes Mitglieds eines Unternehmens und vermindert die Effizienz einer Supply Chain insgesamt. Die Umsetzung dieser Prinzipien erscheint daher in Verallgemeinerung der Ergebnisse zum bewussten Komplexitätsaufbau in Supply Chains *nur in ausgewählten Teilsystemen vorteilhaft*. Anzumerken ist, dass sich aus den Prinzipien hoch zuverlässiger Organisationen aufgrund ihres hohen Abstraktionsniveaus nur schwer konkrete Empfehlungen für die Konfiguration von Systemen ableiten lassen. Mithilfe einer Modifikation bereits bestehender, anwendungsorientierter Ansätze können jedoch Gestaltungsempfehlungen zur Umsetzung der Prinzipien hoch zuverlässiger Organisationen identifiziert werden.

Einen interessanten Ansatz, mit dem konkrete Gestaltungsempfehlungen zur Umsetzung der Prinzipien hoch zuverlässiger Organisationen trotz ihrer allgemeinen Formulierung identifiziert werden können, zeigt Marley (2006) auf. Sie weist auf eine Übereinstimmung zwischen diesen Prinzipien und einigen Werkzeugen des *schlanken Managements* hin. Ähnlich wie die Umsetzung der Prinzipien hoch zuverlässiger Organisationen in vereinfachten Systemen erhöht auch die Anwendung der von Marley identifizierten Werkzeuge des schlanken Managements die Fähigkeiten von Unternehmen zur Antizipation und Eindämmung von Störungen. Die Übertragung dieser Werkzeuge auf Organisationen, die nicht nach den Prinzipien hoch zuverlässiger Organisationen gestaltet wurden, verspricht neben der Widerstandsfähigkeit auch die Effizienz dieser Unternehmen zu erhöhen. Die Anwendung dieser Werkzeuge trägt daher dazu bei, den *bestehenden Zielkonflikt zwischen Effektivität und Effizienz aufzuheben* (vgl. Tabelle 62).

Unternehmen sind insbesondere dann zur Umsetzung der Prinzipien hoch zuverlässiger Organisationen bereit, wenn diese die Unternehmen nicht nur widerstandsfähiger, sondern auch effizienter machen (Tang, 2006a: S. 480). Ähnlich den Prinzipien hoch zuverlässiger Organisationen erfordert jedoch auch die Einführung der Werkzeuge des schlanken Managements eine Modifikation des Verhaltens einer Organisation bzw. jedes ihrer Mitglieder. Bleibt eine Verhaltensänderung aus, gelingt es insbesondere Organisationen, die nach dem Effizienzparadigma konfiguriert sind, häufig nicht, den mit der Anwendung dieser Werkzeuge erwarteten Grad an Widerstandsfähigkeit zu erreichen (vgl. Weick u. a., 1999b: S. 61).

Prinzipien hoch zuverlässiger Organisationen	Werkzeuge des schlanken Managements
Konzentration auf Fehler	Berichtswesen für Fehler, Total Produktive Maintenance
Abneigung gegen vereinfachte Deutung	Problemlösung durch fortgesetzte Versuchsdurchführung
Sensibilität für betriebliche Abläufe	Bereichsübergreifende Mitarbeiterqualifikation
Streben nach Widerstandsfähigkeit	Nullfehlerprinzip, Bereichsübergreifende Mitarbeiterqualifikation, Einbeziehung von Mitarbeitern
Entscheidung nach Fachwissen statt Hierarchien	Verbesserungen unter Einbezug von Mitarbeitern auch auf unteren Hierarchieebenen

Tabelle 62: Hoch zuverlässige Organisationen und schlankes Management
(vgl. Marley, 2006: S. 45)

Anzumerken ist, dass auch der Ansatz des schlanken Managements, ähnlich den bereits auf Grundlage der durchgeführten Kausalanalyse abgeleiteten Gestaltungsempfehlungen, insbesondere mit dem *Flussprinzip* auf die Vereinfachung eines Systems abzielt (vgl. Womack, Jones, 1996: S. 52). Auch der Abbau von Verschwendung, der ebenfalls zu den Grundprinzipien des schlanken Managements gehört (vgl. Womack u. a., 1990), verringert die Anzahl redundanter Elemente und führt zu einer Vereinfachung eines Systems.

Als Ergänzung zur Anwendung von Werkzeugen des schlanken Managements können in der Literatur einzelne Gestaltungsempfehlungen identifiziert werden, die ebenfalls die Verwundbarkeit einer Supply Chain reduzieren, jedoch teilweise auch bei vorhergesehenen, normalen Zuständen des Umsystems einer Supply Chain vorteilhaft sind (Sheffi, 2001; vgl. bspw. Tang, 2006b). Beispiele für diese Empfehlungen stellen die *Anwendung von Aufschubstrategien*, der *Aufbau von Redundanzen zwischen eigenen und fremden Fähigkeiten* sowie die Einführung von Instrumenten zur Beeinflussung des Absatzmarkts dar (vgl. Tang, 2006b: S. 39). Während jedoch die Umsetzung dieser Empfehlungen häufig mit finanziellem Aufwand verbunden ist, lässt sich ihr Effekt auf die Effizienz einer Supply Chain selten quantitativ ausdrücken. Der durch die Umsetzung dieser Empfehlungen entstehende Aufwand wird in der Literatur auch als *Versicherungsprämie* verstanden (vgl. Sheffi, 2001: S. 4). Die Umsetzung der meisten dieser Empfehlungen ist zudem *nicht im Rahmen jeder Supply-Chain-Konfiguration möglich* (Tang, 2006b: S. 42).

Insgesamt ermöglicht es insbesondere eine Umsetzung der Prinzipien hoch zuverlässiger Organisationen in verwundbaren Teilsystemen die Widerstandsfähigkeit von Supply Chains, die bereits ein nahezu minimales Komplexitätsniveau aufweisen, zu stärken. Zur Ableitung konkreter Gestaltungsempfehlungen bietet sich in diesem Zusammenhang eine Anwendung von Werkzeugen des schlanken Managements auf diese Teilsysteme an. Anzumerken ist, dass eine Umsetzung von Gestaltungsempfehlungen nur in einzelnen Teilen einer Supply Chain die Entkopplung ihrer Teilsysteme erfordert. Die Anwendung anderer Ansätze wie Aufschubstrategien oder den gezielten Aufbau von Redundanzen zur Reduzierung von Verwundbarkeit ist dagegen nur in einigen Konfigurationen möglich.

6.6.8. Strategisches Vorgehen zur Reduzierung von Verwundbarkeit

Die aus den Ergebnissen der Kausalanalyse sowie ergänzend aus Beiträgen der Organisationslehre abgeleiteten Gestaltungsempfehlungen lassen sich zu einem *strategischen Vorgehen* kombinieren. Die ersten fünf Schritte dieses Vorgehens fokussieren in Anlehnung an die Erkenntnisse zum Zusammenhang zwischen Konfiguration und Verwundbarkeit auf das Schaffen entkoppelter Teilsysteme mit konsistenten Konfigurationen. Seine weiteren Schritte umfassen dagegen Gestaltungsempfehlungen zur Minderung der Verwundbarkeit einer Supply Chain (vgl. Abbildung 67).

Als erster Schritt des Vorgehens zur Verwundbarkeitsreduktion in einem Wertschöpfungsnetzwerk wird eine *Umfeldanalyse* hinsichtlich seiner *Stabilität* und *Unsicherheit* vorgeschlagen. Aufgrund der möglichen geografischen bzw. organisatorischen Ausdehnung einer Supply Chain ist es im Rahmen dieser Analyse erforderlich, teilweise verschiedene Umsysteme getrennt zu betrachten. Im zweiten Schritt des Vorgehens erfolgt aufbauend auf den Ergebnissen der Umfeldanalyse eine *Modularisierung* der betrachteten Supply Chain. Die auf diese Weise gebildeten Teilnetzwerke stellen jeweils in Bezug auf den Materialfluss zusammenhängende Segmente dieses Wertschöpfungsnetzwerks dar, deren Kontextsituationen jeweils hinsichtlich Stabilität und Unsicherheit vergleichbar sind. Für jedes dieser Teilnetzwerke ist im dritten Schritt der Vorgehensweise eine *konsistente Konfiguration* zu bestimmen. Vor ihrer gegebenenfalls notwendigen Transformation ist im vierten Schritt eine *Entkopplung* derjenigen in Bezug auf den Materialfluss aneinander grenzenden Teilsysteme erforderlich, für die unterschiedliche Konfigurationen identifiziert worden sind. Insbesondere durch die Integration von bestandsführenden Entkopplungspunkten an den Teilsystemgrenzen, kann die erforderliche Entkopplung der Materialflüsse in den jeweiligen Teilsystemen erreicht werden. Im fünften Schritt der vorgeschlagenen Vorgehensweise werden die entkoppelten Teilsysteme jeweils in die für sie im dritten Schritt als konsistent identifizierte Konfiguration überführt. Passt die aktuelle Gestalt eines Teilsystems nicht zu dieser konsistenten Konfiguration ist eine *Transformation* dieses Teilsystems erforderlich. Anzumerken ist, dass im Vergleich zu seiner Kontextsituation insbesondere die Strategie und Struktur eines Teilsystems in einem kurz- bis mittelfristigen Betrachtungszeitraum modifizierbar ist.

Die folgenden Schritte der Vorgehensweise umfassen Gestaltungsempfehlungen, mit deren Hilfe die Verwundbarkeit einer Supply Chain, deren Teilsysteme bereits entkoppelt sind und jeweils eine konsistente Konfiguration aufweisen, weiter reduziert werden kann (vgl. Abbildung 67). Trotz der Fokussierung des Vorgehens auf eine Verwundbarkeitsreduktion ist im sechsten Schritt eine Analyse in Bezug auf die Risikoquellen sowohl der Verwundbarkeit als auch der Exposition erforderlich. Da eine Betrachtung sämtlicher möglicher Risiken nicht möglich ist, wird für diese Analyse ähnlich der Datenbeschaffung im Rahmen der vorliegenden Arbeit die Bewertung von Schadenshöhe und Eintrittswahrscheinlichkeit verschiedener branchenspezifischer Risiken vorgeschlagen. In Anlehnung an die Ergebnisse der durchgeführten Kausalanalyse wird in Abhängigkeit von den Ergebnissen dieser Analyse die Reihenfolge der nächsten Schritte bestimmt.

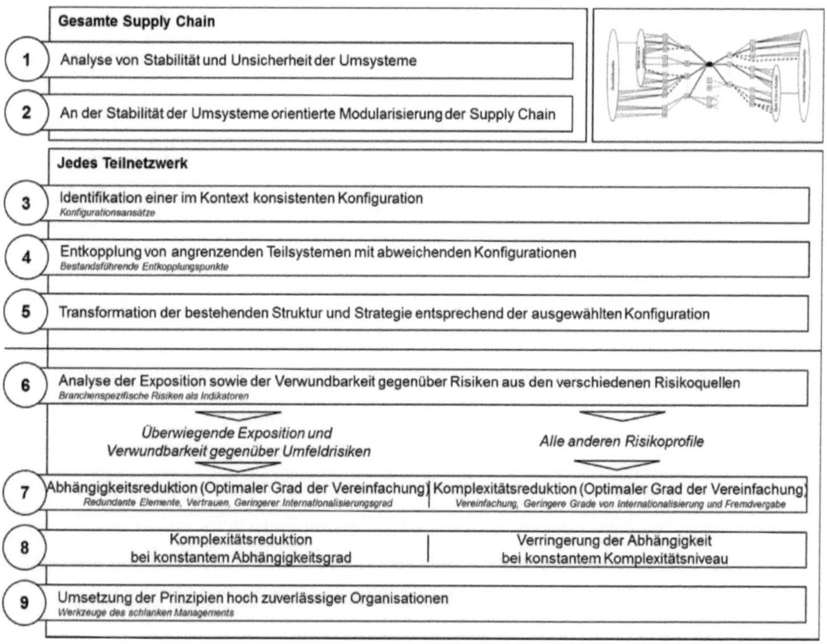

Abbildung 67: Strategisches Vorgehen zur Reduzierung von Verwundbarkeit

(eigene Darstellung)

Ist ein Teilsystem dominant gegenüber Risiken aus seinem *Umfeld* sowohl exponiert als auch verwundbar, ist es vorteilhaft, im siebten Schritt des Vorgehens zunächst vorrangig die gegenseitige *Abhängigkeit* der Elemente dieses Teilsystems zu reduzieren. Anzumerken ist, dass Teilsysteme, deren Strategie und Struktur nach dem Effizienzparadigma gestaltet worden sind, mit einer höheren Wahrscheinlichkeit als andere ein solches Risikoprofil aufweisen. Einen wesentlichen Befähiger zur Minderung der gegenseitigen Abhängigkeit stellt das *Schaffen von redundanten Elementen* innerhalb des betrachteten Teilsystems dar. Da jedoch der Aufbau von Redundanzen die Verwundbarkeit einer Supply Chain nur bis zu einem *optimalen Grad der Vereinfachung* reduziert, ist das Potenzial dieses Ansatzes auch bei einer hohen Exposition gegenüber Umfeldrisiken begrenzt (vgl. Abbildung 68). Als alternative Gestaltungsempfehlungen zur Minderung der gegenseitigen Abhängigkeit wurden im Rahmen der durchgeführten Kausalanalyse die *Verringerung des Internationalisierungsgrads* eines betrachteten Teilsystems sowie der *Aufbau von Vertrauen* zwischen seinen Elementen identifiziert. Im achten Schritt erfolgt in einer solchen Situation ergänzend der *Abbau von Komplexität*, wobei jedoch ein erneuter Anstieg der im siebten Schritt reduzierten Abhängigkeit zu vermeiden ist. Zur Komplexitätsreduktion innerhalb des betrachteten Teilnetzwerks wird daher in Anlehnung an die Ergebnisse der Kausalanalyse eine Verringerung von Internationalisierung und Fremdvergabe vorgeschlagen. Für beide Gestaltungsparameter konnten entsprechende Effekte auf das Komplexitätsniveau einer Supply Chain signifikant nachgewiesen werden. Die Umsetzung beider Gestaltungsempfehlungen reduziert zusätzlich tendenziell die Abhängigkeit zwischen den Elementen einer Supply Chain, wobei lediglich der Effekt der Internationalisierung Signifikanz erreicht.

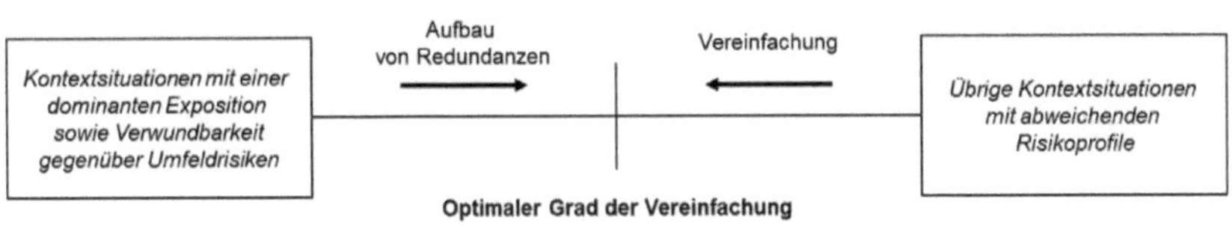

Abbildung 68: Situative Verwundbarkeitsreduktion
(eigene Darstellung)

Weist ein Teilsystem dagegen hinsichtlich Exposition oder Verwundbarkeit ein anderes Risikoprofil auf, wird für den siebten Schritt des Vorgehens vorrangig eine *Reduzierung der Komplexität* vorgeschlagen. Im Gegensatz zu der zweitrangigen Komplexitätsreduktion bei dominanten Umfeldrisiken zeigen die Ergebnisse der Kausalanalyse, dass bei anderen Risikoprofilen eine Komplexitätsreduktion auch dann vorteilhaft ist, wenn durch sie die Abhängigkeit zwischen den Elementen einer Supply Chain ansteigt. In solchen Kontextsituationen stellt insbesondere der *Abbau von Redundanzen* zur Vereinfachung eines Teilsystems ein wesentliches Werkzeug zur Komplexitätsreduktion dar. Auch das Potenzial zur Vereinfachung eines Teilsystems wird durch die Existenz eines *optimalen Vereinfachungsgrads* begrenzt (vgl. Abbildung 68). Ergänzend wird daher im Rahmen des siebten Schritts des Vorgehens auch *eine Verringerung der Grade von Internationalisierung und Fremdvergabe* vorgeschlagen. Der achte Schritt der Vorgehensweise umfasst für Kontextsituationen ohne dominante Umfeldrisiken eine *nachgelagerte Minderung der Abhängigkeit* zwischen den Elementen eines betrachteten Teilsystems. Da bei Risikoprofilen, die keine dominante Exposition und Verwundbarkeit gegenüber Umfeldrisiken aufweisen, der Einfluss der Abhängigkeit auf die Verwundbarkeit geringer als derjenige der Komplexität ist, ist ihre Verringerung nur dann vorteilhaft, wenn die Komplexität des Teilsystems nicht ansteigt. Der Aufbau von Redundanzen stellt daher in einer solchen Situation kein geeignetes Werkzeug zur Verringerung von Abhängigkeit zwischen den Elementen des betrachteten Teilsystems dar. Dagegen kann durch den Aufbau von Vertrauen zwischen den Elementen eines Teilnetzwerks sowie eine weitere Reduzierung seines Internationalisierungsgrads die Abhängigkeit ohne einen resultierenden Komplexitätsanstieg verringert werden.

Zusätzlich zu der Umgestaltung einer Supply Chain bzw. ihrer Teilsysteme wird im neunten Schritt der vorgeschlagenen Vorgehensweise unabhängig von dem Risikoprofil eines jeweils betrachteten Teilsystems, eine Adaption der Prinzipien *hoch zuverlässiger Organisationen* auf Supply Chains empfohlen (vgl. Abbildung 67). Die Umsetzung dieser Prinzipien zielt im Gegensatz zu den ersten acht Schritten des Vorgehens nicht auf eine Modifikation von Struktur und Strategie eines Wertschöpfungsnetzwerks bzw. seiner Teilsysteme ab, sondern auf eine Verhaltensänderung der Mitglieder bzw. Mitarbeiter seiner Elemente. Der Aufbau von Fähigkeiten zur *Adaption* und *Eindämmung* durch die Umsetzung der Prinzipien hoch zuverlässiger Organisationen reduziert die Verwundbarkeit einer Supply Chain bzw. ihrer Teilsysteme zusätzlich. Zur Umsetzung dieser Prinzipien wird die Anwendung von kongruenten Werkzeugen des schlanken Managements empfohlen.

7. Schlussbetrachtung

7.1. Zusammenfassung der Analyse dieser Arbeit

Zur Beantwortung der eingangs formulierten Forschungsfragen (vgl. Abschnitt 1.2) wurden im Rahmen der vorliegenden Arbeit sowohl konzeptionelle als auch empirische Analysen durchgeführt. Die wesentlichen konzeptionellen Ergebnisse der vorliegenden Arbeit stellen der entwickelte *Bezugsrahmen zum aggregierten Supply-Chain-Risiko* (vgl. Abschnitt 5.1) sowie das innerhalb dieses Bezugsrahmens betrachtet *Strukturmodell zur Verwundbarkeit von Wertschöpfungsnetzwerken* (vgl. Abschnitt 5.2) dar. Im Rahmen der empirischen *Kausalanalyse* wurden in Anlehnung an das Strukturmodell verschiedene Effekte der *Konfiguration, relevanter Gestaltungsparameter* sowie von *Komplexität* und *Abhängigkeit* auf die Verwundbarkeit einer Supply Chain betrachtet (vgl. Abschnitt 6.5). Aufbauend auf den konzeptionellen und empirischen Analysen wurde ein strategisches *Vorgehen* zur Reduzierung von Verwundbarkeit skizziert (vgl. Abschnitt 6.6.8).

Die Entwicklung eines *Bezugsrahmens* als einen ganzheitlichen Erklärungsansatz für das Entstehen von Risiken in Supply Chains bildete das Gerüst der Analysen zur Beantwortung der ersten Forschungsfrage. Die Grundlage dieses Bezugsrahmens bildete der Ansatz, sich von der Betrachtung einzelner, häufig offensichtlicher Risiken zu lösen. Stattdessen wurde mithilfe eines in der Literatur bereits vereinzelt verwendeten Konzepts, dem *aggregierten Supply-Chain-Risiko*, eine Größe betrachtet, die aus einer systemischen Perspektive sämtliche Risiken einer Supply Chain zusammenfasst. Die Auslöser der Verwundbarkeit wurden in dem entwickelten Bezugsrahmen mit den Konzepten *Verwundbarkeit* und *Risikoexposition* modelliert. Da jedoch beide Konzepte in der Literatur bisher häufig nur unscharf sowie teilweise widersprüchlich voneinander abgegrenzt worden sind, war zu ihrer parallelen Verwendung in einem gemeinsamen Bezugsrahmen zusätzlich die Synthese von Definitionen beider Begriffe erforderlich.

Die Verwundbarkeit einer Supply Chain beschreibt ihre *Anfälligkeit gegenüber Schäden.* Aus systemischer Perspektive wird die Verwundbarkeit einer Supply Chain von ihrer Gestalt bestimmt, sie stellt demnach eine jeweils immanente Eigenschaft eines Wertschöpfungsnetzwerks dar. Die Risikoexposition einer Supply Chain umfasst dagegen die *Anzahl verschiedenartiger Störungen,* denen eine Supply Chain in einem *definierten Zeitraum* ausgesetzt ist (vgl. Manuj, Mentzer, 2008b: S. 206). Der Grad der Risikoexposition wird maßgeblich von dem Umfeld als Umsystem einer Supply Chain bestimmt. Die getrennte Betrachtung von Verwundbarkeit und Risikoexposition als interne bzw. externe Auslöser des aggregierten Supply-Chain-Risikos erlaubte es, den Bezugsrahmen auf die Konfiguration eines Wertschöpfungsnetzwerks auszudehnen.

Die Gestalt und das Umfeld einer effizient gestalteten Supply Chain werden in der Managementforschung über die *Konsistenz-Effizienz-Hypothese* zu Konfigurationen verknüpft. Eine Konfiguration stellt ein konsistentes Bündel von Ausprägungen der Gestaltungsparameter und Kontingenzfaktoren einer Organisation dar, wobei diese jeweiligen Ausprägungen die Gestalt bzw. das Umfeld einer Organisation eindeutig beschreiben. Im Hinblick auf mögliche Konfigurationen, die eine Supply Chain nach der Konsistenz-Effizienz-Hypothese einnehmen kann, lassen sich anhand von passenden Kombinationen aus System und Umsystem insbesondere zwei Gruppen bzw. Kategorien unterscheiden:

- Nach dem *Effizienzparadigma* gestaltete Systeme in einem *stabilen* oder *vorhersagbaren* Umfeld.
- Nach dem *Flexibilitätsparadigma* gestaltet Supply Chains in einem *volatilen* und *unvorhersagbaren* Umsystem.

Beide Gruppen umfassen eine Menge ähnlicher Konfigurationen, die sich jeweils aufgrund abweichender Ausprägungen einzelner Gestaltungsparameter bzw. Kontingenzfaktoren leicht unterscheiden. *Innerhalb des entwickelten Bezugsrahmens wurde der systemische Konfigurationsbegriff über die Gestaltungsparameter und Kontingenzfaktoren mit den beiden Systemeigenschaften Verwundbarkeit und Risikoexposition sowie mittelbar mit dem aggregierten Risiko einer Supply Chain verknüpft.* Der Bezugsrahmen erklärt somit, wie eine Supply Chain durch das Einnehmen einer Konfiguration – das aktive Auswählen einer Konfiguration ist aufgrund der Wechselwirkungen zwischen Strategie, Struktur und Kontext nicht möglich – ihr aggregiertes Risiko mittelbar determiniert.

Innerhalb des entwickelten Bezugsrahmens wurde als Antwort auf die *erste Forschungsfrage* nach dem Bestehen von Ursache-Wirkungs-Beziehungen zwischen Konfiguration und Verwundbarkeit einer Supply Chain ein *Strukturmodell* abgeleitet, das auf die entsprechenden Beziehungen fokussiert. Neben der Antwort auf die erste Forschungsfrage bildete das Strukturmodell die Grundlage für die empirische Beantwortung der zweiten Forschungsfrage (vgl. Abbildung 69). Das Modell selber umfasst die Effekte verschiedener im Rahmen einer Literaturanalyse als relevant in Bezug auf die Verwundbarkeit einer Supply Chain identifizierter Gestaltungsparameter. Hierzu zählen die *Leitlinien der Prozessgestaltung*, der *Grad der Internationalisierung*, die *Struktur der Lieferantenbasis* sowie der *Grad der Fremdvergabe*.

In der Literatur werden die Zusammenhänge dieser Parameter auf die Verwundbarkeit einer Supply Chain häufig nicht direkt abgebildet, sondern anhand ihrer Effekte auf die intermediären Konzepte *Komplexität* und *Abhängigkeit* beschrieben. Beiden Konzepten wird allgemein ein verstärkender Effekt auf die Verwundbarkeit einer Supply Chain zugeschrieben. Der Zusammenhang zwischen Komplexität, Abhängigkeit und der Verwundbarkeit einer Supply Chain wird von einigen Autoren bereits theoretisch durch eine Übertragung der *Theorie von den normalen Katastrophen* aus der Organisationsforschung auf Supply Chains erklärt. Ein solcher Transfer wird durch eine systemische Perspektive auf Wertschöpfungsnetzwerke ermöglicht. Nach dieser Theorie ist es in eng gekoppelten, komplexen soziotechnischen Systemen unvermeidbar, dass Unfälle zu Katastrophen führen, wobei die Verwundbarkeit eines Systems mit zunehmenden Graden von Kopplung bzw. Komplexität ansteigt.

In dem resultierenden mehrstufigen Strukturmodell wurden die Effekte der Konfiguration einer Supply Chain, auf die Ausprägungen der relevanten Gestaltungsparameter, deren Effekte auf Komplexität und Abhängigkeit sowie die Effekte der intermediären Konzepte auf verschiedene Dimensionen der Verwundbarkeit abgebildet. Mithilfe einer Erweiterung des Modells konnten zusätzlich direkte Effekte der Supply-Chain-Konfiguration auf die verschiedenen Verwundbarkeitsdimensionen berücksichtigt werden. Die Abbildung verschiedener Verwundbarkeitsdimensionen in dem resultierenden mehrstufigen Strukturmodell ermöglichte eine differenziertere Betrachtung der Treiber von Verwundbarkeit in Supply Chains.

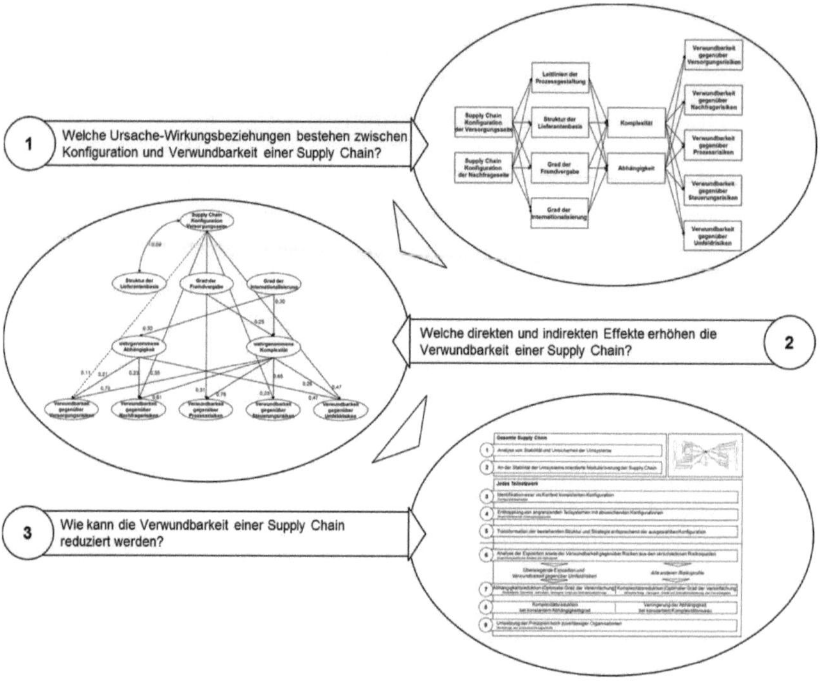

Abbildung 69: Untersuchte Forschungsfragen dieser Arbeit
(eigene Darstellung)

Die empirischen Analysen dieser Arbeit dienten insbesondere der Beantwortung der *zweiten Forschungsfrage* (vgl. Abbildung 69). Zudem umfassen sie die im Rahmen einer Kausalanalyse erforderliche Validierung der verwendeten Messmodelle. Im Rahmen dieser Validierung, die nach dem Vorgehen von Ahire und Devaraj (2001) erfolgte, mussten die beiden Konstrukte *Supply-Chain-Konfiguration auf der Nachfrageseite* sowie *Leitlinien der Prozessgestaltung* neben einzelnen Indikatoren anderer Konstrukte aufgrund mangelnder Validität von der weiteren Analyse ausgeschlossen werden. Anzumerken ist, dass insbesondere die geringe Validität des Konstrukts zur Konfiguration auf der Nachfrageseite erstaunlich ist, da für seine Messung Indikatoren verwendet worden sind, die gemeinsam aus einem Beitrag von Lee (2002) übernommen wurden. Die empirischen Analysen zur Beantwortung der zweiten Forschungsfrage wurden auf Grundlage eines reduzierten Strukturmodells, das lediglich ausreichend valide Konstrukte umfasst, durchgeführt. Während eine Betrachtung von Effekten der ausgeschlossenen Konstrukte auf die Verwundbarkeit einer Supply

Chain nicht möglich war, konnten die Hypothesen zu den übrigen Konstrukten im Rahmen der Kausalanalyse untersucht werden.

Mithilfe eines Basismodells, das der reduzierten Form des abgeleiteten Strukturmodells entspricht, sowie einer Variante dieses Modells, die zusätzlich direkte Effekte zwischen der ersten und vierten Stufe des Modells abbildet, wurden die Effekte von Konfiguration und Gestalt einer Supply Chain auf verschiedene Dimensionen ihrer Verwundbarkeit empirisch untersucht. Die mit diesen Modellen erzielbare Güte der Parameterschätzung lag bei Verwendung des ULS-Verfahrens über, bei Verwendung des ML-Verfahrens jedoch teilweise unter den empfohlenen Schwellenwerten. Trotzdem wurden, um Hypothesentests zu ermöglichen, beide Schätzverfahren parallel verwendet. Das Basismodell erlaubt es, neben den direkten Effekten von Komplexität und Abhängigkeit auch mögliche indirekte Effekte der relevanten Gestaltungsparameter sowie der Supply-Chain-Konfiguration zu betrachten. Das modifizierte Strukturmodell ermöglicht ergänzend eine Untersuchung des Effekts, der aufgrund der Zugehörigkeit einer Konfiguration zu einer der beiden Kategorien entsteht.

Bei der *Analyse des Basismodells* zeigten sich sowohl für die wahrgenommene Komplexität als auch für die wahrgenommene Abhängigkeit jeweils verstärkende Effekte auf einige Dimensionen der Verwundbarkeit. Auffällig ist, dass sich die beiden intermediären Konzepte hinsichtlich dieser Effekte unterschieden. Im Hinblick auf die *wahrgenommene Abhängigkeit* bestanden lediglich signifikante Effekte zu denjenigen Verwundbarkeitsdimensionen, die sich auf Risiken außerhalb eines betrachteten Unternehmens bezogen. Die Verwundbarkeit gegenüber internen Risiken wurde von einem hohen Niveau der wahrgenommenen Abhängigkeit dagegen nicht nachweisbar verstärkt, die Schätzwerte der Effektstärke waren nicht signifikant von null verschieden. Die *wahrgenommene Komplexität* wies dagegen zu sämtlichen Verwundbarkeitsdimensionen signifikante Effekte auf, wobei die Effektstärken im Zusammenhang mit der Verwundbarkeit gegenüber internen Risiken am höchsten waren. Das Konstrukt wirkte insbesondere auf diejenigen Verwundbarkeitsdimensionen verstärkend, für die keine Effekte der wahrgenommenen Abhängigkeit nachgewiesen werden konnten.

Während eine starke Abhängigkeit zu anderen Elementen seiner Supply Chain die Verwundbarkeit eines Unternehmens gegenüber externen Risiken erhöht, verstärkt eine hohe Komplexität des Wertschöpfungsnetzwerks allgemein seine Verwundbarkeit, insbesondere gegenüber internen Risiken. Ein Vergleich der signifikanten Effektstärken beider Konzepte zeigte, dass *der Einfluss der Komplexität auf die Verwundbarkeit insgesamt größer als derjenige der Abhängigkeit ist.*

In Bezug auf die indirekten Effekte der betrachteten Gestaltungsparameter auf die Verwundbarkeit einer Supply Chain ergab sich bei der Analyse des Basismodells ein *heterogenes Bild.* Ein indirekter Effekt eines Gestaltungsparameters auf die Verwundbarkeit kann nur dann bestehen, wenn dieses Konstrukt einen signifikanten Effekt auf mindestens eines der beiden intermediären Konzepte hat. Während jedoch *der Grad der Internationalisierung beide intermediären Konzepte signifikant beeinflusste*, konnte für die Struktur der Lieferantenbasis weder ein Effekt auf die wahrgenommene Abhängigkeit noch einer auf die wahrgenommene Komplexität nachgewiesen werden. *Der Grad der Fremdvergabe zeigte nur in Bezug auf die wahrgenommene Komplexität einen signifikanten Effekt auf.*

Die drei signifikant nachweisbaren Effekte waren jeweils verstärkend. *Ein höherer Grad von Internationalisierung bzw. Fremdvergabe führt demnach auch zu einem höheren Niveau der wahrgenommenen Komplexität.* Sowohl Internationalisierung als auch Fremdvergabe wiesen mittelbar einen verstärkenden Effekt auf die Verwundbarkeit von Supply Chains auf. Da zusätzlich *mit einem zunehmenden Internationalisierungsgrad auch das Niveau der wahrgenommenen Abhängigkeit ansteigt*, erscheint insbesondere dieser Gestaltungsparameter als Auslöser der Verwundbarkeit relevant. *Ein mittelbarer Effekt der Struktur der Lieferantenbasis auf die Verwundbarkeit konnte dagegen nicht nachgewiesen werden.*

Auch im Hinblick auf die Konfiguration einer Supply Chain wurden zunächst mithilfe des Basismodells indirekte Effekte dieses Konstrukts auf die Verwundbarkeit untersucht, wobei ein solcher Effekt nur bestehen kann, wenn zwischen Konfiguration und Verwundbarkeit mindestens eine geschlossene Reihe von signifikanten Ursache-Wirkungs-Beziehungen existiert. Da jedoch ein signifikanter Effekt der Konfiguration weder auf den Grad der Fremdvergabe noch auf den Grad der Internationalisierung nachgewiesen werden konnte, gelang es mithilfe des Basismodells nicht, einen mittelbaren Effekt der Konfiguration auf die Verwundbarkeit aufzuzeigen. Anzumerken ist, dass *nach diesem Ergebnis Internationalisierung und Fremdvergabe nicht in den Geltungsbereich der Konsistenz-Effizienz-Hypothese fallen.* Verschiedene Ausprägungen dieser Gestaltungsparameter scheinen vielmehr konsistent zu Konfigurationen beider Kategorien zu sein.

Neben der Untersuchung auf mittelbare Effekte der Konfiguration auf die Verwundbarkeit einer Supply Chain im Rahmen des Basismodells wurde mithilfe einer *Erweiterung dieses Modells* das Bestehen direkter Effekte zwischen den Konstrukten betrachtet. Vor der erneuten Anpassung des modifizierten Strukturmodells an die empirischen Daten wurden diejenigen Zusammenhänge eliminiert, die bereits bei der Analyse des Basismodells keine Signifikanz erreicht hatten. In dem modifizierten Strukturmodell konnten vier der fünf hinzugefügten Effekte der Konfiguration auf die verschiedenen Verwundbarkeitsdimensionen signifikant nachgewiesen werden. Obwohl das betrachtete Konstrukt die Konfiguration der Versorgungsseite einer Supply Chain abbildet, gelang ein solcher Nachweis in Bezug auf die Verwundbarkeit gegenüber Versorgungsrisiken nicht. Die beobachteten Effekte der Supply-Chain-Konfiguration auf die verschiedenen Verwundbarkeitstreiber waren positiv. Die Verwundbarkeit einer Supply Chain steigt mit den Werten ihrer Konfiguration an. Aufgrund der Konstruktion ihres Messmodells deuteten hohe Werte der Supply-Chain-Konfiguration auf ihre Zugehörigkeit zu der ersten Kategorie hin. *Supply Chains, die im Sinne der Konsistenz-Effizienz-Hypothese passend nach dem Effizienzparadigma gestaltet werden, sind demnach verwundbarer als solche, deren Gestaltung nach dem Flexibilitätsparadigma erfolgt*. Der größte Effekt der Supply-Chain-Konfiguration ist im Zusammenhang mit der Verwundbarkeit gegenüber Umfeldrisiken zu beobachten.

Aufbauend auf den Ergebnissen der Kausalanalyse wurden als Antwort auf die *dritte Forschungsfrage* verschiedene Gestaltungsempfehlungen identifiziert und in einer Vorgehensweise zur Reduzierung der Verwundbarkeit einer Supply Chain zusammengefasst. Die Grundlage dieser Vorgehensweise bildet die Erkenntnis, dass die Verwundbarkeit einer Supply Chain unmittelbar durch die drei Faktoren *schlanke Gestaltung* sowie *hohe Grade von Komplexität* und *Abhängigkeit* erhöht wird. Eine Minderung der Verwundbarkeit einer Supply Chain kann unter Ausnutzung dieser Zusammenhänge mittelbar durch die Reduzierung von Komplexität und Abhängigkeit erfolgen. Der Verzicht auf eine schlanke Supply-Chain-Gestaltung ist dagegen nach der Konsistenz-Effizienz-Hypothese nicht vorteilhaft.

Im Hinblick auf die Effektstärken der drei Faktoren zeigte die empirische Analyse auf, dass die Komplexität einer Supply Chain den größten Effekt auf ihre Verwundbarkeit hat. Eine Ausnahme bildet lediglich die Verwundbarkeit gegenüber Umfeldrisiken, die von Abhängigkeit und Gestaltung nach dem Effizienzparadigma stärker getrieben wird. Insgesamt wurde im Rahmen der Kausalanalyse deutlich, dass die Effektstärken dieser drei Faktoren von der jeweils betrachteten *Verwundbarkeitsdimension* abhängen. Aus dieser Beobachtung ließ sich der Bedarf nach einem *situativen Vor-*

gehen ableiten, in dem die Minderung der Verwundbarkeit an denjenigen Risiken orientiert erfolgt, denen eine Supply Chain tatsächlich ausgesetzt ist. Da jedoch häufig Kontextsituation und Risikoexposition nicht für sämtliche Elemente einer Supply Chain identisch sind, sind zudem die *Modularisierung* einer Supply Chain sowie die *Entkopplung* ihrer Teilsysteme erforderlich.

Aus Grundlage dieser Überlegungen sowie der empirischen Ergebnisse wurde ein strategisches Vorgehen skizziert, mit dessen Hilfe die Verwundbarkeit einer Supply Chain in zwei Phasen gemindert werden kann. In der ersten Phase wird das Wertschöpfungsnetzwerk in entkoppelte Teilsysteme modularisiert, die jeweils im Sinne konsistenter Konfigurationen transformiert werden. Neben der Befähigung zu einem situativen Vorgehen in der zweiten Phase trägt bereits die Modularisierung einer Supply Chain bzw. das Schaffen konsistenter Konfigurationen zu einer Minderung ihrer Verwundbarkeit bei. In der zweiten Phase des Vorgehens wird die Verwundbarkeit der einzelnen Teilsysteme orientiert an ihrer jeweiligen Risikoexposition situativ gemindert. Allgemein besteht in dieser Phase ein Vorrang für die Komplexitätsreduktion, der lediglich in Situationen mit einer dominanten Exposition gegenüber Umfeldrisiken zugunsten der Minderung von Abhängigkeit aufgehoben ist. In beiden Situationen wird der jeweils andere Faktor nachgelagert reduziert, ohne das erreichte Niveau des ersten Faktors wieder zu erhöhen. Während im Hinblick auf eine vorrangige Komplexitätsreduktion die Vereinfachung eines bestehenden Systems empfohlen wurde, dient das Schaffen von Redundanzen der vorrangigen Verringerung gegenseitiger Abhängigkeiten. Da die Umsetzung beider Gestaltungsempfehlungen im gleichen Teilsystem nicht möglich ist, können sie für die Verringerung des jeweils nachgelagerten Faktors nicht angewendet werden. Im Rahmen des vorgeschlagenen Vorgehens wird eine Verringerung des *Grads der Fremdvergabe* bzw. *der Internationalisierung* als Unterstützung bei der Reduzierung des vorrangigen bzw. als Werkzeug zu einer Verringerung des nachgelagerten Faktors empfohlen.

Ergänzend zu der Umgestaltung einer Supply Chain wurde mit den Prinzipien hoch zuverlässiger Organisationen auch eine Empfehlung identifiziert, die auf eine Änderung des Verhaltens jedes Mitarbeiters in den Elementen einer Supply Chain abzielt. Zur Umsetzung dieser Prinzipien, die eine Organisation zur Antizipation und Eindämmung von Störungen befähigen, kann beispielsweise die Adaption einiger Werkzeuge des schlanken Managements dienen.

7.2. Grenzen der Untersuchung und weiterer Forschungsbedarf

Obwohl die vorliegende Arbeit einen Beitrag zur Entwicklung eines systemischen Ansatzes zur Steuerung von Risiko in Supply Chains leistet, ergibt sich bis zur vollständigen Definition eines solchen Ansatzes weiterer Forschungsbedarf. Aufbauend auf dem Bezugsrahmen sowie den empirischen Ergebnissen können weitere Studien und konzeptionelle Überlegungen den in dieser Arbeit skizzierten Ansatz eines systemischen Risikomanagements komplettieren.

Im Hinblick auf weitere empirische Arbeiten ist zunächst zu überprüfen, ob bei einer erneuten Analyse des bestehenden Datensatzes die Verwendung des im Rahmen der durchgeführte Kausalanalyse nicht berücksichtigten PLS-Verfahrens zu einer höheren Validität der Konstrukte beitragen kann. Anschließend bietet sich ergänzend im Rahmen nachfolgender Feldstudien eine Erweiterung der Untersuchung um modifizierte Konstrukte zu denjenigen Faktoren an, deren ursprüngliche Konstrukte im Rahmen dieser Arbeit zwar konzeptualisiert wurden, deren Validierung aber nicht gelang.

Mit einer zusätzlichen Erweiterung des abgeleiteten Strukturgleichungsmodells bzw. der Modifikation einiger seiner Konstrukte würden weitere Analysen ermöglicht. Insbesondere mithilfe der Unterscheidung verschiedener Konfigurationen innerhalb eines Gestaltungsparadigmas könnten einige der identifizierten Zusammenhänge genauer beschrieben und voneinander abgegrenzt werden. Beispielsweise erlaubt es eine solche Differenzierung, die Effekte verschiedener Umsetzungen des Effizienzparadigmas auf Verwundbarkeit bzw. Widerstandsfähigkeit einer Supply Chain zu vergleichen. Insbesondere die gegenüber anderen Umsetzungen des Effizienzparadigmas oftmals angenommene geringere Anfälligkeit einer schlanken Gestaltung könnte auf diese Weise empirisch belegt werden. Auch eine stärkere Fokussierung nachfolgender Untersuchungen auf den Zusammenhang zwischen Komplexität und Verwundbarkeit erscheint aufgrund der ermittelten Effektstärken vorteilhaft. Anstatt eines Konstrukts zur Abhängigkeit könnte bei einer solchen Ausrichtung die Komplexität in den einzelnen Teilnetzwerken getrennt betrachtet werden.

Zusätzlich können weitere empirische Analysen die Gültigkeit der erzielten Ergebnisse für weitere Branchen und für Unternehmen aus anderen Regionen zu bestätigen. Solange diese Bestätigung aussteht, gelten diese Ergebnisse lediglich für Unternehmen der deutschen Windenergiebranche sicher, eine Verallgemeinerung erscheint schwierig (vgl. Pearl, 2000: S. 179). Durch die Aufgabe eines Branchenfokusses sowie die Berücksichtigung weiterer Regionen würde sich eine nachfolgende Untersuchung an eine wesentlich größere Zielgruppe richten, sodass insgesamt eine höhere Anzahl von Rückläufern erwartet werden kann. Anzumerken ist, dass Anzahl und Genauigkeit der zur Verfügung stehenden Schätzverfahren sowie die Trennschärfe von statistischen Tests mit der Stichprobengröße zunehmen. Die Ausweitung der Datenerhebung auf weitere Regionen bietet zudem die Möglichkeit die mittelbaren Effekte ihrer Internationalisierung auf die Verwundbarkeit von Supply Chains spiegelbildlich auch aus der Perspektive global verteilter Elemente einer Supply Chain zu betrachten.

Zudem ist festzustellen, dass es sich bei der durchgeführten empirischen Untersuchung, wie bei den meisten einmaligen Datenerhebungen, um das Abbild einer Situation zu einem einzelnen Zeitpunkt handelt. Da die Effekte der untersuchten Faktoren aufgrund der Trägheit soziotechnischer Systeme erst im Zeitverlauf auftreten bzw. wahrgenommen werden, bietet sich auch in diesem Zusammenhang eine Wiederholung der durchgeführten Untersuchung im Sinne einer longitudinalen Studie an. Anzumerken ist, dass bei der Datenerhebung im Rahmen der vorliegenden Arbeit durch eine entsprechende Formulierung der Indikatoren versucht wurde, eine eventuell bestehende Zeitabhängigkeit abzubilden.

Neben weiteren empirischen Arbeiten zur Erweiterung und Modifikation der durchgeführten Kausalanalyse, bietet die vorliegende Arbeit auch die Grundlage für weitere konzeptionelle Forschung. Beispielsweise wird mithilfe des entwickelten Bezugsrahmens das Entstehen von Supply-Chain-Risiken mit den beiden Systemeigenschaften Risikoexposition und Verwundbarkeit erklärt. Die weiteren Analysen der vorliegenden Arbeit sind jedoch auf die Zusammenhänge zwischen Konfiguration, Gestaltungsparametern, Komplexität und Abhängigkeit sowie der Verwundbarkeit von Supply Chains fokussiert. Die vollständige Beschreibung eines systemischen Ansatzes zur Risikosteuerung erfordert korrespondierend zu den Analysen dieser Arbeit eine detaillierte Betrachtung derjenigen Zusammenhänge und Einflussfaktoren, die zu einer erhöhten Risikoexposition von Wertschöpfungsnetzwerken beitragen. Anzumerken ist, dass eine solche Betrachtung ebenfalls empirisch mithilfe einer Kausalanalyse zu validieren ist.

Unter Berücksichtigung der noch ausstehenden Erkenntnisse zur Risikoexposition von Wertschöpfungsnetzwerken könnte das im Rahmen der vorliegenden Arbeit in Bezug auf Verwundbarkeit abgeleitete strategische Vorgehen im Hinblick auf die Reduzierung des aggregierten Risikos einer Supply Chain weiterentwickelt werden. Jedoch erfordert insbesondere der zu erwartende Zielkonflikt zwischen geringer Verwundbarkeit und geringer Risikoexposition bei der Gestaltung einer Supply Chain eine situative Gewichtung dieser beiden Eigenschaften. Aufgrund des Bestehens dieses Zielkonflikts bedürfen auch die diskreten Effekte alternativer Gestaltungsmöglichkeiten auf Verwundbarkeit und Exposition vor einer praktischen Umsetzung eines systemischen Ansatzes weiteren Analysen. Auch in Bezug auf die Bewertung der Vorteilhaftigkeit von Flexibilität und Transparenz in Supply Chains besteht noch grundlegender Forschungsbedarf (vgl. Blackhurst u. a., 2005: S. 4073)

Darüber hinaus verdeutlichen die Ergebnisse der vorliegenden Arbeit erneut die Vorteilhaftigkeit der bereits in der Literatur diskutierten Überlegungen, Risiko und Komplexität in Supply Chains gemeinsam zu betrachten (vgl. bspw. Manuj, Mentzer, 2008a: S. 149). Auch bestehende Ansätze das Risiko- und Komplexitätsmanagement in einen gemeinsamen systemischen Ansatz zu integrieren (vgl. bspw. Kersten u. a., 2007: S. 1163), werden durch die Ergebnisse der vorliegenden Arbeit bestätigt. Eine Zusammenführung der zahlreichen Werkzeuge und Praktiken, die bereits im Rahmen des klassischen Risikomanagements in Supply Chains entstanden sind (vgl. bspw. Böger, 2010), mit dem systemischen Ansatz dieser Arbeit steht ebenfalls noch aus.

Anhang

Anhang 1: Supply Chain Management Definitionen

Supply Chain Management is defined as a process for designing, developing, optimizing, and managing the internal and external components of the supply system, including material supply, transforming materials and distributing finished products or services to customers, that is consistent with overall objectives and strategies (Spekman u. a., 1998: S. 631).
Supply chain management is defined as the systemic, strategic coordination of the traditional business functions and the tactics across these business functions within a particular company and across businesses within the supply chain, for the purposes of improving the long-term performance of the individual companies and the supply chain as a whole. (Mentzer u. a., 2001: S. 18)
Supply Chain Management is the integrated planning, co-ordination and control of all business processes and activities in the supply chain to deliver superior consumer value at minimum cost to the end-consumer while satisfying requirements of other stakeholders. (Van der Vorst, Beulens, 2002: S. 410)
Supply Chain Management ist das Management der Beziehungen zu vor- und nachgelagerten Unternehmen in der Versorgungskette. (Otto, Kotzab, 2002: S. 146)
Although academic definitions of supply chain management differ in details across authors, the overall main aspect can be seen in the definition of supply chain management as the management of the goods and information flow through the supply chain from the raw material supplier to the final customer. (Neher, 2005: S. 78)
Supply Chain Management means] Planning and controlling all of processes that link partners in a supply chain together in order to serve needs of the end-customer. (Harrison, van Hoek, 2005: S. 7)
Supply Chain Management ist das aktive Managen der Supply Chain (Versorgungskette) eines Unternehmens mit dem Ziel, die Märkte bzw. die Kunden entsprechend ihren Wünschen mit attraktiven Waren und Dienstleistungen zu versorgen und dadurch den Unternehmenserfolg zu steigern. (Wannenwetsch, 2005: S. 115)
Supply chain management is the coordination of production, inventory, location, and transportation among the participants in a supply chain to achieve the best mix of responsiveness and efficiency for the market being served. (Hugos, 2006: S. 4)
Supply Chain Management is the integration of the activities that procure materials and services, transform them into intermediate goods and final products, and deliver them to customers. These activities include purchasing and outsourcing activities, plus many other functions that are important to the relationship with suppliers and distributors. (Heizer, Render, 2006: S. 432)
Supply Chain Management bedeutet die integrierte Planung, Abwicklung, Koordination und Kontrolle von Material- und Informationsströmen in Netzwerken. (Gehr, Hellingrath, 2007: S. VIII)
Supply Chain Management ist das Management aller logistischen Vorgänge und Funktionen innerhalb einer Versorgungskette (Supply Chain) vom Lieferanten bis zum Verbraucher mit dem Ziel, Kundennutzen effizient zu steigern und die Kommunikation emergent zu gestalten. (Hompel, Heidenblut, 2007: S. 281)
Supply Chain Management ist die unternehmensübergreifende Koordination und Optimierung der Material-, Informations- und Wertflüsse über den gesamten Wertschöpfungsprozess von der Rohstoffgewinnung über die einzelnen Veredelungsstufen bis hin zum Endkunden mit dem Ziel, den Gesamtprozess sowohl zeit- als auch kostenoptimal zu gestalten. (Arndt, 2008: S. 47)
We define the term Supply Chain Management as the task of integrating organizational units along a supply chain and coordinating material, information and financial flows in order to fulfill (ultimate) customer demands with the aim of improving the competitiveness of a supply chain as a whole. (Stadtler, 2008: S. 11)

Tabelle 63: Weitere Supply Chain Management Definitionen aus der Literatur

(eigene Darstellung)

Anhang 2: Literaturanalyse zu Gestaltungsparametern

Globalisierung (Versorgung, Leistungserstellung, Nachfrage)

Globalization
Growing number of companies using global supply chains
Global Sourcing
Low cost country sourcing

Konzentration der Leistungserstellung

Consolidation of operations
Centralised distribution
Centralised production

Reduzierung von Puffern (Zeit, Kapazität, Bestände)

Leaner operational practices
Tighter inventory polices
Low inbound inventory buffers
Low outbound inventory buffers
Just-in-Time inventory system
Focusing on reducing inventory
Focusing on reducing excess capacity
Focusing on reducing slack
Increased productivity
Reduction of inventory holding
JIT or lean approaches
Reduced inventory
Reduced lead time

Viele Unternehmen pro Supply Chain

Large number of supply chain Partners
Need to coordinate many tiers of supply chains

Supply Chain Integration

eBusiness
Intensive collaboration along the supply chain
Enterprise integration
More interwined and integrated processes between companies

Kurze Produktlebenszyklen

Frequent new product introduction
Shorter product life cycles and compressed time-to-market
Fast and heavy ramp-up of demand early in product life cycles

Outsourcing

Outsourcing
Vendor management inventory
Outsourced manufacturing
Increased reliance on outsourcing and partnering

Lieferantenkonzentration (allgemein, pro PN)

Consolidation of supplier base
Limited supplier sourcing
Single Sourcing
Streamlining the supplier base

Variantenvielfalt

Increased product/ service complexity
Increased product variety
Customized products

Komplexität

Complex relationships among members of a supply chain
Complexity

Tabelle 64: Cluster der Literaturanalyse
(eigene Darstellung)

Anhang 3: Verwundbarkeitstreiber und Treiberkategorien

Komplexität und Abhängigkeit als Verwundbarkeitstreiber

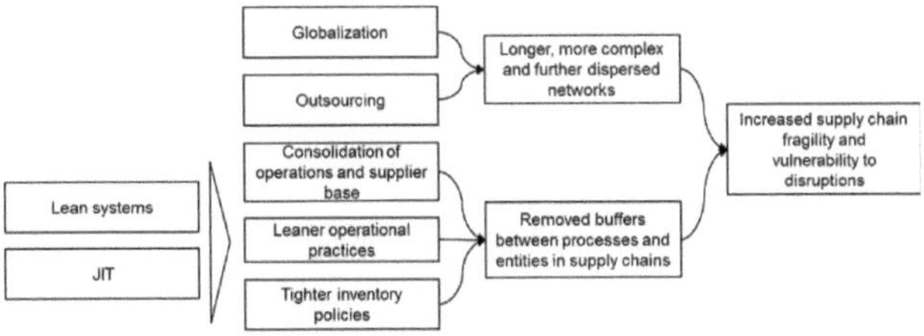

Allgemeine Treiber der Verwundbarkeit
(vgl. Prud'homme, Zsidisin, 2007: S. 7)

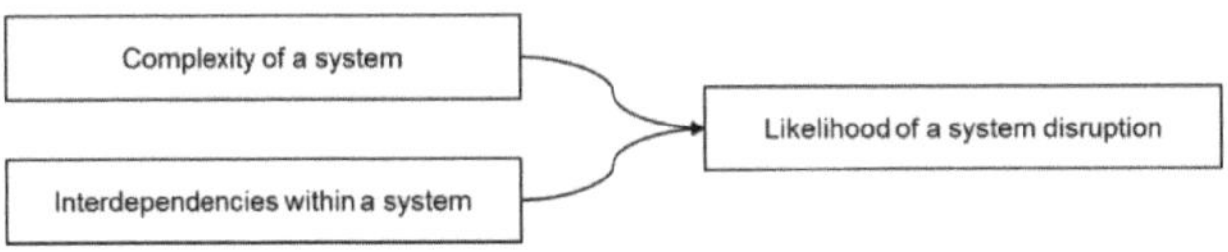

Verwundbarkeitstreiber nach der Theorie von den normalen Katastrophen
(vgl. Prud'homme, Zsidisin, 2007: S. 8)

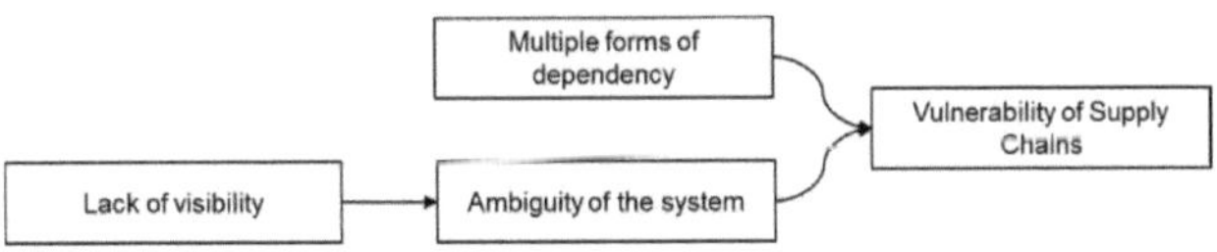

Abhängigkeit und mangelnde Transparenz als Treiber der Verwundbarkeit
(vgl. Prud'homme, Zsidisin, 2007: S. 9)

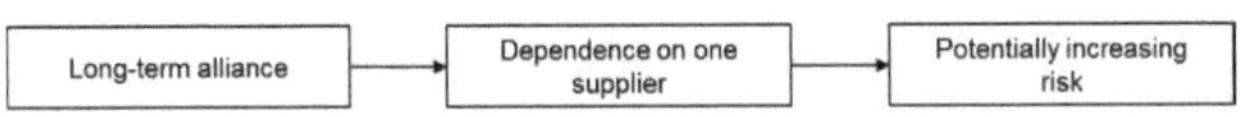

Zusammenhang zwischen lanfristigen Partnerschaften und eines erhöhten Risikos
(vgl. Smeltzer, Siferd, 1998: S. 44)

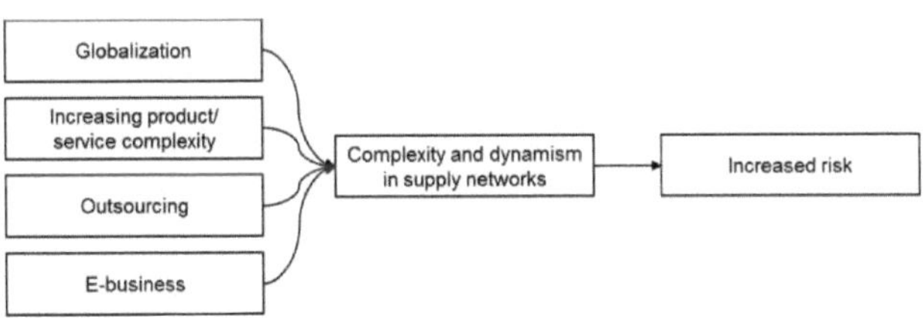

Treiber eines erhöhten Risikos
(vgl. Harland u. a., 2003: S. 51)

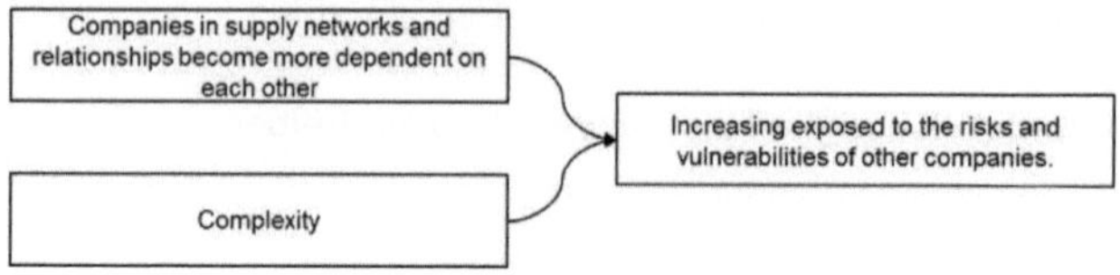

Treiber Von Risikoexposition und Verwundbarkeit

(vgl. Hallikas u. a., 2005: S. 75)

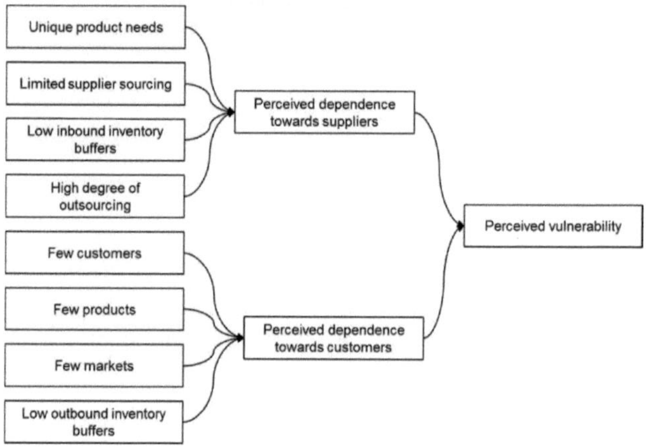

Treiber der wahrgenommenen Verwundbarkeit

(vgl. Svensson, 2004c: S. 479)

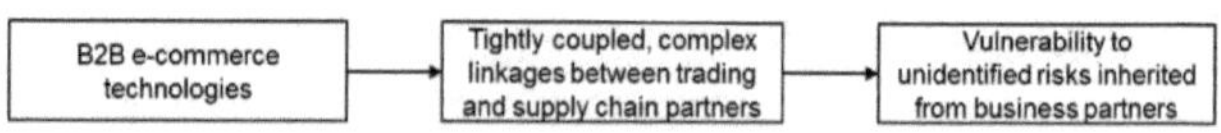

Einfluss des eCommerces auf die Verwundbarkeit

(vgl. Sutton, 2006: S. 111)

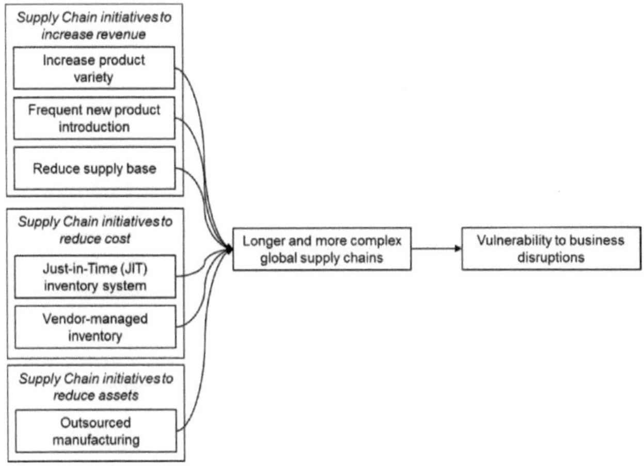

Die Auswirkungen verschiedenartiger Supply Chain Initiativen auf die Verwundbarkeit

(vgl. Tang, 2006b: S. 33)

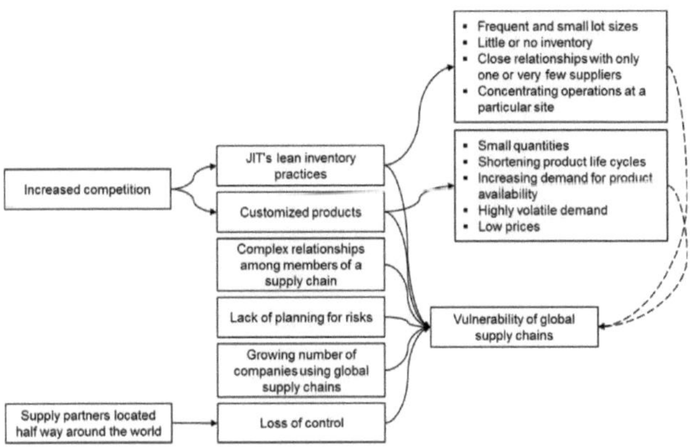

Wettbewerb und Globalisierung als Treiber der Verwundbarkeit

(vgl. Foroughi u. a., 2006: S. 2732)

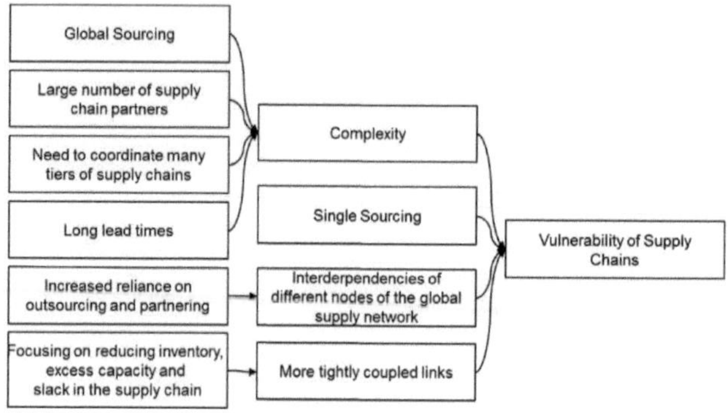

Verwundbarkeitstreiber eines Wertschöpfungsnetzwerks

(vgl. Hendricks, Singhal, 2005: S. 50)

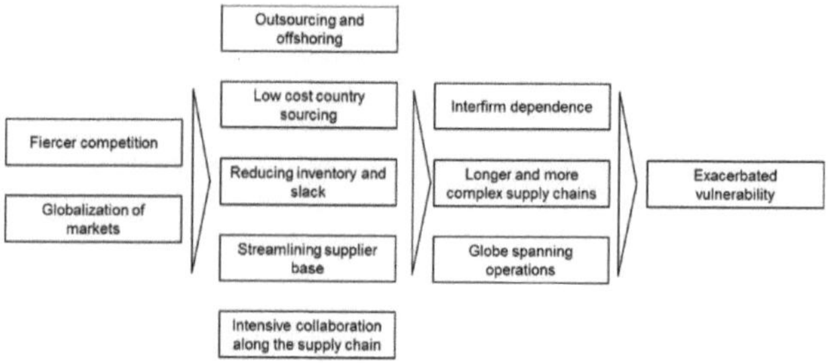

Wettbewerb und Globalisierung als Treiber der Verwundbarkeit

(vgl. Wagner, Bode, 2006a: S. 302)

Weitere Treiber von Verwundbarkeit aus der Literatur

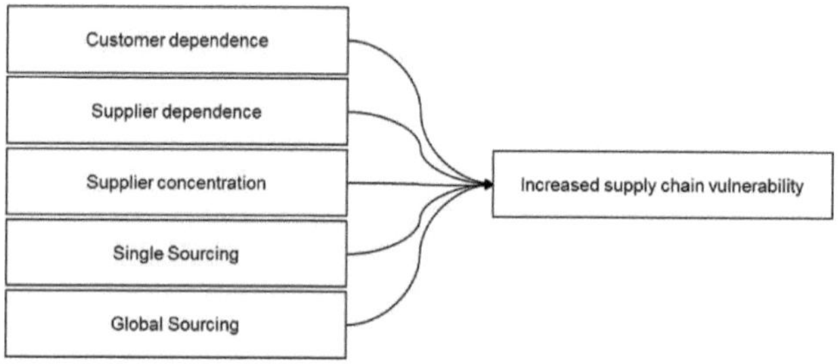

Abhängigkeit und Beschaffungsstrategien als Verwundbarkeitstreiber

(vgl. Wagner, Bode, 2006a: S. 305)

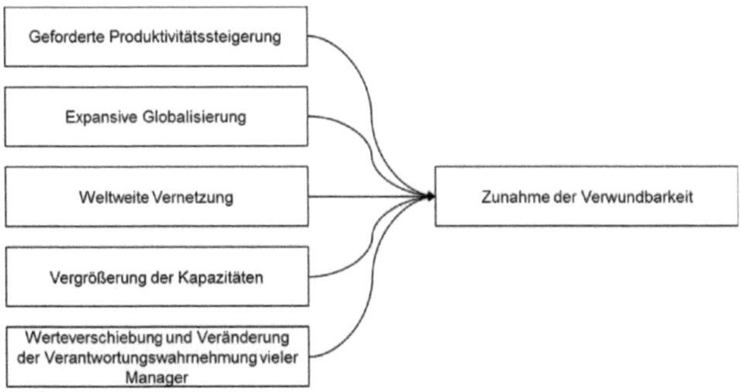

Verwundbarkeitstreiber
(vgl. Baumann u. a., 2006: S. 67)

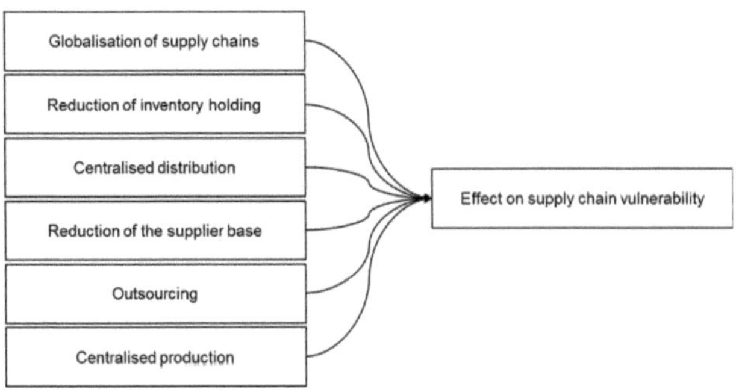

Effekte verschiedener Gestaltungsoptionen von Supply Chains auf ihre Verwundbarkeit
(vgl. Jüttner, 2005: S. 134)

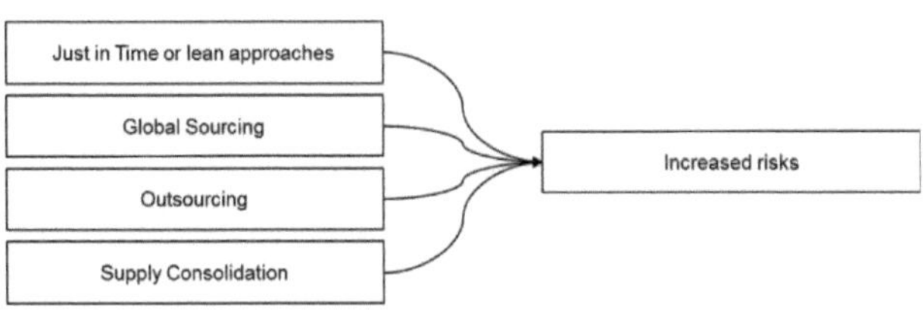

Verwundbarkeitstreiber
(vgl. ATKearney, 2003: S. 6)

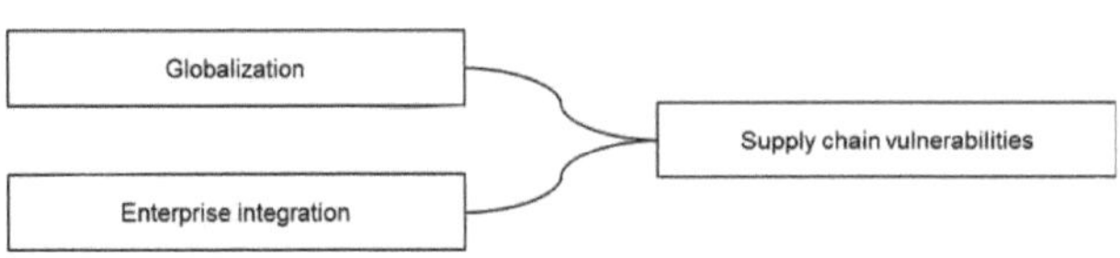

Glabalisierung und Collaboration als Verwundbarkeitstreiber
(vgl. Pai u. a., 2003: S. 4560)

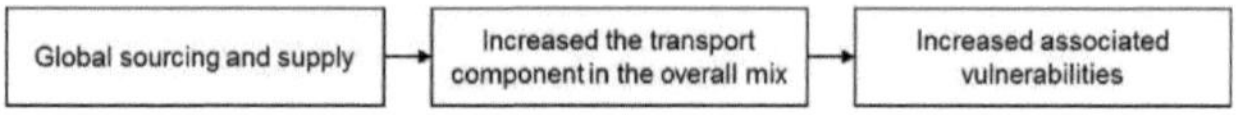

Weltweite Beschaffung als Verwundbarkeitstreiber
(vgl. Peck, 2006a: S. 137)

Treiber einer zunehmenden Risikoexposition

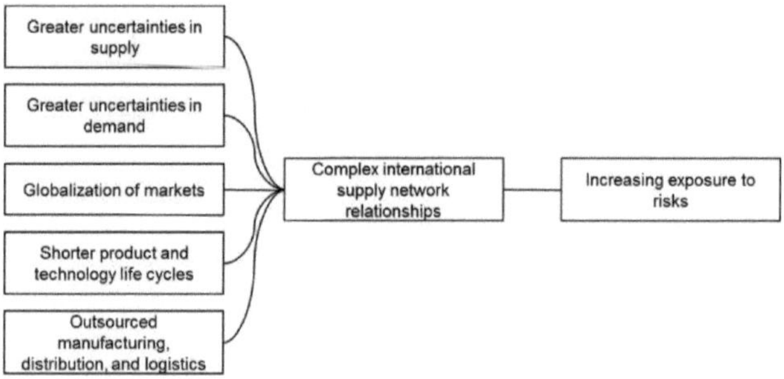

Treiber der Risikoexposition von Supply Chains
(vgl. Rao, Goldsby, 2009: S. 98)

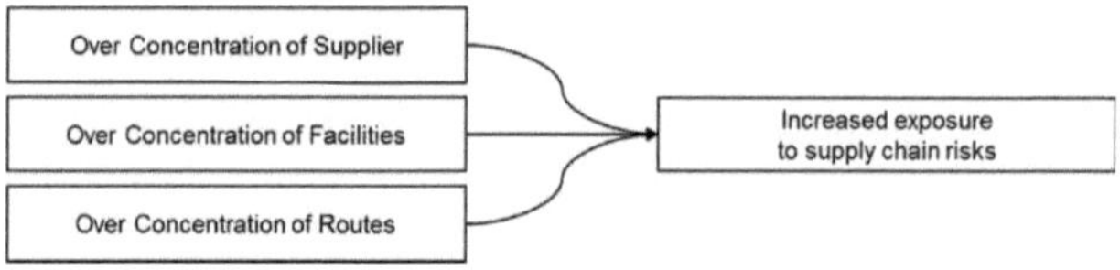

Überkonzentration als Treiber der Risikoexposition einer Supply Chain
(vgl. Kilgore, 2003: S. 2)

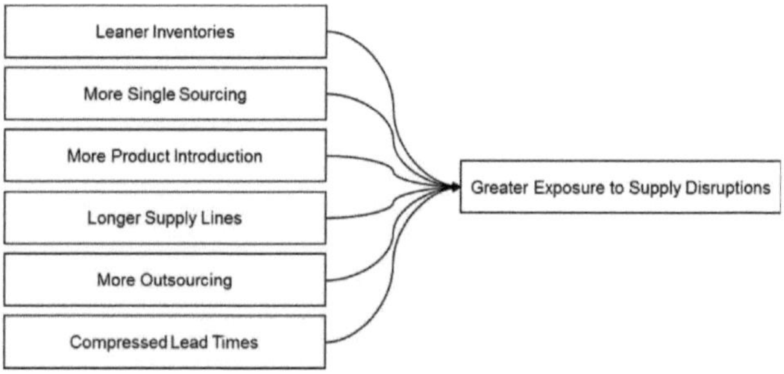

Treiber der Risikoexposition von Supply Chains
(vgl. Zsidisin u. a., 2003: S. 1)

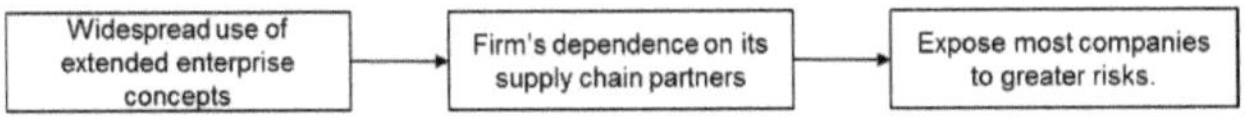

Collaboration als Treiber der Risikoexposition

(vgl. Spekman, Davis, 2004: S. 416)

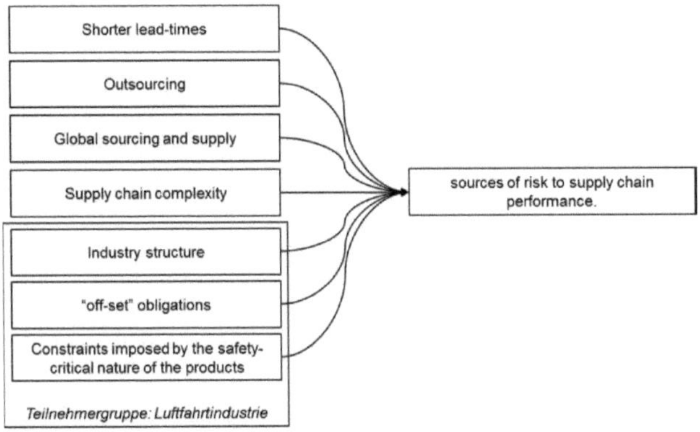

Treiber der Risikoexposition von Supply Chains

(vgl. Peck, 2005: S. 214)

Anhang 4: Erhebungsinstrument

Supply Chain Risk Management in der deutschen Windenergiebranche – Neuauflage 2010 –

Die immer noch junge Windenergiebranche steht vor erheblichen Herausforderungen. Während es kurzfristig gilt, die Folgen der letzten Wirtschaftskrise abzufangen, ist mittel- bis langfristig wieder ein starkes Wachstum zu erwarten (BWE: „*Verdoppelung der Installierten Leistung bis 2020*"). Zusätzlich beschleunigen der Einstieg in neue Leistungsklassen und den Offshore-Bereich die technologische Weiterentwicklung der Anlagen. Bei der Bewältigung dieser Herausforderungen, kommt auch in stürmischen Zeiten funktionierenden Lieferketten eine besondere Bedeutung zu. Das Institut für Logistik und Unternehmensführung der Technischen Universität Hamburg-Harburg (TUHH) hat aus diesem Grund zusammen mit der Pleyma GmbH bereits im Jahr 2008 die Lieferketten der deutschen Windenergiebranche untersucht und dabei erhebliche Defizite im unternehmensübergreifenden Risikomanagement festgestellt. (Weitere Informationen unter **http://www.logu.tu-harburg.de/de/forschung/supply-chain-risk-management**)

Der Ihnen vorliegende Fragebogen ist Teil der aktuellen Neuauflage dieser Studie. Wir möchten hiermit vor dem Hintergrund der zunehmenden Reife von Branche und Lieferketten sowie unter dem Eindruck der geschilderten Herausforderungen, den Umsetzungstand des unternehmensübergreifenden Risikomanagements analysieren und mit dem Aufzeigen von Handlungsfeldern und –optionen zur weiteren positiven Entwicklung dieser deutschen Schlüsselbranche beitragen. Aus wissenschaftlicher Perspektive wird diese Studie durch ein Dissertationsvorhaben an unserem Institut begleitet.

Die Beantwortung des vorliegenden Fragebogens dauert circa 20 Minuten. Bitte beantworten Sie alle Fragen aus der Sicht Ihres Unternehmens bzw. Geschäftsbereichs (nicht aus der Sicht eines eventuell übergeordneten Gesamtkonzerns) und wählen Sie immer die am ehesten auf Ihr Unternehmen zutreffende Antwortmöglichkeit aus. Wir versichern Ihnen, dass die in dieser Umfrage erhobenen Daten lediglich zu Forschungszwecken dienen. Ihre Angaben werden absolut vertraulich und anonymisiert behandelt. Bitte senden Sie den ausgefüllten Fragebogen per Fax oder E-Mail an Herrn Philipp Hohrath (TUHH) zurück. Alternativ können Sie sich auch online unter folgendem Link an der Befragung beteiligen: **https://befragungen.logu.tu-harburg.de/windenergie2010**

Selbstverständlich stellen wir Ihnen nach Abschluss der Studie die gewonnen Ergebnisse kostenlos zur Verfügung. Um Ihnen die Wartezeit zu verkürzen, erhalten Sie zusätzlich und ebenfalls kostenlos nach dem Ausfüllen des Fragebogens die vollständigen Ergebnisse der Studie aus dem Jahr 2008.

Sollten Sie Fragen zur Beantwortung des Fragebogens haben oder nähere Informationen zur Studie benötigen, stehen wir Ihnen gerne jederzeit persönlich zur Verfügung.

TUHH
Technische Universität Hamburg-Harburg

Philipp Hohrath
Technische Universität Hamburg-Harburg

Institut für Logistik und Unternehmensführung (W-2)
Schwarzenbergstraße 95D
21073 Hamburg

Tel.: +49(0)40 42 878 4506
Fax: +49(0)40 42 878 2200
Mail: philipp.hohrath@tu-harburg.de
URL: http://www.logu.tu-harburg.de/

PLEYMA
SOURCING SUCCESS.

Jan H. Scholl
Pleyma GmbH

Schellerdamm 16
21079 Hamburg

Tel.: +49(0)40 41 92 84 60
Fax: +49(0)40 41 92 84 70
Mail: jan.scholl@pleyma.de
URL: http://www.pleyma.de

1. allgemeine Angaben

In diesem Teil möchten wir zunächst Ihr Unternehmen und seine Tätigkeiten in der Windenergiebranche kennenlernen.

1.1. Seit wie vielen Jahren ist Ihr Unternehmen in der Windenergiebranche tätig?

seit Jahren | ☐ *keine Angabe*

1.2. Wie viele Mitarbeiter sind in Ihrem Unternehmen beschäftigt?

ca. Mitarbeiter, davon ca. % im Bereich der Windenergie | ☐ *keine Angabe*

1.3. Wie hoch war der Umsatz Ihres Unternehmens im letzten Geschäftsjahr?

ca. Mio. €, davon ca. % im Bereich der Windenergie | ☐ *keine Angabe*

1.4. Wie wird sich der Umsatzanteil Ihres Unternehmens im Bereich Windenergie in den kommenden fünf Jahren voraussichtlich entwickeln?

stark abnehmen	*abnehmen*	*gleich bleiben*	*zunehmen*	*stark zunehmen*	*keine Angabe*
☐	☐	☐	☐	☐	☐

1.5. In welchen Regionen unterhält Ihr Unternehmen Produktionsstandorte und / oder Vertriebsniederlassungen? (Mehrfachnennungen möglich)

	Produktionsstandort		Vertriebsniederlassung	
	vorhanden	*geplant*	*vorhanden*	*geplant*
Deutschland	☐	☐	☐	☐
Westeuropa (ohne Deutschland)	☐	☐	☐	☐
Osteuropa	☐	☐	☐	☐
Nordamerika	☐	☐	☐	☐
Südamerika	☐	☐	☐	☐
Asien	☐	☐	☐	☐
Australien	☐	☐	☐	☐

1.6. In welchen weiteren Branchen (außer der Windenergiebranche) ist Ihr Unternehmen vertreten? (Mehrfachnennungen möglich)

☐	*Prozessindustrie*	☐	*Maschinenbau*
☐	*Automobilbau*	☐	*Anlagenbau*
☐	*Schiffsbau*	☐	*Elektroindustrie*
☐	*weitere Branchen im Bereich der erneuerbaren Energien*	☐	*Flugzeugbau*
☐	*Hoch- und Tiefbau*	☐	*Metallindustrie*
☐	*Sonstige:*		

TUHH
Technische Universität Hamburg-Harburg

1. allgemeine Angaben

PLEYMA
SOURCING SUCCESS.

1.7. Welche Art von Bauteilen / Leistungen stellt Ihr Unternehmen für Windenergieanlagen her?

- ☐ *Komplettanlagen (OEM)*
- ☐ *Systeme* *(Rotorblätter, Lagersätze (Azimut-, Blatt- und Rotorlager), Getriebe, Turm, Generator, Umrichter, Schaltanlagen, Bremssysteme, Azimut- und Pitchsystem, Maschinenträger, Rotorwelle, Hydraulikanlagen)*
- ☐ *Komponenten* *(Gondelverkleidung und Spinner, Rotornabe, Fundamenteinbauteil, Kupplung, Aufstiegshilfe, Filter, Drehgeber, Kabelbaum, Pumpen, Transformator, Motor, USV-Anlage, Sensoren,...)*
- ☐ *Materialien* *(Verbindungselemente, Dichtungen, Klammern, Schleifringe, Schwingungsdämpfer, Laminate, Klebstoffe, Gewebe, Riemen, Scheiben, Öle, Fette, Lacke, Bleche, Federn, Drähte, Flanschen, Verzahnungsteile,...)*
- ☐ *Dienstleistung bis zum Netzanschluss der Windkraftanlage* *(Konstruktion, Projektentwicklung, Logistik, Finanzierung, Zertifizierung, Bauleistungen,...)*
- ☐ *Dienstleistung im Betrieb der Windkraftanlage* *(Betriebsführung, Überwachung, Wartung,...)*
- ☐ *Sonstige:*

1.8. In welchem Bereich der Windenergiebranche betätigt sich Ihr Unternehmen? (Mehrfachnennungen möglich)

Onshore-Windkraftwerke	*Offshore-Windkraftwerke*	*Kleinwindenergie*	*Sonstige:*
☐	☐	☐	☐

1.9. Was ist der größte Wettbewerbsvorteil Ihres Unternehmens bzw. in welchem Bereich ist Ihr Unternehmen seinen Wettbewerbern am stärksten überlegen?

☐	*Preis der Bauteile / Leistungen*	☐	*Verfügbarkeit der Bauteile / Leistungen*
☐	*Qualität der Bauteile / Leistungen*	☐	*Technologie der Bauteile / Leistungen*
☐	*Konfigurierbarkeit / Individualisierbarkeit der Bauteile / Leistungen*	☐	*Zusätzliche Serviceleistungen unseres Unternehmens*
☐	*Unternehmensübergreifende Prozessfähigkeit (z.B. Anlieferung Just-In-Time)*	☐	*Sonstige:*

1.10. Bitte Beschreiben Sie die Steuerung Ihres Wertschöpfungsprozesses.

- ☐ *Die Produktion von Erzeugnissen erfolgt Prognose-getrieben auf Lager. (Build-to-Stock).*
- ☐ *Die Produktion von Erzeugnissen erfolgt auf Kundenauftrag (Build-to-Order).*
- ☐ *Wir produzieren Vorprodukte Prognose-getrieben auf Lager, die Montage erfolgt auf Kundenauftrag (Entkoppelte Produktion)*
- ☐ *Sonstige:*

1.11. In welcher Position sind Sie in Ihrem Unternehmen tätig?

Position:

Seite 2 von 12

TUHH Technische Universität Hamburg-Harburg — 2. Supply Chain Risiken — PLEYMA SOURCING SUCCESS.

2. Supply Chain Risiken

In diesem Abschnitt möchten wir Ihre Einschätzung zu den Risiken abfragen, die typischerweise in den Wertschöpfungsnetzwerken der Windenergiebranche auftreten (Supply Chain Risiken).

2.1. Wie bewerten Sie die folgenden Supply Chain Risiken hinsichtlich ihrer Eintrittswahrscheinlichkeit (Häufigkeit ihres Auftretens) sowie ihrer Schadenshöhe bezogen auf Ihr Unternehmen?

2.1.1. Versorgungsrisiken

	Häufigkeit							Schadenshöhe						
	sehr gering → *sehr hoch*							*sehr gering* → *sehr hoch*						
	0	***1***	***2***	***3***	***4***	***5***	***6***	***0***	***1***	***2***	***3***	***4***	***5***	***6***
Ausfall / Totalverlust einer Zulieferung	☐	☐	☐	☐	☐	☐	☐	☐	☐	☐	☐	☐	☐	☐
Qualität einer Zulieferung entspricht nicht der Erwartung / Vereinbarung	☐	☐	☐	☐	☐	☐	☐	☐	☐	☐	☐	☐	☐	☐
eine unvollständige Zulieferung	☐	☐	☐	☐	☐	☐	☐	☐	☐	☐	☐	☐	☐	☐
eine verzögerte Zulieferung	☐	☐	☐	☐	☐	☐	☐	☐	☐	☐	☐	☐	☐	☐
Lieferanteninsolvenz / dauerhafter Lieferantenverlust	☐	☐	☐	☐	☐	☐	☐	☐	☐	☐	☐	☐	☐	☐
Komponente / Material ist am Markt langfristig nicht erhältlich	☐	☐	☐	☐	☐	☐	☐	☐	☐	☐	☐	☐	☐	☐
Preisanstieg eines benötigten Bauteils	☐	☐	☐	☐	☐	☐	☐	☐	☐	☐	☐	☐	☐	☐
Sonstige:	☐	☐	☐	☐	☐	☐	☐	☐	☐	☐	☐	☐	☐	☐

2.1.2. Nachfragerisiken

	Häufigkeit							Schadenshöhe						
	sehr gering → *sehr hoch*							*sehr gering* → *sehr hoch*						
	0	***1***	***2***	***3***	***4***	***5***	***6***	***0***	***1***	***2***	***3***	***4***	***5***	***6***
Schwankung der Nachfragemenge	☐	☐	☐	☐	☐	☐	☐	☐	☐	☐	☐	☐	☐	☐
Zahlungsausfall / Insolvenz eines Kunden	☐	☐	☐	☐	☐	☐	☐	☐	☐	☐	☐	☐	☐	☐
Reklamation eines Kunden	☐	☐	☐	☐	☐	☐	☐	☐	☐	☐	☐	☐	☐	☐
Änderung von Spezifikationen nach Vertragsabschluss	☐	☐	☐	☐	☐	☐	☐	☐	☐	☐	☐	☐	☐	☐
Bauteilversagen und -austausch während des Betriebs	☐	☐	☐	☐	☐	☐	☐	☐	☐	☐	☐	☐	☐	☐
Verlust von Kunden an internationale Wettbewerber	☐	☐	☐	☐	☐	☐	☐	☐	☐	☐	☐	☐	☐	☐
verzögerter Abruf bestellter Leistungen durch den Kunden	☐	☐	☐	☐	☐	☐	☐	☐	☐	☐	☐	☐	☐	☐
Ausfall der Finanzierung von Windkraftwerken	☐	☐	☐	☐	☐	☐	☐	☐	☐	☐	☐	☐	☐	☐
Veralten (Obsoleszenz) von bereits produzierten Erzeugnissen	☐	☐	☐	☐	☐	☐	☐	☐	☐	☐	☐	☐	☐	☐
Sonstige:	☐	☐	☐	☐	☐	☐	☐	☐	☐	☐	☐	☐	☐	☐

Seite 3 von 12

TUHH Technische Universität Hamburg-Harburg — 2. Supply Chain Risiken — PLEYMA SOURCING SUCCESS.

2.1.3. Prozessrisiken (intern)

	Häufigkeit							Schadenshöhe						
	sehr gering →						*sehr hoch*	*sehr gering* →						*sehr hoch*
	0	*1*	*2*	*3*	*4*	*5*	*6*	*0*	*1*	*2*	*3*	*4*	*5*	*6*
Ausfall / Störung von Produktionsanlagen	☐	☐	☐	☐	☐	☐	☐	☐	☐	☐	☐	☐	☐	☐
Ausfall / Störung betrieblicher EDV-Systeme	☐	☐	☐	☐	☐	☐	☐	☐	☐	☐	☐	☐	☐	☐
Ausfall von Schlüsselpersonal	☐	☐	☐	☐	☐	☐	☐	☐	☐	☐	☐	☐	☐	☐
Sonstige:	☐	☐	☐	☐	☐	☐	☐	☐	☐	☐	☐	☐	☐	☐

2.1.4. Kontrollrisiken (intern)

	Häufigkeit							Schadenshöhe						
	sehr gering →						*sehr hoch*	*sehr gering* →						*sehr hoch*
	0	*1*	*2*	*3*	*4*	*5*	*6*	*0*	*1*	*2*	*3*	*4*	*5*	*6*
fehlerhafte Absatzprognose	☐	☐	☐	☐	☐	☐	☐	☐	☐	☐	☐	☐	☐	☐
fehlerhafte Bedarfsplanung	☐	☐	☐	☐	☐	☐	☐	☐	☐	☐	☐	☐	☐	☐
Produktionsprogramm verfehlt den Marktbedarf (Menge / Art)	☐	☐	☐	☐	☐	☐	☐	☐	☐	☐	☐	☐	☐	☐
fehlende Synchronisation zwischen Vertrieb und Leistungserstellung	☐	☐	☐	☐	☐	☐	☐	☐	☐	☐	☐	☐	☐	☐
Weitergabe falscher Bestellmengen	☐	☐	☐	☐	☐	☐	☐	☐	☐	☐	☐	☐	☐	☐
Störung / Verzögerung in der funktionsübergreifenden Kommunikation	☐	☐	☐	☐	☐	☐	☐	☐	☐	☐	☐	☐	☐	☐
Sonstige:	☐	☐	☐	☐	☐	☐	☐	☐	☐	☐	☐	☐	☐	☐

2.1.5. Umfeldrisiken

	Häufigkeit							Schadenshöhe						
	sehr gering →						*sehr hoch*	*sehr gering* →						*sehr hoch*
	0	*1*	*2*	*3*	*4*	*5*	*6*	*0*	*1*	*2*	*3*	*4*	*5*	*6*
Änderung des EEG oder sonstiger gesetzlicher Förderungen	☐	☐	☐	☐	☐	☐	☐	☐	☐	☐	☐	☐	☐	☐
Aufbau von Handelsschranken	☐	☐	☐	☐	☐	☐	☐	☐	☐	☐	☐	☐	☐	☐
Anstieg der Rohstoffpreise (z.B. Stahl, Beton, Kunststoffe,...)	☐	☐	☐	☐	☐	☐	☐	☐	☐	☐	☐	☐	☐	☐
Wechselkursschwankungen	☐	☐	☐	☐	☐	☐	☐	☐	☐	☐	☐	☐	☐	☐
Anstieg der Lohnkosten	☐	☐	☐	☐	☐	☐	☐	☐	☐	☐	☐	☐	☐	☐
höhere Gewalt (z.B. Naturereignisse, Unfälle, Unruhen, Streiks,...)	☐	☐	☐	☐	☐	☐	☐	☐	☐	☐	☐	☐	☐	☐
Ausfall der langfristigen Finanzierung von betrieblichen Investitionen	☐	☐	☐	☐	☐	☐	☐	☐	☐	☐	☐	☐	☐	☐
Ausfall der kurzfristigen Zwischenfinanzierung der Produktion.	☐	☐	☐	☐	☐	☐	☐	☐	☐	☐	☐	☐	☐	☐
Wissensabfluss an Wettbewerber	☐	☐	☐	☐	☐	☐	☐	☐	☐	☐	☐	☐	☐	☐
Sonstige:	☐	☐	☐	☐	☐	☐	☐	☐	☐	☐	☐	☐	☐	☐

Seite 4 von 12

2.2. Wie bewerten Sie den Einfluss folgender Treiber auf die Supply Chain Risiken Ihres Unternehmens?

	Relevanz *sehr gering* → *sehr hoch*						
	0	***1***	***2***	***3***	***4***	***5***	***6***
beschränkte Verfügbarkeit von Standorten für Windenergieanlagen (Onshore)	☐	☐	☐	☐	☐	☐	☐
schlechte Zugänglichkeit von Standorten für Windenergieanlagen (Offshore)	☐	☐	☐	☐	☐	☐	☐
anspruchsvolle Technologie von Windenergieanlagen	☐	☐	☐	☐	☐	☐	☐
Abhängigkeit der Branche von gesetzlichen Vorschriften (z.B. EEG, SDLWindV,...)	☐	☐	☐	☐	☐	☐	☐
kontinuierlicher technologischer Fortschritt	☐	☐	☐	☐	☐	☐	☐
geringe Verfügbarkeit von Equipment für Transport und Errichtung	☐	☐	☐	☐	☐	☐	☐
geringe Erfahrung im Bereich erneuerbarer Energien	☐	☐	☐	☐	☐	☐	☐
Abhängigkeit von Personen mit besonderer Qualifikation	☐	☐	☐	☐	☐	☐	☐
unterschiedliche / inkompatible Informationssysteme bei Herstellern und Zulieferern	☐	☐	☐	☐	☐	☐	☐
Komplexität des Wertschöpfungsnetzwerkes	☐	☐	☐	☐	☐	☐	☐
starke Verhandlungsposition der Zulieferer	☐	☐	☐	☐	☐	☐	☐
geringe Kooperationsbereitschaft der Supply Chain Partner	☐	☐	☐	☐	☐	☐	☐
kurze Geschäftsbeziehungen zwischen Hersteller und Zulieferer	☐	☐	☐	☐	☐	☐	☐
enge Bindung an Supply Chain Partner	☐	☐	☐	☐	☐	☐	☐
starke Abhängigkeit von Supply Chain Partnern	☐	☐	☐	☐	☐	☐	☐
starke Verflechtungen von Herstellern und Systemlieferanten	☐	☐	☐	☐	☐	☐	☐
beschränkte Kapazitäten bei etablierten Lieferanten	☐	☐	☐	☐	☐	☐	☐
geringe Anzahl von Lieferanten in der Branche verfügbar	☐	☐	☐	☐	☐	☐	☐
geringe Verfügbarkeit der benötigten Bauteile auf dem Beschaffungsmarkt	☐	☐	☐	☐	☐	☐	☐
globales Produktionsnetzwerk	☐	☐	☐	☐	☐	☐	☐
Ein-Quellen-Belieferung	☐	☐	☐	☐	☐	☐	☐
weltweite Beschaffung	☐	☐	☐	☐	☐	☐	☐
Sonstige:	☐	☐	☐	☐	☐	☐	☐

3. Supply Chain Gestaltung

Im folgenden Abschnitt möchten wir unser Bild ihres Unternehmens in seiner Supply Chain abrunden. Hierfür bitten wir Sie, verschiedene Aussagen hinsichtlich der Übereinstimmung mit Ihrer Supply Chain zu bewerten.

3.1. Inwieweit stimmen Sie mit folgenden Aussagen über Ihren Absatzmarkt bzw. die Nachfrageseite ihrer Supply Chain überein?

	Übereinstimmung sehr gering ⟶ sehr hoch						
	0	*1*	*2*	*3*	*4*	*5*	*6*
Wir bewegen uns mit internationalen Wettbewerbern auf globalen Absatzmärkten.	☐	☐	☐	☐	☐	☐	☐
Der Wettbewerb auf unseren Absatzmärkten nimmt zu.	☐	☐	☐	☐	☐	☐	☐
Die nachgefragte Menge pro Quartal ist annähernd konstant.	☐	☐	☐	☐	☐	☐	☐
Veränderungen in der nachgefragten Menge können von unserem Unternehmen rechtzeitig vorhergesehen werden.	☐	☐	☐	☐	☐	☐	☐
Der Lebenszyklus unserer Produkte ist eher lang (entspricht dem einer WEA Generation).	☐	☐	☐	☐	☐	☐	☐
Unser Produkt wird in vielen Varianten am Markt nachgefragt.	☐	☐	☐	☐	☐	☐	☐
Eine „Stockout"-Situation (= Lieferfähigkeit ist temporär nicht gegeben) verursacht hohe Kosten für unser Unternehmen.	☐	☐	☐	☐	☐	☐	☐

3.2. Inwieweit stimmen Sie mit folgenden Aussagen über ihren Beschaffungsmarkt bzw. die Versorgungsseite der Supply Chain überein?

	Übereinstimmung sehr gering ⟶ sehr hoch						
	0	*1*	*2*	*3*	*4*	*5*	*6*
Für von uns zugekaufte Komponenten / Materialien sind kurzfristig mehrere Lieferanten am Markt verfügbar.	☐	☐	☐	☐	☐	☐	☐
Die Kapazität unserer Lieferanten stellt keinen Engpass für unsere eigene Fertigung dar.	☐	☐	☐	☐	☐	☐	☐
Unsere Lieferanten sind zuverlässig.	☐	☐	☐	☐	☐	☐	☐
Wir haben keine Qualitätsprobleme mit zugelieferten Komponenten / Materialien.	☐	☐	☐	☐	☐	☐	☐
Wir wenden möglichst Versorgungskonzepte an, die auf Just-in-Time oder Just-in-Sequence Belieferung beruhen.	☐	☐	☐	☐	☐	☐	☐
Unser Einkauf ist international ausgerichtet, wir beschaffen global (Global Sourcing).	☐	☐	☐	☐	☐	☐	☐
Wir verfügen für unsere zugekauften Komponenten / Materialien jeweils über nur einen Lieferanten (Single Sourcing).	☐	☐	☐	☐	☐	☐	☐
Wir haben nur wenige direkte Lieferanten, die zugelieferte Komponenten / Materialien für uns bündeln.	☐	☐	☐	☐	☐	☐	☐
Unsere Lieferanten werden zunehmend größer.	☐	☐	☐	☐	☐	☐	☐
Der Umfang der von unserem Unternehmen fremdvergebenen Wertschöpfungsanteile oder Logistikleistungen wächst.	☐	☐	☐	☐	☐	☐	☐

3.3. Inwieweit stimmen Sie mit folgenden Aussagen zu dem unternehmensübergreifenden Wertschöpfungsprozess Ihrer Supply Chain überein?

	Übereinstimmung *sehr gering* → *sehr hoch*						
	0	***1***	***2***	***3***	***4***	***5***	***6***
Für einzelne Schritte im Wertschöpfungsprozess können alternative Herstellverfahren angewendet werden.	☐	☐	☐	☐	☐	☐	☐
Beim Ausfall eines Lieferanten können Unternehmen auf nachfolgenden Stufen der Supply Chain einspringen.	☐	☐	☐	☐	☐	☐	☐
Lieferantenwechsel sind ohne Änderungen des Produktes auch kurzfristig möglich.	☐	☐	☐	☐	☐	☐	☐
Der Wertschöpfungsprozess enthält Puffer oder Redundanzen (Zeit, Kapazität, Bestände).	☐	☐	☐	☐	☐	☐	☐
Der Wertschöpfungsprozess ist stabil, es sind kaum Änderungen erforderlich.	☐	☐	☐	☐	☐	☐	☐
Unser Unternehmen verfügt über umfassende technische Kenntnis des gesamten Wertschöpfungsprozesses.	☐	☐	☐	☐	☐	☐	☐
Der Wertschöpfungsprozess ist auf die Ausnutzung von Mengendegressionseffekte (Economies of Scale) ausgelegt.	☐	☐	☐	☐	☐	☐	☐
Die Durchlaufzeit ist auf das technisch und prozessual mögliche Minimum reduziert.	☐	☐	☐	☐	☐	☐	☐
Produktions- und Distributionsstandorte sind so weit wie möglich räumlich konzentriert.	☐	☐	☐	☐	☐	☐	☐

3.4. Inwieweit stimmen Sie mit folgenden Aussagen zu der Struktur ihrer Supply Chain überein?

	Übereinstimmung *sehr gering* → *sehr hoch*						
	0	***1***	***2***	***3***	***4***	***5***	***6***
Unsere Supply Chain verfügt über ein internationales Produktionsnetzwerk.	☐	☐	☐	☐	☐	☐	☐
Es sind zunehmend mehr Unternehmen in unsere Supply Chain involviert.	☐	☐	☐	☐	☐	☐	☐
Unsere Supply Chain besteht nur aus wenigen Stufen.	☐	☐	☐	☐	☐	☐	☐
Einige Unternehmen der Supply Chain stehen auch in anderen Branchen mit einander in einer Geschäftsbeziehung.	☐	☐	☐	☐	☐	☐	☐
Unternehmen der Supply Chain sind mit ähnlichen Ressourcen auch in anderen Branchen aktiv.	☐	☐	☐	☐	☐	☐	☐
Unternehmen der Supply Chain sind gleichzeitig in mehrere Schritte des Wertschöpfungsprozesses involviert.	☐	☐	☐	☐	☐	☐	☐
Unser Unternehmen hat Zugriff auf gemeinsam mit anderen Unternehmen der Supply Chain nutzbare Ressourcen.	☐	☐	☐	☐	☐	☐	☐
In unserer Supply Chain herrscht eine hohe Transparenz, wir kennen auch indirekte Lieferanten / Kunden gut.	☐	☐	☐	☐	☐	☐	☐
Unser Unternehmen erhält benötigte Informationen unmittelbar und direkt von allen Prozessbeteiligten.	☐	☐	☐	☐	☐	☐	☐
Die Kontrolle des Wertschöpfungsprozesses erfolgt mit Hilfe hoch aggregierter Kennzahlensysteme.	☐	☐	☐	☐	☐	☐	☐

4. Supply Chain Risk Management

In diesem Abschnitt steht die Bewertung und Anwendung von Instrumenten des Supply Chain Risk Management (SCRM) im Vordergrund. Unter Supply Chain Risk Management verstehen wir den Baustein innerhalb des unternehmensübergreifenden Supply Chain Managements, der alle Strategien und Maßnahmen, alles Wissen, alle Institutionen, alle Prozesse sowie alle Technologien umfasst, die auf technischer, personeller und organisatorischer Ebene dazu geeignet sind, das Risiko innerhalb einer Supply Chain zu verkleinern.

4.1. Wie ist der aktuelle Stand des Einsatzes von unternehmensübergreifenden Supply Chain Risk Management in Ihrem Unternehmen?

☐ *mehrjährige Erfahrung*	☐ *implementiert und Optimierung geplant*
☐ *vor kurzem implementiert (< 1 Jahr)*	☐ *in der Implementierungsphase*
☐ *Einsatz geplant*	☐ *erste theoretische Konzepte vorhanden*
☐ *Prüfung, ob SCRM Einsatz sinnvoll*	☐ *kein Einsatz geplant*

4.2. Welche Stufen der Lieferkette, sowohl beschaffungs- als auch absatzseitig, betrachten Sie in Ihrem Supply Chain Risk Management?

	beschaffungsseitig							absatzseitig						
	kaum		→				*intensiv*	*kaum*		→				*intensiv*
	0	**1**	**2**	**3**	**4**	**5**	**6**	**0**	**1**	**2**	**3**	**4**	**5**	**6**
eigenes Unternehmen	☐	☐	☐	☐	☐	☐	☐	☐	☐	☐	☐	☐	☐	☐
direkte Partner (Tier 1)	☐	☐	☐	☐	☐	☐	☐	☐	☐	☐	☐	☐	☐	☐
Partner von Partnern (Tier 2)	☐	☐	☐	☐	☐	☐	☐	☐	☐	☐	☐	☐	☐	☐
mehr (Tier N)	☐	☐	☐	☐	☐	☐	☐	☐	☐	☐	☐	☐	☐	☐

4.3. Wie schätzen Sie die grundsätzliche Eignung der folgenden Instrumente des Supply Chain Risk Management ein? Beurteilen Sie bitte auch die Anwendungshäufigkeit dieser Instrumente in Ihrem Unternehmen.

	Eignung							Anwendung						
	sehr gering		⟶				*sehr hoch*	*kaum*		⟶				*intensiv*
	0	***1***	***2***	***3***	***4***	***5***	***6***	***0***	***1***	***2***	***3***	***4***	***5***	***6***
Risiko-Mapping / Risikoportfolioanalyse	☐	☐	☐	☐	☐	☐	☐	☐	☐	☐	☐	☐	☐	☐
Collaborative Planning (gemeinsame Planung von Herstellern und Zulieferern)	☐	☐	☐	☐	☐	☐	☐	☐	☐	☐	☐	☐	☐	☐
Weitergabe von Absatzprognosen an Lieferanten	☐	☐	☐	☐	☐	☐	☐	☐	☐	☐	☐	☐	☐	☐
Aufbau langfristig orientierter Zulieferer-Abnehmer-Beziehungen	☐	☐	☐	☐	☐	☐	☐	☐	☐	☐	☐	☐	☐	☐
Erschließung zusätzlicher Lieferanten	☐	☐	☐	☐	☐	☐	☐	☐	☐	☐	☐	☐	☐	☐
lokale / regionale Beschaffung	☐	☐	☐	☐	☐	☐	☐	☐	☐	☐	☐	☐	☐	☐
Auswahl zertifizierter Zulieferer (z.B. DIN ISO 9001 ff.)	☐	☐	☐	☐	☐	☐	☐	☐	☐	☐	☐	☐	☐	☐
regelmäßige Lieferantenaudits und -bewertung	☐	☐	☐	☐	☐	☐	☐	☐	☐	☐	☐	☐	☐	☐
Weiterentwicklung von Lieferanten	☐	☐	☐	☐	☐	☐	☐	☐	☐	☐	☐	☐	☐	☐
regelmäßige Bewertung der Liquidität von Kunden	☐	☐	☐	☐	☐	☐	☐	☐	☐	☐	☐	☐	☐	☐
Pufferbestände im eigenen Unternehmen	☐	☐	☐	☐	☐	☐	☐	☐	☐	☐	☐	☐	☐	☐
Pufferbestände in der Supply Chain	☐	☐	☐	☐	☐	☐	☐	☐	☐	☐	☐	☐	☐	☐
Vorhalten zusätzlicher Kapazitäten	☐	☐	☐	☐	☐	☐	☐	☐	☐	☐	☐	☐	☐	☐
Aufbau von Frühwarnsystemen in der Supply Chain	☐	☐	☐	☐	☐	☐	☐	☐	☐	☐	☐	☐	☐	☐
Einsatz von Notfallteams und Risikomanager	☐	☐	☐	☐	☐	☐	☐	☐	☐	☐	☐	☐	☐	☐
Kontinuitätsplanung (Notfallpläne für die Aufrechterhaltung des Betriebs im Schadensfall)	☐	☐	☐	☐	☐	☐	☐	☐	☐	☐	☐	☐	☐	☐
Flexibilität der Produkte hinsichtlich Spezifikationen und Komponenten	☐	☐	☐	☐	☐	☐	☐	☐	☐	☐	☐	☐	☐	☐
Wandlungsfähigkeit von Prozessen (Durchsatz und Prozessschritte)	☐	☐	☐	☐	☐	☐	☐	☐	☐	☐	☐	☐	☐	☐
Verwendung von Standardbauteilen	☐	☐	☐	☐	☐	☐	☐	☐	☐	☐	☐	☐	☐	☐
Standardisierung von unternehmensübergreifenden Prozessen	☐	☐	☐	☐	☐	☐	☐	☐	☐	☐	☐	☐	☐	☐
Postponement (möglichst späte Produktindividualisierung)	☐	☐	☐	☐	☐	☐	☐	☐	☐	☐	☐	☐	☐	☐
Versicherung gegen das Eintreten einzelner Risiken	☐	☐	☐	☐	☐	☐	☐	☐	☐	☐	☐	☐	☐	☐
Sonstige:	☐	☐	☐	☐	☐	☐	☐	☐	☐	☐	☐	☐	☐	☐

4.4. Welche Bedeutung haben für Ihr Unternehmen die folgenden Hindernisse bezüglich der Umsetzung eines Supply Chain Risk Managements? Bitte unterscheiden Sie hierbei, dass diese Hindernisse sowohl in Ihrem eigenen Unternehmen, als auch bei Ihren Partnern in der Supply Chain auftreten können, und geben Sie jeweils Ihre Einschätzung ab.

	im eigenen Unternehmen							in der Supply Chain						
	sehr gering →						*sehr hoch*	*sehr gering* →						*sehr hoch*
	0	***1***	***2***	***3***	***4***	***5***	***6***	***0***	***1***	***2***	***3***	***4***	***5***	***6***
keine freien Managementkapazitäten	☐	☐	☐	☐	☐	☐	☐	☐	☐	☐	☐	☐	☐	☐
Wissen über SCRM ist nicht ausreichend	☐	☐	☐	☐	☐	☐	☐	☐	☐	☐	☐	☐	☐	☐
keine geeigneten Werkzeuge vorhanden	☐	☐	☐	☐	☐	☐	☐	☐	☐	☐	☐	☐	☐	☐
mangelndes Vertrauen zu Supply Chain Partnern	☐	☐	☐	☐	☐	☐	☐	☐	☐	☐	☐	☐	☐	☐
mangelnde Transparenz in der Supply Chain	☐	☐	☐	☐	☐	☐	☐	☐	☐	☐	☐	☐	☐	☐
keine stabilen Beziehungen mit Supply Chain Partnern	☐	☐	☐	☐	☐	☐	☐	☐	☐	☐	☐	☐	☐	☐
keine Notwendigkeit von SCRM	☐	☐	☐	☐	☐	☐	☐	☐	☐	☐	☐	☐	☐	☐
Sonstige:	☐	☐	☐	☐	☐	☐	☐	☐	☐	☐	☐	☐	☐	☐

5. weitere Managementkonzepte

5.1. Welche Bedeutung besitzen die folgenden Managementkonzepte heute für Ihr Unternehmen? Wie wird sich die Bedeutung für Ihr Unternehmen in den kommenden Jahren voraussichtlich entwickeln?

	Bedeutung (sehr gering → sehr hoch)							Ausweitung geplant	
	0	***1***	***2***	***3***	***4***	***5***	***6***	***ja***	***nein***
Lean Management (schlanker Managementansatz mit Fokus auf die Vermeidung von Verschwendung)	☐	☐	☐	☐	☐	☐	☐	☐	☐
Total Quality Management (umfassendes Qualitätsmanagement als zentrale Managementaufgabe)	☐	☐	☐	☐	☐	☐	☐	☐	☐
Nachhaltigkeitsmanagement (integriertes Management sozialer, ökonomischer und ökologischer Aspekte auf Führungsebene)	☐	☐	☐	☐	☐	☐	☐	☐	☐
Komplexitätsmanagement (Managementmethode mit besonderer Berücksichtigung unsicherer Ereignisse)	☐	☐	☐	☐	☐	☐	☐	☐	☐
Customer Relationship Management (konsquente Ausrichtung des Unternehmens auf seine Kundenbeziehungen)	☐	☐	☐	☐	☐	☐	☐	☐	☐
Corporate Social Responsibility (freiwilliges Engagement der Unternehmensführung auf sozialer und ökologischer Ebene)	☐	☐	☐	☐	☐	☐	☐	☐	☐
Diversity Management (Nutzung der sozialen Vielfalt im Unternehmen, um Wettbewerbsvorteile zu generieren)	☐	☐	☐	☐	☐	☐	☐	☐	☐
Compliance Management (Erfüllung aller internen und externen Verpflichtungen)	☐	☐	☐	☐	☐	☐	☐	☐	☐
Corporate Governance (verantwortungsvolle Unternehmensführung und –kontrolle als Rahmen für den Handlungsspielraum des Managements)	☐	☐	☐	☐	☐	☐	☐	☐	☐
Sonstige:	☐	☐	☐	☐	☐	☐	☐	☐	☐

TUHH Technische Universität Hamburg-Harburg

PLEYMA SOURCING SUCCESS.

Wir bedanken uns herzlich für die Beantwortung unserer Fragen!

Wenn Sie Interesse an den Ergebnissen dieser Befragung oder der Studie aus dem Jahr 2008 haben, bzw. für ein Experteninterview zur Verfügung stehen, hinterlassen Sie uns bitte an dieser Stelle Ihre Kontaktdaten:

- ☐ *Bitte senden Sie mir die Ergebnisse der Umfrage zu.*
- ☐ *Bitte senden Sie mir die Studienergebnisse aus dem Jahr 2008 zu.*
- ☐ *Für ein vertiefendes Expertengespräch stehe ich zur Verfügung.*

Unternehmen:
Kontaktperson:
Anschrift:

E-Mail:
Telefon:
Fax:

Wir sichern Ihnen zu, dass Ihre Kontaktdaten nur der Zusendung der Ergebnisse dienen.

Seite 12 von 12

Anhang 5: Explorative Auswertung aller erhobener Variablen

Supply Chain Risk Management in der deutschen Windenergiebranche

Eine gemeinsame Studie von:

TUHH
Technische Universität Hamburg-Harburg

PLEYMA
SOURCING SUCCESS.

Wolfgang Kersten
Michael Höbig
Jan Scholl
Philipp Hohrath

1 Management Summery

1.1 Motivation zur Studie

Die Bundesregierung verfolgt das Ziel, den Anteil der erneuerbaren Energien am gesamten Bruttostromverbrauch bis zum Jahr 2020 auf mindestens 30 Prozent zu steigern (Ziel bis 2010: 12,5%, Ist 2009: 16% [1]). Dies entspricht in etwa einer Verdoppelung innerhalb der nächsten zehn Jahre. Ähnliche Ziele verfolgen viele weitere Länder mit unterschiedlichen Präferenzen und Instrumenten. In den meisten Fällen spielt die Windenergieindustrie beim Ausbau der regenerativen Energien die Hauptrolle. Die weltweit installierten Kapazitäten sind im Jahr 2009 um 38.000 MW gestiegen, für 2010 erwartet die World Wind Energy Association (WWEA) einen Zubau in ähnlicher Größenordnung.

Diese weltweite Zunahme der Bedeutung der Windenergie stellt auch an die Marktteilnehmer entsprechende Anforderungen. Durch die Globalisierung der Lieferketten steigt die Komplexität in Planung und Abwicklung für die Beteiligten. Mit dieser zunehmenden Komplexität im Supply Chain Management steigt auch die Anforderung an den Umgang mit Risiken in den Lieferketten. Gesteigert wird diese Komplexität noch zusätzlich durch die zunehmende Verlagerung hin zu Offshore-Standorten.

Ziel der Studie war es, zu erfahren, wie in der Windenergiebranche mit diesen Herausforderungen und Risiken umgegangen wird. Dabei sollten Unterschiede in der Position in der Lieferkette ebenso erarbeitet werden wie die unterschiedlichen Methoden und Verantwortlichkeiten im Risikomanagement. Auch die Veränderungen im Vergleich zu den Ergebnissen der Vorläuferstudie aus dem Jahre 2008 sollten dokumentiert werden.

1.2 Initiatoren der Studie

Die Studie wurde gemeinsam von der Pleyma GmbH und dem Institut für Logistik und Unternehmensführung der Technischen Universität Hamburg-Harburg durchgeführt.

Das Institut für Logistik und Unternehmensführung der Technischen Universität Hamburg-Harburg forscht und lehrt unter der Leitung von Herrn Prof. Dr. Dr. h. c. Wolfgang Kersten und Herrn Prof. Dr. Thorsten Blecker unter Anderem zur ganzheitliche Gestaltung von Logistik und Supply Chain Management sowie Komplexitäts- und Risikomanagement in Supply Chains und logistischen Prozessen. Im Zusammenhang mit dem Management von Risiken in Wertschöpfungsnetzwerken hat das Institut bereits etliche Projekte in der Unternehmenspraxis durchgeführt sowie die internationale Forschung durch zahlreiche Publikationen bereichert.

Die Pleyma GmbH entwickelt seit 1996 Maßnahmen für wirksamen Einkauf und Supply Chain Management. Die Pleyma GmbH bietet als Fachberatung ihren Kunden umfassende Beratungs- und Umsetzungsleistung. Mehr als 25 Berater an den Standorten Hamburg und München betreuen Kunden aus Deutschland, Österreich und der Schweiz. Die Begleitung

[1] Quelle: BWU (www.bwu.de), November 2010

von Unternehmen aus der Windenergie bildet seit vielen Jahren einen der Branchenschwerpunkte von Pleyma.

1.3 Relevanz der Studie

Für die Studie wurden Teilnehmer aller Wertschöpfungsstufen der Branche angesprochen. Dabei wurden sowohl Anlagenhersteller als auch System-, Komponentenzulieferer sowie Materialzulieferer befragt. Obwohl erwartungsgemäß der Umsatzanteil der jeweiligen Unternehmen in der Branche auf den tieferen Stufen der Lieferkette abnimmt, wird der Studie insgesamt eine hohe Relevanz zuteil.

Die Bedeutung des Risikomanagements in Logistik und Supply Chain für die Windenergiebranche wird durch eine außergewöhnlich hohe Rückläuferquote von mehr als 29% der knapp 380 identifizierten Unternehmen belegt. So können insgesamt für die immer noch junge Branche relativ belastbare Aussagen über den Status und die Planungen im Risikomanagement der Supply Chains getroffen werden. Geantwortet haben vor allem Personen aus leitenden Positionen in der Supply Chain bzw. den Unternehmen, so dass davon ausgegangen werden kann, dass ein entsprechender Überblick über die Lieferketten vorhanden ist.

In Verbindung mit der in 2008 zum ersten Mal gemeinsam durchgeführten Studie zum Supply Chain Risk Management ergibt sich hiermit ein einzigartiges Bild der Trends und Entwicklungen als auch der Umsetzung im Risikomanagement in der Windindustrie.

1.4 Ergebnisse der Studie

Die Studie gibt einen guten Überblick über den Stand und die Perspektiven des Risk Managements in der Supply Chain. Wesentliche Ergebnisse sind die generell steigende Bedeutung des Umgangs mit Risiken, die Unterschiede in der Stellung innerhalb der Lieferkette sowie die Nutzung von Methoden und Werkzeugen des Risk Managements.

Wie in 2008 zählen die steigenden Rohstoff- und Bauteilpreise auch zwei Jahre später noch zu den am höchsten bewerteten Risiken. Ein weiteres hoch bewertetes Umfeldrisiko besteht in Wechselkursschwankungen. Daneben finden sich in 2010 auch große Risiken auf der Nachfrageseite. Mit einer hohen Eintrittshäufigkeit sind die Teilnehmer offenbar von Schwankungen der Nachfragemenge betroffen. Bezüglich der Schadenshöhe spielen auch Verlust von Kunden an internationale Wettbewerber sowie Zahlungsausfall bzw. Insolvenz eines Kunden eine große Rolle. Hier zeigt sich die derzeitige Herausforderung in der Branche. Durch die schwierige Marktlage treffen Kostenrisiken auf der Beschaffungsseite mit Nachfragerisiken zusammen und setzen die Unternehmen in der Lieferkette stark unter Druck, eine auskömmliche Marge zu realisieren. Dazu kommt offenbar noch die Angst vor Know-how-Verlust an den Wettbewerb, hier wird allgemein eine große Schadenshöhe attestiert.

Im Vergleich der Risiken entlang der Lieferkette fällt auf, dass OEM's Risiken in der Supply Chain oftmals mit einer ähnlichen Eintrittswahrscheinlichkeit aber mit größeren Schadenshöhen als System-, Komponenten- oder Materiallieferanten bewerten. Die insbesondere bei vielen OEM festzustellende Fokussierung auf die WEA Branche sowie die immer noch große Abhängigkeit von Zulieferungen machen die Hersteller von

Windenergieanlagen verwundbarer als andere Unternehmen. Daher ist nach wie vor festzustellen, dass sich Risiken fast durchgängig entlang der Lieferkette in Richtung der Endkundenmärkte verstärken. Neben Fokussierung und Abhängigkeit wird dieser Effekt durch den Einsatz von Risikomanagementsystemen getrieben, da die größte Erfahrung mit diesen Ansätzen auf den Stufen der Materiallieferanten gefolgt von den System- und Komponentenlieferanten vorliegt. Offenbar führt der Einsatz eines Supply Chain Risk Managements zu einer verringerten Risikoexposition oder zumindest zur Einschätzung, dass Risiken entsprechend weniger groß sind.

Im Vergleich zu 2008 werden die meisten Risiken in 2010 etwas schwächer in Bezug auf ihre Schadenshöhe oder Eintrittswahrscheinlichkeit bewertet. Starke Anstiege sind vor allem bei Wechselkursschwankungen und langfristigen Verfügbarkeitsproblemen von Komponenten zu verzeichnen. Starke Verringerungen im Risiko finden sich beispielsweise bei Qualität der gelieferten Bauteile oder Änderung von gesetzlichen Forderungen wie u.a. des EEG.

Bei der Umsetzung des unternehmensübergreifenden Risikomanagements in geeigneten Maßnahmen ist, wie bereits vor zwei Jahren, deutlich ein Anwendungsdefizit zu erkennen. Obwohl alle zur Auswahl stehenden Maßnahmen als mehr (langfristige Kunden-Lieferantenbeziehungen) oder weniger (Einsatz von Notfallteams und Risikomanagern) geeignet angesehen werden, kommen sie teilweise deutlich weniger zum Einsatz. Am stärksten ist die Diskrepanz zwischen Eignung und Anwendung beim Einsatz von Frühwarnsystemen und dem Vorhalten einer Kontinuitätsplanung.

Das größte Hindernis zum Einsatz von Risk Management in der Supply Chain besteht weiterhin in der nicht ausreichenden Verfügbarkeit von Managementkapazität. Dazu kommt allerdings noch ein Punkt der fast gleichgewichtig bewertet wird. Demnach fehlt häufig Wissen über das Supply Chain Risk Management als solches, was in Kombination mit fehlender Kapazität natürlich deutlich erschwerend wirkt.

1.5 Aussagen zur Studie

Der Umgang mit Risiken ist in der Windenergieindustrie weiter stark von dem Fokus auf das eigene Unternehmen geprägt. Risiken aus der Supply Chain werden zwar durch den Einsatz von Supply Chain Risk Management verringert, eine durchgängige Anwendung ist gleichwohl nur in Ausnahmefällen erkennbar. Auf den ersten Blick konträre Aussagen wie die Bewertung, dass keine geeigneten Werkzeuge vorhanden sind, diese aber als grundsätzlich geeignet angesehen werden, sprechen für Defizite im täglichen Umgang mit systematischer Erfassung, Bewertung und Behandlung von Risiken in der Lieferkette.

Dabei fehlt sicherlich auch noch ein akzeptiertes Gesamtkonzept für das Supply Chain Risk Management. Hier ist also noch Aufklärungsarbeit erforderlich, die kontinuierliche Durchführung dieser Studie sollte dazu einen Beitrag leisten können.

2 Auswertung

2.1 Allgemeine Angaben

Unsere Stichprobe umfasst zu einem großen Teil bereits erfahrene (Branchenerfahrung>10 Jahre) und größere Unternehmen (Mitarbeiter>100)!

Seit wie vielen Jahren ist Ihr Unternehmen in der Windenergiebranche tätig?

Gesamtstichprobe (N=104)

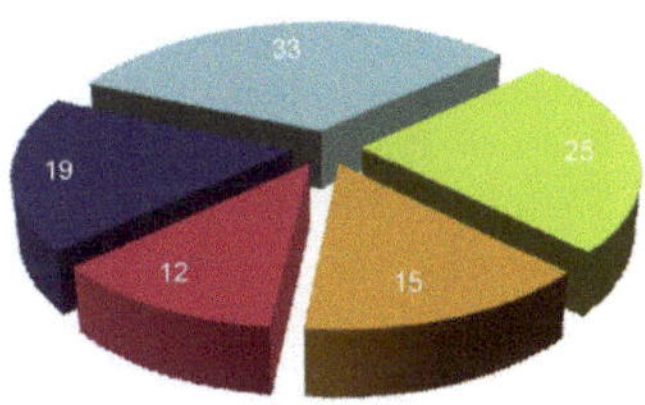

unter 5 Jahren, 6 bis 10 Jahren, 11 bis 15 Jahren, 16 bis 20 Jahren, über 20 Jahren

Wie viele Mitarbeiter sind in Ihrem Unternehmen beschäftigt?

Gesamtstichprobe (N=103)

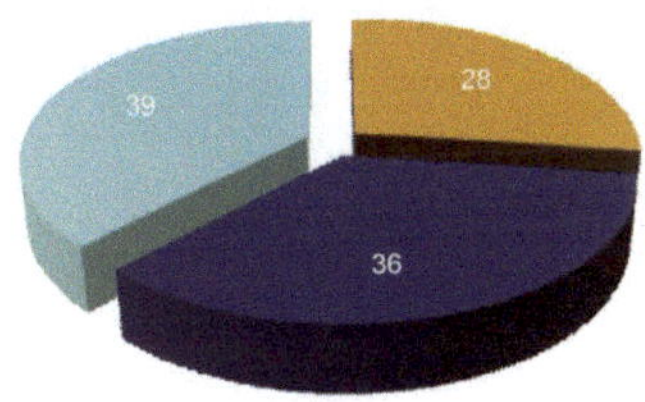

weniger als 100 Mitarbeitern, 100 bis 500 Mitarbeitern, mehr als 500 Mitarbeitern

PLEYMA

TUHH Technische Universität Hamburg-Harburg

Nur 25% der Unternehmen ist auf die Windenergie fokussiert (Umsatzanteil>75%). Viele Unternehmen sind parallel auch im Maschinen- und Anlagenbau vertreten.

Prozentualer Anteil des Umsatzes des letzten Geschäftsjahrs im Bereich Windenergie?

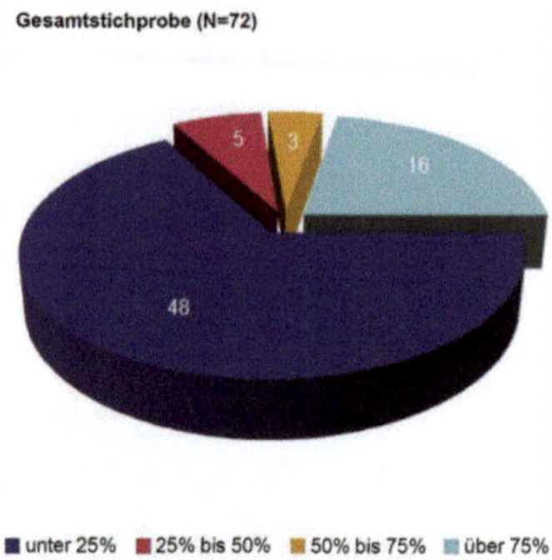

In welchen weiteren Branchen (außer der Windenergie) ist Ihr Unternehmen vertreten?

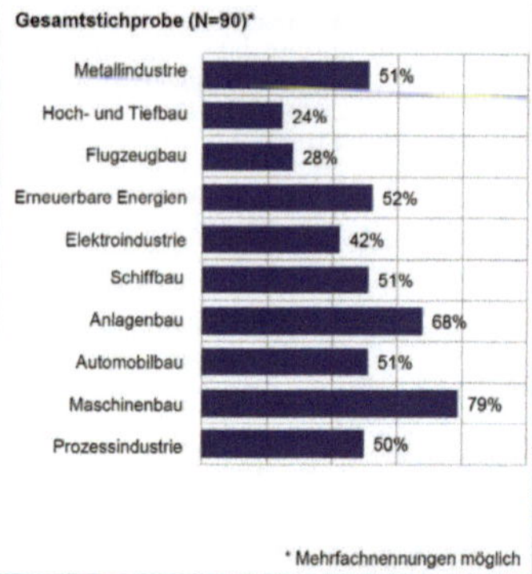

* Mehrfachnennungen möglich

PLEYMA

TUHH Technische Universität Hamburg-Harburg

Drei Viertel der befragten Unternehmen rechnen mit einem überproportionalen Wachstum ihrer Aktivitäten im Bereich der Windenergie!

Wie wird sich der Umsatzanteil Ihres Unternehmens im Bereich Windenergie in den kommenden fünf Jahren voraussichtlich entwickeln?

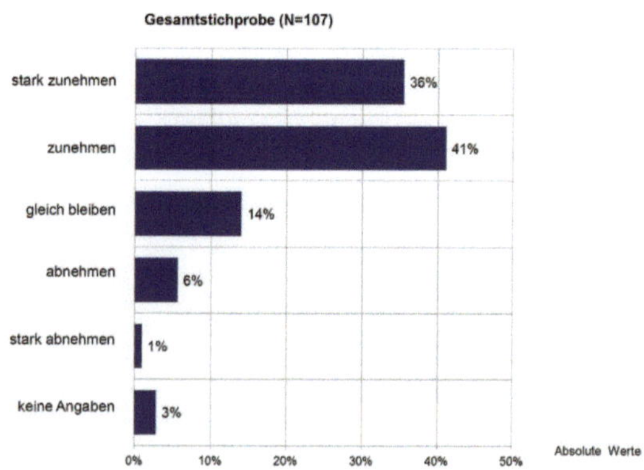

PLEYMA

TUHH Technische Universität Hamburg-Harburg

Während die teilnehmenden Unternehmen ihren Heimatmarkt bereits erschlossen haben, planen sie besonders in den Amerikas und Asien den Aufbau neuer Standorte!

In welchen Regionen unterhält Ihr Unternehmen Produktionsstandorte und / oder Vertriebsniederlassungen? (Mehrfachnennungen möglich)

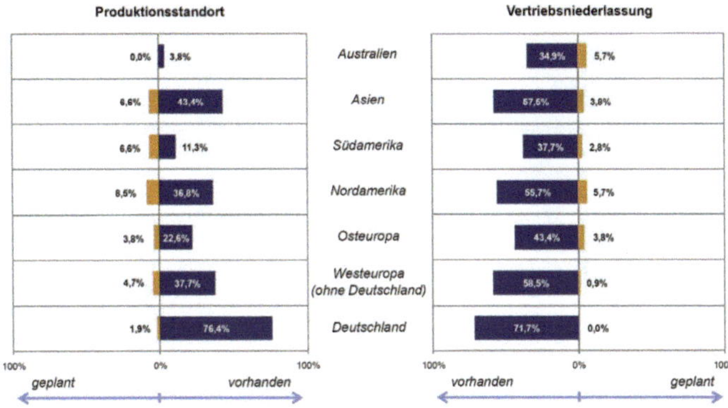

PLEYMA

TUHH Technische Universität Hamburg-Harburg

Die Stichprobe spiegelt die Wertschöpfungskette gut wider. Unternehmen, die ausschließlich Serviceleistungen anbieten, sind allerdings nicht vertreten.

Welche Art von Bauteilen / Leistungen stellt Ihr Unternehmen für Windenergieanlagen her?

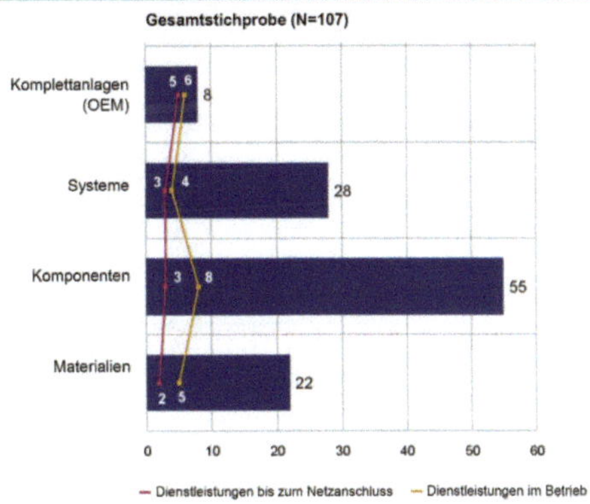

Anmerkung: Bei Mehrfachnennungen wurden Unternehmen für die folgenden Auswertung jeweils ausschließlich der höchsten angegebenen Supply Chain Stufe zugeordnet.

PLEYMA

TUHH Technische Universität Hamburg-Harburg

Der in reifen Branchen oftmals herrschende Preiswettbewerb hat die Windenergie noch nicht erreicht, Auftragsfertigung ist das bestimmende Steuerungsprinzip!

Was ist der größte Wettbewerbsvorteil Ihres Unternehmens?	Bitte beschreiben Sie die Steuerung Ihres Wertschöpfungsprozesses

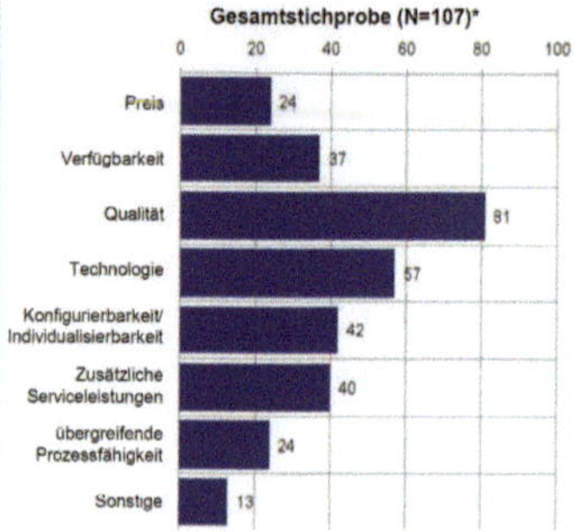

* Mehrfachnennungen möglich

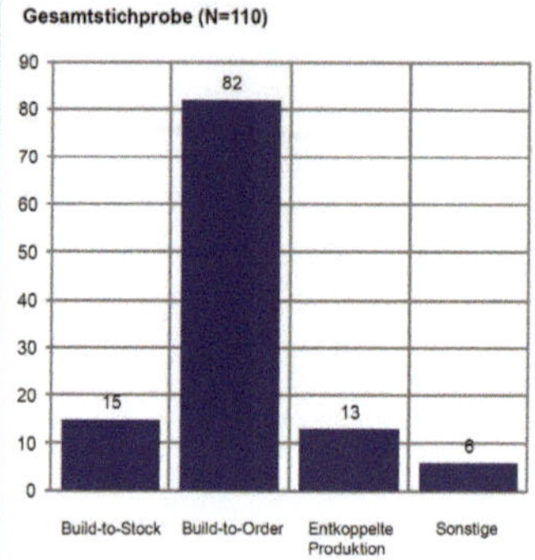

Zusammenfassende Bemerkungen zur untersuchten Stichprobe

- Die in der Studie enthaltenen Unternehmen weisen zu einem großen Teil mehr als zehn Jahre Branchenerfahrung in der Windenergieindustrie auf. Mehrheitlich beschäftigen diese Unternehmen mehr als 100 Mitarbeiter. Damit sind sowohl erfahrene als auch mit einer gewissen wirtschaftlichen Basis ausgestattete Unternehmen beteiligt, von denen eine strukturierte Auseinandersetzung mit Risiken erwartet werden kann. Die Teilnehmer sind durchweg produzierende Unternehmen aus der gesamten Lieferkette, reine Dienstleister haben nicht teilgenommen.
- Weniger als ein Viertel der Unternehmen konzentriert sich auf die Windenergie (Umsatzanteil > 75%). Von denjenigen Unternehmen, die nicht vollständig auf die Windenergie fokussiert sind, sind die meisten gleichzeitig im Maschinen- und Anlagenbau tätig, die Fokussierung auf eine Auftragsfertigung stützt diese Ausrichtung. Trotz der Kenntnis anderer Branchen sehen sich die befragten Unternehmen noch nicht im Preiswettbewerb.
- Nach der eher verhaltenen Branchenentwicklung in den vergangenen Jahren rechnet die große Mehrheit der befragten Unternehmen mit einem überproportionalen Wachstum ihrer Aktivitäten im Bereich der Windenergiebereich. Dieses Wachstum soll auch durch Erschließung der asiatischen und amerikanischen Märkte erzielt werden. Die internationale Vertriebspräsenz wird dabei schrittweise durch lokale Produktionsstandorte ergänzt.

2.2 Supply Chain Risiken

Die starke Verflechtungen innerhalb der Branche, die weltweite Beschaffung sowie die technologische Dynamik der Anlagen werden als wichtigste Risikotreiber identifiziert.

Wie bewerten Sie den Einfluss folgender Treiber auf die Supply Chain Risiken Ihres Unternehmens?

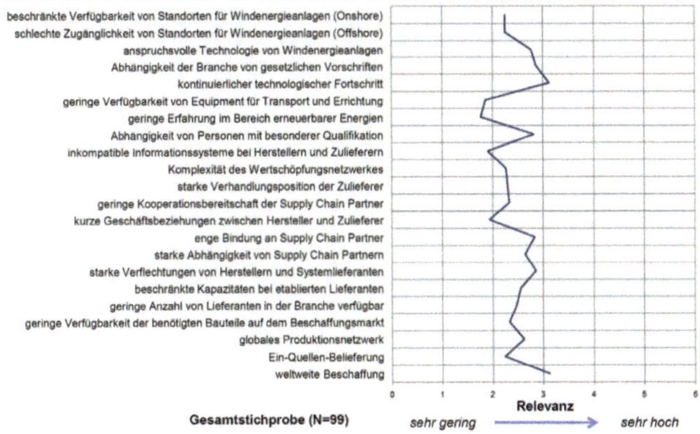

PLEYMA

TUHH
Technische Universität Hamburg-Harburg

 01.03.2011

Anlagenhersteller bewerten die Relevanz von Risikotreibern höher, wobei insbesondere die immer noch geringe Reife der Branche für sie bedrohlich erscheint.

Wie bewerten Sie den Einfluss folgender Treiber auf die Supply Chain Risiken Ihres Unternehmens?

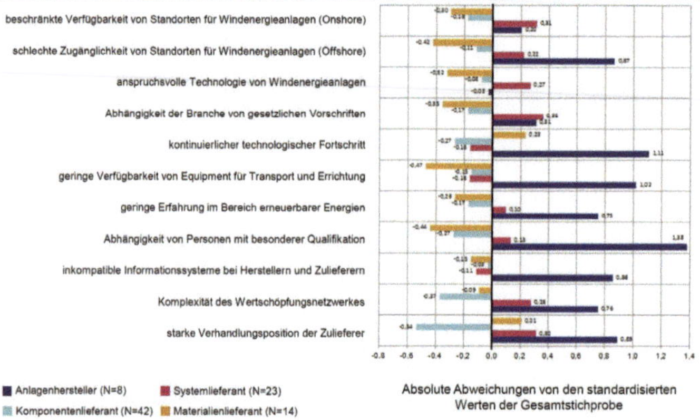

PLEYMA TUHH Technische Universität Hamburg-Harburg

Anlagenhersteller und Systemlieferanten bewerten die Auswirkungen auf ihre Risiken durch die Internationalisierung ihrer Produktionsnetzwerke höher.

Wie bewerten Sie den Einfluss folgender Treiber auf die Supply Chain Risiken Ihres Unternehmens?

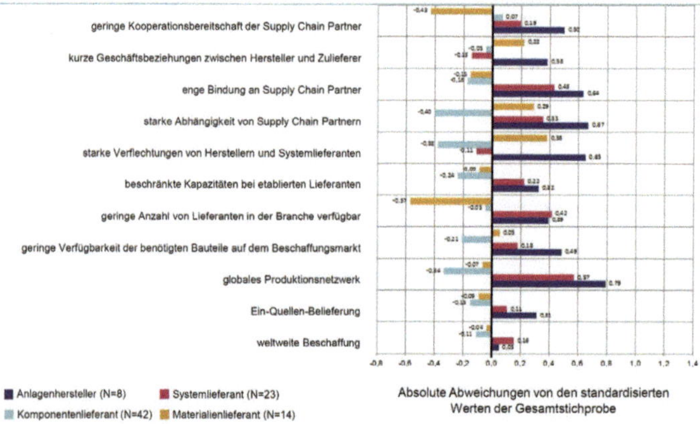

PLEYMA TUHH Technische Universität Hamburg-Harburg

2010 hat die gerade überstandene Krise den Blick vieler Unternehmen auf Risiken der Nachfrage gelenkt, die Versorgungsseite befindet sich nicht mehr so stark im Fokus!

Wie bewerten Sie die folgenden Supply Chain Risiken hinsichtlich ihrer Eintrittswahrscheinlichkeit (Häufigkeit ihres Auftretens) sowie ihrer Schadenshöhe bezogen auf Ihr Unternehmen?

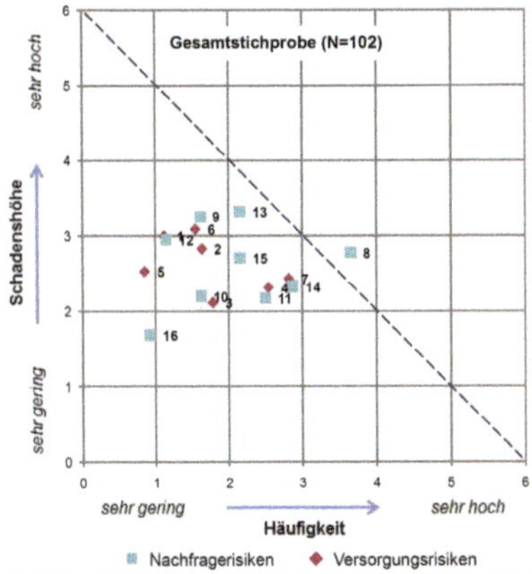

1 Ausfall/ Totalverlust einer Zulieferung
2 Qualität einer Zulieferung entspricht nicht der Erwartung / Vereinbarung
3 eine unvollständige Zulieferung
4 eine verzögerte Zulieferung
5 Lieferanteninsolvenz/ dauerhafter Lieferantenverlust
6 Komponente/ Material ist am Markt langfristig nicht erhältlich
7 Preisanstieg eines benötigten Bauteils
8 Schwankung der Nachfragemenge
9 Zahlungsausfall/ Insolvenz eines Kunden
10 Reklamation eines Kunden
11 Änderung von Spezifikationen nach Vertragsabschluss
12 Bauteilversagen und -austausch während des Betriebs
13 Verlust von Kunden an internationale Wettbewerber
14 Verzögerter Abruf bestellter Leistungen durch den Kunden
15 Ausfall der Finanzierung von Windkraftwerken
16 Veralten (Obsoleszenz) von bereits produzierten Erzeugnissen

PLEYMA TUHH Technische Universität Hamburg-Harburg

Während steigende Rohstoffpreise das aktuelle größte Risiko der Branche darstellen, erscheinen Risiken bei der Finanzierung von WEAs keine Rolle zu spielen!

Wie bewerten Sie die folgenden Supply Chain Risiken hinsichtlich ihrer Eintrittswahrscheinlichkeit (Häufigkeit ihres Auftretens) sowie ihrer Schadenshöhe bezogen auf Ihr Unternehmen?

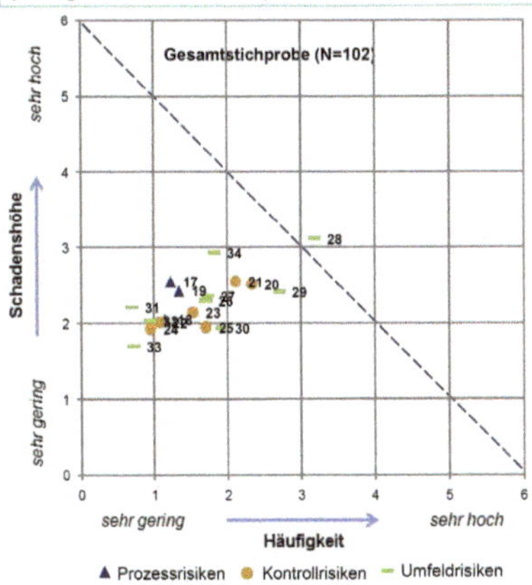

17 Ausfall / Störung von Produktionsanlagen
18 Ausfall/ Störung betrieblicher EDV-Systeme
19 Ausfall von Schlüsselpersonal
20 fehlerhafte Absatzprognose
21 fehlerhafte Bedarfsplanung
22 Produktionsprogramm verfehlt den Marktbedarf (Menge / Art)
23 fehlende Synchronisation zwischen Vertrieb und Leistungserstellung
24 Weitergabe falscher Bestellmengen
25 Störung / Verzögerung in der funktionsübergreifenden Kommunikation
26 Änderung des EEG oder sonstiger gesetzlicher Förderungen
27 Aufbau von Handelsschranken
28 Anstieg der Rohstoffpreise (z.B. Stahl, Beton, Kunststoffe,...)
29 Wechselkursschwankungen
30 Anstieg der Lohnkosten
31 höhere Gewalt (z.B. Naturereignisse, Unfälle, Unruhen, Streiks,...)
32 Ausfall der langfristigen Finanzierung von betrieblichen Investitionen
33 Ausfall der kurzfristigen Zwischenfinanzierung der Produktion.
34 Wissensabfluss an Wettbewerber

PLEYMA TUHH Technische Universität Hamburg-Harburg

Unternehmen, die sich auf den Offshore Bereich spezialisiert haben, schätzen sowohl Versorgungs- als auch Nachfragerisiken geringer ein.

Wie bewerten Sie die folgenden Supply Chain Risiken hinsichtlich ihrer Eintrittswahrscheinlichkeit (Häufigkeit ihres Auftretens) sowie ihrer Schadenshöhe bezogen auf Ihr Unternehmen?

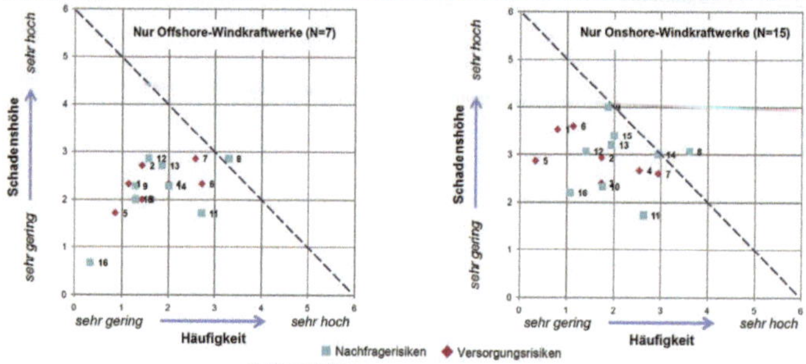

1	Ausfall / Totalverlust einer Zulieferung	2	Qualität einer Zulieferung entspricht nicht der Erwartung / Vereinbarung	3	eine unvollständige Zulieferung	4	eine verzögerte Zulieferung
5	Lieferanteninsolvenz / dauerhafter Lieferantenverlust	6	Komponente / Material ist am Markt langfristig nicht erhältlich	7	Preisanstieg eines benötigten Bauteils	8	Schwankung der Nachfragemenge
9	Zahlungsausfall / Insolvenz eines Kunden	10	Reklamation eines Kunden	11	Änderung von Spezifikationen nach Vertragsabschluss	12	Bauteilversagen und -austausch während des Betriebs
13	Verlust von Kunden an internationale Wettbewerber	14	verzögerter Abruf bestellter Leistungen durch den Kunden	15	Ausfall der Finanzierung von Windkraftwerken	16	Veralten (Obsoleszenz) von bereits produzierten Erzeugnissen

PLEYMA

TUHH Technische Universität Hamburg-Harburg

Dieser Effekt lässt sich auch anhand der übrigen Risikoklassen beobachten. Offshore Spezialisten sind nach eigener Einschätzung geringeren Risiken ausgesetzt!

Wie bewerten Sie die folgenden Supply Chain Risiken hinsichtlich ihrer Eintrittswahrscheinlichkeit (Häufigkeit ihres Auftretens) sowie ihrer Schadenshöhe bezogen auf Ihr Unternehmen?

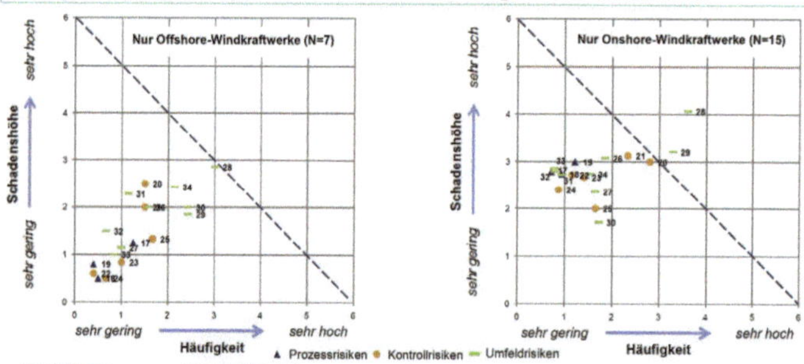

17	Ausfall/ Störung von Produktionsanlagen	18	Störung betrieblicher EDV-Systeme	19	Ausfall von Schlüsselpersonal	20	fehlerhafte Absatzprognose	21	fehlerhafte Bedarfsplanung
22	Produktionsprogramm verfehlt den Marktbedarf (Menge / Art)	23	fehlende Synchronisation zwischen Vertrieb und Leistungserstellung	24	Weitergabe falscher Bestellmengen	25	Störung / Verzögerung in der funktionsübergreifenden Kommunikation	26	Änderung des EEG oder sonstiger gesetzlicher Förderungen
27	Aufbau von Handelsschranken	28	Anstieg der Rohstoffpreise (z.B. Stahl, Beton, Kunststoffe,...)	29	Wechselkursschwankungen	30	Anstieg der Lohnkosten	31	höhere Gewalt (z.B. Naturereignisse, Unfälle, Unruhen, Streiks,...)
32	Ausfall der langfristigen Finanzierung von betrieblichen Investitionen	33	Ausfall der kurzfristigen Zwischenfinanzierung der Produktion.	34	Wissensabfluss an Wettbewerber				

PLEYMA

TUHH Technische Universität Hamburg-Harburg

Anlagenhersteller sehen sich größeren Supply Chain Risiken ausgesetzt. Insbesondere Risiken zur Entwicklung des Absatzmarktes werden hier kritischer gesehen!

Wie bewerten Sie die folgenden Supply Chain Risiken hinsichtlich ihrer Eintrittswahrscheinlichkeit (Häufigkeit ihres Auftretens) sowie ihrer Schadenshöhe bezogen auf Ihr Unternehmen?

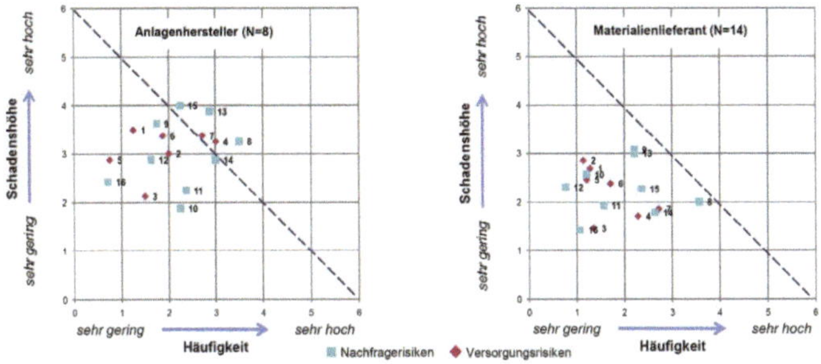

1	Ausfall / Totalverlust einer Zulieferung	2	Qualität einer Zulieferung entspricht nicht der Erwartung / Vereinbarung	3	eine unvollständige Zulieferung	4	eine verzögerte Zulieferung
5	Lieferanteninsolvenz / dauerhafter Lieferantenverlust	6	Komponente / Material ist am Markt langfristig nicht erhältlich	7	Preisanstieg eines benötigten Bauteils	8	Schwankung der Nachfragemenge
9	Zahlungsausfall / Insolvenz eines Kunden	10	Reklamation eines Kunden	11	Änderung von Spezifikationen nach Vertragsabschluss	12	Bauteilversagen und -austausch während des Betriebs
13	Verlust von Kunden an internationale Wettbewerber	14	verzögerter Abruf bestellter Leistungen durch den Kunden	15	Ausfall der Finanzierung von Windkraftwerken	16	Veralten (Obsoleszenz) von bereits produzierten Erzeugnissen

PLEYMA

TUHH Technische Universität Hamburg-Harburg

Auch die übrigen Risiken werden von den Anlagenherstellern höher eingeschätzt, insbesondere an ihren Schnittstellen zu Beschaffungs- und Absatzmärkten!

Wie bewerten Sie die folgenden Supply Chain Risiken hinsichtlich ihrer Eintrittswahrscheinlichkeit (Häufigkeit ihres Auftretens) sowie ihrer Schadenshöhe bezogen auf Ihr Unternehmen?

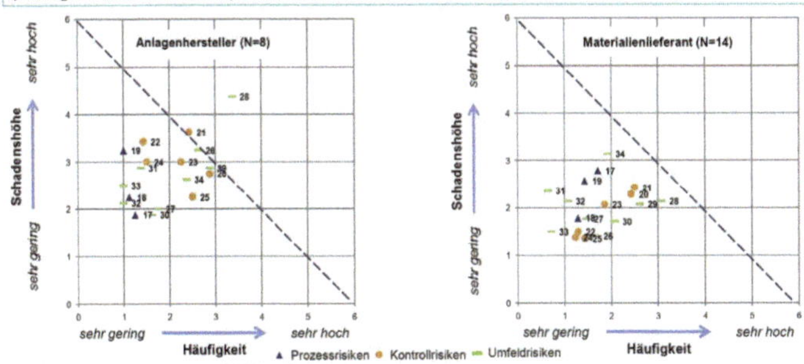

17	Ausfall/ Störung von Produktionsanlagen	18	Störung betrieblicher EDV-Systeme	19	Ausfall von Schlüsselpersonal	20	fehlerhafte Absatzprognose	21	fehlerhafte Bedarfsplanung
22	Produktionsprogramm verfehlt den Marktbedarf (Menge / Art)	23	fehlende Synchronisation zwischen Vertrieb und Leistungserstellung	24	Weitergabe falscher Bestellmengen	25	Störung / Verzögerung in der funktionsübergreifenden Kommunikation	26	Änderung des EEG oder sonstiger gesetzlicher Förderungen
27	Aufbau von Handelsschranken	28	Anstieg der Rohstoffpreise (z.B. Stahl, Beton, Kunststoffe,...)	29	Wechselkursschwankungen	30	Anstieg der Lohnkosten	31	höhere Gewalt (z.B. Naturereignisse, Unfälle, Unruhen, Streiks,...)
32	Ausfall der langfristigen Finanzierung von betrieblichen Investitionen	33	Ausfall der kurzfristigen Zwischenfinanzierung der Produktion.	34	Wissensabfluss an Wettbewerber				

PLEYMA

TUHH Technische Universität Hamburg-Harburg

Unternehmen mit einer kundenauftragsbezogenen Produktionssteuerung schätzen ihre Supply Chain Risiken höher als solche mit prognosegesteuerten Produktionen ein.

Wie bewerten Sie die folgenden Supply Chain Risiken hinsichtlich ihrer Eintrittswahrscheinlichkeit (Häufigkeit ihres Auftretens) sowie ihrer Schadenshöhe bezogen auf Ihr Unternehmen?

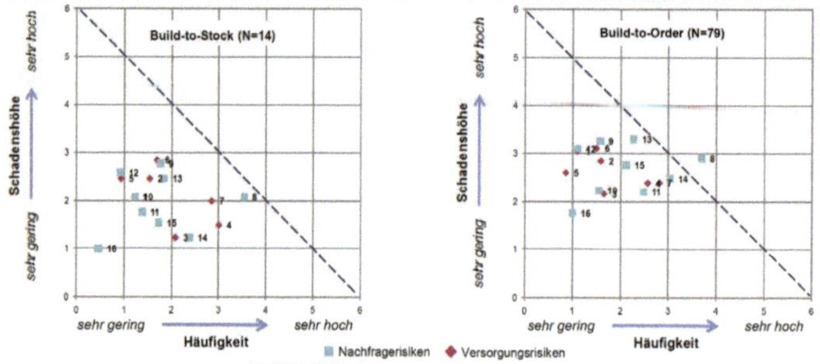

1	Ausfall / Totalverlust einer Zulieferung	2	Qualität einer Zulieferung entspricht nicht der Erwartung / Vereinbarung	3	eine unvollständige Zulieferung	4	eine verzögerte Zulieferung
5	Lieferanteninsolvenz / dauerhafter Lieferantenverlust	6	Komponente / Material ist am Markt langfristig nicht erhältlich	7	Preisanstieg eines benötigten Bauteils	8	Schwankung der Nachfragemenge
9	Zahlungsausfall / Insolvenz eines Kunden	10	Reklamation eines Kunden	11	Änderung von Spezifikationen nach Vertragsabschluss	12	Bauteilversagen und -austausch während des Betriebs
13	Verlust von Kunden an internationale Wettbewerber	14	verzögerter Abruf bestellter Leistungen durch den Kunden	15	Ausfall der Finanzierung von Windkraftwerken	16	Veralten (Obsoleszenz) von bereits produzierten Erzeugnissen

PLEYMA

TUHH Technische Universität Hamburg-Harburg

Unternehmen, mit einer prognosegesteuerte Produktion sind auf Grund ihrer hoch optimierten Supply Chains empfindlicher gegenüber Umfeld Einflüssen.

Wie bewerten Sie die folgenden Supply Chain Risiken hinsichtlich ihrer Eintrittswahrscheinlichkeit (Häufigkeit ihres Auftretens) sowie ihrer Schadenshöhe bezogen auf Ihr Unternehmen?

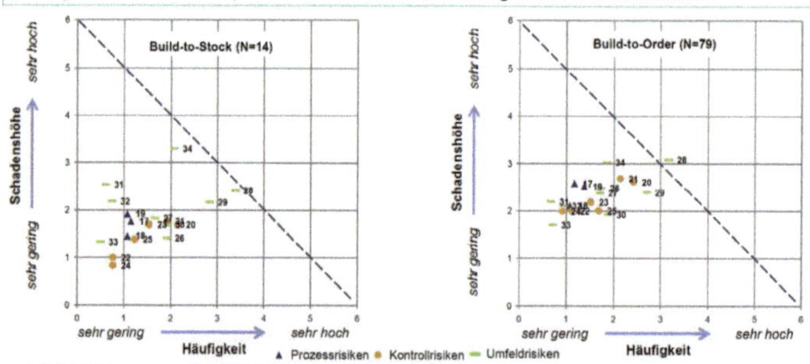

17	Ausfall/ Störung von Produktionsanlagen	18	Störung betrieblicher EDV-Systeme	19	Ausfall von Schlüsselpersonal	20	fehlerhafte Absatzprognose	21	fehlerhafte Bedarfsplanung
22	Produktionsprogramm verfehlt den Marktbedarf (Menge / Art)	23	fehlende Synchronisation zwischen Vertrieb und Leistungserstellung	24	Weitergabe falscher Bestellmengen	25	Störung / Verzögerung in der funktionsübergreifenden Kommunikation	26	Änderung des EEG oder sonstiger gesetzlicher Förderungen
27	Aufbau von Handelsschranken	28	Anstieg der Rohstoffpreise (z.B. Stahl, Beton, Kunststoffe,...)	29	Wechselkursschwankungen	30	Anstieg der Lohnkosten	31	höhere Gewalt (z.B. Naturereignisse, Unfälle, Unruhen, Streiks,...)
32	Ausfall der langfristigen Finanzierung von betrieblichen Investitionen	33	Ausfall der kurzfristigen Zwischenfinanzierung der Produktion.	34	Wissensabfluss an Wettbewerber				

PLEYMA

TUHH Technische Universität Hamburg-Harburg

Zusammenfassende Bemerkungen zur Risikoexposition der Unternehmen

- Die Erwartungshaltung der Unternehmen spiegelt sich im Fokus des Supply Chain Risk Managements wider. In 2010 wurden die Nachfragerisiken (u.a. schwankende Nachfrage) wieder stärker als die Beschaffungsrisiken eingeschätzt. Interessanterweise zeigt sich dieser Effekt stärker bei Unternehmen, die ihre Produktion kundenauftragsbezogenen steuern. Prognosegesteuerte Unternehmen schätzen entsprechende Risiken geringer ein, zeigen sich aber anfälliger gegen Risiken aus dem Umfeld der Lieferketten. Sollten diese Einschätzung tatsächlich zutreffen, haben sich die befragten Unternehmen im Bezug auf ihre Produktionssteuerung bereits strategisch kongruent zu ihren Märkten aufgestellt!
- Als größtes Umfeldrisiko wird durch die Teilnehmer die Gefahr steigender Rohstoffkosten auf der Beschaffungsseite gesehen. Vor allem die Anlagenhersteller wie auch die Systemlieferanten sehen weitere Risiken durch die Internationalisierung ihrer Produktionsnetzwerke.
- Die Tätigkeit im Offshore-Segment wird von den Unternehmen insgesamt als weniger risikoreich eingeschätzt als das Onshore-Geschäft. Ob diese Einschätzung des jüngeren und damit unsicheren Offshore-Segment auf Grund der größeren und damit stabileren Projektvolumina gerechtfertigt ist oder auf Grund der Dynamik positiv verfälscht ist, konnte nicht festgestellt werden.
- In der Lieferkette ist nach eigener Bewertung das Herstellergeschäft am risikoreichsten. Bei den OEM finden sich vor allem auf der Nachfrageseite aber auch in der Lieferkette an sich (Schnittstellen) höher bewertete Risiken als bei den anderen Unternehmen der Supply Chain.
- Die Supply Chains in der Windenergieindustrie weisen eine relativ starke Spezialisierung auf. Die damit verbundenen Verflechtungen in der Branche werden von den Unternehmen ebenso als Risikotreiber angesehen wie die weltweiten Beschaffungsaktivitäten und die technologische Dynamik der Anlagen. Auch die Relevanz dieser Risiken wird von den Anlagenherstellern höher eingeschätzt als vom Rest der Lieferkette. Vor allem die bislang geringe Reife der Branche scheint kritisch zu sein.

PLEYMA TUHH Technische Universität Hamburg-Harburg

2.3 Supply Chain Gestaltung

Unternehmen aller Stufen der WEA Supply Chain erwarten weiterhin schwankende Nachfragemengen bei steigender Wettbewerbsintensität auf globalen Absatzmärkten.

Inwieweit stimmen Sie mit folgenden Aussagen über ihren Absatzmarkt bzw. die Nachfrageseite ihrer Supply Chain überein?

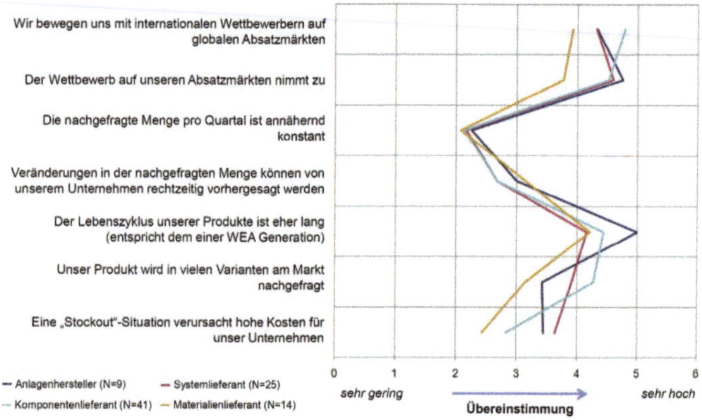

PLEYMA

TUHH Technische Universität Hamburg-Harburg

Vor dem Hintergrund von begrenzter Kapazitäten verzichten Unternehmen der Branche trotz guter Zuverlässigkeit ihrer Zulieferer auf Single Sourcing Strategien.

Inwieweit stimmen Sie mit folgenden Aussagen über ihren Beschaffungsmarkt bzw. die Versorgungsseite der Supply Chain überein?

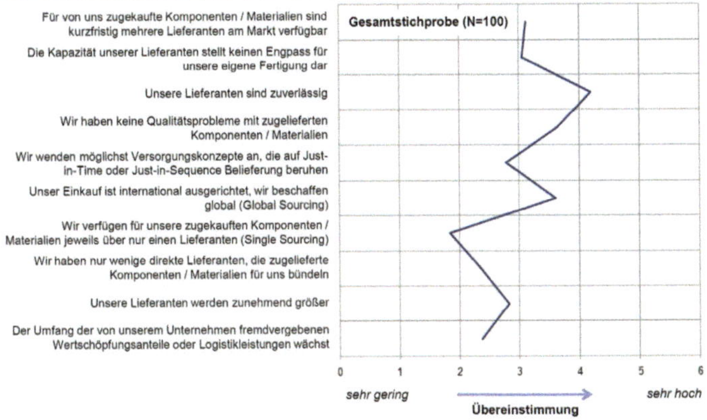

PLEYMA TUHH Technische Universität Hamburg-Harburg

Größere Unternehmen richten Ihren Einkauf stärker global aus, während kleinere ihre Lieferentenbasis stärker konsolidieren.

Inwieweit stimmen Sie mit folgenden Aussagen über ihren Beschaffungsmarkt bzw. die Versorgungsseite der Supply Chain überein?

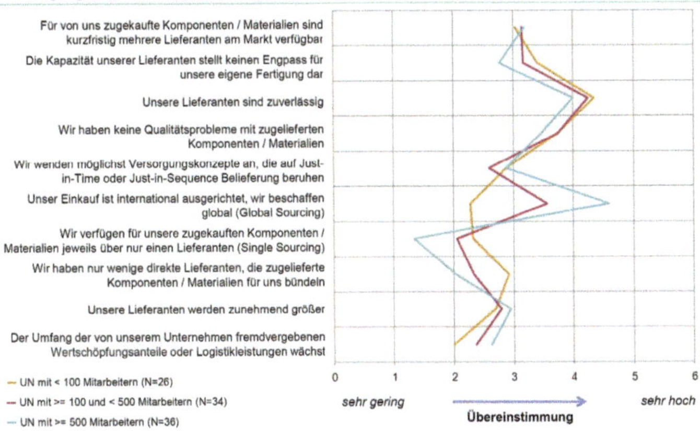

PLEYMA TUHH Technische Universität Hamburg-Harburg

Trotz umfassender technischer Kenntnisse bestehen nur wenig Alternativen zu Herstellverfahren oder Lieferanten in der Wertschöpfungskette.

Inwieweit stimmen Sie mit folgenden Aussagen zu dem unternehmensübergreifenden Wertschöpfungsprozess Ihrer Supply Chain überein?

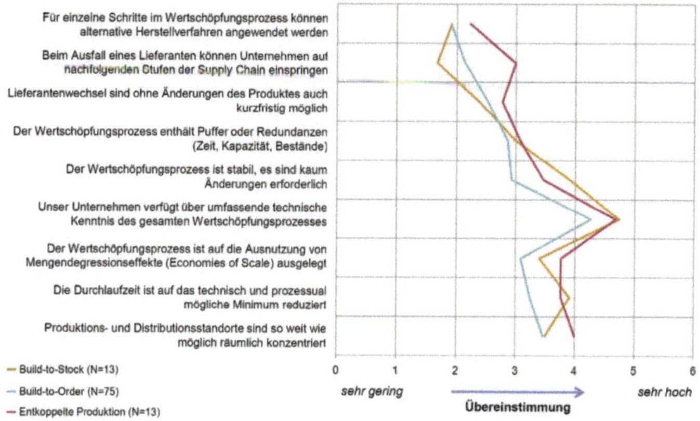

PLEYMA

TUHH Technische Universität Hamburg-Harburg

Viele Unternehmen verwenden Ihre Produktionskapazitäten auch in anderen Branchen, wodurch bei anziehender Konjunktur Interessenkonflikte drohen!

Inwieweit stimmen Sie mit folgenden Aussagen zu der Struktur ihrer Supply Chain überein?

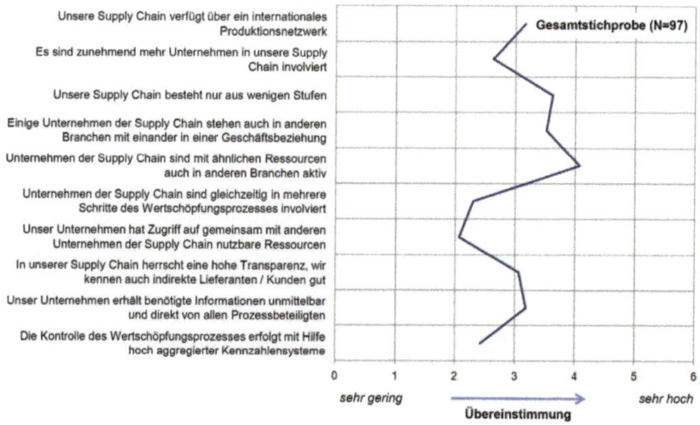

PLEYMA

TUHH Technische Universität Hamburg-Harburg

Zusammenfassende Bemerkungen zur Gestaltung der Lieferketten

- Die Windenergiebranche tritt derzeit in eine neue Phase des Supply Chain Managements ein. Für alle Beteiligten sind dabei die schwankenden Nachfragemengen bei gleichzeitig steigender Wettbewerbsintensität eine große Herausforderung. Erschwerend kommt hinzu, dass sich die Mengen immer stärker auf globale Absatzmärkte verteilen. Dies und die Erfahrungen aus der letzten Engpasssituation vor drei Jahren mag eine Ursache dafür sein, dass die Unternehmen trotz guter Zuverlässigkeit ihrer Zulieferer auf Single Sourcing Strategien verzichten. Dies bedeutet allerdings nicht, dass keine Konsolidierung stattfindet, vor allem kleinere Unternehmen versuchen, die Lieferantenbasis zu verringern. Größere Unternehmen fokussieren eher auf eine stärkere Internationalisierung ihrer Lieferketten und richten insbesondere ihren Einkauf verstärkt global aus.
- Aufgrund der größtenteils vorhandenen Tätigkeit in verschiedenen Branchen verwenden viele Unternehmen ihre Produktionskapazitäten auch dort, oft sogar mit den gleichen Partnern in der Lieferkette. Bei ähnlichen Wirtschaftszyklen und anziehender Konjunktur kann dies sowohl zu Lieferengpässen als auch zu Interessenskonflikten in der Lieferkette führen.

PLEYMA

TUHH Technische Universität Hamburg-Harburg

2.4 Supply Chain Risk Management

Nur etwa 40% der Unternehmen setzen Ansätze des SCRM bereits ein, wobei insbesondere Materialienlieferanten führend zu sein scheinen!

Wie ist der aktuelle Stand des Einsatzes von unternehmensübergreifenden Supply Chain Risk Management in Ihrem Unternehmen?

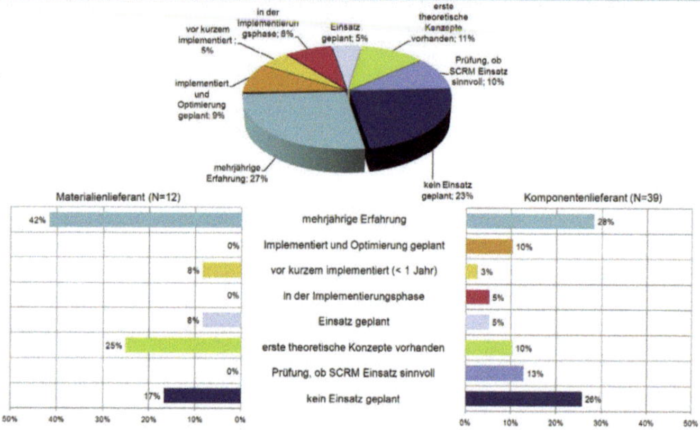

PLEYMA

TUHH Technische Universität Hamburg-Harburg

Die Intensität, mit der Unternehmen ihre Supply Chain betrachten, nimmt mit höheren Tier Zahlen ab. Anlagenhersteller weisen bis Tier 2 die höchsten Werte auf!

Welche Stufen der Lieferkette, sowohl beschaffungs- als auch absatzseitig, betrachten Sie in Ihrem Supply Chain Risk Management? *

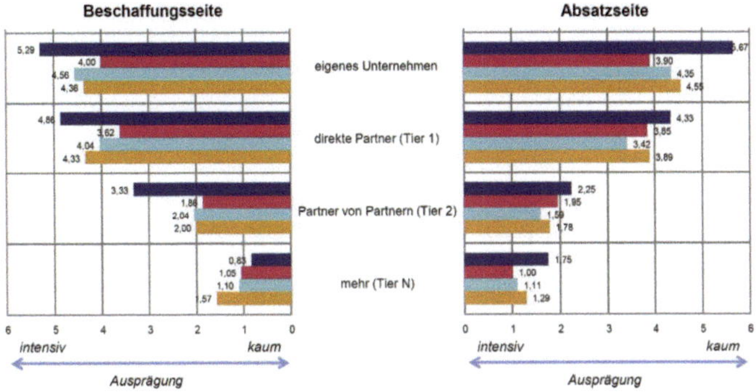

* Angaben des Betrachtungsausmaßes mit Werten zwischen 0 und 5. Wobei 5 für intensiv und 0 für kaum bis gar nicht steht.

PLEYMA TUHH Technische Universität Hamburg-Harburg

Der Umfang des SCRM hängt auch von der Unternehmensgröße ab! Insbesondere kleine Unternehmen betrachten ihre Partner in der Lieferkette kaum.

Welche Stufen der Lieferkette, sowohl beschaffungs- als auch absatzseitig, betrachten Sie in Ihrem Supply Chain Risk Management?

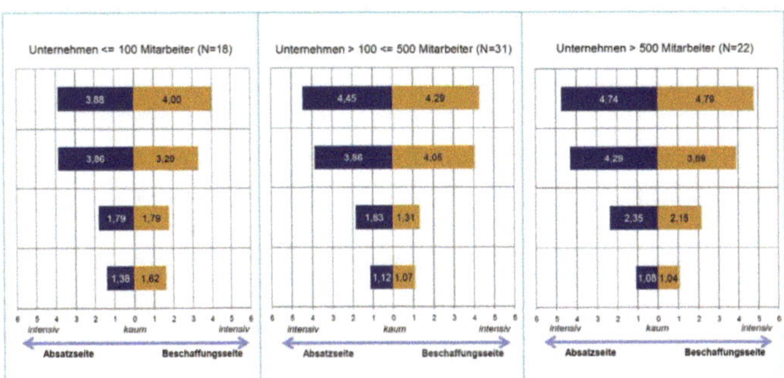

PLEYMA TUHH Technische Universität Hamburg-Harburg

Bei allen analysierten Instrumenten des SCRM besteht aktuell ein Anwendungsdefizit. Unternehmen bevorzugen Maßnahmen des „klassischen" Lieferantenmanagements.

Wie schätzen Sie die grundsätzliche Eignung der folgenden Instrumente des SCRM ein? Beurteilen Sie bitte auch die Anwendungshäufigkeit dieser Instrumente in Ihrem Unternehmen.

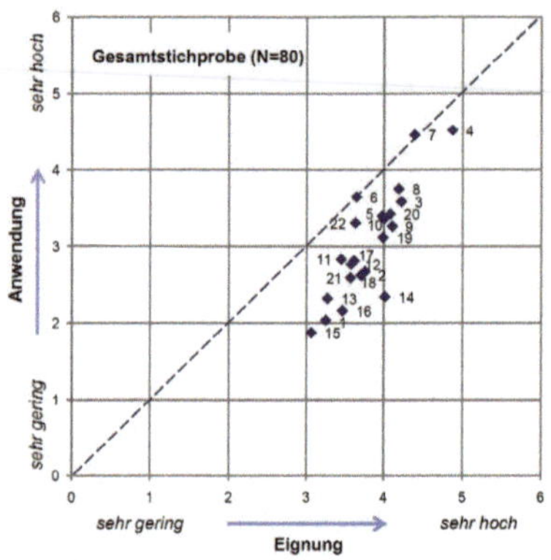

1 Risiko-Mapping/ Risikoportfolioanalyse
2 Collaborative Planning (gemeinsame Planung von Herstellern und Zulieferern)
3 Weitergabe von Absatzprognosen an Lieferanten
4 Aufbau langfristig orientierter Zuliefer-Abnehmer-Beziehungen
5 Erschließung zusätzlicher Lieferanten
6 lokale / regionale Beschaffung
7 Auswahl zertifizierter Zulieferer (z.B. DIN ISO 9001 ff.)
8 regelmäßige Lieferantenaudits und -bewertung
9 Weiterentwicklung von Lieferanten
10 regelmäßige Bewertung der Liquidität von Kunden
11 Pufferbestände im eigenen Unternehmen
12 Pufferbestände in der Supply Chain
13 Vorhalten zusätzlicher Kapazitäten
14 Aufbau von Frühwarnsystemen in der Supply Chain
15 Einsatz von Notfallteams und Risikomanager
16 Kontinuitätsplanung (Notfallpläne für die Aufrechterhaltung des Betriebs im Schadensfall)
17 Flexibilität der Produkte hinsichtlich Spezifikationen und Komponenten
18 Wandlungsfähigkeit von Prozessen (Durchsatz und Prozessschritte)
19 Verwendung von Standardbauteilen
20 Standardisierung von unternehmensübergreifenden Prozessen
21 Postponement (möglichst späte Produktindividualisierung)
22 Versicherung gegen das Eintreten einzelner Risiken

PLEYMA TUHH Technische Universität Hamburg-Harburg

Anlagenhersteller verwenden im Vergleich zu den übrigen Unternehmen bereits mehr Instrumente in ihrem SCRM und haben die Eignung weiterer erkannt.

Wie schätzen Sie die grundsätzliche Eignung der folgenden Instrumente des SCRM ein? Beurteilen Sie bitte auch die Anwendungshäufigkeit dieser Instrumente in Ihrem Unternehmen.

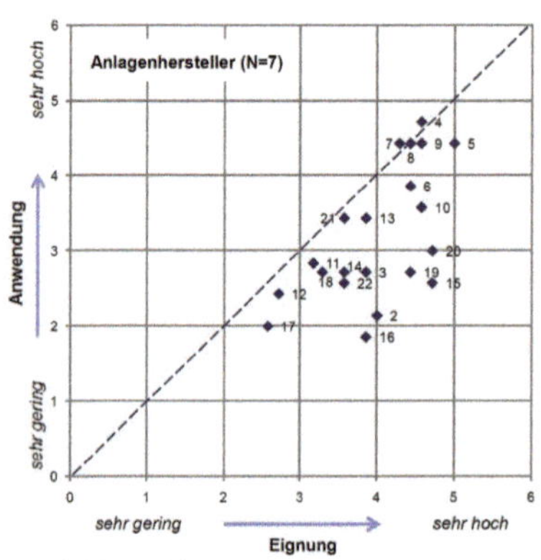

1 Risiko-Mapping/ Risikoportfolioanalyse
2 Collaborative Planning (gemeinsame Planung von Herstellern und Zulieferern)
3 Weitergabe von Absatzprognosen an Lieferanten
4 Aufbau langfristig orientierter Zuliefer-Abnehmer-Beziehungen
5 Erschließung zusätzlicher Lieferanten
6 lokale / regionale Beschaffung
7 Auswahl zertifizierter Zulieferer (z.B. DIN ISO 9001 ff.)
8 regelmäßige Lieferantenaudits und -bewertung
9 Weiterentwicklung von Lieferanten
10 regelmäßige Bewertung der Liquidität von Kunden
11 Pufferbestände im eigenen Unternehmen
12 Pufferbestände in der Supply Chain
13 Vorhalten zusätzlicher Kapazitäten
14 Aufbau von Frühwarnsystemen in der Supply Chain
15 Einsatz von Notfallteams und Risikomanager
16 Kontinuitätsplanung (Notfallpläne für die Aufrechterhaltung des Betriebs im Schadensfall)
17 Flexibilität der Produkte hinsichtlich Spezifikationen und Komponenten
18 Wandlungsfähigkeit von Prozessen (Durchsatz und Prozessschritte)
19 Verwendung von Standardbauteilen
20 Standardisierung von unternehmensübergreifenden Prozessen
21 Postponement (möglichst späte Produktindividualisierung)
22 Versicherung gegen das Eintreten einzelner Risiken

PLEYMA TUHH Technische Universität Hamburg-Harburg

Systemlieferanten vertrauen insbesondere Instrumenten der Lieferantenbewertung, obwohl sie deren Potential bereits überausschöpfen.

Wie schätzen Sie die grundsätzliche Eignung der folgenden Instrumente des SCRM ein? Beurteilen Sie bitte auch die Anwendungshäufigkeit dieser Instrumente in Ihrem Unternehmen.

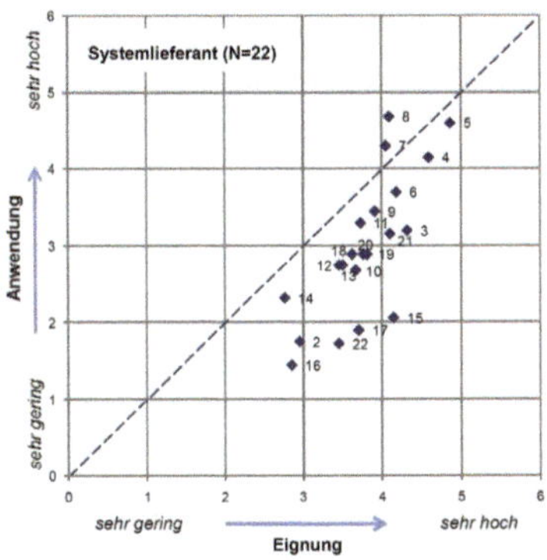

1 Risiko-Mapping/ Risikoportfolioanalyse
2 Collaborative Planning (gemeinsame Planung von Herstellern und Zulieferern)
3 Weitergabe von Absatzprognosen an Lieferanten
4 Aufbau langfristig orientierter Zulieferer-Abnehmer-Beziehungen
5 Erschließung zusätzlicher Lieferanten
6 lokale / regionale Beschaffung
7 Auswahl zertifizierter Zulieferer (z.B. DIN ISO 9001 ff.)
8 regelmäßige Lieferantenaudits und -bewertung
9 Weiterentwicklung von Lieferanten
10 regelmäßige Bewertung der Liquidität von Kunden
11 Pufferbestände im eigenen Unternehmen
12 Pufferbestände in der Supply Chain
13 Vorhalten zusätzlicher Kapazitäten
14 Aufbau von Frühwarnsystemen in der Supply Chain
15 Einsatz von Notfallteams und Risikomanager
16 Kontinuitätsplanung (Notfallpläne für die Aufrechterhaltung des Betriebs im Schadensfall)
17 Flexibilität der Produkte hinsichtlich Spezifikationen und Komponenten
18 Wandlungsfähigkeit von Prozessen (Durchsatz und Prozessschritte)
19 Verwendung von Standardbauteilen
20 Standardisierung von unternehmensübergreifenden Prozessen
21 Postponement (möglichst späte Produktindividualisierung)
22 Versicherung gegen das Eintreten einzelner Risiken

PLEYMA TUHH Technische Universität Hamburg-Harburg

Komponentenlieferanten bewerten die Instrumente des SCRM entsprechend ihrer Zurückhaltung bei der Einführung des Konzeptes eher undifferenziert.

Wie schätzen Sie die grundsätzliche Eignung der folgenden Instrumente des SCRM ein? Beurteilen Sie bitte auch die Anwendungshäufigkeit dieser Instrumente in Ihrem Unternehmen.

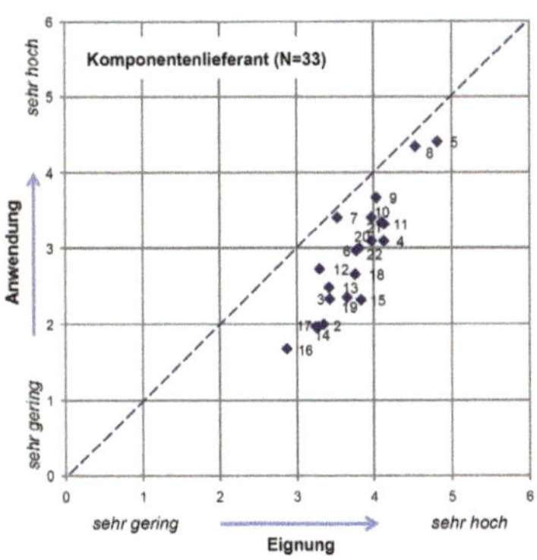

1 Risiko-Mapping/ Risikoportfolioanalyse
2 Collaborative Planning (gemeinsame Planung von Herstellern und Zulieferern)
3 Weitergabe von Absatzprognosen an Lieferanten
4 Aufbau langfristig orientierter Zulieferer-Abnehmer-Beziehungen
5 Erschließung zusätzlicher Lieferanten
6 lokale / regionale Beschaffung
7 Auswahl zertifizierter Zulieferer (z.B. DIN ISO 9001 ff.)
8 regelmäßige Lieferantenaudits und -bewertung
9 Weiterentwicklung von Lieferanten
10 regelmäßige Bewertung der Liquidität von Kunden
11 Pufferbestände im eigenen Unternehmen
12 Pufferbestände in der Supply Chain
13 Vorhalten zusätzlicher Kapazitäten
14 Aufbau von Frühwarnsystemen in der Supply Chain
15 Einsatz von Notfallteams und Risikomanager
16 Kontinuitätsplanung (Notfallpläne für die Aufrechterhaltung des Betriebs im Schadensfall)
17 Flexibilität der Produkte hinsichtlich Spezifikationen und Komponenten
18 Wandlungsfähigkeit von Prozessen (Durchsatz und Prozessschritte)
19 Verwendung von Standardbauteilen
20 Standardisierung von unternehmensübergreifenden Prozessen
21 Postponement (möglichst späte Produktindividualisierung)
22 Versicherung gegen das Eintreten einzelner Risiken

PLEYMA TUHH Technische Universität Hamburg-Harburg

Die Auswahl zertifizierter Lieferanten (7) sowie die langfristige Partnerschaften (4) verlieren für das SCRM materialstromaufwärts an Bedeutung.

Wie schätzen Sie die grundsätzliche Eignung der folgenden Instrumente des SCRM ein? Beurteilen Sie bitte auch die Anwendungshäufigkeit dieser Instrumente in Ihrem Unternehmen.

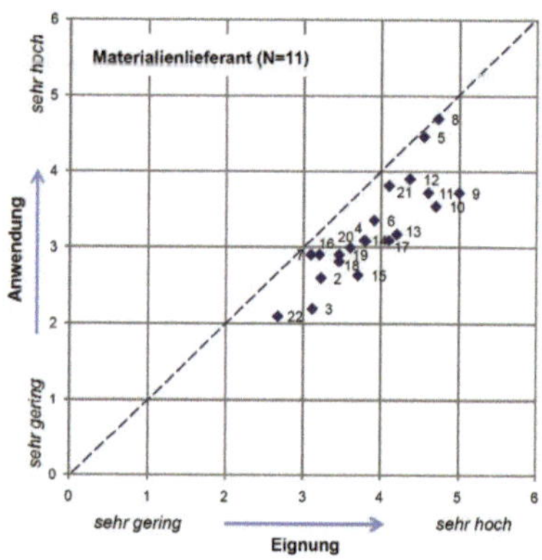

1 Risiko-Mapping/ Risikoportfolioanalyse
2 Collaborative Planning (gemeinsame Planung von Herstellern und Zulieferern)
3 Weitergabe von Absatzprognosen an Lieferanten
4 Aufbau langfristig orientierter Zuliefer-Abnehmer-Beziehungen
5 Erschließung zusätzlicher Lieferanten
6 lokale / regionale Beschaffung
7 Auswahl zertifizierter Zulieferer (z.B. DIN ISO 9001 ff.)
8 regelmäßige Lieferantenaudits und -bewertung
9 Weiterentwicklung von Lieferanten
10 regelmäßige Bewertung der Liquidität von Kunden
11 Pufferbestände im eigenen Unternehmen
12 Pufferbestände in der Supply Chain
13 Vorhalten zusätzlicher Kapazitäten
14 Aufbau von Frühwarnsystemen in der Supply Chain
15 Einsatz von Notfallteams und Risikomanager
16 Kontinuitätsplanung (Notfallpläne für die Aufrechterhaltung des Betriebs im Schadensfall)
17 Flexibilität der Produkte hinsichtlich Spezifikationen und Komponenten
18 Wandlungsfähigkeit von Prozessen (Durchsatz und Prozessschritte)
19 Verwendung von Standardbauteilen
20 Standardisierung von unternehmensübergreifenden Prozessen
21 Postponement (möglichst späte Produktindividualisierung)
22 Versicherung gegen das Eintreten einzelner Risiken

PLEYMA

TUHH Technische Universität Hamburg-Harburg

Fehlende Kapazitäten im Management und mangelndes Wissen insbesondere im eigenen Unternehmen stellen immer noch die Haupthindernisse des SCRM dar.

Welche Bedeutung haben für Ihr Unternehmen die folgenden Hindernisse bezüglich der Umsetzung eines Supply Chain Risk Managements? (In Ihrem eigenen Unternehmen)

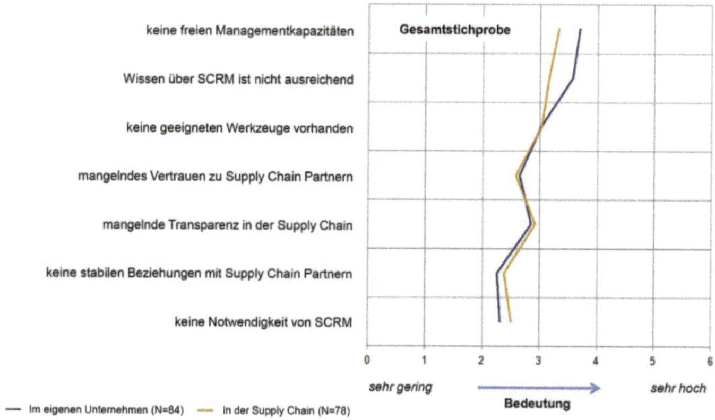

PLEYMA

TUHH Technische Universität Hamburg-Harburg

 01.03.2011

Unternehmen fokussieren auf Produktionsoptimierung sowie auf kundenorientierte Ansätze, das risikorelevante Komplexitätsmanagement vernachlässigen sie dagegen.

Welche Bedeutung besitzen die folgenden Managementkonzepte heute für Ihr Unternehmen? Wie wird sich die Bedeutung in den kommenden Jahren voraussichtlich entwickeln?

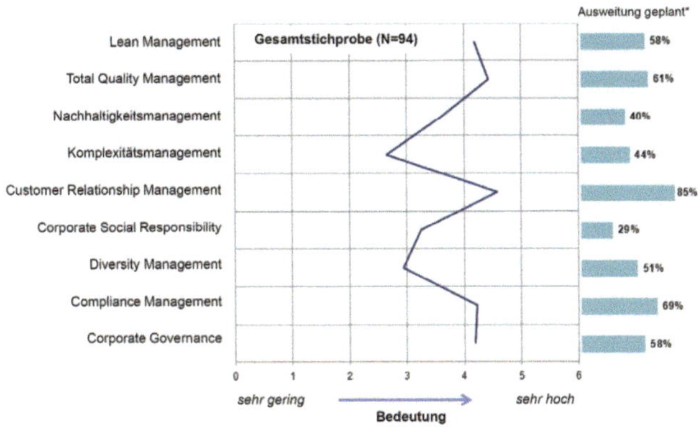

* In % der Antwortenden, die auf die Frage nach Ausweitung ihres Managementkonzeptes in dem jeweiligen Bereich mit „Ja" geantwortet haben.

PLEYMA

TUHH
Technische Universität Hamburg-Harburg

Zusammenfassende Bemerkungen zum Umsetzungsstand des unternehmensübergreifenden Risikomanagements

- Ansätze aus dem Supply Chain Risk Management werde heute nur zu ca. 40% von Unternehmen aus der Windenergieindustrie eingesetzt. Dabei sind insbesondere Materiallieferanten im Einsatz weiter fortgeschritten. Der Bedarf an Transparenz in den Lieferketten ist in Abhängigkeit von der Risikoexposition zu sehen. So weisen Anlagenhersteller bei der Intensität, mit der die Lieferkette betrachtet wird, bis zur Lieferstufe 2 die höchsten Werte auf. Größere Unternehmen durchdringen die Lieferkette dabei stärker als kleine Unternehmen, die ihre Partner in der Wertschöpfungskette kaum betrachten und wenig SCRM betreiben.
- Trotz der vorhandenen und als geeignet angesehenen Instrumente des Supply Chain Risk Managements besteht insgesamt weiter ein Anwendungsdefizit. Unternehmen bevorzugen erprobte Maßnahmen des „klassischen" Lieferantenmanagements wie z.B. Auswahl zertifizierter Lieferanten und langfristige Partnerschaften. Beispielsweise vertrauen Systemlieferanten insbesondere Instrumenten der Lieferantenbewertung, obgleich sie das Potenzial dieses Instruments bereits ausschöpfen. Anlagenhersteller verwenden im Vergleich zu den übrigen Unternehmen bereits mehr Instrumente in ihrem SCRM und haben die Eignung weiterer erkannt. Dies korreliert mit der höheren Risikoeinschätzung dieser Unternehmen. Komponentenlieferanten erscheinen eher zurückhaltend in Bezug auf die Einführung des Konzeptes. Gemessen an ihrer eher undifferenzierten Bewertung seiner Instrumente scheint es bei diesen Unternehmen noch nicht auf der Agenda zu stehen.
- Insgesamt erscheinen Unternehmen aus der Branche trotz fortschrittlicher Technik eher konservativ aufgestellt. Neuere Methoden wie Komplexitätsmanagement haben geringe Bedeutung im Vergleich zu Produktionsoptimierung oder Customer Relationship Management. Wie schon in 2008 stellen weiterhin die fehlenden Kapazitäten im Management und mangelndes Wissen insbesondere im eigenen Unternehmen die wesentlichen Hindernisse für die Einführung bzw. den Ausbau des Supply Chain Risk Managements dar.

PLEYMA

TUHH
Technische Universität Hamburg-Harburg

Literaturverzeichnis

Ackoff, Russell L. (1971): „Towards a System of Systems Concepts“. In: *Management Science.* 17 (11), S. 661–671.

Ahire, Sanjay L.; Devaraj, Sarv (2001): „An Empirical Comparison of Statistical Construct Validation Approaches“. In: *IEEE Transactions on Engineering Management.* 48 (3), S. 319–329.

Alcántara-Ayala, Irasema (2002): „Geomorphology, Natural Hazards, Vulnerability and Prevention of Natural Disasters in Developing Countries“. In: *Geomorphology.* 47 (2-4), S. 107–124, DOI: 10.1016/S0169-555X(02)00083-1.

Alderson, W. (1965): *Dynamic Marketing Behavior: A Functionalist Theory of Marketing.* Homewood, Illinois: RD Irwin.

Allison, Paul D. (2001): *Missing Data.* Thousand Oaks Calif.: Sage Publications. — ISBN: 0761916725

Alvarado, Ursula Y.; Kotzab, Herbert (2001): „Supply Chain Management: The Integration of Logistics in Marketing“. In: *Industrial Marketing Management.* 30 (2), S. 183–198, DOI: 10.1016/S0019-8501(00)00142-5.

Armstrong, J. Scott; Overton, Terry S. (1977): „Estimating Nonresponse Bias in Mail Surveys“. In: *Journal of marketing research.* 14 (3), S. 396–402.

Arndt, Holger (2008): *Supply Chain Management: Optimierung logistischer Prozesse.* Wiesbaden: Gabler Verlag. — ISBN: 9783834907943

Arnold, David (2000): „Seven Rules of International Distribution“. In: *Harvard Business Review.* 78 (6), S. 131–137.

Aron, Ravi; Singh, Jitendra V. (2005): „Getting Offshoring Right“. In: *Harvard Business Review.* 83 (12), S. 135–143.

Ashby, W. Ross (1956): *An Introduction to Cybernetics.* 1. Aufl. London: Chapman & Hall.

Ashby, W. Ross (1947): „Principles of the Self-Organizing Dynamic System.“. In: *The Journal of General Psychology.* 37 (2), S. 125–128.

ATKearney (2003): „Supply Chains in a vulnerable volatile world“.

Auckenthaler, Christoph; Gabathuler, Jürg (1997): *Gedanken zum Konzept eines Total Enterprise Wide Risk Management (TERM).* Working Paper des Institutes für schweizerisches Bankwesen in Zürich.

Backhaus, K.; Erichson, B.; Plinke, W. (2005): *Multivariate Analysemethoden: Eine anwendungsorientierte Einführung.* Berlin: Springer. — ISBN: 3540278702

Backhouse, C. J.; Burns, N. D. (1999): „Agile Value Chains for Manufacturing–implications for Performance Measures". In: *International Journal of Agile Management Systems*. 1 (2), S. 76–82.

Bagozzi, R. P (1980): *Causal Models in Marketing*. New York: Wiley. — ISBN: 0471015164

Bagozzi, R. P; Yi, Y.; Phillips, L. W (1991): „Assessing Construct Validity in Organizational Research". In: *Administrative science quarterly*. 36 (3), S. 421–458.

Bailey, Kenneth D. (1994): *Typologies and Taxonomies: An Introduction to Classification Techniques*. Thousand Oaks: Sage Publications.

Baird, Inga S.; Thomas, Howard (1990): „What Is Risk Anyway? Using and Measuring Risk in Strategic Management". In: Bettis, Richard Allan; Thomas, Howard (Hrsg.) *Risk, Strategy, and Management*. Greenwich: JAI Press, S. 21–54.

Balderston, F. E. (1964): „Design of Marketing Channels". In: Cox, R.; Alderson, W.; Shapiro, S. J. (Hrsg.) *Theory in Marketing*. 1. Aufl. Homewood: Richard D. Irwin, S. 176–189.

Ballou, Ronald H.; Gilbert, Stephen M.; Mukherjee, Ashok (2000): „New Managerial Challenges from Supply Chain Opportunities". In: *Industrial Marketing Management*. 29 (1), S. 7–18.

Barnard, Chester Irving (1938): *The Functions of the Executive*. 1. Aufl. Cambridge: Harvard University Press. — ISBN: 9780674328037

Barnes, Paul; Oloruntoba, Richard (2005): „Assurance of Security in Maritime Supply Chains: Conceptual Issues of Vulnerability and Crisis Management". In: *Journal of International Management*. 11 (4), S. 519–540.

Bask, Anu H. (2001): „Relationships Among Tpl Providers and Members of the Supply Chains – a Strategic Perspective". In: *The Journal of Business & Industrial Marketing*. 16 (6), S. 470–486.

Bass, T.; Robichaux, R. (2001): „Defense-in-Depth Revisited: Qualitative Risk Analysis Methodology for Complex Network-Centric Operations". In: *Communications for Network-Centric Operations: Creating the Information Force.*, S. 64–70.

Baumann, Roger; Döhler, Christiane; Hallek, Jens; u. a. (2006): „Implementierung des Enterprise-Risk-Managements". In: Gassmann, Oliver; Kobe, Carmen (Hrsg.) *Management von Innovation und Risiko*. Berlin: Springer, S. 45 – 69.

Bayes, M. (1763): „An Essay Towards Solving a Problem in the Doctrine of Chances.". In: *Philosophical Transactions*. 53 , S. 370–418.

Beamon, B. M. (1999): „Designing the green supply chain". In: *Logistics Information Management*. 12 (4), S. 332–342.

Beaver, William H. (1966): „Financial Ratios as Predictors of Failure". In: *Journal of accounting research*. 4 (3 (Supplement)), S. 71–111.

Bechtel, C.; Jayaram, J. (1997): „Supply Chain Management: A Strategic Perspective". In: *International Journal of Logistics Management*. 8 (1), S. 15–34.

Beer, Stafford (1972): *Brain of the Firm: A Development in Management Cybernetics*. New York: Herder and Herder.

Beer, Stafford (1967): *Cybernetics and Management*. 2. Aufl. London: English University Press.

Beer, Stafford (1979): *The Heart of Enterprise*. 1. Aufl. Chichester: John Wiley & Sons. — ISBN: 9780471948377

Bentler, P. M. (1990): „Comparative Fit Indexes in Structural Models.". In: *Psychological Bulletin*. 107 (2), S. 238–246, DOI: 10.1037/0033-2909.107.2.238.

Bentler, P.M.; Bonett, Douglas G. (1980): „Significance Tests and Goodness of Fit in the Analysis of Covariance Structures". In: *Psychological Bulletin*. 88 (3), S. 588–606, DOI: 10.1037/0033-2909.88.3.588.

Bernardes, Ednilson Santos; Hanna, Mark D. (2009): „A Theoretical Review of Flexibility, Agility and Responsiveness in the Operations Management Literature: Toward a Conceptual Definition of Customer Responsiveness". In: *International Journal of Operations & Production Management*. 29 (1), S. 30–53.

Bernstein, Peter L. (1996): *Against the Gods: The Remarkable Story of Risk*. 1. Aufl. New York: John Wiley and Sons. — ISBN: 0471295639

von Bertalanffy, L. (1972): „The History and Status of General Systems Theory". In: *Academy of Management Journal*. 15 (4), S. 407–426.

von Bertalanffy, L.; Hempel, C. G; Bass, R. E; u. a. (1951): „General Systems Theory: A New Approach to Unity of Science". In: *Human Biology*. 23 (1951), S. 302–361.

von Bertalanffy, Ludwig (1950): „The Theory of Open Systems in Physics and Biology". In: *Science*. 111 (2872), S. 23–29.

Bhamidipaty, Anuradha; Lotlikar, Rohit; Banavar, Guruduth (2007): „RMI: A Framework for Modeling and Evaluating the Resiliency Maturity of IT Service Organizations". In: *IEEE International Conference on Services Computing, 2007. SCC 2007.*, S. 300–307.

Bierly, Paul E.; Spender, J. -C. (1995): „Culture and High Reliability Organizations: The Case of the Nuclear Submarine". In: *Journal of Management*. 21 (4), S. 639.

Birkmann, Jörn (2006): „Measuring Vulnerability to Promote Disaster-Resilient Societies: Conceptual Frameworks and Definitions". In: Birkmann, Jörn (Hrsg.) *Measuring Vulnerability to Natural Hazards*. 1. Aufl. New Delhi: TERI Press, S. 9–54. — ISBN: 8179931226

Black, Fischer; Scholes, Myron (1973): „The Pricing of Options and Corporate Liabilities". In: *Journal of Political Economy*. 81 (3).

Blackhurst, Jennifer V.; Craighead, C. W.; Elkins, D. u. a. (2005): „An Empirically Derived Agenda of Critical Research Issues for Managing Supply-Chain Disruptions". In: *International Journal of Production Research.* 43 (19), S. 4067 – 4081.

Blackhurst, Jennifer V.; Scheibe, Kevin P.; Johnson, Danny J. (2008): „Supplier Risk Assessment and Monitoring for the Automotive Industry". In: *International Journal of Physical Distribution & Logistics Management.* 38 (2), S. 143–165.

Blaikie, Piers M.; Cannon, Terry; Davis, Ian; u. a. (1994): *At Risk: Natural Hazards, People's Vulnerability, and Disasters.* 1. Aufl. London: Routledge. — ISBN: 0415084768

Blaxter, Lorraine; Hughes, Christina; Tight, Malcolm (2010): *How to research.* 4. Aufl. Maidenhead [u.a.]: Open Univ. Press. — ISBN: 978-0-335-23867-5

Bleicher, Knut (1999): *Das Konzept Integriertes Management.: Visionen, Missionen, Programme.* 5. Aufl. Frankfurt/Main: Campus Verlag.

Blos, Mauricio F.; Quaddus, Mohammed; Wee, H. M. u. a. (2009): „Supply Chain Risk Management (scrm): A Case Study on the Automotive and Electronic Industries in Brazil". In: *Supply Chain Management: An International Journal.* 14 (4), S. 247–252.

Bode, Christoph; Wagner, Stephan M. (2010): „When Do Supply Chain Disruptions Become the Norm? Insights from Normal Accident and High Reliability Theories". In: Dani, Samir (Hrsg.) *Proceedings of the 10th International Research Seminar on Supply Chain Risk Management.* London, S. 15–19.

Bogataj, David; Bogataj, Marija (2007): „Measuring the Supply Chain Risk and Vulnerability in Frequency Space". In: *International Journal of Production Economics.* 108 (1-2), S. 291–301.

Böger, Mareike (2010): *Gestaltungsansätze und Determinanten des Supply Chain Risk Managements: Eine explorative Analyse am Beispiel von Deutschland und den USA.* BoD – Books on Demand. — ISBN: 9783899369694

Bohle, Hans-Georg (2001): „Vulnerability and Criticality: Perspectives from Social Geography". In: *IHDP update.* 2 (01), S. 3–5.

Bollen, Kenneth A. (1989): *Structural Equation Models.* New York: Wiley.

Bollin, C.; Cárdenas, C.; Hahn, H. u. a. (2003): *Natural Disaster Network: Disaster Risk Management by Communities and Local Governments.* Washington, D.C.: Inter-American Development Bank.

Bowersox, Donald J.; Closs, David J.; Cooper, M. Bixby (2002): *Supply Chain Logistics Management.* Boston: McGraw-Hill.

Browne, Michael W.; Cudeck, Robert (1993): „Alternative Ways of Assessing Model Fit". In: Bollen, Kenneth A.; Long, J. Scott (Hrsg.) *Testing Structural Equation Models.* 1. Aufl. Newbury Park: Sage Publications, S. 136–162. — ISBN: 9780803945074

Bücher, Karl (1910): „Das Gesetz der Massenproduktion". In: *Zeitschrift für die gesamte Staatswissenschaft*. 66 , S. 429–444.

Bucklin, L. P. (1965): „Postponement, Speculation and the Structure of Distribution Channels". In: *Journal of Marketing Research*. 2 (1), S. 26–31.

Bühl, Walter L (1987): „Grenzen der Autopoiesis". In: *Kölner Zeitschrift für Soziologie und Sozialpsychologie*. 39 (1), S. 225–254.

Burgess, K.; Singh, P. J; Koroglu, R. (2006): „Supply Chain Management: A Structured Literature Review and Implications for Future Research". In: *International Journal of Operations & Production Management*. 26 (7), S. 703–729.

Burgess, Thomas F. (1994): „Making the Leap to Agility: Defining and Achieving Agile Manufacturing Through Business Process Redesign and Business Network Redesign". In: *International Journal of Operations & Production Management*. 14 (11), S. 23–34.

Burns, Tom; Stalker, George Macpherson (1994): *The Management of Innovation*. Oxford: Oxford University Press. — ISBN: 9780198288787

Busch, Axel; Dangelmaier, Wilhelm (2004): „Integriertes Supply Chain Management – ein koordinationsorientierter Überblick". In: *Integriertes Supply Chain Management – Theorie und Praxis effektiver unternehmensübergreifender Geschäftsprozesse*. Wiesbaden: Gabler, S. 1–21.

Buscher, U.; Wels, A.; Winter, D. H. (2007): „Eine bibliografische Analyse zum Supply Chain Risikomanagement unter besonderer Berücksichtigung der Risikoquantifizierung". In: *Logistikmanagement-Analyse, Bewertung und Gestaltung logistischer Systeme. Wiesbaden: Deutscher Universitäts-Verlag.*, S. 347–375.

Butz, Christian M (2005): „Risikomanagement: Möglichkeiten in der Gefahrgutlogistik". In: *Internationales Verkehrswesen*. 57 (9), S. 398–402.

BWE (2011): „Jahresbilanz „Facts To Go"". *Bundesverband Windenergie e.V.* Abgerufen am von http://www.wind-energie.de/.

Byrne, Barbara M. (1989): *A Primer of LISREL: Basic Applications and Programming for Confirmatory Factor Analytic Models*. 1. Aufl. New York: Springer-Verlag. — ISBN: 9780387969725

Byrne, Barbara M. (2001): *Structural Equation Modeling with AMOS: Basic Concepts, Applications, and Programming*. 1. Aufl. Mahwah: Lawrence Erlbaum Associates. — ISBN: 9780805841046

Campbell, D. T.; Fiske, D. W. (1959): „Convergent and Discriminant Validation by the Multitrait-Multimethod Matrix". In: *Psychological Bulletin*. 56 (8), S. 1–105.

Cardona, O. D (2004): „The Need for Rethinking the Concepts of Vulnerability and Risk from a Holistic Perspective: A Necessary Review and Criticism for Effective Risk Management". In: Bankoff, Greg; Frerks, Georg; Hillhorst, Dorothea (Hrsg.) *Mapping Vulnerability: Disasters, Development and People*. 1. Aufl. London: Earthscan, S. 37–51. — ISBN: 1853839639

Carlson, J. M; Doyle, John (1999): „Highly Optimized Tolerance: A Mechanism for Power Laws in Designed Systems". In: *Physical Review E.* 60 (2), S. 1412–1427.

Carmines, Edward G.; Zeller, Richard A. (1979): *Reliability and Validity Assessment.* Beverly Hills: Sage Publications. — ISBN: 9780803913714

Carpenter, Stephen R.; Brock, William A.; Hanson, Paul C. (1999): *Ecological and Social Dynamics in Simple Models of Ecosystem Management.* Madison (Working paper / Social Systems Research Institute, University of Wisconsin-Madison).

Carreño, Martha-Liliana; Cardona, Omar D.; Barbat, Alex H. (2007): „Urban Seismic Risk Evaluation: A Holistic Approach". In: *Natural Hazards.* 40 (1), S. 137–172.

Catalan, Michael; Kotzab, Herbert (2003): „Assessing the Responsiveness in the Danish Mobile Phone Supply Chain". In: *International Journal of Physical Distribution and Logistics Management.* 33 (8), S. 668–685.

Cattell, R. B (1966): „The Scree Test for the Number of Factors". In: *Multivariate Behavioral Research.* 1 (2), S. 245–276.

Cavinato, Joseph L. (2004): „Supply Chain Logistics Risks: From the Back Room to the Board Room". In: *International Journal of Physical Distribution & Logistics Management.* 34 (5), S. 383–8.

Chandler, Alfred D. (1962): *Strategy and Structure: Chapters in the History of the Industrial Enterprise.* Cambridge: M.I.T. Press.

Chapman, Paul; Christopher, Martin; Jüttner, Uta; u. a. (2002): „Identifying and Managing Supply Chain Vulnerability". In: *Logistics and Transport Focus.* 4 (4), S. 59–64.

Chen, Injazz J.; Paulraj, Antony (2004): „Towards a Theory of Supply Chain Management: The Constructs and Measurements". In: *Journal of Operations Management.* 22 (2), S. 119–150, DOI: 10.1016/j.jom.2003.12.007.

Chiles, Todd H.; McMackin, John F. (1996): „Integrating Variable Risk Preferences, Trust, and Transaction Cost Economics". In: *The Academy of Management Review.* 21 (1), S. 73–99.

Chin; Newsted, Peter R. (1999): „Structural Equation Modeling Analysis with Small Samples Using Partial Least Squares". In: Hoyle, Rick H. (Hrsg.) *Statistical Strategies for Small Sample Research.* 1. Aufl. Thousand Oaks: SAGE, S. 307–342. — ISBN: 9780761908869

Choi, Thomas Y.; Dooley, Kevin J.; Rungtusanatham, Manus (2001): „Supply Networks and Complex Adaptive Systems: Control Versus Emergence". In: *Journal of Operations Management.* 19 (3), S. 351–366.

Chopra, Sunil; Meindl, Pete (2007): *Supply Chain Management: Strategy, Planning and Operation.* 3. Aufl. Upper Saddle River: Pearson Prentice Hall. — ISBN: 0131730428

Chopra, Sunil; Sodhi, ManMohan S. (2004): „Managing Risk to Avoid Supply-Chain Breakdown“. In: *MIT Sloan Management Review*. 46 (1), S. 53–61.

Choy, K. L.; Lee, W. B. (2003): „A Generic Supplier Management Tool for Outsourcing Manufacturing“. In: *Supply Chain Management: An International Journal*. 8 (2), S. 140–154.

Christopher, Martin (2005): *Logistics and Supply Chain Management: Creating Value Adding Networks*. 3. Aufl. Harlow: Prentice-Hall.

Christopher, Martin (2000): „The Agile Supply Chain Competing in Volatile Markets“. In: *Industrial Marketing Management*. 29 (1), S. 37–44.

Christopher, Martin; McKinnon, A.; Sharp, J. u. a. (2002): „Supply Chain Vulnerability“. In: *Cranfield: Cranfield University School of Management*.

Christopher, Martin; Peck, Helen (2004): „Building the Resilient Supply Chain“. In: *International Journal of Logistics Management*. 15 (2), S. 1–14.

Christopher, Martin; Peck, Helen; Rutherford, Christine; u. a. (2003): *Understanding Supply Chain Risk: A Self-Assessment Workbook*. Cranfield University, School of Management, Department for Transport.

Christopher, Martin; Peck, Helen; Towill, Denis R. (2006): „A Taxonomy for Selecting Global Supply Chain Strategies.“. In: *The International Journal of Logistics Management*. 17 (2), S. 277–287.

Christopher, Martin; Towill, Denis R. (2001): „An Integrated Model for the Design of Agile Supply Chains“. In: *Management*. 31 (4), S. 235–246.

Christophersen, Timo; Grape, Christian (2009): „Die Erfassung latenter Konstrukte mit Hilfe formativer und reflektiver Messmodelle“. In: Albers, Sönke; Klapper, Daniel; Konradt, Udo; u. a. (Hrsg.) *Methodik der empirischen Forschung*. 3. Aufl. Wiesbaden: Gabler Verlag, S. 103–118. — ISBN: 9783834917034

Cigolini, R.; Cozzi, M.; Perona, M. (2004): „A New Framework for Supply Chain Management: Conceptual Model and Empirical Test“. In: *International Journal of Operations & Production Management*. 24 (1), S. 7–41.

Clapham, Wentworth B. Jr (1973): *Natural Ecosystems*. 1. Aufl. London: Collier-Macmillan.

Clark, George E.; Moser, Susanne C.; Ratick, Samual J. u. a. (1998): „Assessing the Vulnerability of Coastal Communities to Extreme Storms: The Case of Revere, Ma., Usa“. In: *Mitigation and Adaptation Strategies for Global Change*. 3 (1), S. 59–82.

Clouse, Mark; Busch, Jason (2003): *Global Supply Management: Strategies for Identifying and Managing Supply Risk*. FreeMarkets, Inc.

Coase, R. H (1937): „The Nature of the Firm“. In: *Economica*. 4 (16), S. 386–405.

Corsten, Daniel; Gabriel, Christoph (2004): *Supply Chain Management erfolgreich umsetzen: Grundlagen, Realisierung und Fallstudien*. Berlin: Springer.

Coutu, Diane L. (2002): „How Resilience Works.". In: *Harvard Business Review*. 80 (5), S. 46.

Craighead, Christopher W.; Blackhurst, Jennifer; Rungtusanatham, M. Johnny; u. a. (2007): „The Severity of Supply Chain Disruptions: Design Characteristics and Mitigation Capabilities". In: *Decision Sciences*. 38 (1), S. 131–156.

Cravens, David W.; Piercy, Nigel F.; Shipp, Shannon H. (1996): „New Organizational Forms for Competing in Highly Dynamic Environments: The Network Paradigm". In: *British Journal of Management*. 7 (3), S. 203–218.

Cronbach, Lee J. (1951): „Coefficient Alpha and the Internal Structure of Tests". In: *Psychometrika*. 16 (3), S. 297–334.

Cudeck, Robert; Browne, Michael W. (1983): „CROSS-VALIDATION OF COVARIANCE STRUCTURES.". In: *Multivariate Behavioral Research*. 18 (2), S. 147.

Cumming, G. S.; Barnes, G.; Perz, S. u. a. (2005): „An Exploratory Framework for the Empirical Measurement of Resilience". In: *Ecosystems*. 8 (8), S. 975–987.

Cutter, Susan L. (2001): *American Hazardscapes: The Regionalization of Hazards and Disasters*. Washington: Joseph Henry Press.

D'Aveni, Richard A.; Gunther, Robert E. (1994): *Hypercompetition: managing the dynamics of strategic maneuvering*. Simon and Schuster. — ISBN: 9780029069387

Danese, Pamela; Romano, Pietro; Vinelli, A. (2006): „Sequences of Improvement in Supply Networks: Case Studies from the Pharmaceutical Industry". In: *International Journal of Operations & Production Management*. 26 (11), S. 1199–1222.

Daniel, Wayne W. (1975): „Nonresponse in Sociological Surveys". In: *Sociological Methods & Research*. 3 (3), S. 291 –307, DOI: 10.1177/004912417500300303.

Darley, John M.; Latane, Bibb (1968): „Bystander intervention in emergencies: diffusion of responsibility.". In: *Journal of Personality and Social Psychology*. 8 (4), S. 377–383.

Davidson, Rachel A. (1997): „An Urban Earthquake Disaster Risk Index". In: *The John A. Blume Earthquake Engineering Center*. Report No. 121 .

Davis, Tom (1993): „Effective Supply Chain Management". In: *Sloan Management Review*. 34 , S. 35.

Deleris, Léa A.; Erhun, Feryal (2005): „Risk management in supply networks using monte-carlo simulation". In: *Simulation Conference, 2005 Proceedings of the Winter.*, S. 7.

Deleris, Léa A.; Erhun, Feryal; Paté-Cornell, M. E. (2004): „Quantitative Risk Assessment of Supply Chain Performance“. In: *Manufacturing and Service Operations Management.*

Delfmann, Werner (1995): „Logistische Segmentierung. Ein modellanalytischer Ansatz zur Gestaltung logistischer Auftragszyklen“. In: v. Albach, Horst; Delfmann, Werner (Hrsg.) *Dynamik und Risikofreude in der Unternehmensführung.* Wiesbaden: Gabler, S. 171–202.

Deutscher Bundestag (1991): *Gesetz über die Einspeisung von Strom aus erneuerbaren Energien in das öffentliche Netz.*

Deutscher Bundestag (1998): *Gesetz zur Kontrolle und Transparenz im Unternehmensbereich. KonTraG.*

Dong, Ming; Chen, F. Frank (2007): „Quantitative Robustness Index Design for Supply Chain Networks“. In: Jung, Hosang; Chen, F. Frank; Jeong, Bongju (Hrsg.) *Trends in Supply Chain Design and Management.* o.V., S. 369–391.

Donham, Paul (1962): „Is Management a Profession?'“. In: *Harvard Business Review.* 40 (5), S. 67–68.

Donlon, J. P. (1996): „Maximizing Value in the Supply Chain“. In: *Chief Executive.* 117 (10), S. 54–63.

Downing, Thomas E. (1993): „Concepts of Vulnerability to Famine and Applications in Subsaharan Africa“. In: Bohle, Hans-Georg; Downing, Thomas E.; Field, John O; u. a. (Hrsg.) *Coping with vulnerability and criticality: Case Studies of Food-Insecure People and Places.* 1. Aufl. Saarbrücken: Verlag für Entwicklungspolitik, S. 376. — ISBN: 3881565817

Duncan, Robert B. (1972): „Characteristics of Organizational Environments and Perceived Environmental Uncertainty“. In: *Administrative Science Quarterly.* 17 (3), S. 313–327.

Dunn, S. C; Seaker, R. F; Waller, M. A (1994): „Latent Variables in Business Logistics Research: Scale Development and Validation“. In: *Journal of Business Logistics.* 15 (2), S. 145–145.

Dwyer, F. Robert (1984): „Are Two Better than One? Bargaining Behavior and Outcomes in an Asymmetrical Power Relationship.“. In: *Journal of Consumer Research.* 11 (2), S. 680–693.

Dynes, Scott; Johnson, M. Eric; Andrijcic, Eva; u. a. (2007): „Economic costs of firm-level information infrastructure failures“. In: *Management.* 18 (3), S. 420–442.

Eisenhardt, Kathleen M. (1989): „Agency Theory: An Assessment and Review“. In: *Academy of management review.*, S. 57–74.

Ellram, Lisa M.; Cooper, Martha C. (1990): „Supply Chain Management, Partnership, and the Shipper - Third Party Relationship“. In: *The International Journal of Logistics Management.* 1 (2), S. 1–10, DOI: 10.1108/95740939080001276.

Eloranta, Eero; Lehtonen, Ari; Tanskanen, Kari (1995): „Fast, Flexible and Cooperative Supply Chains—key Issues for the Survival of European Industry". In: *Production Planning & Control.* 6 (3), S. 238–245.

Emerson, Rrichard M. (1962): „Power-Dependence Relations". In: *American Sociological Review.* 27 (1), S. 31–41.

Espejo, Raul; Watt, John (1988): „Information Management, Organization and Managerial Effectiveness". In: *The Journal of the Operational Research Society.* 39 (1), S. 7–14.

Faisal, Mohd N.; Banwet, D. K.; Shankar, Ravi (2006): „Mapping Supply Chains on Risk and Customer Sensitivity Dimensions". In: *Industrial Management and Data Systems.* 106 (6), S. 878.

Falasca, Mauro; Zobel, Christopher W.; Cook, Deborah (2008): „A Decision Support Framework to Assess Supply Chain Resilience". In: *International ISCRAM Conference, Washington, DC.*

Fawcett, Stanley E.; Ellram, Lisa M.; Ogden, Jeffrey A. (2007): *Supply Chain Management: From Vision to Implementation.* Upper Saddle River: Pearson Prentice Hall. — ISBN: 9780131015043

Fayol, Henry (1929): *Allgemeine und industrielle Verwaltung.* München: Oldenbourg.

Feitzinger, E.; Lee, H. L. (1997): „Mass Customization at Hewlett-Packard - The Power of Postponement". In: *Harvard Business Review.* 75 (1), S. 116–123.

Ferdows, Kasra; De Meyer, Arnoud (1990): „Lasting Improvements in Manufacturing Performance: In Search of a New Theory". In: *Journal of operations management.* 9 (2), S. 168–184.

Fetzer, James H. (1993): „Peirce and Propensities". In: Moore, Edward Carter (Hrsg.) *Charles S. Peirce and the Philosophy of Science: Papers from the Harvard Sesquicentennial Congress.* 1. Aufl. Tuscaloosa und London: University of Alabama Press, S. 60–71.

Fetzer, James H. (1988): „Probabilistic Metaphysics'". In: Salmon, Wesley C.; Fetzer, James H. (Hrsg.) *Probability and causality: Essays in honor of Wesley C. Salmon.* 1. Aufl. D. Reidel Pub. Co. (Synthese Library), S. 109–132. — ISBN: 9789027726070

Fiege, Stefanie (2006): *Risikomanagement-und Überwachungssystem nach KonTraG: Prozess, Instrumente, Träger.* Wiesbaden: Deutscher Universitätsverlag.

Filion, F. L. (1975): „Estimating Bias Due to Nonresponse in Mail Surveys". In: *Public Opinion Quarterly.* 39 (4), S. 482.

de Finetti, Bruno (1992): „Foresight: Its Logical Laws, Its Subjective Sources". In: Kotz, Samuel; Johnson, Norman Lloyd (Hrsg.) *Breakthroughs in Statistics: Foundations and Basic Theory.* New York: Springer, S. 134–174. — ISBN: 9780387940373

De Finetti, Bruno (1989): „Probabilism: A Critical Essay on the Theory of Probability and on the Value of Science“. In: *Erkenntnis.* 31 (2/3), S. 169–223.

Fischhoff, Baruch; Watson, Stephen R.; Hope, Chris (1984): „Defining Risk“. In: *Policy Sciences.* 17 (2), S. 123–139.

Fisher, Marshall L. (1997): „What Is the Right Supply Chain for Your Product?“. In: *Harvard Business Review.* 75 (2), S. 105–117.

Flämig, Heike; Seipold, Peer (2006): „Risikomanagement von Logistikketten: Eine unbequeme Wahrheit“. In: *Deutschen Verkehrszeitung.* Jahresendbeilage „Fortschritt“ .

Flynn, Barbara B; Flynn, E. James (1999): „Information-Processing Alternatives for Coping with Manufacturing Environment Complexity“. In: *Decision Sciences.* 30 (4), S. 1021–1052, DOI: 10.1111/j.1540-5915.1999.tb00917.x.

Foerster, Heinz von (2003): „Cybernetics of Cybernetics“. In: Foerster, Heinz von (Hrsg.) *Understanding Understanding: Essays on Cybernetics and Cognition.* 1. Aufl. New York: Springer, S. 352. — ISBN: 9780387953922

Fornell, C.; Larcker, D. F (1981): „Evaluating Structural Equation Models with Unobservable Variables and Measurement Error“. In: *Journal of Marketing Research.* 18 (1), S. 39–50.

Fornell, Claes; Bookstein, Fred L. (1982): „Two Structural Equation Models: Lisrel and Pls Applied to Consumer Exit-Voice Theory“. In: *Journal of Marketing Research.* 19 (4), S. 440–452.

Foroughi, A.; Albin, M.; Kocakulah, M. (2006): „Perspectives on Global Supply Chain Supply-Side Risk Management“. In: *Technology Management for the Global Future, 2006. PICMET 2006.* 6 .

Fry, S. A. (2010): „Vulnerability“. *Dictionary of Military and Associated Terms.* 2. Aufl. Washinton DC.

Gaonkar, R. S.; Viswanadham, N. (2007): „Analytical Framework for the Management of Risk in Supply Chains“. In: *IEEE Transactions on Automation Science and Engineering.* 4 (2), S. 265–273.

Gaonkar, Roshan; Viswanadham, N. (2004): „A Conceptual and Analytical Framework for the Management of Risk in Supply Chains“. In: *Proceedings of the 2004 IEEE International Conference on Robotics & Automatlon.* New Orleans.

Gattorna, John; Walters, David (1996): *Managing the Supply Chain: A Strategic Perspective.* 1. Aufl. Basingstoke: Macmillan Business. — ISBN: 0-333-64816-1

Gaudenzi, B.; Borghesi, A. (2006): „Managing Risks in the Supply Chain Using the Ahp Method“. In: *Management.* 17 (1), S. 114–136.

Gautam Basu; Mondher Ben-Hamida; Karen Butner; u. a. (2008): „Supply Chain Risk Management: A Delicate Balancing Act“. *IBM Global Business Services.* 2008.

Geary, S.; Childerhouse, P.; Towill, D. (2002): „Uncertainty and the Seamless Supply Chain“. In: *Supply Chain Management Review.* 6 (4), S. 52–61.

Gefen, David; Straub, Detmar; Boudreau, Marie-Claude (2000): „Structural Equation Modeling and Regression: Guidelines for Research Practice“. In: *Communications of the Association for Information Systems.* 4 (1), S. 2–59.

Gehr, Frank; Hellingrath, Bernd (2007): *Logistik in der Automobilindustrie.* 1. Aufl. Berlin und Heidelberg: Springer. — ISBN: 354014045X

Gephart, Robert P. (1984): „Making Sense of Organizationally Based Environmental Disasters“. In: *Journal of Management.* 10 (2), S. 205–225, DOI: 10.1177/014920638401000205.

Gerwin, D. (1987): „An Agenda for Research on the Flexibility of Manufacturing Processes“. In: *International Journal of Operations and Production Management.* 7 (1), S. 38–49.

Ghiselli, Edwin E.; Campbell, John P.; Zedeck, Sheldon (1981): *Measurement Theory for the Behavioral Sciences.* 1. Aufl. San Francisco: W.H. Freeman. — ISBN: 071671048X

Ghoshal, S. (1987): „Global Strategy: An Organizing Framework“. In: *Strategic Management Journal.* 8 (5), S. 425–440.

Giannakis, M.; Croom, S.; Slack, N. (2004): „Supply Chain Paradigms“. In: *Supply Chains.* Oxford: Oxford University Press, S. 1–21.

Gibson, Brian J.; Mentzer, John T.; Cook, Robert L. (2005): „Supply Chain Management: The Pursuit of a Consensus Definition.“. In: *Journal of Business Logistics.* 26 (2), S. 17–25.

Gilbert, G. A.; Gips, M. A. (2000): „Supply-Side Contingency Planning“. In: *Security Management.* 44 (3), S. 70–75.

Gillies, Donald (2000): „Varieties of Propensity“. In: *The British Journal for the Philosophy of Science.* 51 (4), S. 807–835.

Gindy, N. N.; Saad, S. M.; Yue, Y. (1999): „Manufacturing Responsiveness Through Integrated Process Planning and Scheduling“. In: *International Journal of Production Research.* 37 (11), S. 2399–2418.

Goffin, K.; Szwejczewski, M.; New, Colin (1997): „Managing Suppliers: When Fewer Can Mean More“. In: *International Journal of Physical Distribution & Logistics Management.* 27 (7), S. 422–436.

Goldman, S. L; Nagel, R. N (1993): „Management, Technology and Agility: The Emergence of a New Era in Manufacturing“. In: *International Journal of Technology Management.* 8 (1/2), S. 18–38.

Goldsby, Thomas J.; Garcia-Dastugue, Sebastián I. (2003): „The Manufacturing Flow Management Process.“. In: *International Journal of Logistics Management.* 14 (2), S. 33–52.

Goldsby, Thomas J.; Griffis, Stanley E.; Roath, Anthony S. (2006): „Modeling Lean, Agile, and Leagile Supply Chain Strategies". In: *Journal of Business Logistics*. 27 (1), S. 57.

Göthlich, Stephan E. (2007): „Zum Umgang mit fehlenden Daten in großzahligen empirischen Erhebungen". In: Albers, Sönke; Klapper, Daniel; Klapper, Udo; u. a. (Hrsg.) *Methodik der empirischen Forschung*. Wiesbaden: Gabler Verlag, S. 119–134.

Govil, Manish; Proth, Jean-Marie (2002): *Supply Chain Design and Management: Strategic and Tactical Perspectives*. San Diego: Academic Press. — ISBN: 9780122941511

Grotberg, E. H (1995): „The International Resilience Project: Research, Application, and Policy". In: *Stress and Violence in Children and Young People*. Lisboa, S. 211–234.

Günther, Hans-Otto (2005): „Supply Chain Management and Advanced Planning Systems: A Tutorial". In: Günther, Hans-Otto; Mattfeld, Dirk Christian; Suhl, Leena (Hrsg.) *Supply Chain Management und Logistik: Optimierung, Simulation, Decision Support*. 1. Aufl. Heidelberg: Springer, S. 3–40. — ISBN: 9783790815764

Hagen, E. W. (1980): „Common-Mode/Common-Cause Failure: A Review". In: *Annals of Nuclear Energy*. 7 (9), S. 509–517.

Hair, Joseph F.; Black, William C.; Babin, Barry J. u. a. (2006): *Multivariate Data Analysis*. Upper Saddle River: Pearson Prentice Hall. — ISBN: 0-13-032929-0

Hájek, Alan (2009): „Fifteen Arguments Against Hypothetical Frequentism". In: *Erkenntnis*. 70 (2), S. 211–235, DOI: 0.1007/s10670-009-9154-1.

Hall, Randolph W. (2003): *Handbook of Transportation Science*. 2. Aufl. Springer. — ISBN: 9781402072468

Hallikas, J.; Karvonen, I.; Pulkkinen, U. u. a. (2004): „Risk Management Processes in Supplier Networks". In: *International Journal of Production Economics*. 90 (1), S. 47–58.

Hallikas, J.; Puumalainen, K.; Vesterinen, T. u. a. (2005): „Risk-Based Classification of Supplier Relationships". In: *Journal of Purchasing and Supply Management*. 11 (2-3), S. 72–82.

Hallikas, J.; Virolainen, V. M.; Tuominen, M. (2002): „Risk Analysis and Assessment in Network Environments: A Dyadic Case Study". In: *International Journal of Production Economics*. 78 (1), S. 45–55.

Hammarkvist, K. O; Håkansson, H.; Mattsson, L. G (1984): *Marknadsföring för konkurrenskraft*. Malmö: Liber ekonomi.

Han-Ying Kao; Chia-Hui Huang; Han-Lin-Li (2005): „Supply Chain Diagnostics with Dynamic Bayesian Networks". In: *Computers & Industrial Engineering*. 49 (2), S. 339–347.

Harland, C.; Brenchley, R.; Walker, H. (2003): „Risk in Supply Networks". In: *Journal of Purchasing and Supply Management.* 9 (2), S. 51–62.

Harland, C. M.; Lamming, R. C.; Zheng, J. u. a. (2001): „A Taxonomy of Supply Networks". In: *The Journal of Supply Chain Management.* 37 (4), S. 21–27.

Harrison, A.; van Hoek, R. I (2005): *Logistics Management and Strategy.* 2. Aufl. Harlow [u.a.]: Financial Times/Prentice Hall.

Hau Lee (2004): „The Triple-A Supply Chain". *Harvard Business Review.* 82 (10), S. 102–112.

Hauser, L. (2003): „Risk-adjusted supply chain management". In: *Supply Chain Management Review.* 7 (6), S. 64–71.

Hayes, Jan (2006): „Safety Decision Making in High Hazard Organizations at the Production/Maintenance Interface - a Literature Review". National Research Centre for Occupational Health and Safety Regulation.

Heizer, Jay; Render, Barry (2006): *Operations Management.* 8. Aufl. Upper Saddle River: Pearson/Prentice Hall. — ISBN: 9780132209298

Helliar, Christine V.; Lonie, Alasdair A.; Power, David M. u. a. (2001): „Attitudes of UK Managers to Risk and Uncertainty". In: *Balance Sheet.* 9 (4), S. 7–10.

Hendricks, Kevin B.; Singhal, Vinrod R. (2005): „An Empirical Analysis of the Effect of Supply Chain Disruption on Long-Run Stock Price Performance and Equity Risk of the Firm". In: *Production and Operations Management.* 14 (1), S. 35–52.

Heylighen, Francis; Joslyn, Cliff (2001): „Cybernetics and Second Order Cybernetics". In: *Encyclopedia of Physical Science & Technology.* 4 , S. 155–170.

Hibbard, Jonathan D.; Kumar, Nirmalya; Stern, Louis W. (2001): „Examining the Impact of Destructive Acts in Marketing Channel Relationships.". In: *Journal of Marketing Research (JMR).* 38 (1), S. 45–61.

Hiete, M.; Merz, M. (2008): „An Indicator Framework to Assess the Vulnerability of Industrial Sectors against Indirect Disaster Losses". In: Göteborg, S. 1–10.

Hilletofth, P. (2009): „How to Develop a Differentiated Supply Chain Strategy". In: *Industrial Management & Data Systems.* 109 (1), S. 16–33, DOI: 10.1108/02635570910926573.

Hoekstra, S.; Romme, J.; Argelo, S. M. (1992): *Integral Logistic Structures: Developing Customer-Oriented Goods Flow.* New York: Industrial Press.

Holcomb, Tim R.; Hitt, Michael A. (2007): „Toward a Model of Strategic Outsourcing". In: *Journal of Operations Management.* 25 (2), S. 464–481.

Holland, John H. (1992): „Complex Adaptive Systems". In: *Daedalus.* 121 (1), S. 17–30.

Holling, C. S (1973): „Resilience and Stability of Ecological Systems". In: *Annual Review of Ecology and Systematics.*, S. 1–23.

Holling, C. S (2001): „Understanding the Complexity of Economic, Ecological, and Social Systems". In: *Ecosystems.* 4 (5), S. 390–405.

Holling, C. S.; Gunderson, Lance H. (2002): „Resilience and Adaptive Cycles". In: Gunderson, Lance H.; Holling (Hrsg.) *Panarchy: Understanding Transformations in Human and Natural Systems.* 1. Aufl. Washington DC: Island Press, S. 513. — ISBN: 9781559638579

Holton, G. A. (2004): „Defining Risk". In: *Financial Analysts Journal.*, S. 19–25.

Holweg, M. (2005): „The Three Dimensions of Responsiveness". In: *International Journal of Operations and Production Management.* 25 (7), S. 603.

Homburg, Christian; Baumgartner, Hans (1985): „Beurteilung von Kausalmodellen: Bestandsaufnahme und Anwendungsempfehlungen". In: *Marketing ZfP.* 17 (3), S. 162–176.

Homburg, Christian; Pflesser, Christian (2000): „Strukturgleichungsmodelle mit latenten Variablen: Kausalanalyse". In: Herrmann, Andreas; Homburg, Christian (Hrsg.) *Marktforschung: Methoden, Anwendung, Praxisbeispiele.* 2. Aufl. Wiesbaden: Gabler Verlag, S. 633–659.

Hompel, Michael ten; Heidenblut, Volker (2007): *Taschenlexikon Logistik: Abkürzungen, Definitionen und Erläuterungen der wichtigsten Begriffe aus Materialfluss und Logistik.* 2. Aufl. Berlin und Heidelberg: Springer. — ISBN: 9783540756613

Hopkins, A. (1999): „The Limits of Normal Accident Theory". In: *Safety Science.* 32 (2), S. 93–102.

Horne, J. F.; Orr, J. E. (1998): „Assessing Behaviors That Create Resilient Organizations". In: *Employment Relations Today.* 24 (4), S. 29–40.

Houlihan, J. B.; Oliver, K. (1986): „Logistics Management – the Present and the Future". In: *BPICS Conference Proceedings.*, S. 91–9.

Howson, Colin; Urbach, Peter (1989): *Scientific Reasoning: The Bayesian Approach.* 1. Aufl. Chicago and La Salle: Open Court. — ISBN: 9780812690842

Hsu, Li-Ling (2005): „SCM System Effects on Performance for Interaction Between Suppliers and Buyers". In: *Industrial Management & Data Systems.* 105 (7), S. 857–875, DOI: 10.1108/02635570510616085.

Hu, L. T; Bentler, P. M (1995): „Evaluating Model Fit". In: Hoyle, Rick H. (Hrsg.) *Structural Equation Modeling - Concepts, Issues, and Applications.* Thousand Oaks: Sage Publications, S. 76–99.

Huber, Frank; Herrmann, Andreas; Meyer, Frederik; u. a. (2007): *Kausalmodellierung mit partial least Squares: eine anwendungsorientierte Einführung.* Wiesbaden: Gabler Verlag. — ISBN: 9783834905611

Hugos, Michael H. (2006): *Essentials of Supply Chain Management.* 2. Aufl. Hoboken: John Wiley. — ISBN: 9780471776345

Hull, B. Z. (2005): „Are Supply (driven) Chains Forgotten?". In: *The International Journal of Logistics Management.* 16 (2), S. 218–36.

Ireland, R. D.; Webb, J. W. (2007): „A Multi-Theoretic Perspective on Trust and Power in Strategic Supply Chains". In: *Journal of Operations Management.* 25 (2), S. 482–497.

ISO 31000: (2009): „Risk management - Principles and guidelines".

Jahns, C.; Henke, M. (2004): „Supply Risk Management". In: *Beschaffung Aktuell.* 4 , S. 38–44.

Jain, V.; Benyoucef, L.; Deshmukh, S. G. (2008): „A New Approach for Evaluating Agility in Supply Chains Using Fuzzy Association Rules Mining". In: *Engineering Applications of Artificial Intelligence.* 21 (3), S. 367–385.

Johnson, M. E. (2001): „Learning from Toys: Lessons in Managing Supply Chain Risk from the Toy Industry". In: *California Management Review.* 43 (3), S. 106–124.

Jonen, A. (2005): „Semantische Analyse des Risikobegriffes und Bildung eines Begriffskonzeptes für den IT-Dienstleistungsbereich". In: Corsten, H. (Hrsg.) *Schriften zum Produktionsmanagement.* o.V., S. 48–78.

Jöreskog, Karl G. (1970): „A General Method for Analysis of Covariance Structures". In: *Biometrika.* 57 (2), S. 239 –251, DOI: 10.1093/biomet/57.2.239.

Jöreskog, Karl G.; Sörbom, Dag (1996): *LISREL 8 User's Reference Guide.* 1. Aufl. Chicago: Scientific Software International. — ISBN: 9780894980404

Jüttner, Uta (2005): „Supply Chain Risk Management: Understanding the Business Requirements from a Practitioner Perspective". In: *International Journal of Logistics Management.* 16 (1), S. 120–141.

Jüttner, Uta; Peck, Helen; Christopher, Martin (2003): „Supply Chain Risk Management: Outlining an Agenda for Future Research". In: *International Journal of Logistics Research and Applications.* 6 (4), S. 197–210.

Kahneman, D.; Tversky, A. (1979): „Prospect Theory: An Analysis of Decision Under Risk". In: *Econometrica: Journal of the Econometric Society.* 47 (2), S. 263–291.

Kahneman, Daniel; Slovic, Paul; Tversky, Amos (1982): *Judgment Under Uncertainty: Heuristics and Biases.* Cambridge: Cambridge University Press. — ISBN: 9780521284141

Kaiser, Henry F. (1970): „A Second Generation Little Jiffy". In: *Psychometrika.* 35 (4), S. 401–415.

Kaiser, Henry F.; Rice, J. (1974): „Little Jiffy, Mark IV.". In: *Journal of Educational and Psychological Measurement.* 34 (1), S. 111–117.

Kaiser, Henty F.; Dickman, K. W (1959): „Analytic Determination of Common Factors". In: *American Psychologist.* 14 (1), S. 425–41.

Kajüter, Peter (2003): „Instrumente zum Risikomanagement in der Supply Chain". In: Stölzle, Wolfgang; Otto, Andreas (Hrsg.) *Supply Chain Controlling in Theorie und Praxis; Aktuelle Konzepte und Unternehmensbeispiele.* 1. Aufl. Wiesbaden: Gabler Verlag, S. 107–135. — ISBN: 3409124233

Kast, F. E; Rosenzweig, J. E (1985): *Organization and Management: A Systems and Contingency Approach.* New York: McGraw-Hill. — ISBN: 0070334439

Kersten, Wolfgang; Böger, Mareike; Hohrath, Philipp; u. a. (2006): „Supply Chain Risk Management: Development of a Theoretical and Empirical Framework". In: Kersten, Wolfgang; Blecker, Thorsten (Hrsg.) *Managing Risks in Supply Chains. How to Build Reliable Collaboration in Logistics.* 1. Aufl. Hamburg: Erich Schmidt (Operations and Technology Management), S. 3–18.

Kersten, Wolfgang; Held, Tobias; Meyer, Christian Martin; u. a. (2007): „Komplexitäts- und Risikomanagement als Methodenbausteine des Supply Chain Managements". In: Hausladen, Iris (Hrsg.) *Management am Puls der Zeit - Strategien, Konzepte und Methoden.* 1. Aufl. München: TCW Transfer-Centrum.

Kersten, Wolfgang; Hohrath, Philipp (2007): „Supply Chain Risk Management als Element der Produktionsstrategie". In: Specht, Dieter (Hrsg.) *Strategische Bedeutung der Produktion.* 1. Aufl. Wiesbaden: Deutscher Universitätsverlag, S. 43–59.

Kersten, Wolfgang; Hohrath, Philipp; Böger, Mareike; u. a. (2011a): „A Supply Chain Risk Management Process". In: *International Journal of Logistics Systems and Management.* 8 (2), S. 152–166.

Kersten, Wolfgang; Hohrath, Philipp; Höbig, Michael; u. a. (2008a): *Supply Chain Risk Management in der deutschen Windenergiebranche.* (Studie) Hamburg: Institut für Logistik und Unternehmensführung.

Kersten, Wolfgang; Hohrath, Philipp; Höbig, Michael; u. a. (2011b): *Supply Chain Risk Management in der deutschen Windenergiebranche (Neuauflage).* (Studie) Hamburg: Institut für Logistik und Unternehmensführung.

Kersten, Wolfgang; Hohrath, Philipp; Scholl, Jan (2010): „Lieferung mit Risiko". *Erneuerbare Energien.* (03), S. 40–45.

Kersten, Wolfgang; Koch, Jan; Hohrath, Philipp (2008b): „Innovative Logistikdienstleistungen: Vor-und Nachteile der Kontraktlogistik". In: Specht, Dieter (Hrsg.) *Produkt- und Prozessinnovationen in Wertschöpfungsketten.* o.V., S. 55–70.

Khan, O.; Burnes, B. (2007): „Risk and Supply Chain Management: Creating a Research Agenda". In: *The International Journal of Logistics Management.* 18 (2), S. 197–216, DOI: 10.1108/09574090710816931.

Kilgore, J. M. (2004): „Why Analytical Risk Mitigation is Critical To Supply Chain Design". In: *Inventory Management Report.* 4 (4), S. 7–11.

Kilgore, M. (2003): „Mitigating Supply Chain Risks“. In:

Kirchhof, Robert (2003): „Ganzheitliches Komplexitätsmanagement: Grundlagen und Methodik des Umgangs mit Komplexität im Unternehmen“. Wiesbaden: Technische Universität Cottbus.

Klaas, Thorsten (2002): *Logistik-Organisation : Ein konfigurationstheoretischer Ansatz zur logistikorientierten Organisationsgestaltung.* 1. Aufl. Wiesaden: Deutscher Universitäts-Verlag.

Kleindorfer, P. R.; Saad, G. H. (2005): „Managing Disruption Risks in Supply Chains“. In: *Production and Operations Management.* 14 (1), S. 53–68.

Kline, Rex B. (2010): *Principles and Practice of Structural Equation Modeling.* 3. Aufl. New York: Guilford Press. — ISBN: 1606238779

Knight, F. H (1921): *Risk, Uncertainty and Profit.* 1. Aufl. Boston: Houghton Mifflin Company.

Koch, Jan A. (2010): „Qualitätsmanagement in Logistikunternehmen : Eine empirische Untersuchung“. Lohmar: Technische Universität Hamburg-Harburg.

Koch, Richard (1999): *The 80/20 Principle: The Secret of Achieving More with Less.* New York: Currency. — ISBN: 9780385491747

Koh, S. C.; Demirbag, M.; Bayraktar, E. u. a. (2007): „The Impact of Supply Chain Management Practices on Performance of Smes“. In: *Industrial Management and Data Systems.* 107 (1), S. 103.

Kolmogorov, Andrei N. (1933): *Grundbegriffe der Wahrscheinlichkeitsrechnung.* 1. Aufl. Berlin: Springer.

Konrad, G. (2005): *Theorie, Anwendbarkeit und strategische Potenziale des Supply Chain Management.* 1. Aufl. Wiesbaden: Deutscher Universitätsverlag.

Koontz, Harold (1961): „The Management Theory Jungle“. In: *Academy of Management Journal.* 3 (4), S. 174–188.

Koontz, Harold (1980): „The Management Theory Jungle Revisited“. In: *Academy of Management Review.* 5 (2), S. 175–187.

Koontz, Harold; O'Donnell, C. (1955): *Principles of Management: An Analysis of Management Functions.* New York: McGraw-Hill.

Kotabe, M. (1998): „Efficiency Vs. Effectiveness Orientation of Global Sourcing Strategy: A Comparison of Us and Japanese Multinational Companies“. In: *The Academy of Management Executive.* 12 (4), S. 107–119.

Kouvelis, P.; Milner, J. M (2002): „Supply Chain Capacity and Outsourcing Decisions: The Dynamic Interplay of Demand and Supply Uncertainty“. In: *IIE Transactions.* 34 (8), S. 717–728.

Kull, T.; Closs, D. (2008): „The Risk of Second-Tier Supplier Failures in Serial Supply Chains: Implications for Order Policies and Distributor Autonomy“. In: *European Journal of Operational Research*. 186 (3), S. 1158–1174.

Lakshmi Narasimhan., S. N.; Sahasranam, C. (2007): „Managing Disruptions in a Supply Chain.“. In: Dallas.

Lalwani, C. S.; Disney, S. M.; Naim, M. M. (2006): „On Assessing the Sensitivity to Uncertainty in Distribution Network Design“. In: *International Journal of Physical Distribution and Logistics Management*. 36 (1), S. 5–21.

Lambert, D. M; Harrington, T. C (1990): „Measuring Nonresponse Bias in Customer Service Mail Surveys“. In: *Journal of Business Logistics*. 11 (2), S. 5–25.

Lambert, D. M.; Cooper, M. C.; Pagh, J. D. (1998): „Supply Chain Management: Implementation Issues and Research Opportunities“. In: *International Journal of Logistics Management*. 9 , S. 1–20.

Lamming, R.; Johnsen, T.; Zheng, J. u. a. (2000): „An Initial Classification of Supply Networks“. In: *International Journal of Operations and Production Management*. 20 (5), S. 675–691.

Lampel, J.; Mintzberg, H. (1996): „Customizing Customization“. In: *Sloan Management Review*. 38 (1), S. 21.

Langer, E. J; Moldoveanu, M. (2000): „The Construct of Mindfulness“. In: *Journal of Social Issues*. 56 (1), S. 1–9.

Laplace, Pierre Simon (1819): *Philosophischer Versuch über die Wahrscheinlichkeit*. Heidelberg: K. Groos.

LaPorte, T. R; Consolini, P. M (1991): „Working in Practice but Not in Theory: Theoretical Challenges of„ High-Reliability Organizations““. In: *Journal of public administration research and theory*. 1 (1), S. 19.

Larson, P. D.; Rogers, D. S. (1998): „Supply Chain Management: Definition, Growth and Approaches“. In: *Journal of Marketing Theory and Practice*. 6 , S. 1–5.

Larson, Paul D. (1994): „Buyer-Supplier Co-Operation, Product Quality and Total Costs“. In: *International Journal of Physical Distribution & Logistics Management*. 24 (6), S. 4–10, DOI: 10.1108/09600039410066123.

Lasch, Rainer; Gießmann, Marco (2009): „Ganzheitliche Ansätze zum Komplexitätsmanagement – eine kritische Würdigung aus Sicht der Beschaffungslogistik“. In: Bogaschewsky, Ronald; Eßig, Michael; Lasch, Rainer; u. a. (Hrsg.) *Supply Management Research*. Wiesbaden: Gabler, S. 195–231. — ISBN: 978-3-8349-1458-3

Lee, H. L; Billington, C. (1995): „The Evolution of Supply-Chain-Management Models and Practice at Hewlett-Packard“. In: *Interfaces*. 25 (5), S. 42–63.

Lee, H. L; Ng, S. M (1997): „Introduction to the Special Issue on Global Supply Chain Management“. In: *Production and Operations Management*. 6 (3), S. 191–192.

Lee, H. L. (2002): „Aligning Supply Chain Strategies with Product Uncertainties". In: *CALIFORNIA MANAGEMENT REVIEW.* 44 (3), S. 105–119.

Lee, H. L. (2000): „Creating Value Through Supply Chain Integration". In: *Supply Chain Management Review.* 4 (4), S. 30–6.

Lee, H. L.; Padmanabhan, V.; Whang, S. (1997): „The Bullwhip Effect in Supply Chains". In: *Sloan management review.* 38 , S. 93–102.

Lentz, S.; Hülsmann, Michael (Hrsg.) (2005): *Möglichkeiten und Grenzen der Vermeidung von Unternehmenskrisen durch nachhaltiges Management in der Beschaffung.* Bremen: Universität Bremen FB Wirtschaftswissenschaften (Forschungsbeiträge zum Strategischen Management).

Lessler, J. T; Kalsbeek, W. D (1992): *Nonsampling Error in Surveys.* New York: Wiley.

Leveson, N.; Dulac, N.; Marais, K. u. a. (2009): „Moving Beyond Normal Accidents and High Reliability Organizations: A Systems Approach to Safety in Complex Systems". In: *Organization Studies.* 30 (2-3), S. 227.

Levy, David L. (1995): „International Sourcing and Supply Chain Stability". In: *Journal of International Business Studies.* 26 (2), S. 343–360.

Levy, David L. (1997): „Lean Production in an International Supply Chain". In: *Sloan Management Review.* 38 , S. 94–102.

Lewin, Arie Y.; Peeters, Carine (2006): „The Top-Line Allure of Offshoring". In: *Harvard Business Review.* 84 (3), S. 22–24.

Li, Suhong; Rao, S. Subba; Ragu-Nathan, T.S. u. a. (2005): „Development and Validation of a Measurement Instrument for Studying Supply Chain Management Practices.". In: *Journal of Operations Management.* 23 (6), S. 618–641, DOI: 10.1016/j.jom.2005.01.002.

Likert, R. (1932): „A Technique for the Measurement of Attitudes.". In: *Archives of Psychology.* 22 (140), S. 1–55.

Lilliefors, H. W (1967): „On the Kolmogorov-Smirnov Test for Normality with Mean and Variance Unknown". In: *Journal of the American Statistical Association.* 62 (318), S. 399–402.

Lintner, J. (1965): „The Valuation of Risk Assets and the Selection of Risky Investments in Stock Portfolios and Capital Budgets". In: *The Review of Economics and Statistics.* 47 (1), S. 13–37.

Little, Roderick J. A. (1988): „A Test of Missing Completely at Random for Multivariate Data with Missing Values". In: *Journal of the American Statistical Association.* 83 (404), S. 1198–1202.

Locher, Christian; Mehlau, Jens I.; Hackenberg, Rudolf G. u. a. (2004): „Risikomanagement in Finanzwirtschaft und Industrie". ibi - research an der Universität Regensburg.

La Londe, B. J; Masters, J. M (1994): „Emerging Logistics Strategies: Blueprints for the Next Century“. In: *International Journal of Physical Distribution & Logistics Management*. 24 (7), S. 35–47.

Lowrance, W. (1980): „The Nature of Risk“. In: Schwing, Richard C.; Albers, Walter A. (Hrsg.) *Societal Risk Assessment. How Safe Is Safe Enough*. 1. Aufl. New York: Plenum Press, S. 5–14. — ISBN: 0-306-40554-7

Luers, A. L (2005): „The Surface of Vulnerability: An Analytical Framework for Examining Environmental Change“. In: *Global Environmental Change Part A*. 15 (3), S. 214–223.

Luhmann, Niklas (1969): „Moderne Systemtheorien als Form gesamtgesellschaftlicher Analyse“. In: Adorno, Theodor W. (Hrsg.) *Spätkapitalismus oder Industriegesellschaft?* Stuttgart: Ferdinand Enke.

Luhmann, Niklas (1991): *Zweckbegriff und Systemrationalität*. 5. Aufl. Frankfurt am Main: Suhrkamp (Suhrkamp-Taschenbuch Wissenschaft : Stw). — ISBN: 3-518-27612-3

Luthar, S. S; Cicchetti, D.; Becker, B. (2000): „The Construct of Resilience: A Critical Evaluation and Guidelines for Future Work“. In: *Child Development*. 71 (3), S. 543–562.

Luthar, Suniya S. (2006): „Resilience in Development: A Synthesis of Research across Five Decades“. In: Cicchetti, Dante; Cohen, Donald J. (Hrsg.) *Risk, Disorder, and Adaptation*. 2. Aufl. Hoboken: John Wiley and Sons (Developmental psychopathology), S. 739–795. — ISBN: 9780471237358

Lyons, Thomas R.; Krachenberg, A. Richard; Henke, John W. (1990): „Mixed Motive Marriages: What's Next for Buyer-Supplier Relations?“. In: *Sloan Management Review*. 31 (3), S. 29–36.

Malik, Fredmund (2008): *Strategie des Managements komplexer Systeme*. Bern, Stuttgart, Wien: Haupt. — ISBN: 978-3-258-07396-5

Manuj, I.; Mentzer, John T. (2008a): „Global Supply Chain Risk Management“. In: *Journal of Business Logistics*. 29 (1), S. 133–155.

Manuj, I.; Mentzer, John T. (2008b): „Global Supply Chain Risk Management Strategies“. In: *International Journal of Physical Distribution & Logistics Management*. 38 (3), S. 192–223.

Marais, K.; Dulac, N.; Leveson, N. (2004): „Beyond Normal Accidents and High Reliability Organizations: The Need for an Alternative Approach to Safety in Complex Systems“. In:

March, J. G.; Shapira, Z. (1987): „Managerial Perspectives on Risk and Risk Taking“. In: *Management science*. 33 (11), S. 1404–1418.

Markowitz, H. (1952): „Portfolio Selection“. In: *Journal of Finance*. 7 (1), S. 77–91.

Marley, Kathryn Ann (2006): „Mitigating supply chain disruptions: essays on lean management, interactive complexity, and tight coupling“. (thesis).

Martens, W. (1997): „Organisation und gesellschaftliche Teilsysteme“. In: Ortmann, G.; Sydow, J.; Türk, K. (Hrsg.) *Theorien der Organisation.* 1. Aufl. Opladen: Westdeutscher Verlag, S. 263–359.

Maruyama, M. (1963): „The Second Cybernetics. Deviation-Amplifying Mutual Causal Processes“. In: *American Scientist.* 5 (2), S. 164–179.

Mason-Jones, R.; Towill, D. R (1998): „Shrinking the Supply Chain Uncertainty Circle“. In: *Control.* 24 (7), S. 17–22.

Mason-Jones, Rachel; Naylor, Ben; Towill, Dens R. (2000): „Lean, Agile or Leagile? Matching Your Supply Chain to the Marketplace“. In: *International Journal of Production Research.* 38 (17), S. 4061–4070.

Masten, A. S (2001): „Ordinary Magic: Resilience Processes in Development“. In: *American Psychologist.* 56 (3), S. 227–238.

Matook, S.; Lasch, R.; Tamaschke, R. (2009): „Supplier Development with Benchmarking as Part of a Comprehensive Supplier Risk Management Framework“. In: *International Journal of Operations & Production Management.* 29 (3), S. 241–267.

Matson, J. B; McFarlane, D. C (1999): „Assessing the Responsiveness of Existing Production Operations“. In: *International Journal of Operations and Production Management.* 19 (8), S. 765–784.

Maturana, Humberto R.; Varela, Francisco J. (1980): *Autopoiesis and Cognition: The Realization of the Living.* Dordrecht: Springer. — ISBN: 9789027710161

McCarthy, James J. (2001): *Climate Change 2001: Impacts, Adaptation, and Vulnerability: Contribution of Working Group Ii to the Third Assessment Report of the Intergovernmental Panel on Climate Change.* 1. Aufl. Cambridge: Cambridge University Press. — ISBN: 0521807689

McGregor, Douglas (1960): *The Human Side of Enterprise.* New York: McGraw-Hill.

Mentzer, John T.; DeWitt, W.; Keebler, J. S. u. a. (2001): „Defining Supply Chain Management“. In: *Journal of Business Logistics.* 22 (2), S. 1–26.

Mentzer, John T.; Flint, Daniel J. (1997): „Validity in Logistics Research“. In: *Journal of Business Logistics.* 18 (1), S. 199–216.

Meyer, A. D; Tsui, A. S; Hinings, C. R. (1993): „Configurational Approaches to Organizational Analysis“. In: *The Academy of Management Journal.* 36 (6), S. 1175–1195.

Meyer, Arnoud De; Loch, Christoph H.; Pich, Michael T. (2001): „Managing Project Uncertainty: From Variation to Chaos“. In: *MIT Sloan Management Review.* 43 (2), S. 60–68.

Meyer, C. M. (2007): *Integration des Komplexitätsmangements in den strategischen Führungsprozess der Logistik*. Bern.

Meyr, Herbert; Stadtler, Hartmut (2008): „Types of Supply Chains". In: Stadtler, Hartmut; Kilger, Christoph (Hrsg.) *Supply Chain Management and Advanced Planning*. 4. Aufl. Berlin, Heidelberg: Springer-Verlag, S. 65–80.

Miles, Raymond E.; Snow, Charles C.; Meyer, A. D; u. a. (1978): „Organizational Strategy, Structure, and Process". In: *Academy of Management Review*. 3 (3), S. 546–562.

Milgate, M. (2001): „Supply Chain Complexity and Delivery Performance: An International Exploratory Study". In: *Supply Chain Management: An International Journal*. 6 (3), S. 106–18.

Miller, D. (1986): „Configurations of Strategy and Structure: Towards a Synthesis". In: *Strategic Management Journal*. 7 (3), S. 233–249.

Miller, D. (1981): „Toward a New Contingency Approach: The Search for Organizational Gestalts". In: *Journal of Management Studies*. 18 (1), S. 1–26.

Miller, D.; Friesen, P. H (1982): „Innovation in Conservative and Entrepreneurial Firms: Two Models of Strategic Momentum". In: *Strategic Management Journal*. 3 (1), S. 1–25.

Miller, D.; Mintzberg, H. (1984): „The Case for Configuration". In: Miller, Danny; Friesen, Peter H. (Hrsg.) *Organizations: A Quantum View*. Englewood Cliffs: Prentice Hall, S. 10–30.

Miller, Danny; Friesen, P. H; Mintzberg, Henry (1984): *Organizations: A Quantum View*. Englewood Cliffs: Prentice-Hall. — ISBN: 0136419852

Miller, K. D (1992): „A Framework for Integrated Risk Management in International Business". In: *Journal of International Business Studies*. 23 (2), S. 311–331.

Milliken, Frances J. (1987): „Three Types of Perceived Uncertainty About the Environment: State, Effect, and Response Uncertainty". In: *The Academy of Management Review*. 12 (1), S. 133–143.

Min, Soonhong; Mentzer, John T. (2004): „Developing and Measuring Supply Chain Management Concepts". In: *Journal of Business Logistics*. 25 (1), S. 63–99.

Mintzberg, H. (1978): „Patterns in Strategy Formation". In: *Management Science*. 24 (9), S. 934–948.

Mintzberg, H. (1979): *The Structuring of Organizations*. 1. Aufl. Englewood Cliffs: Prentice-Hall.

Mintzberg, H.; Ahlstrand, B.; Lampel, J. (2007): *Strategy Safari: eine Reise durch die Wildnis des strategischen Managements*. Heidelberg: Redline Wirtschaft.

Von Mises, Richard (1957): *Probability, Statistics, and Truth*. 2. Aufl. London: George Allen & Unwin.

Mitchell, Vincent-Wayne (1999): „Consumer Perceived Risk: Conceptualisations and Models“. In: *European Journal of Marketing*. 33 (1/2), S. 163–195.

Mitchell, Vincent-Wayne (1995): „Organizational Risk Perception and Reduction: A Literature Review“. In: *British Journal of Management*. 6 (2), S. 115–133.

Mitroff, Ian I.; Alpaslan, Murat C. (2003): „Preparing for Evil“. In: *Harvard Business Review*. 81 (4), S. 109–115.

Naim, M. M.; Childerhouse, P.; Disney, S. M. u. a. (2002): „A Supply Chain Diagnostic Methodology: Determining the Vector of Change“. In: *Computers & Industrial Engineering*. 43 (1-2), S. 135–157.

Naylor, J. Ben; Naim, M. M.; Berry, D. (1999): „Leagility: Integrating the Lean and Agile Manufacturing Paradigms in the Total Supply Chain“. In: *International Journal of Production Economics*. 62 (1-2), S. 107–118.

Neher, Axel (2005): „The Configurational Approach in Supply Chain Management“. In: Kotzab, Herbert; Seuring, Stefan; Müller, Martin; u. a. (Hrsg.) *Research Methodologies in Supply Chain Management*. Dordrecht: Springer, S. 75–89.

Neiger, D.; Rotaru, K.; Churilov, L. (2009): „Supply Chain Risk Identification with Value-Focused Process Engineering“. In: *Journal of Operations Management*. 27 (2), S. 154–168.

Nishiguchi, T.; Beaudet, A. (1998): „The Toyota Group and the Aisin Fire“. In: *Sloan Management Review*. 40 (1), S. 49–59.

Norrman, A.; Jansson, U. (2004): „Ericsson's Proactive Supply Chain Risk Management Approach After a Serious Sub-Supplier Accident“. In: *International Journal of Physical Distribution and Logistics Management*. 34 (5), S. 434–456.

Norrman, A.; Lindroth, R. (2004): „Categorization of Supply Chain Risk and Risk Management“. In: Brindley, C. (Hrsg.) *Supply Chain Risk*. Aldershot: Ashegate.

Nunnally, J. C; Bernstein, I. H; Berge, J. M.F (1967): *Psychometric Theory*. New York: McGraw-Hill. — ISBN: 0070475628

O'Leary-Kelly, Scott W.; Vokurka, Robert J. (1998): „The Empirical Assessment of Construct Validity“. In: *Journal of Operations Management*. 16 (4), S. 387–405.

Ogasawara, Haruhiko (2003): „Correlations Among Maximum Likelihood and Weighted/Unweighted Least Squares Estimators in Factor Analysis“. In: *Behaviormetrika*. 30 (1), S. 63–86.

Ohno, Taiichi (1988): *Toyota Production System: Beyond Large-Scale Production*. New York: Productivity Press. — ISBN: 0-915299-14-3

Ojha, D.; Gokhale, R. A (2009): „Logistical Business Continuity Planning-Scale Development and Validation“. In: *The International Journal of Logistics Management*. 20 (3), S. 342–359.

Oliver, R. K; Webber, M. D (1992): „Supply-Chain Management: Logistics Catches up with Strategy“. In: *Logistics: The Strategic Issues*. London: Chapman & Hall, S. 63–75.

Oliver-Smith, Anthony (2004): „Theorizing Vulnerability in a Globalized World: A Political Ecological Perspective“. In: Bankoff, Greg; Frerks, Georg; Hilhorst, Dorothea (Hrsg.) *Mapping Vulnerability: Disasters, Development, and People*. 1. Aufl. London: Earthscan, S. 10–24. — ISBN: 9781853839641

Olsen, Karsten B. (2006): *Productivity Impacts of Offshoring and Outsourcing: A Review*. (Nr. 2006/01) OECD (STI Working Papers).

Olsson, Ulf H.; Foss, Tron; Troye, Sigurd V. u. a. (2000): „The Performance of ML, GLS, and WLS Estimation in Structural Equation Modeling Under Conditions of Misspecification and Nonnormality“. In: *Structural Equation Modeling: A Multidisciplinary Journal*. 7 (4), S. 557–595.

Orians, G. H (1975): „Diversity, Stability and Maturity in Natural Ecosystems“. In: van Dobben, W. H. (Hrsg.) *Unifying Concepts in Ecology: Report of the Plenary Sessions of the First International Congress of Ecology*. 1. Aufl. The Hague: W. Junk, S. 139.

Otto, A. (2002): *Management und Controlling von Supply Chains: ein Modell auf der Basis der Netzwerktheorie*. Wiesbaden: Deutscher Universitäts-Verlag.

Otto, Andreas; Kotzab, Herbert (2002): „Ziel erreicht? Sechs Perspektiven zur Ermittlung des Erfolgsbeitrags des Supply Chain Management“. In: Hahn, Dietger (Hrsg.) *Handbuch Industrielles Beschaffungsmanagement: Internationale Konzepte*. Wiesbaden: Gabler.

Pablo, A. L (1999): „Managerial Risk Interpretations: Does Industry Make a Difference?“. In: *Journal of Managerial Psychology*. 14 (2), S. 92–108.

Pace, C. R. (1939): „Factors Influencing Questionnaire Returns from Former University Students.“. In: *Journal of Applied Psychology*. 23 (3), S. 388–397, DOI: 10.1037/h0063286.

Pagh, J. D.; Cooper, M. C. (1998): „Supply Chain Postponement and Speculation Strategies: How to Choose the Right Strategy“. In: *Journal of Business Logistics*. 19 (2), S. 13–34.

Pai, R. R.; Kallepalli, V. R.; Caudill, R. J. u. a. (2003): „Methods Toward Supply Chain Risk Analysis“. In: *IEEE International Conference on Systems, Man and Cybernetics*.

Papadakis, I. S. (2006): „Financial Performance of Supply Chains After Disruptions: An Event Study“. In: *Supply Chain Management: An International Journal*. 11 (1), S. 25–33.

Parsons, T. (1960): *Structure and Process in Modern Society*. New York: Free Press. — ISBN: 0029243408

Parsons, T. (1968): „The Position of Identity in the General Theory of Action“. In: *The Self in Social Interaction: Classic and contemporary perspectives.* (1), S. 11–23.

Parsons, Talcott (1951): *The Social System.* 1. Aufl. New York: Psychology Press.

Paulraj, Antony; Chen, Injazz J. (2005): „Driving Forces of Strategic Supply Management: A Preliminary Empirical Investigation“. In: *International Journal of Integrated Supply Management.* 1 (3), S. 312–334.

Pearl, Judea (2000): *Causality: models, reasoning, and inference.* Cambridge University Press. — ISBN: 9780521773621

Pearson, Karl (1896): „Mathematical Contributions to the Theory of Evolution - On a Form of Spurious Correlation Which May Arise When Indices Are Used in the Measurement of Organs“. In: *Proceedings of the Royal Society of London.* 60 , S. 489–498.

Peck, H. (2006a): „Reconciling Supply Chain Vulnerability, Risk and Supply Chain Management“. In: *International Journal of Logistics Research and Applications.* 9 (2), S. 127–142.

Peck, Helen (2005): „Drivers of Supply Chain Vulnerability: An Integrated Framework“. In: *International Journal of Physical Distribution & Logistics Management.* 35 (4), S. 210–32.

Peck, Helen (2006b): *Opening the Way to Successful Risk Management in Purchasing and Supply.* The Resilience Centre, Cranfield University (Report for The Chartered Institute of Purchasing and Supply).

Peck, Helen; Abley, Jennifer; Christopher, Martin; u. a. (2003): „Creating Resilient Supply Chains: A Practical Guide“. DFT Publications.

Pelling, Mark (2003): „Paradigms of Risk“. In: Pelling, Mark (Hrsg.) *Natural Disasters and Development in a Globalizing World.* 1. Aufl. London: Routledge, S. 3–17. — ISBN: 0415279577

Penrose, Edith (1959): *The Theory of the Growth of the Firm.* New York: University Press.

Perrow, Charles (1981): „Normal accident at three Mile Island“. In: *Society.* 18 (5), S. 17–26, DOI: 10.1007/BF02701322.

Perrow, Charles (1984): *Normal Accidents: Living with High-Risk Technologies.* 1. Aufl. New York: Basic Books.

Perrow, Charles (1987): *Normale Katastrophen: Die unvermeitlichen Risiken der Großtechnik.* 1. Aufl. Frankfurt am Main und New York: Campus Verlag (Theorie und Gesellschaft). — ISBN: 3593338408

Perrow, Charles (1999): „Organizing to reduce the vulnerabilities of complexity“. In: *Journal of contingencies and crisis management.* 7 (3), S. 150, DOI: 10.1111/1468-5973.00108.

Perrow, Charles (1994): „The limits of safety: the enhancement of a theory of accidents". In: *Journal of Contingencies and Crisis Management*. 2 (4), S. 212–220.

Persson, G. (1995): „Logistics Process Redesign: Some Useful Insights". In: *The International Journal of Logistics Management*. 6 (1), S. 13–26.

Peter, J. Paul (1981): „Construct Validity: A Review of Basic Issues and Marketing Practices". In: *Journal of Marketing Research*. 18 (2), S. 133–145.

Pettit, Timothy J; Fiksel, Joseph; Croxton, Keely L (2010): „Ensuring Supply Chain Resilience: Development of a Conceptual Framework". In: *Journal of Business Logistics*. 31 (1), S. 1–21, DOI: 10.1002/j.2158-1592.2010.tb00125.x.

Pfeiffer, W.; Weiss, E. (1994): *Lean Management: Grundlagen der Führung und Organisation lernender Unternehmen*. Berlin: Erich Schmidt.

Ponomarov, S. Y; Holcomb, M. C (2009): „Understanding the Concept of Supply Chain Resilience". In: *The International Journal of Logistics Management*. 20 (1), S. 124–143.

Popper, Karl R. (1966): *Logik der Forschung*. 2. Aufl. Tübingen: Mohr.

Popper, Karl R. (1957): „Observation and Interpretation in the Philosophy of Physics". In: Körner, Stephan (Hrsg.) *Observation and Interpretation in the Philosophy of Physics*. 1. Aufl. London: Butterworths.

Popper, Karl R. (1959): „The Propensity Interpretation of Probability". In: *The British Journal for the Philosophy of Science*. 10 (37), S. 25–42.

La Porte, T. R (1982): „On the design and management of nearly error-free organizational control systems". In: Sills, D. L; Wolf, C. P; Shelanski, V. B (Hrsg.) *Accident at Three Mile Island: The Human Dimensions*. 1. Aufl. Boulder: Westview Press, S. 185–200. — ISBN: 0865311870

Porter, M. E (1998a): *Competitive Advantage: Creating and Sustaining Superior Performance: With a New Introduction*. New York: Free Press.

Porter, M. E (1998b): *Competitive strategy - Techniques for Analyzing Industries and Competitors*. New York: Free Press.

Prater, E. (2005): „A Framework for Understanding the Interaction of Uncertainty and Information Systems on Supply Chains". In: *International Journal of Physical Distribution & Logistics Management*. 35 (7), S. 524–539.

Prater, E.; Biehl, M.; Smith, M. A. (2001): „International Supply Chain Agility: Tradeoffs Between Flexibility and Uncertainty". In: *International Journal of Operations and Production Management*. 21 (5/6), S. 823–839.

Prud'homme, Andrea (2008): „Business Continuity in the Supply Chain: Planning for Disruptive Events". Michigan State University.

Prud'homme, Andrea; Zsidisin, George A. (2007): „Continuity Planning for Improved Supply Chain Performance". In:

Quinn, James Brian (1980): *Strategies for Change: Logical Incrementalism*. Homewood: R.D. Irwin. — ISBN: 9780256025439

Quinn, James Brian; Hilmer, Frederick G. (1994): „Strategic Outsourcing". In: *Sloan Management Review*. 35 (4), S. 43–55.

Ramdas, Kamalini; Spekman, Robert E. (2000): „Chain or Shackles: Understanding What Drives Supply-Chain Performance". In: *Interfaces*. 30 (4), S. 3–21, DOI: 10.2307/25062616.

Ramsey, Frank P. (1931): „Truth and Probability". In: Ramsey, Frank P.; Braithwaite, R.B. (Hrsg.) *The Foundations of Mathematics and other Logical Essays*. London: Kegan, Paul, Trench, Trubner & Co., S. 156–198.

Rao, S.; Goldsby, T. J (2009): „Supply Chain Risks: A Review and Typology". In: *Management*. 20 (1), S. 97–123.

Reason, James (1997): *Managing the Risks of Organizational Accidents*. 1. Aufl. Aldershot: Ashgate. — ISBN: 1840141050

Renaud, Fabrice G. (2006): „Environmental Components of Vulnerability". In: Birkmann, Jörn (Hrsg.) *Measuring Vulnerability to Natural Hazards*. 1. Aufl. New Delhi: TERI Press, S. 117–127. — ISBN: 8179931226

Rice, J. B.; Caniato, F. (2003): „Supply Chain Response to Terrorism: Creating Resilient and Secure Supply Chains". In: *Report by MIT Center for Transportation and Logistics*.

Rijpma, J. A (1997): „Complexity, Tight–coupling and Reliability: Connecting Normal Accidents Theory and High Reliability Theory". In: *Journal of Contingencies and Crisis Management*. 5 (1), S. 15–23.

Rijpma, J. A (2003): „From Deadlock to Dead End: The Normal Accidents-High Reliability Debate Revisited". In: *Journal of Contingencies and Crisis Management*. 11 (1), S. 37–45.

Ringle, Christian M. (2004): *Messung von Kausalmodellen*. (Arbeitspapier Nr. 14) Hamburg: Universität Hamburg, Institut für Industriebetriebslehre und Organisation (Industrielles Management).

Riper, Paul K. Van (2006): *Planning for and Applying Military Force: An Examination of Terms*. Carlisle: Strategic Studies Institute, U.S. Army War College. — ISBN: 9781584872290

Ritchie, Bob; Brindley, Clare (2007): „An Emergent Framework for Supply Chain Risk Management and Performance Measurement". In: *Journal of the Operational Research Society*. 58 (11), S. 1398–1411.

Ritchie, Bob; Brindley, Clare (2000): „Disintermediation, Disintegration and Risk in the SME Global Supply Chain". In: *Management Decision*. 38 (8), S. 575–583.

Ritchie, Bob; Marshall, D. (1993): *Business Risk Management*. London: Chapman & Hall.

Roberts, K. H (1989): „New Challenges in Organizational Research: High Reliability Organizations". In: *Organization & Environment*. 3 (2), S. 111.

Roberts, K. H (1993): *New Challenges to Understanding Organizations*. 1. Aufl. New York: Macmillan. — ISBN: 0024020524

Rochlin, G. I (1989): „Informal Organizational Networking as a Crisis-Avoidance Strategy: Us Naval Flight Operations as a Case Study". In: *Organization & Environment*. 3 (2), S. 159.

Rochlin, G. I; Meier, A. V. (1994): „Nuclear Power Operations: A Cross-Cultural Perspective". In: *Annual Review of Energy and the Environment*. 19 (1), S. 153–187.

Rochlin, G. I; La Porte, T. R; Roberts, K. H (1987): „The Self-Designing High-Reliability Organization: Aircraft Carrier Flight Operations at Sea". In: *Naval War College Review*. 40 (4), S. 76–90.

Rodrigues, A. M.; Zsidisin, George A.; Melnyk, S. A. (2007): „How Lean is Too Lean? Using Simulation-based Experiments to Assess the Impact of Supply Side Supply Chain Disruptions on "Lean" Supply Chains". East Lansing.

Rodrigues, V. S.; Stantchev, D.; Potter, A. u. a. (2008): „Establishing a Transport Operation Focused Uncertainty Model for the Supply Chain". In: *International Journal of Physical Distribution & Logistics Management*. 38 (5), S. 388.

Roh, J. J.; Hong, P.; Park, Y. (2008): „Organizational Culture and Supply Chain Strategy: A Framework for Effective Information Flows". In: *Journal of Enterprise Information Management*. 21 (4), S. 361–376.

Rose, Adam (2006): „Economics Resilience to Disasters: Towards a Consistent and Comprehensive Formulation". In: Paton, Douglas; Johnston, David Moore (Hrsg.) *Disaster Resilience: An Integrated Approach*. Charles C. Thomas, S. 228–248. — ISBN: 9780398076641

Rossi, T.; Noé, C.; Dallari, F. (2005): „A Formal Method for Analysing and Assessing Operational Risk in Supply Chains". In: Boston.

Roth, J.; Espersen, D. (2002): „Categorizing Risk". In: *The Internal Auditor*. 59 (2), S. 57f.

Rowe, W. D (1980): „Risk Assessment Approaches and Methods". In: J., Conrad (Hrsg.) *Society, Technology, and Risk Assessment*. London: Academic Press, S. 3–29.

De Ru, W. G.; Eloff, J. H. P. (1996): „Risk Analysis Modelling with the Use of Fuzzy Logic". In: *Computers & Security*. 15 (3), S. 239–248.

Rubin, Donald B (1976): „Inference and Missing Data". In: *Biometrika*. 63 (3), S. 581.

Sadgrove, K. (2005): *The Complete Guide to Business Risk Management.* Aldershot: Gower.

Sagan, Scott D. (1993): *The Limits of Safety: Organizations, Accidents, and Nuclear Weapons.* 1. Aufl. Princeton: Princeton University Press (Princeton Studies in International History nd Politics). — ISBN: 0691032211

Sagan, Scott D. (2004): „The Problem of Redundancy Problem: Why More Nuclear Security Forces May Produce Less Nuclear Security". In: *Risk Analysis.* 24 (4), S. 935–946.

Salter, J. (1997): „Risk Management in a Disaster Management Context". In: *Journal of Contingencies and Crisis Management.* 5 (1), S. 60–65.

Sanchez, L. M; Nagi, R. (2001): „A Review of Agile Manufacturing Systems". In: *International Journal of Production Research.* 39 (16), S. 3561–3600.

Sanchez-Rodrigues, V.; Potter, A.; Naim, M. M (2010): „Evaluating the Causes of Uncertainty in Logistics Operations". In: *International Journal of Logistics Management.* 21 (1), S. 45–64.

Schafer, Joseph L.; Graham, John W. (2002): „Missing Data: Our View of the State of the Art". In: *Psychological Methods.* 7 (2), S. 147–177.

Schermelleh-Engel, Karin; Moosbrugger, Helfried; Müller, Hans (2003): „Evaluating the Fit of Structural Equation Models: Tests of Significance and Descriptive Goodness-of-Fit Measures". In: *Methods of psychological research online.* 8 (2), S. 23–74.

Schneiderbauer, S.; Ehrlich, D. (2004): „Risk, Hazard and People's Vulnerability to Natural Hazards". In: *A Review of Definitions, Concepts and Data. European Commission Joint Research Centre.* 21410 .

Schnell, Rainer (1986): *Missing-data-Probleme in der empirischen Sozialforschung.* Bochum.

Schnell, Rainer; Hill, Paul B.; Esser, Elke (2008): *Methoden der empirischen Sozialforschung.* München: Oldenbourg Wissenschaftsverlag. — ISBN: 3486587080

Schoenfeld, David (1980): „Chi-Squared Goodness-of-Fit Tests for the Proportional Hazards Regression Model". In: *Biometrika.* 67 (1), S. 145 –153, DOI: 10.1093/biomet/67.1.145.

Scholderer, Joachim; Balderjahn, Ingo (2005): „PLS versus LISREL: ein Methodenvergleich". In: Bliemel, Friedhelm; Eggert, Andreas; Fassot, Georg; u. a. (Hrsg.) *Handbuch PLS-Pfadmodellierung : Methode, Anwendung, Praxisbeispiele.* 1. Aufl. Stuttgart: Schäffer-Poeschel, S. 87–98. — ISBN: 3791023608

Schönsleben, Paul (2007): *Integrales Logistikmanagement: Operations and Supply Chain Management in umfassenden Wertschöpfungsnetzwerken.* Berlin und Heidelberg: Springer. — ISBN: 9783540681786

Schröder, Meike N. (2010): „Förderung der Leistungsbereits in unternehmensübergreifenden Projektteams“. Lohmar - Köln: Helmut-Schmidt-Universität, Universität der Bundeswehr Hamburg.

Schulman, P. R (1993): „The Negotiated Order of Organizational Reliability“. In: *Administration & Society.* 25 (3), S. 353.

Schumacker, Randall E.; Lomax, Richard G. (2004): *A Beginner's Guide to Structural Equation Modeling.* Mahwah: Lawrence Erlbaum. — ISBN: 0805840184

Schwab, Donald P. (1980): „Construct Validity in Organizational Behavior“. In: Staw, Barry M.; Cummings, M. Staw Barry M. (Hrsg.) *Research in Organizational Behaviour.* 1. Aufl. Greenwich: JAI Press Inc. (Research in Organizational Behaviour), S. 3–43. — ISBN: 0892320990

Schwaninger, Markus (1994): *Managementsysteme.* 1. Aufl. Frankfurt am Main: Campus Verlag (Das St. Galler Management-Konzept). — ISBN: 3-59335068-8

Scuricini, Giovan B. (1988): „Complexity in Large Technological Systems“. In: *Lecture Notes in Physics.* 314 , S. 83–101.

Selldin, E.; Olhager, J. (2007): „Linking Products with Supply Chains: Testing Fisher's Model“. In: *Supply Chain Management: An International Journal.* 12 (1), S. 42–51.

Seuring, Stefan (2009): „The Product-Relationship-Matrix as Framework for Strategic Supply Chain Design Based on Operations Theory“. In: *International Journal of Production Economics.* 120 (1), S. 221–232, DOI: 10.1016/j.ijpe.2008.07.021.

Shapira, Z. (1995): *Risk Taking: A Managerial Perspective.* New York: Russell Sage Foundation.

Shapiro, R. D (1984): „Get Leverage from Logistics“. In: *Harvard Business Review.* 62 (3), S. 119–126.

Shapiro, S. S; Wilk, M. B (1965): „An Analysis of Variance Test for Normality (complete Samples)“. In: *Biometrika.* 52 (3-4), S. 591.

Sharifi, H.; Zhang, Z. (2001): „Agile Manufacturing in Practice: Application of a Methodology“. In: *International Journal of Operations and Production Management.* 21 (5/6), S. 772–794.

Sheffi, Y. (2005a): *Manage Risk Through Resilience: Ceos Should Build a Culture That Copes with the Unforeseen.* The Chief Executive.

Sheffi, Y. (2001): „Supply chain management under the threat of international terrorism“. In: *International Journal of Logistics Management.* 12 (2), S. 1–12.

Sheffi, Y. (2005b): *The Resilient Enterprise: Overcoming Vulnerability for Competitive Advantage.* Cambridge: MIT Press.

Sheffi, Y.; Rice, J. B. (2005): „A Supply Chain View of the Resilient Enterprise". In: *MIT Sloan Management Review.* 47 (1), S. 41.

Shi, Dailun (2004): „A Review of Enterprise Supply Chain Risk Management". In: *Journal of Systems Science and Systems Engineering.* 13 (2), S. 219–244.

Siegel, Marc H.; Badertscher, William D.; Blass, Dennis R. u. a. (2009): *Organizational Resilience: Security, Preparedness, and Continuity Management Systems-Requirements with Guidance for Use.* Alexandria: ASIS International. — ISBN: 978-1-887056-92-2

Simchi-Levi, D.; Kaminsky, P.; Simchi-Levi, E. (2003a): *Designing and Managing the Supply Chain: Concepts, Strategies, and Case Studies.* Boston: Irwin/McGraw-Hill.

Simchi-Levi, David; Kaminsky, Philip; Simchi-Levi, Edith (2003b): *Designing and Managing the Supply Chain: Concepts, Strategies, and Case Studies.* Boston: Irwin/McGraw-Hill. — ISBN: 9780072492569

Simon, P.; Bartlett, J.; Chapman, C. u. a. (2004): *Project Risk Analysis and Management Guide.* 2. Aufl. High Wycombe: APM Publishing Limited.

Singh, Kulwant (1997): „The Impact of Technological Complexity and Interfirm Cooperation on Business Survival". In: *Academy of Management Journal.* 40 (2), S. 339–367.

Sinha, Pankaj R.; Whitman, Larry E.; Malzahn, Don (2004): „Methodology to Mitigate Supplier Risk in an Aerospace Supply Chain". In: *Supply Chain Management: An International Journal.* 9 (2), S. 154–68.

Sitkin, S. B; Pablo, A. L (1992): „Reconceptualizing the Determinants of Risk Behavior". In: *Academy of management review.* 17 (1), S. 9–38.

Skinner, W. (1974): „The Focused Factory". In: *Harvard Business Review.* 52 (3), S. 113–121.

Slack, N. (1983): „Flexibility as a Manufacturing Objective". In: *International Journal of Operations & Production Management.* 3 (3), S. 4–13.

Slack, N.; Chambers, S.; Johnston, R. (2004): *Operations Management.* 4. Aufl. Essex: Pearson Education.

Slovic, P.; Fischhoff, B.; Lichtenstein, S. (1977): „Behavioral Decision Theory". In: *Annual Review of Psychology.* 28 (1), S. 1–39.

Smeltzer, L. R.; Siferd, S. P. (1998): „Proactive Supply Management: The Management of Risk". In: *The Journal of Supply Chain Management.* 34 (1), S. 38–45.

Snow, Charles C.; Miles, Raymond E.; Coleman, Henry J. (1992): „Managing 21st Century Network Organizations". In: *Organizational Dynamics.* 20 (3), S. 5–20, DOI: 10.1016/0090-2616(92)90021-E.

Snyder, L. V.; Scaparra, M. P.; Daskin, M. S. u. a. (2006): „Planning for Disruptions in Supply Chain Networks“. In: *Tutorials in Operations Research: Models, Methods, and Applications for Innovative Decision Making.* Hanover, Md: INFORMS, S. 234.

Sörbom, Dag (1974): „A General Method for Studying Differences in Factor Means and Factor Structure Between Groups“. In: *British Journal of Mathematical and Statistical Psychology.* 27 (2), S. 229–239.

Sorensen, L. B. (2005): „How Risk and Uncertainty Is Used in Supply Chain Management: A Literature Study“. In: *International Journal of Integrated Supply Management.* 1 (4), S. 387–409.

Spekman, Robert E. (1991): „US Buyers' Relationships with Pacific Rim Sellers“. In: *International Journal of Purchasing and Materials Management.* 27 (1), S. 1–10.

Spekman, Robert E.; Davis, E. W. (2004): „Risky Business: Expanding the Discussion on Risk and the Extended Enterprise“. In: *International Journal of Physical Distribution and Logistics Management.* 34 (5), S. 414–433.

Spekman, Robert E.; Kamauff, John W.; Myhr, Niklas (1998): „An Empirical Investigation into Supply Chain Management: A Perspective on Partnerships“. In: *An Empirical Investigation into Supply Chain Management.* 28 (8), S. 630–650, DOI: 10.1108/13598549810215379.

Srai, J. S.; Gregory, M. (2008): „A Supply Network Configuration Perspective on International Supply Chain Development“. In: *International Journal of Operations and Production Management.* 28 (5), S. 386.

Stadtler, Hartmut (2008): „Supply Chain Management - An Overview“. In: Stadtler, Hartmut; Kilger, Christoph (Hrsg.) *Supply Chain Management and Advanced Planning: Concepts, Models, Software, and Case Studies.* 4. Aufl. Berlin und Heidelberg: Springer, S. 9–36. — ISBN: 9783540745112

Staehle, Wolfgang H. (1999): *Management: Eine verhaltenswissenschaftliche Perspektive.* 8. Aufl. München: Vahlen. — ISBN: 3-80062344-7

Steiger, James H. (1990): „Structural Model Evaluation and Modification: An Interval Estimation Approach“. In: *Multivariate Behavioral Research.* 25 (2), S. 173–180.

Steiger, James H.; Lind, J. C (1980): „Statistically based tests for the number of common factors“. In: *Annual meeting of the Psychometric Society, Iowa City.*

Steinmann, Horst; Schreyögg, Georg (1997): *Management: Grundlagen der Unternehmensführung.* 4. Aufl. Wiesbaden: Gabler. — ISBN: 3-409-43312-0

Stern, Louis W.; El-Ansary, Adel I.; Coughlan, Anne T. (1995): *Marketing Channels.* 5. Aufl. Pearson. — ISBN: 0132058650

Stevenson, M.; Spring, M. (2007): „Flexibility from a Supply Chain Perspective: Definition and Review“. In: *International Journal of Operations & Production Management.* 27 (7), S. 685–713.

Stewart, G. T; Kolluru, R.; Smith, M. (2009): „Leveraging Public-Private Partnerships to Improve Community Resilience in Times of Disaster“. In: *International Journal of Physical Distribution & Logistics Management.* 39 (5), S. 343–364.

Stigler, George J (1958): „Economies of Scale“. In: *Journal of Law & Economics.* 1 , S. 54–71.

Stock, G. N; Greis, N. P; Kasarda, J. D (1998): „Logistics, Strategy and Structure“. In: *International Journal of Operations & Production Management.* 18 (1), S. 37–52.

Stonebumer, G.; Goguen, A.; Feringa, A. (2002): *Risk Management Guide for Information Technology Systems, Special Publication.* Washington: U.S. Gov. Print.

Storey, J.; Emberson, C.; Reade, D. (2005): „The Barriers to Customer Responsive Supply Chain Management“. In: *International Journal of Operations and Production Management.* 25 (3), S. 242–260.

Student (1908): „The Probable Error of a Mean“. In: *Biometrika.* 6 (1), S. 1–25, DOI: 10.2307/2331554.

Sun, Szu-Yuan; Hsu, Meng-Hsiang; Hwang, Wen-Jin (2009): „The Impact of Alignment Between Supply Chain Strategy and Environmental Uncertainty on Scm Performance“. In: *Supply Chain Management: An International Journal.* 14 (3), S. 201–212, DOI: 10.1108/13598540910954548.

Supply Chain Council (2005): „Supply-chain Operations Reference Model: SCOR Version 7.0 Overview“. In: *URL: www. supply-chain. org., Stand.* 9 .

Sutton, S. G. (2006): „Extended-Enterprise Systems' Impact on Enterprise Risk Management“. In: *Journal of Enterprise Information Management.* 19 (1), S. 97.

Svensson, Göran (2000): „A Conceptual Framework for the Analysis of Vulnerability in Supply Chains“. In: *International Journal of Physical Distribution and Logistics Management.* 30 (9/10), S. 731–749.

Svensson, Göran (2002a): „A Conceptual Framework of Vulnerability in Firms' Inbound and Outbound Logistics Flows“. In: *Management.* 32 (2), S. 110–134.

Svensson, Göran (2002b): „A Typology of Vulnerability Scenarios Towards Suppliers and Customers in Supply Chains Based Upon Perceived Time and Relationship Dependencies“. In: *International Journal of Physical Distribution and Logistics Management.* 32 (3/4), S. 168–187.

Svensson, Göran (2004a): „Interactive Vulnerability in Buyer-Seller Relationships: A Dyadic Approach“. In: *International Journal of Physical Distribution and Logistics Management.* 34 (8), S. 662–682.

Svensson, Göran (2004b): „Key Areas, Causes and Contingency Planning of Corporate Vulnerability in Supply Chains“. In: *International Journal of Physical Distribution & Logistics Management*. 34 (9), S. 728–48.

Svensson, Göran (2004c): „Vulnerability in Business Relationships: The Gap Between Dependence and Trust“. In: *Journal of Business & Industrial Marketing*. 19 (7), S. 469–483.

Svensson, Göran (2002c): „Vulnerability Scenarios in Marketing Channels“. In: *Supply Chain Management: An International Journal*. 7 (5), S. 322–333.

Swaminathan, J. M.; Tomlin, B. (2007): „How to Avoid the 6 Risk Management Pitfalls“. In: *Supply Chain Management Review*. 11 (5), S. 34–42.

Tachizawa, E. M.; Thomsen, C. G. (2007): „Drivers and Sources of Supply Flexibility: An Exploratory Study“. In: *International Journal of Operations & Production Management*. 27 (10), S. 1115–1136.

Tah, J. H. M.; Carr, V. (2001): „Towards a Framework for Project Risk Knowledge Management in the Construction Supply Chain“. In: *Advances in Engineering Software*. 32 (10/11), S. 835–846.

Tan, G. W.; Shaw, M. J.; Fulkerson, W. (2000): „Web-Based Global Supply Chain Management“. In: Shaw, Michael; Blanning, Robert; Strader, Troy; u. a. (Hrsg.) *Handbook on Electronic Commerce*. 1. Aufl. Berlin, Heidelberg und New York: Springer-Verlag, S. 457–478. — ISBN: 3-540-65822-X

Tan, K. C.; Kannan, V. R.; Handfield, R. B. (1998): „Supply Chain Management: Supplier Performance and Firm Performance“. In: *International Journal of Purchasing and Materials Management*. 34 (3), S. 2–9.

Tan, Keah Choon (2001): „A Framework of Supply Chain Management Literature“. In: *European Journal of Purchasing & Supply Management*. 7 (1), S. 39–48, DOI: 10.1016/S0969-7012(00)00020-4.

Tanaka, Jeffrey S.; Huba, George J. (1984): „Confirmatory Hierarchical Factor Analyses of Psychological Distress Measures.“. In: *Journal of Personality and Social Psychology*. 46 (3), S. 621–635, DOI: 10.1037/0022-3514.46.3.621.

Tang, C. S. (2006a): „Perspectives in Supply Chain Risk Management“. In: *International Journal of Production Economics*. 103 (2), S. 451–488.

Tang, C. S. (2006b): „Robust Strategies for Mitigating Supply Chain Disruptions“. In: *International Journal of Logistics Research and Applications*. 9 (1), S. 33–45.

Tang, C.; Tomlin, B. (2008): „The Power of Flexibility for Mitigating Supply Chain Risks“. In: *International Journal of Production Economics*. 116 (1), S. 12–27.

Taylor, Frederick W. (1911): *Principles of Scientific Management*. 1. Aufl. New York: Harper & Brother.

Teuteberg, Frank (2008): „Supply Chain Risk Management: A Neural Network Approach". In: *Strategies and Tactics in Supply Chain Event Management.* Springer, Berlin und Heidelberg, S. 99–118. — ISBN: 978-3-540-73765-0

The Economist (2002): *The Extended Enterprise 2002: CEO Agenda.* (White Paper) Palo Alto (The Economist White Paper Series).

Thierry, M.; Salomon, M.; Van Nunen, J. u. a. (1995): „Strategic Issues in Product Recovery Management". In: *California Management Review.* 37 (2), S. 114–135.

Tompkins, J. A. (2007): „4 Steps to Business Resilience". In: *Industrial Management.* 49 (4), S. 14–18.

Towill, D. R (1997): „The seamless supply chain-the predator's strategic advantage". In: *International Journal of Technology Management.* 13 (1), S. 37–56.

Treibel, Annette (2004): *Einführung in soziologische Theorien der Gegenwart.* 6. Aufl. Wiesaden: VS Verlag. — ISBN: 3-8252-8070-5

Treville, Suzanne De; Shapiro, Roy D.; Hameri, Ari-Pekka (2004): „From Supply Chain to Demand Chain: The Role of Lead Time Reduction in Improving Demand Chain Performance". In: *Journal of Operations Management.* 21 (6), S. 613–627.

Tucker, Ledyard R; Lewis, Charles (1973): „A Reliability Coefficient for Maximum Likelihood Factor Analysis". In: *Psychometrika.* 38 (1), S. 1–10, DOI: 10.1007/BF02291170.

Tummala, V. M. R.; Leung, Y. H. (1996): „A Risk Management Model to Assess Safety and Reliability Risks". In: *International Journal of Quality & Reliability Management.* 13 (8), S. 53–62.

Turner, B. A; Pidgeon, N. F (1997): *Man-Made Disasters.* 2. Aufl. Oxford: Butterworth-Heinemann. — ISBN: 0750620870

Turner, B. L; Kasperson, R. E; Matson, P. A; u. a. (2003): „A Framework for Vulnerability Analysis in Sustainability Science". In: *Proceedings of the National Academy of Sciences of the United States of America.* 100 (14), S. 8074.

Tversky, A.; Wakker, P. (1995): „Risk Attitudes and Decision Weights". In: *Econometrica: Journal of the Econometric Society.* 63 (6), S. 1255–1280.

Ullman, J. B (2006): „Structural Equation Modeling: Reviewing the Basics and Moving Forward". In: *Journal of Personality Assessment.* 87 (1), S. 35–50.

Ulrich, Hans (1987): *Unternehmenspolitik.* 2. Aufl. Bern und Stuttgart: Haupt (Unternehmung und Unternehmensführung). — ISBN: 3-258-03884-8

Ulrich, P.; Fluri, E. (1995): *Management.* 7. Aufl. Bern: Haupt.

Ulusoy, Gündüz (2003): „An Assessment of Supply Chain and Innovation Management Practices in the Manufacturing Industries in Turkey". In: *International*

Journal of Production Economics. 86 (3), S. 251–270, DOI: 10.1016/S0925-5273(03)00064-1.

UNDP (2004): *Reducing Disaster Risk – A Challenge for Development*. New York.

UNISDR (2009): *UNISDR Terminology on Disaster Risk Reduction*. Geneva: United Nations International Strategy for Disaster Reduction.

Upton, D. M (1994): „The Management of Manufacturing Flexibility". In: *California Management Review*. 36 (2), S. 72–72.

Upton, D. M (1995): „What Really Makes Factories Flexible?". In: *Harvard Business Review*. 73 (4), S. 74–84.

van der Vaart, T.; van Donk, D. P. (2004): „Buyer Focus: Evaluation of a New Concept for Supply Chain Integration". In: *International Journal of Production Economics*. 92 (1), S. 21–30.

Vachon, Stephan; Klassen, Robert D. (2002): „An Exploratory Investigation of the Effects of Supply Chain Complexity on Delivery Performance". In: *IEEE Transactions on Engineering Management*. 49 (3), S. 218–230.

Venkatraman, N. (1989): „Strategic Orientation of Business Enterprises: The Construct, Dimensionality, and Measurement". In: *Management Science*. 35 (8), S. 942–962.

Venn, John (1866): *The Logic of Chance*. London und Cambridge: Macmillan.

Viscusi, W. Kip (1984): „The Lulling Effect: The Impact of Child-Resistant Packaging on Aspirin and Analgesic Ingestions.". In: *American Economic Review*. 74 (2), S. 324.

Vitasek, K. (2009): *Supply Chain and Logistics Terms and Glossary Updated: September 2009*. Center for Value Chain Research, Lehigh University.

Vonderembse, M. A.; Uppal, M.; Huang, S. H. u. a. (2006): „Designing Supply Chains: Towards Theory Development". In: *International Journal of Production Economics*. 100 (2), S. 223–238.

Van der Vorst, J.; Beulens, A. J. M. (2002): „Identifying Sources of Uncertainty to Generate Supply Chain Redesign Strategies". In: *International Journal of Physical Distribution and Logistics Management*. 32 (6), S. 409–430.

Wagner, Stephan M.; Bode, Christoph (2006a): „An empirical investigation into supply chain vulnerability". In: *Journal of purchasing and supply management*. 12 (6), S. 301–312.

Wagner, Stephan M.; Bode, Christoph (2006b): „An Empirically-based and More Fine-grained Investigation into Supply Chain Risks". In:

Wagner, Stephan M.; Bode, Christoph (2005): *Supply Chain Risk - An Influential Contextual Variable*.

Wannenwetsch, Helmut (2005): *Vernetztes Supply Chain Management: SCM-Integration über die gesamte Wertschöpfungskette*. 1. Aufl. Berlin Heidelberg: Springer. — ISBN: 9783540234432

Weaver, W. W. (1981): „Pitfalls in Current Design Requirements". In: *Nuclear Safety*. 22 (3), S. 328–326.

Weber, J.; Weißenberger, B.; Liekweg, A. (2001): „Risk Tracking & Reporting - Ein umfassender Ansatz unternehmerischen Chancen-und Risikomanagements". In: Götze, Uwe; Henselmann, Klaus; Mikus, Barbara (Hrsg.) *Risikomanagement*. 1. Aufl. Heidelberg: Physica Verlag, S. 47–65. — ISBN: 3-7908-1415-6

Weber, Jürgen; Wallenburg, Carl Marcus (2010): *Logistik- und Supply Chain Controlling*. 6. Aufl. Stuttgart: Schäffer-Poeschel Verlag. — ISBN: 978-3-7910-2656-5

Weick, Karl E. (1987): „Organizational Culture as a Source of High-Reliability". In: *California Management Review*. 29 (2), S. 112–127.

Weick, Karl E.; Sutcliffe, Kathleen M. (2010): *Das Unerwartete Managen: Wie Unternehmen aus Extremsituationen lernen*. 2. Aufl. Stuttgart: Schäffer-Poeschel Verlag. — ISBN: 978-3-7910-2968-9

Weick, Karl E.; Sutcliffe, Kathleen M.; Obstfeld, David (1999a): „Organizing for High Reliability: Processes of Collective Mindfulness". In: *Research in Organizational Behavior*. 21 , S. 81–123.

Weick, Karl E.; Sutcliffe, Kathleen M.; Obstfeld, David (1999b): „Organizing for High Reliability: Processes of Collective Mindfulness". In: Sutton, R.I.; Staw, B.M. (Hrsg.) *Research in Organizational Behavior*. 1. Aufl. Stanford: JAI Press, S. 81–123. — ISBN: 0762305738

Weick, Karl E.; Sutcliffe, Kathleen M.; Obstfeld, David (2008): „Organizing for High Reliability: Processes of Collective Mindfulness". In: *Crisis Management*. 3 , S. 81–123.

Werts, C.E.; Linn, R.L.; Jöreskog, K.G. (1974): „Intraclass Reliability Estimates: Testing Structural Assumptions". In: *Educational and Psychological Measurement*. 34 (1), S. 25 –33, DOI: 10.1177/001316447403400104.

West, Stephen G.; Finch, John F.; Curran, Patrick J. (1995): „Structural Equation Models with Nonnormal Variables: Problems and Remedies.". In: Hoyle, Rick H. (Hrsg.) *Structural Equation Modeling - Concepts, Issues, and Applications*. Thousand Oaks: Sage, S. 56–75.

van Westen, Cees; Kingma, Nanette (2008): „Vulnerability Assessment". In: van Westen, Cees (Hrsg.) *Risk City: Gis Based Training Package for Multi Hazard Risk Assessment*. o.V.

Westkämper, E.; Zahn, E.; Balve, P. u. a. (2000): „Ansätze zur Wandlungsfähigkeit von Produktionsunternehmen–ein Bezugsrahmen für die Unternehmensentwicklung im turbulenten Umfeld". In: *wt Werkstattstechnik*. 90 , S. 22–26.

Westman, W. E (1978): „Measuring the Inertia and Resilience of Ecosystems“. In: *BioScience*. 28 (11), S. 705–710.

Westman, W. E (1986): „Resilience: Concepts and Measures“. In: *NASA*. (19990041050).

Wiener, Norbert (1961): *Cybernetics or Control and Communication in the Animal and the Machine*. 2. Aufl. Cambridge: MIT Press. — ISBN: 0-262-23007-0

Wiggins, D. (1967): *Identity and Spatio-Temporal Continuity*. Oxford: Blackwell.

Wikner, J.; Tang, O. (2008): „A Structural Framework for Closed-Loop Supply Chains“. In: *The International Journal of Logistics Management*. 19 (3), S. 344–366.

Wildavsky, A. B (1988): *Searching for Safety*. Brunswick: Transaction Books.

Wildemann, Horst (2006): *Risikomanagement und Rating*. TCW, Transfer-Centrum.

Wilding, R. (1998): „The Supply Chain Complexity Triangle: Uncertainty Generation in the Supply Chain“. In: *International Journal of Physical Distribution and Logistics Management*. 28 (8), S. 599–616.

Williams, Z.; Lueg, J. E; LeMay, S. A (2008): „Supply Chain Security: An Overview and Research Agenda“. In: *Management*. 19 (2), S. 254–281.

Williamson, O. E (1975): *Markets and Hierarchies, Analysis and Antitrust Implications: A Study in the Economics of Internal Organization*. New York: Free Press.

Williamson, Oliver E. (1985): *The Economic Institutions of Capitalism: Firms, Markets, Relational Contracting*. New York: Free Press. — ISBN: 9780029348208

Wisner, Benjamin; Blaikie, Piers M.; Cannon, Terry; u. a. (2004): *At Risk: Natural Hazards, People's Vulnerability and Disasters*. 2. Aufl. New York: Routledge. — ISBN: 0415252156

Wöhe, Günter; Döring, Ulrich (2008): *Einführung in die allgemeine Betriebswirtschaftslehre*. 23. Aufl. München: Vahlen. — ISBN: 9783800635245

Wolf, Frederick G. (2001): „Operationalizing and Testing Normal Accident Theory in Petrochemical Plants and Refineries“. In: *Production and Operations Management*. 10 (3), S. 292–305, DOI: 10.1111/j.1937-5956.2001.tb00376.x.

Womack, James P; Jones, Daniel T. (1994): „From Lean Production to the Lean Enterprise“. *Harvard Business Review*. 72 (2), S. 93–103.

Womack, James P; Jones, Daniel T. (1996): *Lean Thinking*. 1. Aufl. Sydney: Simon & Schuster. — ISBN: 0684819767

Womack, James P.; Jones, Daniel T.; Roos, Daniel (1990): *The machine that changed the world: based on the Massachusetts Institute of Technology 5-*

million dollar 5-year study on the future of the automobile. Rawson Associates. — ISBN: 9780892563500

Woodward, J.; Dawson, S.; Wedderburn, D. (Hrsg.) (1980): *Industrial Organization: Theory and Practice.* 2. Aufl. Oxford: Oxford University Press. — ISBN: 0198741227

Wu, L. C (2009): „Supplier Selection Under Uncertainty: A Switching Options Perspective". In: *Industrial Management & Data Systems.* 109 (2), S. 191–205.

Wu, T.; Blackhurst, J.; Chidambaram, V. (2006): „A Model for Inbound Supply Risk Analysis". In: *Computers in Industry.* 57 (4), S. 350–365.

Yates, J. F; Stone, E. R (1992): „The Risk Construct". In: Yates, J. F (Hrsg.) *Risk-Taking Behavior.* Chichester: John Wiley & Sons, S. 3–25.

Zeng, Amy Zhaohui (2000): „A Synthetic Study of Sourcing Strategies". In: *Industrial Management & Data Systems.* 100 (5), S. 219–226, DOI: 10.1108/02635570010304798.

Zhang, C.; Huang, P. (2006): „Supply Chain Risk by Structure". In: *IEEE International Conference on Service Operations and Logistics, and Informatics, 2006.*, S. 300–303.

Zimmer, Herbert (1956): „Validity of Extrapolating Nonresponse Bias from Mail Questionnaire Follow-Ups". In: *Journal of Applied Psychology.* 40 (2), S. 117–121, DOI: 10.1037/h0047262.

Zinnbauer, Markus; Eberl, Markus (2004): *Die Überprüfung von Spezifikation und Güte von Strukturgleichungsmodellen: Verfahren und Anwendung.* (Nr. 21) München: Ludwig-Maximilians-Universität München (Schriften zur Empirischen Forschung und Quantitativen Unternehmensplanung).

Zsidisin, George A. (2003a): „A Grounded Definition of Supply Risk". In: *Journal of Purchasing and Supply Management.* 9 (5-6), S. 217–224.

Zsidisin, George A. (2003b): „Managerial Perceptions of Supply Risk". In: *The Journal of Supply Chain Management.* 39 (1), S. 14–26.

Zsidisin, George A.; Ellram, L. M.; Carter, J. R. u. a. (2004): „An Analysis of Supply Risk Assessment Techniques". In: *International Journal of Physical Distribution and Logistics Management.* 34 (5), S. 397–413.

Zsidisin, George A.; Melnyk, S. A.; Ragatz, G. L. (2005): „An Institutional Theory Perspective of Business Continuity Planning for Purchasing and Supply Management". In: *International Journal of Production Research.* 43 (16), S. 3401–3420.

Zsidisin, George A.; Panelli, A.; Upton, R. (2000): „Purchasing Organization Involvement in Risk Assessments, Contingency Plans, and Risk Management: An Exploratory Study". In: *Supply Chain Management: An International Journal.* 5 (4), S. 187–197.

Zsidisin, George A.; Ragatz, G. L; Melnyk, S. A (2003): „Effective Practices for Business Continuity Planning in Purchasing and Supply Management: A Management White Paper“. In: *Department of Marketing and Supply Chain Management: Michigan State University*.

[illegible]

Name	Hohrath
Vorname	Philipp
Geburtsdatum	12.09.1979
Geburtsort, -land	Hamburg, Deutschland
08.1986 – 08.1990	Grundschule Wentorf
09.1990 – 07.1999	Gymnasium Wentorf
08.1999 – 06.2000	Zivildienst im Krankenhaus St. Adolfstift in Reinbek
10.2000 – 04.2006	Studium des Wirtschaftsingenieurwesens (HWI) an der Techinschen Universität Hamburg-Harburg in Hamburg, Abschluss: Diplom (Dipl.-Ing.-oec.)
05.2006 – 11.2011	Wissenschaftlicher Mitarbeiter am Institut für Logistik und Unternehmensführung (W-2) derTechnische Universität Hamburg-Harburg
12.2011 – heute	Unternehmensberater bei der PUTZ & PARTNER Unternehmensberatung AG (bis 09.2012 Pleyma GmbH)